U0296394

水体污染控制与治理科技重大专项“十三五”成果系列丛书
流域水质目标管理及监控预警技术

流域水生态功能分区
陆水耦合的地理生态分区理论与实践

江　源　黄晓霞　刘全儒
康慕谊　伍永秋　董满宇　等　著

科 学 出 版 社
北　京

内容简介

在充分借鉴国内外已有的地理、生态、环境等分区研究理论和分区方案的基础上，基于流域陆地特征和水体特征之间的关联性，本书研究探索并实现了一个耦合陆地和水体特征的流域地理生态分区——东江流域水生态功能分区。本书全面阐述了流域水生态功能分区的原则、依据、策略、层级体系和方法等理论原理，也提出了分区的命名、编码等基本规则和要求等。

本书期望能够为相关领域的专业人员和大专院校研究生、本科生提供分区理论借鉴，为实施山水林田湖草一体化管理提供科学技术支撑。

审图号：GS(2020)6031号

图书在版编目(CIP)数据

流域水生态功能分区：陆水耦合的地理生态分区理论与实践/江源等著.—北京：科学出版社，2020.11

(水体污染控制与治理科技重大专项“十三五”成果系列丛书)

ISBN 978-7-03-066198-2

Ⅰ.①流…　Ⅱ.①江…　Ⅲ.①流域-区域水环境-生态环境-研究　Ⅳ.①X143

中国版本图书馆CIP数据核字（2020）第181124号

责任编辑：刘　超／责任校对：樊雅琼

责任印制：肖　兴／封面设计：李姗姗

科学出版社 出版

北京东黄城根北街16号

邮政编码：100717

http://www.sciencep.com

三河市春园印刷有限公司 印刷

科学出版社发行　各地新华书店经销

*

2020年11月第　一　版　开本：787×1092　1/16

2020年11月第一次印刷　印张：27

字数：650 000

定价：328.00元

(如有印装质量问题，我社负责调换)

前　言

自然或社会经济分区研究一直以来都是地理学及其相关学科的经典研究方向之一。随着人们对自然界认识的不断深入，各类地理分区、生态分区和环境分区等研究成果不断涌现，为各国的资源与环境管理和生态保护等提供了坚实的科学基础。

探索并开展流域水生态功能分区，是我国实施水体污染控制与治理科技重大专项以来提出的一项极具挑战性的研究任务。为了推进以水定陆的流域治理规划和管理策略，国家科技重大专项提出了在我国十大流域开展流域水生态功能分区研究的科技需求，其目标是创新一套水体生态特征与陆地生态特征关联的流域分区方法和方案，以便识别影响水体生态健康的陆域要素，并将水生态系统健康保护措施同时有效落实在水体及与之相关联的陆域范围之内，实现上下游、左右岸、山水林田湖草沙联动的生态保护策略，保护绿水、保护青山。

本书中涉及的内容正是在水体污染控制与治理科技重大专项的支持下，从“十一五”研究工作开始起步，在充分借鉴国内外已有的地理、生态、环境等分区研究的基础上，经过多年努力而完成的一项耦合陆地和水体特征的流域地理生态分区研究成果。本成果不仅完整地构建了流域水生态功能分区的原则、依据、策略、层级体系和方法，提出了分区的命名、编码等基本规则和要求，而且通过详细的分区说明书，将多年来实地调查积累的第一手数据和资料上载于分区方案，从而为分区方案赋予了丰富的信息内涵。

本书专注于提出一个水生态功能分区的方法和技术链，并以东江为典型案例区揭示水生态功能分区的科学问题、创新路径、方案表达和应用前景。整个研究工作过程中，合作单位的众多专家学者在松花江、海河、淮河、黑河、巢湖、滇池和洱海流域开展了协同攻关，不仅深化了对水生态功能分区的理论认识，而且通过在不同区域、多个方面的探索和实践，使分区的方法和技术得以丰富和完善，并显示出流域水生态功能分区方法和技术对不同类型流域的广泛适用性。本研究成果得到了国家水体污染控制与治理科技重大专项课题“重点流域水生态功能一级二级分区研究（2008ZX07526-002）”、“重点流域水生态功能三级四级分区研究（2012ZX07501-002）”和“功能区土地利用优化与空间管控技术集成（2017ZX07301-001-03）”课题和任务的支持。本书中的研究结果建立在大量的科学研究基础之上，但遗憾的是因篇幅所限，本书难以详尽和完全地展示这些支撑流域水生态功能分区方法和技术的研究成果。

全书包括10章内容，分属理论篇、范例篇和说明篇。其中理论篇中的各个章节，集中论述了流域水生态功能分区中的基本理论问题，同时也阐明了水陆一体化分区在分区理论和实践方面所遇到的挑战，以及为应对这些挑战，在分区理论及方法方面需要进行的突破和和创新，最终提出了流域水生态功能分区架构；范例篇以我国南方亚热带湿润地区的东江流域为案例区，展示了流域水生态功能分区的方法、过程和方案体系；说明篇是对三级和四级分区单元，以及河段类型的特征进行说明，其内容表明了相应区域水生态系统的特征及其重要水生态功能，旨在为水生态健康的评价、监测和保护提供丰富的科学基础信息。

本项研究工作涉及地理分区、流域生态、水生生物、水环境、专题地图等多多方面研究工作，先后有几十位研究人员参与并为之做出贡献。本书撰写过程中，负责并参与各章节内容的人员及分工如下：第 1 章作者为康慕谊、伍永秋、刘全儒、黄晓霞、江源；第 2 章作者为江源、刘琦、康慕谊、伍永秋、黄晓霞；第 3 章作者为黄晓霞、江源、康慕谊、伍永秋；第 4 章作者为付岚、伍永秋、丁贞玉、董满宇等；第 5 章作者为任斐鹏、熊兴、刘全儒、伍永秋、潘美慧、董一帆、江源等；第 6 章作者为廖剑宇、王博、刘全儒、伍永秋、王菁兰、孟世勇、江源等；第 7 章作者为丁佼、熊兴、王珊、付岚、廖剑宇、江源；第 8 章作者为彭秋志、于明、张永夏、刘全儒、赵鸣飞、江源等；第 9 章作者为刘全儒、周云龙、郭冬升、赵会宏、邓利、丁佼、付岚、刘琦；第 10 章作者为刘琦、侯兆疆、吕乐婷、郑楚涛、田雨露、江源。分区专题图由黄晓霞、江源、彭秋志编制。保护生物名录由刘全儒、于明、郭东升、张永夏、侯兆疆编制。

除此之外，尚有多名专家和研究生、本科生参加过相关研究工作，此处难以逐一列出。项目首席科学家中国环境科学研究院张远研究员对整个研究工作高标准、严要求并提出了很多建设性建议。课题组的研究工作也得到了国内外许多专家、学者的指导，得到了生态环境部水生态环境司和水污染控制与治理科技重大专项管理办公室及相关领导、管理人员的鼓励与支持。在此，我们一并表示衷心感谢。

本书著述和出版工作是集体成果的集成过程。这些成果不仅能够为相关领域的专业人员和大专院校研究生、本科生学习流域地理生态分区的理论、方法和步骤提供支持，也能够为专业管理人员提供翔实区域生态系统信息。如果本书能够在学术和技术方面为广大读者提供有效服务，为山水林田湖草沙统筹式流域生态管理，为青山常在、绿水长流有所贡献，我们将感到由衷的喜悦。囿于学识、能力、技术条件等主客观因素限制，书中仍然存在许多不足和缺憾，错误和疏漏也在所难免，衷心希望并欢迎广大读者予以批评指正。

作者

2020 年 11 月于北京

目　　录

说明篇　东江流域水生态功能三级四级分区说明书

理论篇

流域水生态功能分区原理与方法

第 1 章　流域水生态功能分区：概念–方法–国内外相关研究进展

1.1　流域水生态功能分区的内涵与外延

大型流域内部景观结构十分复杂，例如我国的黄河流域、长江流域等，这类流域均跨越了多个生态条件迥异的自然地理区域。回顾国内外生态与环境保护领域的发展和管理实践历程，对于结构复杂的大区域中的生态保护和环境管理而言，大多需要采取因地制宜的多样化保护措施和管理标准，而这种多样化的管理则需要以生态系统和环境特征的区域差异为基本科学依据。为此，各国的科学家们及其专业团队，提出了多种类型的生态或者地理分区方案，为区域生态与环境保护管理提供了有力的科技支撑。

1.1.1　流域水生态功能分区的基本定位

中华人民共和国成立以来，为了支持国家各行各业的发展，支撑国家经济建设和生态与环境保护事业，形成了多种类型的全国性综合的和部门的分区方案。这其中有许多以陆地自然、社会和经济特征为依据形成的分区方案，例如“中国综合自然区划”（黄秉维，1958）、“中国生态区划方案”（傅伯杰等，2001）、“中国生态地域划分方案”（郑度等，2008）、“中国生态功能区划”（中华人民共和国环境保护部，2007）等，也有一些依据湖泊、河流水文和水生生物组成等特征的分区方案，例如“中国五大湖泊区划”（中国科学院自然区划工作委员会，1959）、“中国内陆渔业区划”（曾祥琮，1990）、“中国水功能区划”（中华人民共和国水利部，2000）等。

然而，对于流域而言，无论其面积大小，也无论其流经何种区域，均包含有两类最基本的结构要素：①流域中的水体要素；②流域中形成汇水区域的陆地要素。随着对山水林田湖草生命共同体理念认识的深化和贯彻落实，多要素一体化的生态与环境保护战略将会快速推进，我国的水生态与水环境管理和流域内部各类陆域生态系统的管理也将成为不可分割的整体。因此，统筹流域的生态功能保护、水体污染治理与防治、整体生态系统健康和生态安全维护等目标的流域生态综合管理将成为我国区域生态与环境保护的重要内容。

我国乃至世界各国多年来水环境治理与保护的实践经验表明，虽然水污染和水生态系统受损是流域生态与环境问题的突出表现，但根源主要在于其上游和周边的陆地生态系统发生了多种变化，进而导致水环境质量下降和水生态系统退化。可见，实施有效的水生态系统健康保护与管理，不仅需要关注和保护不同的河流与湖泊等水生态系统在流域中的水生态功能，同时也需要关注保护相应陆域生态系统对河流、湖泊等水生态系统的支持功能。因此，研制一个既能反映流域水体生态系统特征区域分异，也能反映对水生态系统具有明显作用的陆域生态系统特征的水陆一体化流域分区方案，将有助于统筹水陆过程。通过对流域中水生态系统和陆地生态系统的一体化干预和管理，可有效促进我国的水生态系统健康管理，助力水污染控制与水环境治理。为此，有专家学者强调，水生态功能区划分，是以保持流域生态系统的完整性和发展的可持续性为目标，在流域尺度上进行的水生态功能区划分。其目标是根据流域内不同的自然地理条件，结合社会经济发展的需要，以水生态功能指标为基础提出的类型划分。

鉴于国家水生态系统健康管理需求和国外的水环境管理实践经验，参考国内学者的相关讨论，本书对流域水生态功能分区的理解和定位如下。流域水生态功能分区的目的是形成一个集流域内部水体特征和陆域特征为一体的分区方案，其所依据的基本原理是流域内部陆域生态系统特征与水生态系统特征之间的内在联系；水生态功能分区一方面应该反映水生态系统类型组合空间格局及其生态服务特征，另一方面也应该反映陆地生态系统为水生态系统提供的支撑与服务及其区域分异规律；水生态功能分区方案同时需要处理好与其他各类生态与环境功能分区的协调和衔接，并兼顾管理部门应用时的简洁与便利。

1.1.2 流域水生态功能分区中涉及的主要相关概念

(1) 流域

流域是指某陆地河流（或水系）获得水量补给的集水区域（伍光和等，2000）。流域有大有小，一条大河的流域往往可以按照该大河各组成水系的等级分成数个支流域，每个支流域又可以分成若干个更小的流域等。流域之间的分水地带称为分水岭（divide，watershed），分水岭上最高点的连线为分水线（drainage divide），即集水区的边界线。处于分水岭最高处的大气降水，以分水线为界分别流向相邻的河流或水系。

流域作为一个地理空间单元可在以下5个方面理解其概念：①存在明确边界，即集水区（catchment）是一个由分水线所包络的“封闭”系统。②流域面积不一，指其占有陆地表面的范围有大有小。一般的，占地表面积越大则河流水量也越大。③流域形状各异，可分为不同类型，且会明显影响到河流的水量变化，其越接近圆形则越易形成干流洪峰。④流域高度，指流域所处的海拔位置，处于不同海拔位置的流域所受气候特征（主要是气温和降水形式）影响不同，进而会影响到流域的水量变化。⑤流域河网密度，指流域中干支流总长度和流域面积之比，受流域气候、植被、地貌特征、岩石土壤的渗透性和抗蚀能力等因素控制，其大小可说明水系发育的疏密程度。

(2) 流域水生态系统

由上述定义出发，可知流域是河流（或水系）的陆地纳水和供水背景。由此，一个流域内总存在着一个或多个以水为纽带相互联系、彼此影响的水体生态系统。一般地，上游水体生态系统对下游的影响要更大些，上游流域的自然与人文特征、水体生态系统的生物与非生物环境，以及其最终输出的水质、水量等，在很大程度上决定着下游流域水生态系统的时空结构、组成、功能和过程。因此，将整个流域连同其内的全部水体生态系统作为一个整体加以研究，应更合乎水文学、水资源学和水环境学的科学逻辑及方法论原理，也更有助于实现全面而高效的水生态系统管理。

（3）生态水文学

生态水文学（ecohydrology）是国际上近年来新兴的一门交叉学科，是研究水体与生态系统相互作用的陆地水文学分支。这种相互作用既可以发生在水体如河流和湖泊中，也可以发生在森林、草地、荒漠或其他陆地生态系统内。生态水文学研究的主要内容，包括蒸腾作用和植物水分利用、生物对水环境的适应、岸带植被对溪流的影响，以及生态过程与水文循环之间的相互反馈作用等。

从流域生态系统管理实践的角度考虑，生态水文学遵循的基本原理有三项：一是水文学意义上某流域水文循环（hydrological cycle）的量化规模，它决定着该流域内水文和生物过程相互间功能整合的水平；二是生态学意义上这种相互功能整合过程可以扩大流域尺度的环境容纳量，并增强其生态系统服务水平；三是基于上两条原理并借助生态工程和系统学方法，可以实现流域综合管理（integrated water basin management）。

（4）流域生态学

流域生态学（watershed ecology）是将某一流域认同为一个生态系统，从整体上研究流域范围内的生物与非生物环境，以及流域内各陆地和水体子生态系统间的相互影响和作用规律的生态学科[①]。流域生态学的产生，缘于学界的一种认识：鉴于流域与河流水体之间不仅仅具有简单的水文学关系，而是存在着密切的生态学关联。近年来国际上亦逐渐兴起以流域为单元，将其内的所有水体及为这些水体供水的陆地区域等结合起来整体开展生态学研究的趋势，由此产生了生态学的这一新分支。

流域生态学的研究内容，一般认为主要是探讨：①流域内水体生态系统与陆地生态系统的耦合关系，流域内不同景观（高地、沿岸带、水体等）和不同生态系统间的能量、物质的变动规律。②由于流域的地貌特征、气候特征（特别是降水和融雪等）、水文特征（如溪流水量、土壤含水状况、地下水位等），均会对流域的陆地和水体子生态系统产生影响，因此研究这些特征对水体生态系统的作用及其时空变化过程，同样是流域生态学的研究内容。③此外，由于流域内的人类土地利用活动及其时空变化会对流域的陆地和水体产生巨大影响（如改变流域的地表蒸发蒸腾总量等），从而导致流域中水体的水质和水量在时空上发生相应变化，因此土地利用及其时空变化亦是流域生态学研究的主要内容之一。

（5）水生态学

水生态学（hydro-ecology）[②] 同样具有交叉学科性质（牵涉到生态学、水文学、地貌

---

① https://www.uscupstate.edu/academics/arts_sciences/watershed/Default.aspx? id=1991

② http://www.hydro-ecology.co.uk/

学、土壤学、地质学、水文地质学、水文化学等学科)，指与水生物特别是与湿地生物及生境相关联的生态学研究，研究内容着重探求岸边及水体中植物和动物群落与支撑其生存的地表水、土壤水以地下水之间的相互作用等。

作为重要的实践工具，水生态研究的成果可服务于水体及湿地生态系统评估、湿地生态管理、水体及湿地生境开发影响评价（评估开发活动对水道、溪流、河流、下游湿地等可能产生的负面影响乃至加剧流域的洪涝灾害等)、新湿地模式设计，以及为可持续流域体系建设提供前期准备等。

(6) 水体生态系统

水体生态系统（aquatic ecosystem，water ecosystem）又称水生态系统、水生生态系统、水域生态系统。顾名思义，是以地球表面各类（自然形成或人工围筑的）水域为基质，由水生生物群落与水体环境共同构成的具有特定结构和功能的动态平衡系统的总称。水体生态系统中栖息着自养生物（autotrophic，如藻类、水草等)、异养生物（heterotrophic，如各种无脊椎和脊椎动物）和分解者生物（decomposer，如各种菌类微生物)，这些生物及其构成的群落与水环境之间相互作用，维持着特定的物质循环与能量流动，构成了完整的生态单元—水体生态系统。

水体生态系统有许多不同的类别。①按水体环境中的盐分含量高低可将水体生态系统分为淡水生态系统（fresh water ecosystem）和咸水（湖泊或海洋）生态系统（saline water ecosystem)；②按水体的流动性，可将淡水生态系统进一步分为静水生态系统（still-water ecosystem，lentic ecosystem，如湖泊、池塘和水库）和流水生态系统（lotic ecosystem，如江河、溪流、沟渠等)。

(7) 生态功能

生态功能（ecological function，ecological functioning）指自然界物质（如碳、水、矿物质等）和能量在生态系统各营养级内以及环境间流动转换的过程、该过程的性质和速率，以及由此而为人类带来并提供的生态利益（生态系统产品和生态服务）等。功能（function）一词的含义较为丰富，从生态学的角度出发，通常将其概括为 4 个方面（Jax，2005)：某生态过程（process）及该过程中生物与生物、生物与非生物环境间的因果联系；生态系统中某类生命有机体扮演的角色；维持生态系统存续的各种过程［这些过程从整体上决定着生态系统运转（functioning)］；以及生态系统过程为人类所提供的服务。因此所谓生态功能，可看成为生态系统中所存在和所发生的各种生物和生物、生物和非生物间的相互作用（interaction）的过程，这些过程［典型的如生物地球化学循环（biogeochemical cycles)，生态系统的初级生产（primary production）等］的显著特点是将生态系统的不同结构组分有机和动态地连接起来，共同完成能量与物质在生态系统内和生态系统间的相互转换（transformation)。这种能量和物质在生态系统内部和外部的相互转换过程，可为人类源源不断地提供巨大的、各式各样的生态利益（即生态服务 ecological services)，如生物产品、淡水资源、环境净化，气候调节、自然美学等。

（8）水生态功能

水生态功能（ecological functions of water ecosystem），即是指水体[①]生态系统所具有的和所发挥的生态功能。一般来说，陆地自然界的水体（河流、湖泊、湿地等）或人工建造的水体（水库、运河等），本身就是一些不同的生态系统，其本身就具有生物多样性支持、水资源供给、水产品供给、物质输移、休闲游憩场所提供等生态服务类功能。同时，这些水体生态系统在其生存和延续过程中，因具有足够大的水量，从而能够对其内部和周边的环境（局地气候、微地形、土壤、植物区系和植被、动物区系等）产生重要甚至巨大的影响。这些影响，许多都是正面的生态效应，如减少昼夜温差、改善空气湿度、增加有效降水等。水生态系统的水生态功能发挥，不仅有赖于水体的正常时空运转，也有赖于流域内陆域生态系统是否能够正发挥水源涵养、污染物滞留等生态系统服务功能。

（9）生态系统管理

生态系统管理（ecosystem management）是在对拟管理的对象——生态系统的组成、结构与功能，充分理解和足够把握的基础上，按照生态系统的特性，制定符合其运行规律的适应性管理策略（adaptive management strategy），并通过相应的步骤实施具体管理措施，以维持（或修复、重建）生态系统的完整性（integrity）和可持续性（sustainability）的实践过程（Vogt et al.，1997；Maltby et al.，1999）。水生态系统管理，则是该实践过程对水体生态系统的自然延伸应用。一般而言，生态系统管理除考虑自然过程的可持续性因素外，往往还与人类的社会和经济近期与长远目标相融合。由于任一生态系统中均存在活的生物有机体部分，因此生态系统管理必然是一个动态的、不断适应的过程，即生态系统管理策略的制定要考虑到生态系统的发展变化和动态过程，并适时适地适量地调整管理的策略，其中包括管理的方法手段和管理措施的力度。

生态系统管理研究具有学科交叉性质，不仅需要对生态学领域的相关原理有深刻的理解，还需要掌握管理科学的基本原理和方法。特别是后者，更是一个动态的过程。一方面，生态系统管理在决策层面，必须要有明确的目标，并由决策者根据条件可行性最后确定；但同时又具有可适应性，即决策可以根据实际情况在管理过程中进行修改、补充，或作出必要的变通。另一方面，生态系统管理在管理方面，是通过制定政策、签订协议和种种具体的实践活动而实施。

生态系统管理的基础要求，是人类对于生态系统中各成分间的相互作用和各种生态过程都应有充分而正确的理解。只有充分地了解生态系统的结构和功能，包括种种生态过程，并根据这些规律性和社会情况来制定政策法令和选择各种措施，才能把生态系统管理妥当，从而产生巨大的生态、经济和社会效益。

---

① 严格说来，水体不仅包括地表占有相当面积，具一定长度、宽度和深度的陆地水体如河流、湖泊等，还应包括近海和远海海洋等。如不明确指出，本书所指水体仅指前者，即陆地地表占有相当面积，具一定长度、宽度和深度的各类河流、湖泊，以及季节性积水的湿地等

正是为了实现对各类生态系统（包括水体生态系统）的适应性管理，自 20 世纪 70 年代以来，于原来的自然区划基础上，在北美等地及后来的世界各地相继兴起了生态区和生态区划研究实践。

1.1.3 生态分区支撑流域管理的国际案例

生态区是指具有一定功能的、涉及多种生态系统的大型地理区域（Bailey，1983）。在国外，早期的生态区常被用于生物监控地段的选择（Hughes and Larsen，1988）。生态分区可以提供给规划和管理决策者直观的流域景观和生态系统信息，并为其空间分层管理目标的选择与效果对比、区域变化的分析等提供科学基础（Hall and Arnberg，2002）。

生态分区在水环境保护中应用较为成熟的案例是美国国家环境保护署（United States Environmental Protection Agency）采用的生态分区方案。美国国家环境保护署采用了一套北美生态分区方案，主持该方案的科学家认为，生态系统及其成分所展示的区域格局是可以通过生态因子的不同空间组合来反映的，这些因子包括气候、土壤、地质、植被和地文景观等，这些数据可以通过土地利用图、地形图、不同来源的土壤图、地质、自然分区、土地资源区等来获取（Omernik and Griffith，2014）。通过深入分析北美地区的生物与非生物要素的空间格局及其组分，能够识别生态系统的区域分异，正是这些格局与组分，决定并反映区域生态系统的整体性质，其中包括地质、地貌、植被、气候、土壤、土地利用、野生动植物，进而决定着河流水文过程的相关特征。

该方案的原初设计目标，是建立一套评估和规范地表水质量的空间框架并以此服务于美国本土的水环境管理。Omernik 的生态分区是具有 4 个层级的分区方案，其第三和第四级均为类型区，每一个空间单元是一个生态系统特征基本类似的某地表（或水域）区域。美国国家环境保护署将该方案用于对各州水质和水生生物多样性等进行评价，发展水质生物学基准体系，确定水质管理目标，为水环境健康管理提供依据（Gallant et al.，1989；Omernik，1995）。该方案后来也被推向更加广泛的领域，例如被应用于建立非点源污染的管控目标以及其地表水水质问题的管理（Hughes and Larsen，1988），并最终成为整个北美地区环境合作委员会（Commission for Environmental Cooperation，成员包括美国、加拿大、墨西哥等）的生态区分类与划分范例。

1.2 水生态功能分区相关方案的国际进展

1.2.1 生态区

生态区（ecoregion）最初由加拿大森林学家 Orie Loucks 在 1962 年提出，此后出现了一系列的生态分区研究，研究的尺度从小尺度的单一湖泊、河流、城市等到中尺度的国家、地区再到大尺度的大陆范围。尽管一个完整的自然分区方案不应将水生生态系统和陆地生态系统相互割裂，但由于指标获取的完整性和连续性难以保证，以及水体和陆地资源管理和保护的措施与政策方面的差异，目前的大多数研究还是单纯地针对水体或者陆地特征开展生态分区，其分区方案大致分为三大类：陆地生态分区、淡水生态分区（Omernik，1987；Abell et al.，2008）和海洋生态分区（Bailey，1998；Spalding et al.，2007）。其中世界范围内研究最早、涉及区域和类型最广的是陆地生态分区。对淡水生态分区研究具有代表性的地区是基于欧洲水框架条约（WFD）的欧盟各成员国。此外，与生态区概念相近的分区概念还包括生态区划（ecological regionalization）、生物区（bioregion）、生物群区（biome）、生物地理分布区（ecozone）等。

从 20 世纪 70 年代开始，北美的分区研究，尤其是对水生生态系统的研究中，陆地生态系统和水生生态系统就被紧密联系起来，并选取影响集水区状况的地理特征作为生态分类标准（Liken and Bormann，1974；Lotspeich，1980；Brussock et al.，1985；Naiman et al.，1990）。Harding 和 Winterbourn（1997）建议采用两种策略来识别生态区。首先，生态区可以通过收集和分析大量的地理和生物数据进行识别。这类方法需要容量巨大的数据库支持，但即便如此，其结果也很难应用到其他区域。其次，可以通过整合生态系统的结构和功能的关键因子来确定生态区。该方法提供了一个宏观视角，采用了大尺度上的气候和地貌等信息进行生态系统的分布格局的辨识。但该方法需要假定与该类因子相关的生态系统及其组分具有相似的地域分异，而且可以通过不同生物地理因子得以体现。

生态区是一个与生态学和地理学有关的地域概念，一般认为，生态区是指有着独特的天然生物群落和物种组合、分布在地表较大范围的一片陆地或水域区域。一个生态区中的植物区系、动物区系和生态系统生物多样性，与其他生态区一般具有显著的不同。与所有的生物地理学区域划分方法一样，生态区的划分往往是相对的。这是因为生态区之间的边界除少数特例外往往并不明显，而是形成或宽或窄的生态过渡带（ecotone），或者是由一些不同类的生物栖息地相互交错与镶嵌构成；生态区的边界状况差异较大，有时其变化可能会极为缓慢，例如位于美国中西部地区的森林–草原过渡带，使其很难确定一个具体的（生态区）边界。此外，大多数生态区虽在地域上可能归于同一生物群区，但在同一生态区内，常常会因局部生境因子的变化出现不同于其所属生物群区而应隶属其他生物群区的栖息地。

总之，生态区是一个较广阔的并具自身鲜明生态和环境特征的地域范围，其面积大约变动在 1000 ~ 1 000 000 km^2。一个生态区一般有其独特而完整的植被、土壤和地貌组合，并且在地表相似地段虽可重复出现，但与其周边应有明显的不同（Omernik，2004）。

生态区概念的出现，与晚近的科学和社会实践过程以及人类生态意识的觉醒密不可分。长期对自然界的无节制开发利用以及由此带来的环境效应，使人类逐渐意识到，自然界各类生态系统的存续及其功能的发挥对人类自身在地球上的存续具有决定性意义。人类（无论是农业生产研究者还是自然保护主义者）还逐渐发现，实现自然以及人工生态系统的优化管理，不应仅局限在生态系统内部及其自身过程上，而需在景观及更广域空间尺度上同时开展研究。从“整体大于部分之和”的观点出发，有必要将相互关联的一些生态系统结合起来探求其运行规律和内在作用机制，即将生态区作为一个基本单元开展分析和管理研究。

有关生态区的分类（categorization）和划分（zoning，regionalization）体系存在争议。生态区划分既有使用某一规则系统（algorithmic approach）来区分的实践，也有从整体上因各地各因素的重要性不同而运用“权重”方法（weight-of-evidence approach）来区分的实践。前者如 Robert Bailey 为服务于美国林务局（Forest Service，USDA）的生态区域分类管理目标而采用的分层分类规则，该方法首先以气候因素为依据将整个美国陆地区域划分为一些大区，再对这些划分出的大区按照其他因素（依次为占优势的潜在植被类型、地貌特征以及土壤因素等）进行逐步细分。每一级划分过程中运用不同的主导环境因子，最终形成一个具完整层级结构的分类分区体系。权重法则由 James Omernik 倡导，典型的案例如其为美国国家环境保护署开展工作的成果，该方法经修改后，最终成为整个北美地区环境合作委员会（Commission for Environmental Cooperation，成员包括美国、加拿大、墨西哥等）的生态区分类与划分规范（Omernik and Griffith，2014）。

生态区及其边界的划分方法也会因服务目的的不同而不同。例如，世界自然基金会（World Wild Fund for Nature，WWF）为有助于实现全球生物多样性保护目标，在制定生态区划分方案时，更注重和更强调地区之间动物和植物区系的差异，由此世界自然基金会亦给出一个生态区的定义：具独特地理特征和自然群落组合的一大块面积陆地或水域，在该独特的陆地或水域范围内，大多数物种相同，且生态过程动态亦相同；环境条件相似；内部生态相互作用方式的一致性，是保证该独特区域长期存在的关键。

在此前的国际科学实践过程中，动物和植物生态地理学家遵循世界主要植物区系和动物区系的分布特征，早已将全世界的陆地确定划分为 8 个生物地理分布区。这些生物地理分布区的边界一般是各大洲的分界，或是阻碍动植物分布的巨大地形阻隔——如喜马拉雅山脉和撒哈拉沙漠等。世界自然基金会在上述已划分出的地球陆地 8 个生物地理分布区基础上，进一步在全球内确定出共 238 个非常重要的生态区，这些生态区涵盖了陆地、海洋和淡水等各种类型。在具体划分生态区时，分类的依据是生物群区，而生物群区又主要取决于各地的降雨和热量气候条件。

1.2.2 生态区划

生态区划（eco-regionalization）与生态区概念之间存在不可分割的联系。在提出生态区概念的同时，自然伴随着如何区别不同的生态区，即如何进行生态区划分的科学问题。生态区划脱胎于更早期为实现对自然资源的合理、充分利用及切实保护而开展的自然区划研究，其中最核心的概念是区划（regionalization）。生态区划是在充分研究某一地域的自然生态状况、生态资产存量、生态敏感性、提供生态服务的能力与水平的特点和规律等，以及人类活动对该地域生态与环境施加的胁迫程度的基础上，遵循一定的区划原则、方法和指标体系，对相关的地域进行合并和区分，划分出各不相同但具有完整等级的生态单元体系。

生态区划的目的，是揭示一个地区不同生态区单元的生态与环境问题特点及其形成机制，为不同区域中自然资源的合理开发利用及环境保护等提供决策参考依据，从而最终达到社会、经济、环境的可持续发展。

由于不同生态区之间的划分往往需在一定比例尺的地图上以明确界线的形式展现出来，因而生态区及生态区划的概念还与生态区制图密不可分，而生态区制图又会牵涉到生态边界的确定性与过渡性、人类活动对生态区的影响、格局与尺度对生态分区的影响、生态系统的多等级空间关系等相关研究（Bailey，2002；Moog et al.，2004）。

1.2.3　北美地区的生态分区研究及主要分区方案

近年来，世界上许多国家和地区都进行过水生态分区方面的研究和开展生态分区的实践工作，其中影响较大的主要有美国和北美地区的生态分区、欧盟的水生态分区及澳大利亚的水生态分区。

在美国及整个北美地区，就陆地生态系统而言，目前已经先后有至少 7 个不同类型的、服务于不同部门、满足不同目标需求的生态分区方案出台（表 1-1）。这其中，又以美国农业部土壤调查队及之后于 1994 年改为由美国农业部自然资源保育署（Natural Resources Conservation Service，NRCS）负责的“美国土地资源区域和主体土地资源分区（land resource regions and major land resource areas of the United States，LRR & MLRA）”（NRCS，2006）、美国农业部林务署的“北美生态区（ecoregions of North America）”（Bailey，1976，1997，1998）和美国环保署的北美生态区（Omernik，1987，1995）以及世界自然保护联盟的“世界陆地生态区”（Olson et al.，2001；Omernik，1995）三套分区方案影响较为广泛（表 1-1）。

表 1-1　七大美国生态分区发起机构和主要用途

区划系统	区划发起机构	主要设计用途
Omernik 的生态区划	美国环境保护署	水质评估
Bailey 的生态区划	美国农业部林务署	生态系统管理
NRCS 的土地资源区划	美国农业部自然资源保育署	农业报告和资源保育计划
CER 共通生态区区划	政府跨部门（协调）技术团队	生态系统管理与跨部门机构协调
环境合作委员会区划	北美自由贸易区环境合作委员会	环境现状报告
鸟类保护区划	北美鸟类保护联盟	生境保护和栖息地管理
TNC 生态区划	美国自然保育协会	自然保育规划和物种多样性保护

资料来源：Loveland and Merchant，2004

美国农业部土壤调查队于 1981 年开展的美国土地资源区域和主体土地资源分区工作，目标定位为服务于农业、牧业、林业、工程、游憩及其他用途，其实际应用范围涉及农田林地管理、水源涵养与水质保护、牧场改良与维持、野生动物栖息地拓展、土壤潜力分等定级，乃至为流域、旅游和城市规划等提供参考依据。近期，MLRA 的数据库和图件等又再次得到更新（NRCS，2006）。最新的分区方案，在延续原初的将美国的土地资源按照三级进行区分基础上，对原分区进行了部分修订并增补了数个新的分区区域。其中将美国本土部分划分为约21个土地资源区域（LRR），包含约160个主体土地资源区（MLRA）。在每个主体土地资源区下，又依地形、景观特征、水文单元、资源禀赋及用途，以及人类土地利用和水土保持活动需求等再划设出更多个基础性的土地资源单元（LRU，每个面积约在数千英亩①）；2005年后，LRU改称为共同资源区（common resource areas，CRAs）。

Bailey（1976）受美国农业部林务署的委托，以气候、潜在自然植被、土壤以及地形等生态与环境要素作为分区划分方案的特征依据指标，将整个美国以地域（domain）、区（division）、省（province）和地段（section）等4个级别划分为若干个不同的生态区（ecoregion），并在每一区内再逐级划分相应的更低一级分区单位（Bailey，1976，1978）。Bailey在该生态区划过程中，建立了一套“基于尺度的嵌套层次结构”（scale-based nested hierarchy），并以此逐步区分出更特化而具体的生态区单元。这一方法的大致途径是，从最广域尺度的气候影响因素（如大陆度、纬度、海拔等）出发，逐级依次考虑地形、植被、土壤等局地因素，从而确定出越来越具体和细化的各子生态区单元。其中每个等级主要依据指标体系中的某一项主导指标，如第一级主要依据大气候特征的不同划分，第二级主要依据区域性地形的分异特征，第三级主要依据当地的潜在植被……最后一级基本依据地方性土壤-局地小气候分异特征。Bailey的分区，其原初目标是为美国农业部林务署开展森林资源评估和管理工作提供服务，但后来该分区（及图件）在许多领域都展示出其科学价值，尤其是在生物多样性和自然保育评估及在全球变化研究方面得到广泛应用。该分区方案经不断补充、修订和完善，目前已成为北美生态区划分的经典之一，并于1997年将生态分区扩充至整个北美地区乃至全球（Bailey，1983，1989，1994，1995，1997，2004）。

值得指出的是，生态区的划分结果，无论过程如何，最终都要落实到分区地图上，而在分区图中如何确定各生态区（及其下更低级单位）的边界线是划分和制图过程的关键问题之一，Bailey方案的创新之处在于第一次较好地解决了该类问题（Bailey，2004）。

在Bailey生态分区工作的基础上，美国农业部林务署又进一步发起建立了适用于各种地理尺度的生态系统分类与制图协议（ecosystem classification and mapping protocols，ECOMAP），并随之发布其标志性成果——国家生态单元等级框架（National Hierarchical Framework of Ecological Units）（ECOMAP，1993）。这实际上是将他们创立的生态分区的研究思路、步骤过程和制图方法等进一步凝练升华，使之“标准化”。这一系列举措，被认为是美国的生态系统管理正式步入科学轨道的重要一环：先有（依据生态分区方案获得和掌握地方分异特点，从而制定出相应的）具体管理规划，再行生态系统管理（Loveland and Merchant，2004）。

Omernik（1987）在美国环境保护署的支持下，提出了另外一套美国生态区划方案。该方案的原初设计目标，是建立一套评估和规范地表水质量的空间框架并以此服务于美国本土的水环境管理，但该方案后来同样在其他方面也得到应用。该分区方案的分区思路和

① 1英亩≈4046.86m^2

策略，可以认为是定性式的、整体观的［或说是“格式塔式的”（Gestalt）[①]］，主要是依据专家的经验判断并通过专家对（地形、气候、土壤、自然植被等）地图数据的综合分析而得出最终分区结果。Omernik 的分区方案强调每一生态区固有的持久特性或其基本过程特征，但与 Bailey 方案不同的是，Omernik 在定义生态区时有时也还考虑当前的土地利用状况。Omernik 将生态区划分为在空间和特征分辨率上由高至低相互连贯的 4 个级别，每下一级别的划分单元比上一级的更为详细和具体。

Omernik 所认为的生态区是基于这样一种假设：生态系统及其组分乃至结构呈现出一定的区域格局，而这种区域格局可以通过气候、土壤、植被和地形等存在因果联系的因素之空间差异组合得到反映。虽然这些因素相互牵涉、相互作用，但其中决定生态系统特性的某个主导因素在各地却不尽相同，因而可以通过在地图上分析这些重要因素的地域组合状况乃至当地的土地利用综合性质，将生态系统的区域格局（即各自不同的生态区）区别开来。以此假设为前提，Omernik 选取对水生态系统功能影响最大的 4 个环境因子（土地利用、地形、潜在自然植被和土壤等）构成分区指标体系。生态区的确定主要是对比这 4 个主要的环境因子，当该 4 个环境因子的区域差异比较显著时，通过对比即可进行界线确定；当部分环境因子的差异性不显著时，则选取其中某最重要的因子作为界线确定的依据。Omernik 提出的生态区同样是多级系统，由 4 ~ 5 个级别组成，其中级别Ⅰ和级别Ⅱ均是基于北美大陆的广域尺度生态区（为与加拿大和墨西哥的环境保护部门保持一致，曾进行过一次修改订正，（Omernik，1995）；而服务于美国环境保护署和其他几个机构的则是其最主要的一级——级别Ⅲ，该级别的生态区被用来进行美国本土的水质评估和水生生物标准制定（Omernik，1987）。

上述三个生态分区方案及层次框架后来均经过相关机构的数次修订，以达成更为精确的生态区定义并划定更为精细的边界，同时也是为使这些方案能够适用于更为特殊的应用场合。在这些修订努力中，最为突出的则是由美国农业部林务署、美国国家环境保护署、美国自然资源保育署和美国地质调查局等 9 个部门共同组成的政府跨部门（协调）技术团队（National Interagency Technical Team）所主导的一次整合式修订（McMahon et al.，2001）。该团队的首要工作任务，是编制一幅称为“共同生态区”（common ecological regions，CER）的国家级地图，以便为联邦政府各部门相互之间提供一个基础性公共平台，并从而力图使各部门之间在生态系统研究、评估与管理的设计和执行方面实现跨部门协调与合作（表 1-1）。该 CER 地图的制作过程，首先是在原有的三个（即 MLRA，Omernik 方案，以及 Bailey 方案）生态区划方案之间寻找一致性或共同点，当三者在生态区的范围和边界确定上存在不一致时，则通过综合考虑该 CER 地图的未来实际应用经再比较而确定之。需要指出的是，要在来自各部门、各学科的专家之间达成一致，并非易事。因此该团队的具体做法和策略是，先在专家内部设定并达成一个生态共识（foster an ecological understanding），该生态共识达成的基础，是专家们需要将各自的视野建立在可

① 指奥地利及德国心理学家创立的格式塔理论（Gestalt），该理论主张研究直接经验（即意识）和行为，强调经验和行为的整体性，认为整体不等于并且大于部分之和，主张以整体的动力结构观来研究心理现象

反映区域整体特征的景观之上，而不仅仅是依据某单一资源、单独学科，或单个部门的观点行事。

该 CER 图件所构建的“共同生态区”分区方案，体现了每一生态区内的生物、非生物、陆地和水域等的生态容量和潜力的一致性（McMahon et al.，2001）。若将其与前述的三个分区方案加以对比，可知 CER 方案脱胎于前三者方案，但比前三者方案更为综合（表 1-2）。

表 1-2　美国几个不同生态分区方案简要对比

方案	分区原则	依据指标	界线确定	等级系统	区划特点
NRCS（2006）	土地利用/覆盖现状特征及土地生产潜力	自然植被、土壤、气候以及土地利用传统与现状；后期还补充水文条件	地图图层叠加	3 个等级，其中国家层面上最详细者为其第二级—主体土地资源区（MLRA），美国本土约 160 个（含变型）	着重土地特征，顾及气候、水文、地形等因子
Bailey（1978）	不同尺度生态系统的组成与结构及其控制因素	气候、潜在自然植被、土壤、和地形	专家经验支持下的景观特征细分	4 个等级，分别为地域（domain）、区（division）、省（province）和地段（section），其中国家层面上最主要者为省级，全境约 52 个	每个等级主要依据第二列中的某一个指标
Omernik（1987）	对水生态系统结构与功能影响的一致性	土地利用、地形、潜在自然植被和土壤	专家经验为主，结合 4 个主要环境因子整体相互对比	4～5 个级别（含北美大陆 15 个 1 级区和 52 个 2 级区），其中美国全国尺度层面使用最主要、最详细者为其第 3 级（L-Ⅲ），共 79 个区	综合考虑了 4 个指标的影响，多级别多指标
McMahon et al.（2001）	生物、非生物、陆地和水域等生态容量和潜力一致性	美国农业部林务署、自然资源保育署和美国国家环境保护署三个部门的生态分区体系	指标加权、专家经验、图层叠加、图斑合并	1 个级别，整个美国大陆分为 84 个区域，大致相当于前三个区划的第 2～3 级	跨学科、跨部门，综合并协调了前三个区划

上述美国生态区划方案，用途极为广泛。例如，仅就其在水体环境监测和评估方面，就可辅助用于：①设计监测网络；②评估未来状况并改进评估标准；③报告动态结果；④预设未来优先监测和恢复目标。另外，通过区分地理上类似的区域，生态区划还可为水生态状况评估提供工作框架：筛选并确立有关指示物体、设置相似区域的水生态期望值、制定独特生态区域准则和/或标准、提供定期报告、优化聚焦景观与地表水网关系模型，以及设定水质优先管理和恢复区域等。美国国家环境保护署和许多州环境保护局等均利用生态区概念来帮助他们发展环境标准，展示环境现状，以及为维护和恢复湖泊、溪流、江河等水体的物理、化学和生物完整性提供指导（Stoddard，2005）。

1.2.4 欧盟的水生态分区

针对欧盟各国的水环境管理问题，2000 年欧盟委员会颁布了《水框架指令》(*the water framework directive*，WFD)，以法律的形式规范欧盟各成员的水政策，要求各成员需将其地表水体（包括从海岸线向近海内延伸至少一海里①宽的海水水域）于 2015 年年底前达到“好的水质和水量状态”（good qualitative and quantitative status，“good status”）②。该《水框架指令》的目标，适用于欧盟各国的所有水体（河流、湖泊、时令河、海岸水域等），而所谓“好的状态”（“good status”），按照如下 4 个标准划定③。

1）水生生物（鱼类、底栖无脊椎动物、水生植物区系等）质量；

2）河流形态质量，如河岸带结构、河流连通性，或河床基质等；水体理化性质，如水温、氧量、养分状况等；

3）与环境质量标准相关的流域污染物水化学性质，这些标准限定了水体中各特定污染物的最大浓度，如果只要其中某一项污染物的浓度超标，则意味着该水体未达“好的生态状况”。

《水框架指令》同时还规定 2015 年底前各成员的地下水也必须达到“好的水量状态”和“好的化学状态”（即无污染状态），并将地下水分为“好”或“差”两类。指令的第 14 项条款还要求各欧盟成员“鼓励有关利益方积极参与”指令的执行过程。④

《水框架指令》的一个重要方面，是提出了河流流域空间管理（spatial management of river basins）方针，即在各成员国中引入所谓的“河流流域区”（river basin districts）概念，这种流域区不以某行政区域或国家疆界划分，而是以河流的自然流域来确定，而各河流流域区本身均是独立的地理和水文单元。由于欧洲的河流往往均跨越数个国家间的界线，因此涉及某河流流域的有关各国需要协同并组织起来开展（跨界式）流域管理。这种跨界流域管理需按照统一的标准和口径首先制定河流流域管理规划，而某河流的流域空间管理规划，则会针对该相应河流流域提出明晰的管理方式乃至措施，其中还包括一系列必须在某个时段前达到的流域空间管理目标，并且这种管理规划和管理目标务必每 6 年更新一次⑤。

欧盟《水框架指令》颁布后，各成员均积极响应，并在各自国家中广泛推行以生态状况指标来表征水生态系统的（结构和功能）质量，以及将上述 4 项标准应用于评估各成员

---

① 1 海里≈1.852 km

② The EU Water Framework Directive-integrated river basin management for Europe，http://ec.europa.eu/environment/water/water-framework/index_en.html

③ “WATER FRAMEWORK DIRECTIVE：The Way Towards Healthy Waters”，http://www.umweltbundesamt.de/publikationen/water-framework-directive-way-towards-healthy

④ MARIA KAIKA（2003）The Water Framework Directive：A New Directive for a Changing Social，Political and Economic European Framework，*European Planning Studies*，11：3，299-316，DOI：10.1080/09654310303640

⑤ “Introduction to the new EU Water Framework Directive”，http://ec.europa.eu/environment/water/water-framework/info/intro_en.htm

的地表水质量实践中（European Commission，2000；Chen et al.，2008）。

以此《水框架指令》为基础，欧盟各国开展了水生态分区方面的研究实践。其中欧盟下属的欧洲环境署所开展的欧洲水生态分区研究，以欧洲陆地水系中的动物区系作为主要依据，将欧洲的河流流域分成25个水生态区（图1-1）①。

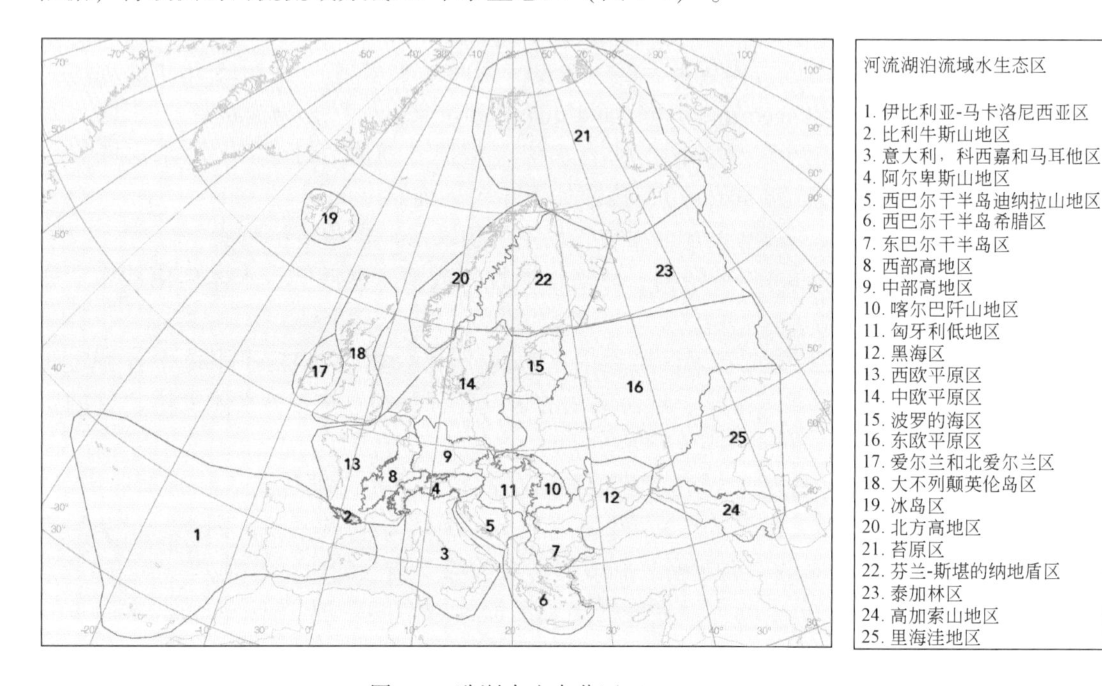

图1-1　欧洲水生态分区（EEA，2009）

有研究者认为，大尺度的生态要素控制着小尺度生态系统的结构特征，因而小尺度的水生态分区研究要遵循"自上而下"（top-down）式方法思路，依不同等级的空间框架来区分水生态系统（Frissel et al.，1986；Cohen et al.，1998）。欧洲各国的国土面积普遍较小，似更是应以此思路划分水生态区。如在法国，研究者基于气候、地质、地貌和水文4个因素将Loire盆地（105 000 km^2）划分成11水生态区（Wasson et al.，1993，Cohen et al.，1998），此后在对该区域所进行的后续分区研究，有逐步引入流域地貌、栖息地等指标的实践（Malavoi and Andriamahefa，1995；Cohen et al.，1998）；在奥地利，研究者则基本参照美国国家环保署模型进行水生态分区研究，分区指标选取了气候（降雨的季节性和雨量）、海拔、高度和地形以及植被（结构和功能）等，将整个奥地利全境划分为17个水环境生态区，每个水环境生态区的范围约为1075～63 150 $km^2$②。

① http://www.eea.europa.eu/data-and-maps/figures/ecoregions-for-rivers-and-lakes

② Austrian Standards Institute，1997. Guidelines for the ecological survey and evaluation of flowing surface waters，Vienna：Austrian Standards ÖNORM，M 6232. 38pp

1.2.5 澳大利亚的水生态分区

澳大利亚的水生态分区，则同样是参照美国国家环保署的水生态分区方法和思路。该国的水生态分区研究专家认为，水生态系统的各项特征实际反映着并展示出其所依存区域的景观格局，反映其中地理环境因子的因果与整体空间变化组合。水生态分区的具体方法，亦采用与美国国家环保署类似的，即将区域环境指标筛选和专家经验判断相结合的方式进行。其中拟选取的具体划分指标，一般包括对水生态系统影响最为显著的 4 个方面的环境因子：现状土地利用、地表形态、潜在自然植被和土壤类别。每一类指标皆通过描述和相关数据以及专题地图等形式结合使用于分区过程中。

环境因子的选择在不同区域一般是有区别的，这取决于何类因子对该区域的水生态系统起着更为突出的影响作用；同样，环境因子也依生态区域尺度的大小不同而变化。因此，在一定的水生态区域和尺度范围内，究竟选择何种或何类环境因子，是一项非常专业和重要的工作任务步骤。而这一步骤和过程，在澳大利亚的水生态分区工作中主要依赖于专家小组的综合判断。如就澳大利亚东南部的维多利亚州（Victoria）水生态区划分而言，专家最终共筛选出对整个全州水生态系统结构影响最为显著的三类环境因子，将之作为后续水生态区划分的依据与标准：气候（降水量及其季节性）、地文特征（地貌、海拔和地表沉积）、原始植被（结构和组成）等（表 1-3）①。

表 1-3 澳大利亚维多利亚州的水生态区划指标和划分标准②

降水		地文特征（地貌、海拔和地表沉积）	原始植被
季节性	冬峰型 夏峰型（该州无此型） 均匀型	山地（海拔>1000 m） 山麓丘陵（海拔 200 ~ 1000 m） 平原（海拔<200 m，沙丘/缓坡、冲积土、火山灰土）	湿润森林 干燥森林 疏林 荒灌丛 草地
降水量	高（>1000 mm） 中（500 ~ 1000 mm） 低（<500 mm）		

依据上述方法筛选出的环境因子标准，经与各类相应专题地图在相应阈值范围内叠加，最终在该州共划分出 17 个水生态区域，其面积变动范围为 1075 ~ 63 150 km^2。

值得指出的是，有关该国维多利亚州的水生态分区过程，是作为澳大利亚全国的水生态分区示范进行的。因而对于后续的该国其他区域的水生态分区而言，其环境因子的筛选结果会有所不同，但仍以此标准为蓝本和基础指导。

① Wells, F. & P. Newall, 1997: Australian and New Zealand Environment and Conservation Council (ANZECC), http://www.environment.gov.au/resource/examination-aquatic-ecoregion-protocol-australia

② http://www.environment.gov.au/system/files/resources/5cbaacb0-cbde-42d2-bea3-e18d20086225/files/ecoregion2.pdf

1.3 中国的自然区划与生态分区

1.3.1 类型空间单元与区划空间单元

在分区实践中，类型空间单元与分区空间单元（亦称区划，在本书中两者以同一概念对待，可互换使用）是两个不同但又互相联系的概念。

类型空间单元的划分是对某自然区域，就其某一或某几项自然特征（如气候、地貌、水文、植被等）或人文社会特征（如人口、经济、交通、产业等）的差异性和相似性进行区分和归类。由于被作为分类对象通常是一些地理区域，因而分类通常需借助地图工具，分类的结果也一般要以地图图件的方式进行明确标识和展示。分区空间单元的划分（区划，regionalization）则是在充分认识区域类型特征及其分布的基础上，根据一个区域的地理环境及其组成成分在空间分布特征上的差异性和相似性规律，将该区域划分为大小不等但具一定等级层次的区块系统。所区分出的各级区块之间都存在特征差异性，各级区块内部则具有相对一致性。区划分区既是划分，又是合并。根据地域分异规律，可将等级高的区划单位划分成等级低的区划单位；也可根据区域共轭性原则，将等级低的区划单位合并成等级高的区划单位。这种自上而下地划分与自下而上地合并是互相补充的。

区划空间单元的划分与类型空间单元的划分在方法思路和具体过程方面有许多共同点：存在等级单位差别，共同构成一个完整的体系；各级层之间所参照的划分或归并依据可以相同或不同，但在同一层级内其划分或归并依据一般相同；可以自上而下逐级划分，也可以自下而上逐级归并；同一分区或类型空间单元内部，各项特征基本同一，区域之间的特征则具有明显差异。然而，区划空间单元的划分与分类空间单元的划分两者之间也有区别，主要表现在前者所遵循的划分或合并原则中，有一条是后者所没有的：空间连续性（space conjugation）原则。即分区（区划）所划分出的结果中，所有的空间单元（个体）都是唯一的、空间上连续而完整的自然区域，即一般不允许有重复出现，或者说不存在相同名称的空间单元在分区范围内重复出现（个别因历史或地缘政治原因而存在的特殊“飞地”现象不在此例）。然而，类型空间单元在空间上是可重复出现的，属于相同类型的空间单元有可能在整个分区范围内的不同地段重复出现。

自20世纪50年代中后期以来，因服务于国家经济和社会发展对自然资源开发、利用、保护规划的需求，中国地理学界在借鉴苏联地理学界理论研究成果的基础上，在全国范围内开展了一系列的自然区划工作，并由此完善了分区的方法论（黄秉维，1958，1959；任美锷和杨纫章，1961；景贵和，1962；刘胤汉，1962；侯学煜，1963）。可以认为，区划是在区域面积广大的国家或地区内，因生产发展、自然资源开发利用需求等应运而生的产物，并于后来的地理学和生态地理学的分区实践中逐渐总结完善，形成完整的科学方法体系，乃至在地理学的理论体系中建立起相应的区划科学理论（黄秉维，1960；吴征镒，1980；赵松乔，1983；李万，1987；吴绍洪等，2003；郑度等，2008）。

然而，分类空间单元与分区空间单元两者之间又是相互紧密关联的，表现在后者通常是以前者为基础，即先有类型区域的空间分布，后有分区空间单元的划分，而且相应等级的分区单元所依据的划分指标往往与相应等级的分类单元相互对应。例如在中国植被区划等级系统中，植被区域（region）属高等级的区划单位，定义为具有一定水平地带性的、热量水分综合因素所决定的一个或数个“植被型”（vegetation type，植被分类的高级单位）占优势的区域（吴征镒，1980）。这里所说的植被型，即是植被分类的高等级单位，在植被图中均已类型区的形式给予表达。如温带草原区域以草原植被型为其内最为占优势的植被类型；暖温带落叶阔叶林区域以夏绿阔叶林植被型、亚热带常绿阔叶区域以常绿阔叶林植被型各为其区域内最为占优势的高级植被类型。

然而，在近年来的很多分区实践中，特别是在北美地区的地区地理学以及生态地理学的分区理论中，虽在其分区过程中基本贯彻着分区（区划）的这一科学思维，但在分区实践中仍未严格遵循区划的空间连续性原则，体现在其各种分区结果中，存在许多小的、不规整的分区“飞地”，或者在不同级别上分别采用区划分区和类型分区（Omernik，2004；Bailey，2009）。与此同时，在中国近年来的一些规划中，例如区域土地利用规划、城市规划等，也出现过一些类似的分区案例，主要是对某一地域空间从土地利用构成或经济功能规划出发而进行的概略区域划分，如将某城市及其周边乡村区域可粗略地划分为中心商业区（CBD）、工业区、住宅区、远郊农业区等。这样划分出的不同功能区域，可以是点状、环带状，也可以是放射条带状或块状等。从方法论的角度和地理空间结构特征上，这种分区所得划分结果介于类型区域和区划区域之间，其特点是某子区域（zone，sector）既可以在空间上重复出现，也可以在空间上完全唯一，即此种划分结果并不具唯一性，但又呈现出空间区域上相对连片的特点（吴绍洪等，2003；郑度等，2008）。通常情况下，此类分区的实用性目的较强，其规划和管理实践指导作用也较明确，例如出于生物多样性保育、环境保护、自然资源充分利用的目的而进行的北美生态区划分的划分结果即是如此（Bailey，1976，1983，1987，1989，1994）。

1.3.2　自然区划

区划研究在我国有较长期的发展历史。区划思想的最早萌芽可追溯至春秋战国时期的《尚书·禹贡》和《管子·地员篇》等地理著作（郑度等，2005）。但就现代科学意义上的区划工作，则肇始于 20 世纪 30 年代，如《中国气候区域论》（竺可桢，1930），以及我国第一次植被区划（黄秉维，1940）、《中国地理区域之划分》（Lee，1947）等。1949 年中华人民共和国成立后，区划在中国才真正走上了科学实践式的发展历程。自 20 世纪 50 年代始至 21 世纪初，区划经历了 20 世纪 50 ~ 60 年代的综合自然区划、60 年代的部门自然区划、70 ~ 80 年代的农业与林业、牧业经济区划、80 ~ 90 年代的生态区划和经过修正的自然区划，以及进入 21 世纪后的环境与生态区划等过程。

早期的区划大多是针对自然要素进行的，因此区划主要指自然区划。自然（地理）区划是表达地理现象与特征的区域分布规律，进行地理区域划分的一种方法与技术手段，属地理学研究中的经典方法之一。自然区划按主导要素的多少可分为综合自然区划和部门自然区划两大板块（郑度，2008）。

（1）综合自然区划

综合自然区划的对象是自然地域综合体，是根据地表自然地域综合体（即自然的总情况）的相似性与差异性将地域加以划分，并进而按区划单元来认识自然综合体的发生、发展和分布的规律性（黄秉维，1958；郑度，2008）。而认识自然综合体的目的是：①阐明自然资源与自然条件对于生产与建设的有利方面与不利方面；②阐明充分利用自然和改造自然的可能性；这种阐述对于各项经济建设与生产都有一定的作用，但与利用水和土地资源的事业的关系更为密切（黄秉维，1958）。

自然区划的方法和过程虽可以有不同，但均需首先制定原则并在其后的区划过程中严格遵循之。区划原则的制定离不开对拟进行区划区域的地域分异规律有充分深刻的了解，并从而根据该分异规律表现尺度的不同制定出一定的数个或多个、相同或不同的划分依据，这些依据的设立是为了在区划过程中尽可能完整地体现和刻画区域的地域分异规律。至于区划研究本身，一般可采用自上而下的划分过程或自下而上的合并过程等进行（表1-4）。

表1-4　自然区划原理简表

原则	以地带性规律为主		以非地带性规律为主	
方法	自上而下逐级划分		自下而上逐级合并	
过程	自然大区→自然区→自然小区←景观类型←土地类型			
步骤	③	④	②	①
尺度	大区域（如全国）←——————省或地区——————→相当于乡村			

资料来源：王平，1999

（2）部门自然区划

部门区划以区域中某一自然成分或要素作为区划对象，因而其针对性更强，应用更具体。部门区划的种类繁多，如气候区划、地貌区划、水文区划、土壤区划、植被区划等。后期还出现更为专门并且更倾向于实用目的的灾害区划、水土保持区划等。这些部门自然区划，从方法论的角度说，与综合自然区划并无二致，仅是在区划原则的制定上略有差异，并在区划的划分依据指标方面更突出该区划所关注的对象。如气候区划的指标确定，更注重反映造成区域内气候差异的因素及其量化水平；植被区划更着重刻画区域内植被类型的分异特点，以及造成此种分异特点的背后原因和影响因素的尺度水平。

1.3.3　与经济活动相联系的区划

（1）部门产业区划

20世纪50~60年代各类综合与部门自然区划的相继开展，对国家的经济发展，特别是对农林牧业生产率的提高起到较大的推动作用。在此基础上，自 80 年代初又相继兴起了服务于地方经济和特色生产发展的农业区划、林业区划、畜牧业区划、产业布局区划等。这些区划实践，从方法论的角度并无太多新的理论以及划分途径产生，但其各自所依据的划分指标更为详细、专门和更具针对性。如农业气候区划中在区分各地水热条件差异的基础上，更注重年内低温对布局农业生产的巨大限制作用（丘宝剑和卢其尧，1980；丘宝剑，1983；1986）；林业区划更注重区分各区域森林的用途及林业生产的性质，从而按地域分为用材林、防护林、经济林为主的不同区域（翟中齐等，2003）。

（2）经济协作区划

自 1949 年中华人民共和国成立后，中国长期实行计划经济，由此发展出（初期 7 个，后合并为 6 个）经济协作区。所谓经济协作区，是指经济建设初期的一种经济区域组织形式。经济协作区以省级行政区为基本单位，同时协调相邻各省、市、自治区间的经济联系，其主要职能是在全国一盘棋方针指导下，把各经济协作区建设成各具特色、不同水平的工业体系和国民经济体系。20 世纪 80 年代以后，为更深入区分各地区经济发展水平、区域资源禀赋特点和自然条件差异，以及适应国民经济对外开放、逐步建成社会主义市场经济体系的需求，在“九五”期间又逐渐形成了七大经济区：东北、西北、环渤海、大西南、长江三角洲及沿江、东南沿海、中部五省。这七大经济区划分，既受省区的行政界线的影响并留下其烙印，但又不完全以省区界线划分，而是以区域位置差异和经济发展水平为标准划分。例如，新出现了东南沿海经济区；而辽宁省既属于东北经济区，又部分融入环渤海经济区；再如内蒙古自治区被划分在东北、西北、环渤海三个不同的经济区。

可以看出，以经济活动联系和区域经济发展水平差异特征为主要标准所划分出的经济区（即经济区划），其界线随时间推移而发生变化的可能性较大，即其区域边界稳定性不如以自然要素特征为标准的自然区划来得更恒久。这自然是由于经济发展特别是工业化生产不仅依赖于区域自然资源禀赋和区位特征，而且也部分取决于国家经济政策的导向，以及区域经济生产活动的活跃发展变化所致。

（3）国土规划区划

新近完成的中国主体功能区划，就是以服务国家自上而下的国土空间保护与利用的政府管理为宗旨，运用并创新陆地表层地理格局变化的理论，采用地理学综合区划的方法，通过确定每个地域单元在全国和省区等不同空间尺度中开发和保护的核心功能定位，是对未来国土空间合理开发利用和保护整治格局的总体蓝图的设计、规划。按照空间规划指向的要求，功能区划要满足三个基本条件：满足总量控制目标的实现、符合总体结构设计的要求、尽可能适应空间布局变化的不确定性。主体功能区划依据每个地域单元（县区）地域功能适宜性评价进行空间聚合形成功能区，应该同国土空间结构的有效组织形成相互支撑。国土空间结构有两个方面的要求，其一是空间形态的空间结构，从开发结构而言，中国目前处于空间结构演进中期阶段、且区域差异性巨大，西部欠发达地区以“点轴”为基本形态，东部发达地区开始步入网络结构组织阶段；从保护结构而言，应适应中国自然地理环境格局和区域生态系统之间的相互关系。其二是不同类型功能空间比例关系构成的空间结构，从“生活、生产、生态”空间比例关系变化规律看，开发类区域生活生产空间比例大、而保护类区域生态空间比例大。具有宏观控制作用的国土空间结构成为中国生态安全战略格局和城镇化战略格局的方案（樊杰，2015）。

1.3.4 生态区划

进入20世纪80年代后，随着全球变化成为不争的事实且气候变暖的趋势愈加明显，国际上对人类活动导致区域生态恶化和生物多样性丧失的关注度也日益增温。在此基础上，一些大的国家和地区开始考虑通过合理规划来限制过度开发利用生物、水、土地等可更新资源，从而达到保育生物多样性、逐步改善环境，以及实现持续的经济与社会发展。由此开展了相应的区域环境规划（environmental planning）和生态分区（ecological regionalization）等工作。如在北美地区，先后有美国和北美的生态分区（Bailey，1976，1983；Omernik，1987）、森林生态系统管理的生态、经济与社会评估等出现。这种将人类活动对自然的影响纳入研究视野，顾及并重新审视区域自然资源开发利用带来的负面环境影响与生态效应，强调重视环境保护和生态保育的国际研究动向，很快在中国亦获得响应，从而在国内出现了将注意力从以往的自然区划转向生态区划，以及将自然区划与生态区划相结合开展研究的新趋势。

（1）生态区划

生态区划实际上是以往自然区划的继承与发展，其与以往自然区划的区别，在于生态区划既考虑了区域自然环境的特征和过程，也考虑了区域人类活动的影响，因而生态区划是特征区划和功能区划的相互统一。这个时期比较突出的工作是《中国生态地域划分方案》（杨勤业和李双成，1999），以及有关中国如何开展生态区划工作的原则和方法问题讨论（刘国华和傅伯杰，1998；傅伯杰等，1999，2001）（表1-5）。

表1-5 20世纪90年代以来中国生态区划的主要方案

年份	方案	特点	来源
1999	中国生态地域划分方案	强调生态学意义，着重反映生态系统的地域分异规律	杨勤业和李双成，1999
2001	中国生态区划方案	综合考虑气候、地貌、植被类型等指标的地域分异	傅伯杰等，2001
2001	全国生态与环境胁迫区划	综合考虑生态与环境敏感性以及人类活动对生态与环境影响	苗鸿等，2001

（2）生态功能区划

生态功能区划则是生态区划的进一步深入和具体化。生态功能区划是从区域生态与环境要素的特征及敏感性、所提供生态系统服务的空间分异规律等出发，将区域依内部主导生态功能的分异特征划分成不同生态功能子地域单元的过程[①]。其目的是为制定区域生态保育、环境保护与建设规划，维护区域生态安全，以及合理利用区域资源，恰当安排区域工农业生产布局提供科学依据，并为环境管理部门和政府决策部门提供管理信息与管理手段（中华人民共和国环境保护部，2003）。生态功能区划是生态保育和环境保护工作由经验型管理向科学型管理转变、由定性型管理向定量型管理转变、由传统型管理向现代型管理转变的一项重大基础性工作，是科学开展生态与环境保护工作的重要手段，也是指导产业布局、资源开发的重要依据。

对比以上生态区划和生态功能区划，可以发现前者属于地理分区范畴的区划方案，后者则属于类型区区划方案。从内涵可以看出，生态区的划分主要依据区域自然生态的相似性和差异性规律以及人类活动对生态系统造成干扰的差异特征；而生态功能区的划分则更加关注区域内生态与环境的敏感性差异以及区域所提供生态系统服务在空间上的分异特征，并试图将这些敏感性差异和空间分异特征归纳总结为区域的生态功能空间分异规律，在此基础上再进行生态功能区划分。此外，生态功能区划服务于生态管理的目的更加明确。

1.4　水生态功能分区相关实践与应用

与以陆地区域为主要区划对象的陆域分区研究几乎同时，国内自 20 世纪 50 年代起，亦开始了有关陆地水体的分区研究，出现了一些服务于区域水资源和水产资源合理利用的水文水资源和水产资源区划。这些区划研究不同程度地探讨了区域地貌、气候以及河流水文特征对我国水生态系统的影响规律，并基本反映出中国陆地水体的自然分异特点。

1.4.1　与水文水资源和水产资源利用相关的分区实践

早期的陆地水域区划，主要以水资源及水产资源的充分和合理利用为目的（表 1-6）。

表 1-6　中华人民共和国成立以来的水文水资源与水产资源区划主要方案

年份	方案	特点	来源
1959	中国五大湖泊区划分	据湖泊的地理分布分异特点	中国科学院自然区划工作委员会，1959
1959	中国水文区域划分	以径流深为标准，全国共划分为 13 个水文区域	中国科学院地理研究所，1959
1981	中国淡水鱼类分布区划	据水生态系统中鱼类的种类组成及分布分异特征	李思忠，1981

① 中华人民共和国环境保护部，2003：生态功能区划暂行规程（3.5），http://sts.mep.gov.cn/stbh/stglq/200308/t20030815_90755.htm

续表

年份	方案	特点	来源
1990	中国内陆渔业区划	据内陆区淡水及咸水生态系统中鱼类的分布分异特征	曾祥琮，1990
1995	水文区级别划分	据内外流域的径流深度、河流水情、水流形态、河流形态、径流量等水文因素区域差异	熊怡和张家桢，1995
1998	河流水文区划	据气候带及水量补给情势，划分为 6 个河流水文区	汤奇成和熊怡，1998

1.4.2 与水环境特点及水环境污染防治应用相关的类型区方案

20 世纪 80 年代以来，经济社会的加速发展不仅使各地区的水资源利用配置捉襟见肘，利用的结果更是对区域的水环境带来巨大压力，由此产生了新的认识和需求：一方面各地区要改变老旧的水资源利用方式、提高利用效益并厉行节约，另一方面还应注重保护水环境、加速治理水体污染。但由于水体污染往往存在时间上的滞后积累效应以及空间上的污染转移（即上游排污更易影响到下游水体环境的）现象，国家虽出台各项水污染治理与防御及水资源管理措施，却在实践中往往收效并不显著或根本未达到原初的污染防治效果。因此在世纪之交特别是进入 21 世纪后，中国相继在各大河流域乃至全国区域开始了针对水体的使用功能以及污染防治和环境保护需求，开展了水功能区划分和水环境功能分区，这些探索旨在从全国整体一盘棋水平上进行一体化的水体质量控制和水环境协调管理（表 1-7）。

表 1-7 以水功能和水环境功能构成要素为主体的类型区研究

年份	方案	特点	来源
2000	中国水功能区划	据水体主要功能（水体所提供生态服务主要类别）分区	中华人民共和国水利部，2000
2002	水环境功能区划	据河流水环境特征划分	国家环保总局，2002

1.4.3 与水生态系统和水环境管理相关的水生态分区研究

由于水生态系统和水体环境受到的污染侵害往往主要来自于上游水体以及与该水体关联的周边陆地区域（通过地表与地下水的融汇），即水生态系统受到周边及上游区域陆地环境的影响，而且水环境受侵害后往往还会影响到水体生态系统乃至水体周边陆地生态系统中的生物组成和系统结构发生改变，并进一步造成水体和陆地生态系统功能的发挥受损乃至整体失常，这一系列交织的互为影响的现象及背后驱动其发生的潜在因果关系，使人们认识到若要解决水环境及其连带的水生态问题，仅从水体自身出发考虑远远不够，而是需要将水体生态系统与其周边乃至上游地区的陆地生态系统相互关联起来进行整体性研究。基于此认识，近年来出现了一些以大的流域为单元开展水环境和水生态研究，并以此为基础开展相关的区域水生态分区的探索性实践。

这些探索性研究实践案例较有代表性者，如从流域生态需水量标准制定目标出发，在以往中国水文区划的基础上，将水文要素和水生态要素特征关联起来开展研究，重新探讨并制定了我国水文生态区分区方案（尹民等，2005）；又如有研究者借鉴国际水生态管理先进理念，对水生态区划的方法及其在中国的应用前景做出评述，强调了水生态区划工作的重要性；并以辽河流域、海河流域为例初步开展了流域一级、二级水生态分区研究（陈利顶等，2017）（表 1-8）；再如有研究者针对我国的水环境和水资源管理现状，通过将之与国外的研究现状和趋势进行对比，得出我国水功能区划存在的主要问题是尚未实现流域（一体）综合管理模式，认为我国的水资源和水环境区划，目前仍是仅以人类的用水需水作为规划基础，缺少对水生态系统自身的生态需水以及两个需水量之间的辩证关系的考虑（阳平坚等，2007）。

表 1-8　中国相关水生态区划方案和水生态功能分区研究

年份	方案	特点
2005	中国河流生态水文分区	不仅考虑水文要素特征，还考虑与水生态有关的生态需水量特征
2007	辽河流域水生态分区	一级区划指标水文条件、径流深度，二级区划指标地貌、植被、土壤、土地利用
2016	松花江流域水生态功能分区研究	系统介绍了松花江流域的水生态功能分区
2017	海河流域水生态功能分区研究	系统介绍了海河流域的水生态功能分区
2017	巢湖流域水生态功能分区研究	系统介绍了松花江流域的水生态功能分区
2018	滇池流域水生态功能分区研究	系统介绍了松花江流域的水生态功能分区

1.4.4　流域水生态功能分区及其面临的问题与挑战

我国的水环境管理长期以来着重于以水功能区划分和管理作为水污染控制和水质管理的基础，水功能区将水体划分为保护区、饮用水源区、工业用水区、农业用水区、渔业用水区、景观娱乐用水区和过渡区等，并根据相应功能来确定环境质量目标。水功能区管理在中国水污染控制和水环境保护中发挥了重要作用。然而，水功能区主要从水体的使用功能出发，提出水质管理的标准和目标，其分区方案也是针对水体本身的类型区方案。该方案对集水区的陆域过程重视不够，因此对于统筹陆水系统以及“水资源、水环境和水生态”之间的关系、贯彻山水林田湖草一体化的管理理念而言，其科技支撑能力仍需不断加强。

从国际上的环境管理和全国陆地生态系统管理的经验看，对于大型复杂区域而言，适应性管理是一种更加符合自然规律本身的管理方式。鉴于我国以往的水环境管理主要关注水质特征，重点在于水污染控制与治理，对于水生态系统健康保护与管理关注不足等问题，《国家中长期科学和技术发展规划纲要（2006—2020 年）》(国发〔2005〕44 号)、《水污染防治行动计划》等都提出了研究建立中国流域水生态功能分区管理体系，以期通过顶层设计引导中国环境管理实现从污染控制向流域生态系统健康管理的转变，从全国采用统一标准的管理方式，向分类、分区导向的适应性管理转变。党的十八大以来对于水陆统筹管理给予了更大关注，提出“山水林田湖草”生命共同体管理理念。十九大之后更是关注绿水青山的统一性，强调统一行使所有国土空间用途管制和生态保护修复职责。为落实国家资源环境管理战略，生态环境保护部提出了“水资源、水环境和水生态”（简称“三水”）系统管理的新思路，各级地方政府也推出了“一河一策”“一湖一策”等管理思路，这种从管理内容到管理思路的转变，对管理的系统化、差别化与科学化提出了更高的要求。因此，需要一个能够体现流域水生态系统和陆域生态系统关系的分区方案，以便使水生态系统的监测布局、水生态系统健康评估、水环境基准标准制定等工作具有更加明确的针对性和更加坚实的科学依据。

在国家水体污染控制与治理科技重大专项课题“重点流域水生态功一级二级分区研究（2008ZX07526-002）”和“重点流域水生态功能三级四级分区研究（2012ZX07501002）”的支持下，研究团队在研究梳理国内外管理经验的同时，关注国家需求，系统开展了松花江、海河、辽河、淮河、东江、黑河、巢湖、滇池和洱海8个重点流域的水生态健康评估，并探索形成了水陆过程关联、陆地压力区域与水体响应区整合的流域水生态功能分区方案，期望能够为推进山水林田湖一体的精细化管理提供科技支撑。

探索形成的流域水生态功能分区方案，明确了流域内部水生态系统类型及其空间分布特征，揭示了其所对应的陆地集水区范围和特点，将河段生态系统类型作为分区的主要基本单元，同时兼顾陆域生态系统和水域生态系统各类管理需求。初步形成的流域水生态功能分区方案有望发挥如下作用：①分类型制定水环境与水生态管理的基准与标准。水生态功能分区能够查询水温、盐度、水生生物优势种和保护物种及其生境等信息，若在全国范围各流域内形成系统的方案，将为分类制定水环境和水生态保护基准与标准在类型和适用范围等方面提供支撑。②提供水生态健康评价背景值或参照指标。水生态功能分区以水生态系统类型为基础，在水生态功能类型区域中，选择水生态系统干扰度低、集水区陆域生态系统压力小的分区单元，可以为同类区域的水生态系统健康评价提供背景值和参照指标。③选择水生态系统精细化管理的监测控制断面。水生态功能分区明确了河段水生态系统特征及其所属集水区域，同时也兼顾行政区边界，可为地方性水生态系统健康管理提供监测断面布局和定位依据。④基于水生态功能评估与陆域压力评估明确管理需求。分区方案中明确了采用水生态功能类型和等级的识别要求，同时提出了评价流域陆地表层过程对水生态系统压力特征，并以此为依据，提出了水生态系统保护要求，通过陆地与水体协同管理实现保护水生态系统健康的目标。⑤保护珍稀濒危物种生境。水生态功能分区具有明确的河段范围和生境指标，为确定珍稀濒危物种的生境分布提供了便捷的查询途径，同时也因具有对应明确的陆地集水区范围和空间分布信息，可为制定水生生物物种保护规划、实施保护单一生境和组合型生境格局的保护策略提供支持。

然而，由于水生态系统和陆域生态系统特征的差异，也由于现有观测数据和技术手段有限，流域水生态功能分区中也存在着很多技术难题和认知局限。事实上，这些困难和局限不仅存在于水生态功能分区，也是国内外各类分区研究中需要不断探索和完善的共性问题。

1）数据与尺度问题。分区研究中数据类型及其精度方面的差异、影响着分区的精确程度，也决定着是否能够通过定量分析和标准化方法完成分区方案。与此同时，尺度转化也是分区中长期以来一直未能解决的技术问题。由于所有的空间现象都是以尺度为基础，而且尺度的研究总是和结构与过程相互联系，其中结构指的是生态系统的空间格局，如大小、数量、类型、形状、配置等，过程则与系统的时空变化相关联。如何处理好结构和过程要素的时空尺度转换问题是分区中的一大技术难点（Openshaw，1984）。

2）划线策略问题。大多数生态系统很难有明显的边界，很多情况下边界都是逐渐过渡的和模糊的。所以如何确定区域边界的划线策略就成为分区需要解决的重要问题。

3）分区方法的准确性及分区结果验证。目前很多生态分区都采用影响因子权重法、专家判断和打分法等，增加了人为主观判断的因素，造成分区结果的准确性降低，再加上实地监测过程中各种影响因子都处于不断的变化之中，难以进行有效验证，影响了分区结果普及性和可推广性。

4）各种生态分区概念和指标体系的协调统筹问题。生态分区经历了半个多世纪的历程，由于分区目的和区域不同，发展出多种多样的分区技术、方法和方案，也导致了生态分区在内涵、原则与框架等方面相互难以统筹协调。现阶段的课题的研究，也仅仅是尝试性地将我国现行的部分相关分区结果融入流域水生态功能分区方案之中，以期能够为我国的水生态系统健康和水环境质量管理提供可资参考的科学依据技术支撑。

参 考 文 献

陈利顶，孙然好，汲玉河，等 . 2017. 海河流域水生态功能分区研究 . 北京：科学出版社 .

樊杰 . 2015. 中国主体功能区划方案 . 地理学报，70（2）：186-201.

傅伯杰，陈利顶，刘国华 . 1999. 中国生态区划的目的、任务及特点 . 生态学报，19（5）：591-595.

傅伯杰，刘国华，陈利顶，等 . 2001. 中国生态区划方案 . 生态学报，21（1）：1-6.

高俊峰，张志明，蔡永久，等 . 2017. 巢湖流域水生态功能分区研究 . 北京：科学出版社 .

国家环境保护总局 . 2002. 全国地表水环境功能区划 . 北京：国家环境保护总局 .

侯学煜 . 1963. 试论历次中国植被分区方案中所存在的争论性问题 . 植物生态学与地植物学丛刊，1：1-23.

黄秉维 . 1940. 中国之植物区域（上），史地杂志，1（3）：19-30.

黄秉维 . 1958. 中国综合自然区划的初步草案 . 地理学报，24（4）：348-363.

黄秉维 . 1959. 中国综合自然区划草案 . 科学通报，18：594-602.

黄秉维 . 1960. 地理学一些最主要的趋势 . 地理学报，26（3）：149-154.

黄艺，曹晓峰，樊灏，等 . 2018. 滇池流域水生态功能分区研究 . 北京：科学出版社 .

景贵和 . 1962. 试论自然区划的几个基本问题 . 地理学报，28（3）：241-249.

李思忠 . 1981. 中国淡水鱼类的分布区划 . 北京：科学出版社 .

李万 . 1987. 自然地理区划问题探讨 . 地理学报，42（4）：376-381.

刘国华，傅伯杰 . 1998. 生态区划的原则及其特征 . 环境科学进展，6（6）：68-73.

刘胤汉 . 1962. 关于“中国自然区划问题”的意见 . 地理学报，28（2）：169-174.

苗鸿，王效科，欧阳志云 . 2001. 中国生态环境胁迫过程区划研究 . 生态学报，21（1）：7-13.
丘宝剑，卢其尧 . 1980. 中国农业气候区划试论 . 地理学报，35（2）：116-125.
丘宝剑 . 1983. 中国农业气候区划再论 . 地理学报，38（2）：154-162.
丘宝剑 . 1986. 中国农业气候区划新论 . 地理学报，41（3）：202-209.
任美锷，杨纫章 . 1961. 中国自然区划问题 . 地理学报，27：66-74.
汤奇成，熊怡 . 1998. 中国河流水文 . 北京：科学出版社 .
王平 . 1999. 自然灾害综合区划研究的现状与展望 . 自然灾害学报，8（1）：21-29.
吴绍洪，杨勤业，郑度 . 2003. 生态地理区域系统的比较研究 . 地理学报，58（5）：686-694.
吴征镒 . 1980. 中国植被 . 北京：科学出版社 .
伍光和，田连恕，胡双熙，等 . 2000. 自然地理学 . 北京：高等教育出版社 .
熊怡，张家桢 . 1995. 中国水文区划 . 北京：科学出版社 .
阳平坚，郭怀成，周丰，等 . 2007. 水功能区划的问题识别及相应对策 . 中国环境科学，27（3）：419-422.
杨勤业，李双成 . 1999. 中国生态地域划分的若干问题 . 生态学报，19（5）：596-601.
尹民，杨志峰，崔保山 . 2005. 中国河流生态水文分区初探 . 环境科学学报，25（4）：423-428.
于宏兵，周启星，郑力燕 . 2016. 松花江流域水生态功能分区研究 . 北京：科学出版社 .
翟中齐 . 2003. 中国林业地理概论 . 北京：中国林业出版社 .
赵松乔 . 1983. 中国综合自然地理区划的一个新方案 . 地理学报，（1）：1-10.
郑度，葛全胜，张雪芹，等 . 2005. 中国区划工作的回顾与展望 . 地理研究，24（3）：330-344.
郑度，欧阳，周成虎 . 2008. 对自然地理区划方法的认识与思考 . 地理学报，63（6）：563-573.
国家环境保护总局 . 2007. 中国生态功能区划 . 北京：国家环境保护总局 .
中国科学院地理研究所 . 1959. 中国水文区划（初稿）. 北京：科学出版社 .
中国科学院自然区划工作委员会 . 1959. 中国综合自然区划（初稿）. 北京：科学出版社 .
中华人民共和国环境保护部 . 2003. 生态功能区划暂行规程 . 北京：中华人民共和国环境保护部 .
中华人民共和国水利部 . 2000. 中国水功能区划 . 北京：中华人民共和国水利部 .
曾祥琮 . 1990. 中国内陆水域渔业区划 . 杭州：浙江科学技术出版社 .
竺可桢 . 1929. 中国气候区域论 . 地理杂志 . 南京：北极阁气象研究所 .
Abell R，Thieme M L，Revenga C，et al. 2008. Freshwater ecoregions of the world：a new map of biogeographic unites for freshwater biodiversity conservation. Bioscience，58（5）：403-414.
Armitage D. 1995. An integrative methodological framework for sustainable environmental planning and management. Environmental Management，19（4）：469-479.
Bailey R G. 1976. Ecoregions of the United States. Map（scale 1 ∶ 7 500 000）. Ogden：USDA Forest Service，Intermountain Region.
Bailey R G，Pfister R D，Henderson J A. 1978. Nature of land and resource classification- A review. Journal of Forestry，76（10）：650-655.
Bailey R G. 1983. Delineation of ecosystem regions. Environmental Management，7（4）：365-373.
Bailey R G. 1987. Suggested hierarchy of criteria for multi- scale ecosystem mapping. Landscape and Urban Planning，14（4）：313-319.
Bailey R G. 1989. Explanatory supplement to ecoregions map of the continents. Environmental Conservation，16（4）：307-309.
Bailey R G. 1994. Map. Ecoregions of the United States（rev.），scale 1 ∶ 7 500 000. Washington，DC：USDA Forest Service.

Bailey R G. 1997. Map. Ecoregions of North America（rev.）, scale 1：15 000 000. Washington, DC：USDA Forest Service.

Bailey R G. 1998. Ecoregions：The Ecosystem Geography of the Oceans and Continents. New York：Springer-Verlag.

Bailey R G. 2002. Ecoregion-Based Design for Sustainability. New York：Springer-Verlag.

Bailey R G. 2004. Identifying ecoregion boundaries. Environmental Management, 34（S1）：S14-26.

Bailey R G. 2009. Ecosystem Geography from Ecoregions to Sites. New York：Springer-Verlag.

Barton A J. 1981. Soil Survey of Warren County, Kentucky. Washington, DC：US Department of Agriculture, Soil Conservation Service.

Brussock P P, BrownA V, Dixon J C, et al. 1985. Channel form and stream ecosystem models. Water Research Bulletin, 21：859-866.

Cairns J. 1994. The Current State of Watersheds in the United States：Ecological and Institutional Concerns. In：Proceedings of Watershed '93, a National Conference on Watershed Management, Alexandria, Virginia.

Cannon T. 1994. Vulnerability analysis and the explanation of 'natural' disasters. Disasters, development and environment, 1：13-30.

Chen G J, Dalton C, Leira M, et al. 2008. Diatom-based total phosphorus（TP）and pH transfer functions for the Irish Ecoregion. Journal of Paleolimnology, 40：143-163.

Coastal America. 1994. Toward a WatershedApproach：A Framework for Aquatic Ecosystem Restoration, Protection, and Management. Galveston：Coastal America.

Cohen P, Andriamahefa H, Wasson J G. 1998. Towards a regionalization of aquatic habitat：distribution of mesohabitat at the scale of a large basin. Regulated Rivers Research and Management, 14（5）：391-404.

ECOMAP. 1993. National hierarchical framework of ecological unils. Washington DC：USDA Forest Service.

EEA. 2009. Ecoregions for Rivers and Lakes in Europe. European Environment Agency（EEA）, EUROPA. http://gcmd. nasa. gov/records/GCMD_EEA_ECOREGIONS. html[2019-10-10].

European Commission. 2000. Directive 2000/60/EC. Establishing a framework for community action in the field of water policy, European Commission PE-CONS 3639/1/100 Rev 1, Luxembourg.

Forest Ecosystem Management Assessment Team（US）. 1993. Forest Ecosystem Management：An Ecological, Economic, and Social Assessment, Report of the Forest Ecosystem Management Assessment Team. Washington DC：US Department of Energy.

Frissell C A, Liss W J, Warren C E, et al. 1986. A hierarchical framework for stream habitat classification：viewing streams in a watershed context. Environmental Management, 10（2）：199-214.

Gallant A L, WhitterT R, Larsen D P, et al. 1989. Regionalization as a tool for managing environmental resources. EPA/600/3-89/060. Corvallis：US Environmental Protection Agency-Environmental Research Laboratory.

Griffith G E, Omernik J M, Woods A J. 1999. Ecoregions, watersheds, basins, and HUCs How state and federal agencies frame water quality. Journal of Soil and Water Conservation. 54（4）：666-677.

Hall O, Arnberg W. 2002. A method for landcape regionalization based on fuzzy membership signatures. Landscape and Urban Planning, 59：227-240.

Harding J S, Winterbourn, M J. 1997. An ecoregion classification of the South Island, New Zealand. Journal of Environmental Management, 51：275-287.

Hughes R M, Larsen D P. 1988. Ecoregions：an approach to surface water protection. Journal of the Water Pollution Control Federation, 60：486-493.

Jax K. 2005. Function and "functioning" in ecology：what does it mean？. Oikos, 111（3）：641-648.

Lee S T. 1947. Delimitation of geographic regions of China. Annals of the Association of American Geographers, 37 (3): 155-168.

Likens G E, Bormann F H. 1974. Linkages between terrestrial and aquatic ecosystems. Bioscience, 24: 447-456.

Lotspeich F B. 1980. Watersheds as the basic ecosystem: this conceptual framework provides a basis for a natural classification system. Water Resources Bulletin, 16: 581-586.

Loucks O L. 1962. A forest classification for the Maritime Provinces. Proceedings of the Nova Scotian Institute of Science, 25: 1958-1962.

Loveland T R, Merchant J M. 2004. Ecoregions and ecoregionalization: geographical and ecological perspectives. Environmental Management, 2004, 34 (S1): S1-S13.

Malavoi J R, Andriamahefa H. 1995. 'Ele'ments pour une typologie morphologique des cours d'eau du bassin de la Loire', report to Ministe're de l'Environnement. Paris: EPTEAU & CEMAGREF Lyon BEA/LHQ.

Maltby E, Holdgate M, Acreman M, et al. 1999. Ecosystem management: questions for science and society. In Advance in Ecological Science as a Basis for Conservation and Ecosystem Management in the Third Millennium. London: Royal Holloway University of London.

McMahon G, Gregonis S M, Waltman S W, et al. 2001. Developing a spatial framework of common ecological regions for the conterminous United States. Environmental Management, 28 (3): 293-316.

Montgomery D R, Grant G E, Sulivan K. 1995. Watershed analysis as a framework for implementing ecosystem management. Jawra Journal of the American Water Resources Association, 31 (3): 369-386.

Moog O, Schmidt- Kloiber A, Ofenböck T, et al. 2004. Does the ecoregion approach support the typological demands of the EU 'Water Framework Directive'? . Hydrobiologia, 516 (1): 21-33.

Naiman R J, Lonzarich D G, Beechie T J, et al. 1990. Stream classification and the assessment of conservation potential. Conference on the Conservation and Management of Rivers, York.

NRCS. 2006. US Department of Agriculture Natural Resources Conservation Service. Snowpack telemetry (SnoTel) precipitation data sites, 335 (970): 1186-1187.

Olson D M, Dinerstein E, Wikramanayake E D, et al. 2001. Terrestrial ecoregions of the world: A new map of life on earth. BioScience, 51 (11): 933-938.

Omernik J M, Bailey R G. 1997. Distinguishing between watersheds and ecoregions. Journal of the American Water Resources, 33 (5): 935-949.

Omernik J M, Griffith G E. 2014. Ecoregions of the conterminous United States: evolution of a hierarchical spatial framework. Environmental Management, 54: 1249-1266.

Omernik J M. 1995. Ecoregions: a spatial framework for environmental management. Biological assessment and criteria: tools for water resource planning and decision making, 49-62.

Omernik J M. 1987. Ecoregions of the Conterminous United States. Annals of the Association of American. Geographers, 77 (1): 118-125.

Omernik J M. 2004. Perspectives on the nature and definition of ecological regions. Environmental Management, 34 (Suppl1): 27-38.

Openshaw S. 1984. The modifiable areal unit problem: concepts and techniques in modern geography. Norwick: Geobooks.

Phillips E, Wasson R C. 1993. Process for inhibiting corrosion: U. S. Patent 5, 190, 723. 3-2.

Poling A. 2001. Comments Regarding Olson, Laraway, and Austin, Journal of Organizational Behavior Management, 21: (2), 47-56.

Ravichandrana S, Ramanibai R, Pundarikanthan N V. 1996. Ecoregions for describing water quality patterns in Tamiraparani basin, South India. Journal of Hydrology, 178 (1): 257-276.

Rowe J S, Sheard J W. 1981. Ecological land classification: a survey approach. Environmental Management, 5 (5): 451-464.

Spalding M. Fox H, Allen G R, et al. 2007. Marine ecoregions of the world: a bioregionalization of coastal and shelf areas. Bioscience, 57 (7-8): 573-583.

Stoddard J L. 2005. Use of ecological regions in aquatic assessments of ecological condition. Environmental Management, 34 (S1): S61-70.

United States Department of Agriculture, Soil Conservation Service. 1981. Land resource regions and major land resource areas of the United States. Washington, DC: U. S. Department of Agriculture.

Vogt G, Woell S, Argos P. 1997. Protein thermal stability, hydrogen bonds, and ion pairs. Journal of molecular biology, 269 (4): 631-643.

Walker W R, Prestwich C, Spofford T. 2006. Development of the revised USDA-NRCS intake families for surface irrigation. agricultural water management, 85 (1-2): 157-164.

Wasson J G, Bethemont J, Degorce J N, et al. 1993. Approche e′cosyste′mique du bassin de la Loire: e′le′ments pour l'e′laboration des orientations fondamentales de gestion. Phase I: Etat initial-Proble′matique. Saint Etienne: Cemagref Lyon BEA/LHQ & CRENAM, Universite′ Saint-Etienne.

Water Environment Federation. 1992. Water Quality 2000: A National Water Agenda for the 21st Century. Alexandria: Water Environment Federation.

第2章　流域水生态功能分区的目的、原则、等级体系与方法

中国地域广阔、自然条件复杂多样，社会经济条件区域差异明显。在这广袤国土上发育的大江大河流经多个自然区域，流域内部社会经济发达程度不等、自然与人工生态系统组成也因地而异。流域面积相对较小的河流，也会因流经区域的自然和社会经济条件不同而导致水生态系统异质性明显。世界各国长期以来的水环境管理的实践经验表明，无论是水环境质量保护相关标准与措施的制定和实施，还是水生态系统健康评估与保护，或者是水生态功能的维持与修复等，"一刀切"式的政策和措施大都是在治理和保护一定时期内的管理方式。从遵循自然规律和维持社会经济系统可持续发展的视角看，实施阶段性、差别化或适应性管理才有利于兼顾自然演进和人类发展的根本需求。

流域水生态功能分区可借鉴陆地自然区划的方法，但更需要突出水生态系统自身的特点。也就是说，在水生态功能分区过程中，诸如分区层级体系构建、指标体系的确立、指标主次的权衡，以及指标标准的划定等，均应着重从水体生态系统本身所具有的特征、陆地特征对水体系统的影响、生态功能及所提供的生态服务、水生生物组成完整性维护、淡水供给、水质自净、污染稀释与净滤、物质输移、水生植被保育、景观美化、水产养殖、舟楫便利等出发，结合流域整体水文状况及其运行变化规律，如河道水量、水源水质、水系类型、河网密度、丰枯涨落、季节变化、洪涝情势，以及周边各类陆地生态系统为水体生态系统所提供的基质背景、自然环境特征等，建立分区的主要依据。

2.1　流域水生态功能分区的科学依据

水体与其周边的陆地存在许多不同，无论是物理的、化学的、生物的性质，乃至社会经济生产的内容均是如此；然而水体与其周边的陆地又是密切关联的，这种关联性维系着流域内部的陆-水特定关系，使流域内部的陆地和水体成为不可分割的整体。正是流域内部陆-水之间的整体关联性决定了流域水生态功能分区所依据的基本原理。

2.1.1　流域陆水关联的普遍性与广泛性

从学科发展的趋势看，景观生态学、流域生态学、地理学、资源生态学和生态水文学等领域的迅速发展，为认识流域内部的陆地和水体系统之间的相互影响提供了理论基础，其中的源汇理论、区域共轭理论、生态平衡理论等，对水陆关系分析都具有直接的理论和

实践指导意义（傅伯杰等，1999；陈利顶等，2006；郑度等，2005）。

水体生态系统之所以具有并能够发挥其生态功能，不仅与水体和水环境本身的生态特性有关，更与其水资源的供给源泉——上游流域集水区的特性存在着多重联系。水体的生态功能的性质、特点，以及其能否正常发挥和持续存在等，均有赖于该水体所在之集水区能否源源不断地向其提供充足的水量，输送各类营养物质和能量。可见，流域才是维持水体生态系统正常运转的腹地，才是为其涵养与提供水源、输送养分（也包括其他各类污染）物质、改变水质与水量、提供其他水生态服务的决定性因素。

另一方面，当水体的资源量（包括水能资源和淡水资源两方面）发生质的或量的变化时，或者当某水体的环境状况发生变化（遭受污染、污染程度加重、富营养物质积聚导致“水华”暴发、携带某种新的特殊污染物质等）时，水生态系统内部的生物组成与结构均会有所改变，其下游流域的陆地部分将也会受到不同程度的影响，如物质的堆积、岸带生态系统受损、河口海水倒灌等。

由此可见，水体生态系统与其周边的陆地环境存在着千丝万缕的联系，周边陆地环境也决定了水生态系统的状态，而水体自身又以各类水生态功能的形式回馈并“造福”于周边陆地环境。从流域的角度出发，两者完全可以而且应该看作是一个不能截然分割的统一整体。这一将水体与其所属流域归并为一个整体，进行系统分析的理念，在许多国家的水资源、水环境管理实践中早已是普遍的和非常成熟的做法，例如在美国的田纳西河流域①、欧洲的多瑙河流域②、澳大利亚的墨累-达令河流域③均是如此。因而，水生态功能分区有必要，也只能以流域为基础，将水与陆有机结合起来共同进行。只有如此才能使水生态功能分区建立在坚实的基于水生态功能充分发挥的科学基础之上，才能使后续的水环境管理、水资源调配、水污染消除、水景观提供等应用实践（以子流域为单元）真正落到实处，并在实践过程中得到不断修正、优化与完善。

2.1.2　流域陆水关联分析参数的可测量与可获得性

实现流域水生态功能分区，需要准确认识流域水生态系统和陆域生态系统的关系，而科学技术的快速发展已经为我们在认识水体的环境特征，如水质、水量及其变化等，水生生物特征，如水生生物区系、物种组成、物种多样性、物种数量等，以及认识作为流域下垫面的陆域特征，如地表植被覆盖、土地利用结构、土壤颗粒组成、地形海拔与坡度等方面奠定了科学基础。

在水环境和水生生物数据方面，长期的定位监测数据和实用方便的便携式设备等，为获得长期的、覆盖范围广泛的科学数据提供了保障。中华人民共和国成立以来，特别是改革开放以来建立的各类环境与生态监测机构和网络，已经积累了大量和长期的观测数据，

---

① https://en.wikipedia.org/wiki/Tennessee_Valley_Authority

② https://en.wikipedia.org/wiki/International_Commission_for_the_Protection_of_the_Danube_River

③ https://en.wikipedia.org/wiki/Murray-Darling_Basin_Authority

为中国在全国范围内开展广泛的陆地-水体相互影响分析提供了数据基础和继续获取数据的能力。在陆地表层数据方面，气象数据、水文数据、遥感数据、高精度 DEM 数据，以及以这些数据为基础生产出的其他各类数据产品，也为水生态功能分区所需要进行的各类陆-水关联分析提供了基础。近年来快速发展的大数据科学和空间分析技术等，更是为揭示流域中陆地-水体生态系统的相互影响提供了有力支撑。

2.1.3 流域陆水关联分析方法的定量化与多样化

在信息技术的支持下，各个学科的数据处理和加工能力迅速提高，已有许多十分成熟的方法可供选择并运用，多变量统计分析方法的发展和各种模型的开发与应用，为水生态系统和陆地生态系统过程之间的关联性分析，提供了十分有效的方法和技术手段。

多变量统计分析（multivariate statistics）是统计学的一个应用分支学科，亦称多元分析（multivariate analysis），主要通过同时观测和收集多个变量的数据，以及处理、分析、解释这些多变量数据，从中得出统计规律性结论。多元分析包含了多种统计分析方法，但这些方法基本都是单变量统计分析向多变量统计分析的自然延伸，主要包括：多元方差分析（multivariate analysis of variance，MANOVA）、多元回归分析（multivariate regression，MR）、主成分分析（principal components analysis，PCA）、因子分析（factor analysis，FA）、典范相关分析（canonical correlation analysis，CCoA）、冗余分析（redundancy analysis，RDA）、降趋势对应分析（detrended correspondence analysis，DCA）、典范对应分析（canonical correspondence analysis，CCA）、多重尺度分析（multidimensional scaling，MDS）、判别分析（discriminant analysis，DA）、聚类分析（clustering analysis，CA）、递归划分分析（recursive partitioning analysis，RPA）、人工神经网络（artificial neural networks，ANN）、向量自回归（vector autoregression，VAR）等①。目前已有许多成熟的多元统计分析软件可供使用，其中最为常见的如 SPSS、SAS、MATLAB、STATISICA 等，此外还有可通过互联网免费获取的 R 语言和 Python 语言等，任何人均可从网上下载后自主学习、编程运用和交流互动。多变量统计分析方法在定量或者半定量化分析流域水陆生态系统之间的关联性，如用于揭示流域陆地特征与水体特征的关系、水体环境与水生生物的关系、分区结果与实地样点的对照分析与验证等方面，都能够发挥重要作用。

模型是对现实世界经科学抽象后的简化与模仿，基于对于流域水陆关系的认识，国内外学者已经建立了成熟度较高的多模型，如 SWAT、WRAP、SWIM、InVEST、USLE、WEPP 等模型，这些模型为从不同角度分析陆域和水域生态系统之间的关系提供了不同类型的定量化分析工具。

---

① https://en.wikipedia.org/wiki/Multivariate_statistics

2.2　流域水生态功能分区目的、原则及等级体系

2.2.1　分区目的

流域水生态功能分区的目的就是要科学地揭示流域水生态系统的区域差异规律，从流域水系整体生态健康保护和生态安全维系的需求出发，辨识水生态功能的地域特征表现，为实现流域水生态系统的差别化管理、为水质监测断面的合理设置，为水环境、水生态系统健康评估和水生生物基准、标准制定、水生态功能运维和增强等提供科技支撑。为了达到这个目的，流域水生态功能分区应该遵循以下原则。

2.2.2　分区原则

（1）分区单元与更大尺度的全国性相关区划有机衔接，与更小尺度的管理类型区合理对接

流域水生态功能分区不同于国家行政区域尺度或者大陆尺度的水生态分区，其特点是以流域为最高层次的空间范围。然而，流域水生态功能分区不应该是完全孤立的，而是应该在考虑流域内部要素的空间差异和功能作用的同时，既不忽略考虑流域及其不同区段与全国各类自然和社会经济分区的关系，如流域在全国自然地理分区、经济和文化活动分区中的位置等；也不排斥与更小尺度的管理类型单元的有效对接，如水功能区、自然保护区、生态功能区等。这些向上或向下的对接应在相应级别的流域水生态功能分区指标选取、命名或分区说明文件中给予体现和表述。

有效对接更大空间尺度的分区或者更小空间尺度的管理区域，对于认识和把控流域水生态系统的总体区域分异规律，制定符合区域背景条件的政策、标准和措施，形成水生态与水环境治理和管控区域协调机制，相互借鉴流域水环境治理经验等具有重要意义。

（2）流域水生态功能分区单元与水生态系统类型区单元合理嵌套

鉴于分区应该以分类基础数据和类型空间分布为基本依据，流域水生态分区结果应该体现水生态系统类型及其分布特征，同时也鉴于水生态功能分区服务于水生态与水环境管理这一主要目标，区划区域和类型区域合理嵌套是建立分区体系的基本过程。高级别分区单元体现区划研究结果，科学反映流域内部不同要素的区域分异规律，为整个流域水环境和水生态系统健康保护规划等提供科学依据；低级别分区单元主要体现出水生态系统的类型差异，科学反应不同生态系统类型的特点，为保护目标与标准制定和保护措施实施提供科学依据。在空间关系的处理上，分区单元嵌套类型单元，类型单元从属于分区单元。

(3) 陆域驱动因子和水域表征因子关联，辨识陆水共轭的流域空间区域

一种水生态系统类型的形成，与其所在流域的自然条件和人类活动特征相关联。水生态功能分区和水生态系统类型区的划分指标选取，既要考虑能够反映水生态系统本身特征的因子，也要考虑影响水生态系统类型形成的陆域因子，同时还要考虑陆水因子相互关联形成的共轭区域的空间范围。基于这种共轭关系识别而完成的水生态功能分区，不同于任何一种目前已有的陆地自然分区和水体分区。现有的各类自然分区，主要考虑陆地因子本身的区域分异规律，并没有强调关注陆域因子对水生态系统的影响，所形成的分区单元，缺少对水生态系统特点进行甄别和表述，因此难以直接服务于水环境和水生态系统管理。现有的水功能区和水环境功能区划分，注重水体本身特点，特别是水质状况，对水生态系统特征及其与陆域驱动因子关系关注不足，未能识别陆地区域与水生态系统类型区域的共轭关系及其相对明确的空间范围，对于通过陆水一体化管控等措施，实现水生态系统健康修复与保护等的支撑力有待加强。

流域水生态功能分区将在科学分析陆水因子相互作用特征的基础上，揭示陆水关联关系，从而实现同时反映驱动因子和表征因子特征及其主导关联因素的流域空间单元识别，弥补流域陆域特征和水生态系统类型关联缺失的不足，为实现“以水定陆”和“水陆联动”的水生态系统保护与修复提供科技支撑。

(4) 空间分析与特征校验紧密结合

流域水生态功能分区是一个陆水关联的生态分区方案，需要在建立陆水因子关联性基础上，通过陆域驱动因子实现区域单元或者类型单元划分。为了判断划分结果的合理性，需要根据水生态系统特征进行校验，明确以驱动因子为指标划分的区域，是否真实地或者在何种程度上真实地反映了水生态系统特征的空间分异规律。校验结果也可以用于调整分区指标的选择，使分区结果得以进一步改进和优化。

2.2.3 分区等级体系

分区的最终结果是一个区域分异级别自高往低、面积从大至小，所具有的水生态功能类别、量级、水平始于宏观终至局域的有序的等级系统。其中，高层级的分区级别一般对应着大尺度、广域范围的水生态功能区域分异，或者对应着作用广泛的水生态功能类别；低层级的分区级别自然对应着局部的、有限范围的，或者次要些的水生态功能区域分异或类别。考虑到流域水生态管理的需要，本章特提出水生态功能分区的四级分区体系。

(1) 流域水生态功能分区一级区

流域水生态功能一级分区属于流域内部的高级别分区层级，在全国各类自然分区中需要与一定级别的分区相互兼容，在流域内部则需要反映流域内影响水系形成发育的宏观背景条件式区域分异规律，气候条件、区域水文地质条件、宏观地形条件等通常是主要的影

响因子。一级区在流域水生态功能方面主要揭示流域内部不同区域对于水资源的贡献度，以及水环境背景的影响度。一级分区的结果应对于水质基准制定和鱼类多样性保护、水质与水生态监测断面布设等提供科学依据。

(2) 流域水生态功能分区二级区

流域水生态功能二级分区仍属高等级分区层级。与一级分区类似，二级分区以反映流域自然条件对水生态系统特征的空间分异格局形成的影响为主要目标，同时二级分区也服从于一级分区。上述各类控制着一级区特征的自然因子，也可以成为控制二级区区域特征的因子，但是产生具体影响的作用要素会有所不同。水生态一级分区可包括多个二级分区，也可只包括一个二级分区。二级分区在流域水生态功能方面主要揭示流域内陆地区域以非点源方式向水体输入营养物和污染物能力的区域分异格局。二级分区的结果应为流域陆地区域非点源污染治理规划、土地利用调控和水污染治理与保护、水质与水生态监测断面布设等提供科学依据。

(3) 流域水生态功能分区三级区

流域水生态功能三级分区具有一定的承上启下的作用，其承上的方面体现在三级分区仍然应该反映区域性因子对流域水生态系统空间分异的影响，其启下的方面主要体现在能够揭示水生态系统类型的区域组合特点的空间变化。三级分区也是实现区划区域与类型区域嵌套的转折环节，即将一级、二级区域类型分区与四级类型区分布相互衔接，并通过该转变过程实现自然背景条件信息、水体特征和水生生物群落特征信息的有机整合。水生态功能三级分区应能够展现区域内的主体生态功能。水生态功能三级分区结果将为流域主体水生态功能维护提供科学依据。

(4) 流域水生态功能分区四级区

流域水生态功能四级分区是流域水生态分区的低等级层级。四级分区与一级、二级、三级分区不同，更注重反映水生态系统类型及其空间分布，本质上应明确水生态系统类型区及其所对应的陆域范围。四级分区单元的划定，既受高级分区单元的控制，也受水生态系统类型相似性的约束。四级分区也是水生态功能辨识的重要空间单元。四级分区的结果能够用于水生态健康分类评估、水生态系统分类保护规划和方案制定并为流域空间管控和水生态功能提升并为水质与水生态监测断面布设等提供科技支撑。

2.3　流域水生态功能分区策略

分区策略主要指在分区过程中实现分区单元划分的思路和过程，通常主要包括“自上而下”的划分策略和“自下而上”的聚合策略。自上而下分区是由整体到部分依次划分，自下而上分区则是由部分到整体顺序合并。前者主要考虑高级地域单位如何划分为低级地域单位，而后者则主要考虑低级地域单位如何归并为高级地域单位。根据分区的目的、原则等，不同分区策略可以单独使用，也可以综合使用。流域水生态功能分区，因其具有兼顾流域内部陆域特征和水域系统特征，并通过建立水陆之间的关联性，实现水陆特征整合过程，因此需要采用综合型的分区策略。

2.3.1 自上而下与自下而上

各类自然与社会经济区划分区策略的选择，取决于分区的目的、原则及区划对象的地域分异规律。地域分异规律指自然环境中各组成成分及其所构成的自然综合体沿地表一定方向发生分异或以一定规律依次分布的现象。其中空间范围广、尺度规模大的地域分异规律，是由太阳辐射能按纬度分布不均引起的（如中国东部自南向北形成不同的温度带），或由海陆相互作用和去海距离远近不同造成的（如中国北方自沿海向内陆依次出现森林、草原、荒漠），还有由山地高度相对高差较大而产生的垂直分异（如秦岭山脉自山麓至山顶出现不同的森林和灌丛草甸自然景观带），也有由大地构造和大地形差异引起的地域分异（如青藏高原区的存在）；而空间范围有限、尺度规模较小的地域分异规律一般由两类因素引起：一是局域地形、地表组成物质（岩相成分）及地下水埋深不同造成的系列性局部地域分异；一是地貌部位所引起的坡向、坡度上的局部地域分异，并进而造成土壤温度与土壤水分发生变化和地表物质侵蚀与堆积变化等局部分异。

通常，大范围、大尺度的宏观地域分异规律控制着小规模、小尺度的局地分异特征，前者决定着整个区域分异特征的基调，后者则是在前者框定基调的基础上经不同局地环境条件变化而产生的次一级和范围有限的分异特征（郑度，1998）。流域生态系统的特征及功能的区域差异，毫无疑问也同样受制于不同尺度地域分异规律的影响，因此在水生态功能分区过程中，也需要从全流域范围乃至更为广阔的地域背景角度出发去考虑大尺度的区域分异规律，然后再逐步细化考虑至不同规模与等级尺度的局部和地方性分异特征。

分区过程中，对于大尺度地域分异规律的认识，通常自上而下地从宏观要素分析入手更有利于全面把控，对于较小尺度的地域分异规律采用自下而上的策略则相对容易识别。因此，本书在水生态功能分区中选择分区策略如下。

对于较高级别的一级、二级水生态功能分区采用自上而下的分区策略，由于这种策略是从宏观、全局着眼，可以避免自下而上合并区域时极有可能产生的“只见树木、不见森林”式的跨区合并错误；然而，自上而下分区策略也有一个不可避免的缺点，就是划出的界线比较模糊，而且越往下一级单位划分，所划出界线的科学性和客观性越值得商榷。在运用自上而下策略进行分区时，要充分掌握宏观格局，根据某些统一的分区指标，首先进行一级区单位的划分，然后将已划分出的一级区单位再划分成二级区的单位。

对于较低级别的三级、四级水生态功能分区采用自下而上的分区策略。自下而上策略，是通过对最小图斑各项指标的具体分析，首先合并出最低级的分区单位，然后再在低级分区单位的基础上，逐步按照相似性程度合并出较高级别的单位，直到得出最高级别的分区单位为止。近年来，由于“3S”［遥感（RS）、地理信息系统（GIS）、全球定位系统（GPS）］技术手段的迅猛发展和在分区实践中的广泛运用，自下而上聚合法进行分区的实践案例有明显增加的趋势，因为以前制约分区制图的、大区界线不易准确划定的短板已被相对精确的技术手段和详尽的指标要素和地理信息数据库支撑所弥补。

事实上，分区原则与分区策略和分区方法之间存在有机联系，遵循何种分区原则相应地决定着使用何种分区策略和分区方法。一般认为自上而下分区方法是为相对一致性原则设计的；自下而上分区方法则是为区域共轭性原则而设计的。自下而上分区不但是自上而下分区的重要补充，而且也是自上而下分区能够立足的前提。只有进行了自下而上的合并式分区，才能得到较为准确的分区界线，从而使自上而下的分区界线才具有确定性。一般地，自上而下的分区方法，更需要依赖分区专家的大局观和对所分区域整体情况的把握与掌控；自下而上的分区方法，则更需要借助精确的遥感手段和地理信息系统数据库资料作为准确划界的支撑。

2.3.2　由陆及水与由水及陆

流域的陆地部分是流域内各类水体水量的供给者，也是流域内各类水体水质优劣的主要根源所在，因此辨识流域中各类水体的诸项水生态特征及其空间分异特性，形成一个体现源-汇关系的水陆一体化的分区体系，应该先从流域水生态系统要素与陆地生态系统要素关联分析入手。

流域中的水体在区域上通常可视为线性要素，即使是湖泊型流域，其集水区范围内的入湖河流仍然是线性要素，而根据水生态系统这种线性要素特征完成区域划分相对困难。然而，在明确了水域因子对陆域因子的响应关系的前提下，以陆地因子为指标，采取由陆及水的策略完成分区较为可行。这种由陆及水的策略，既体现了水陆生态系统之间的源-汇关系，也可以使分区过程建立在现有空间数据基础之上，并获得空间分析技术的有效支撑。

流域水生态功能分区的主要目标在于揭示流域内部水生态系统的类型特征及其区域分异规律，以便于通过对陆地区域的管理加强对水生态系统的保护与修复，维持水生态系统健康，并有效发挥水生态系统的功能，提高水生态服务水平。由陆及水的水生态功能分区结果是否能够反映水生态系统特征的区域差异，仅仅依靠对陆域特点的分析无法完成，因此需要依据形成的分区方案，通过对比分析不同区域或者类型的水生态系统特征，反复校验基于陆域因子的分区结果，对形成的分区初步结果进行调整和改进，最终形成符合目标的水生态功能分区方案。这个反复校验的过程，亦即由水及陆的分区过程。

由陆及水与由水及陆的分区策略，是单纯以陆域或者单纯以水域为主的各类自然和经济区划方案从未采用过的区划策略。流域水生态功能分区提出水域和陆域一体化分区的要求，因此需要在现有分区的理论和基础上有所突破和创新，国家水体污染控制与治理重大科技专项课题（2008ZX07526-002，2012ZX07501002）分别在松花江、海河、淮河、东江、黑河、巢湖、滇池和洱海流域开展水生态功能分区案例研究，创新性地提出由陆及水与由水及陆的分区策略，实现水陆一体化的流域水生态功能分区。分区结果不仅对国家和地方部门的水环境管理提供支持，同时也形成有效的独立知识产权，获得了国家发明专利“一种结合陆域因素和水体因素进行流域四级分区的方法”（授权公告号：CN 106446281 B）。

2.4 流域水生态功能分区指标体系与方法

参考国内外各类分区结果，考虑到与全国层次自然分区体系对接的需求，以及区域单元与类型单元嵌套等技术特点，流域水生生态功能分区应采用多层分级体系。本书根据案例研究结果，提出采用四级分区体系。

2.4.1 流域水生态功能分区指标体系筛选

分区指标的选择是实现分区的重要环节。分区指标是否科学，分区是否具备合适的空间精度、是否可行等，都直接决定和影响着分区是否能够实现，影响着分区结果的质量。水生态功能分区指标的选取，应当遵循简捷有效、代表性强、由主及次、由大及小的原则，即在确定分区指标时，应当首先选取那些在水体的水生态功能评估中最重要和最具代表性，并且最能体现分区目的、分区原则、空间分异和尺度要求的分区指标。按照流域水生态功能分区的目的、原则和分区等级体系的要求，本研究在国家水体污染控制与治理重大科技专项课题（2008ZX07526-002，2012ZX07501002）支持下，分别在松花江、海河、淮河、东江、黑河、巢湖、滇池和洱海流域开展了水生态功能分区案例研究，尝试性地实现了流域水生态分区，形成了四级分区体系，为在全国开展流域水生态功能分区提供了可供借鉴的方法和途径。

流域水生态功能分区案例研究在松花江、海河、淮河、东江和黑河 5 个典型河流型流域以及巢湖、洱海和滇池 3 个典型湖泊型流域，广泛开展水生态健康评价数据调查，调查频次 3 ~ 6 次不等，共采集各类水生生物样本将近 2 万个。主要包括水质采样和水质数据分析，涉及水质指标中的水温、流速、溶解氧、总氮（TN）、氨氮（NH_3- N）、总磷（TP）、COD_{Mn}、叶绿素 a（Chla）含量等。在水生生物方面，各个案例研究流域中涉及的鱼类种类数量为：松花江 66 种，海河 50 种，淮河 88 种，东江 110 余种，黑河 44 种，滇池 41 种，洱海 18 种，巢湖 61 种，太湖 56 种。涉及的藻类种（属）：松花江 146 种（属），海河 159 种（属），淮河 89 种（属），东江 55 种（属），黑河 108 种（属），滇池 108 种（属），洱海 177 种（属），巢湖 83 种（属），辽河 180 种（属），太湖 160 种（属），这些水生生物群落的调查与分析参数包括了优势种类组成、细胞密度、生物多样性指标等。此外，各个流域还各自涉及几十个到上百个大型无脊椎底栖动物分类单元，部分流域还涉及水生维管植物种类调查数据。在流域陆域要素方面，各个案例研究流域广泛收集了对流域内河流和湖泊水质有明显作用的自然生态系统要素，主要包括河流地貌、植被特征、土壤质地等，以及流域数字地形图信息、流域水文地质、气候、水文和土地利用等要素。

依据这些水生态系统要素特征和陆域生态系统的各类参数数据，课题组开展了以下研究：①流域地表水质的时空变化特征与陆域生态系统特征及其格局之间的关系；②识别影响地表水质的关键因子，辨析地表水环境质量和陆地景观异质性的耦合机制；③揭示人类活动和社会经济对水生态系统的胁迫效应，研究流域内社会经济发展的空间多样性差异，分析社会经济发展对区域水生态系统的压力，开展水生态系统健康评估；④辨识流域水生态系统类型、特征及其地域分异。在此基础上，筛选出了可用于各级流域水生态功能分区的因子和指标（表 2-1）。

表 2-1　流域水生态功能分区指标体系及其应用流域

流域名称	一级分区指标	二级分区指标	三级分区指标	四级分区指标
松花江流域	多年平均气温、DEM、多年平均径流深	坡度、归一化植被指数（NDVI）、土壤有机质含量	坡度、河网密度、土地覆盖类型（林地面积比例、草地面积比例、农田面积比例、城镇面积比例）	水体类型、河道比降、河流蜿蜒度、河岸带生境特征
海河流域	海拔、干燥度、年径流深	土壤类型、植被类型	坡度、土地覆盖类型、流域形状指数与流域面积、人类活动压力	河段蜿蜒度、河道比降、盐度、断流风险
淮河流域	海拔、多年均降水、多年均气温	径流深、地表粗糙度、土壤饱和含水量等	坡度、土地覆盖类型、水域面积百分比	水体类型、蜿蜒度、河道比降、水利工程闸坝、河流时令性
东江流域	海拔、湿润度、NDVI	土壤黏粒含量、坡度、植被结构复杂度	土地覆盖类型、河段类型	水体类型、越冬条件、盐度、河道比降、汇流面积等级、蜿蜒度
黑河流域	降水量、干旱指数、海拔	地形、径流深、植被覆盖度	坡度、土地覆盖类型（水域面积比例、自然植被面积比例、农业绿洲面积比例）	蜿蜒度、河道比降、盐度
滇池流域	海拔、NDVI 指数	农田百分比、建设用地百分比、人口密度	河网密度、水文形貌特征、水动力分区（湖体）	河水、近岸生境（有无林地）、河水来源、岸带人工化程度、湖流
洱海流域	海拔、坡度、NDVI 指数	城镇百分比、农田百分比	河网密度、岸带土地覆盖类型、温度	河道比降、蜿蜒度；湖滨带类型
巢湖流域	海拔、河网密度	耕地面积比、建设用地面积比、土壤类型、植被覆盖度	水面率、河流节点度、河段类别	水体类型、流速、岸带类型、蜿蜒度、湖流、叶绿素 a 浓度

注：本表数据来源于国家水体污染控制与治理重大科技专项课题（2008ZX07526-002，2012ZX07501002）研究报告（https://www.nstrs.cn）

2.4.2　主要指标及其分区意义

海拔是各个流域内部一级分区的重要指标，无论流域大小均可以选择海拔高度作为一级分区的指标，甚至于是主要指标。此外，在各个河流型流域中，与年降水量和年均温相关的指标也是相对重要的一级分区指标。各流域一级分区方案的特征表明，采用这些指标所形成的一级分区，在水生生境方面，较好地反映了水质特征，如溶解氧、COD_{Mn}、叶绿素 a 浓度、水温等的区域分异，在水生生物方面，较好地反映了鱼类区系特征的区域分异。从流域水生态功能分区的原则要求看，采用这些指标也有利于在更高空间层次上，与全国性各类自然区划进行对接。

与植被生长覆盖及其茂密程度、土壤特征相关的因子，是河流型流域中被选用较多的二级分区指标。在流域一级分区单元的内部，体现着下垫面特点、与植被覆盖茂密程度和覆盖度有关的因子，如 NDVI 等，以及土壤颗粒组成和有机质含量等，对于河流水文特征、河流泥沙含量、入河物质特征等均有很大作用，是影响着河流型流域一级分区单元内部河流在水文过程和水生生境方面产生较大空间尺度区域分异的重要因素。对于湖泊型流域而言，由于其空间尺度通常比河流小很多，因此在二级分区中，土地利用结构被更多地选择为分区指标，并且认为土地利用是湖泊型流域一级分区单元内部能够反映水质和水生生物群落特征的有效指标。

土地利用和土地覆盖结构特征，地表平均坡度特征是河流型流域中被用于三级分区的主要指标，部分流域也采用了水体类型的构成或者河网密度等指标。流域陆地的土地利用类型与河流中的 COD_{Mn}、总磷、总氮浓度等指标密切相关，并且，近岸地带的土地利用结构，也影响着河流生境中的大型底栖无脊椎动物的群落组成、着生乃至浮游藻类的组成等。此外，坡度指标能够较好地反映河床比降、河岸形态等，因此也是一个识别河流生境的有效指标。部分河流型流域在三级区的划分过程中还考虑了主要的水体生境类型及其组合特征。对于活湖泊型流域而言，三级分区采用的指标包括河网密度、河岸形态与河岸带土地利用，以及优势河段类型及其组合特征。

水生态功能四级分区主要揭示河、湖水体特征，形成的分区单元是不同的河段类型及其所对应的流域集水范围。因此，四级分区是以河段类型分类为基础的类型区域，所采用的指标大都与河流地貌、河岸带特征等相关，主要包括河床比降、河段蜿蜒度（用以区分顺直河段和曲流）、河水盐度（用于区别感潮河段）、河岸带地貌、断流风险等。当考虑到水生生物的组成特点时，河段所在的气候区域和海拔，也可以作为划分河段类型的指标。对于湖泊型流域而言，必要时，也可以对湖泊水体进行四级区划分，例如滇池和巢湖，根据湖泊内部的水流特征，对湖泊水体水流特征差异进行了划分。四级分区注重河段类型的特征及其所对应的集水区范围，一方面揭示了水生态系统本身的特点，另一方面也有利于将区域性的分区单元与现有的各类针对水体特征进行的分区体系做整合。四级分区中用于划分河段类型的指标如表 2-2 所示。

表 2-2　四级水生态功能分区中河段类型划分主要指标及其应用流域

流域	定性指标及其分类	定量指标及其等级划分
松花江流域	水体类型（河流、湖库、盐沼、淡水沼泽） 河岸带生境特征（林地/草地/耕地/城镇岸带）	蜿蜒度（顺直：蜿蜒度<1.2，弯曲：蜿蜒度≥1.2） 河道比降（缓流：河道比降<4‰，急流：河道比降≥4‰）
海河流域	断流风险（低风险：干/雨季调查有水，中风险：干季无水，高风险：干/雨季调查无水）	蜿蜒度（低蜿蜒度：蜿蜒度≤1.05，中蜿蜒度：1.05<蜿蜒度≤1.15，高蜿蜒度：蜿蜒度>1.15） 河道比降（缓流：比降<10‰，急流：比降≥10‰） 盐度（正常盐度：盐度<1.43 g/L，高盐度：盐度≥1.43 g/L）

续表

流域	定性指标及其分类	定量指标及其等级划分
淮河流域	水体类型（河流、湖泊、水库） 河流时令性（常年、时令） 水利工程（高连通性：无闸坝，低连通性：有闸坝）	河道比降（缓流：比降<0.01‰，急流：比降≥0.01‰） 蜿蜒度（顺直：蜿蜒度<1.22，弯曲：蜿蜒度≥1.22） 盐碱地（淡咸水：离海岸线<50km，淡水：离海岸线≥50km）
东江流域	水体类型（线状水体、面状水体）	越冬温度（冬温：水温≤12℃，冬暖：水温>12℃） 盐度类型（淡水：盐度≤0.25‰，感潮河段咸水：盐度>0.25‰） 河道比降（缓流：比降≤10‰，急流：比降>10‰） 河段汇流面积（河溪：≤100 km^2，中小河：100<汇流面积≤1000 km^2，大河：>1000 km^2）；蜿蜒度（低蜿蜒度：蜿蜒度≤1.20，中蜿蜒度：1.20<蜿蜒度≤1.50，高蜿蜒度：蜿蜒度>1.50）
黑河流域	无	蜿蜒度（低蜿蜒度：1.00<蜿蜒度≤1.10，中蜿蜒度：1.10<蜿蜒度≤1.30，高蜿蜒度：蜿蜒度>1.30）；比降（低比降-缓流：0~0.01，中比降-中流：0.02~0.10，高比降-急流：≥0.10）；盐度（低盐度：0.00~1.27‰，高盐度：1.94~5.93‰）
滇池流域	河水来源（非自然，自然）；人工化程度：（人工河堤，人工河道，自然河道） 地貌：（中高海拔丘陵，中高海拔洪积湖积平原，中高海拔中起伏山地）	近岸土地覆盖（有无林地）：有林地：林地比例>0，无林地：林地面积=0
洱海流域	无	比降：平原型河流：比降<0.040‰；山区型河流：比降>0.246‰；蜿蜒度（顺直：蜿蜒度=1.00；低蜿蜒度：1.00<蜿蜒度≤1.20；中高蜿蜒度：蜿蜒度>1.20）
巢湖流域	水体类型（河流、湖泊、水库） 河流定性指标：河岸带类型（农田岸带、城镇岸带、森林岸带）	河道比降（缓流：比降<1.5‰，急流：比降≥1.5‰）蜿蜒度（低蜿蜒度：蜿蜒度<1.40，高蜿蜒度：蜿蜒度>1.40）；湖泊/水库定量指标：湖流（高流速>1.0 cm/s，低流速<1.0 cm/s）；叶绿素 a 浓度（高浮游植物>0.15 mg/m^3，低浮游植物 0~0.15 mg/m^3）

注：本表数据来源于国家水体污染控制与治理重大科技专项课题（2008ZX07526-002，2012ZX07501002）研究报告（https://www.nstrs.cn）

2.4.3　分区边界确定方法

明确了流域水生态功能的分区策略和分区指标之后，需要解决的问题是如何确定分区单元边界的界定。对于一般的自然地理分区而言，分区单元边界的确定，是区划工作中的一个难点。一方面，自然地域界线具有过渡和模糊的特点，很少出现突然跃变的现象；另一方面，界线是由量变到质变的点的连续，界线两侧是相似性和差异性相互交织的地带（郑度等，2008），以界线为起始向两侧延伸出去，相互间又的确存在明显的不同因而不应划归同一自然区域。因此，绝对的界线在自然界中很难寻觅（康慕谊和朱源，2007）。

对于水生态功能分区而言，无论哪个级别的分区界限，都应该采用某个等级或者某个类型所对应的集水区界限。但分区中的问题是，需要判定到底采用哪个或者哪些集水区的界限作为分区界限更为合理和适宜。借鉴已有的分区研究成果和各流域案例获得的实践经验，建议采用以下方法解决分区中边界的确定问题，这其中包括定性和定量两类方法。

2.4.3.1 分区边界确定的定性方法

（1）主导因素法

主导因素法是通过对流域分区指标的综合分析，选取最能反映区域分异的某种要素或指标，作为确定区域界限的主要依据。由于主导因素是某一尺度水平上决定该地区域分异的最重要的指标因子，因此以该因子作为某一级分区指标时，应该遵循统一的划分依据。例如，多年平均降水量不仅体现着气候差异，甚至还会造成其他自然因素如水文过程、植被、土壤特征等亦大不相同，因此就有理由将其作为划分分区界限的依据。

（2）分层地图叠置法

分层地图叠置法是将各个分区指标（如气候、水文、植被、土壤、地貌等）的分布图或类型分布，在 GIS 工具支持下进行叠置，对各要素的分区或分类轮廓进行深入、充分的对比分析，在此基础上以相重合的网格界线或它们之间的（加权）平均位置作为区域划分的界线。这一过程并非机械地搬用这些叠置网格，而是因为各个要素分区或分类中相重合的网格界线，在很大程度上是这些自然因素间原本存在共轭（conjugate）分异和耦合（coupling）特征现象的反映。因此，在深入分析和充分比较各轮廓界线所在位置的基础上确定用于分区界的集水区位置，是一种确定区域分界位置的有效方法。

（3）专家经验裁定法

顾名思义，本方法是指分区工作者借助自己掌握的专业知识，并根据自己对所分区域各自然要素如地貌、气候、土壤、水文、植被等的实际情况乃至地域分异规律的具体把握，在分区过程中直接在分区地图上标定用于形成区界的集水区位置。这种方法划定分区界线时具有快捷迅速的特点，适于在划分较高级别分区界线时使用。可以想见，运用此种方法能够得到较准确、较成功分区结果的前提，是分区工作者必须具备较深厚的专业知识功底和丰富的分区实践经验，并且充分掌握了所分区域的各项自然特征和地域分异规律。此种划界方法的缺点也是明显的，所划分的界线难免受到分区工作者自身学识水平和对所分区域自然特征现状、历史变迁过程与发展阶段信息掌握程度的局限。

上述几种分区界线划定方法，均属于以定性特征为主要划界指标依据的方法。近年来，随着地理信息系统技术的不断拓展和高精度遥感数据信息的不断增多，一些以 3S 技术手段为支撑的定量分区划界方法不断获得应用。

2.4.3.2　分区边界确定的定量方法

（1）空间聚类法

空间聚类方法是指借助对所分区域内的多要素指标进行分类制图，采用分类指标进行聚类分析，根据不同等级的距离指数，将类型区域进行自下而上地逐步归并来完成分区边界集水区确定的方法，之后通过连接这些集水区的边界而形成分区边界。利用类型区进行归并分区和划界，可以避免依据单一要素划界可能出现的“只见树木、不见森林”片面性，保障所划分自然区域的完整性（integrity）①，因而与其他方法相比具有一定的综合优势。然而，当所分地域的类型较复杂多样时，如果完全依据自下而上的方法对类型区域进行归并和划界，于实际操作中可能会产生某些因区分因素和定界指标较多而无所适从的技术性困难（倪绍祥等，1997）。此时，若结合对所分区域内的陆域和水域指标要素空间分布规律的分析，将所分区域自上而下地先初步划分为若干区域，并以这些粗略划分的区域作为分区框架和总体控制，再行对类型区域进行自下而上式归并和划界。通过这种“自上而下”与“自下而上”相辅相成、定性与定量有机结合、人工“定调”并对计算机所划界线做出适当调整的方法，有利于提高分区划界的科学性和精度水平。

（2）地理格网法

该方法是借助地理信息系统手段，将适宜尺度的地理格网单元（raster cell）作为确立定位精度、设定数据采样和承载调查数据的综合平台，对所分区对象运用地理格网分析技术进行定性与定量相结合确定分界集水区的方法。地理格网分析技术是区域综合空间分析以及数据挖掘的有效手段，在分区应用中，一般是将各类分区指标，如地貌、植被覆盖度、土壤指标或者类型等数据、DEM 数据（以及可能具备的以往的区划原始数据）等集成到统一的地理格网上，建立起基于地理格网的分区综合指标和综合分析模型，分析综合指标的空间分布特征和规律，根据区域内相似性和区域间差异性原则，最终选取符合要求的集水区界限作为分区界限（柴慧霞等，2008）。

地理格网法是 GIS 定量化研究地学问题的有效方法，该方法可降低对专家知识的依赖性，实现根据既定知识或规则的计算机自动聚类和综合。然而，多数知识和规则目前还不能完全智能化地由计算机自动认可，因而在勾画分区边界和类型界线的过程中，专家知识和智能化提取相结合仍是目前所依循的常见方法（柴慧霞等，2008）。

在区划分区界线划定的以往科学实践中，还有过一些借助或参照行政单元疆界划定分区界线的做法（Kang et al.，2003；谢高地等，2009）。之所以采取这一做法，是因为在许多行政区划界线的两边，往往存在着截然不同的自然景观组合、土地利用方式、气候风土人情，乃至差异显著的民族聚居习惯等。这些差异和不同的背后，往往反映着或是自然要素本身的地域分异，或是两处自然历史的不同过程，从而形成了行政疆界与自然分异界线

① http://www.encyclopedia.com/topic/Ecological_integrity.aspx

在某种程度上的互相吻合。另一个不可忽视的促使运用此方法的因素，是自然区或生态功能区界限的划分，不仅要反映自然界的客观规律，更与后续的生态管理和某个时段的区域发展规划相联系。长期以来国内以行政区为基础的区域发展体系不可能迅速改变，为了确保区域空间功能分区在生态管理、区域规划实施中的可操作性，似有必要做到区域空间功能分区的界限和行政区界限的尽量协调统一（Kang et al.，2003；谢高地等，2009）。

2.4.4 流域水生态功能分区与水生态功能评价

流域的水生态功能应包括陆域的水生态功能和水体的水生态功能。其中陆域的水生态功能是流域中的陆域生态系统对水体生态系统提供的支撑与服务，以及由此而延伸的对人类基本用水需求的保障功能，主要包括有水源涵养、水质维护、泥沙拦截、等项功能。水体本身的水生态功能是指河段或湖泊水体本身（主要包括水体、水生生物、河道生境及滨岸带生境等要素）对水体生态系统所提供的维持功能及由此产生的对人类社会所提供的水生态服务。主要包括生物多样性保护、生境维持、物质输送、航运支持、休闲娱乐、渔业生产、水资源支持等多项水生态功能和水生态服务。在流域水生态功能分区过程中，这些流域本身所具有的水生态功能和所提供的水生态服务，需要分层级、分主次地充分给予判断和分析。

水生态功能分区中对流域内主体水生态功能的识别，按分区等级不同而有所侧重。在一级、二级分区中，重点关注流域陆地区域的水生态功能特征，在三级、四级分区中则重点关注水域部分的水生态功能特征。水域部分的生态功能主要关注以下类型。

1）生物多样性维持：是指河流或湖泊维持较丰富本土水生生物种类、珍稀和特有物种以及本地重要水生物群落的能力。一般而言，水体及其滨岸带受人类干扰愈少，具有的生物多样性维持功能愈强。

2）生境维持：指能够为水生生物生长、觅食、繁殖及其他重要生命活动环节提供场所，满足其生活所需的物理、化学和生物环境的能力。可以从河道/湖泊等水体类型、底质类型、水利工程、疏浚强度、滨岸稳定性、滨岸带宽度、滨岸带植被状况和滨岸带人类干扰程度等方面，对其功能的强弱进行综合判定。

3）水量与其他物质输送：是指向下游水体输送水量及其所溶解、所携带物质的能力。可根据河道过水断面的面积、流速、流量、泥沙含量等数据来加以间接表征；在流量数据无法获取或难以准确测定时，可考虑参考河宽、水深及泥沙含量对其功能的强弱进行判定。

4）洪水调蓄：是指河流以河道或湖盆作为削洪、滞洪、泄洪场所，达到减轻或消除洪水灾害威胁的能力。可以根据水体容量、曲流占比、漫滩、湿地等的发育程度，定性地分析水体所具备的此种功能的大小。

5）娱乐休闲：是指水体为人类提供休闲娱乐场所，并满足人类炊饮、戏水、垂钓、观赏等休闲娱乐需求的服务能力和水平。由于满足不同休闲娱乐方式对于水质的要求不同，因此可根据水质等级评估该功能的强弱，具有较好水质的水体，具有更强的生态功能。

6）水资源支持：指水体从水质和水量两个方面支持集水区乃至下游区域生态、生活、生产用水需求的潜在能力。可从水质和水量两方面来共同进行分析与评估，能够支持的用途愈广泛、数量愈多，其生态功能愈强。

7）水量调节：是指因人类河流上通过筑坝、建库、设闸等而使部分河段拥有的对下游主干河道的径流调节功能。径流调节通过对上游库塘的来水进行适时调配管理，起到雨季削峰和旱季补枯，在全流域水资源分配和防洪减灾等方面发挥着重要作用。发挥此类水量调节功能的河段主要是具备一定调节库容的水库型河段，一般通过对河段进行分级来表征不同河段水量调节功能的强弱。

8）气候调节：指水体通过水面蒸发，改变局地环流和调节周边陆地和水体区域局部气候的能力。通常而言，水体表面积越大，水面蒸发量则越大，对局部气候的调节影响能力也随之越大，其功能也就愈强。

评估水生态功能、识别各类水体在不同区域中的主要水生态功能，是水生态功能分区的主要内容之一。实现一个水陆一体化分区，不仅在分区原则、策略、指标、技术等方面对区划提出了更高的要求和挑战，而且在生态功能的厘定方面也面临一个新的挑战。因此，本书需要在两个方面着力并实现创新：其一是对于流域水生态功能从陆域对水体的支持功能及水体本身的生态功能两个方面进行评估，并将陆域水生态功能的评估和水域水生态功能的评估分别重点与不同的分区等级相对应；其二是在水域生态功能方面，区分建立了水生态功能类型和水生态系统特征之间的联系，以定量和定性的方式识别不同类型水生态功能的强弱表现，对不同类型的生态功能进行强弱分级，有利于明确提升流域水生态功能的方向与途径（详见本书第8章8.7.2节）。

2.4.5　水生态功能分区方案校验与调整

水生态功能分区方案校验体现了“由水及陆”的分区策略。由于在高等级分区中采用陆域特征指标进行区域划分，其结果是否能够体现水生态系统特征的区域分异规律，是否达到了原定的服务于水陆一体化的区域水生态-水资源-水环境管理的目标，需要通过对水生态系统特征在不同区域中的对比分析等进行评估和校验。

2.4.5.1　国际上有关水生态分区方案的校验

在美国，针对Bailey（1976）和Omernik（1987）制定的生态分区，许多研究者很早就通过陆地淡水生态系统多方面的数据对其进行了验证，这里特将其中几个比较典型的验证案例枚举如下。

Rohm等（1987）利用美国东南阿肯色州22条溪流中的鱼类种群、生境和水化学采样数据，运用主成分分析（PCA）和除趋势对应分析（DCA）排序方法，证实了全州的河流在水化学和鱼类种群分布特征上与Omernik以地表形态、土壤、潜在自然植被和土地利用相似性等四项特征所划分出的6个生态区之间呈现高度一致性。Hughes等（1987）利用在俄勒冈州的1300个采样点采集到的9100个鱼类样品，运用聚类分析（CA）和除趋势对应分析（DCA）方法，分析了该州鱼类区系特征与Omernik所划分的水生态区、河流流域以及区域自然地理特征的相互关联关系，不仅印证了鱼类地理区（ichthyo- geographic regions）与水生态区以及其背景陆地流域的自然地理特征之间密切关联，更进一步证实了运用水生生物（种类组成、相对丰富度和群落结构特征等）检验水生态区划分合理与否的可行性，还证明了多元分析方法在水生态分区及其结果验证过程中的有效性。Whittier 等（1988）同样运用多点空间采样和多元分析方法，对俄勒冈州所划分出的 8 个水生态区进行校验，结果发现处于山区和非山区的水生态区有很大不同，两者间区别明显。其中就 3 个处于非山区的生态区而言，有关鱼类、水体大型无脊椎动物、水质和自然生境特征的多元分析排序结果表明，各项水生态特征在同一区内高度一致，而在不同区间则大不相同，从而证实了分区的准确性。至于 5 个处于山区的生态区，各区之间的差别与非山区相比略显小些，但仍存在明显差别。该项研究还证实了水体底部附着生物组合（periphyton assemblage）特征与其他生物如鱼类和水化学以及生境特征相比，变异最显著，意味着用其作为检验分区结果的指示生物种类潜力突出。

Heiskary 等（1987）在明尼苏达州的 1100 多个淡水湖泊中通过采样分析其水体总磷浓度、透明度、湖泊混合模式（lake mixing pattern）等几项理化和季节动态指标，验证水生态分区方案（aquatic ecoregion approach），评估全州湖泊流域的空间特性格局，发现湖泊水体质量和所区分出的水生态区之间存在显著相关性，但同时指出仅靠单一的总磷含量水质指标区分湖泊水体的空间分异不够全面，而湖泊混合模式是需要考虑的重要一环；该项研究还指出水生态分区方法是组合和区分湖泊水质数据、鉴别湖泊流域空间（分异）格局的适宜方法。Feminella（2000）在美国东南部的 7 个河流集水区域中选取了 30 条小溪，从这些小溪的基流中经采样分析研究了大型底栖无脊椎动物种群的分布与 4 个 III 级水生态区之间的关系。研究结果显示，各集水区和生态区之间的环境差异，主要与基流中的水化学特征（如总碱性，电导率）有关。利用简单的底栖大型无脊椎动物群落中某些物种存在与否的二元数据，即可通过 EPT 丰富度指数（Ephemeroptera，Plecoptera，and Trichoptera，EPT richness）区分出 4 个不同生态区的水生生物呈现的分异格局：山区清洁、低丘和山麓两区次之，平原区最低；并且分属 7 个河流流域的 30 条小溪流中的大型底栖无脊椎动物，无论是从属/形态学种一级还是从科一级水平上看，在各生态区之间均存在显著差异。每一生态区内的大型底栖无脊椎动物区系在科和属乃至种水平上的相似性，几乎可比拟于在单一集水区内所能观察到的水平。因此研究者认为，利用生态区概念即可描绘和区分美国东南部各大河流域之小溪流中的无脊椎动物分布状况。这也从生物区系分布分异的角度验证了生态区划分的准确程度和必要性。

上述利用野外实地采样调查数据经分类、统计等步骤，验证和评估水生态分区的效果，从方法上为水生态功能分区的校验提供了基础。这些结果表明，采样校验既考虑到利用水体中各种物理与化学性质，更着重于利用水体中的生物物种组成（包括鱼类、藻类、浮游和底栖无脊椎动物等）。毕竟水生生物要靠适宜的生境存活，而适宜的生境具有一系列严格的物理与化学特质要求。

2.4.5.2　水生态功能分区方案校验的实践及其方法与步骤

水生态功能分区校验是针对完成水陆一体化分区而提出的特殊过程，在我国已有的各类分区研究中未曾进行过“由水及陆”的分区结果的校验。出于水生态功能分区的需要，本研究第一次开展了水生态功能分区校验，并在 8 个流域的分区案例研究中进行了尝试和应用。尽管各个流域因水生态系统特点不同，采用的校验指标并不完全一致（表 2-3），但结果表明，分区校验是分区结果合理性的重要保障。在此，我们将分区校验方法与步骤概括总结如下，具体校验过程在本书第二篇范例篇中的东江流域水生态功能分区案例中，有更为详细的分析过程。

1）样本采集，采样需要根据流域特点明确采集的内容，最完整的采样应该包括水样采集、鱼类调查与采集、大型无脊椎底栖动物调查与采集、浮游藻类和着生藻类、滨岸带植被调查与样本采集。采样点需要覆盖分区的每个单元和每个类型，并有一定数量的重复。

2）采用方差分析、聚类分析、主成分分析、典范对应分析、降趋势对应分析、突变点分析、判别分析等方法，对采集的数据进行统计分析，依据分析结果，对数据进行分组。

3）将分组数据与采样点分布位置进行对比，判断分组数据的空间分布格局是否与水生态功能分区空间格局相符合，或者基本符合。如果符合或者基本符合则可以接受分区结果，否则应该进行分区结果调整，直至达到相符合为止。

表 2-3　水生态功能分区一级、二级分区校验指标和方法

指标与方法 / 流域名称	一级分区校验指标		二级分区校验指标	
	校验指标	校验方法	校验指标	校验方法
滇池流域	底栖动物与着生藻类物种生物密度	降趋势对应分析	水丝蚓的生物密度	平均值比较
巢湖流域	底栖动物组成及各分类单元的密度	降趋势对应分析	底栖动物组成及各分类单元的密度	降趋势对应分析
洱海流域	藻类优势种	降趋势对应分析	优势藻类	平均值比较
东江流域	藻类、水生和滨岸植物种数	降趋势对应分析平均值比较	浮游植物密度、组成	降趋势对应分析 平均值比较
海河流域	河流状况、生物多样性	平均值比较	河流生境、水质指标、底栖动物多样性、水生植物多样性	平均值比较
黑河流域	浮游植物多样性指数和均匀性指数	平均值比较	浮游植物、浮游动物	平均值比较
淮河流域	鱼类组成	相似度指数	底栖动物类群	相似度指数
松花江流域	鱼类区系部分以及部分指示性鱼类	聚类分析	浮游植物 Margalef 生物多样性	方差分析 聚类分析

注：本表数据来源于国家水体污染控制与治理重大科技专项课题（2008ZX07526-002，2012ZX07501002）研究报告（https://www.nstrs.cn）

参 考 文 献

柴慧霞，周成虎，陈曦，等 . 2008. 基于地理格网的新疆地貌区划方法与实现，地理研究，27（3）：481-494.

陈利顶，傅伯杰，赵文武 . 2006. “源”“汇”景观理论及其生态学意义 . 生态学报，（5）：1444-1449.

傅伯杰，陈利顶，刘国华 . 1999. 中国生态区划的目的、任务及特点 . 生态学报，19（5）：591-595.

康慕谊，朱源 . 2007. 秦岭山地生态分界线的论证 . 生态学报，27（7）：2774-2784.

倪绍祥，杨国良，蒋建军，等 . 1997. 自然景观遥感解译基础上的华中自然区划研究 . 长江流域资源与环境，6（3）：28-35.

谢高地，鲁春霞，甄霖，等 . 2009. 区域空间功能分区的目标、进展与方法 . 地理研究，28（3）：561-570.

郑度 . 1998. 关于地理学的区域性和地域分异研究 . 地理研究，17（1）：4-9.

郑度，葛全胜，张雪芹，等 . 2005. 中国区划工作的回顾与展望 . 地理研究，24（3）：330-344.

郑度，欧阳，周成虎 . 2008. 对自然地理区划方法的认识与思考 . 地理学报，63（6）：563-573.

Bailey R G. 1976. Ecoregions of the United States. Map（scale 1 ∶ 7 500 000）. Ogden：USDA Forest Service，Intermountain Region.

Feminella J W. 2000. Correspondence between stream macroinvertebrate assemblages and 4 ecoregions of the southeastern USA，Journal of the North American Benthological Society，19（3）：442-461.

Heiskary S A，Wilson C B，Larsen D P. 1987. Analysis of regional patterns in lake water quality：using ecoregions for lake management in Minnesota，Lake and Reservoir Management，3（1）：337-344.

Hughes R M，Rexstad E，Bond C E. 1987. The Relationship of Aquatic Ecoregions，River Basins and Physiographic Provinces to the Ichthyogeographic Regions of Oregon. Copeia，（2）：423-432.

Kang M Y，Dang S K，Huang X X，et al. 2003. Study on the ecological regionalization of suitable trees，shrubs and herbages for vegetation restoration in farming- pastoral zone of Northern China. Acta Botanica Sinica，45：1157-1165.

Omernik J M. 1987. Ecoregions of the Conterminous United States. Annals of the Association of American. Geographers，77（1）：118-125.

Rohm C M，Giese J W，Bennett C C. 1987. Evaluation of an Aquatic Ecoregion Classification of Streams in Arkansas，Journal of Freshwater Ecology，4（1）：127-140.

Whittier T R，Hughes R M，Larsen D P. 1988. Correspondence between ecoregions and spatial patterns in stream ecosystems in Oregon. Canadian Journal of Fisheries and Aquatic Sciences，45：1264-1278.

第3章　水生态功能分区的命名与编码规范

命名是赋予每个分区单元一个专有的名称，这是任何分区方案中都不可缺少的一个重要环节。命名应该力求采用简洁清楚的方式，突出命名对象的特点，同时也需要有一定的规律性，便于使用者掌握并理解其所表达的内涵。

3.1　分区命名

3.1.1　命名规则

流域水生态功能分区设计了4个层级的分区体系，一级分区为“水生态区”，二级分区为“亚区”，三级分区为“功能区”，四级分区为“管理区”。为了保证分区单元命名的标准化和规范化，各等级水生态功能分区单元的命名主要遵循以下规则。

1）体现分区方案层级特征，标识各个水生态功能分区单元的主要特点。

2）反映水陆生态系统之间的对应联系，一方面显示不同级别之间水生态功能的隶属或关联关系，另一方面也显示同一级别分区单元之间的特征递变规律。

3）具有各分区单元的地理信息标识，明确必要的自然背景及管理侧重点信息。

设立上述命名规则，目的是保证分区单元名称能够满足易辨识、易记忆、易区分等一般要求，也是将命名建立在分区科学基础之上的有效途径，以便于分区方案能够更好地服务于管理实践和推广应用。此外，命名也应考虑为后续的水环境状况调查和动态变化监测等提供可资快速浏览的基础信息，并尽可能显示人类活动影响的类型、程度以及未来水环境管理与养护的目标与侧重点等。

3.1.2　命名体系

鉴于上述命名总体规则，本书提出的水生态功能分区的命名范式为“地理位置+自然背景+水体特征+水生态功能类型+分区级别标识”，在此基础上再根据分区级别差异，将各级分区指标中的核心分类指标作为命名依据，加入到命名范式中（表3-1）。如流域背景的差异，从一级水生态区反映大的地貌格局（平原、丘陵、山区、河谷等），到二级水生态亚区的地貌格局+陆地生态系统类型（森林、灌丛、草地等），再到三级功能区加入人类活动强度。最后到四级管理区，则落实为具体河段单元，以该具体河段的温度、盐度、流速、汇流尺度等特征界定生境类型差异，同时也指示基本河段单元所对应汇水单元的陆域自然背景差异。水生态功能类型的判定，则是针对于不同的分区等级单元显示其主导水生态服务特征。

表 3-1 水生态功能分区命名范式

分区级别	地理位置	陆域自然背景	水体特征	主要水生态功能	级别标识名
一级区	在整个流域中位置	陆域整体地貌背景	水系特征	陆域生态系统与河流水量相关的水生态服务	水生态区
二级区	在一级区中的位置	陆域背景主要生态系统类型特征	干流和大支流形态特征	陆域生态系统与水质保护相关的水生态功能	亚区
三级区	在二级区中的位置	陆域背景+土地利用与覆盖特征	主要河段和湖泊类型	水生态服务+陆域生态系统的管理目标	功能区
四级区	在三级区中的位置	河段生境类型特征		河段的主要水生态功能+管理需求	管理区

3.1.2.1 一级水生态功能区命名

一级分区属水生态功能分区中的最高层级，其命名重点表达制约水体水生态功能的最重要的陆域自然背景特征，具体主要通过分区单元内的大地貌特征来刻画；同时以主要水系形态表明与地貌类型共轭发育的水体特征。主体的水生态功能应体现出陆域单元对水体的水量保障支持作用。根据以上基本规则，一级分区单元的标识名为“水生态区”，其命名方式为在标识名之前冠以各个一级区的主要特征，即“地理位置+陆域主体地貌+水系特征+陆域主体水生态功能+一级区标识名”（表 3-2）。

1）地理位置：显示分区流域中的主要水体名称，这一信息主要表明该一级区在流域中的地理位置，如上游、中游、下游等。

2）陆域主体地貌：显示该一级区中的主体地貌类型（必要时可以增加气候特点），如山地、丘陵、川谷、平原等。

3）水系特征（地貌类型共轭发育的水体特征）：如山地河流、平川曲流、三角洲河网、平原湖泊、高原湖泊等。

4）陆域主体水生态功能：指该一级区中陆域生态系统在水资源量方面对水体生态系统的作用，如水源涵养、水量增补、水量消耗、水文调节、水量均衡等。

表 3-2 流域水生态功能一级分区命名范式

地理位置	陆域主体地貌	水系特征	陆域主体水生态功能	一级区标识名
××江/河/水/川+ （上/中/下游）或 ××湖/海/池+ 地理位置说明	山地 丘陵 平原 ……	山区河流 三角洲河网 平原湖泊 ……	水源产水区 水量增补 水量均衡 ……	水生态区
举例：东江上游山区河流水源涵养水生态区				

3.1.2.2 二级区命名

二级分区单元的标识名为“亚区”，其命名方式为“地理位置+陆域主要生态系统类型+水体形态+陆域主体水生态功能+二级区标识名”。二级区命名中应在一级区地貌特征背景上补充主要陆域生态系统类型特征。陆域生态系统类型不仅包含了自然环境特征和影响水质的生态过程信息，也体现着人类活动方式的影响。此外，命名也应该体现陆域生态系统的水生态功能特征（表 3-3）。

1）地理位置：显示分区流域中的主要水体名称，这一信息主要表明该二级区在一级区中的地理位置，可以采用主要支流名称、地理方位等信息表示。

2）陆域主要生态系统类型：显示在一级区地貌类型背景上的主要生态系统类型，如山地针叶林、山地草甸、丘陵灌丛、平原草地、平原农田等。

3）水体形态：主要水体的类型，可沿用一级区水体类型，也可细化水体类型，平原浅水湖、深水湖等。

4）陆域主要水生态功能：指该一级区中陆域生态系统在水质和鱼类等水生生物保护等方面对水体生态系统的作用及其管理方式，如生态保育、水质保护、生态调节、生态恢复等功能。

表 3-3　流域水生态功能二级分区命名范式

地理位置	陆域主体地貌	陆域主要生态系统类型	水体形态	陆域主要水生态功能	二级区标识名
大型支流名称或者地理方位等标识	山区 河谷 丘陵 平原 ……	森林生态系统 城镇生态系统 农田生态系统 农林生态系统 城市生态系统 ……	溪流 曲流 峡谷急流 河渠 浅水湖泊 ……	水生态保育 水生态保护 水生态调节 水生态恢复	亚区
举例：新丰江上游山地森林生态系统溪流水生态保护生态亚区					

3.1.2.3　三级区命名

三级分区单元的命名以在二级区的命名为基础，水体类型的划分可更加细化，同时，在二级区命名的基础上，增加了人类利用需求主导的陆域水生态系统服务类型，三级区的标识名也因此确定为“功能区”（表 3-4）。

表 3-4　流域水生态功能三级分区命名范式

地理位置	陆域主体地貌	陆域主要生态系统类型	水体类型	陆域主要水生态功能	三级区标示名
二级区内地理位置标识	山地 宽谷 平原丘陵 平原 ……	城镇 农田 森林 ……	河溪 湿地 库塘 水库 ……	饮用水水源地保护 水源涵养 水资源供给 ……	功能区
举例：新丰江山地森林水库河溪水源涵养与饮用水水源地保护功能区					

3.1.2.4 四级区命名

四级区的突出特点是划分出的每一分区单元同时是河段水生态系统类型单元，同时也连带了其相应的集水区范围。因此其命名规则也与前三个级别的分区单元有较为明显的区别，具体表现为“地理位置+河段生境基本类型+水体主导生态功能管理类型+管理级别+四级区标示名”。四级分区的标识名为“管理区”（表3-5）。

表3-5 流域水生态功能四级分区命名范式

地理位置	河段生境基本类型	水体主导生态功能管理类型	管理级别	四级区标示名
三级区内地理位置标识	温度 盐度 流速 汇流水量 ……	生境保护 水源地保护 功能修复 ……	高功能/压力 中功能/压力 ……	管理区
举例：新丰江山地冬暖淡水水库水源地保护高功能管理区				

1）地理位置：主要表明该四级类型区在三级分区中的位置，可以是支流的名称，也可以是河段所对应的区域的地理标识名称等。

2）河段生境基本类型：主要采用河段分类体系中的类型名称，如根据水温、流速、宽度、深度、盐度等划分的河段生境类型。

3）水体主导生态功能管理类型：显示按照河段生态系统类型的特点，可能发挥的主要生态功能，特别是那些如珍稀濒危物种保护、特有物种保护的独特功能。

4）管理级别：管理级别比较特殊，命名不仅根据河段的水生态功能类型，而且也考虑生态功能的等级，同时也考虑其相对应的集水区陆域所承受的人类活动压力。对于强调功能的四级分区单元，进一步区分功能高低，对于强调修复的四级分区单元则进一步区分其所承受的压力状态。

3.2 分区编码

为配合命名体系的使用，以及在计算机处理和分析、数据库管理、制图识别等多方面的应用需求，水生态功能分区需要一套合理的分区编码体系。

3.2.1 编码方法

本书提出的编码体系参考了《信息分类和编码的基本原则与方法》(GB/T 7027—2002)，采用固定长度字母和数字混合编码。前两位为字母，其中，第一位为固定字母“R”（河流，来自其英文词的首字母）或“L”（湖泊，同样来自其英文词的首字母），如东江流域属于河流流域，用“R”表示；滇池流域属于湖泊流域，用“L”表示；第二位字母范围暂定为 A ~ H，表示国家水体污染控制与治理重大科技专项课题（2008ZX07526-002，2012ZX07501002）开展水生态功能分区研究的松花江、海河、淮河、东江、黑河、巢湖、滇池和洱海流域的代码，若未来继续开展流域水生态功能分区研究，则该第二位编码的字母数量可以不断扩展；字母编码之后为数字编码，其中大写罗马数字为一级分区编码，二级，三级和四级分区采用下标式数字编码，各级之间采用短横线“-”进行连接（参见本书范例篇）。

最后几位数字代表每个三级区内的四级河段生境类型编码，可以是 1 位数，也可以是 2 位数或者更多位数（具体视四级分区河段类型的数量而定）。四级编码针对整个分区流域进行编码，以反映流域内部河段的河段类型及其生境特征，例如东江流域的四级编码为 01-16 号，表明该流域共划分出 16 类河段类型，各自具有其生境特征。鉴于四级分区编码的这种特征，每个三级分区中的四级分区编码有可能是不连续的。

值得说明和强调的是，由于流域的状况各不相同，在各个流域确定水生态功能分区编码时，需要根据该流域的特点和分区结果，明确每一级编码的位数是一位数、两位数、三位数或者是更多位数。

3.2.2　名称、编码、图例和分区说明书

分区名称、编码和分区方案图中的图例应相互对应，以便于使用者可以根据图例查阅各类分区单元的地理位置、空间分布和属性表内容，或作为索引，辅助查找并阅读分区说明书中的详细内容。

分区说明书是分区方案不可分割的部分，其功能是配合分区方案图，系统说明流域水生态功能分区各个分区级别的划分原则、指标体系构建及计算方法、区划实施过程、分区编码与命名的含义，以及对分区结果合理性的验证情况等。具体内容可参见本书范例篇——东江流域水生态功能分区范例。

使用者可使用分区说明书，获取流域中与分区参数和内容相关的详细特征，包括位置、面积、陆域生态系统特征、水域生态系统特征、生物物种组成特点、水生态功能、分区管理需求等。本研究中水生态功能一级、二级分区说明，直接编排在范例篇——东江流域水生态功能分区范例。水生态功能三级、四级分区说明，因其内容繁多，故独立编排本书说明篇——东江流域水生态功能三级四级分区说明书。

范例篇

东江流域水生态功能分区范例

第 4 章　东江流域自然概况

东江属珠江上游的（东江、北江和西江）三大水系之一，流经我国东南沿海地区的江西和广东两省，干流总长为 562 km，流域面积为 35 636 km²①。

4.1　流域自然条件概况

4.1.1　地理位置

东江系珠江的第三大水系，地理位置处于 113°25′50.32″E～115°52′36.16″E 和 22°23′31.93″N～25°12′35.28″N（图 4-1）。东江发源于江西省寻乌县的椏髻钵②，自东北向西南

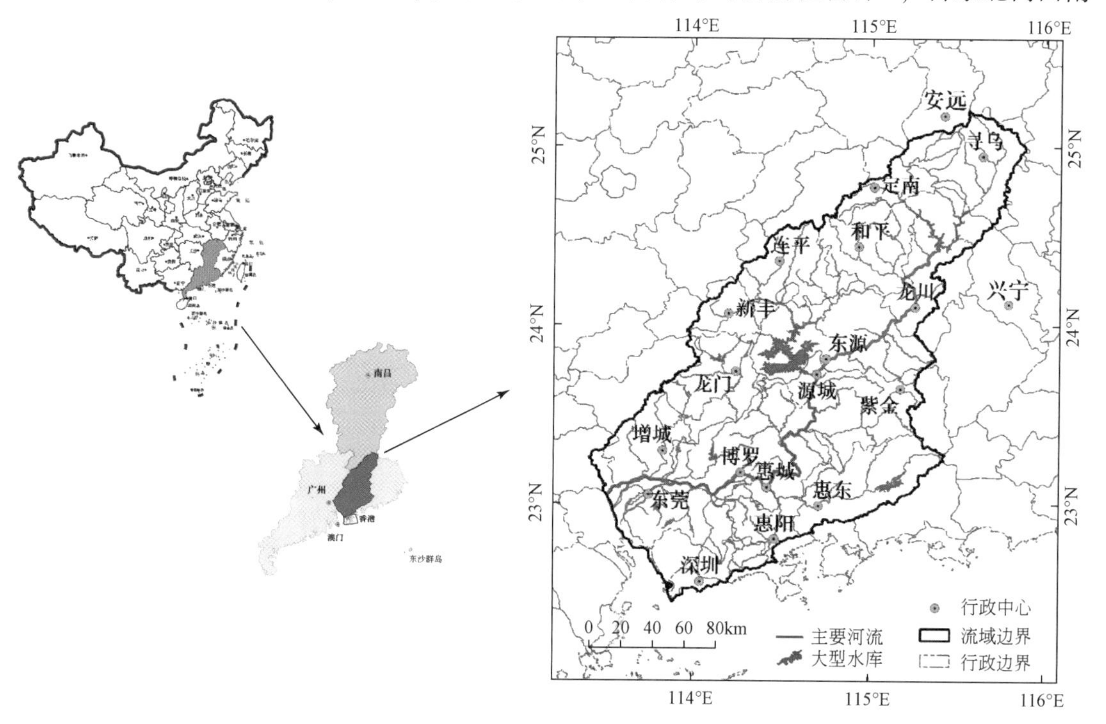

图 4-1　东江流域地理位置示意及行政区划略图

---

① http://www.doc88.com/p-3147522746978.html

② http://www.jxcn.cn/525/2004-6-28/30004@96932.htm

流入广东省境内，经龙川县、河源市、紫金县、惠阳区、博罗县、东莞市等后注入狮子洋，再经下游河网地区的虎门入海。

4.1.2 地质地貌

4.1.2.1 地质构造

整个东江流域的地表岩层均较古老，以中生代和古生代地层为主，两者分别占流域总面积的 66.72% 和 14.70%，其中中生代的地层，以三叠纪、侏罗纪和白垩纪时代的在区域出露居多，而古生代则以泥盆纪、石炭纪、寒武纪、志留纪等时代的地层对流域影响稍大。受九连山至佛冈复背斜构造带的控制①，这里分布着大致平行的三列山脉，从西至东依次为九连山、罗浮山、梅江和东江分水岭等，故被称作“平行岭谷区”。受河源至莲花山深断裂控制，在博罗—五华—紫金一线主要由晚三叠纪至侏罗纪的短轴褶皱组成②，形成了莲花山等从东北至西南走向的山岭，新丰江、东江、秋香江、西枝江顺次分布其间。

4.1.2.2 地貌特征

在地质构造的控制下，东江流域地势总体呈现东北高、西南低的空间分异特征，全流域的制高点出现在江西省寻乌县境内的基隆嶂（海拔 1482 m），这里也是东江支流定南水的发源地。流域内地貌，在中、北部多为丘陵或山地，在西南部则表现为三角洲、低洼地、缓坡台地和沿江平原等。从主要地貌类型及其占全流域面积比例可以看出（表 4-1），山地所占面积比例最大（53.61%），丘陵次之（21.59%），两者多分布于北部及中北部的上游至中游一带；平原更次之（11.29%），且主要分布于西南部的下游及河口三角洲地区。此外，在东江沿岸的低海拔区域还有小片的剥蚀台地和河流阶地等，分别占流域面积的 6.29% 和 1.11%。

表 4-1　东江流域主要地貌类型及占比

地貌类型	比例/%	地貌亚类型	比例/%
山地	53.61	侵蚀剥蚀起伏山地	53.61
丘陵	21.59	侵蚀剥蚀低海拔丘陵	21.59
平原	11.29	低海拔冲积海积三角洲平原	1.72
		低海拔冲积洪积平原	6.31
		低海拔河谷平原	3.26
阶地	1.11	低海拔河流低阶地	1.11

① http://www.doc88.com/p-2137736973980.html

② http://wenku.baidu.com/link?url=GBr1zaMnCBOinzUJf4AjnzCDdpocuS8ZT2_wTB8Ch09nY02EiN0FpUbwWX1Qgjn16_QxmuSi_Qe0KG83CW5A4FsASPnJUK1B_cRckqYHwwG

续表

地貌类型	比例/%	地貌亚类型	比例/%
台地	6.29	低海拔侵蚀剥蚀台地	6.29
水体	3.58	河流	2.59
		水库	0.99
其他	2.53	其他	2.53

东江流域海拔范围为 0 ~ 1482 m。流域的上游及中游地势较高，山脉多呈平行的东北—西南走向，其中西部为九连山脉的北段，中部为基隆嶂隆起带，东部为武夷山脉向南延伸之余脉，贝岭水和寻乌水由西向东穿越其间；流域中部主要有九连山脉南段、罗浮山脉和莲花山脉，亦均为东北—西南走向，新丰江和增江位于九连山脉与罗浮山脉之间，而东江干流、秋香江和西枝江位于罗浮山脉与莲花山脉之间（图 4-2）。

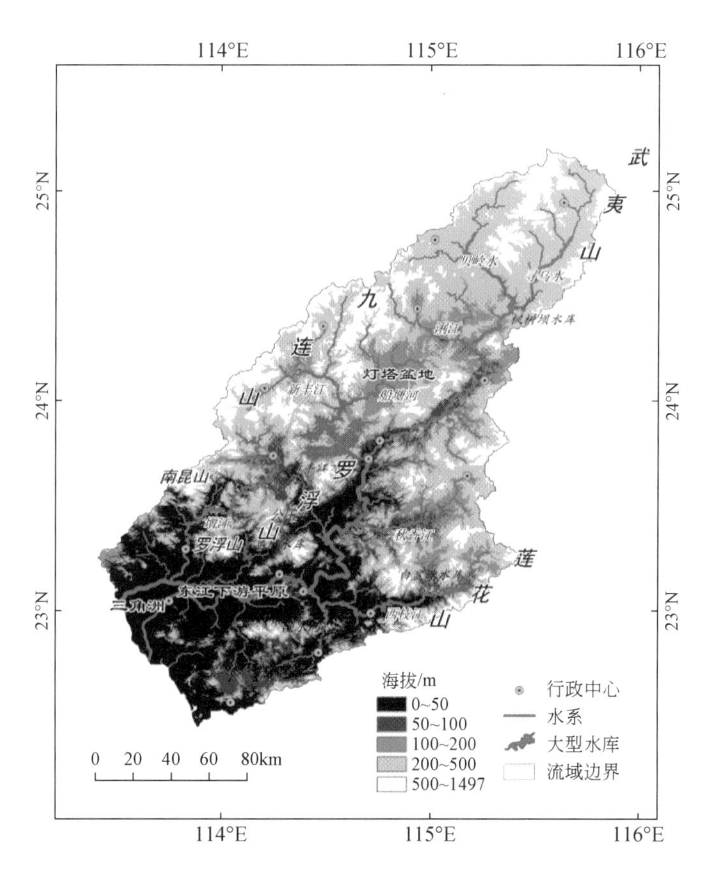

图 4-2　东江流域地势特征及主要山脉分布示意

4.1.3 气候特征

东江流域地处亚热带季风气候区，气候具有全年日照长、温度高、霜期短、干湿季明显等特点，但受地理位置和地貌特征影响，流域内各种气象因素的空间分异较大（陈晓宏和王兆礼，2010）。

4.1.3.1 气温与日照

东江流域气温较高，多年平均气温21℃，受海洋性气候影响，流域内年均气温变化不大。最冷月1月份的日平均气温为9.7～11℃，极端最低气温为-5.4℃（1963年1月，连平），最热月7月的日平均气温为28～31℃，极端最高温度为39.6℃（1990年7月，龙川）[①]。东江流域气温纬向分异明显，各月气温均呈现出大体由南向北递减的格局，尤其是冷季气温的南北差异更为明显（彭秋志，2013）。多项研究表明，东江流域气温变化特征与全球变暖趋势一致，近50年来流域内的气温呈明显增长趋势，平均增温速度为0.17℃/10a（董满宇等，2010；黄强和陈子燊，2014）。

东江流域多年平均日照时间变动范围为1680～1950 h；多年平均无霜期在北部山区为275 d，南部则高达350 d。

4.1.3.2 降水

东江流域降水较为丰富，全流域年均降雨量约为1795 mm（变动于1580～2240 mm范围内）。降水年际变化不明显，但年内季节性明显，可划分出雨季和旱季两种格局（林凯荣等，2011；彭秋志，2013；吕乐婷等，2013）。4～9月为雨季，降水占全年79%，其中4～6月份多锋面雨，7～9月份多热带气旋雨；10月至次年3月为旱季，降水约仅占全年21%（图4-3）。降雨量在流域内存在明显的空间分异，大致由西南和东南侧的中游和南部的下游一带向东北的上游地区逐渐递减，但流域上游地区的降水年内变幅稍小，表现在

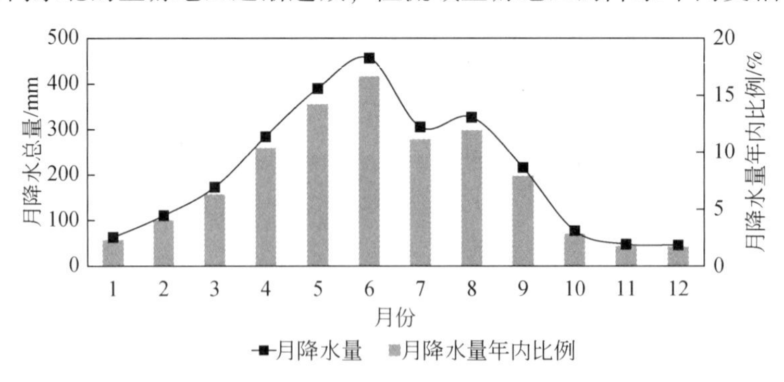

图4-3 东江流域多年平均月降水量及其年内分配比例

① http://emo.heyuan.gov.cn/contents/234/3660.html

其旱季降水较中、下游地区更丰富些（图 4-4）。流域多年平均水面蒸发量变动范围为 1000 ~ 1400 mm，年平均蒸发量约为 1200 mm，具有西南高、东北低的空间分异特征。

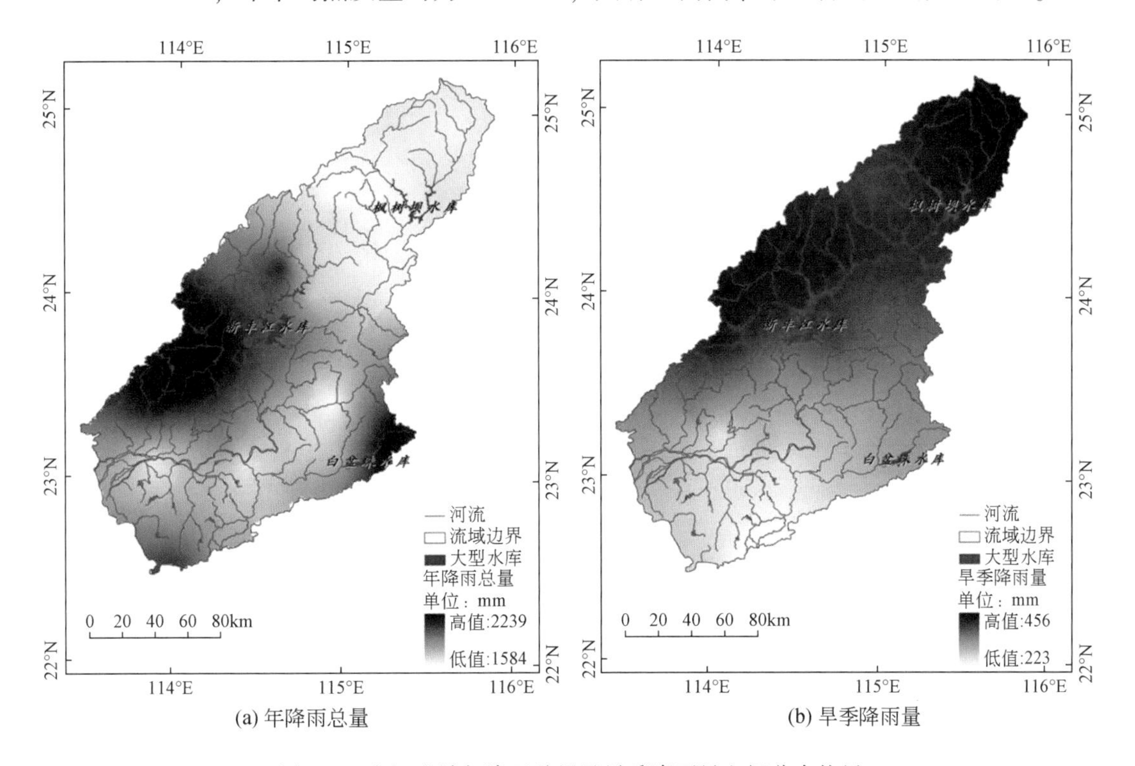

图 4-4　东江流域年降雨总量及旱季降雨量空间分布格局

4.1.4　植被特征

东江流域地处亚热带向热带过渡地区，原生自然植被的地带性分异特征明显，具有典型的热带、亚热带交错带植被分异特点（林英，1965）。流域北部、中部多属亚热带东部湿润常绿阔叶林区域，其中最北部位于中亚热带常绿阔叶林地带南缘，而中部横穿南亚热带常绿阔叶林地带，流域南端沿海局地属于热带东部湿润季雨林、雨林区域的北热带半常绿季雨林地带（孙世洲，1998）。空间分布上看，流域内从北到南依次分布着亚热带常绿阔叶林，亚热带针叶林，亚热带、热带常绿阔叶、落叶阔叶灌丛（常含稀树）和热带红树林等；农作物在中北部多以一年两熟或三熟水旱轮作为主，南部多以一年三熟粮食作物为主；经济林偏北部多为常绿果树园、亚热带经济林，偏南部多为热带常绿果树园和经济林。

近 50 年来，东江流域的植被覆盖率经历了先减少后增加的历程（石教智，2006；魏秀国等，2010）。其中 1970 年后，由于人类活动的强烈干扰，植被覆盖率一度从 42% 下降到了 37%，但是随着近多年来人类生态意识的增强，经过 10 多年的封山育林和水土保持努力，到 2005 年全流域植被覆盖率又恢复到了 42%~60% 左右（魏秀国等，2010）。目前东江流域植被状况良好，分布较多的自然或人工林植被有马尾松（*Pinus massoniana*）林、杉木（*Cunninghamia lanceolata*）林、南岭栲（*Castanopsis fordii*）林、油茶（*Camellia oleifera*）林等；分布较多的灌木林或灌丛有岗松（*Baeckea frutescens*）灌丛、映山红（*Rhododendron simsii*）灌丛、桃金娘（*Rhodomyrtus tomentosa*）灌丛、箭竹（*Fargesia spathacea*）灌丛等；分布较多的草本植被有蜈蚣草（*Eremochloa ciliaris*）草丛等；此外，流域内农作物种植主要为双季稻（*Oryza sativa*）、甘蔗（*Saccharum officinarum*）等，部分地区有冬小麦（*Triticum aestivum*）种植；经济林类在流域北部大多种植脐橙（*Citrus sinensis*），流域中部引种桉树（*Eucalyptus* spp.），南部多种植荔枝（*Litchi chinensis*）、龙眼（*Dimocarpus longan*）等。

依据 1 ∶ 1 000 000 中国植被类型图，东江流域的植被以灌丛、针叶林和栽培植被为主，各分别占流域总面积的 42%、24% 和 19%。上述三大主要植被类型均表现出明显的纬度地带性分异特征。灌丛类在流域南部低山丘陵区以岗松灌丛为主，在中部低山丘陵区以桃金娘灌丛为主，在流域西、北部山区则以映山红灌丛为主；针叶林类虽均为马尾松，但其间夹杂的灌丛类型则与灌丛类分布格局基本一致；栽培植被类则可划分为南部平原区一年三熟型作物及热带经济林类，以及北部河谷区一年两熟或三熟型作物及亚热带经济林类。

4.1.5 土壤特征

东江流域内的自然土壤，成土母质在丘陵和低山区以花岗岩、砂页岩、石灰岩的风化物为主，低平的平原一带则以河流冲积物、滨海冲积物等为主。按照土壤发生学分类系统，依据 1 ∶ 1 000 000 全国土壤类型图，整个流域的土壤类型以砖红壤、红壤和水稻土等为主，分别占流域总面积的 40%、31% 和 23%，其中水稻土是由自然土壤在长期人工种植状况下转化形成。空间分布特征上，砖红壤主要分布在流域南部和中部的低山丘陵区，红壤主要分布在流域西、北部的山区，水稻土则分布在低平的河谷平原区。具体讲，流域北部山区（上游）的河流两岸高台和阶地上多为水稻土，低山丘陵地区则红壤和紫色土分布较广泛，而局部山地海拔较高的地方则多出现黄壤；流域中部（中游）的河流两岸宽谷地带，仍以水稻土分布最为广泛，部分地区为砖红壤，而在低山丘陵地区则以砖红壤为主，部分海拔稍高地区出现红壤；流域南部（下游）的三角洲平原区以水稻土、潮土分布最为广泛，而在低山丘陵区则多分布为砖红壤。整个流域的土壤总体多呈酸性，但容重适中、通透性好、自然肥力较高（鲁垠涛等，2008）。

4.1.6 水文特征

4.1.6.1 河流水系

东江流域分支河流众多，较大的源流和支流包括贝岭水、浰江、新丰江、秋香江、公庄水、西枝江和石马河等。其中干流呈东北向西南流向，全长 562 km，江西省境内段长约为 127 km，广东省境内段长约为 435 km①。习惯上将从江西寻乌椏髻钵至广东龙川合河坝（今已淹没于枫树坝水库中）河段称为东江上游，河段平均坡降为 2.21‰，因处于山丘地带，上游河床一般陡峻，具水浅河窄的特点；从合河坝以下至博罗县观音阁河段为东江中游，河段平均坡降为 0.31‰，河水流速变缓，水面渐宽；从观音阁以下至虎门入海口为东江下游，平均坡降为 0.17‰，至此河之两岸已均处东江三角洲平原地段，河水流速变小，河面进一步变阔。流域总控制面积为 35 340 km^2，其中广东省境内为 23 540 km^2，占流域总面积的 87.1%，江西境内为 3500 km^2，仅占 12.9%。

4.1.6.2　水库坝系

东江流域内已建成新丰江、枫树坝、白盆珠、天堂山、显岗共 5 座大型水库，总集雨面积为 12 496 km^2，占东江流域总面积的 35.36%，总库容为 17.428×10^9 m^3。其中的新丰江、枫树坝、白盆珠等三座为流域控制性水库，共有水电装机容量为 50.65×10^4 kW，除水力发电外，经三座水库的联合供水调度，可满足东江下游流域内外如深圳等地的需水要求。这其中又以新丰江水库为最大，控制集雨面积达 5734 km^2，总库容为 13.896×10^9 m^3，目前以发电、防洪为主，结合航运、供水；枫树坝水库次之，控制集雨面积达 5150 km^2，总库容为 1.932×10^9 m^3，以航运、发电为主，结合防洪等综合利用。另外，流域还建成其他中型水库约 60 座，小型以下水库 840 座。

4.1.6.3　水文情势

大气降雨是东江流域地表径流水的唯一来源。根据多年资料统计，东江干流最靠近流域出口处的博罗水文站多年平均径流量为 22.95×10^9 m^3（229.5 亿 m^3），其中历史最大年径流量为 41.3×10^9 m^3（413 亿 m^3）（1983 年），历史最小年径流量为 8.94×10^9 m^3（89.4 亿 m^3）（1963 年）；多年平均流量为 737 m^3/s。以东江流域最主要的龙川、河源、岭下、博罗 4 个干流水文站计，均呈现年径流量年际变化小、无显著增加或降低趋势、流域水资源稳定性较高特点。然而，东江干流径流的年内分配差异较大，其中博罗站径流年内变差系数平均为 0.6；不过近多年来上述四站的径流变差系数皆有显著减少的趋势，径流年内分配不均匀性逐渐降低（图 4-5）。

东江流域的洪水多发生在每年的 6 ~ 7 月，5 月和 8 月次之。从季节上划分，4 ~ 6 月的洪水往往由锋面雨引起，主要来自龙川、新丰江和河源以上地区；7 ~ 9 月份的洪水则多是台风雨造成，主要出自西枝江和河源以下的地区。东江流域的洪水特点是水情复杂、遭遇多样。由锋面雨形成的洪水峰型较肥硕，涨水缓慢。由台风雨形成的洪水峰型尖瘦，变率较大。一次洪水过程一般持续为 6 ~ 8 天。东江流域的洪水来源大体可分三类。第一类洪水主要来自河源以上干支流，此类型洪水源远量小，经干流河槽调节后，水势展缓，对干流中下游不会造成很大威胁。第二类洪水主要来自河源以下干支流，此类型洪水地处

---

① http://www.djriver.cn/djgk/djjj.asp

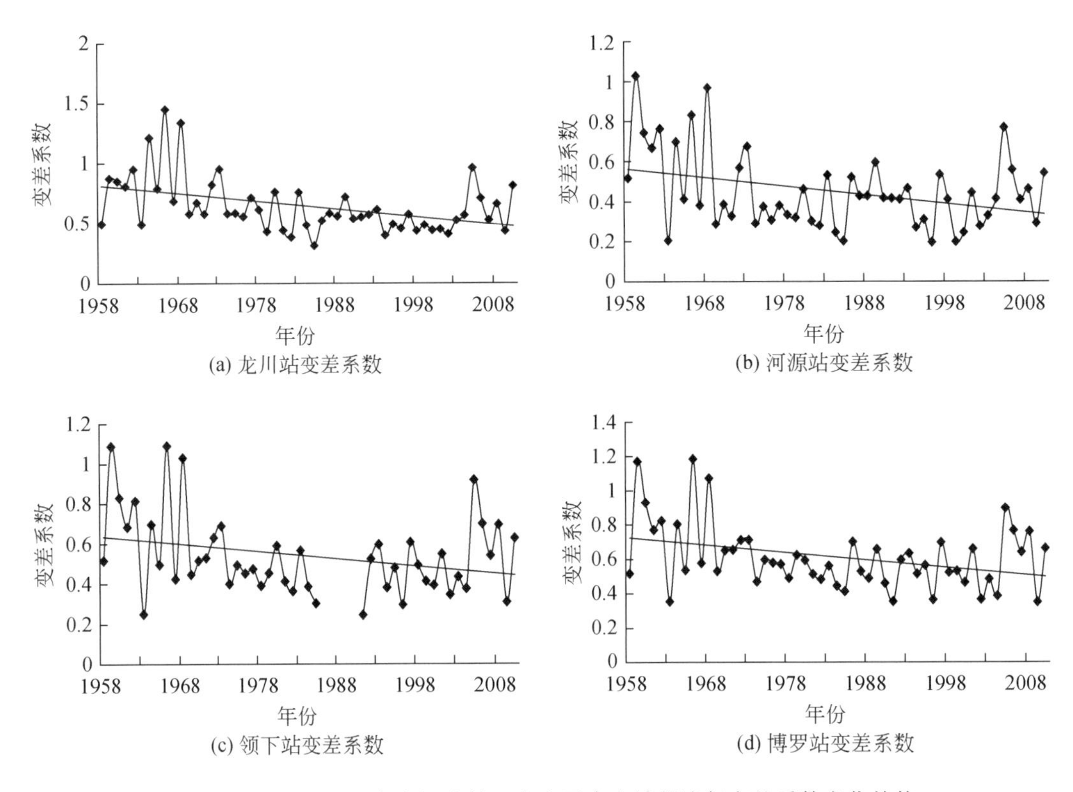

(a) 龙川站变差系数

(b) 河源站变差系数

(c) 领下站变差系数

(d) 博罗站变差系数

图 4-5 1958 ~ 2011 年东江流域 4 个主要水文站径流年变差系数变化趋势

暴雨中心区，峰高量大，对中下游地区威胁最大，常造成很大的损失。第三类洪水来自全流域，底水大，过程长，干支流洪水相碰机会多，也会对中下游地区造成很大威胁①。

东江干流中下游河道受径流控制，由于人为过量采砂，潮汐上溯，目前东江三角洲网河区和博罗至石龙干流河段均受到潮汐的影响。珠江口潮汐属于不规则的半日混合潮型，即在一个太阴日内出现两次高潮和两次低潮，且两次高潮和两次低潮的潮位均不相等，各潮潮差和历时也不相同。由于地形的影响，大潮和小潮也有滞后的现象，一般滞后 2 ~ 3 天。枯季潮汐对东江下游下段河道的水文特性影响较大，洪季较小。

4.2 土地利用现状

东江流域地理区位举足轻重，整个区域蕴藏的丰富水资源，直接滋润和养育着中下游区域河源、惠州、东莞、广州、深圳等地近 4000 万人口。可以毫不夸张地说，正是得益于东江所提供的充足水资源，才使得东江流域中下游一带成为中国区域社会经济高度发达的地域之一。

① http://www.gdsky.com.cn/lunwen/21-2005/30.pdf

东江流域土地利用类型分为林地、农用地（包括耕地和园地）、建设用地、水域和其他用地等 5 种（任斐鹏等，2011）。以 2009 年资料为统计基准，林地面积占流域总面积约 71%，农业用地占 15%，建设用地占 9%，水域占 4%，其他用地仅占 1%。

由图 4-6 可以看出，东江流域的土地利用强度具有明显的空间分异，流域北部上游和中部中游地区，以林地、耕地和园地为主；而流域南部的下游河网地区，则以城市建设用地占多。这一土地利用分异特征，既是流域自然条件南北分异使然，也是区域社会经济发展水平不一致的具体体现。

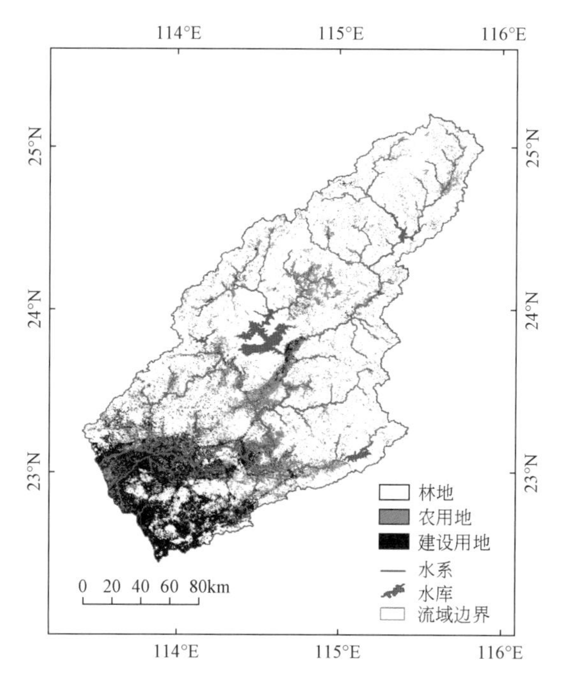

图 4-6　东江流域土地利用类型格局

注：2009 年资料

4.3　东江流域水资源和水生态主要问题

4.3.1　水资源需求不断加大，供需矛盾日渐突出

东江流域地处中国经济发展水平较高的东南沿海一带，流域中、下游更是珠江三角洲城市群的核心区域，而流域上、中游则肩负着为整个流域的人类社会经济发展保育水生态、保护水环境，提供优质水资源的战略重任。然而随着改革开放以来的社会经济高速发展，流域内的用水需求和实际供水量不断增加，致使水资源供需矛盾日益突出。例如，2003 年，东江流域广东省境内用水总量为 3.514×10^9 m^3（约 $35m^3$），2008 年达到 $4.137\times$

10^9 m^3（约41m^3），2013年更是达到了4.434×10^9 m^3（约44m^3）（据2003～2013广东省水资源公报整理，数据不包括珠江三角洲区域本身及东江流域向香港特别行政区供水水量①）。流域内生产与生活用水量的不断增加，对流域内的生态用水需求必然产生严重胁迫。据广东省水资源公报统计，近年来东江流域广东省境内的水资源利用率一直徘徊在接近或甚至超过国际上公认的湿润地区河道外用水适宜比例25%水平（陈绘绚，2011），如2005年为27.5%，2008年为22.9%，2010年为27.7%，2013年为24.5%。与此同时，跨流域调水更是加剧了东江流域本已紧张的水资源竞争态势，目前东江流域有大的跨流域引水工程如东江—深圳供水工程、深圳东部引水工程等，各类大小引水工程共计6108宗，流量最高达100.8 m^3/s②。此外，从新丰江水库引水的广州东江万绿湖直饮水工程也在规划与实施之中③。

受区域气候因素制约，东江流域的年内地表径流呈现出明显的干、湿两季分异特点。其中汛期（4～9月份）降水占全年总量约79%，虽经流域内几座大型控制性水库的有效调节，同期下游博罗站的径流仍约占到全年总量的71.4%（吕乐婷等，2013），显示出流域内丰水期水资源量相对丰富，枯水期水资源量绝对不足。此外，受地形条件制约和由此导致的社会经济发展差异，流域上游人口密度小，经济欠发达，水资源相对丰富；而流域下游人口密集，经济发达，水资源需求量超大。水资源量时空分配上的不均，进一步激化了水资源供需矛盾。随着流域人口的继续增加和经济的不断发展，流域内生活污水排放、工业生产废水排放、农业生产和城镇扩张造成的点源和面源污染等，将会进一步加剧河道及库塘的水体污染，并最终导致流域有效水资源量的减少，反过来又会恶化已经十分紧张的东江流域水资源供需矛盾。

因此，尽管东江流域地处南亚热带季风气候区，流域内水资源丰富，年均径流量达29.6×10^9 m^3（约296亿m^3），年人均水资源量约为2639 m^3，但仍面临着水资源时空分配不均、水资源需求量因社会经济飞速发展而不断加大、流域外调水量持续增加，以及中下游流域水质下降导致有效水资源量相对减少等诸多水资源问题，从而造成整个流域内社会经济发展用水和生态建设用水、流域内需水和流域外调水、上中下游生产生活用水分配等相互之间的水资源供需矛盾与激烈竞争。

4.3.2 流域水生态系统风险加剧

经改革开放以来三十多年的人口急剧增加和社会经济飞速发展，东江流域不仅在水资源供给方面日益捉襟见肘，而且其水环境也趋于向恶性方向变化，从而导致水生态系统风险大大增加，具体表现在以下几个方面。

① http://www.gdsw.gov.cn/wcm/gdsw//hydroinfo/reports/20140804/10449.html

② http://www.djriver.cn/news_view.asp?newsid=491

③ http://www.076266.com/news/305/

（1）入河废水排放量高

数据分析表明，全流域废水排放总量多年来始终较高，例如仅中下游地区广东省境内的深圳、东莞、惠州和河源四市，2008 年废污水排放量即为 3.691×10^9 t（约 36.9 亿 t），同期入河污水排放量为 2.696×10^9 t（约 27.0 亿 t），占比例为 73.0%，而到了 2013 年，入河污水排放量仍达到 2.650×10^9 t（约 26.5 亿 t）（根据 2008 ~ 2013 广东省水资源公报数据整理）。可以看出，尽管近几年因环境保护和环境污染治理力度加大而使入河污水排放水平未有明显增加，但总排放量仍居高不下。

（2）部分河段水体污染趋于严重

营养物质和有毒有害物质的过量排放，导致东江流域部分河段发生较严重的水体污染①，进而使河湖水体中的水生生物群落组成及结构发生相应变化，转变为以耐污型生物成分居主导地位（彭秋志，2013；王珊等，2013）。实地调查发现，东江流域凡容易或已经发生水体污染的河段，均存在两大特征：一为河水流速缓慢，致使污染物不易被稀释或扩散，较长的污染物滞留时间为耐污型水生生物的繁衍提供了充分条件；二为相对排污量较大，致使水环境容量相对变小，污染物相对消纳能力趋于丧失。空间分布上具体而言，下游平原区的中、小河流，以及东莞、深圳等较大城市附近的大河缓流段，是均容易出现较为严重水体污染的主要河段（彭秋志，2013）。

东江流域水体污染的来源主要分为点源和面源两类，前者主要集中在城市附近的河段，表现为城镇生活污水与工业废水的直接排放；后者主要集中在农业活动密集区，表现为农田施用氮肥激增引起的灌溉下泄区水质恶化。例如水体中的氮以及部分磷浓度超标现象，主要由农耕土地施肥后的地表水土流失、城镇生活垃圾及废水排放，以及工业生产污水处理不当或直接排放引起（廖剑宇等，2013）。

河流是一个连续整体，各级支流的径流及其所携带的物质汇入对于干流水体状况有着极重要乃至决定性的影响作用。有研究表明，东江干流水体中的营养盐及污染物变化和迁移，除干流沿途本身的输入外，主要还是来自支流向干流的输送。除流域内几大控制性水库的上、下游（如新丰江水库上游支流的浰江、黄村水，以及枫树坝水库和新丰江水库的汇入点以下河段等）的进、出水口一带因国家对水源性水库的入水质量实行严格控制，以及库水对污染物具稀释调节作用而使污染浓度有显著减小外，流域内其他地方有接近 50% 的水体水质在Ⅳ级或以下水平。

（3）流域的水文节律逐渐发生改变

因人类生产和生活活动对水资源的利用需求，东江流域一直以来在不断建设各类水利工程。目前，东江流域已经建成新丰江、枫树坝、白盆珠、天堂山、显岗共 5 座大型水库，库容总量达 17.428×10^9 m^3（174.3 亿 m^3），控制集水面积达 12 496 km^2，占流域总面

① http://gd.qq.com/a/20120821/000014.htm

积的35.7%。另有中型水库48座，各种小型以下水库840座，引水工程6108宗，机电排灌工程129宗；此外还有大的跨流域引水工程如东江—深圳供水工程、深圳东部引水工程等；整个流域内各类提水、引水工程计有2万余处，干流布设梯级达14个[①]。而这些水利工程对东江干流径流变化的控制效果十分显著，并已逐渐改变了东江的水文节律。例如各种大小闸坝的修建使得东江流域的径流季节分配趋于均匀化，旱季径流逐渐由纯粹依赖降雨补给演变为更多由水库、闸坝等调控补给，径流越来越多地受到人类活动影响，降雨和径流的关系趋于复杂化（吕乐婷等，2013）。

此外，近多年来流域内的土地利用/覆被变化也导致陆地水源涵养背景格局发生深刻改变。如在中下游平原地区，城市建设导致出现大面积不透水层，极大削弱了这些地区的水源涵养能力；在流域北部和中部山区，部分天然林地出现面积萎缩甚至消失，取而代之的是连片种植的脐橙果园；而在流域中、南部，则是不断扩大栽种范围的速生桉树林等。流域内这些土地利用/覆被变化，或多或少也会影响到流域水文节律的改变。

(4) 河流物理性质改变导致水生生境退化

上述河流水利工程及闸坝的修建，不仅使流域水文节律发生变化，还可能导致河流物理特性发生改变，使得河道连通性丧失，造成鱼类洄游通道片段化，洄游性鱼类趋于减少，定居性鱼类趋于增加。例如，东江干流龙川段历史上曾是理想的“四大家鱼”产卵场，历史上鲥鱼（*Tenualosa reevesii*）可洄游到新丰江产卵，但随着干流梯级的开发和新丰江、枫树坝水库的建成，这些产卵场已消失（谭细畅等，2012）。此外，河流物理性质改变还会造成周边陆生生物的生境条件发生扰动或改变（杨涛等，2009）。

河道和河堤硬化、截弯取直、河道挖沙、河岸带改造等活动，使一些土著水生生物生境范围缩小甚至消失。例如，东莞、深圳等平原城市区的河道大多已被改造成排水、行洪的渠道，土著水生生物已难觅踪影；又如，干流下游的大规模河道挖沙已致河床加深，咸潮入侵上界不断往上游推进，并使得这些河段部分土著鱼类无法适应，其种群逐渐衰退乃至消失（李桂峰等，2013）。

(5) 水生生物资源数量减少、质量下降

许多外来入侵物种往往具有极强的适应能力和生存竞争能力，它们通过抢夺原本属于当地物种的生存空间而排挤掉原生物种，导致凡被其入侵的水体生境，水生生物群落趋向于结构单一化，生物多样性大大降低。根据文献资料及实地水生态调查数据，目前东江流域外来水生生物入侵现象十分普遍。如在研究者近几年来陆续开展的水生生物实地调查过程中，发现尼罗罗非鱼（*Tilapia nilotica*）已经成为流域中、南部静水缓流河段出现频率最高的优势鱼种之一；而就底栖动物而言，在某些河段岸边或挺水植物茎干上，常密集附着福寿螺（*Pomacea canaliculata*）所产的粉红色卵；至于大型水生植物方面，则存在大量水葫芦（*Eichhornia crassipes*）顺水漂流于流域中、南部的静水缓流河段，甚至在惠州剑潭大

---

① http://www.djriver.cn/

坝、潼湖水、沙河、淡水河、石马河、公庄水等部分河段还出现水葫芦堵塞河道的现象。

上述生物入侵加上不合理的捕捞，导致流域的鱼类资源数量减少、质量下降。据东江流域最近一次较大规模的鱼类资源调查（2005～2009 年）结果显示，与 20 世纪 80 年代的调查相比，东江地区现今所捕获的鱼类，以中小型经济鱼类占优势，大龄鱼数量明显下降，土著鱼种大为减少，部分鱼种趋于绝迹（李桂峰等，2013）。

东江流域所面临的上述水资源供需矛盾突出和水生态风险加剧等问题，将是该流域乃至中国水生态管理所亟待解决的突出问题。

参 考 文 献

陈绘绚 . 2011. 东江水资源存在的问题及保障措施 . 广东水利水电，6：30-32.

陈晓宏，王兆礼 . 2010. 东江流域土地利用变化对水资源的影响 . 北京师范大学学报（自然科学版），3：311-316.

董满宇，江源，李俞萍，等 . 2010. 近 46 年来东江流域降水变化趋势分析 . 水文，30（5）：85-90.

黄强，陈子燊 . 2014. 全球变暖背景下珠江流域极端气温与降水事件时空变化的区域研究 . 地球科学进展，29（8）：956-967.

李桂峰，赵俊，朱新平，等 . 2013. 广东淡水鱼类资源调查与研究 . 北京：科学出版社 .

廖剑宇，彭秋志，郑楚涛，等 . 2013. 东江干支流水体氮素的时空变化特征 . 资源科学，（35）3：505-513.

林凯荣，何艳虎，雷旭，等 . 2011. 东江流 1959－2009 年气候变化及其对径流的影响 . 生态环境学报，20（12）：1783-1787.

林英 . 1965. 论南岭山地植被的性质及其在中国植被区划中的位置问题 . 植物生态学与地植物学丛刊，3（1）：50-74.

鲁垠涛，唐常源，陈建耀，等 . 2008. 东江干流河水的来源、水质及水资源保护 . 中国生态农业学报，16（2）：367-372.

吕乐婷，彭秋志，廖剑宇，等 . 2013. 近 50 年东江流域降雨径流变化趋势研究 . 资源科学，35（3）：514-520.

彭秋志 . 2013. 东江流域河流生态分类研究 . 北京：北京师范大学博士学位论文 .

任斐鹏，江源，熊兴，等 . 2011. 东江流域近 20 年土地利用变化的时空差异特征分析 . 资源科学，33（1）：143-152.

石教智 . 2006. 变化环境下流域径流演变研究-驱动力、演变模式及模拟预测 . 广州：中山大学博士学位论文 .

孙世洲 . 1998. 关于中国国家自然地图集中的中国植被区划图 . 植物生态学报，22（6）：523-537.

谭细畅，李跃飞，李新辉，等 . 2012. 梯级水坝胁迫下东江鱼类产卵场现状分析 . 湖泊科学，24（3）：443-449.

王珊，于明，刘全儒，等 . 2013. 东江干流浮游植物的物种组成及多样性分析 . 资源科学，35（3）：473-480.

魏秀国，卓慕宁，郭治兴，等 . 2010. 东江流域土壤、植被和悬浮物的碳、氮同位素组成 . 生态环境学报. 19（5）：1186-1190.

杨涛，惠秀娟，许云峰 . 2009. 用于流域管理的河流水生态系统健康评价初探 . 环境保护科学，35（5）：52-54.

第5章　东江流域水生态功能一级分区

5.1　水生态功能一级分区的目的、原则与依据

水生态功能一级分区属于流域内部的高级别分区，在全国自然分区工作中需要与一定级别的分区相互兼容，在流域内部则需要反映流域内影响水系形成发育的宏观背景条件的差异。

东江流域地处我国东南近海、沿海地带，纵跨珠江三角洲和粤赣两省中、小起伏低山地貌区，上游侵蚀过程与下游冲积过程相互联系，共同驱动着东江的河流地貌发育过程。受亚热带季风气候控制，降水成为东江河流的主要径流来源。东江流域水生态功能一级分区的主要目的即是反映河流生态系统形成的这种自然背景条件的区域差异。为此，一级分区将遵循以下原则。

5.1.1　水生态功能一级分区原则

水生态功能分区的原则应该服务于分区目的。分区原则的制定需要在分析区域对象——流域中水体及其整个流域的陆地背景因子，并在对诸多水生态系统区域分异的驱动因子和要素间关系进行研究的基础上，提出分区原则。这些基本原则既要保证能够达到既定分区目标，又不违反自然规律，还应有利于实践中水生态系统管理应用。

（1）流域自然背景因子主导原则

全流域规模的大尺度自然背景因子，是导致流域水生态功能产生空间分异的基本因素，并且这些自然背景因子均具有宏观差异显著、时空稳定度高等特点，因此应以流域自然背景因子为主导，选择适合的要素作为一级分区的主要依据。

（2）定量化数据优先原则

优先或主要利用可获取的较为详尽的定量化流域基础数据进行分区，不仅有助于准确辨识导致分区对象发生地域分异的主要因素，刻画空间分异水平及其分异演变过程的区域差异，也有助于保证分区界线的相对准确、客观和稳定。由于科学技术的发展及研究数据的积累，借助 RS 和 GIS 工具并采用定量化数据进行高级别的分区已经成为可能，这也代表着各类分区在方法上的未来发展趋势。

(3) 突出干流河道水生态过程空间分异原则

水生态功能高级别分区应反映大尺度水生态过程宏观分异规律，因此，一级分区首先应该反映驱动主干河道水生态过程的空间分异的因素，反映该类驱动因素的区域空间延伸与递变规律。

5.1.2　水生态功能一级分区的主要依据

流域内部的自然和社会经济结构与组成是维持流域水生态系统平衡的基本条件，水系的形态、水情特点、水化学和水物理性质及水生生物组成等，均取决于流域特征。由于流域陆域自然生态系统决定着流域水生态系统的基础条件，表征着水生态系统的自然属性，影响着流域内陆地生态系统对水生态系统的支撑和维持功能。因此水生态功能一级分区主要以流域内陆域生态系统特征为依据。考虑到一级分区的原则，在分区过程中将重点突出流域自然背景对流域河道发育与河流水量维持方面所起的作用，并将之作为分区的主要依据。

5.2　水生态功能一级分区指标体系

5.2.1　一级分区指标体系

东江流域的地貌区域及其发育过程主要包括北部以侵蚀、剥蚀过程为主的中低山区域和南部冲积过程为主的平原区域。与这种地表营力过程分异相关联的水系发育和水生态特征，主要表现在下游平原地区多缓流生态系统，河流摆动、水流分道，形成三角洲地区的网状或枝状水系。上游山区则多急流生态系统，河床多深切，或形成宽谷或形成峡谷，对水流束缚作用强烈。鉴于东江水系的发育及径流来源以降水为主的基本特征，水生态功能一级分区指标的选择主要考虑如下参数（表 5-1）。

表 5-1　东江流域水生态功能一级分区指标体系

分区	指标	表征内涵	对水系特征与河流水量的影响
一级区	*P/T*	降水/温度	反映流域陆地生态系统的降水补给和蒸发潜力分布格局，是维持水生态系统水量的重要物质基础和支撑条件
	DEM	海拔高度	反映流域地表形态特征，可直接影响水文情势及侵蚀和沉积物传输，间接影响气候和植被模式
	NDVI	地表覆被	反映流域地表植被状况，地表覆盖植被的蒸散耗水强度

(1) 海拔高度

海拔高度是反映流域内部宏观空间差异的重要特征，能够将流域中的中低山地、平原地区及二者之间的过渡区域进行区别，也是能够反映侵蚀过程与冲积过程的重要指标。海拔高度能够通过 DEM（地表数字高程）信息获取定量数据，有利于空间运算处理，因此是符合水生态功能一级分区原则的指标参数。

（2）年降水量/年平均气温（P/T）

由于降水是径流的补充来源，气温直接影响着降水和地表径流的蒸发损失量，P/T 指标主要反映东江的径流的水量补给特征。该指标也属于定量性指标，能够通过空间差值显示出其在流域内部的空间差异，是符合一级水生态功能分区原则的分区指标。

（3）归一化植被指数（NDVI）

NDVI 是对河流水量补给特征的一个补充指标。本书采用 NDVI 间接反映植被蒸散的耗水程度，因此也是影响流域下垫面对径流量补充能力的指标。

5.2.2　一级分区指标处理

（1）指标的空间标准化

为保证各指标之间具可比性和可加和性，需针对一级分区指标体系中的各指标分别进行空间标准化及无量纲化处理，其中空间标准化处理的目标，是使所有的指标图层统一像元大小，同时不同指标在亚像元尺度可以空间匹配；无量纲化处理的目标，是通过采用归一化处理，使得不同分区指标之间具有可比性。具体做法是，针对本书 5.2.1 小节所述三个一级分区指标，以高精度图层对各指标图层进行高精度几何校正，在此基础上分别定义 80 m×80 m 像元对全流域进行重采样，使数据达到空间标准化。在重采样过程中，每像元中有可能包括某参数的 n（$n \geqslant 1$）个不同数值，每个不同数值在像元中所占据的面积不同，因此对每个新像元中各参数按照公式（5-1）重新进行赋值，对空间标准化的数据采用公式（5-2）进行无量纲化处理：

$$c_a = \sum_{i=1}^{n} \frac{a_i}{80 \times 80} c_i \tag{5-1}$$

式中，c_a 为新像元中某指标的重采样值，a_i 为新像元中某参数第 i 个数值所占面积，c_i 为新像元中某参数第 i 个数值，n 为新像元中包含的某参数的数值个数（$n \geqslant 1$）。

$$c_s = (c_a - c_{amin}) / (c_{amax} - c_{amin}) \tag{5-2}$$

式中，c_s 为新像元标准化之后的数值，c_a、c_{amax} 和 c_{amin} 分别为新像元重采样值、新像元重采样后在全流域中的最大值和新像元重采样后在全流域中的最小值。

结合公式（5-1）和公式（5-2）分别对 NDVI、DEM 和 P/T 三个一级分区指标进行标准化及归一化处理，分析各个指标的空间分异特征。

（2）指标综合及归一化处理

在判断流域中上述因子维持水资源数量及其时间分配特征功能过程中，P/T 值愈大、

NDVI 数值愈低、海拔高程愈高的区域，被认为是对流域水资源量贡献愈大的区域，也是应该尽量减少开发利用的区域。据此，对一级分区指标的水生态功能指标综合如下公式（5-3）：

$$W_{qt} = (P/T) + E - \mathrm{NDVI} \tag{5-3}$$

式中，W_{qt}是水资源量影响综合指数，P 和 T 分别是根据 30 年数据计算得出的年平均降水量和年平均气温，NDVI 是归一化植被指数，E 是根据 DEM 计算得出的像元平均海拔。

5.2.3　一级分区指标空间异质性分析

（1）*P/T* 及其空间异质性

根据公式（5-1）和公式（5-2）对 *P/T* 指标进行标准化及无量纲化处理，得出一级分区指标图层（图 5-1）。数据为栅格数据，像元精度为 80 m 空间分辨率。本项指标明显呈现出存在 3 个异质性区域的空间分异。流域西部是一个 *P/T* 高值区，以罗浮山脉为中心向四周辐射；流域北部是一个 *P/T* 亚高值区，以江西省寻乌县为中心向四周辐射，在流域北部和西部 *P/T* 值空间异质性较大。以两个高值区为界线，流域整体上被划分成为西部高值区，主要包括了广东省和平县西部及连平县、新丰县大部及河源市辖区局部地区等，区域空间异质性大；北部次高值区，主要包括了江西省寻乌县大部、安远县和定南县南部等，区域内部空间异质性大；流域南部整体上处于低值区，主要包括广东省东莞市、深圳市、惠州市和博罗县的部分或大部分区域，区域内部空间异质性比较小。

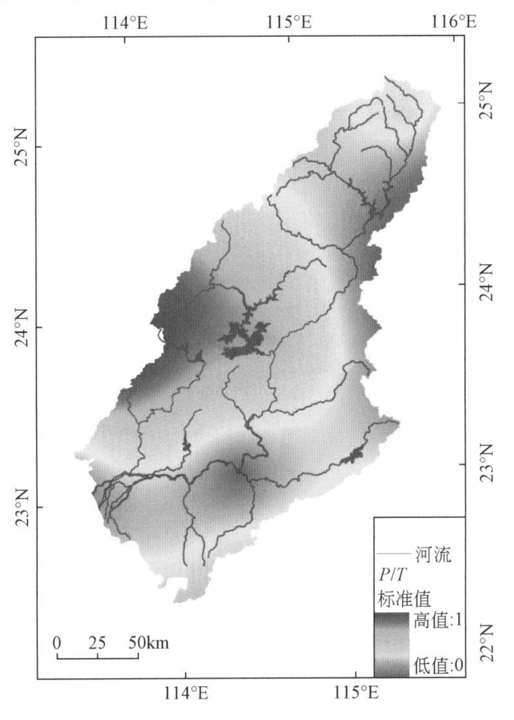

图 5-1　东江流域 *P/T* 指标空间分异

(2) 地表数字高程(DEM)及其空间异质性

根据公式(5-1)和公式(5-2)对DEM指标进行标准化及无量纲化处理，得出一级分区指标图层，数据格式为栅格数据，像元精度为80 m空间分辨率(图5-2)。本项指标在空间异质性上亦大致可以区分为3个区域。流域的北部是一个DEM高值区，主要包括了江西省寻乌县大部、安远县和定南县南部、龙南县东部和广东省和平县西部，以及连平县、新丰县大部等，区域内部指标异质性较高；而南部则整体属于低值区，主要包括广东省东莞市、深圳市、惠州市和博罗县的部分或大部分区域，区域内部指标在空间分布上相对均匀；中间部分的广东省河源市、龙门县、博罗县北部、紫金县等大部分区域则处于中值区，区域内部高值和低值呈现多中心分布格局，区域内部空间差异性大。

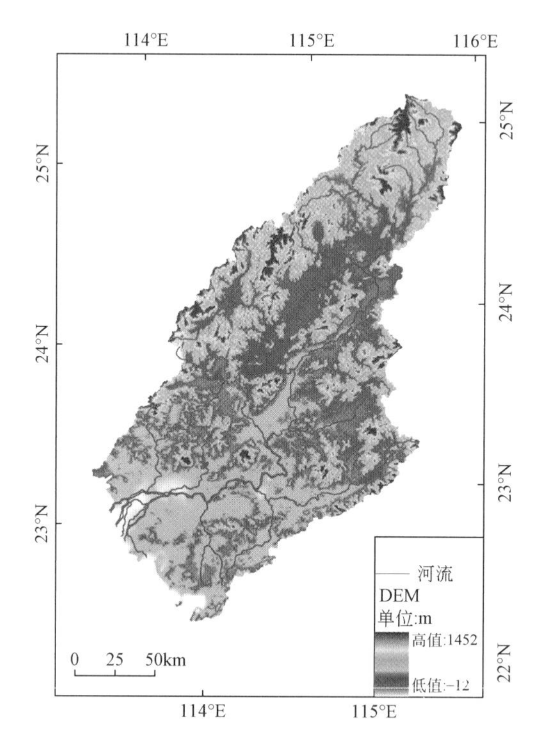

图5-2 东江流域DEM特征图

(3) 归一化植被指数(NDVI)及其空间异质性

根据公式(5-1)和公式(5-2)对NDVI指标进行标准化及无量纲化处理，得出一级分区指标图层，数据格式为栅格数据，像元精度为80 m空间分辨率(图5-3)。指标在空间异质性上仍大致可以区分为3个区域。流域中部是一个NDVI值高值区，主要包括广东省河源市、龙门县、博罗县北部、紫金县等大部分区域，区域内部指标异质性较小；流域北部NDVI值整体处于中等水平，主要包括了江西省寻乌县大部、安远县和定南县南部、龙南县东部和广东省和平县西部及连平县、新丰县大部等地区，区域内部指标异质性明显较中部区域高；流域南部则整体属于低值区，主要包括广东省东莞市、深圳市、惠州市和博罗县的部分或大部分区域，区域内部指标在空间分布上最为均匀。

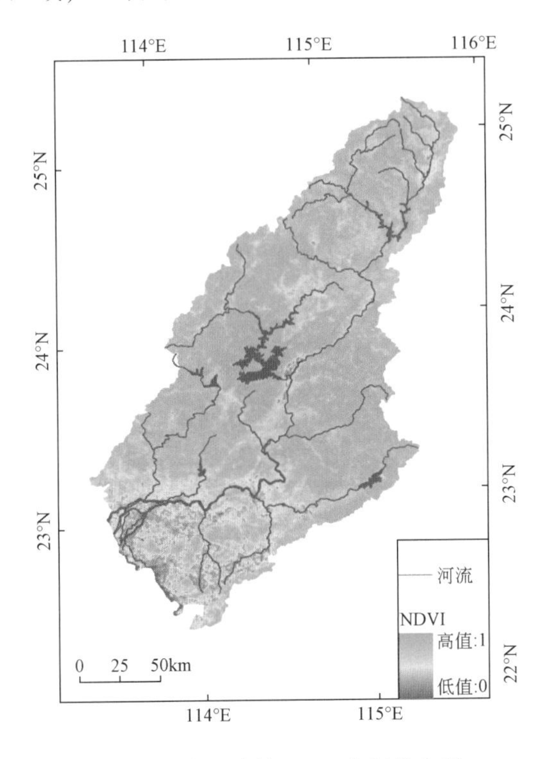

图 5-3　东江流域 NDVI 空间分布图

5.3　水生态功能一级分区指标综合与界限确定

5.3.1　指标综合计算结果及分析

根据公式（5-3）对每个像元进行数据运算，得出一级分区综合指标空间分布图，栅格数据，像元精度 80 m 空间分辨率（图 5-4）。综合指标的空间分布格局表明，指标空间分布异质性在宏观上表现出三个部分：流域西部和北部是综合指标的高值区，主要包括江西省寻乌县大部、安远县和定南县南部、龙南县东部和广东省和平县西部以及连平县、新丰县大部等地区，区域内部指标异质性较高；南部属于低值区域，主要包括广东省东莞市、深圳市、惠州市和博罗县的部分或大部分区域，区域内部指标在空间分布上相对均匀；中间部分大多数地区数值居中，高值和低值区星散分布。不同区域空间分异明显。

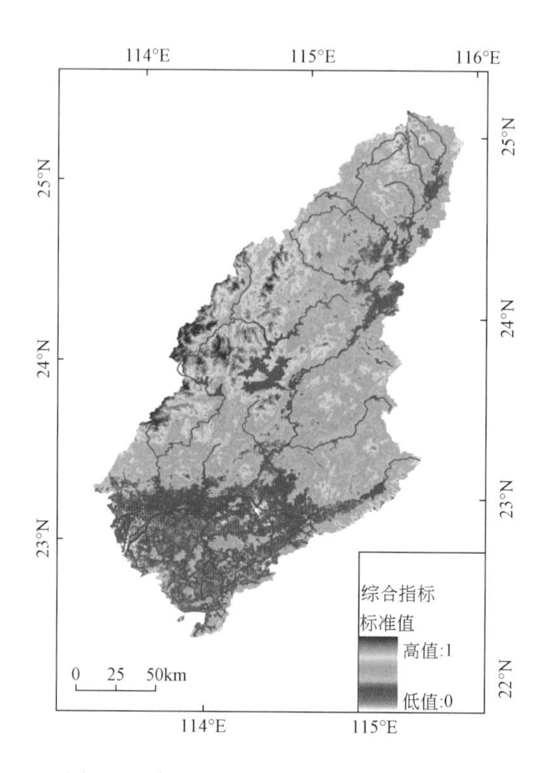

图 5-4 东江一级分区综合指标空间分异

5.3.2 一级分区界线的确定

据上述综合指标在全流域的空间排布规律，可看出流域各处的确明显存在分异和差别，并大致显现出三类（块）互不相同的区域，这便是一级区相对主体位置及其基本界线的雏形。在此基础上，以水量维持能力的综合指标具体数值作为主要依据，同时兼顾集水区范围的大小和流域完整性，运用自上而下的方法，划定水生态功能一级分区的具体界线。

1）对一级综合指标的空间异质性进行分析，以综合指标所反映的流域空间分异格局为准，参照三项一级分区指标的空间异质性格局，沿格局的边界线进行矢量化处理，生成一级分区格局界线。

2）在界线划定绘制生成过程中，为保证子流域的完整性，需要参照各子流域的积水面界线，对分区界线进行调整，其中调整界线时，以与综合指标格局界线垂直距离最短的积水面界线为准。

3）对经调整后的一级分区界线，采用东江流域水生态系统野外调查数据和历史资料文献等进一步进行区域差异性验证，以验证结果为基础对界线再重新进行优化，直至制定出最为合理的分区界线。

5.4　水生态功能一级分区结果校验

为了检验上述一级分区的结果是否能够有效反映流域水生态系统特征的区域差异，需要运用流域水生态野外实际调查数据和历史资料等，对分区结果尽可能地进行校核与查验。校核检验采用以下步骤和方法：不同一级区之间水生态特征的差异比较分析；各区域东江干流水体浮游植物群落分析结果比照校验；东江干流河岸带维管植物区系与群落特征调查结果校验。

5.4.1　不同一级区域水生态特征差异比较

采用 2009 ~ 2010 年的野外 50 多个样点调查数据，运用 ANOVA 方差分析方法，对流域内各一级区之间的主要水生态特征和水质指标进行差异性检验，结果表明：在 $p=0.05$ 显著性水平下，3 个一级区之间的水温、水质和水生生物特征差异显著（表 5-2）。此外，3 个不同一级区域之间的主要水生态指标均值，也有较大差异。这些结果表明，一级分区虽然采用了陆域背景特征作为分区指标，但分区结果基本反映了流域内水生态特征的区域差异。

5.4.2　干流浮游植物组成校验

除上述通过对流域内各地段的水体进行理化性质采样分析以检验分区效果外，为保障校验结果的可靠性，同时选取对流域水生态系统区域差异特征较为敏感的水体浮游植物特征作为校验指标，对一级水生态功能分区的结果作进一步校验。具体校验过程中，选取浮游植物类群的生物密度及其组合特征作为校验参量，借助于 DCA 排序方法，对东江流域水体浮游植物生物组成的空间分布特征与一级区域格局进行对比分析，并对不同一级区域内浮游植物平均总生物密度特征和浮游植物群落结构特征进行对比分析，以此作为水生态功能一级分区结果校验的依据。

从东江流域水体中浮游植物不同类群的生物密度 DCA 排序图可以看出（图 5-5），浮游植物密度值空间分异特征与 3 个一级区划单元具有空间上的高度一致性，即在同一个一级区域内，浮游植物类群组成相对一致，而在不同一级区域内，浮游植物群落组成由较大差异。在上游区（RFⅠ）内分布最多的藻类依次为隐藻、栅藻、鱼腥藻和颤藻，密度比例依次为47%、15%、12%、6%，总计占区域藻类比例的80%；在中游区（RFⅡ）内分布最多的藻类依次为隐藻、小环藻、栅藻和微囊藻，密度比例依次为 25%、19%、14%、11%，总计占区域藻类比例的 69%；在下游区（RFⅢ）内分布最多的藻类依次为栅藻、十字藻、钝顶节旋藻和小环藻，密度比例依次为 25%、22%、10%、10%，总计占区域藻类比例的 67%。由此可以看出，不同水生态功能区域内的优势藻类物种组成和密度比例也有所差异。综合以上校验结果表明，一级水生态功能分区及界线划定较真实地反映出流域水生态系统特征的空间差异。

表 5-2　水生态功能一级区河流水生态特征差异比较

水生态指标		温度/℃	pH	电导率/(μs/cm)	总磷/(mg/L)	总氮/(mg/L)	氨氮/(mg/L)	高锰酸盐指数/(mg/L)	悬浮物(ss)/(mg/L)	叶绿素 a/(mg/m^3)	溶解氧/(mg/L)	样方单位面积物种个数/(种/m^2)
一级区代码	RF Ⅰ	28.23	6.99	71.39	0.03	1.04	0.30	1.42	9.46	6.73	7.35	8.35
	RF Ⅱ	28.53	6.98	74.59	0.08	0.86	0.34	1.77	17.28	9.39	7.04	6.28
	RF Ⅲ	30.26	6.80	204.47	0.36	4.65	3.75	3.42	10.58	15.02	5.19	5.06
方差分析检验指标	DF	2.00	2.00	2.00	2.00	2.00	2.00	2.00	2.00	2.00	2.00	2.00
	MS	53.10	0.51	300 000	1.39	214.15	181.7	50.39	862.8	754.3	60.62	107.2
	F	9.75	4.15	19.92	10.96	15.25	13.51	14.05	3.28	10.25	33.87	15.13
	Sig.	0.00	0.02	0.00	0.00	0.00	0.00	0.00	0.04	0.00	0.00	0.00

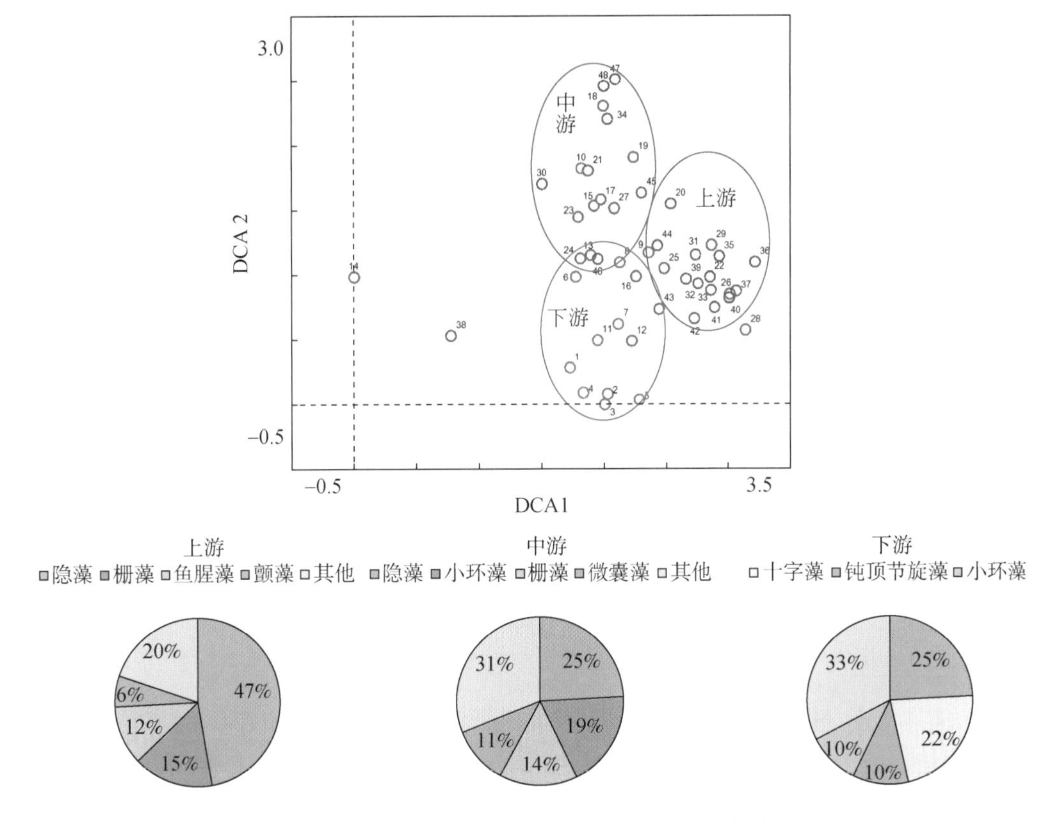

图 5-5　东江流域浮游植物生物密度 DCA 排序结果

5.4.3　干流河岸带维管植物群落组成校验

东江流域水生态功能一级分区主要反映大尺度下流域气候、地貌、植被等自然要素的空间差异。河岸带植物物种组成和群落分布既受区域自然因素，特别是所依傍的水体的综合影响，也为周边水生生物创造出多种多样的微或小生境，因而岸边带植物的物种组成和群落分布差异特征亦是体现流域自然要素空间分异性质的较灵敏指示体。基于此，可通过东江干流河岸带水生维管植物物种组成和群落差异来检验东江流域水生态功能一级分区的结果。

为了进行校验分析，首先在干流河岸带开展从上游到下游的岸边植物群落调查，采用去趋势对应分析（DCA）对所有调查样方数据进行排序分析（图 5-6）。分析结果表明：前四个排序轴特征值分别为 0. 545、0. 385、0. 313、0. 251，其中第一排序轴的变异量为 9. 3%，前两轴累积变异量为 15. 8%。由图 5-6 中这两个排序轴长度均几达 4 个标准差单位知，整个东江干流河岸带生境分异十分显著。由 DCA 排序图可以看出，干流河岸带水生植物群落内高等植物种类组成差异能较好地反映东江流域水生态功能一级分区结果。三个一级分区内的样方在 DCA 排序第一轴（水平方向）自左向右分布，其中 RFⅠ在排序图左侧，RFⅡ在排序图中部，RFⅢ在排序图右侧。这表明三个一级区内植物物种组成和群落结构差异随东江干流河段发生显著变化。此外，第一轴同样很好地反映了三个一级区人类干扰强度的差异。

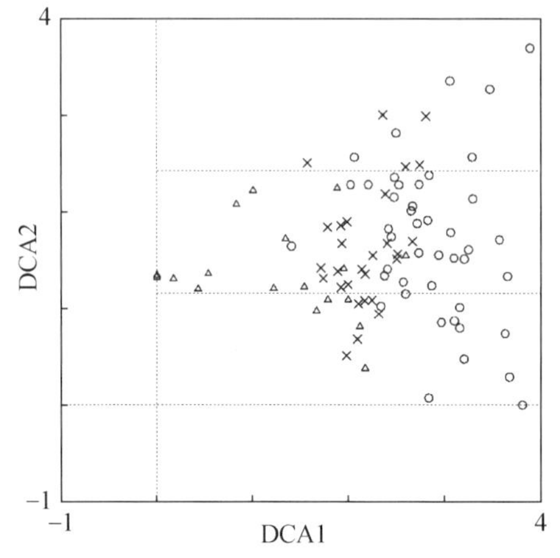

▵：RFⅠ中的样点，×：RFⅡ中的样点，○：RFⅢ中的样点

图 5-6　河岸带水生群落高等植物种类组成 DCA 二维排序图

5.5　水生态功能一级分区方案及其编码与命名

5.5.1　一级分区方案与命名

根据流域水生态功能命名规则和范式（表 3-2），对东江流域水生态功能一级分区方案进行命名。水生态功能一级分区的命名应该体现流域陆域对径流量的补给作用特点，也应该反映河流水系本身的特征，最终命名结果如表 5-3 所示。

5.5.2　一级分区方案编码与制图

东江流域水生态功能一级分区方案由 3 个水生态功能一级区构成（附图 1）。一级区的编码采用三字符法，第一个字符“R”表示河流型流域；第二个字符“F”表示东江在目前开展水生态功能分区的重点流域中的序号，这个字符也可以根据既有体系进行重新编码；第三个字符是东江流域一级分区的编号，采用大写罗马字母表示。编码结果如表 5-3 所示。

表 5-3　东江流域生态功能一级分区结果简表

一级区命名	编码	面积 /($\times10^4$ km^2)	NDVI	DEM /m	P/T /(mm/℃)	综合指标	水量维持能力
东江上游山区河流水源涵养水生态区	RFⅠ	1.09	0.82	413.5	86.24	0.62	中

续表

一级区命名	编码	面积 /($\times 10^4$ km^2)	NDVI	DEM /m	P/T /(mm/℃)	综合指标	水量维持能力
东江中游谷间曲流水量增补水生态区	RF Ⅱ	1.53	0.83	239.6	85.90	0.57	强
东江下游感潮河网水量均衡水生态区	RF Ⅲ	0.87	0.67	82.0	82.84	0.39	弱

注：表中各指标均为相应一级区内的平均值

5.6　东江流域水生态功能一级分区说明

5.6.1　RF Ⅰ 东江上游山区河流水源涵养水生态区

东江上游山区河流水源涵养水生态区，位于113°57′42″E～115°52′37″E，23°40′19″N～25°12′19″N；全区地势西北高东南低，地跨江西、广东两省，包括江西省的寻乌县南部、定南县东南部、安远县南部，广东省的龙川县北部、和平县、兴宁市西部、连平县大部、河源市辖区西部、新丰县大部等。

区域界线的确定，以东江上游枫树坝水库和新丰江水库的主要来水区为中心范围，大致包括了定南水、寻乌水、鱼潭江上游、浰江上游、大溪河、新丰江等主要子流域的积水区，区域面积总计 1.09×10^4 km^2。本区是东江流域的主要水源涵养区，区域水生态功能综合指标值达0.62；三项主要分区指标中，NDVI平均值0.82，显示出本区良好的植被覆盖状况；区内地势和地形起伏度较大，海拔平均值为413.5m（DEM数据），年平均降水量与年平均气温比值（P/T）为86.24，是东江流域降水量相对丰富的区域。

5.6.1.1　自然环境特征

（1）地质地貌特征

东江上游主要为低山-中山地区，上游地区存在4级夷平面。第一级夷平面在河源断裂以西的新丰江水库南部，高程为300～350 m，切过的岩性有震旦系变质岩和侏罗系碎屑岩；第二级夷平面在河源断裂以西高程为390～490 m，主要分布于和平县以东和龙川县以北地区，并向东北延伸至寻乌县南部，主要特征为齐顶山峰和平直山顶，切过的岩性为震旦系变质岩、寒武纪碎屑岩、中生界花岗岩；第三级夷平面位于河源断裂以西断续分布，其高程为580～830 m，该级夷平面破坏较严重，零散分布；第四级夷平面是由区内最高的山峰组成，在流域的周边构成流域的边界，高程为800～1320 m，其山顶平齐，平均高程为1150 m。东江上游地区的河流阶地均属于常态阶地，上游地区可见一级、二级至六级河流阶地，其类型包括堆积阶地、基座阶地和侵蚀阶地。一般第一级阶地沉积物的厚度为 10 ~ 30 m，二级至五级阶地的沉积物厚度在几米至 20 m，第六级阶地在龙川地区沉积物厚度仅有 1 m，属于侵蚀阶地。

（2）气候特征

本区气候在全流域内属于气温稍低，降水量偏少的地区。其中多年平均气温为 29 ~ 21℃；一年中最热月为 7 月，平均气温为 28 ~ 31℃，多年绝对最高气温达 39.6℃；最冷月为 1 月，平均气温为 9.7 ~ 11℃，多年极端最低温为-5.4℃。本区由于地处莲花山脉的背风坡，水汽输入受阻，因而北部为降水低值区，如龙川与兴宁以北降水偏少，年平均降水量约为 1600 mm，向西南降水逐渐增多，其西南靠近本区域边界地段，属于流域内部年平均降水量最丰富的地段，可达大约 2000 mm。降水集中在 5 ~ 9 月，这个时期也是东江流域的丰水期，11 ~ 3 月是降水相对较少的时期，也是河流的枯水期。

对未来气候变化趋势的分析表明，本区域北部是流域中增温变化最不显著的地区，其中在过去 50a 中的增温幅度不足 0.4℃/10a。

（3）植被覆盖与自然保护区

本区的植被类型主要有森林、灌丛和草丛等，人工栽培的植被仅占全区总面积的 5.39%，人类活动相对较弱。

本区的自然植被以亚热带常绿阔叶、落叶阔叶灌丛（常含稀树）和亚热带针叶林为主，分别占本区面积的 43% 和 38%。其中，组成亚热带常绿阔叶、落叶阔叶灌丛（常含稀树）的植被为檵木、乌饭树、映山红灌丛和桃金娘灌丛，分别占本区总面积的 29% 和 14%；组成亚热带针叶林的植被为含桃金娘的马尾松林，含檵木、映山红的马尾松林和杉木林，分别占本区总面积的 19%，15% 和 5%。亚热带常绿阔叶林占全区总面积的 7%，主要为栲树林、南岭栲林，占全区总面积的 5%。亚热带草丛占全区总面积的 6%，以芒草、野古草、金茅草丛为主，占全区总面积的 4%。

本区现建有自然保护区共 21 个，其中国家级 1 个，省级 4 个，市级 5 个，县级 11 个。各保护区概况见表 5-4。其中位于本区连平县（该县系“广东省生态县”，“全国生态建设示范区”）的黄牛石和黄石坳两个省级自然保护区，主要以森林及野生动植物为保护对象，也为本区发挥其水生态功能，如净化水体、涵养水源、调节水量等的发挥起到一定作用。

表 5-4 东江上游水源涵养山区河流水生态区现有自然保护区概况

保护区名称	面积/hm^2	主要保护对象与保护目标	类型	级别	建立年份
新丰江自然保护区	14 500	森林生态及野生动植物	森林生态	国家级	1993
广东新丰云髻山省级自然保护区	2 700	亚热带常绿阔叶林生态系统	森林生态	省级	1990
广东河源恐龙化石自然保护区	1 002	恐龙蛋化石地址遗迹	古生物遗迹	省级	2000
广东连平黄牛石自然保护区	4 334	森林及野生动植物	森林生态	省级	1999
广东和平黄石坳省级自然保护区	8 097	森林及野生动植物	森林生态	省级	2000
鲁古河自然保护区	10 600	中亚热带森林生态系统	森林生态	市级	2000

续表

保护区名称	面积/hm²	主要保护对象与保护目标	类型	级别	建立年份
广东河源大桂山省级自然保护区	6 070	亚热带常绿阔叶林和珍稀动植物	森林生态	市级	2000
河源市石坪金钱龟自然保护区	27	金钱龟及其生境	野生动物	市级	2001
河源市黄沙鼋自然保护区	160	鼋、黄沙鲂及其生境	野生动物	市级	2001
河源市桂山大鲵自然保护区	133	大鲵及其生境	野生动物	市级	2001
河源市新丰江鼋自然保护区	3 000	鼋及其生境	野生动物	县级	2000
东源县白礤县级森林生态自然保护区	1 500	次生阔叶林、水源涵养林	森林生态	县级	1999
东源县竹坑自然保护区	2 000	针阔混交林、水源涵养林	森林生态	县级	1999
安远县三百山县级森林生态自然保护区	15 333	亚热带常绿阔叶林生态系统	森林生态	县级	1992
和平县明亮自然保护区	7 008	森林生态系统	森林生态	县级	2005
龙川县新村自然保护区	2 020	水源涵养林	森林生态	县级	2000
枫树坝自然保护区	15 671	常绿阔叶林、珍稀动物	森林生态	县级	2000
七目嶂自然保护区	1 673	水源涵养林	森林生态	县级	2000
东水嶂自然保护区	1 713	水源涵养林	森林生态	县级	2000
高陂自然保护区	2 360	水源涵养林	森林生态	县级	2000
黄江自然保护区	2 130	水源涵养林	森林生态	县级	2000

5.6.1.2　水生态系统特征

(1) 水生生物（优势或特征鱼类、水生及河岸与湖滨带植物）

Ⅰ. 鱼类特征

本区内的干流和支流河床比降较大，水流较急，主要分布有分布塘鳢科、鮨科、鮡科、鲿科和鲇科鱼类；但由于干流修筑拦河坝较多，一些洄游性和半洄游性鱼类受到较大影响。本区常见的鱼类有半䱗（*Hemiculterella sauvagei*）、鲇（*Silurus asotus*）、大鳍鳠（*Mystus macropterus*）、福建纹胸鮡（*Glyptothorax fokiensis*）、大刺鳅（*Mastacembelus armatus*）、条纹刺鲃（*Puntius semifasciolatus*）、东南光唇鱼（*Acrossocheilus labiatus*）、褐栉虾虎鱼（*Ctenogobius brunneus*）等，其中东南光唇鱼、褐栉虾虎鱼常仅在本区域出现，福建纹胸鮡一直分布到东江中游谷间曲流水量增补水生态区域（RFⅡ）。此外，外来入侵鱼类尼罗非鲫也在本区出现。中国特有种麦氏拟腹吸鳅（*Pseudogastromyzon myseri*）在本区的连平、新丰等县内的山涧溪流有分布。

Ⅱ. 浮游生物特征

本区河水流速一般较快，底质环境由泥沙质过渡到卵石、砾石等硬底质的环境，因而浮游植物种类数相对较少。浮游植物群落以绿藻为优势植物，其次是硅藻，再次是蓝藻。

干流在调查中未发现金藻门种类。本区分布的藻类，最为常见的有绿藻门的栅藻（*Scenedesmus*）、鼓藻（*Cosmarium*）、纤维藻（*Ankistrodesmus*）、角星鼓藻（*Staurastrum*），和硅藻门的卵形藻（*Cocconeis*）、曲壳藻（*Achnanthes*）、针杆藻（*Synedra*）、异极藻（*Gomphonema*）等藻类。本区水体中的藻类密度，2009 年 7 月调查时的平均个体数为 29.85×10^4个/L。各门浮游植物的细胞密度，按由大到小排列依次为绿藻、隐藻、硅藻、蓝藻、甲藻、裸藻。

本区浮游动物种类中，最多的是原生动物，其次是轮虫，再次是枝角类。在调查过程中，发现流域内其他两个水生态区未见分布的种类有：原生动物门的杂葫芦虫（*Cucarbitella meapiliformis*）、刺胞虫（*Acanthocystis* sp.）、表壳虫（*Arcella* sp.）、斜板虫（*Plagiocampa* sp.）、鳞壳虫（*Euglypha* sp.）；轮虫中的晶囊轮虫（*Asplanchna* sp.）；枝角类的尖额溞（*Alona* sp.）。2009 年7 月调查时，浮游动物的平均个体数为1114.8 个/L。各类浮游动物平均个体数按由大到小排列依次为原生动物、轮虫、桡足类、枝角类。

Ⅲ. 底栖生物特征

经调查发现，本生态功能区的底栖动物共有 4 大类 19 种，其中寡毛类 3 种，分别是苏氏尾鳃蚓（*Branchiura sowerbyi*）、管水蚓（*Aulodrilus* sp.）和颤蚓（*Tubifex* sp.）；蛭类仅八目石蛭（*Erpobdella octoculata*）1 种；软体动物 3 种，分别为河蚬（*Corbicula fluminea*）、圆田螺（*Cipargopludina* sp.）、放逸短沟蜷（*Semisulcospira libertina*）；水生昆虫幼虫或稚虫种类最多，有 12 种，其中最常见的为双翅目摇蚊科的灰蛸多足摇蚊（*Polypedilum leucopus*）和蜉蝣目的蜉蝣（*Ephemera* sp.）和花睨蜉（*Potamanthus* sp.）。

Ⅳ. 水生维管植物特征

本区调查发现的典型水生维管植物有 21 种，在这些种类中，7 种沉水植物狐尾藻（*Myriophyllum verticillatum*）、苦草（*Vallisneria natans*）、黑藻（*Hydrilla verticillata*）、鸡冠眼子菜（*Potamogeton cristatus*）、马来眼子菜（*Potamogeton malaianus*）、菹草（*Potamogeton crispus*）、钝脊眼子菜（*Potamogeton octandrus* var. *miduhikimo*）在该区均常见分布，其中鸡冠眼子菜仅在上游生态区分布；浮水植物有6 种，分别是喜旱莲子草（*Alternanthera philoxeroides*）、水龙（*Ludwigia adscendens*）、水葫芦（*Eichhornia crassipes*）、雨久花（*Monochoria korsakowii*）、大薸（*Pistia stratiotes*）、浮萍（*Lemna minor*），在本区也为常见分布，在调查中仅见于上游山区河流分布，其余 8 种为挺水植物或伴生种类，主要有假稻（*Leersia japonica*）、双穗雀稗（*Paspalum paspaloides*）和伪针茅（*Pseudoraphis brunoniana*）。常见的水生植物群落类型如下：挺水植物群落主要为水蓼群落（Form. *Polygonum hydropiper*）、水芹群落（Form. *Oenanthe javanica*）、伪针茅群落（Form. *Pseudoraphis brunoniana*）以及小块状分布的假稻群落（Form. *Leersia japonica*）；浮水植物群落为水龙群落（Form. *Ludwigia adscendens*）、喜旱莲子草群落（Form. *Alternanthera philoxeroides*）；沉水植物群落主要有眼子菜群落（Form. *Potamogeton* spp.）和黑藻群落（Form. *Hydrilla verticillata*）。

（2）主要受保护水生生物种类

本区中列为主要保护物种的有国家二级保护动物大鲵（娃娃鱼）、金钱龟（三线闭壳龟)、河源鼋等，其他有山瑞鳖、虎纹蛙等。鱼类组成中，除了整个流域中常见的种类之外，东南光唇鱼、褐栉虾虎鱼是本区山区溪流中的特色种类，中国特有种麦氏拟腹吸鳅在本区的连平、新丰等县内的山涧溪流亦有分布。

(3) 河湖水文特征

本区地表径流多由锋面雨补给，4～6 月容易发生洪水，但由于水量较小，经干流河槽调节后，水势渐缓，对中下游地区威胁不大。本区降雨和径流呈现出显著的正相关关系。河流多年平均含沙量为 0.27 kg/m^3，多年平均径流量为 144.7×10^8 m^3，多年平均水位为 32.18 m，多年最高和最低水位之差为 10.95 m。

(4) 河流类型及其组成结构特征

根据野外考察，本区域河型有顺直微弯型和弯曲型河型。顺直微弯型河流位于流域源头的山区，河型主要受地质构造和岩性的控制，东江上游以构造抬升，河流下切为主，河岸两侧不易冲刷，一般为单一河道。据野外测点上下各 50 m 范围内观测，河流基本为顺直，弯曲度很小。顺直河道水面横断面的特征是河心水面的高度比两岸高，呈凸型。上游地区的弯曲型河流，其河曲为原生河曲，其形成主要取决于原始地面的形态和地质构造，故其弯曲形态不规则而且较稳定。

区域内河谷一般为隘谷或峡谷。隘谷是指切入地面很深的年轻河谷，有近于垂直的或十分陡峭的谷坡，谷地宽度上下几近一致，谷底几乎全部为河床所占据。峡谷指的是谷地很深、谷坡较陡、谷底初具滩槽雏形的河谷，横剖面呈 V 形。据野外观测，东江上游河床窄，谷坡较陡，上游地区谷坡坡度一般为 30°～70°，河岸两侧常为低山或中山。上游地区的河流阶地一般为常态阶地，其类型多样，包括侵蚀阶地、基底阶地等。上游地区河谷部分基本无河漫滩。

5.6.1.3　对流域水生态系统的主要作用

水生态系统的生态功能多种多样，如果将流域视为一个整体，从全流域生态系统保护的需求出发，不同区域的生态系统在兼具多重生态功能的同时，也具有自身的主体生态功能和特色生态功能。反映不同区域主体水生态功能和特色水生态功能是水生态功能分区的主要目的之一，东江流域水生态功能一级分区的结果表明，三个一级分区区域的主体水生态功能不完全相同。对于“东江上游山区河流水源涵养水生态区”而言，主体水生态功能主要表现在以下方面。

(1) 水量维持

新丰江水库是华南地区最大的人工湖，在水库周围设立保护区是为保障该水库的水源和水质，从而切实保证东江流域的居民生活和生产用水。位于龙川县的枫树坝水库，总库容为 19.4×10^8 m^3，有效库容为 12.5×10^8 m^3，是广东省第二大人工湖，每年为东江流域中下游提供大量的优质水资源。

河源水文站多年平均径流量为 144.7×10⁸m³，占东江多年平均径流量 295.5×10⁸m³ 的 49%（表 5-5），流域内需水量仅占多年平均流量的 15.2% 左右。区内海拔整体较高，平均达 414m；植被覆盖较好，年平均 NDVI 值为 0.82。这些特征表明，本区在东江流域中具有重要的水资源涵养作用，流域生态系统保护的质量，直接关系到全流域水生态系统的水量是否能够得到保障。

表 5-5　龙川、河源多年平均年径流量

站名	龙川	河源
多年平均径流量/10^8m^3	62.7	144.7
变差系数（C_v）	0.35	0.33

（2）水质保障

流域水质保障是水生态区的一项重要生态功能，不同水生态区一般具有不同的水质保障功能。以叶绿素 a、总磷、总氮、高锰酸钾指数等 4 个与水体富营养化状况密切相关的因子作为东江富营养化评价参数进行水质评价，结果表明，本区富营养化指数平均值为 33.4，为中营养水平，低于富营养水平。如果采用参数法评价模式，本区营养盐总磷、总氮平均值分别为 0.01 mg/L、1.72 mg/L，均低于富营养水平。其中总氮为中富营养水平，而总磷为中营养水平，因此本区东江干流水体总体属于富营养化程度较低的水平。

对本区东江干流每隔大约 10 km 采集水样进行分析，并采用国家《地表水环境质量标准》(GB 3838—2002）进行评价，结果显示，Cr、Ni、Cu、Zn、As、Cd、Pb 等重金属①、高锰酸钾指数、总磷平均值均优于Ⅰ类水质标准，氨氮平均值优于Ⅱ类水质标准。以《地表水环境质量标准》(GB 3838—2002）中的Ⅰ类水质为评价标准，如果以单点数据看，氨氮超标率为 33%，总磷超标率为 25%，高锰酸钾指数超标率为 16%；如果以平均值进行比较，除氨氮平均值超标 1.8 倍外，其他数据平均值均未超标。若采用多因子均值综合指数法确定水质类别，本区总体可达到Ⅰ类水标准，表明本区东江干流区域水质总体良好。具体指标为：高锰酸钾指数平均值为 1.72 mg/L，优于Ⅰ类水评价标准；总磷平均值为 0.01 mg/L，优于Ⅰ类水评价标准；氨氮平均值为 0.42 mg/L，优于Ⅱ类水评价标准；总氮平均值为 1.72 mg/L，优于Ⅳ类水评价标准。

（3）水生物种多样性维护

水生态系统中的河岸带/湖泊带湿地、河道/湖泊水体和河底/湖底淤泥等多种多样的水生环境，为水生生物和陆地生物提供了不同的生境，是各种野生动物栖息、繁衍、迁徙和越冬的场所。本区域中有 21 个自然保护区，总面积约为 10.2×10^4 hm^2，占区域总面积

① 其中砷（As）属于具有金属性质的类金属，在《地表水环境质量标准》(GB 3838—2002）中将其归类为重金属

的 9.4%，其中水生生物或者两栖动物保护区有 4 个。由于人类活动影响相对较弱，本区域水生生物区系的多样性较高，外来种类入侵植物比例低，基本保持着本地生物区系的特点。

（4）其他水生态服务

产品生产功能是指水生态系统提供直接产品或服务，以维持人类的生活、生产活动的功能，主要包括生活、农业及工业用水供应、水力发电、内陆航运、水产品生产、休闲娱乐等；生命支持系统则是指水生态系统维持自然生态过程与区域生态和环境条件的功能，主要包括调蓄洪水、疏通河道、水资源蓄积、土壤持留、净化环境、固碳释氧、提供生境、维持生物多样性等功能。产品生产功能、生命支持功能构成了水生态系统的生态经济价值。本区水生态系统对于流域整体具有以上主体和特色生态功能，同时也兼具其他水生态功能，其中特别值得强调的是新丰江水库和枫树坝水库的发电功能，前者年均发电量为 9.9×10^8 kW·h，后者的总装机容量为 15.0×10^4 kW·h，这些水电站所提供的绿色能源有效保证了周围城乡居民的生产和生活。

5.6.1.4　水生态问题和管理与保护策略

本区的水生态问题主要体现在以下几个方面：第一，本区域土地利用的变化趋势对其发挥水源涵养主体水生态功能具一定不利影响。1990～2009 年，对水源涵养具有重要意义的中、高密度林地的面积减少幅度较大，并且主要转变为低密度林地，共计减少了 1149 km^2；此外，园地增加幅度较大，大约增加了 163 km^2。第二，在水生生物及其生境保护方面，由于河流两岸大多已经开垦为农田或者成为城镇用地，因此近岸的生境变化明显。第三，新丰江和枫树坝水库水质虽然优良，但局部河段由于采矿影响，河流水体明显受到严重污染。此外，由于土地利用结构变化，农业面源污染的威胁也在不断增大。

本区在水生态功能保护方面，制定土地利用规划是重要环节，需要采用生态规划、生态补偿等方式，保护现有和逐步增加森林植被，同时要重视农业面源污染对水质的影响，严格矿区环境管理和生态恢复管理。

5.6.2　RFⅡ东江中游谷间曲流水量增补水生态区

东江中游水量增补谷间曲流水生态区，位于 113°32′30″E～115°31′6″E，22°59′59″N～24°34′17″N，全区主要位于广东省境内。本区东、西两侧山区地势高，中间河谷区地势低，北部以东江上游枫树坝水库和新丰江水库主要集水区南界为分界线，南部则以中部低山丘陵与南部平原区的过渡带为主要界线，包括了西部山区的流溪河水库、增江上游、西福河，东部上游区的康禾河、秋香江、白盆珠水库，以及中部的东江干流枫树坝水库以下惠州市以上部分的主要集水区，区域面积为 1.53×10^4 km^2。在行政区域上主要包括了龙川县南部、和平县南部、连平县东南部、河源市辖区大部分、龙门县、紫金县、博罗县、增城县北部、惠东县北部、惠阳区东北部小部分地区等。

本区位于东江中游，是东江径流量的主要增补区域。区域水生态功能分区综合指标值为0.57，低于上游水源涵养山区河流水生态区域，高于下游水量均衡感潮河网水生态区域。3项主要分区指标中，NDVI平均值0.83，海拔平均值为239.59 m（DEM测算），降水与气温比值（P/T）平均值为85.98。

5.6.2.1 自然环境特征

（1）地质地貌特征

东江中游地区基本为平原-丘陵地形，但中游地区东北侧的龙川南部、河源东部、紫金县等地，山峰为中山，山体最高可达1300 m，例如在紫金县一带，以紫金县东北的七目嶂（1318 m）为中心，形成一个巨大的穹状隆起，其四周有放射状水系分布，为东江水系和韩江水系的分水岭。此外，龙门南部、惠东北部，均有不少千米以上山峰，这些山峰可能为第四级夷平面的残丘。东江流域中游地区的河源、博罗等地，山体较为矮小，一般不超过300 m，区内较高夷平面破坏较严重，较低夷平面保存较好。中游地区的河流阶地主要为半埋藏阶地。半埋藏阶地是原先的第一级阶地主要因近12 ka以来海平面上升引起的海底和沿海地区地壳下沉，而与同期堆积的高河漫滩类似，至今能被洪水淹没的阶地。半埋藏阶地常与高河漫滩一起成为河流中下游两岸大面积的冲积平原，是区内主要的水稻田区。东江流域中游地区第一级半埋藏阶地分布地区包括惠东县城、龙川县登云、博罗县柏塘、增江、龙门县城大邓等地。

（2）气候特征

本区域气候特征可以东源、增城气象站数据为代表，多年月平均气温约为21～22℃，夏季最高月平均温度约28℃，冬季最低月平均温度13℃。西部是流域内部海拔最高的区域，年平均温度较低。由于西部罗浮山和九连山等山地的抬升作用，区内年降水量较多，是东江流域三个一级水生态功能区中降水最为丰沛的区域，年平均降水量为1800～2100 mm，西部山地流域降水最多，年平均降水量超过2000 mm。降水的年内分配与北部水生态区域相同。丰富的降水量为东江流域的水资源提供了保障。

对区内50 a来气候变化的分析结果表明，本区属增温幅度相对较高的区域，增温幅度大约为0.4℃/10a，导致其增温幅度相对较大的因素，可能是因河源市城市化程度较高的缘故。

（3）植被覆盖与自然保护区

本区的分布面积最大的自然植被类型为亚热带、热带常绿阔叶、落叶阔叶灌丛（常含稀树），占本区面积的47%；其次为亚热带针叶林，占本区面积20%。其中，组成亚热带、热带常绿阔叶、落叶阔叶灌丛（常含稀树）的植被为桃金娘灌丛，檵木、乌饭树、映山红灌丛和岗松灌丛，分别占本区总面积的28%，16%和3%；组成亚热带针叶林的植被以含桃金娘的马尾松林，含檵木、映山红的马尾松林和含岗松的马尾松林为主，分别占本区总面积的 12%，4% 和 4%。亚热带、热带草丛占本区总面积的 4%，为芒草、野古草、金茅草丛和蜈蚣草、纤毛鸭嘴草草丛。本区的人类活动较强烈，人工植被以一年三熟粮食作物及热带常绿果树园和经济林为主，覆盖本区面积的 25%。其他类型面积较小。

本区现有自然保护区共有 24 个，其中含国家级保护区 1 个，省级保护区 4 个，市级保护区 5 个，县级保护区 14 个，保护区总面积为 8.515×10^4 hm^2。各保护区概况见表 5-6。与东江上游山区河流水源涵养水生态区域相比，本区域内的自然保护区主要以保护流域内的陆地森林生态系统为主，少有保护两栖或者水生动物及其生境的自然保护区。

表 5-6　东江中游水量增补谷间曲流水生态区现有自然保护区概况

保护区名称	面积/hm^2	主要保护对象与保护目标	类型	级别	建立年份
象头山	10 697	森林生态及野生动植物	森林生态	国家	1998
罗浮山	9 811	森林生态系统和野生动物	森林生态	省级	1985
古田	3 600	南亚热带季风常绿阔叶林、珍稀动植物	森林生态	省级	1984
南昆山	6 666	南亚热带季风常绿阔叶林、珍稀动植物	森林生态	省级	1984
康禾	6 670	次生阔叶林、水土保持林	森林生态	省级	1999
黄山洞	1 400	常绿阔叶林、珍稀动植物	森林生态	市级	2000
坪天嶂	1 793	南亚热带季风常绿阔叶林、珍稀动植物	森林生态	市级	1999
惠东莲花山	4 127	南亚热带常绿阔叶林、珍稀动植物	森林生态	市级	1999
杨坑洞	2 709	水源涵养林	森林生态	市级	2000
寨头水库	1 708	水源涵养林	森林生态	市级	2000
大东坑	250	次生阔叶林	森林生态	县级	1999
太平山	525	南亚热带常绿阔叶林、珍稀动植物	森林生态	县级	2000
十二崆	2 006	南亚热带季风常绿阔叶林、珍稀动植物	森林生态	县级	1999
南木桥	1 557	南亚热带季风常绿阔叶林、珍稀动植物	森林生态	县级	1999
虎竹峰	1 800	南亚热带季风常绿阔叶林、珍稀动植物	森林生态	县级	1999
白马山	9 333	森林生态系统	森林生态	县级	2005
屏风石	667	水源涵养林	森林生态	县级	2000
合仔	1 500	水源涵养林	森林生态	县级	2000
饶嶂	3 000	亚热带常绿阔叶林、水源涵养林	森林生态	县级	1999
缺牙山	2 500	亚热带常绿阔叶林、水源涵养林	森林生态	县级	1999
雪嶂	2 500	亚热带常绿阔叶林、水源涵养林	森林生态	县级	1999
坑口	4 000	亚热带常绿阔叶林、水源涵养林	森林生态	县级	1999
鸡公嶂	679	水源林及野生动植物	森林生态	县级	1995
白溪	5 652	森林及动物、珍稀树种	森林生态	县级	1998

5.6.2.2 水生态系统特征

(1) 水生生物(优势或特征鱼类、水生及河岸与湖滨带植物)

Ⅰ. 鱼类特征

本生态区域的干流和主要支流江水水流相对较缓，主要栖居着鳊亚科、雅罗鱼亚科等。但由于修筑拦河坝，一些半洄游性鱼类，如草鱼(*Ctenopharyngodon idellus*)、鲢(*Hypophthalmichthys molitrix*)、鳙(*Aristichthys nobilis*)等的生殖洄游通道受到不同程度阻断，这些鱼类资源的多样性仍然受到很大影响。本区段常见的鱼类有马口鱼(*Opsariichthys bidens*)、银飘鱼(*Pseudolaubuca sinensis*)、瓦氏黄颡鱼(*Pelteobagrus vachelli*)、鲤(*Cyprinus carpio*)、宽鳍鱲(*Zacco platypus*)，这些鱼类也会在下游和上游水生态区域出现，但马口鱼(*Opsariichthys bidens*)很少分布到下游咸水区域。此外东方墨头鱼(*Garra orientalis*)、海南华鳊(*Sinibrama melrosei*)、兴凯刺鳑鲏(*Acanthorhodeus chankaensis*)也在本区段出现。外来入侵鱼类以尼罗非鲫为常见种群。中国特有种拟平鳅(*Liniparhomaloptera disparis*)、丁氏缨口鳅(*Crossostoma tinkhami*)、三线拟鲿(*Pseudobagrus trilineatus*)和白线纹胸鮡(*Glyptothorax pallozonum*)在本区的罗浮山有分布，其中丁氏缨口鳅和三线拟鲿仅见于罗浮山山涧溪流，而前者除模式标本外尚未见采集报道。

Ⅱ. 浮游生物特征

本区域东江干流、大的支流或坝下河流段一般流速较缓，水体底质环境为泥沙或淤泥，也有少数干流或支流地段底质为岩石底质，浮游植物种类数相对于上游生态功能区略多，在组成方面与上游水生态功能区域相似性较高，与下游水生态功能区域相似性程度较弱。各门浮游植物种类中，最多的是绿藻门，其次是硅藻门，再次是蓝藻，此外在调查中还发现有金藻门的种类。分布的藻类最为常见的有绿藻门的栅藻(*Scenedesmus*)、衣藻(*Chlamydomoas*)、纤维藻(*Ankistrodesmus*)、集星藻(*Actinastrum*)；硅藻门的小环藻(*Cyclotella*)、菱形藻(*Nitzschia*)、针杆藻(*Synedra*)、舟形藻(*Navicula*)等；以及隐藻门的隐藻(*Cryptomonas*)，甲藻门的角甲藻(*Ceratium*)等藻类。本区于2009年7月调查的结果，浮游植物的平均个体数为38.42×10^4个/L。各门浮游植物的细胞密度按由大到小排列依次为隐藻、硅藻、绿藻、蓝藻、裸藻、甲藻、金藻。

本区域的浮游动物种类中，最多的属原生动物，其次是轮虫，再次是枝角类。在调查中发现于其他生态功能区未分布的种类有，原生动物的暗尾丝虫(*Uronema nigricans*)、斜管虫(*Enchelys* sp.)、漫游虫(*Litonotus* sp.)、游仆虫(*Euplotes* sp.)；轮虫中的懒轮虫(*Rotaria tardigrada*)、小异尾轮虫(*Trichocerca pusilla*)、曲腿龟甲轮虫(*Keratella valga*)、螺形龟甲轮虫(*Keratella cochlearis*)。本区于2009年7月调查的浮游动物平均个体数为573.9×10^4个/L，在数量小于上、下游生态区。各类浮游动物平均个体数按由大到小排列依次为原生动物、轮虫、桡足类、枝角类。

Ⅲ. 底栖生物特征

调查数据显示，本区出现的底栖动物共有3大类11种，其中寡毛类4种，分别是苏氏尾鳃蚓（*Branchiura sowerbyi*）、水绦蚓（*Limnodrilus* sp.）、管水蚓（*Aulodrilus* sp.）和颤蚓（*Tubifex sp.*）；未发现蛭类的分布；软体动物 3 种，分别为河蚬（*Corbicula fluminea*）、淡水壳菜（*Limnoperna lacustris*）、圆田螺（*Cipargopludina* sp.）；水生昆虫幼虫或稚虫也只有 4 种，其中最为常见的为双翅目摇蚊科的灰蚺多足摇蚊（*Polypedilum leucopus*）。此外隐摇蚊（*Cryptochironomus* sp.）和细长摇蚊（*Chironomus attenuatus*）等也有发现；弹尾目的水跳虫（*Podura aquaticus*）也在调查中发现。

Ⅳ. 水生维管植物特征

在中游干流调查中，记载到的典型水生维管植物有 27 种，其中沉水植物 6 种，分别是狐尾藻（*Myriophyllum verticillatum*）、苦草（*Vallisneria natans*）、黑藻（*Hydrilla verticillata*）、马来眼子菜（*Potamogeton malaianus*）、菹草（*Potamogeton crispus*）、钝脊眼子菜（*Potamogeton octandrus* var. *miduhikimo*）；浮水植物有 5 种，分别是喜旱莲子草（*Alternanthera philoxeroides*）、水龙（*Ludwigia adscendens*）、水葫芦（*Eichhornia crassipes*）、大薸（*Pistia stratiotes*）、浮萍（*Lemna minor*）等；其余 16 种为挺水植物或其他伴生种类，常见的有水蓼（*Polygonum hydropiper*）、星宿菜（*Lysimachia fortunei*）、铺地黍（*Panicum repens*）、双穗雀稗（*Paspalum paspaloides*）、长芒稗（*Echinochloa caudata*）等。本生态区的 3 种水生植物群落中，沉水植物群落主要有狐尾藻群落（Form. *Myriophyllum spicatum*）、眼子菜（菹草）群落（Form. *Potamogeton*spp.）、苦草群落（Form. *Vallisneria asiatica*）、黑藻群落（Form. *Hydrilla verticillata*）；浮水植物群落主要有水葫芦群落（Form. *Eichhornia crassipes*）、大薸群落（Form. *Pistia stratiotes*）、水龙群落（Form. *Ludwigia adscendens*）、喜旱莲子草群落（Form. *Alternanthera philoxeroides*）；挺水植物群落主要有水蓼群落（Form. *Polygonum hydropiper*）、铺地黍群落（Form. *Panicum repens*），局部也见有小块状分布的假稻群落（Form. *Leersia japonica*）。

（2）主要受保护水生生物种类

本区有 1 个以野生动植物为保护对象的国家级自然保护区，即象头山国家级自然保护区。本区有陆生野生动物 305 种，属Ⅱ级重点保护动物的有虎纹蛙、三线闭壳龟、大鲵、水獭等；本区有鱼类 72 种，具有重要经济价值的鱼类 30 多种。生物多样性极为丰富，是我国南亚热带地区难得的物种基因库。中国特有种拟平鳅（*Liniparhomaloptera disparis*）、丁氏缨口鳅（*Crossostoma tinkhami*）、三线拟鲿（*Pseudobagrus trilineatus*）和白线纹胸鮡（*Glyptothorax pallozonum*）在本区的罗浮山有分布，其中丁氏缨口鳅和三线拟鲿仅见于罗浮山山涧溪流，而前者除模式标本外尚未见有采集报道。

（3）河湖水文特征

东江流域中游地区河流水系型式为树枝状水系，由不同支流汇入东江干流，形成东江流域最大的水量补给区域。

（4）河流类型及其组成结构特征

本区河型多为弯曲型。由于东江流域中游地形较平坦，地势变化不大，本地区的弯曲型河曲由原生河曲和次生河曲共同组成，其中次生河曲的形成主要是由于水流本身的作用形成，形态一般比较类似而且多变。中游地区弯曲型河流的河床有一定规律，河漫滩一般比较宽广，中水位时河床呈弯曲形式，深槽靠近凹岸，每一凹岸深槽与一凸岸边滩对应。

东江流域中游地区的河谷形态多为宽谷。宽谷是指具有宽广而平坦的谷底，一般河床只占有谷底的一小部分，横剖面呈浅 U 形或槽形，有河漫滩发育。据野外考察，东江流域中游地区河谷宽度可达数千米，河谷两侧山体较上游地区低，一般为丘陵，谷坡坡度为 10°~30°，发育河漫滩。东江流域中游河漫滩宽度可达 150 m，河漫滩植被覆盖度较高。河漫滩具典型的二元结构，河漫滩表面发育土壤。中游河谷地区可见大量的挖沙场。本区通常可见两级阶地，其中二级阶地的阶地面较宽，其上常种植农作物或为村镇居民点。

5.6.2.3 对流域水生态系统的主要作用

（1）水量维持

本区西部年降水量较大，处于东江中下游暴雨高发区，年平均降水量为 1800~2400 mm，区内山区具有较好的森林覆盖，林地覆盖率大约为 82%，其中高密度林地约占 70%，因此具有较好的水源涵养作用。东江支流秋香江、公庄水等支流均在此区域汇入东江干流，本区域增补的多年平均径流量占东江多年平均总径流量的 30%~40%。东江水质在本区域中总体良好，区域在水生态功能方面，仍然具有明显的水量维持和水资源供给功能。

（2）水质保障

采用综合营养状态评价模式进行评价，结果表明本区域富营养化程度较低，富营养化指数平均值为 33.9，属中营养水平，低于富营养水平。采用参数法评价模式进行评价，结果表明营养盐总磷、总氮平均值分别为 0.02 mg/L、0.66 mg/L，均低于富营养水平，其中总氮为中富营养水平，而总磷为中营养水平。与东江上游山区河流水源涵养水生态区域相比，本区域富营养程度变化不大，两个区域富营养程度均为中营养，富营养化程度均较低。同时也无达到富营养化水平的单点测值。

对本区东江干流水质调查数据采用国家《地表水环境质量标准》(GB 3838—2002）进行评价，结果表明，Cr、Ni、Cu、Zn、As、Cd、Pb 等重金属、高锰酸钾指数、氨氮平均值均优于Ⅰ类水质标准，总磷平均值优于Ⅱ类水质标准。依据《地表水环境质量标准》Ⅰ类水质评价标准，如果以单点数据看，氨氮超标率为 27%，总磷超标率为 45%，高锰酸钾指数超标率为 13%；如果以平均值进行比较，除总磷平均值超标 0.1 倍外，其他数据平均值均未超标。采用多因子均值综合指数法确定水质类别，本区总体可达到Ⅰ类水标准，表明本区域水质总体良好。与东江上游山区河流水源涵养水生态区域相比，大部分重金属指标（Ni、Cu、Zn、As、Pb）以及总磷含量稍高，高锰酸钾指数与氨氮含量要偏低。此外，单点测值所体现的总磷超标率偏高，而氨氮以及高锰酸钾指数的区域超标率偏低。高锰酸钾指数平均值为 1.67 mg/L，优于Ⅰ类水评价标准；总磷平均值为 0.02 mg/L，优于

Ⅰ类水评价标准；氨氮平均值为 0.11 mg/L，优于Ⅰ类水评价标准；总氮平均值为 0.66 mg/L，优于Ⅲ类水评价标准。

（3）水生物种多样性维护

区内水生态系统中的河岸带/湖泊带湿地、河道/湖泊水体和河底/湖底淤泥等多种多样的环境，为水生生物和陆地生物提供了不同的生境，是各种野生动物栖息、繁衍、迁徙和越冬的场所，在维持生物多样性方面具有重要作用。此外，本区还有 3 个以野生动物、珍稀动植物为保护对象的省级自然保护区，3 个以珍稀动植物为保护对象的市级自然保护区，6 个以珍稀动植物、野生动植物为保护对象的县级自然保护区。这些自然保护区在保护和维持生物多样性方面发挥着巨大作用。

（4）其他水生态服务

从区域对整个流域的水生态服务功能看，提供航运服务是本区水生态系统对于流域的重要服务功能贡献之一。东江干流老隆至河源 88 km 的河段可以通航 50 t 船舶，河源至惠州 126 km 河段可以通航 51 ~ 100 t 船舶。值得指出的是，保证航运的前提条件是，新丰江水库和枫树坝水库等上游水库需能够保证每年有一定的下泄流量。

除航运之外，本区水生态系统也具有主要体现在对洪涝、干旱等的缓解等水文调节服务、休闲旅游服务和水体净化服务等多项水生态系统服务功能方面。

5.6.2.4　水生态问题和管理与保护策略

在水源涵养方面，本区中高密度林地不断减少，1990 ~ 2009 年，分别减少了大约 4% 和 25%，虽然在 3 个一级水生态功能区域中属于减少幅度较小的，但也应给予重视。园地和城镇用地的大幅度增加，使本区域中水生态系统面临的水生态与水环境污染风险增加。由于东江较早被多处拦河坝截断，洄游性鱼类通道丧失，最明显的影响是一级保护物种鲥鱼绝迹、花鳗潜踪、四大家鱼鱼苗也受到严重威胁。此外，本区域在过去 20 年中滩涂生境减少了 29%，使之对水生态系统的水情调节和生境维持功能有所减弱。

本区域内山地、丘陵、台地、平川交错分布，城镇一般坐落在山间盆地处。在区域城市化过程中，土地利用结构和产业结构都正在经历明显变化，以至于对水生态系统造成多方面影响。因此本区应加强对水生态系统的保护，做到流域和水系的保护与合理利用并重。为此，首先是做好城市化过程中城乡一体化的点源污染治理，做好污水收集管网以及污水处理厂规划和建设，控制工业和生活废水排放影响。其次，本区地处流域内部的暴雨中心，在土地利用方面，应该加强中高密度林地保护和滩涂湿地保护，降低暴雨造成的洪水威胁。园地面积的增加，将会导致土壤侵蚀量增加和面源污染增加，因此，有必要通过景观规划在河岸带和近岸地区规划和建设防护林和湿地，减少土壤侵蚀和进入河流、湖库等水体的污染物数量。最后，由于水资源的开发利用严重影响到东江生态系统的稳定和生物多样性的维持，一些特殊生境或局部生态系统需特别进行保护，必要时可建立自然保护区，或提高现有自然保护区的级别，以及扩大自然保护区的保护内容。

5.6.3 RFⅢ东江下游感潮河网水量均衡水生态区

东江下游感潮河网水量均衡水生态区域，位于113°25′50″E～115°6′0″E，22°23′25″N～23°22′38″N，全区地势总体为东高、西低，以东江三角洲平原和低山丘陵为主。本区域主要包括博罗县南部、增城市南部、惠东县南部、惠阳区大部、惠州市辖区、东莞市、深圳市、香港特别行政区北部等，区域界线的走向，大致呈与中部低山丘陵和南部三角洲平原区的过渡带相平行，主要以罗浮山脉、九连山脉、青云山脉、莲花山脉的南端为界，区域面积为0.87×10^4 km^2。区域主要包括了西支江白盆珠水库以下范围、淡水河、石马河，以及东江干流惠州市以下河段集水区所在范围，区域水生态功能分区综合指标值为0.39，为3个一级区中最低值。区域绿色植被覆盖率最低，地形平缓，3个主要分区指标中，NDVI平均值为0.67，海拔（以DEM量算）平均值为82.0 m，年平均降水量与年平均气温（*P*/*T*）比值平均值为82.70。

5.6.3.1 自然环境特征

（1）地质地貌特征

东江流域下游河网地区整体地貌特征为平坦低洼，其上无“岛丘”。本地区平坦的地势使得河流密度增加，河汊如网，石龙以下汇集了增江、沙河等源于北面罗浮山的多条山地河溪，水沙丰富。下游地区河道内常发育大型江心洲。东江下游的河流阶地类型有埋藏阶地和半埋藏阶地，埋藏阶地一般位于东江三角洲地区，是由第一级半埋藏阶地向入海的三角洲延伸，被近1.2万年以来的河流与海洋混合形成的泥沙覆盖，从而成为埋藏阶地。这些地区甚至可以形成数层埋藏阶地，最低的阶地面高程为-110 m。下游地区第一级半埋藏阶地也分布广泛，是区内主要的水稻田分布区。

（2）气候特征

本区域气象站点数据表明，这里是全流域最温暖的区域，不仅位置偏南，而且地势相对低平，多年平均温度为22℃左右。最热月七月平均温度为28.5℃，最冷月1月平均温度为24.2℃。本区域是东江流域暴雨集中分布的地区，虽然地势抬升作用不明显，但在台风影响下仍具有较丰沛的降水，年平均降水量为1700～1800 mm。

对过去50年的气候变化趋势分析结果显示，本区域是东江流域温度上升显著的地区，增温幅度约为0.5℃/10a，城市化导致的热岛效应可能是其重要原因。事实上，从土地利用变化研究结果看，位于本地区的深圳和东莞，确实属于城镇用地增加最快、森林覆盖减少最多的地区。

（3）植被覆盖与自然保护区

本区内人工栽培植被占全区总面积的50.40%，人类活动极强烈。

本区的植被以人工一年三熟粮食作物及热带常绿果树园、经济林和天然亚热带、热带常绿阔叶、落叶阔叶灌丛（常含稀树）为主，分别占本区面积的 50% 和 39%。其中组成一年三熟粮食作物及热带常绿果树园和经济林的植被，占本区总面积的 41%；组成亚热带、热带常绿阔叶、落叶阔叶灌丛（常含稀树）的植被为岗松灌丛和桃金娘灌丛，分别占本区总面积的 24% 和 15%。亚热带针叶林占本区总面积的 8%，主要为含岗松的马尾松林，占本区总面积 7%。亚热带、热带草丛约占本区总面积的 3%，以芒草、野古草、金茅草丛为主，占全区总面积的 2%。

本区已建成的自然保护区共有 25 个，其中国家级自然保护区 1 个，省级自然保护区 3 个，市级自然保护区 13 个，县级自然保护区 8 个。拟建的自然保护区共 12 个，其中省级自然保护区 1 个，市级自然保护区 11 个。已建和拟建自然保护区总面积约为 9.7×10^4 hm^2，其中与水生态系统直接相关的保护目标包括河口/海滨红树林、水库河岸湿地和野生稻及其生境等，保护面积达 1.3×10^4 hm^2，占已建和拟建自然保护区总面积的 60.5%。这些自然保护区将在水源地保护和生物多样性保护中发挥重要作用。各已建和拟建自然保护区概况见表 5-7。

表 5-7　东江下游水量均衡感潮河网生态区现有自然保护区概况

保护区名称	面积/hm^2	主要保护对象与保护目标	类型	级别	建立年份
红树林	368	鸟类、红树林、植物	海洋海岸	国家级	1984
梧桐山	678	森林生态、珍稀动植物	森林生态	省级	1989
莲花山白盆珠	14 034	南亚热带常绿阔叶林、珍稀动植物	森林生态	省级	1999
罗田	133.3	森林生态	森林生态	省级	2004
白盆珠水源林	9 182	南亚热带常绿阔叶林、珍稀动植物	森林生态	市级	1999
墩子	1 923	野生动植物	森林生态	市级	2000
惠阳金橘	2 222	金橘及其生境	野生植物	市级	2000
银瓶山	2 805	南亚热带季风常绿阔叶林、珍稀动植物	森林生态	市级	2000
灯心塘	489	水源涵养林	森林生态	市级	2000
东莞莲花山	783	南亚热带季风常绿阔叶林	森林生态	市级	2000
东莞马山	2 276	南亚热带季风常绿阔叶林、珍稀动植物	森林生态	市级	2000
羊台山	2 852	野生动植物	森林生态	市级	2004
锣鼓山	200	森林生态	森林生态	市级	2005
三洲田	2 000	濒危植物	森林生态	市级	2005
七娘山	4 200	森林生态	森林生态	市级	2005
塘朗山	1 200	森林生态	森林生态	市级	2005
马峦山	3 400	森林生态	森林生态	市级	2005
增城野生稻	4	野生稻及其生境	种质资源	县级	2000
连塘	845	森林及野生动植物	森林生态	县级	2000
洋朗	1 200	森林及野生动植物	森林生态	县级	2000

续表

保护区名称	面积/hm²	主要保护对象与保护目标	类型	级别	建立年份
大石坑	848	森林及野生动植物	森林生态	县级	2000
大坑	1 866	森林生态系统	森林生态	县级	2005
白云嶂	4 056	森林生态系统	森林生态	县级	2005
黄巢嶂	4 788	森林生态系统	森林生态	县级	2005
白面石	800	森林生态系统	森林生态	县级	2005
清林径	3 623.7	森林生态、湿地	森林生态	省级	拟建：时间不详
银湖山	1 770	森林生态	森林生态	市级	拟建：时间不详
凤凰山	320	森林生态	森林生态	市级	拟建：时间不详
光明	2 600	森林生态	森林生态	市级	拟建：时间不详
松子坑	2 169.2	森林生态	森林生态	市级	拟建：时间不详
观澜	700	森林生态	森林生态	市级	拟建：时间不详
鸡公山樟坑径		森林生态	森林生态	市级	拟建：时间不详
荷坳		森林生态	森林生态	市级	拟建：时间不详
黄竹坑	2 100	森林生态	森林生态	市级	拟建：时间不详
排牙山（大鹏半岛）	11 410	森林生态系统、红树林、野生动植物	森林生态	市级	拟建：时间不详
铁岗水库-石岩水库	7 130	湿地生态系统、野生鸟类	湿地	市级	拟建：时间不详
田头山	2 221.5	森林、珍稀植物	森林生态	市级	拟建：时间不详

5.6.3.2 水生态系统特征

(1) 水生生物（优势或特征鱼类、水生及河岸与湖滨带植物）

Ⅰ. 鱼类特征

下游水生态功能区的江水水流较缓，但受潮水影响较大，因此有一些咸淡水鱼类，如乌塘鳢（*Bostrichthys sinensis*）、三线舌鳎（*Cynoglossus trigrammus*）、花鲆（*Tephrinectes sinensis*）、弓斑东方鲀（*Fugu ocellatus*）等种类出现。而花鲆偶然能上溯到中游生态区的河源市。本区域江段的常见鱼类有赤眼鳟（*Squaliobarbus curriculus*）、鳊（*Parabramis pekinensis*）、鲤（*Cyprinus carpio*）、泥鳅（*Misgurnus anguillicaudatus*）、广东鲂（*Megalobrama hoffmanni*）、银飘鱼（*Pseudolaubuca sinensis*）、梭鱼（*Liza haematocheila*）、䱗（*Hemiculter leucisculus*）、鲫（*Carassius aurtus*）、鲢（*Hypophthalmichthys molitrix*）、中华花鳅（*Cobitis sinensis*）；此外还可以看到鲮（*Cirrhina molitorella*）、黄尾鲴（*Xenocypris davidi*）、东方墨头鱼（*Garra orientalis*）、南方拟䱗（*Pseudohemiculter dispar*）、宽额鳢（*Channa gachua*）、兴凯刺鳑鲏（*Acanthorhodeus chankaensis*）等鱼类。据记载，国家二级重点保护野生淡水鱼类黄唇鱼（*Bahaba flavolabiata*）和珍稀濒危鱼类中华鲟（*Acipenser sinensis*）在珠江口有分布，有可能洄游到东江入珠江口处。莫桑比克非鲫（*Tilapia mossambica*）、尼罗非鲫（*Tilapia nilotica*）、琵琶鼠鱼（*Hypostomus plecostomus*）等 3 种外来入侵鱼类已出现在本区的流域内，其中尼罗非鲫已经在当地形成自然种群，琵琶鼠鱼在东莞首次发现，是否会对当地鱼类造成威胁，应予以关注。

Ⅱ. 浮游生物特征

本区域干流及大的支流一般流速缓慢，水体底质环境一般为泥沙或淤泥，常积累大量的有机质，因而浮游植物种类数相对于中、上游水生态功能区明显增多。浮游植物种类中最多的是硅藻门，其次是绿藻门，再次是蓝藻，其余依次是裸藻、甲藻，在调查中也发现有金藻门的种类。分布的藻类最为常见的有蓝藻门的颤藻（*Oscillatoria*）；隐藻门的隐藻（*Cryptomonas*）；绿藻门的栅藻（*Scenedesmus*）、卵囊藻（*Oocystis*）、纤维藻（*Ankistrodesmus*）、盘星藻（*Pediastrum*）；硅藻门的小环藻（*Cyclotella*）、菱形藻（*Nitzschia*）、针杆藻（*Synedra*）、舟形藻（*Navicula*）、直链藻（*Melosira*）；甲藻门的角甲藻（*Ceratium*）等藻类。本区的下游江段，由于受到咸水渗入的影响，出现海洋藻类圆筛藻（*Coscinodiscus*）。调查数据显示，本区浮游植物的密度平均为 119.25×10^4 个/L。各门浮游植物的细胞密度按由大到小排列依次为绿藻、硅藻、蓝藻、裸藻、甲藻、隐藻、金藻。

本区浮游动物种类中最多的仍然是原生动物，其次是轮虫，然后是枝角类。在本区调查中发现的上游和中游水生态功能区未分布的种类有，原生动物的筒壳虫（*Tintinnidium* sp.）、细领颈毛虫（*Trachelocerca tenuicollis*）、草履虫（*Paramecium* sp.）；轮虫中的角突臂尾轮虫（*Brachionus angularis*）、萼花臂尾轮虫（*Brachionus calyciflorus*）、胶壳轮虫（*Collotheca* sp.）、腹足腹尾轮虫（*Gastropus hyptopus*）、单趾轮虫（*Monostyla* sp.）、月形腔轮虫（*Lecane luna*）。本区浮游动物的平均个体数为 2012.59 个/L，数量远大于上、中游生态区。各类浮游动物平均个体数按由大到小排列依次为原生动物、轮虫、枝角类、桡足类。

Ⅲ. 着生藻类特征

本区着生藻类数明显多于前两个水生态功能区，各门着生藻类中最多的是硅藻门，绿藻门次之，蓝藻再次，在调查中也发现有裸藻门和甲藻门的种类。本区分布的藻类中，最为常见的有蓝藻门的颤藻（*Oscillatoria*）、鞘丝藻（*Lyngbya*）和硅藻门的舟形藻（*Navicula*）、桥弯藻（*Cymbella*）、异极藻（*Gomphonema*）、菱形藻（*Nitzschia*）、针杆藻（*Synedra*）等藻类。绿藻门的种类多为零散分布，如栅藻（*Scenedesmus*）、纤维藻（*Ankistrodesmus*）、鞘藻（*Oedogoniun*）。此外，裸藻门的扁裸藻（*Phacus*）、甲藻门的多甲藻（*Peridinium*）等藻类也在调查中有发现。本区的下游江段，由于受到咸淡水渗入的影响，出现海洋藻类圆筛藻（*Coscinodiscus*）。调查数据显示，本区着生藻类平均个体数为 4.79×10^4 个/L。各门浮游植物的细胞密度按由大到小排列依次为蓝藻、绿藻、硅藻、裸藻、甲藻。

底栖生物特征在调查中发现，本区共有底栖生物 4 大类 13 种，其中寡毛类 4 种，分别是苏氏尾鳃蚓（*Branchiura sowerbyi*）、水绦蚓（*Limnodrilus* sp.）、管水蚓（*Aulodrilus* sp.）、头鳃蚓（*Branchiodrilus* sp.），未发现颤蚓（*Tubifex* sp.）在本区分布；蛭类仅八目石蛭（*Erpobdella octoculata*）1 种；软体动物 3 种，分别为河蚬（*Corbicula fluminea*）、淡

水壳菜（*Limnoperna lacustris*）、环棱螺（*Bellamya* sp.）；水生昆虫幼虫或稚虫也只有5种，其中最为常见的是双翅目摇蚊科的雕翅摇蚊（*Glyptotendipes* sp.），其他种类如大蚊科的大蚊（*Tiplua*）和摇蚊科的隐摇蚊（*Cryptochironomus* sp.）、长足摇蚊（*Pelopia* sp.）；灰蛸多足摇蚊（*Polypedilum leucopus*）也在调查中发现，未见弹尾目和蜉蝣目的昆虫种类。

Ⅳ. 水生维管植物特征

本区域干流调查中发现的典型水生维管植物有20种，未见沉水植物；浮水植物有5种，分别是喜旱莲子草（*Alternanthera philoxeroides*）、水龙（*Ludwigia adscendens*）、水葫芦（*Eichhornia crassipes*）、大薸（*Pistia stratiotes*）、浮萍（*Lemna minor*）等；其余15种为挺水植物或其伴生种类，重要的种类有水蓼（*Polygonum hydropiper*）、老鼠勒（*Acanthus ilicifolius*）、香蒲（*Typha angustifolia*）、风车笠（*Cyperus surinamensis*）、茳芏（*Cyperus malaccensis*）、铺地黍（*Panicum repens*）、长芒稗（*Echinochloa caudata*）、巴拉草（*Brachiaria mutica*）等。老鼠勒仅见于东江入珠江口处，而茳芏仅分布于咸淡水混杂的江段。本水生态功能区的水生植物群落主要有两种类型：浮水植物群落和挺水植物群落。前者主要有水葫芦群落（Form. *Eichhornia crassipes*）、大薸群落（Form. *Pistia stratiotes*）、喜旱莲子草群落（Form. *Alternanthera philoxeroides*）；后者主要有水蓼群落（Form. *Polygonum hydropiper*）、茳芏群落（Form. *Cyperus malaccensis*）、铺地黍群落（Form. *Panicum repens*）、巴拉草群落（Form. *Brachiaria mutica*）等。在东江入珠江口处，还可以见到小块的与老鼠勒一起形成的红树林群落。

（2）主要受保护水生生物种类

本区珍稀濒危物种有国家一级保护动物中华鲟，二级保护动物黄唇鱼、花鳗鲡；广东省重点保护动物鲥鱼；重要经济鱼类鲈鱼、黄鳍鲷、花鰶、鲚鱼、梅童鱼、鳓鱼、银鱼、鳗鲡、三线舌鳎、狼虾虎鱼、圆斑东方鲀等；甲壳类中华绒毛蟹（移植种群）等。浮游生物种类和生物量丰富，水生植物则常见短叶茳芏类植物群落和由老鼠勒组成的小片红树林群落片段。

（3）河湖水文特征

东江三角洲河网区位于本区域内石龙以下，是以潮水控制为主的范围，北面以东江北干流为界，东南到南支流，西面至狮子洋，面积约为0.32×10^4 km^2，其中河涌水面积为58 km^2，河网密度达18.2%，现有堤围为244条，堤线长为244 km。河道平均比降为0.39‰。

根据石龙水文站数据，本区域东江多年平均流量为765.0 m^3/s，正常蓄水位为5 m。东江多年平均输沙量为295.0×10^4 t，增江为49.9×10^4 t，合计为344.9×10^4 t，因此，下游河段泥沙淤积旺盛。

本区域河流水文的另一大水文特征，表现在河水受潮水顶托明显，潮水顶托远达东莞石龙镇的鲤鱼洲。以东江口附近虎门潮汐特点为例，历年最高潮位可达2.27 m，最低潮位-1.99 m，平均涨潮和落潮差均为1.66 m，平均涨潮历时5h 47 min（表5-8）。

表 5-8　珠江口八大口门潮汐特征

潮汐特征	虎门舢舨洲	蕉门南沙	洪奇沥万顷沙西	横门横门	磨刀门灯笼山	鸡啼门黄金	虎跳门西炮台	崖门黄冲
历年最高潮位/m	2.27	2.28	2.27	2.22	2.11	1.95	2.39	2.27
历年最低潮位/m	-1.99	-1.60	-1.39	-1.25	-1.12	-1.57	-1.48	-1.74
历年最大涨潮差/m	2.90	2.72	2.79	2.27	1.90	2.44	2.51	2.73
历年最大落潮差/m	3.36	2.81	2.57	2.48	2.29	2.71	2.52	2.95
平均涨潮差/m	1.60	1.36	1.21	1.10	0.86	1.01	1.20	1.24
平均落潮差/m	1.60	1.36	1.21	1.09	0.86	1.01	1.20	1.24
平均涨潮历时/(h:min)	5:47	5:18	5:15	5:22	5:21	6:15	5:05	5:20
平均落潮历时/(h:min)	6:43	7:13	7:15	7:08	7:18	6:21	7:23	7:12

(4) 河流类型及其组成结构特征

东江流域下游本地区河型多为分汊型，包括双汊和复汊两亚类。下游靠近中游部分，心滩大且多，河流分为双汊，该处河流分汊的原因包括河流自身发展和人类活动影响两个方面。河口地区的河型为复汊，河床分成多汊，形成游荡型河，其边缘沉积形成广阔平坦的三角洲。东江下游从东莞石龙开始为三角洲地区，地势平坦，河网发育。根据相关文献，博罗至东莞石龙一段，河流密度为 0.67 km/km^2，石龙以下河流密度进一步增大至 0.98 km/km^2。

本区河谷多为复式河谷或宽谷。下游河谷中，江心洲较发育，野外考察中发现，最大江心洲长达 5 km，宽达 2 km。沉积物多为细砂-中砂，粒径较中游地区细。下游地区阶地类型多为埋藏阶地。三角洲地区多有城市建筑。东江流域下游地区的水系结构为扇状水系，系干支流组合而成的流域轮廓形如扇状的水系，这类水系常见于河流入海地区。

5.6.3.3　对流域水生态系统的主要作用

(1) 水量维持

本区域没有大型水库，但东莞、深圳和惠阳等地区中小型水库数量较多，是区域水资源补充的重要保障。对于整个流域而言本区域的流域水源涵养功能较弱。本区域由于工农业生产和人居生活用水需求量不断增加，水资源供求矛盾异常突出，其中香港特别行政区 80% 以上、深圳市 30% 以上水资源需求都将依赖于其自身以外的东江调水。目前贯穿本区东深供水工程正在进行第三期扩建，设计最终年供水量达到 17.4×10^8 m^3，其中向香港特别行政区供水 11.0×10^8 m^3，向深圳市供水 4.9×10^8 m^3，沿途灌溉用水为 1.5×10^8 m^3。

也正是由于本地区工业发展迅速，城市化程度高，需水量大，维持流域水生态系统水量基本均衡将是本区应发挥的最重要的流域水生态功能。此外，保护当地饮用水源地、保护东深供水水源地及其输水线路畅通等，也是本区域的流域水生态主体功能之一。本区域内现有林地和灌草地面积共计0.31×10⁴ km²，约占区域总面积35.6%，大部分都分布于水源地周边，对维持本区的水量平衡、水质净化、水体过滤、泥沙冲淤等意义重大，是流域水生态功能充分发挥的重要基础条件之一，因而应作为重点保护对象予以严加保护。

（2）水质保障

采用综合指数法进行计算，东江下游感潮河网水量均衡水生态区域中，东江主河道富营养化指数平均值为41.9，为中营养水平，低于富营养水平。采用参数法评价模式进行分析，本区域营养盐总磷、总氮平均值分别为0.04 mg/L、1.14 mg/L，均低于富营养水平，其中总氮以及总磷均为中富营养水平。总体上看，本区域富营养化程度明显较FⅠ区域“东江上游山区河流水源涵养水生态区域”和FⅡ区域“东江中游谷间曲流水量增补水生态区域”富营养化程度高，但是总体仍未达到富营养化水平。需要注意的是，本区域中部分采样点的水质已达到富营养化水平，其比例约占12%。这些富营养化程度高的样点主要分布在人类活动影响强烈河段，例如城镇用地分布广泛的河段、具有垃圾填埋场的河段等。

根据对本区东江干流采样分析，采用国家《地表水环境质量标准》(GB 3838—2002)进行评价，结果显示，Cr、Ni、Cu、Zn、As、Cd、Pb等重金属平均值优于Ⅰ类水质标准，高锰酸钾指数、总磷、氨氮平均值优于Ⅱ类水质标准；以《地表水环境质量标准》(GB 3838—2002）Ⅰ类水质为评价标准，氨氮超标1.4倍，总磷超标1倍，高锰酸钾指数超标0.2倍。如果以单点数据进行评价，氨氮超标率为43%，总磷超标率为68%，高锰酸钾指数超标率为75%。采用多因子均值综合指数法确定水质类别总体可达到Ⅱ类水标准。与其他两个水生态功能区域相比，本区域重金属含量要高于前两个区域。并且高锰酸钾指数、总磷、氨氮含量均较高，区域超标率也较之前两区域明显偏大，水质总体变差。其中高锰酸钾指数平均值为2.41 mg/L，优于Ⅱ类水评价标准；总磷平均值为0.04 mg/L，优于Ⅱ类水评价标准；氨氮平均值为0.36 mg/L，优于Ⅱ类水评价标准；总氮平均值为1.12 mg/L，优于Ⅳ类水评价标准。

（3）水生物种多样性维护

水生态系统中的河岸带/湖泊带湿地、河道/湖泊水体和河底/湖底淤泥等多种多样的环境，为水生生物和陆地生物提供了不同的生境，是各种野生动物栖息、繁衍、迁徙和越冬的场所，在维持生物多样性方面具有重要作用。本区目前有已建和拟建自然保护区总面积为9.89×10⁴ hm²，其中与水生态系统直接相关的保护目标包括河口局部红树林、水库河岸湿地和野生稻及其生境等保护面积为1.8×10⁴ hm²。

（4）其他水生态服务

本区河流水生态系统水生态服务功能的其他方面主要为航运和灌溉，本段航道为5级航道，可通航300 t级船舶，航道维护尺度为水深1.5 m，宽度40 m，曲度半径260 m。区内有农田656 km²，部分需要灌溉。区内水库数量较多，其功能除保障供水之外，还有调蓄洪水和缓解洪涝灾害的作用。此外，一些城市水体、近郊水体以及池塘等，也为当地居民提供了娱乐休闲和水产养殖场所。

5.6.3.4　水生态问题和管理与保护策略

本区水生态系统面临的最大问题，是来自多方面的人类活动影响的压力。在河流系统形态方面，由于通航、挖沙活动和防洪需要，河道被剧烈改变。近几十年来东江下游及东江三角洲一带采沙量巨大，不仅改变了河岸以及底栖生物的生境，也改变了水流的性质。1980～2002 年，采沙总量达到了 3.32×10^8 m^3，其结果大幅度扩大了河槽容积，使河道中河床平均高程显著降低、水深明显增加、纵比降减小。河道变化进而使下游潮汐动力得到明显增强，潮汐动力作用范围向上延伸，潮汐传播速度加快，潮区界、潮流界、咸潮界等上移。

流域生态系统方面，耕地和林地面积大幅减少，1990～2009 年分别减少了 32% 和 40%，而同期内高密度和低密度城镇用地则分别增加了 679% 和 438%。土地利用的变化，一方面使水体污染负荷增加，另一方面也导致流域自身的水源涵养和水文调节能力下降，致水生态系统健康受到严重威胁。这些变化的直接结果是，水质较差的河段占比例增高，水体普遍受到较严重的有机污染，导致水质等级下降的主要指标是氨氮、总磷、生化需氧量、高锰酸盐指数和石油类。在很多地区（如深圳），这些河流影响水质的成分基本都是本地来源，其中下游水质常劣于国家地表水Ⅴ类标准。加上潮汐作用，污染物在河网间来回往复，不易疏散而形成高浓度区，因而本区域已成为全广东省水污染最严重的地区。

珠江三角洲地区河道纵横交错、港汊湿地众多，本来是许多咸淡水鱼类的共同繁殖场所。然而由于本区围垦造田，带来的直接后果是鱼类产卵场的丧失，接着是物种的濒危，进而造成生态系统生物多样性的丧失，如不及时遏制此趋势，后果将非常严重。

鉴于以上问题，本地区水生态系统的污染治理成为水生态系统管理的重中之重。应该实施严格的流域生态管理政策，禁止破坏森林植被，加强污水收集与污水治理和净化。在水资源方面，区域内部水源涵养能力相对较弱，但整体经济水平较高，有条件通过改变现有设施条件，提高降水和雨洪径流利用率，提高水资源循环利用率等，实现对水资源的有效补充。

三角洲河道区域是极为重要的湿地生态系统，河网纵横密布，兼有淡水及河口咸淡水鱼类，品种多、种群大、生物量丰富，兼具产卵场、孵化场、索饵育肥场和洄游通道等功能，因而从水生态系统生物多样性和渔业种质资源保护的角度来说具有极为重要的意义。由于本区人口密集、城市密集和高度开发等，导致污染物密集、水质变差，严重影响到三角洲河道区域的生态系统稳定和生物多样性保育。鉴于本区河网密集，河流普遍水质较差并受到强烈改造的特点，建议选择典型地域，建立三角洲河网区水生态系统自然保护区。此外，对于外来入侵生物的监测与防御也应给予高度关注。

第6章　东江流域水生态功能二级分区

东江流域水生态功能二级分区，仍属高等级水生态功能分区。与一级分区类似，二级分区以反映流域自然条件对水生态功能影响的空间分异格局为目的。二级分区服从于一级分区，水生态功能一级分区可包括多个二级分区，也可只包括一个二级分区。

6.1　水生态功能二级分区的目的、原则和依据

流域内陆域自然生态系统对河流的水生态功能不仅体现在水量补给，同时也体现在对水质的维持作用，这种作用主要体现在地表自然物质结构与组成通过机械、物理和化学作用，对入水泥沙和化学物质组成及其含量的影响。对于人类活动排放的污染物消减而言，这种过程也正是流域陆域自然生态系统所表现出的自净能力。因此，东江流域的水生态功能二级分区，应充分考虑流域内陆地生态系统对水生态系统功能保护和维持的作用，以突出流域对水生态系统水质净化功能的区域差异为主要目的。为此，东江流域水生态功能二级分区应该遵循如下原则。

6.1.1　水生态功能二级分区的原则

（1）流域自然因子主导原则

本项原则与水生态功能一级分区原则相同。即以流域内的自然背景因子为分区主要依据，选择合适的分区指标进行二级分区，以获得较为稳定的分区结果。

（2）定量数据与定性数据相结合

由于表征流域内陆地生态系统对水质维护作用参数的空间异质性较高，在很多地区只可获得对水质维护作用具有相对等级意义的参数，因此水生态功能二级分区采用定量数据与定性数据相结合的原则，开展分区研究。

（3）净化量与滞留时间同时考虑

采用陆地生态系统的水质净化参数表征陆域生态系统对非点源污染的影响特征。为此，一方面考虑系统的结构特征，例如植物群落结构的复杂程度、土壤质地结构等，另一方面也考虑与坡面流和壤中流在流动介质中的滞留时间相关的地形等影响因素。流域内不同区域下垫面特征不同，陆地生态系统对水生态系统水质的维护服务功能也不同，水生态

功能二级分区的目的就是揭示该水生态功能在流域内部的区域分异规律。

6.1.2　水生态功能二级分区依据

根据水生态功能二级分区的目的与原则，参照生态系统服务评估（Costanza et al.，1997；Leemans and De Groot，2003；谢高地等，2008）提出的理念与方法，考虑到植被结构和土壤性质是影响生态系统自净能力的重要因子，故水生态功能二级分区主要依据植被结构和土壤特征，同时也参考地形要素进行分区，以揭示流域陆地生态系统对水质净化的区域分异规律。

6.2　水生态功能二级分区指标

6.2.1　二级分区指标体系

流域水生态功能二级分区以突出流域对水生态系统水质净化功能的区域差异为主要目标。东江流域水系以降水补给为主，下垫面的特征对于水质净化作用十分重要，流域陆域植被结构越复杂，其水文调节能力也越强，对污染物的自净能力也越强；土壤的吸附能力越强、水流在介质中停留的时间越长，则陆地生态系统的净化能力越强。故此，东江流域水生态功能二级分区拟选择三项流域陆地背景参数构成二级分区的指标体系（表 6-1）：植被类型特征、土壤黏粒含量和地形坡度状况。这 3 项主要指标着重体现陆地生态系统对流域水体水质的净化能力、地表组成物质的抗侵蚀和水质环境背景特征、地表物质运移或沉积可能性及其变化等。这些陆域生态系统特征指标，均与其水质的维持功能密切相关。

表 6-1　东江流域水生态功能二级分区指标体系

分区级	指标	功能类型	对水生态功能影响
二级区	植被类型特征	过滤净化	反映流域地表植被类型差异，陆地生态系统的淡水过滤、滞留和储存功能
	土壤黏粒含量	吸附净化	反映流域表土的物理乃至化学和生物性状，直接影响陆地表面的抗侵蚀能力、对污染物质的吸附能力
	地形坡度状况	滞留时长	反映流域地表的起伏程度，直接影响流域地表物质和能量再分配，影响流域土壤发育、植被覆盖，同时也影响水流被过滤的时间长短

(1) 植被结构与种类

不同的植被类型通过种类组成、盖度、垂直分层、枯枝落叶的组成与结构等，直接影响着植被的水生态服务功能。对于过滤相关的水文调节和净化处理能力而言，天然林、混交林、常绿林、复层林的功能强于人工林、纯林、落叶林和单层林。此外，枯落物丰富的群落强于枯落物稀少的群落；森林群落强于草地群落和农田等人工植被群落。

（2）土壤黏粒含量

土壤黏粒含量是表征土壤质地的参数之一，黏粒含量的多少，不仅影响着土壤空隙特征，而且影响土壤的吸附能力。由于黏粒物质具有较大的总表面积并且带有电荷，因此具有保水保肥的作用，而且具有能够吸附净化土壤中各类污染物质的作用。

（3）地面坡度条件

坡度是影响多种地表过程的参数，地表物质的侵蚀与堆积、产流和汇流过程、植被结构和种类组成等均与坡度相关，坡度是影响面源污染过程的重要自然背景要素。水生态功能二级分区选择坡度因子作为分区指标，主要是用于概括表征：①土壤侵蚀强弱以及由此引起的水质污染风险；②坡面径流和壤中流的流动速度以及径流携带污染物在土壤中的滞留时间。

6.2.2 二级分区主要指标及其空间变化

上述二级分区指标体系中，各指标图层的数据源格式不完全相同，其中植被水文调节和土壤黏粒含量为矢量图层，而地形坡度数据为栅格图层；此外，各指标图层的数据来源和所用坐标系统等也都存在一定差异。因此需要运用 GIS 手段对各指标图层分别进行空间标准化处理，使得所有的指标图层具有统一的投影方式和坐标系统，从而不同指标能在空间上相互匹配，以方便后续空间分析与运算。

6.2.3 二级指标空间异质性分析

植被水文调节能力指标图层地图数据比例尺为 1∶1 000 000，数据类型为矢量图层，采用生态服务价值表征流域每公顷土地单元可产生或维持水文调节的能力之大小为指标（图 6-1），量纲为元/hm^2。经量化计算后，东江流域的水文调节能力价值的量值为 3.11×10^4 ~ 842.92×10^4 元/hm^2，可见最低值和最高值之间差距巨大（后者是前者的 270 余倍）。其总体空间分异规律为北部山区高，南部城镇区低，东西两侧山区高，中间谷地及河口平原区低。①以寻乌县为中心，包括寻乌县、安远县东南部、定南县东北部、龙川县北部及新宁市部分区域在内，植被类型以亚热带常绿阔叶林和亚热带常绿针叶林为主，是植被水文调节能力最强的高值区。②在以和平县东南部、龙川县南部、河源市北部地区等为主的区域，植被类型以亚热带常绿阔叶林、落叶阔叶林为主，是植被水文调节能力次强的亚高值区。③在以莲花山脉和罗浮山脉为中心，包括定南县西南部、和平县西北部、连平县西部、新丰县、河源市中南部、龙门县、紫金县、增城市北部、博罗县北部、惠州市北部、惠东县北部的区域，植被类型以亚热带常绿阔叶林、落叶阔叶林以及亚热带常绿针叶林等为主，是植被水文调节能力较强的高值区域。④在惠东县南部、惠阳区东部等区域，植被类型以粮食作物和亚热带常绿阔叶林、落叶阔叶林为主，是植被水文调节能力稍弱的亚低值区域。⑤在以增城市南部、博罗县南部、惠州市、东莞市、深圳市、香港特别行政区北部、惠阳区西部等为主的区域，植被类型以农地、果园及城镇绿地等为主，是植被水文调节能力最弱的低值区域。

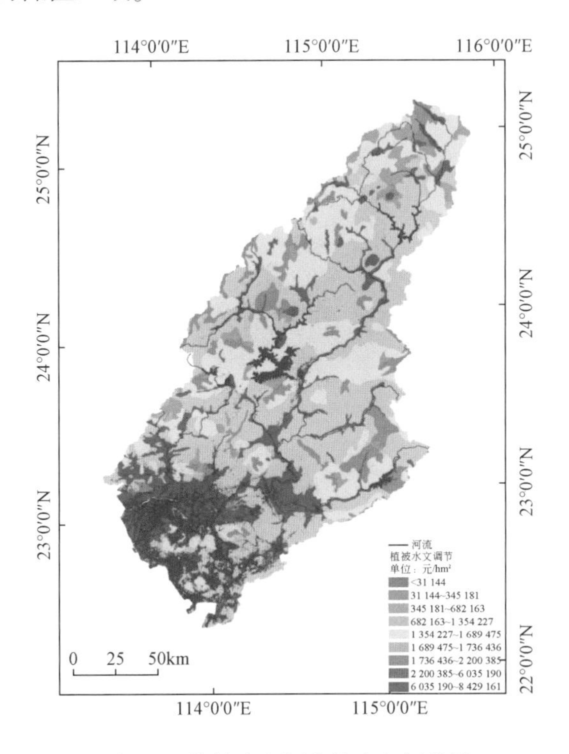

图 6-1　植被水文调节能力空间分异

土壤黏粒含量指标图层地图数据比例尺 1∶1 000 000，数据类型同样为矢量图层，指标本身是无量纲的百分比数值，物理含义是土壤机械组成（质地）中黏粒占总颗粒质量的比值，经空间量化计算后结果如（图 6-2）。由图可知，东江流域表层土壤黏粒含量总体上低于 38.9%，空间分异上表现为北高南低的分布特征。①在以流域上游枫树坝水库和新丰江水库两个水库为主要来水源的区域，包括寻乌县、安远县东南部、定南县东北部、龙川县北部及新宁市、和平县东北部、连平县、新丰县、河源市西部、龙门县北部等，是一个以红壤为主、土壤黏粒含量较高的区域（土壤黏粒含量为 37.6%）。②在以龙门县大部、博罗县西部少部分、增城市东部较大部分为主的区域，是一个以赤红壤为主、土壤黏粒含量达 35.8% 的区域。③在以莲花山脉为中心，包括和平县东南部、龙川县南部、河源市辖区东部、博罗县东部大部、紫金县、惠州市北部、惠阳区北部、惠东县大部的区域，是一个以赤红壤和水稻土为主、土壤黏粒含量相对较大的区域。④增城市南部大部、东莞市大部、博罗县西南部、惠州市辖区东部、惠阳区西北部等区域，是以水稻土为主、土壤黏粒含量在 33.1% 左右的区域。⑤东莞市辖区南部少部分、深圳市、香港特别行政区北部、惠阳区南部等区域，是一个以赤红壤、海滨盐土为主、土壤黏粒含量比例较低的区域。

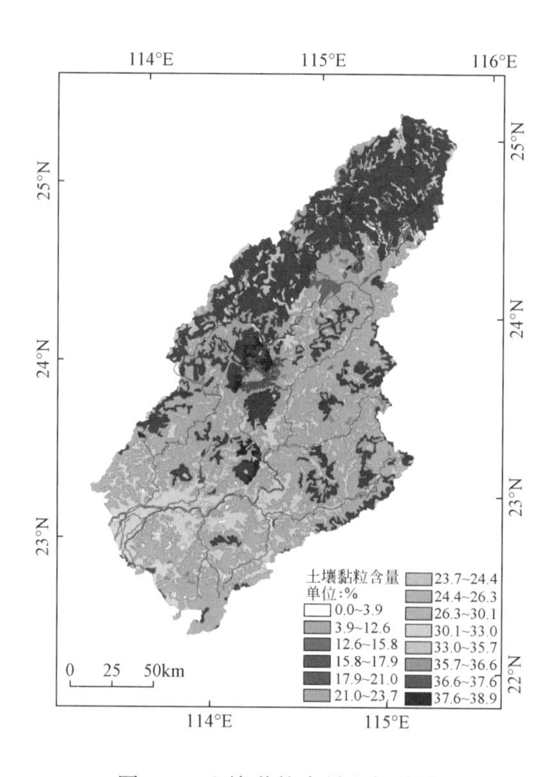

图 6-2 土壤黏粒含量空间差异

坡度指标图层地图数据比例尺为 1 ∶ 250 000，数据类型与前述不同，为栅格图层（图 6-3）。由图中可以看出，东江流域的坡度最大值为 80.7°，空间分异上表现出北高、南低，两侧高、中间低的总体趋势。①上游的东南部、寻乌县、定南县东北部、龙川县北部及新宁市西部区域因多山地，坡度值一般较大，多为 10°～20°。②以罗浮山脉为中心，主要包括定南县西南部、和平县西北部、连平县大部分、新丰县、河源市辖区西部、龙门县、博罗县西部、增城市北部等在内的区域，是全流域山区最多和坡度值平均最大的区域（坡度值多为 15°～30°）。③在以河源市区为中心，包括河源市区、博罗县东部、紫金县西部少部分等的区域，是一个河谷集中、地势平坦、区域坡度值平均小于 5°的地带。④在流域的东侧，以莲花山脉为中心，包括龙川县南部、和平县东南部、河源市辖区东部、紫金县大部分、惠阳区东北部、惠东县北部的区域，又是一个以山地、丘陵为主、坡度值较大的区域（坡度值多为 5°～25°）。⑤在流域南部，包括惠东县南部、惠阳区东部等的区域，是一个两边山地（坡度多大于 15°），中间宽谷（坡度多小于 5°）的区域。⑥在流域正南边，包括增城市南部、博罗县南部、惠州市大部、东莞市辖区、深圳市辖区、香港特别行政区北部、惠阳区西部等在内的区域，属东江的河口三角洲地段，地势相对平坦，除了区内少部分丘陵状山地外，坡度值均小于 5°。

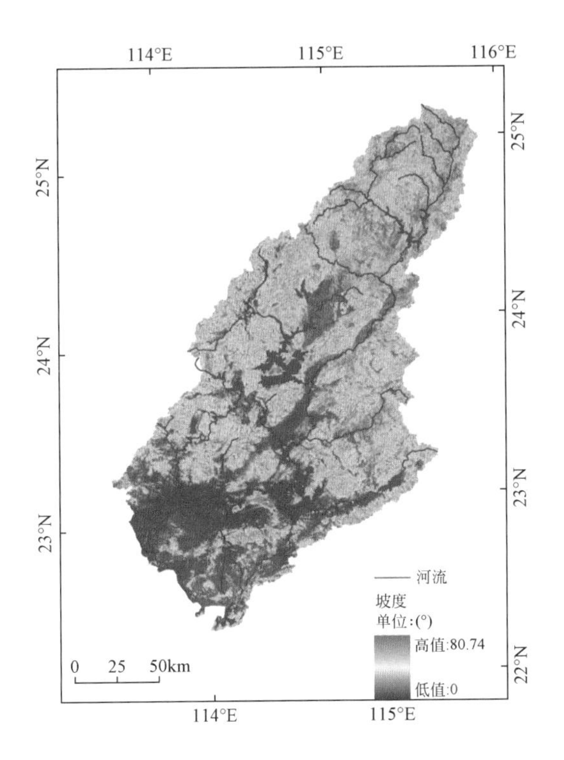

图 6-3　东江流域坡度及空间差异

6.3　水生态功能二级分区综合与界限确定

6.3.1　二级分区指标综合

根据分区指标数据类型的特点，二级分区采用 GIS 技术，通过叠加运算进行分区界线的确定，具体过程步骤如下（图 6-4）。

首先，依据量化的植被水文调节价值量和土壤黏粒含量值，运用 GIS 软件的空间聚类方法，自下而上地对植被水文调节与表层土壤黏粒含量的原始矢量数据进行斑块合并，分别确定出流域植被水文调节能力和土壤黏粒含量的空间分异格局；其次，对流域地形坡度数据的空间分异特征进行分级，揭示流域地形坡度数据的空间分异格局；最后，依据公式（6-1），对流域的植被水文调节能力、土壤黏粒含量、地形坡度数据等 3 项二级分区指标的空间格局图层进行叠加分析操作，实现整个流域的二级分区空间分布格局划分。

$$Z_K = \mathrm{Value}(\mathrm{Hyd} \cap \mathrm{Str} \cap \mathrm{Slope}) \tag{6-1}$$

式中，Z_K表示第 K 个二级区域，其中 $K=1, 2, 3, \cdots$，Hyd 为植被水文调节能力价值，Str 为土壤黏粒含量比值，Slope 为坡度值。

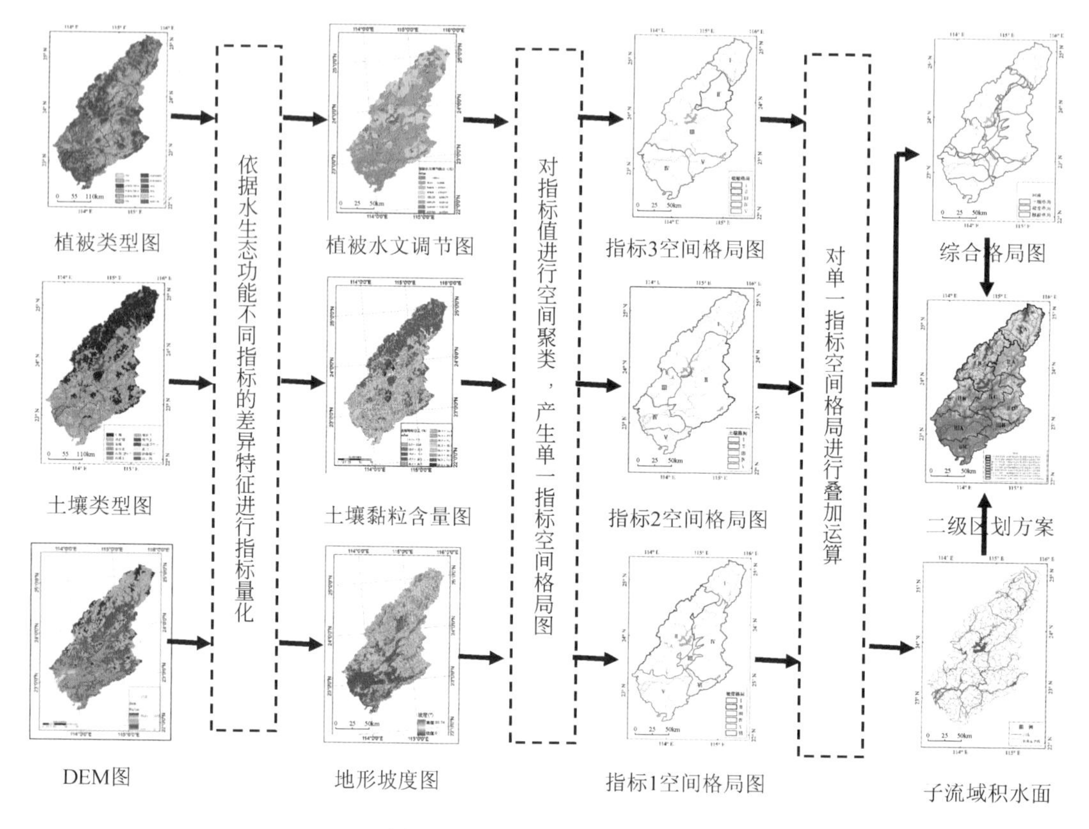

图 6-4　二级分区流程示意图

为保证子流域界线的完整性，需要参照相关子流域集水区范围界线，对二级分区界线进行微调整，采用与指标格局界线最近的积水面界线作为最终的分区界线。

6.3.2　二级分区界限确定的规则

考虑到二级分区以反映流域陆地生态系统的水质净化功能之区域差异为主要目标，分区界限的确定以二级分区指标的空间异质性为主要依据进行划分，依次考虑如下因素。

1）以一级分区界线为基础，在一级分区界线基础上进行二级区界线的划分。

2）以各指标的空间分异格局为主要依据，重点反映东江流域自然生态系统在水质净化维持方面的宏观作用，突出植被、土壤、地貌特征等在水质净化中的作用与意义。

3）充分考虑植被、土壤、地貌及其组合特征的相对一致性，在区域界线确定过程中保持子流域集水区域的完整性。

4）具有易于区分性和可识别性，即在具体划定界限时，分区边界可多与分水岭、景观单元边界等相一致或相重叠。

6.4 水生态功能二级分区方案及其编码与命名

6.4.1 二级分区编码

二级分区编码建立在一级区编码的基础之上。一级区涉及的编码信息包括：①采用英文大写字母“R”和“L”分别表示河流型流域和课题（2008ZX07526-002、2012ZX07501-002）研究涉及的8个重点流域中的东江流域；②采用大写罗马字母“Ⅰ、Ⅱ、Ⅲ、…”对一级分区单位“水生态区”进行编码。

二级分区单位“亚区”的编码，是在一级区代码之后，采用下标式阿拉伯数字“1、2、3、…”进行编码；在每个一级区内对其内部的二级区进行内独立编码。

6.4.2 二级分区命名

围绕二级分区的目标，分区命名应反映区域名称、陆域主要生态系统类型、河流生境特征和生物特征等内容。因此，二级分区命名方式采用：地理区位+生态系统类型（生态系统类型包括森林、草地、湿地、荒漠、农田等）+陆域主要水生态功能+二级区标识名。

6.4.3 二级分区方案

东江流域水生态功能分区含9个二级区，分属第5章所述3个一级分区（附图1）。

（1）RFⅠ：东江上游山区河流水源涵养水生态区

1）$RFⅠ_1$：枫树坝上游山地林果生态系统溪流水生态保育亚区；

2）$RFⅠ_2$：新丰江上游山地森林生态系统溪流水生态保护亚区。

（2）RFⅡ：东江中游谷间曲流水量增补水生态区

1）$RFⅡ_1$：东江中上游丘陵农林生态系统曲流水生态调节亚区；

2）$RFⅡ_2$：增江中上游山地森林生态系统溪流水生态保育亚区；

3）$RFⅡ_3$：东江中游宽谷农业城镇生态系统曲流水生态调节亚区；

4）$RFⅡ_4$：秋香江中上游山地林农生态系统溪流水生态保育亚区。

（3）RFⅢ：东江下游感潮河网水量均衡水生态区

1）$RFⅢ_1$：东江下游三角洲城镇生态系统河网水生态恢复亚区；

2）$RFⅢ_2$：西枝江中下游岭谷农林生态系统曲流水生态调节亚区；

3）$RFⅢ_3$：石马河淡水河平原丘陵城市生态系统河渠水生态恢复亚区。

6.5 水生态功能二级分区方案校验

6.5.1 浮游植物群落组成校验

东江流域水生态功能二级分区是在一级分区的基础上，主要以保障东江流域水生态系统的水质目标为基础，体现着区域水环境背景、地表水文过程特征、生态系统净化功能等自然作用影响下的区域水质特征，以及这些具有水质保障功能的陆域生态系统因素之空间异质性特征。考虑热带、亚热带河流浮游生物对水质变化较为敏感，能够较好地指示水质状况（Hermoso et al.，2010；Reavie et al.，2010），所以选择流域浮游植物类群分布及组成差异性，对流域水生态功能二级分区结果进行校验。

校验过程中同样选取浮游植物细胞密度及类群组合特征作为校验参量，借助于 DCA 排序的方法，对东江流域浮游植物类群的分布进行分析，并将其结果与二级区域格局进行对比，以此作为二级分区结果的校验依据。

对流域各水生态系统综合调查样点中浮游植物物种组成数据进行 DCA 排序，排序结果如表 6-2 和图 6-5 所示。结果表明 DCA 前 4 个排序轴特征值分别为 0.400、0.311、0.212、0.139，第一轴的累积变异量为 8.9%，前两个排序轴的累积变异量为 15.8%，前三个排序轴的累积变异量为 20.5%。前三个排序轴长度较为接近，且解释了大量浮游植物物种组成的区域分异。

表 6-2 东江流域浮游植物类群组成的 DCA 排序结果

排序结果 \ 排序轴	Axis1	Axis2	Axis3	Axis4
特征值	0.400	0.311	0.212	0.139
梯度长度	3.013	3.185	2.893	2.218
累积变异量/%	8.9	15.8	20.5	23.6

从东江流域浮游植物生物密度 DCA 排序图可以看出（图 6-5），通过前三个 DCA 排序轴相互组合，排序结果能很好地反映出不同二级区之间浮游植物类群组成存在着显著差异。具体从第一轴（DCA1）和第二轴（DCA2）组合图［图 6-5（a）］可以看出，RFⅠ$_1$、RFⅠ$_2$、RFⅡ$_4$、RFⅢ$_1$、RFⅢ$_2$和 RFⅢ$_3$共计 6 个二级区内的浮游植物密度具有不同的聚集特征；从第一轴（DCA1）和第三轴（DCA3）组合图［图 6-5（b）］可以看出，RFⅡ$_2$区内的浮游植物类群组成具有与其流域内其他区域不同的聚集特点；从第二轴（DCA2）和第三轴（DCA3）组合图［图 6-5（c）］可以看出，RFⅡ$_1$、RFⅡ$_3$ 区内的浮游植物类群组成具不同的聚集特点；综合前三个 DCA 排序轴相互组合分析结果，表明东江流域二级区的划分反映了水体生态系统之间的差异。

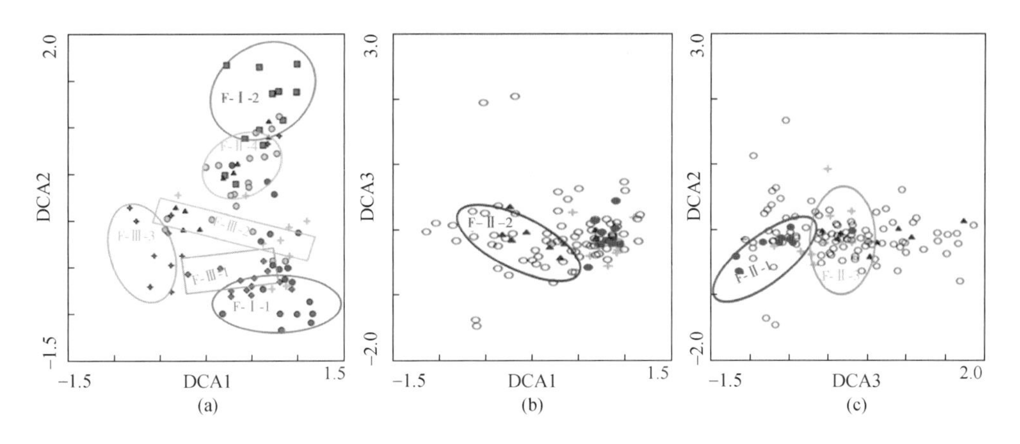

图 6-5　东江流域浮游植物细胞密度 DCA 排序结果

6.5.2　浮游植物群落优势类群数量校验

研究选取浮游植物群落组成中的优势类群，并计算平均总细胞密度指标，将 9 个二级区内各样点浮游植物生优势类群的细胞密度进行加权平均，统计每个二级区内浮游优势种类组成，得到各二级区内浮游植物优势类群及平均总细胞密度的空间分异特征（图 6-6）。可以看

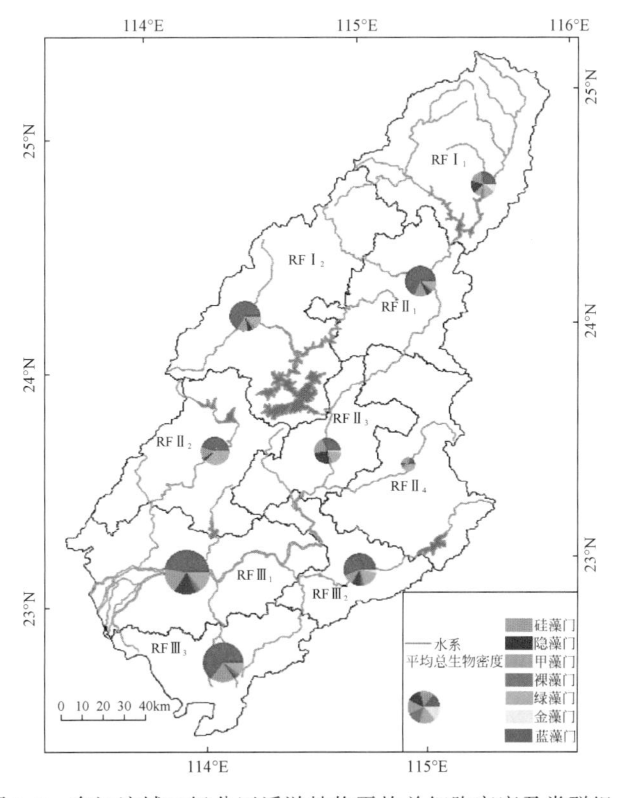

图 6-6　东江流域二级分区浮游植物平均总细胞密度及类群组成

出，在上游区（RFI）内的两个二级区中，二级区 RFⅠ$_1$ 的平均总细胞密度明显的低于二级区 RFⅠ$_2$，然而在群落结构方面，二级区 RFⅠ$_1$ 的优势类群的数量却高于二级区 RFⅠ$_2$；在中游区（RFⅡ）内的 4 个二级区内，平均总细胞密度排序为 RFⅡ$_1$>RFⅡ$_2$>RFⅡ$_3$>RFⅡ$_4$，具有显著的差异特征；在下游区（RFⅢ）内的 3 个二级区内，平均总细胞密度排序为 RFⅢ$_1$>RFⅢ$_3$>RFⅢ$_2$，区内差异明显，同时类群组成结构上也存在着差异。

6.6 东江流域水生态功能二级分区各论

东江流域水生态功能的二级分区，将整个流域在一级分区基础上进一步划分为 9 个亚区（二级区）。其中一级区 RFⅠ被进一步划分为两个二级区 RFⅠ$_1$ 和 RFⅠ$_2$；一级区 RFⅡ被进一步划分为四个二级区 RFⅡ$_1$、RFⅡ$_2$、RFⅡ$_3$ 和 RFⅡ$_4$；一级区 RFⅢ被进一步划分为 RFⅢ$_1$、RFⅢ$_2$和 RFⅢ$_3$，各水生态功能二级分区面积占流域总面积比例如下（表 6-3）。

表 6-3　东江流域各二级区面积比例

一级区	RFⅠ		RFⅡ				RFⅢ		
二级区	RFⅠ$_1$	RFⅠ$_2$	RFⅡ$_1$	RFⅡ$_2$	RFⅡ$_3$	RFⅡ$_4$	RFⅢ$_1$	RFⅢ$_2$	RFⅢ$_3$
面积/%	14.14	17.35	9.35	10.74	7.58	12.45	14.07	6.18	8.13

6.6.1 RFⅠ东江上游山区河流水源涵养水生态区中的二级区及其主要特征

6.6.1.1 RFⅠ$_1$ 枫树坝上游山地林果生态系统溪流水生态保育亚区

（1）亚区主要陆地生态系统特征

根据全国 1∶1 000 000 植被类型图（张新时，2007），RFⅠ$_1$ 区的植被以亚热带针叶林和亚热带常绿阔叶、落叶阔叶灌丛（常含稀树）为主，分别占该区总面积的 35% 和 32%。其中，组成亚热带针叶林的植被主要是含桃金娘（*Rhodomyrtus tomentosa*）的马尾松（*Pinus massoniana*）林和含映山红（*Rhododendron simsii*）的马尾松林以及杉木（*Cunninghamia lanceolata*）林；组成亚热带常绿阔叶、落叶阔叶灌丛（常含稀树）的植被主要是檵木（*Loropetalum chinensis*）、乌饭树（*Vaccinium bracteatum*）、映山红灌丛。亚热带常绿阔叶林占该区总面积的 15%，以栲树（*Castanopsis fargesii*）、南岭栲（*Castanopsis fordii*）林和甜槠（*Castanopsis eyrei*）、米槠（*Castanopsis carlesii*）林为主。农田及常绿果树园、亚热带经济林占该区总面积的 8%。亚热带、热带草丛占该区总面积的 6%，以刺芒野古草（*Arundinella setosa*）草丛为主。

根据全国 1∶1 000 000 土壤类型图，本亚区的土壤包括 10 个亚类，以红壤为主，占这一区域总面积约 75%；其次为水稻土，占 10%；再次为黄壤、黄红壤、赤红壤，分别占 4%、3% 和 2%。此外，还有渗育水稻土、红壤性土、紫色土、山地灌丛草甸土、淹育水稻土等，均分布面积较小，共占 3%。上述土壤类型中，山地灌丛草甸土为本区特有的土壤亚类。

红壤亚类的表土有机质含量一般为 1.0%~1.5%，全氮含量为 0.09%~0.12%，全磷含量为 0.06% 左右，有效磷含量极少。pH 为 4.5~5.2，呈强酸性。红壤的熟化程度决定了其有机质含量的多少，在本亚区，熟化程度高的红壤，耕层深度较厚，可达 17~18cm，有机质含量可达 1.7%。本区在管理方面应该保护其上现有生长的灌木、矮林和草类，充分发挥其涵养水源、保持水土的作用。

根据流域 1∶250 000 比例尺 DEM 数据，可将东江流域按照海拔分为小于 50 m、50~200 m、200~500 m、500~1000 m 和大于 1000 m 五个海拔等级。其中本亚区以丘陵和低山为主（海拔 200~1000 m）。本亚区为东江流域最上游地区，绝大多数地区海拔大于 200 m，占该区总面积的 97%，其中海拔为 200~500 m 的丘陵区域占 72%，高度为 500~1000 m 的低山区域占 25%。本亚区最主要的地貌起伏类型为微起伏和小起伏山地，分别占本区总面积 36% 和 36%，其次为中起伏山地，占 20%。

（2）亚区主要水生态系统特征

Ⅰ. 鱼类特征

鱼类在东江水生态功能二级分区中的分布差异不十分明显，存在的一些差异表现如下。

在二级生态区的 RFⅠ$_1$ 区中，干流和支流的纵坡均较大，水流较急，流域内建有一座大型水库——枫树坝水库。干流及一级支流主要分布有鮨科、鮡科、鲿科、鲇科以及鲃亚科的鱼类；但由于干流修筑拦河坝较多，一些洄游性和半洄游性鱼类受到的影响很大，如鳙（*Aristichthys nobilis*）、鲢（*Hypophthalmichthys molitrix*）、鳡（*Elopichthys bambusa*）等。在该区的一些小支流内主要分布着塘鳢科、虾虎鱼科等小型鱼类。本亚区常见的鱼类有半䱗（*Hemiculterella sauvagei*）、鲇（*Silurus asotus*）、大鳍鳠（*Mystus macropterus*）、福建纹胸鮡（*Glyptothorax fokiensis*）、大刺鳅（*Mastacembelus armatus*）、条纹刺鲃（*Puntius semifasciolatus*）、东南光唇鱼（*Acrossocheilus labiatus*）、褐栉虾虎鱼（*Ctenogobius brunneus*）等。

Ⅱ. 浮游植物特征

本生态亚区中干流和支流的纵坡均较大，水流较急。底质环境由泥沙质过渡到卵石、砾石等硬底质的环境，调查发现的浮游植物种类相对较少，计有各门藻类 66 种，其中蓝藻门 7 种，隐藻门 2 种，硅藻门 27 种，甲藻门 2 种，裸藻门 2 种，绿藻门 26 种。各门浮游植物种类中最多的是硅藻门和绿藻门，然后是蓝藻门，两次调查中均未发现金藻门的种类。分布最广的有蓝藻门的颤藻（*Oscillatoria*），硅藻门的菱形藻（*Nitzschia*）、小环藻（*Cyclotella*）、针杆藻（*Synedra*）、舟形藻（*Navicula*），绿藻门的栅藻（*Scenedesmus*）等藻类。该区于 2009 年 7 月和 2010 年 7 月调查的平均个体数为 43.85×10^4 cells/L。各门浮游植物的平均总个体数按由大到小排列依次为硅藻、蓝藻、隐藻、绿藻、甲藻、裸藻。

Ⅲ. 底栖生物特征

在本亚区的底栖动物中，寡毛类主要有苏氏尾鳃蚓（*Branchiura sowerbyi*）、管水蚓（*Aulodrilus* sp.）；蛭类中有八目石蛭（*Erpobdella octoculata*）；软体动物常见的有河蚬（*Corbicula fluminea*）、圆田螺（*Cipargopludina* sp.）、放逸短沟蜷（*Semisulcospira libertina*）等；水生昆虫幼虫或稚虫种类较多，常见的有双翅目摇蚊科的灰蚴多足摇蚊（*Polypedilum leucopus*）和蜉蝣目的蜉蝣（*Ephemera* sp.）和花腕蜉（*Potamanthus* sp.）等；此外甲壳类的沼虾（*Macrobrochium* spp.）和米虾（*Caridino* sp.）在一些支流中经常见到。据已有的调查，本亚区底栖动物的个体数一般在每平方米 24.50 ~ 29.00 个，生物量一般在 18.13 ~ 23.88 g/m^2。据 2009 年 7 月调查 14 个样点的数据整理，本亚区底栖动物的平均个体数为每平方米 48.51 个，生物量为 63.60g/m^2。

Ⅳ. 河湖水质

国内外应用较为广泛的单因子参数法与综合营养状态指数法评价模型，进行水体富营养化特征评价。选择叶绿素 a、总磷、总氮、高锰酸盐指数 4 个与水体富营养化状况密切相关的因子作为东江水体富营养化评价参数。结果表明，采用单因子参数法评价模式，本区主要水质富营养化参数指标总磷、总氮平均值分别为 0.01 mg/L、1.61 mg/L，叶绿素 a 平均值为 10.41 mg/L，其中总氮为中富营养水平，而总磷为中营养水平，叶绿素 a 为中营养水平；采用综合营养状态指数法，本区富营养化指数平均值为 37.58，为中营养水平。

对本区东江水体采集水样，进行分析，并采用国家《地表水环境质量标准》（GB 3838—2002）进行评价。结果显示，研究期内高锰酸盐指数平均值为 1.64 mg/L，优于Ⅰ类水评价标准；总磷平均值为 0.01 mg/L，优于Ⅰ类水评价标准；溶解氧平均值为 7.26 mg/L，氨氮平均值为 0.66 mg/L，优于Ⅲ类水评价标准；总氮平均值为 1.61 mg/L，优于Ⅴ类水评价标准。采用多因子均值综合指数法确定水质类别，其中Ⅱ类水占 47.1%，Ⅲ类水占 5.9%，Ⅳ类水占 23.5%，Ⅴ类水各占 17.6%，劣Ⅴ类水占 5.9%，平均可达到Ⅲ类水标准。

基于 2009 年 7 月和 2010 年 7 月两次野外调查，从调查样点 80 个，其中干流 51 个样点，支流 29 个样点。根据二级区划的界限，并选择了水面宽度、河漫滩宽度、河岸硬化比例及河岸植被覆盖度 4 个参数分析，RF $Ⅰ_1$ 区河面宽度通常不足 100 m，河漫滩发育一般，主要分布在干流流经区域；河岸硬化率为 8%，植被覆盖度约 85%，本区主要位于东江上游和东侧的山区，海拔较高，城镇化相对较低，经济相对欠发达，所以人工固化相对较弱，植被覆盖度高。

（3）水生态问题和管理与保护措施

本亚区的枫树坝水库水质虽然仍属优良，但因局部河段受采矿影响，河流水体明显出现严重污染。另外，由于土地利用结构变化，农业面源污染的威胁也在不断增大。需重视农业面源污染以及采矿等工业活动对水质的影响，严格矿区环境管理和生态恢复管理。

6.6.1.2 RF Ⅰ$_2$新丰江上游山地森林生态系统溪流水生态保护亚区

(1) 亚区主要陆地生态系统类型

根据全国1∶1 000 000植被类型图（张新时，2007），RF Ⅰ$_2$ 区的植被以亚热带针叶林和亚热带常绿阔叶、落叶阔叶灌丛（常含稀树）为主，分别占该区总面积的42%和28%。其中，组成亚热带针叶林的植被主要是含映山红的马尾松林和含桃金娘的马尾松林；组成亚热带常绿阔叶、落叶阔叶灌丛（常含稀树）的植被主要是檵木、乌饭树、映山红灌丛和桃金娘灌丛。亚热带草丛占该区总面积的14%，以芒草（*Miscanthus* sp.）、野古草（*Arundinella anomala*）、金茅草（*Eulalia speciosa*）丛为主。一年两熟或三熟水旱轮作(有双季稻）及常绿果树园、亚热带经济林占该区总面积的7%。亚热带常绿阔叶林占该区总面积的5%，以栲树、南岭栲林和甜槠、米槠林为主。

根据全国1∶1 000 000土壤类型图，RF Ⅰ$_2$ 区的土壤包括11个亚类，以红壤为主，占这一区域总面积约53.72%，其次为赤红壤，占16%，再次为水稻土、黄红壤、黄壤、黄色赤红壤，分别占8%、6.42%、5%和4%。此外，还有淹育水稻土、紫色土、石质土、渗育水稻土、粗骨土，皆分布面积较小，共占2%，水域占6%。其中黄壤、黄红壤在东江流域本亚区分布最广。黄壤表层土pH为4.5~5.5，交换性盐基含量很低，盐基饱和度10%~30%。土体表层有机质随植被类型而异，森林下发育的黄壤有机质含量为50~100 g/kg，灌丛植被下的黄壤有机质约为50 g/kg。黄红壤是红壤向黄壤过渡的一类土壤，主要分布在东江流域中低山区，在RF Ⅰ$_2$ 区分布最广。黄红壤的成土过程以脱硅富铝化作用为主，土体颜色为橙色或黄橙色。成土母质主要有砂岩、板岩、泥岩、花岗岩风化物等。土体厚度大致为70~80cm，质地以壤质黏土为主，黏粒含量在30%左右。pH为4.2~5.7。表层有机质含量为55.4 g/kg，全氮含量为2.0 g/kg，全磷含量为0.61 g/kg。

RF Ⅰ$_2$ 区海拔特征与RF Ⅰ$_1$ 区相近，也以丘陵和低山为主（海拔为200~1000 m）。本亚区大多数地区海拔也大于200 m，占本亚区总面积的78%，相较RF Ⅰ$_1$ 区有所减少，其中海拔为200~500 m的丘陵区域占48%，高度为500~1000 m的低山区域占29%。RF Ⅰ$_2$ 区最主要的地貌起伏类型为中起伏山地和小起伏山地，分别占本亚区总面积的38%和36%，其他地貌起伏类型比例均较小。

(2) 水生态系统特征

Ⅰ. 鱼类特征

本亚区常见的鱼类有宽鳍鱲（*Zacco platypus*）、马口鱼（*Opsariichthys bidens*）、黄尾鲴（*Xenocypris davidi*）、草鱼（*Ctenopharyngodon idellus*）、鲇（*Silurus asotus*）、大鳍鳠（*Mystus macropterus*）、福建纹胸鮡（*Glyptothorax fokiensis*）、条纹刺鲃（*Puntius semifasciolatus*）、东南光唇鱼（*Acrossocheilus labiatus*）、褐栉虾虎鱼（*Ctenogobius brunneus*）等。其中福建纹胸鮡可一直分布到RF Ⅱ$_1$ 亚区，条纹刺鲃在各个生态区的小溪流中也较为常见。在新丰江水库，由于水文和生态环境的改变，海南红鲌（*Erythroculter recurviceps*）大量繁殖，大眼鳜

(*Siniperca kneri*) 数量上升，成为重要渔业对象（叶富良等，1991）。据文献记载（叶富良等，1991），在新丰江流域还分布有鯮（*Luciobrama macrocephalus*）、瓣结鱼（*Tor brevifilis*）、平头岭鳅（*Oreonectes platycephalus*）、广西华平鳅（*Sinohomalopterakwangsiensis*）、伍氏华吸鳅（*Sinogastromyzon wui*）、长脂拟鲿（*Pseudobagrus adiposalis*）、波纹鳜（*Siniperca undulata*）等鱼类。中国特有种麦氏拟腹吸鳅（*Pseudogastromyzon myseri*）在本亚区的连平、新丰等山涧溪流有分布。近年来，由于过度捕捞、江湖阻隔而影响鯮的幼鱼进入湖泊生活与肥育，加之大江河中鱼类资源总体下降致使大型凶猛肉食鱼类的食物短缺等原因，导致鯮的种群个体数量显著减少，目前已被列为易危等级。

Ⅱ. 浮游植物特征

本亚区中无干流经过，支流的纵坡也较大，水流较急。底质环境由泥沙质过渡到卵石、砾石等硬底质均有，调查发现的浮游植物种类有81种，其中蓝藻门5种，隐藻门3种，硅藻门33种，甲藻门2种，裸藻门3种，绿藻门31种，金藻门4种，各门浮游植物种类中最多的是硅藻门和绿藻门。分布的藻类最为常见的有蓝藻门的颤藻（*Oscillatoria*），硅藻门的肘状针杆藻（*Synedra ulna*）、变异直链藻（*Melosira varians*）、桥弯藻（*Cymbella*）、舟形藻（*Navicula*）等藻类。本亚区于2009年7月和2010年7月调查的平均个体数为62.15万个/L。各门浮游植物的平均个体数按由大到小排列依次为硅藻、绿藻、蓝藻、隐藻、裸藻、甲藻、金藻。

Ⅲ. 底栖生物特征

本亚区的底栖动物中，寡毛类主要有颤蚓（*Tubifex* sp.）、管水蚓（*Aulodrilus* sp.）；蛭类中有水蛭（*Hirudo* sp.）；软体动物常见的有河蚬（*Corbicula fluminea*）、圆田螺（*Cipargopludina* sp.）、放逸短沟蜷（*Semisulcospira libertina*）、环棱螺（*Bellamya* spp.）等；水生昆虫幼虫或稚虫常见的有双翅目摇蚊科的灰蚋多足摇蚊（*Polypedilum leucopus*）和蜻蜓目的蜻蜓稚虫（*Odonata* sp.）等；此外甲壳类的沼虾（*Macrobrochium* spp.）和米虾（*Caridino* sp.）在一些支流中也经常见到。据2009年7月调查2个样点的数据整理，本亚区底栖动物的平均个体数为21.56个/m^2，生物量为0.24 g/m^2。

Ⅳ. 河湖水质

采用单因子参数法评价模式进行评价，结果表明本亚区总磷、总氮平均值分别为0.04 mg/L、0.47 mg/L，叶绿素a平均值为7.39 mg/L，总磷、总氮及叶绿素a均为中营养水平，均低于富营养化水平；采用综合营养状态指数法进行评价，结果表明本亚区富营养化指数平均值为34.86，为中营养水平。因此本亚区中水体富营养化程度较低，基本未受水体富营养化影响。

对本亚区东江水体采集水样进行分析，并采用国家《地表水环境质量标准》(GB 3838—2002）进行评价，高锰酸盐指数平均值为1.32 mg/L，优于Ⅰ类水评价标准；溶解氧平均值为7.3 mg/L，优于Ⅱ类水评价标准；总磷平均值为0.04 mg/L，优于Ⅱ类水评价标准；氨氮平均值为0.17 mg/L，优于Ⅱ类水评价标准；总氮平均值为0.47 mg/L，优于Ⅱ类水评价标准。采用多因子均值综合指数法确定水质类别，其中Ⅱ类水体为41.2%，Ⅰ、Ⅲ类水体均占29.4%，平均可达到Ⅱ类水质标准。因此本亚区水质状况优良，基本达到水源地及生态保护区要求。

Ⅴ. 河岸带结构

RFⅠ$_2$ 区河面宽度较小，河漫滩发育不足，这主要因为本亚区位于东江上游源头区域；河岸硬化率约为 10%，植被覆盖度为 80%，本亚区主要位于东江上游和东侧的山区，海拔较高，城镇化相对较低，经济相对欠发达。

(3) 水生态问题和管理与保护措施

本亚区的水生态问题主要体现在：土地利用变化趋势导致山区的水源涵养水生态功能下降；河流和水库岸边部分已经开垦为农田或者成为城镇用地，因此近岸的生境变化明显；新丰江水库水质受上游河段采矿影响，河流水体受到一定污染。在水生态功能保护方面，制定详细而严格的土地利用规划是关键，可考虑采用生态补偿等方式，保护现有和逐步恢复森林植被，同时要严格矿区环境管理

6.6.2　RFⅡ东江中游谷间曲流水量增补水生态区中的二级区及其主要特征

6.6.2.1　RFⅡ$_1$ 东江中上游丘陵农林生态系统曲流水生态调节亚区

(1) 主要陆地生态系统类型

根据全国 1∶1 000 000 植被类型图（张新时，2007），RFⅡ$_1$ 区的植被以亚热带常绿阔叶、落叶阔叶灌丛（常含稀树）为主，占该区总面积的 74%，主要是桃金娘灌丛和檵木、乌饭树、映山红灌丛。一年两熟或三熟水旱轮作（有双季稻）及常绿果树园、亚热带经济林占该区总面积的 12%。亚热带针叶林占该区总面积的 12%，以含檵木、映山红的马尾松林为主。

根据全国 1∶1 000 000 土壤类型图，RFⅡ$_1$亚区的土壤包括 14 个亚类（其中以赤红壤为主，占本区域总面积约 58%，其次为水稻土和红壤，分别占 16% 和 14%，再次为紫色土、黄红壤，分别占 5% 和 2%）。赤红壤为本区主要土壤类型，紫色土在本区分布最广，酸性紫色土为本区特有土壤亚类。赤红壤的质地，据其母质的不同而不同，母质为酸性岩浆岩时质地较轻，母质为第四纪红土时质地较为黏重；黏粒硅铝率为 1.7 ~2.0；黏粒矿物以高岭石和埃洛石为主；表层有机质为 17.8g/kg；土壤腐殖质胡敏酸与富里酸之比（HA/FA）小于 0.5；全氮含量为 0.87 g/kg；pH 为 4.5 ~5.5。紫色土土层浅薄，通常不到 50 cm，超过 1 m 者甚少。一般含碳酸钙，呈中性或微碱性反应。有机质含量低，磷、钾含量较高。由于紫色土母岩松疏，易于崩解，矿质养分含量丰富，肥力较高，是中国南方重要旱作土壤之一。酸性紫色土主要分布在雨量充沛，年平均降雨量大多在 1200 mm 以上的紫色岩类区，其上植被覆盖情况较好。酸性紫色土具有紫色土的一般特征，但一般不含有碳酸钙，土壤呈酸性，pH 小于 6.5，有机质、全氮含量相对较高，磷、钾稍低，盐基饱

和度较低。

本亚区地貌类型以平原和丘陵为主（海拔为 50～500 m）。海拔为 50～500 m 的区域占本区总面积的 94%，其中海拔为 50～200 m 的平原区域占 53%，海拔为 200～500 m 的丘陵区域占 41%。根据全国 1∶1 000 000 地貌类型图，可将本亚区划分为以下 6 种地貌起伏类型：平原（一般<30 m）、台地（一般>30 m）、微起伏（<200 m）、小起伏山地（200～500 m）、中起伏山地（500～1000 m）和大起伏山地（1000～2500 m）。本亚区最主要的地貌起伏类型为微起伏地貌，占本亚区总面积的 43%，其次为小起伏山地，占 28%。

（2）水生态系统特征

Ⅰ. 鱼类特征

本区段常见的鱼类有马口鱼（*Opsariichthys bidens*）、线细鳊（*Rasborinus lineatus*）、银飘鱼（*Pseudolaubuca sinensis*）、瓦氏黄颡鱼（*Pelteobagrus vachelli*）、鲤（*Cyprinus carpio*）、鲢（*Hypophthalmichthys molitrix*）、宽鳍鱲（*Zacco platypus*），这些鱼类常常也在下游和上游的干流和主要支流出现。此外东方墨头鱼（*Garra orientalis*）、海南华鳊（*Sinibrama melrosei*）也在该区段出现。外来入侵鱼类尼罗非鲫（*Tilapia nilotica*）因人工不断放养也成为常见的种群。

Ⅱ. 浮游植物特征

调查发现的浮游植物种类有 63 种，其中蓝藻门 6 种，隐藻门 2 种，硅藻门 29 种，甲藻门 1 种，裸藻门 3 种，绿藻门 21 种，金藻门 1 种，各门浮游植物种类中最多的是硅藻门，其次是绿藻门，然后是蓝藻门。分布的藻类最为常见的有蓝藻门的颤藻（*Oscillatoria*），硅藻门的菱形藻（*Nitzschia*）、变异直链藻（*Melosira varians*）、舟形藻（*Navicula*）等藻类。本亚区于 2009 年 7 月和 2010 年 7 月调查的平均个体数为 590×10^3 个/L。各门浮游植物的平均个体数按由大到小排列依次为蓝藻、隐藻、绿藻、硅藻、裸藻、甲藻。

Ⅲ. 底栖生物特征

本亚区的底栖动物中，寡毛类主要有苏氏尾鳃蚓（*Branchiura sowerbyi*）、颤蚓（*Tubifex* sp.）、管水蚓（*Aulodrilus* sp.）；软体动物常见的有河蚬（*Corbicula fluminea*）、圆田螺（*Cipargopludina* sp.）、淡水壳菜（*Limnoperna lacustris*）等；水生昆虫幼虫或稚虫常见的有双翅目摇蚊科的灰蚺多足摇蚊（*Polypedilum leucopus*）、摇蚊科的隐摇蚊（*Cryptochironomus* sp.）和弹尾目的水跳虫（*Podura aquaticus*）等；此外甲壳类的沼虾（*Macrobrochium* sp.）在一些支流中也经常见到。据已有的调查，本亚区底栖动物的个体数一般在 61.00～73.50 个/m^2，生物量一般在 51.40～62.50 g/m^2。据 2009 年 7 月调查 9 个样点的数据整理，本亚区底栖动物的平均个体数为 33.96 个/m^2，生物量为 96.72 g/m^2。

Ⅳ. 河湖水质

采用单因子参数法评价模式进行分析，结果表明本亚区总磷、总氮平均值分别为 0.04 mg/L、0.87 mg/L，叶绿素 a 平均值为 9.13 mg/L，其中总氮为中富营养水平，而总磷与叶绿素 a 为中营养水平；采用综合营养状态指数法进行评价，结果表明本亚区富营养化指数平均值为39.62，为中营养水平，水体富营养化总体程度与RFⅠ区相比略高。

对本亚区东江水体采集水样进行分析，并采用国家《地表水环境质量标准》（GB 3838—2002）进行评价，结果显示，具体指标如下：高锰酸盐指数平均值为1.81 mg/L，优于Ⅰ类水评价标准；溶解氧平均值为7.07 mg/L，优于Ⅱ类水评价标准；总磷平均值为0.04 mg/L，优于Ⅱ类水评价标准；氨氮平均值为0.22 mg/L，优于Ⅱ类水评价标准；总氮平均值为0.87 mg/L，优于Ⅲ类水评价标准。采用多因子均值综合指数法确定水质类别，其中Ⅰ类水体为23.1%，Ⅱ类水体均占46.2%，Ⅲ类水体占23.1%，Ⅳ类水体占7.7%。本亚区水质平均可达到Ⅲ类水质及其以上标准。

Ⅴ. 河岸带结构

本亚区河面平均宽度超过100 m，河漫滩发育一般。本亚区河面宽度较宽的原因，是因为本亚区主要属东江干流流经的区域；河岸硬化率为30%，植被覆盖度达65%，本亚区主要位于东江流域的中游地区，但因靠近城镇，人口密集，测点多位于城镇或村庄附近，故河岸硬化比例较大，植被覆盖度较低。

（3）水生态问题和管理与保护措施

园地和城镇用地的大幅度增加，使本亚区的水生态系统面临着水环境污染增加的风险。另外由于东江较早被多处拦河坝截断，洄游性鱼类通道丧失，四大家鱼的鱼花也受到一定威胁。本亚区水生态系统保护应该注重以下措施。首先，做好城市化过程中城乡一体化的点源污染治理，做好污水收集管网以及污水处理厂规划和建设，控制工业和生活废水排放影响；其次，通过景观规划在河岸带和近岸地区规划和建设防护林和湿地，减少土壤侵蚀和进入河流、湖库等水体的污染物质；最后，应加强对一些特殊生境或局部生态系统的保护，扩大自然保护区对象，为各种鱼类的繁衍提供良好的栖息环境。

6.6.2.2 RFⅡ$_2$增江中上游山地森林生态系统溪流水生态保育亚区

（1）主要陆地生态系统类型

根据全国1：1 000 000植被类型图（张新时，2007），RFⅡ$_2$区的植被以亚热带常绿阔叶、落叶阔叶灌丛（常含稀树）和亚热带针叶林为主，分别占该区总面积的47%和27%。其中，组成亚热带常绿阔叶、落叶阔叶灌丛（常含稀树）的植被主要是桃金娘灌丛和岗松（*Baeckea frutescens*）灌丛；组成亚热带针叶林的植被主要是含桃金娘的马尾松林和含岗松的马尾松林。一年三熟粮食作物及热带常绿果树园和经济林占该区总面积的12%。亚热带季风常绿阔叶林占该区总面积的6%，以厚壳桂（*Cryptocarya chinensis*）、华栲（*Castanopsis chinensis*）、越南栲（*Castanopsis tonkinensi*）林为主。

根据全国1：1 000 000土壤类型图，RFⅡ$_2$亚区的土壤包括9个亚类，以赤红壤为主，占这一区域总面积约59%，红壤和水稻土次之，分别占19%和17%，再次为漂洗水稻土和黄红壤，分别占2%和1%。赤红壤为本区主要土壤类型，其特征在RFⅡ$_1$亚区的介绍中已经提到，本亚区主要介绍在漂洗水稻土，以及分布相对较多的棕色石灰土。

漂洗水稻土特征是，土体中具有在强度淋移漂洗条件下形成的白土层。漂洗水稻土的土壤有机质含量为26.8 g/kg，全氮含量1.61 g/kg。土壤的pH趋于微酸性或者中性，盐基饱和。棕色石灰土是岩溶地区的主要土壤类型，占本土类总面积的30%左右。棕色石灰土土体厚度因地形不同变异较大，一般大于50cm，明显分化。多为棕色或暗棕色，块状结构。土壤有机质含量一般为30～50 g/kg，土壤多近中性，pH大多为7～7.5。

本亚区以平原和丘陵为主（海拔为50～500 m）。本亚区海拔为50～500 m的区域占本亚区总面积的76%，其中海拔为50～200 m的平原区域占41%，海拔为200～500 m的丘陵区域占35%，本亚区相对于前述三个亚区，0～50 m高程区域显著增加，由不到1%上增至15%。本亚区最主要的地貌起伏类型为小起伏山地和中起伏山地，分别占本亚区总面积的31%和31%，其次为微起伏地貌、丘陵和平原，分别占18%和15%，本亚区地貌起伏特征较前一亚区相比明显增大。

（2）水生态系统特征

Ⅰ.鱼类特征

本亚区没有干流经过，主要支流为增江上游，江水水流相对湍急，流域内建有天堂山水库、显岗水库等中小型水库，南昆山省级自然保护区位于该流域的边界。本亚区主要栖居着鲤科、鳅科、鲇科、鳢科等鱼类，常见的有马口鱼（*Opsariichthys bidens*）、宽鳍鱲（*Zacco platypus*）、赤眼鳟（*Squaliobarbus curriculus*）、银飘鱼（*Pseudolaubuca sinensis*）、瓦氏黄颡鱼（*Pelteobagrus vachelli*）、鲤（*Cyprinus carpio*）、鲢（*Hypophthalmichthys molitrix*）等，这些鱼类常常也在上、下游的干流和主要支流出现。中国特有种拟平鳅（*Liniparhomaloptera disparis*）、丁氏缨口鳅（*Crossostoma tinkhami*）、三线拟鲿（*Pseudobagrus trilineatus*）和白线纹胸鮡（*Glyptothorax pallozonum*）在本亚区的罗浮山有分布，其中丁氏缨口鳅和三线拟鲿仅见于罗浮山山涧溪流，而前者除模式标本外尚未见采集报道。山涧和小溪有月鳢（*Channa asiatica* 俗称山斑鱼或七星鱼）等数种小型鱼类。

Ⅱ.浮游植物特征

本亚区无干流经过，支流的纵坡也较大，水流较急。调查发现的浮游植物种类有59种，其中有蓝藻门5种，隐藻门1种，硅藻门29种，甲藻门1种，裸藻门2种，绿藻门20种。各门浮游植物种类中最多的是硅藻门，其次是绿藻门，其他门的种类较少。分布的藻类最为常见的有蓝藻门的颤藻（*Oscillatoria*），硅藻门的菱形藻（*Nitzschia*）、短缝藻（*Eunotia*）、舟形藻（*Navicula*）和绿藻门的栅藻（*Scenedesmus*）等藻类。本亚区于2009年7月和2010年7月调查，平均个体数为490.3×10^3个/L。各门浮游植物的平均个体数按由大到小排列依次为绿藻、硅藻、蓝藻、裸藻、金藻、隐藻及甲藻。

Ⅲ.底栖生物特征

本亚区的底栖动物中，寡毛类主要有尾鳃蚓（*Branchiura* sp.）、颤蚓（*Tubifex* sp.）；软体动物常见的有河蚬（*Corbicula fluminea*）、圆田螺（*Cipargopludina* sp.）、环棱螺（*Bellamya* spp.）、无齿蚌（*Anodonta* spp.）、淡水壳菜（*Limnoperna lacustris*）等；水生昆虫幼虫或稚虫常见的有蜻蜓目的蜻蜓稚虫（*Odonata*sp.）等多种幼虫或稚虫；此外甲壳类

的沼虾（*Macrobrochium* spp.）和米虾（*Caridino* sp.）在一些支流中也经常见到。

Ⅳ. 河湖水质

采用单因子参数法评价模式进行分析，结果表明本亚区总磷、总氮平均值分别为 0.09 mg/L、0.96 mg/L，叶绿素 a 平均值为 10.82 mg/L，其中总磷为中富营养水平，而总氮与叶绿素 a 为中营养水平；采用综合营养状态指数法进行评价，结果表明本区富营养化指数平均值为 44.1，为中营养水平，水体富营养化程度与前一亚区相比略高，主要体现为水体总磷平均含量接近富营养化水平。

对本亚区东江水体采集水样进行分析，并采用国家《地表水环境质量标准》(GB 3838—2002）进行评价，结果显示，高锰酸盐指数平均值为 1.81 mg/L，优于Ⅰ类水评价标准；溶解氧平均值为 7.13 mg/L，优于Ⅱ类水评价标准；总磷平均值为 0.09 mg/L，优于Ⅱ类水评价标准；氨氮平均值为 0.31 mg/L，优于Ⅱ类水评价标准；总氮平均值为 0.96 mg/L，优于Ⅲ类水评价标准。采用多因子均值综合指数法确定水质类别，其中Ⅰ类水体为 7.7%，Ⅱ类水体均占 30%，Ⅲ类水体占 40%，Ⅳ类水体占 20%，Ⅴ类水体占 10%，平均可达到Ⅲ类水质标准。

Ⅴ. 河岸带结构

本区河面宽度与前一亚区相比明显变窄，度约 50 m，河漫滩发育差。这主要因为本区位于东江东部中游山区，海拔明显增高；河岸硬化率为 17%，植被覆盖度为 73%，由于位于山区的缘故，人类活动干扰减小，故河岸硬化比例较小，植被覆盖度较高。

（3）水生态问题和管理与保护措施

本亚区中高密度林地 1990 ~ 2009 年不断减少，虽然属于减少幅度较少的，但对水库的来水量和水质的保证不无影响。由此导致的园地和城镇用地的增加，使本亚区的水生态系统面临着水环境污染增加、水生态风险增大的危险。管理中应该重点采取的措施如下：①加强土地利用中高密度林地的保护和滩涂湿地的保护，降低暴雨造成的洪水威胁。②做好各地的景观规划工作，特别是在城镇附近的河岸带和近岸地区多建设防护林和湿地，减少土壤侵蚀和进入河流、湖库等水体的污染物质。③在河流水库的上游主要来水区和已建立的自然保护区的地方，增加水源保护内容，提高保护区的保护级别，加强保护区的管理

6.6.2.3　RFⅡ$_3$ 东江中游宽谷农业城镇生态系统曲流水生态调节亚区

（1）主要陆地生态系统类型

根据全国 1∶1 000 000 植被类型图（张新时，2007），RFⅡ$_3$ 区的植被以亚热带常绿阔叶、落叶阔叶灌丛（常含稀树）和亚热带针叶林为主，分别占该区总面积的 59% 和 22%。其中，组成亚热带常绿阔叶、落叶阔叶灌丛（常含稀树）的植被主要是桃金娘灌丛；组成亚热带针叶林的植被主要是含桃金娘的马尾松林和含岗松的马尾松林。一年三熟粮食作物及热带常绿果树园和经济林占该区总面积的 9%。一年两熟或三熟水旱轮作（有双季稻）及常绿果树园、亚热带经济林占该区总面积的 5%。

根据全国 1∶1 000 000 土壤类型图，RFⅡ$_3$ 区的土壤包括 10 个亚类，以赤红壤为主，

占这一区域总面积约 56%，其次为水稻土和红壤，分别占 23% 和 14%，再次为黄色赤红壤和漂洗水稻土，分别占 36% 和 3%。赤红壤为本区主要土壤类型，此外有咸酸水稻土以及在本亚区分布相对较广黄色赤红壤。

黄色赤红壤植被覆盖度较高，地表均有较厚的枯枝落叶层。土体呈橙色或浊黄色，在黄化土层下部常为红色母质层。总体上有机质含量为 31.9 ~ 52.8 g/kg，全氮含量为 1.41 ~ 2.7 g/kg，全磷含量为 0.4 ~ 0.6 g/kg，pH 为 4.9 ~ 6.3。东江流域咸酸水稻土集中分布在本亚区，该类土壤占全部土类的 0.28%。土壤的 pH 随氧化还原状况的变化而变化，还原条件下 pH 为 5 ~ 6，氧化条件下位 pH 为 2 ~ 3，交换性铝含量很高。土壤全盐含量较高，盐基趋于饱和。咸酸水稻土大部分为二元母质，下部为近距离的运积物，质地较轻，上部为河口或三角洲沉积物，质地较黏。土壤有机质含量较高，碳/氮比高于水稻土的其他亚类。

本亚区以平原和丘陵为主（海拔为 50 ~ 500 m）。本亚区海拔为 50 ~ 500 m 的区域占本亚区总面积的 64%，其中海拔介于 50 ~ 200 m 的平原区域占 37%，200 ~ 500 m 的丘陵区域占 27%，海拔小于 50 m 区域面积显著增加，达 31%。本亚区是东江中游干流主要所在的区域，亚区内最主要的地貌起伏类型为小起伏山地，占本亚区总面积的 30%，微起伏地貌次之，占 23%。其他地貌类型除了大起伏山地比例较小外，余所占比例相似。

（2）水生态系统特征

Ⅰ. 鱼类特征

本亚区干流和主要支流江水水流相对较缓，主要栖居着鲤科、鳅科、鲿科、鲇科、鲱科等。但由于受上游修筑拦河坝，一些半洄游性鱼类，如草鱼（*Ctenopharyngodon idellus*）、鲢（*Hypophthalmichthys molitrix*）、鳙（*Aristichthys nobilis*）等的生殖洄游通道被阻断，使得这些鱼类资源的多样性受到影响。本区段常见的鱼类有马口鱼（*Opsariichthys bidens*）、银飘鱼（*Pseudolaubuca sinensis*）、瓦氏黄颡鱼（*Pelteobagrus vachelli*）、鲤（*Cyprinus carpio*）、鲢（*Hypophthalmichthys molitrix*）、宽鳍鱲（*Zacco platypus*）等，这些鱼类常常也在下游和上游的干流和主要支流出现，但马口鱼（*Opsariichthys bidens*）很少分布到咸水区。此外鲥（*Macrura reevesi*）、七丝鲚（*Setipinna taty*）、鳗鲡（*Anguilla japonica*）、大鳍刺鳑鲏（*Acanthorhodeus macropterus*）、越南刺鳑鲏（*Acanthorhodeus tonkinensis*）、海南华鳊（*Sinibrama melrosei*）也在该区段出现。受人工放养影响，外来入侵鱼类尼罗非鲫（*Tilapia nilotica*）在该区域成为常见的种群。

Ⅱ. 浮游植物特征

本亚区干流水流较平缓，支流河床比降较小，水流不湍急。调查发现的浮游植物种类有 66 种，其中蓝藻门 7 种，隐藻门 2 种，硅藻门 32 种，甲藻门 2 种，裸藻门 3 种，绿藻门 19 种，金藻门 1 种。各门浮游植物种类中最多的是硅藻门，其次是绿藻门，然后是蓝藻门。分布的藻类最为常见的有蓝藻门的颤藻（*Oscillatoria*），硅藻门的菱形藻（*Nitzschia*）、短缝藻（*Eunotia*）、舟形藻（*Navicula*）和绿藻门的栅藻（*Scenedesmus*）属等藻类。本亚区于 2009 年 7 月和 2010 年 7 月调查，平均个体数为 490.3×10^3 cells/L。各门浮游植物的个体数按由大到小排列依次为绿藻、蓝藻、硅藻、隐藻、裸藻、金藻、甲藻。

Ⅲ. 底栖生物特征

本亚区的底栖动物中，寡毛类主要有苏氏尾鳃蚓（*Branchiura sowerbyi*）、颤蚓（*Tubifex* sp.）、管水蚓（*Aulodrilus* sp.）；软体动物常见的有河蚬（*Corbicula fluminea*）、圆田螺（*Cipargopludina* sp.）、环棱螺（*Bellamya* spp.）、淡水壳菜（*Limnoperna lacustris*）、尖脊蚌（*Acuticosta* sp.）、珠蚌（*Unio* sp.）等；水生昆虫幼虫或稚虫常见的有双翅目摇蚊科的灰蚴多足摇蚊（*Polypedilum leucopus*）、摇蚊科的隐摇蚊（*Cryptochironomus* sp.）和蜻蜓目的蜻蜓稚虫（*Odonata*sp.）等；此外甲壳类的沼虾（*Macrobrochium* spp.）在一些支流中也经常见到。据 2009 年 7 月调查 9 个样点的数据整理，本亚区底栖动物的平均个体数为每平方米 27.51 个，生物量为 25.04 g/m^2。

Ⅳ. 河湖水质

采用单因子参数法评价模式进行分析，结果表明本区总磷、总氮平均值分别为 0.09 mg/L、0.94 mg/L，叶绿素 a 平均值为 8.26 mg/L，总磷与总氮均为中富营养水平，叶绿素 a 为中营养水平。采用综合营养状态指数法进行评价，结果表明本区富营养化指数平均值为 41.75，为中营养水平。

对本亚区东江水体所采集水样进行分析，并采用国家《地表水环境质量标准》（GB 3838—2002）进行评价，结果显示，高锰酸盐指数平均值为 1.81 mg/L，优于Ⅰ类水评价标准；总磷平均值为 0.09 mg/L，优于Ⅱ类水评价标准；氨氮平均值为 0.23 mg/L，优于Ⅱ类水评价标准；溶解氧平均值为 6.94 mg/L，优于Ⅱ类水评价标准；总氮平均值为 0.94 mg/L，优于Ⅲ类水评价标准。采用多因子均值综合指数法确定水质类别，其中Ⅰ类水体为 23.1%，Ⅱ类水体均占 30.7%，Ⅲ类水体占 23.1%，Ⅳ类水体占 23.1%，平均可达到Ⅲ类水质标准。

Ⅴ. 河岸带结构

本亚区河流水面宽度是所有亚区中最宽的，河漫滩发育良好。因本区主要为东江干流流经区域；本亚区河岸硬化率为 28%，植被覆盖度为 73%，本亚区位于流域的中游平原区，因靠近城镇人口密集区，故河岸硬化比例较大，但植被覆盖度与前一亚区相近。

(3) 水生态问题和管理与保护措施

城镇用地的大幅度增加，使本亚区域的水生态系统面临着严重的水环境污染问题，并导致水生态风险增加。此外，外来入侵鱼类尼罗非鲫（*Tilapia nilotica*）在本亚区已成为常见的种群。水生态系统管理与保护中应加强对水生态系统的保护，做到流域和水系的保护与合理利用并重，加强对城市和乡镇的点源污染治理以及对农田的面源污染防治工作。此外，加强对外来入侵鱼种的控制，保护当地鱼类的繁衍和养育工作亦刻不容缓主要措施。

6.6.2.4 RF$Ⅱ_4$秋香江中上游山地林农生态系统溪流水生态保育亚区

(1) 亚区主要陆地生态系统类型

根据全国 1∶1 000 000 植被类型图（张新时，2007），RF$Ⅱ_4$区的植被以亚热带、热带常绿阔叶、落叶阔叶灌丛（常含稀树），亚热带针叶林和亚热带、热带草丛为主，分别占该区总面积的 46%、28% 和 18%。其中，组成亚热带、热带常绿阔叶、落叶阔叶灌丛（常含稀树）的植被主要是桃金娘灌丛和岗松灌丛；组成亚热带针叶林的植被主要是含桃金娘的马尾松林和含岗松的马尾松林；组成亚热带、热带草丛的植被主要是蜈蚣草（*Pteris vittata*）、纤毛鸭嘴草（*Ischaemum indicum*）草丛和芒草、野古草、金茅草丛。

根据全国 1 : 1 000 000 土壤类型图，RFⅡ_4亚区的土壤包括 10 个亚类，本区以赤红壤为主，面积占本亚区域总面积约 58%，其次为红壤和水稻土，分别占 21% 和 16%，再次为黄红壤和黄壤，分别占 2% 和 1%。此外，本亚区还出现有渗育水稻土、黄色赤红壤、潜育水稻土、潮土和中性粗骨土，这些土壤类型分布面积较小，共占 1%；赤红壤为本区主要土壤类型。

本亚区以平原和丘陵为主（海拔为 50 ~ 500 m）。本亚区海拔为 50 ~ 500 m 的区域占亚区总面积的 85%，其中绝对高度为 50 ~ 200 m 的平原区域占 39%，绝对高度为 200 ~ 500 m 的丘陵区域占 45%，本亚区较同属一个大区的前三个亚区而言，0 ~ 50 m 的区域面积较小，仅 2%，而 500 ~ 1000 m 的低山区域面积较大，达 13%。本亚区最主要的地貌起伏类型为小起伏山地，占亚区总面积的 33%，其次为中起伏山地和微起伏地貌，分别占 28% 和 23%，其他地貌起伏类型所占比例均不超过 10%。

（2）水生态系统特征

Ⅰ. 鱼类特征

本亚区没有干流经过，主要支流为秋香江和西枝江，江水上游水流相对湍急，流域内建有白盆珠水库等大型库。主要栖居着鲤科、鳅科、鲇科、鳢科等鱼类。本亚区段常见的鱼类有马口鱼（*Opsariichthys bidens*）、宽鳍鱲（*Zacco platypus*）、赤眼鳟（*Squaliobarbus curriculus*）、线细鳊（*Rasborinus lineatus*）、条纹刺鲃（*Puntius semifasciolatus*）、黄尾鲴（*Xenocypris davidi*）、瓦氏黄颡鱼（*Pelteobagrus vachelli*）、鲤（*Cyprinus carpio*）、鲢（*Hypophthalmichthys molitrix*）等。山涧和小溪有美丽沙鳅（*Botia pulchra*）、褐栉虾虎鱼（*Ctenogobius brunneus*）等数种小型鱼类。

Ⅱ. 浮游植物特征

本亚区无干流经过，支流的纵坡较大，水流较急。调查发现的浮游植物种类有 75 种，其中蓝藻门 5 种，隐藻门 2 种，硅藻门 36 种，甲藻门 1 种，裸藻门 6 种，绿藻门 23 种，金藻门 2 种。各门浮游植物种类中最多的是硅藻门，其次是绿藻门，然后是裸藻门和蓝藻门。分布的藻类最为常见的有蓝藻门的颤藻属（*Oscillatoria*），硅藻门的肘状针杆藻（*Synedra ulna*）、菱形藻（*Nitzschia*）、窄异极藻（*Gomphonema angustatum*）、舟形藻（*Navicula*）和裸藻门的裸藻（*Euglena*）等藻类。本亚区于 2009 年 7 月和 2010 年 7 月调查，平均个体数为 225.3×10^3 个/L。各门浮游植物的个体数按由大到小排列依次为绿藻、蓝藻、硅藻、裸藻、隐藻、金藻。

Ⅲ. 底栖生物特征

本亚区的底栖动物中，寡毛类主要有颤蚓（*Tubifex* sp.）；蛭类中有水蛭（*Hirudo* sp.）；软体动物常见的有河蚬（*Corbicula fluminea*）、圆田螺（*Cipargopludina* sp.）、环棱螺（*Bellamya*spp.）、淡水壳菜（*Limnoperna lacustris*）、无齿蚌（*Anoconta* sp.）等；水生昆虫幼虫或稚虫常见的有双翅目摇蚊科的灰蛸多足摇蚊（*Polypedilum leucopus*）、摇蚊科的隐摇蚊（*Cryptochironomus* sp.）和蜻蜓目的蜻蜓稚虫（*Odonata*sp.）等；此外甲壳类的沼虾（*Macrobrochium* spp.）在一些支流中也经常见到。2009 年 7 月在本亚区仅调查 1 个样点，发现底栖动物的平均个体数为 80.00 个/m^2，生物量为 54.20 g/m^2。

Ⅳ. 河湖水质

采用单因子参数法评价模式进行分析，结果表明本区总磷、总氮平均值分别为 0.12 mg/L、0.78 mg/L，叶绿素 a 平均值为 9.18 mg/L，其中总磷为中富营养水平，而总氮与叶绿素 a 为中营养水平；采用综合营养状态指数法进行评价，结果表明本区富营养化指数平均值为 43.86，为中营养水平，水体富营养化程度与前 RFⅡ$_2$亚区相近，但本亚区中部分采样点的水质达到富营养化水平，其比例约占 15%，主要为部分受人类活动强烈的河段总磷浓度达到了富营养化水平。

对本亚区的东江水体采集水样进行分析，并采用国家《地表水环境质量标准》（GB 3838—2002）进行评价，结果显示：高锰酸盐指数平均值为 1.79 mg/L，优于Ⅰ类水评价标准；总磷平均值为 0.12 mg/L，优于Ⅱ类水评价标准；氨氮平均值为 0.49 mg/L，优于Ⅱ类水评价标准；溶解氧平均值为 7.1 mg/L，优于Ⅱ类水评价标准；总氮平均值为 0.78 mg/L，优于Ⅲ类水评价标准。采用多因子均值综合指数法确定水质类别，其中Ⅰ类水体为 15%，Ⅱ类水体均占 40%，Ⅲ类水体占 20%，Ⅳ类水体占 10%，Ⅴ类水体占 15%，平均可达到Ⅲ类水质标准。

Ⅴ. 河岸带结构

本区河面宽度与前述三个亚区相比明显变窄，河漫滩发育较弱。主要因为本亚区位于东江西部中游山区支流源头，海拔明显增高，区域高海拔山区面积增大；河岸硬化率较低，植被覆盖度为 80% 以上，主要是由于位于山区的缘故，人类活动干扰减小。本亚区是所有亚区中河岸硬化度最低、植被覆盖度最大的区域。

（3）水生态问题和管理与保护措施

本亚区虽植被覆盖度高，但农业生产发展带来的面源污染和城镇化带来的生活污染，是对本亚区水生态造成最大威胁的问题，其中部分样点水中的总氮和总磷均发现超标，致使部分区域已出现富营养化。此外，矿场废水注入河道进而进入水库也是水生态系统水质下降的主要原因之一。实现城乡一体规划，加强对点源和面源污染物排放的严格控制，是首要也是应该长期坚持的一项重要措施。加强对水库上游来水水质的监测和控制，植树造林等也是刻不容缓的工作。

6.6.3 RFⅢ东江下游感潮河网水量均衡水生态区中的二级区及其主要特征

6.6.3.1 RFⅢ$_1$东江下游三角洲城镇生态系统河网水生态恢复亚区

(1) 亚区主要陆地生态系统类型

根据全国1∶1 000 000植被类型图(张新时,2007),RFⅢ$_1$区的植被以一年三熟粮食作物及热带常绿果树园和经济林为主,占该区总面积的61%。亚热带、热带常绿阔叶、落叶阔叶灌丛(常含稀树)占该区总面积的24%,以岗松灌丛和桃金娘灌丛为主。亚热带针叶林占该区总面积的9%,以含岗松的马尾松林、含桃金娘的马尾松林和杉木林为主。

根据全国1∶1 000 000土壤类型图,RFⅢ$_1$亚区的土壤包括11个亚类,以水稻土为主,分布占本亚区域总面积约48%,其次为赤红壤,占37%,再次为红壤和潮土、灰潮土,分别占4%、2%和2%。水稻土为本区主要土壤类型。与旱作土壤相比,水稻土中的有机质含量较高,腐殖质化系数高,磷、钾与硅含量相对缺少。水稻土中的硫元素有85%~94%为有机态,而铁和锰则易于随Eh的变化产生移动。水稻田的pH除受原母土影响外,还与水层管理关系较大。一般酸性水稻土或碱性水稻土在淹水后,其pH均向中性变化,即pH变动范围为4.6~8.0。

灰潮土为潮土的一个亚类,本亚区中灰潮土主要分布在干流和各支流沿岸冲积平原和三角洲上,占潮土土类面积的8.72%。灰潮土在本亚区常与水稻土组成相间分布。灰潮土具有潮土的一般形态特征,但大多由漫流沉积物发育,部分为静水沉积物发育,剖面多以均质土体构型为主。灰潮土颗粒较细,土体中无质地级差大及粗砂质或黏土质间隔层土,粉砂粒含量较高。灰潮土成土母质多具有石灰反应,淋溶作用强,有机质含量多为10~15 g/kg,全氮含量为0.8~1 g/kg,全磷含量为0.5~0.7 g/kg。大部分灰潮土呈微碱性反应,pH为7.5~8.3,盐基不饱和。

本亚区及同属RFⅢ区的另外两个亚区,地貌上均以海拔小于200 m为主。本亚区为东江三角洲所在的区域,其中海拔为0~200 m的区域占本亚区总面积的92%,而0~50 m又是本亚区最主要的高程范围,占总面积的72%。根据全国1∶1 000 000地貌类型图,本亚区最主要的地貌类型为平原(一般<30 m)和台地(一般>30 m),占本亚区总面积的44%,其次为微起伏地貌(<200 m),占21.98%。

(2) 水生态系统特征

Ⅰ. 鱼类特征

本亚区属东江干流的下游,江水水流较缓,但受潮水影响较大,因此有一些咸淡水鱼类,如乌塘鳢(*Bostrichthys sinensis*)、三线舌鳎(*Cynoglossus trigrammus*)、花鲆(*Tephrinectes sinensis*)、弓斑东方鲀(*Fugu ocellatus*)等种类在该区出现。而花鲆偶然能上溯到二级生态区 5 区的河源市。该区域的江段常见的鱼类有赤眼鳟（*Squaliobarbus curriculus*）、鳊（*Parabramis pekinensis*）、鲤（*Cyprinus carpio*）、泥鳅（*Misgurnus anguillicaudatus*）、广东鲂（*Megalobrama hoffmanni*）、银飘鱼（*Pseudolaubuca sinensis*）、梭鱼（*Liza haematocheila*）、**鳘**（*Hemiculter leucisculus*）、鲫（*Carassius aurtus*）、鲢（*Hypophthalmichthys molitrix*）、中华花鳅（*Cobitis sinensis*），此外还可以看到鲮（*Cirrhina molitorella*）、黄尾鲴（*Xenocypris davidi*）、东方墨头鱼（*Garra orientalis*）、南方拟**鳘**（*Pseudohemiculter dispar*）、宽额鳢（*Channa gachua*）、兴凯刺鳑鲏（*Acanthorhodeus chankaensis*）等鱼类。据记载，国家二级重点保护野生淡水鱼类黄唇鱼（*Bahaba flavolabiata*）和国家一级保护鱼类中华鲟（*Acipenser sinensis*）在珠江口有分布，有可能洄游到东江入珠江口处。莫桑比克非鲫（*Tilapia mossambica*）、尼罗非鲫（*Tilapia nilotica*）、琵琶鼠鱼（*Hypostomus plecostomus*）等 3 种外来入侵鱼类也在该流域出现，其中尼罗非鲫已经在当地形成自然种群，琵琶鼠鱼在东莞首次发现，是否会对当地鱼类造成威胁，应予以关注。

Ⅱ. 浮游植物特征

本亚区属东江干流的下游，江水水流较缓。调查发现的浮游植物种类有 131 种，其中蓝藻门 15 种，隐藻门 3 种，硅藻门 44 种，甲藻门 2 种，裸藻门 6 种，绿藻门 59 种，金藻门 2 种。各门浮游植物种类中最多的是绿藻门，其次是硅藻门，然后是蓝藻门和裸藻门。分布的藻类最为常见的有蓝藻门的颤藻属（*Oscillatoria*），硅藻门的肘状针杆藻（*Synedra ulna*）、菱形藻（*Nitzschia*）、窄异极藻（*Gomphonema angustatum*）、舟形藻（*Navicula*），绿藻门的栅藻（*Scenedesmus*）和裸藻门的裸藻（*Euglena*）等藻类。本亚区的下游江段，由于受到咸淡水渗入的影响，出现海洋藻类圆筛藻（*Coscinodiscus*）。本亚区于 2009 年 7 月和 2010 年 7 月调查，平均个体数为每升 3952.2×10^3 个，在所有流域中生物量是最大的，受污染的程度也是最大的。各门浮游植物的个体数按由大到小排列依次为蓝藻、绿藻、硅藻、隐藻、裸藻、甲藻、金藻。

Ⅲ. 底栖生物特征

本亚区的底栖动物中，寡毛类主要有苏氏尾鳃蚓（*Branchiura sowerbyi*）、水丝蚓（*Limnodrilus* sp.）、颤蚓（*Tubifex* sp.）、管水蚓（*Aulodrilus* sp.）、头腮虫（*Branchiodrilus*sp.）；蛭类中有八目石蛭（*Erpobdella octoculata*）；软体动物常见的有河蚬（*Corbicula fluminea*）、杜氏蚌珠（*Unio douglasiae*）、环棱螺（*Bellamya* spp.）、淡水壳菜（*Limnoperna lacustris*）、无齿蚌（*Anoconta* sp.）等；水生昆虫幼虫或稚虫常见的有双翅目摇蚊科的雕翅摇蚊（*Glyptotendipes* sp.）、大蚊科的大蚊（*Tiplua*）、摇蚊科的隐摇蚊（*Cryptochironomus* sp.）、长足摇蚊（*Pelopia* sp.）、灰蚋多足摇蚊（*Polypedilum leucopus*）等；此外甲壳类的沼虾（*Macrobrochium* spp.）在一些支流中也经常见到。2009 年 7 月在该区仅调查 14 个样点，发现底栖动物的平均个体数为 54.85 个/m^2，生物量为 18.17g/m^2。

Ⅳ. 河湖水质

采用单因子参数法评价模式进行分析，结果表明本亚区总磷、总氮平均值分别为 0.23 mg/L、3.5 mg/L，叶绿素 a 平均值为 17.5 mg/L，总氮、总磷浓度均达到了富营养化水平，叶绿素 a 为中富营养水平；采用综合营养状态指数法进行评价，结果表明本区富营养化指数平均值为57.98，已接近中度富营养化水平。本亚区，主要为东江下游平原城镇生活和工业区，受人类活动影响显著，这是本亚区水质富营养化程度高的最重要原因。

对本亚区东江水体采集水样进行分析，并采用国家《地表水环境质量标准》（GB 3838—2002）进行评价，结果显示，高锰酸盐指数平均值为2.9 mg/L，优于Ⅱ类水评价标准；溶解氧平均值为5.17 mg/L，优于Ⅲ类水评价标准；总磷平均值为0.23 mg/L，优于Ⅳ类水评价标准；氨氮平均值为3.17 mg/L，为劣Ⅴ类水评价标准；总氮平均值为3.5 mg/L，优于劣Ⅴ类水评价标准。采用多因子均值综合指数法确定水质类别，其中Ⅰ类水体占3.6%，Ⅱ类水体占17.9%，Ⅲ类水体占7.1%，Ⅳ类水体占32.1%，Ⅴ类水体占10.7%，劣Ⅴ类为28.6%，平均主要为Ⅴ类及劣Ⅴ类水体。本亚区水体质量较差，主要是由于受人类活动特别是工业、农业及生活污水的多重影响。

Ⅴ. 河岸带结构

本亚区属东江流域下游干流流经区域，河面宽阔。位于流域的下游河网平原区，靠近城镇，人口密集，人类活动干扰大，河岸人工固化设施多，故河岸硬化比例较大，河岸硬化率为36%；植被覆盖度较低，植被覆盖度65%。

（3）水生态问题和管理与保护措施

本亚区水体质量差，是整个流域中水体污染最严重的河段和区域，造成污染的主要原因是地处人口稠密区，受人类活动特别是工业、农业及生活污水的多重影响。此外，河流水体中出现较多的外来入侵种。河口地区的红树林亦受到一定影响。值得注意的是，河道变化进而使得下游潮汐动力得到明显增强，潮汐动力作用范围向上延伸，潮汐传播速度加快，潮区界、潮流界、咸潮界等上移。本亚区水生态系统管理和保护措施中，应该关注的重点包括：①严格执行水污染防治法和水环境保护法，制止向水体直接倾倒和排放各种污染物。②扩大水净化处理规模和所占比例，采用更为先进和高效的水质净化技术。③适当控制人口规模，力争降低单位GDP和工业生产的能耗比。④切实保护河口附近的红树林。⑤禁止在河道内挖沙采石，切实保护河道，避免咸海水上溯河段，破坏河口生态。

6.6.3.2 RFⅢ$_2$西枝江中下游岭谷农林生态系统曲流水生态调节亚区

（1）亚区主要陆地生态系统类型

根据全国1∶1 000 000植被类型图（张新时，2007），RFⅢ$_2$区的植被以亚热带常绿阔叶、落叶阔叶灌丛（常含稀树），亚热带针叶林和一年三熟粮食作物及热带常绿果树园和经济林为主，分别占该区总面积的46%、26%和24%。其中，组成亚热带常绿阔叶、落叶阔叶灌丛（常含稀树）的植被主要是岗松灌丛和桃金娘灌丛；组成亚热带针叶林的植被主要是含岗松的马尾松林和含桃金娘的马尾松林。

根据全国1∶1 000 000土壤类型图，本亚区的土壤包括9个亚类，以赤红壤为主，占本亚区域总面积约49%，其次为水稻土，占24%，再次为红壤和潮土，分别占13%和6%。赤红壤为本亚区主要土壤类型。

本亚区海拔为 0～200 m 的区域占亚区总面积的 76%，其中海拔为 0～50 m 的区域占 46%。根据全国 1：1 000 000 地貌图，本亚区最主要的地貌起伏类型为微起伏地貌（<200 m）和中起伏山地（500～1000 m），分别占本亚区总面积的 22% 和 23%。其他地貌类型所占比例相似。

（2）水生态系统特征

Ⅰ. 鱼类特征

本亚区干流水流平缓，江面宽阔，主要支流为西枝江下游，江水水流也相对平缓。本亚区域主要栖居着鲤科、鳅科、鲇科、鳢科等常见鱼类，常见的鱼类有马口鱼（*Opsariichthys bidens*）、宽鳍鱲（*Zacco platypus*）、赤眼鳟（*Squaliobarbus curriculus*）、线细鳊（*Rasborinus lineatus*）、银飘鱼（*Pseudolaubuca sinensis*）、兴凯刺鳑鲏（*Acanthorhodeus chankaensis*）、鲤（*Cyprinus carpio*）、中华花鳅（*Cobitis sinensis*）、条纹刺鲃（*Puntius semifasciolatus*）、黄尾鲴（*Xenocypris davidi*）、瓦氏黄颡鱼（*Pelteobagrus vachelli*）、鲤（*Cyprinus carpio*）、鲢（*Hypophthalmichthys molitrix*）等。在干流中常发现外来种莫桑比克非鲫（*Tilapia mossambica*）、尼罗非鲫（*Tilapia nilotica*）。

Ⅱ. 浮游植物特征

本亚区干流水流平缓，江面宽阔，江水水流也相对平缓。调查发现的浮游植物种类有 79 种，其中蓝藻门 8 种，隐藻门 2 种，硅藻门 32 种，甲藻门 2 种，裸藻门 7 种，绿藻门 27 种，金藻门 1 种，各门浮游植物种类中最多的是硅藻门，其次是绿藻门，然后是蓝藻门和裸藻门。分布的藻类最为常见的有蓝藻门的颤藻属（*Oscillatoria*），硅藻门的小环藻（*Cyclotella* sp.）、针杆藻（*Synedrasp* sp.）、菱形藻（*Nitzschia*）、舟形藻（*Navicula*）、桥弯藻（*Cymbella* sp.）以及绿藻门的栅藻（*Scenedesmus*）等藻类。根据 2009 年 7 月和 2010 年 7 月调查数据，藻类的平均个体数为 2560.70×10^3 个/L。各门浮游植物的个体数按由大到小排列依次为蓝藻、绿藻、硅藻、隐藻、裸藻、甲藻、金藻。

Ⅲ. 底栖生物特征

本亚区的底栖动物中，寡毛类主要有苏氏尾鳃蚓（*Branchiura sowerbyi*）、管水蚓（*Aulodrilus* sp.）等；软体动物常见的有圆田螺（*Cipargopludina* sp.）、环棱螺（*Bellamya* spp.）、淡水壳菜（*Limnoperna lacustris*）、河蚬（*Corbicula fluminea*）等；水生昆虫幼虫或稚虫常见的有双翅目摇蚊科的灰蚋多足摇蚊（*Polypedilum leucopus*）等；此外甲壳类的沼虾（*Macrobrochium* sp.）在一些支流中也经常见到。2009 年 7 月在本亚区仅调查 4 个样点，发现底栖动物的平均个体数为 39.44 个/m^2，生物量为 18.17 g/m^2。

Ⅳ. 河湖水质

采用单因子参数法评价模式进行分析，结果表明本亚区总磷、总氮平均值分别为 0.1 mg/L、1.09 mg/L，叶绿素 a 平均值为 8.89 mg/L，总磷、总氮均为中富营养水平，叶绿素 a 为中营养水平；采用综合营养状态指数法进行评价，结果表明本区富营养化指数平均值为 47.2，为中营养水平；本亚区域中约有 20% 采样点的水质已达到富营养化水平，比例高于前述几个亚区。

对本亚区东江水体采集水样进行分析，并采用国家《地表水环境质量标准》（GB 3838—2002）进行评价，结果显示：高锰酸盐指数平均值为2.63 mg/L，优于Ⅱ类水评价标准；溶解氧平均值为7.09 mg/L，优于Ⅱ类水评价标准；总磷平均值为0.1 mg/L，优于Ⅲ类水评价标准；氨氮平均值为 0.65 mg/L，优于Ⅲ类水评价标准；总氮平均值为1.09 mg/L，优于Ⅳ类水评价标准。采用多因子均值综合指数法确定水质类别，其中Ⅰ类水体为30%，Ⅱ类水体均占10%，Ⅲ类水体占40%，Ⅳ类水体占10%，劣Ⅴ类水体占10%，总体可达到Ⅲ类水质标准。本区中水质问题为总氮、总磷及氨氮较高，其水浓度水平与 RF$Ⅱ_4$ 亚区相当，但总氮超标程度较该亚区略高。

Ⅴ. 河岸带结构

本亚区河面宽度超过200 m，是所有亚区中河面宽度最宽的区域，河漫滩发育较好；本亚区河岸硬化率为11%，植被覆盖度为70%，与前一亚区相比河岸硬化率明显降低，这是由于本亚区位于东江流域西部的下游山区，城镇化相对较低，经济相对欠发达，测点多位于山区，居民点较少，因而人工固化河道占比例相对较弱。

（3）水生态问题和管理与保护措施

本亚区河流水中约有20%采样点的水质已达富营养化水平，比例高于前述中游地区的几个亚区。水质主要问题为总氮、总磷及氨氮，表明其受到来自于乡镇生活污水及农田等面源物质输的影响较强。水生态系统的管理与保护应严格乡镇污水排放和农田施肥管理制度，控制生产性污水产生规模，提高河道两旁植被覆盖率，加强污水处理和净化后的重复利用率，提高雨洪水的截流和利用率，减少面源物质输入量。

6.6.3.3 RF$Ⅲ_3$石马河淡水河平原丘陵城市生态系统河渠水生态恢复亚区

（1）主要陆地生态系统类型

根据全国1∶1 000 000植被类型图（张新时，2007），RF$Ⅲ_3$区的植被以亚热带常绿阔叶、落叶阔叶灌丛（常含稀树）和一年三熟粮食作物及热带常绿果树园和经济林为主，其中，组成亚热带、热带常绿阔叶、落叶阔叶灌丛（常含稀树）的植被主要是岗松灌丛。

根据全国1∶1 000 000土壤类型图，本RF$Ⅲ_3$亚区的土壤共包括12个亚类，赤红壤为主，占本亚区总面积约62%，其次为水稻土，占25%，再次为潴育水稻土和红壤，分别占4%和2%。此外，本亚区还出现有盐渍水稻土、赤红壤性土、潮土、滨海盐土、石质土、漂洗水稻土、渗育水稻土、淹育水稻土，但皆分布面积较小，共占5%；本亚区水域面积占2%。赤红壤为本亚区主要土壤类型。

本亚区海拔为0～200 m的区域占亚区总面积的91%，其中海拔为0～50 m的区域占56%。根据全国1∶1 000 000地貌类型图，本亚区无大起伏山地分布，最主要地貌起伏类型为平原（一般<30 m），占亚区总面积的30%，其次为台地（一般>30 m），占24%。

(2) 水生态系统特征

Ⅰ. 鱼类特征

本亚区无干流经过，仅有少数支流流入东江。该区域主要栖居着鲤科、鳅科、鲇科、鳢科等常见鱼类，常见的鱼类有鲤（*Cyprinus carpio*）、鲢（*Hypophthalmichthys molitrix*）等。在山涧溪流中可以见到虾虎鱼科的种类，一些水质澄清、水生植物生长繁盛的浅水河沟和小河道中，偶然见到珍稀鱼类唐鱼（*Tanichthys albonubes*）。

Ⅱ. 浮游植物特征

本亚区无干流经过，调查发现的浮游植物种类有65种，其中有蓝藻门10种，隐藻门2种，硅藻门24种，裸藻门3种，绿藻门25种，金藻门1种，各门浮游植物种类中最多的是绿藻门，其次是硅藻门，然后是蓝藻门，未见到金藻门的种类。分布的藻类最为常见的有蓝藻门的颤藻属（*Oscillatoria*），硅藻门的小环藻（*Cyclotella* sp.）、谷皮菱形藻（*Nitzschia palea*）以及绿藻门的四尾栅藻（*Scenedesmus quadricauda*）、狭形纤维藻（*Ankistrodesmus angustus*）和裸藻门的裸藻（*Euglena*）等藻类。本亚区于2009年7月和2010年7月调查，藻类植物平均个体数为1259.8×10^3个/L。各门浮游植物的个体数按由大到小排列依次为蓝藻、硅藻、绿藻、裸藻、隐藻、金藻。

Ⅲ. 底栖生物特征

本亚区的底栖动物中，寡毛类主要有水绦蚓（*Limnodrilus* sp.）、颤蚓（*Tubifex* sp.）等；软体动物常见的有河蚬（*Corbicula fluminea*）、环棱螺（*Bellamya* spp.）、淡水壳菜（*Limnoperna lacustris*）等；水生昆虫幼虫或稚虫常见的有双翅目摇蚊科的摇蚊幼虫以及蜻蜓目的蜻蜓稚虫（*Odonata* sp.）等。

Ⅳ. 河湖水质

采用单因子参数法评价模式进行分析，结果表明本亚区总磷、总氮平均值分别为0.96 mg/L、11.4 mg/L，叶绿素a平均值为9 mg/L；总氮、总磷浓度均达到了富营养化水平，叶绿素a为中营养水平；采用综合营养状态指数法进行评价，结果表明本区富营养化指数平均值为71.63，已接近严重富营养化程度，是所有亚区域中富营养化最严重的区域，是受人类活动显著影响的标志。

对本亚区东江水体采集水样进行分析，并采用国家《地表水环境质量标准》（GB 3838—2002）进行评价，结果显示，高锰酸盐指数平均值为5.79 mg/L，优于Ⅲ类水评价标准；溶解氧平均值为3.94 mg/L，优于Ⅳ类水评价标准；总磷平均值为0.96 mg/L，为劣Ⅴ类水评价标准；氨氮平均值为10.52 mg/L，为劣Ⅴ类水评价标准；总氮平均值为11.41 mg/L，为劣Ⅴ类水评价标准。采用多因子均值综合指数法确定水质类别，其中Ⅲ类水体占20%，劣Ⅴ类为80%，平均主要为劣Ⅴ类水体。因此本亚区是所有水生态亚区中水体污染最严重的区域，其主要原因是本亚区受人类活动特别是工业、农业及生活污水的多重影响。

Ⅴ. 河岸带结构

本亚区河面宽度窄，通常不超过30 m，几乎是所有亚区中河面宽度最窄的区域；河岸硬化率为47%，植被覆盖度为59%，是所有亚区中河岸硬化率最高、植被覆盖度最低的区域。本亚区位于流域的下游平原区，城镇集中，人口稠密，因而河岸人工固化设施增多，植被覆盖度降低。

（3）水生态问题和管理与保护措施

水体普遍受到较严重的有机污染，主要超标的营养盐和污染物是氨氮、总磷、生化需氧量、高锰酸盐指数和石油类。很多地区的河流污染基本都属于本地污染，下游水质常劣于国家地表水Ⅴ类标准。加上潮汐作用，污染物在河网间来回往复，不易疏散而形成高浓度区。水生态系统管理与保护中的重点措施包括：①实施严格的流域生态管理政策，禁止破坏森林植被，加强污水收集与污水治理和净化；②在水资源方面，通过改变现有设施条件，一是提高降水和雨洪径流的利用率；一是提高水资源循环利用率等，加大污水处理能力。

参考文献

谢高地，甄霖，鲁春霞，等. 2008. 一个基于专家知识的生态系统服务价值化方法. 自然资源学报，23（5）：911-919.

叶富良，杨萍，宋蓓玲. 1991. 东江鱼类区系研究. 湛江水产学院学报，11（2）：1-7.

张新时. 2007. 中华人民共和国1：100万植被图. 北京：地质出版社.

Costanza R，D'Arge R，De Groot R，et al. 1997. The value of the world's ecosystem services and natural capital. nature，387（6630）：253-260.

Hermoso V，Clavero M，Blanco-Garrido F，et al. 2010. Assessing the ecological status in species-poor systems：a fish-based index for Mediterranean Rivers（Guadiana River，SW Spain）. Ecological Indicators，10（6）：1152-1161.

Leemans R，De Groot R S. 2003. Millennium Ecosystem Assessment：Ecosystems and human well-being：a framework for assessment. Covelo：Island press.

Reavie E D，Jicha T M，Angradi T R，et al. 2010. Algal assemblages for large river monitoring：comparison among biovolume，absolute and relative abundance metrics. Ecological Indicators，10（2）：167-177.

第 7 章　东江流域水生态功能三级分区

水生态功能三级分区是一个承上启下的分区级别，承担着将一级、二级区域型分区与四级类型分区之间相互对接的功能。

7.1　水生态功能三级分区目的与原则

7.1.1　分区目的、定位及尺度

流域水生态功能三级分区的主要目的是：完成一级、二级区域型分区与四级类型区之间的衔接，为保护流域水生态安全、保护水生生物多样性等提供支撑。故而，三级分区的区域规模至少需要能够反映类型区的空间分布特征，以及不同类型区的空间组合特征，同时也考虑到三级区的划分通常应在东江二级支流流域的范围内进行，而东江流域主要二级支流的流域面积为 1660 ~ 5800 km^2，因此，三级区的空间规模原则上应为 100 ~ 1500 km^2。

出于水生态安全保护考虑，需要对三级区进行陆域水生态功能评估，以明确不同三级区内部陆域生态系统的主要水生态服务功能，并识别其是否需要特殊保护和修复。

7.1.2　水生态功能三级分区原则

基于以上对三级分区目标、定位及尺度的考虑，东江流域水生态功能三级分区，在遵循分区总原则基础上，服务于三级分区的原则如下。

(1) 自下而上聚合且保持水生态系统类型组合相对一致原则

三级分区向上衔接一级、二级分区所体现的流域内陆域自然背景格局特征，向下包容四级分区所体现的河段水体类型的空间分布，尽量反映水生态系统类型组合的空间差异。亦即尽量将类型或者类型组合相似、类型成因相关、空间分布相近、流域生态系统类型归属相同的水体及其所对应的集水区纳入同一个三级区。

(2) 水系结构相对完整原则

保持水系结构相对完整性，就是要将河段间的流向关联和位置关联等加以综合考虑，并体现在流域水生态功能三级分区之中。由流向决定的上下游联系和干支流联系是最基本和最重要的河段间联系，它决定了绝大多数水生生物的分布和迁徙，尤其对处于水生态系

统食物链底层的小型浮游性生物有明显作用；河段间水道联系对多数水生物种的扩散和传播有不可忽视的意义，特别是对洄游性的鱼类而言十分重要；河段间的联系对部分水生物种的扩散和传播也有明显作用。从这个意义上说，河段间越是具有流向关联，空间位置越是靠近，扩散和传播路径越是通畅，其相互间联系越密切，对一体化管理的要求越高，也就越有必要纳入到同一分区中。

(3) 与现有各类区划统筹并维护主要水生态系统服务功能原则

三级分区承上启下的作用，因此，在实际划分时，还需要对行政区划、水功能区、自然保护区一级流域边界等加以综合和统筹考虑。三级水生态功能分区可作为主要单元，开展区内各类水生态服务功能评估，如径流产出、水质维护、水源涵养、泥沙保持、生境维持、饮用水水源地保护功能等。以明确不同三级区内部陆域生态系统的水生态服务功能的相对状态，并识别其是否需要修复。

7.2 水生态功能三级分区指标

流域水生态功能三级分区指标体系依据三级分区的定位及分区原则加以确定。三级分区定位于反映二级区内陆域的水生态功能特征和水生态系统的类型组合特征。其主要目标是：揭示流域陆地背景对河段水体各类属性的支持和保障功能，揭示主导河段生态类型或河段类型组合特征的空间差异，明确陆域水生态功能管理规划和措施。分区指标选取也将依据以上原则加以进行，同时会考虑指标数据可得性、空间可插值性、时空稳定性和与水体生态系统关联性。

7.2.1 指标选取

三级分区指标体系主要结合陆域自然背景特征和水生态系统类型及其组合、陆域人类活动影响方式和水系结构等进行构建，同时也将参考自然保护区、行政区等其他相关分区的信息。

(1) 陆域自然背景特征和水生态系统类型及其组合

三级分区中将着重考虑构建与物质运移有关的地貌参数。最基本的流水地貌分类方式是将流域划分为侵蚀作用为主的区域与堆积作用为主的区域。这两大类区域之间具有十分鲜明的水生态特征分异：在侵蚀作用为主的区域，水体流速较快，河床多为基岩或石砾底质，水体较浅而清澈，营养物质流失快，在此生活的水生生物多具有抗急流、耐贫瘠、喜清洁等特点；在堆积作用为主的区域，流速缓慢，河床多为沙泥底质，水体较深而浑浊，营养物质流失慢甚至有所积累，在此生活的水生生物多具有适应缓流等特点。针对东江而言，侵蚀作用为主的区域主要是山地丘陵区域，堆积作用为主的区域主要是平原宽谷区域，这两种区域分别存在特征较为稳定的水陆生态系统组合类型：山区急流型和平原缓流型水陆生态系统组合类型。

(2) 陆域人类活动影响方式指标选取

三级水生态功能分区将基本土地利用类型作为重要的分区指标。土地利用能够反映陆域人类活动影响方式的区域分异，对于流域产水功能、坡面物质运动、水文过程等均产生重要影响。对东江流域而言，以 2009 年的土地利用类型图为量算依据，最基本的土地利用类型有林地、农业用地（农田和园地）、建设用地及水域，它们分别占全流域总面积的 71%、15%、9% 和 4%，合计达 99%。由于水域的面积占比相对较小，且可通过水生态系统类型得以体现，因此可将东江流域的基本土地利用类型界定为林地、农业用地和建设用地。

(3) 水系结构选取

关注水系结构的完整性，是水生态区划区别于陆地生态区划的显著特点之一。东江流域水生态功能一级分区和二级分区均为反映自然背景格局的陆地分区，虽然也考虑到了利用集水单元边界（主要是山脊线）作为分区的主要边界类型，但并未将水系结构完整性作为重要的分区原则，所以并未着重考虑水流关系问题。三级分区处在由以陆地特征为主向以水体特征为主的分区过渡层级，需要考虑流域内部支流水系的完整性，对水流关系给予关注。

尽量保持水系结构的完整性主要体现在三个方面：大型面状水域及其来水河流之间关系的相对完整性，主干河段的相对完整性，以及汇水范围的相对完整性。对东江流域而言，大型水库这类大型面状水域本身就能构成一个相对完整且明显区别于周边区域的水生态系统，因此，十分必要保持这类大型面状水域的相对完整性，并以其为核心划定相应的水生态功能区域；河流的主干河段（即大河干流的中下游河段），具有比其所流经地区汇入的细小支流更大的水生态景观优势，并且因其汇聚了多种来源的上游来水，其在水生态特征上也明显区别于其他中小支流，因此，保持这类河段的相对完整性，并以其为核心划定相应的水生态功能区域，同样十分必要；除大型面状水域及大型河流主干河段之外，流域内还存在着各类不同级别和大小的支流，为了尽量简化分区，对于级别很低，或者汇水面积很小的支流，若其流经区域的水、陆生态系统组成相似，从河流连续体的角度出发，可将它们进行合并于相同汇水范围的更大区域中，以保持汇水范围的相对完整性。

7.2.2 指标数据获取

(1) 海拔与坡度指标

根据 1∶250 000 精度的 DEM 数据 [图 7-1 (a)]，运用 ArcGIS 9.3 软件的空间分析模块，生成坡度数据图，数据空间分辨率为 80 m。分区中以每个栅格单元所表征的坡度属性值作为计算依据 [图 7-1 (b)]。同时参考高程指标，综合海拔指标和坡度指标，进行流域内陆地背景的地貌特征识别。平原河流和山区河流之间存在极为明显的系统性水生态特征分异，根本原因是二者之间存在着与地形特征相关的流速差异。为表示东江流域大尺度河流流速空间分异，从空间上划分平原河流与山区河流，三级分区采用背景坡度法来表示流速差异。背景坡度法实现过程：利用 Slope 工具对 DEM 进行操作，得到东江流域坡度图层。

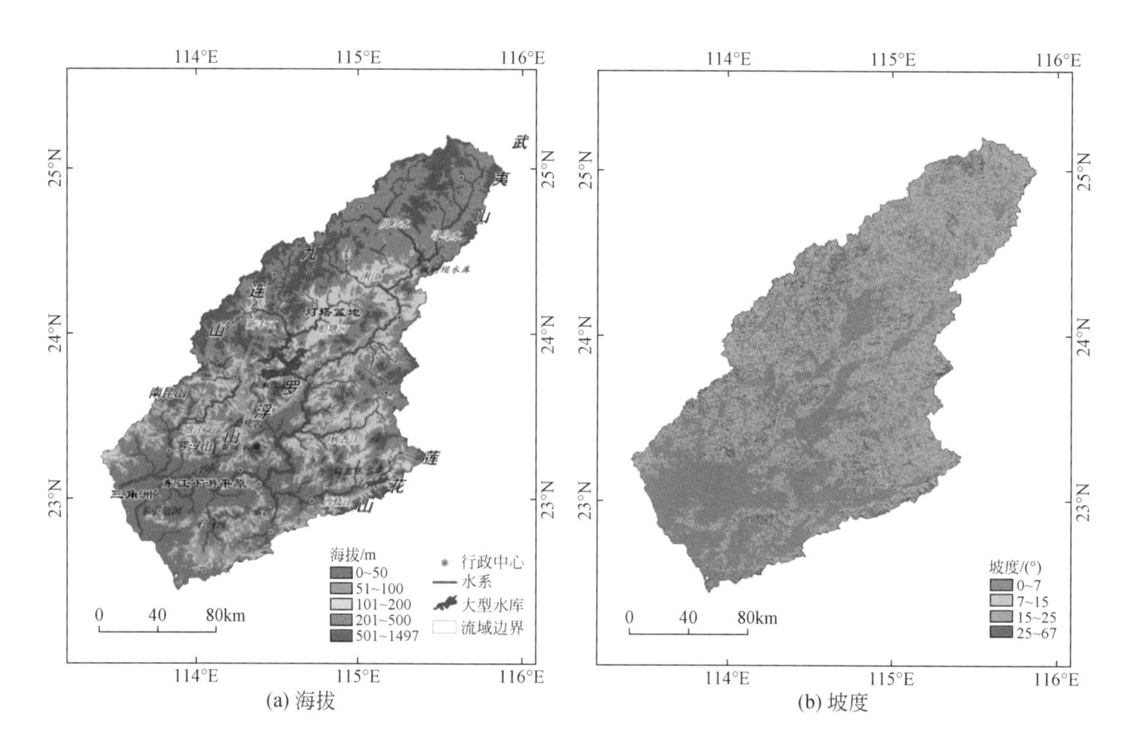

图 7-1　东江流域地形分布特征

（2）汇水面积与河流级序

利用 Layer To KML 工具将 1∶250 000 水系矢量图层转化并简化，同时修正河流走向及连接关系。利用栅格计算器，将 DEM 图层与“栅格水系”图层进行叠加运算，生成一个水文关系正确的 DEM 图层。利用 Flow Direction 工具和 Flow Accumulation 工具，得到汇流累积量图层。最后利用栅格计算器分别提取汇水面积为 10 ~ 100 km^2、100 ~ 1000 km^2、1000 ~ 10 000 km^2、>10 000 km^2 的像素，并分别将其矢量化为线状图层，得到以汇水面积分级法表示的东江流域河流尺度格局［图 7-2（a）］。

对 1∶250 000 水系预处理，将不符合枝状水系条件的河道删除，例如河网区、人工渠等；将双河道线改为单河道线表示等。再采用人工判读的方式，从 1 级河段开始，逐级将每条河段附上所属级序值，形成以河段级序表示的东江流域河流级序格局［图 7-2（b）］。

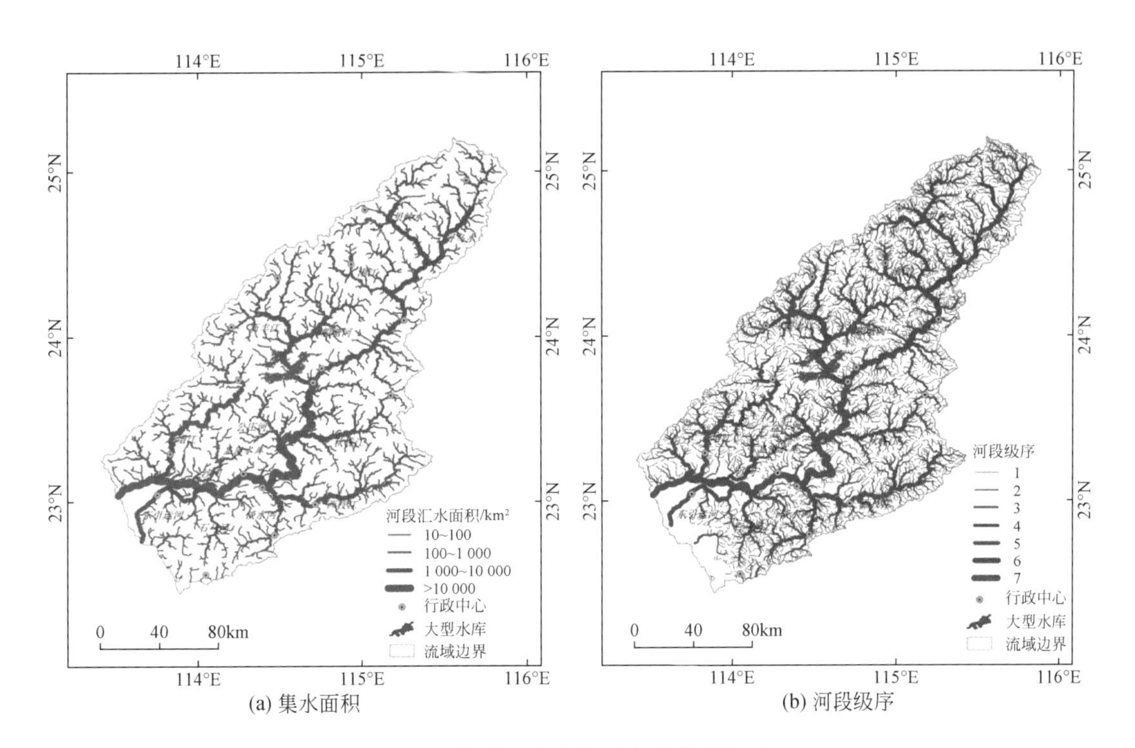

(a) 集水面积　　(b) 河段级序

图 7-2　集水面积与河段级序分布特征

7.2.3　指标计算

7.2.3.1　陆域地形特征指标的获取与计算

利用临界坡度法，可以较为简便地将山地丘陵型与平原宽谷型两种基本地貌类型区别开来。因此三级分区在划分山地丘陵区域与平原宽谷区域时，只需要获取坡度指标，而坡度指标的获取只需利用 Arc GIS 软件中的 Slope 工具对 DEM 栅格进行操作即可实现。依照常规经验，山地和平原的临界坡度取值一般在 3°～15°，常用的为 5°～8°。由于不同精度 DEM 及不同采样分辨率均会对坡度计算值产生影响，不同区域的地貌特点也会对临界坡度取值有影响，所以并不存在通用的临界坡度值。可以通过观察坡度分布直方图来半定性确定某区域的临界坡度。在坡度分布直方图中，如果统计区域内平原和山地面积差异不是特别悬殊，则比较容易发现，随坡度由 0°开始升高至 3°～15°范围内的某一坡度附近，直方图曲线明显由陡变缓，该位置对应的坡度就是临界坡度（图 7-3）。值得注意的是，地形部位中山脊和狭窄山谷附近的坡度往往也较平缓，容易被误判为平原区域，因而需将其影响剔除，否则将有可能对临界坡度的判读准确性造成一定影响（图 7-4）。在确定临界坡度并剔除山脊和狭窄山谷影响之后，便能绘制出区分平缓地段和山坡地段的坡度二分图。接着将较为细碎的图斑进行取反操作，得到简化后的能基本区分主要山地丘陵区域与主要平原宽谷区域的坡度二分图。三级分区此次操作采用的是 30 m 分辨率 DEM 数据，临界坡度确定为7°，细碎斑块面积界定为小于 10 km^2（图 7-5）。

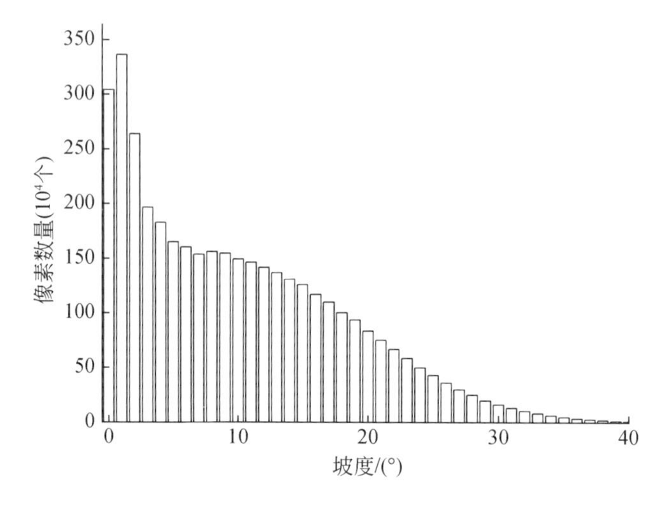

图 7-3　东江流域坡度分布直方图

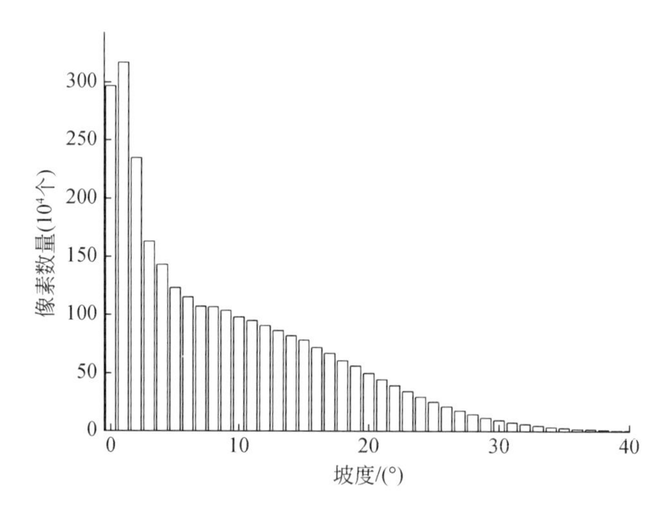

图 7-4　去除山脊影响后的东江流域坡度分布直方图

7.2.3.2　水系结构指标的获取与计算

利用 ArcGIS 10 软件的栅格计算器和水文分析工具，对空间水文关系正确的东江流域 DEM 进行操作，将汇水面积大于 1000 km^2 的大支流的流域边界提取出来。针对水域面积大于 100 km^2 的大型面状水体，采取单独提取周边一定范围集水区的方式，以避免水体被大支流的流域边界所分割（实际上也难以在面状水体内部找到可供使用的流域分割参考界线），从而体现保持大型面状水体相对完整性之要求。除去以上几类区域，剩余区域均并入干流，以体现保持主干河段相对完整性之要求。完成以上操作后获得基本水系结构图层（图 7-5）。

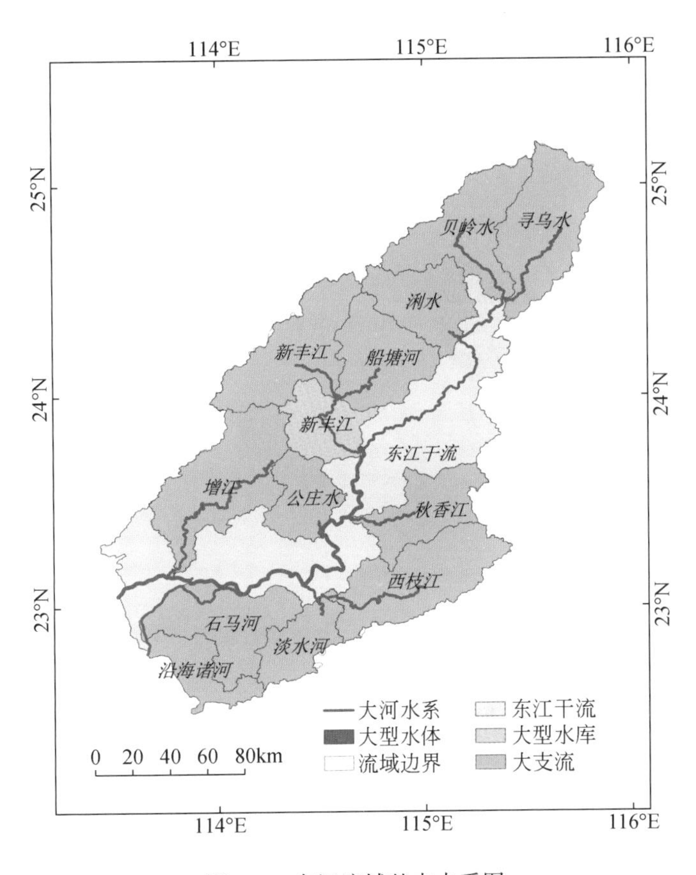

图 7-5　东江流域基本水系图

7.2.3.3　陆域人类活动影响方式指标的获取与计算

参考《土地利用现状分类》(GB/T 21010—2007)[①]，基于 2009 年 TM 影像解译，将东江流域分为耕地、园地、高密度林地、中密度林地、低密度林地、草地、高密度城镇、低密度城镇、水域、滩涂、鱼塘、未利用地共 12 类主要土地利用类型。经过合并简化，将东江流域土地利用类型粗略分为林地、农业用地、建设用地、水域和其他用地 5 种主要土地利用类型。其中，农业用地包括耕地、园地和鱼塘，水域主要指主干河道及湖库，其他用地包括草地、滩涂和未利用地。经过分类统计，林地、农业用地和建设用地分别占全流域总面积的 71%、15% 和 9%，合计达 95%，可将它们确定为东江流域的基本土地利用类型，并据此绘制出东江流域基本土地利用类型［图 7-6（a)］

7.2.3.4　主要水体类型的辨识

依据水体形态、生境特征及其所流经区域的地貌特点，辨识出东江流域 9 个主要河流水

① 该标准现已被《土地利用现状分类》(GB/T 21010—2017) 取代

体类型，即大型水库、大型淡水湿地、河口三角洲河网、大河中下游主干河流、山间乡村河溪、山间宽谷乡村河渠、平原乡村河流、平原城市河渠和城市周边库塘山溪［图 7-6（b）］。其突出特点和典型标志如下。

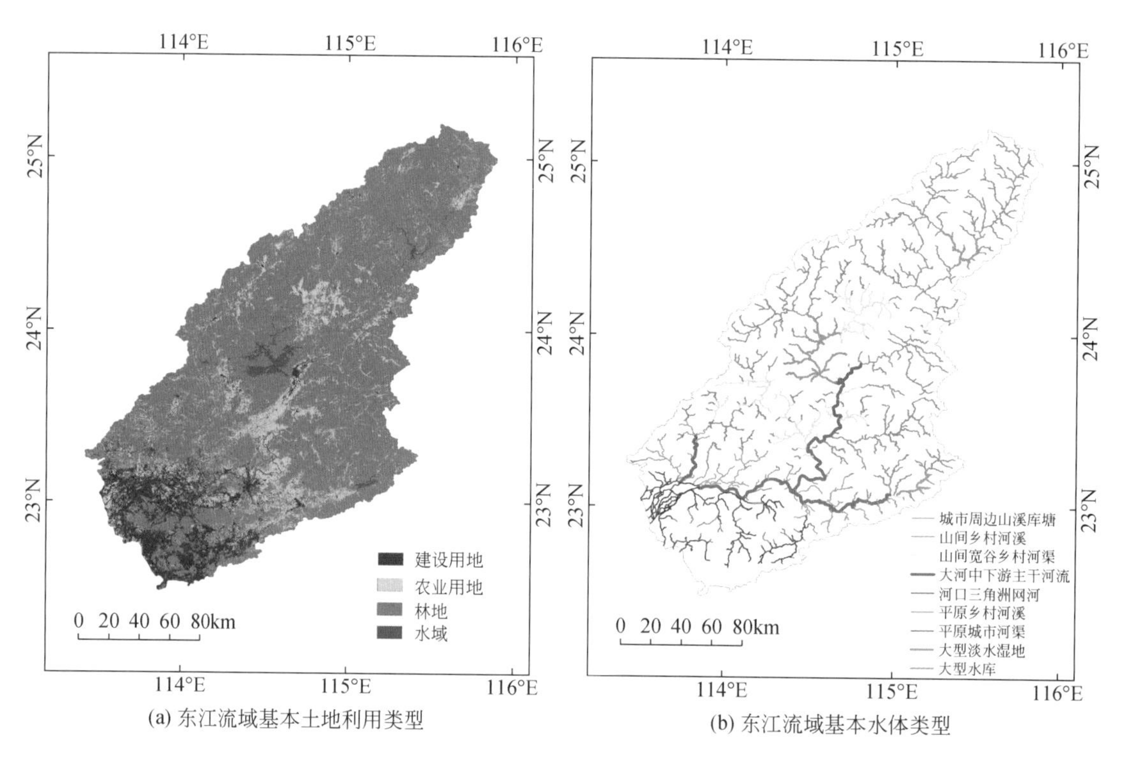

(a) 东江流域基本土地利用类型　　(b) 东江流域基本水体类型

图 7-6　东江流域基本土地利用类型与基本水体类型特征

大型水库：突出特点是库容巨大，水生生物生存空间大，水量调节能力强，水流缓慢，由此带来的诸多特征与其上、下游河段形成鲜明对比。参考《水利水电枢纽工程等级划分及设计标准》(DL 5180—2003)，结合东江流域实际及水生态功能三级分区的空间尺度定位，将大型水库确定为库容大于 10×10^8 m^3 的水库，即达到大（1）型标准的水库。东江流域达到该标准的水库共有 3 座，即新丰江水库、枫树坝水库和白盆珠水库。从空间上看，水库与上游河段的典型分段标志一般是水面显著变宽处，水库与下游河段的典型分段标志是水库坝址。与大型水库组合的河段生境是水库集水区内周边的汇水河段。

大型淡水湿地：突出特点是水浅而宽，地势低洼，水流不畅，湿生植物繁盛，生物多样性高，水质净化能力强，存在季节性积水期。湿地被美誉为“地球之肾”，它在流域水生态系统中的地位十分突出。潼湖湿地是东江流域乃至全广东省最具代表性的内陆大型淡水湿地之一，大型淡水湿地类型就是针对潼湖湿地而提出来的。从空间上看，湿地与上游河段的典型分段标志一般是水面显著变宽处，湿地与下游河段的典型分段标志一般是水面显著变窄处。与大淡水湿地组合的河段是其汇水区内周边的汇水河段。

河口三角洲河网：突出特点是明显受潮汐影响，水流呈双向周期性往复运动，河道分叉成网状，水生生物群落结构明显受盐度梯度影响，鱼类洄游通道作用明显。从东莞市石龙镇开始，东江干流分叉成北干流和南支流，在两股水流之间，大小河道纵横交织成网状，河网密度显著高于流域内其他区域。河口三角洲河网类型就是针对北干流与南支流之间这一特殊区域而提出来的。

大河中下游主干河流：突出特点是流量较大、水面宽阔，水生生物生存空间大，水流较缓，泥沙和营养物质丰富，浮游生物发育，鱼类洄游通道作用明显，大多可通航。参考欧盟《水框架指令》(European Commission，2000；Chen et al.，2008)，汇水面积大于 1000 km^2 的河段即可定义为大河。除汇水面积较大以外，大河中下游主干河流大多流经平原宽谷区域。结合东江实际及水生态功能三级分区的空间尺度定位，将东江流域的大河中下游主干河流类型界定为汇水面积大于 1000 km^2，并将水流流入主要平原宽谷区域处作为此类河段的起始。与中下游主干河流组合的河段是其周边汇水区内的汇水河段。

山间乡村河溪：突出特点是以山地丘陵森林景观为陆域背景，流量较小，流速较快，水污染压力通常较小，水质大多较好。从空间上看，山间乡村河溪的起点大多位于河流源头，其与下游河段的典型分段标志一般是河流出山口，即山地丘陵区域与平原宽谷区域的交界处。

山间宽谷乡村河渠：突出特点是在山地丘陵森林景观的大背景内，又嵌套有以宽谷农田耕作活动为主导的小背景，流速多介于山溪与平原河流之间，部分宽谷内分布有中小城镇，存在一定水污染压力。从全流域看，其实属于河流中上游地区相对平坦开阔的地段，其上游与其下游一般均为山间乡村河溪类型。

平原乡村河溪：突出特点是以平原宽谷农田耕作活动为陆域背景，水流较缓，存在一定面源污染压力。从空间上看，平原乡村河溪与上游河段的典型分段标志一般是山地丘陵区域与平原宽谷区域的交界处，或者土地利用类型从其他用地（通常是林地）为主向以农业用地为主转变处，其与下游河段的典型分段标志一般是土地利用类型从以农业用地为主转变为以其他用地（通常为建设用地）为主的地段。

平原城市河渠：突出特点是以平原景观城市人居活动为陆域背景，水流较缓，纳污能力较弱，生活和工业排污压力较大，河道大多经过改造。从空间上看，平原城市河渠与上游河段的典型分段标志一般是土地利用类型从农业用地为主转变为以建设用地为主之处，即河流入城处，其与下游河段的典型分段标志一般是土地利用类型从以建设用地为主转变为以其他用地为主之处，或者直接入海。

城市周边库塘山溪：突出特点是位于城市周边的山地丘陵区域，多建有以服务城市生活生产用水为主要目的的水库。该类型与山间乡村河溪同为山地丘陵型中小河流，主要区别在于人类对前者的利用和改造程度明显比后者大。从空间上看，城市周边库塘山溪的起点大多位于河流源头，其与下游河段的典型分段标志一般是河流出山并入城之处。

7.2.4　三级分区指标体系

根据水生态功能三级分区的原则、依据等，经过筛选与分析，形成如下水生态功能三级分区指标体系（表 7-1）。

表 7-1　水生态功能三级分区指标体系

分区因子	因子类型	应用参数	参数综合
地貌特征	陆域地貌	坡度变化率	陆域水系特征组合
	河流地貌	水体类型及其组合	
土地利用	土地利用类型	土地利用类型面积	土地利用面积占比
水系结构	水系规模	汇水面积、河段级序	陆域水系特征组合

7.3　水生态功能三级分区方法与分区边界判定

7.3.1　分区方法

东江流域水生态功能三级分区具有明显的综合性和复杂性，单纯依靠定量方法或单纯依靠定性手段都难以实现，故宜采用二者结合，先定量、后定性的划分方法。首先，根据主要水体类型的组合进行初步划分，其次，采用图层叠置法进一步评估三级分区初步边界的可能位置，最后，根据集水区和二级分区边界等一步明确分区边界。就分区采用的策略而言，东江流域水生态功能三级分区采用自下而上的策略。

确定三级分区及其边界所涉及的基本图层有：二级水生态功能分区图层、基本水系结构分区图层、基本地貌分区图层、土地利用分区图层（仅涉及平原宽谷背景区）、特色水生态类型区图层（仅涉及部分水生态特征鲜明的河段类型所对应的区域）；涉及的辅助图层有：县级行政区划图层、最小集水单元图层等。

7.3.2　分区边界判定

水生态功能分区图中的边界可以抽象为线状和点状两种类型。其中线状类型是对陆地的分割，点状类型是对河段的分割。三级分区将线状分区边界归结为 4 类，将点状分区边界归结为 3 类，各边界类型名称及其对水生态管理的意义如下。

地形转折线：如山脊线（天然分水线）、山麓线（流速转折线）等。其中，山脊线是划分不同水系的重要依据，由于山脊作为天然分水线的隔离作用，若分水线两侧水系经长期各自演化，往往可能发育出各具特色的水生生物群落。因此，以山脊线作为水生态管理边界，有利于维持整个区域的生物多样性。山麓线标志着河流从侵蚀搬运段进入堆积段，是急流型水生态系统与缓流型水生态系统的分界，而如前所述，急流型水生态系统与缓流型水生态系统之间具有诸多方面生态特征上的鲜明对比。

景观分界线：主要指土地利用类型分界线与人类活动影响方式直接关联，可反映人类活动压力的差别，而且此类界线较易于从遥感影像中提取。因此，以景观分界线作为水生态管理边界，利于实施分类管理。

管理边界线：如行政界线、人为分水线（堤防、道路等）、自然保护区界线等。以行政界线作为水生态管理边界，利于衔接基于行政区划的管理体制，减少管理实施中的分歧。平原地区的河道往往由于 DEM 精度不够或人为改造等原因，不易找到天然分水线，所以在这些区域应适当考虑引入人为分水线作为水生态管理边界，这样才能做到服务于现状的管理，增强管理实施可行性。自然保护区界线作为国家在生态与环境领域最重要的管理边界之一，在水生态分区中也应有所考虑。

其他分界线：如定量要素分界线（等高线、等温线、等降水量线等）、类型要素分界线（土壤类型、地质构造等）、辅助连线（人工描绘线、连接两个特征点的直线）等。

河道特征转折点：河道特征又可分为河道形态特征，河道理化特征，河道水文特征、河道陆域背景特征等。这些河道特征转折点如河道比降转折点（闸坝、瀑布、出山口等）、河道交汇处、河道分叉处、河道转弯处、河道溢缩突变处等。

管理边界点：如水（环境）功能区分界点、监测断面处、水文站点等。

其他边界点：主要是各类线状要素如道路、滚水坝等与河道的交点。

依据以上方法，东江流域可在而二级分区的基础上，进一步划分出 22 个三级分区单元（附图 2）。

7.4　水生态功能三级分区单元的水生态功能评估

三级分区仍然重点关注陆域的水生态功能，即陆域背景综合特征对水体生态系统的支撑功能，以及对人类基本用水需求的保障功能。本书针对东江流域实际情况，确定了径流产出、水质维护、水源涵养、泥沙保持、生境维持、饮用水水源地保护等项陆域水生态功能。在评估这些水生态功能时，均以 30 m×30 m 网格作为分析评估的基本空间单元，以各功能归一标准化后的评估值表示每一栅格在该功能上的大小，将归一化方向统一规定为取值越接近 1 则越有利于维持水体生态系统健康。以上确定的东江流域各类水生态功能的定义及评估方法如下。

7.4.1　径流产出功能

径流产出功能是指流域陆域背景的产流能力。降雨是东江流域地表径流的主要来源，其时空分布基本决定了东江流域径流产出功能的格局。此外，地形、土地利用、土壤类型和植被状况等因素也在一定程度上影响产流（王中根等，2003；Wang et al.，2012）。有多种可供选择的产流能力表示方法，最简单的是直接以降水量乘以一定的径流系数而获得，也可直接使用径流深度数据，还可以应用水文模型如 SCS 模型或 Green & Ampt 方程等。基于已有数据状况，本书借鉴美国农业部水土保持局研制的用于小流域及城市水文、水保、防洪工程计算的水文 SCS 模型，以 30 m×30 m 栅格为分析单元，计算每一栅格的年产水量，经归一化，得到径流产出功能评估结果图。基于 SCS 模型评估径流产出功能的基本原理及简要实现过程如下。

SCS 模型是起始于 20 世纪 50 年代的一个模拟小流域降水与径流关系的经验模型。该模型考虑的基本参数，除了降水之外，还有土地利用、土壤、植被、坡度、前期土壤湿润状况等，基本囊括了影响产流的众多因素中最重要的方面。该模型的核心和优势是基于大量试验而获得的 CN 值（Yang et al.，2008）。CN 值综合了土地利用、土壤等因素，可以大致衡量相同降水状况下的产流能力差异。虽然在基于 CN 值的 SCS 模型中，有些地方并无严格的理论解释，且该模型的模拟精度相对较低，也不断受到各种质疑，但由于具备简单实用性和相对准确性，虽历经数十年，该模型仍然是相关计算所涉及的主流方法之一（李常斌等，2008；Shi et al.，2007）。如今 SCS 模型已经作为一个子模块被纳入国际通用水文模型软件 SWAT 之中，其应用领域仍在不断扩展。SCS 模型中一次降水的产流方程如下：

$$\begin{cases} Q=\dfrac{(P-0.3S)^2}{P+0.8S} & P\geqslant 0.2S \\ Q=0 & P<0.2S \end{cases} \tag{7-1}$$

式中，Q 为产流量（mm），P 为降水量（mm），S 为可能滞留量（mm）。S 可由 CN 值表达：

$$S=\frac{25\ 400}{\mathrm{CN}}-254 \tag{7-2}$$

式中，CN 即 CN 值，是反映降雨前流域特征的一个综合参数，它与流域前期土壤湿润状况、坡度、植被、土壤类型和土地利用等有关。

三级分区单元内部过程中，假设前期土壤湿润状况为无差别的平均水平（AMC II），坡度和植被也无明显差别，仅考虑土壤类型和土地利用差别的影响，据此构建 CN 值查找表。根据土壤质地的不同，SCS 模型将土壤类型划分为 A、B、C、D 共 4 组，称为 SCS 土壤类别组。参考相关文献，并结合专家经验判别，获得东江流域各不同土壤亚类所对应的 SCS 分类如表 7-2 所示。

表 7-2　本区域土壤亚类的质地分类和 SCS 分类

土壤亚类	土壤质地分类	SCS 分类	土壤亚类	土壤质地分类	SCS 分类
粗骨土	砂质壤土	B	紫色土	砂质黏壤土	C
中性粗骨土	砂质壤土	B	渗育水稻土	黏壤土	C
潮土	砂质壤土	B	潜育水稻土	黏壤土	C
灰潮土	砂质壤土	B	咸酸水稻土	粉砂质黏壤土	C
山地灌丛草甸土	砂质壤土	B	潴育水稻土	黏壤土	C
石质土	砂质壤土	B	水稻土	黏壤土	C
赤红壤性土	壤土	B	赤红壤	砂质黏壤土	C
酸性紫色土	砂质黏壤土	C	淹育水稻土	黏壤土	C
盐渍水稻土	壤土	B	滨海盐土	黏壤土	C
漂洗水稻土	黏砂壤土	C	红壤	黏壤土	C
红壤性土	壤土	B	黄色赤红壤	黏壤土	C
黄壤	壤土	B	棕色石灰土	黏壤土	C

参考相关文献（Shi et al., 2007），获得东江流域不同土地利用类型和不同 SCS 土壤分类下的 CN 值查找表如表 7-3 所示。

表 7-3　研究区东江流各土地利用类型的 CN 值（平均前期土壤湿润状况下）

土地利用现状	SCS A 组	SCS B 组	SCS C 组	SCS D 组
耕地	67	78	85	89
园地	40	62	76	82
高密度林地	25	55	70	77
中密度林地	36	60	73	79
低密度林地	45	66	77	83
草地	36	60	74	80
高密度城镇	90	93	94	95
低密度城镇	60	74	83	87
其他	72	82	88	90
水域	98	98	98	98

SCS 模型的产流方程针对的是一次降水，而一次降水的产水量并不能很好代表栅格平均产水状况，且难以在不同栅格间进行比较，因此三级分区考虑引入多年平均降水量来确定 P。值得注意的是，如果直接使用多年平均降水量作为 P，就等于假设一次降水就把一年的降水全部用完，相当于仅考虑了特大暴雨下的产流情形，会大大削弱下垫面的影响，因此应提出一个虚拟的平均单次降水量当作 P，以使产流方程中全流域内 Q 与 P 的比值尽量接近流域平均径流系数，即大致为 0.5 ~ 0.6 的事实，经过反推 P 与年平均降水量的关系。多年平均降水量来自于东江流域及周边雨量站和气象站 50 年平均数的插值结果。已知平均年降水量应等于产流方程中 P 的 1.7 倍，据此可计算获得 P。将 CN 值和 P 代入 SCS 模型产流方程，通过 ArcGIS 的栅格计算器进行计算后便能获得 Q，再经零一归一化，获得东江流域径流产出功能评估结果（图 7-7）。

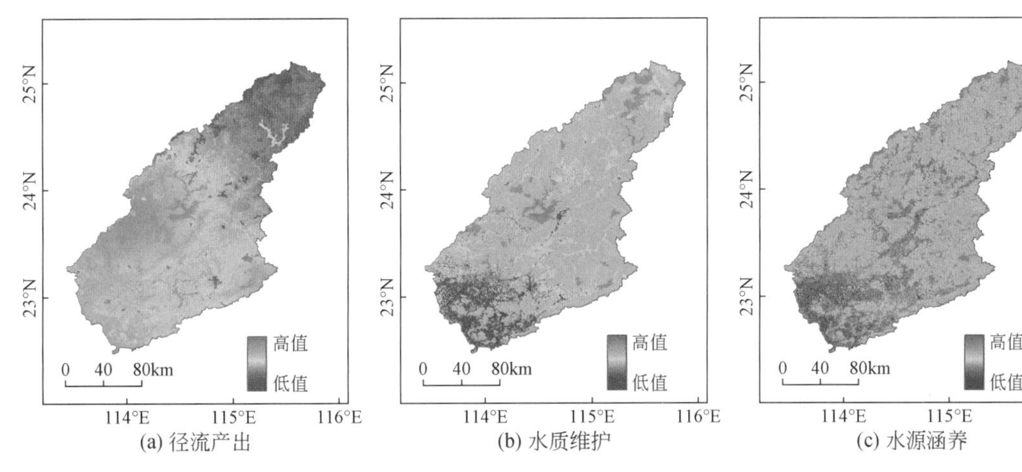

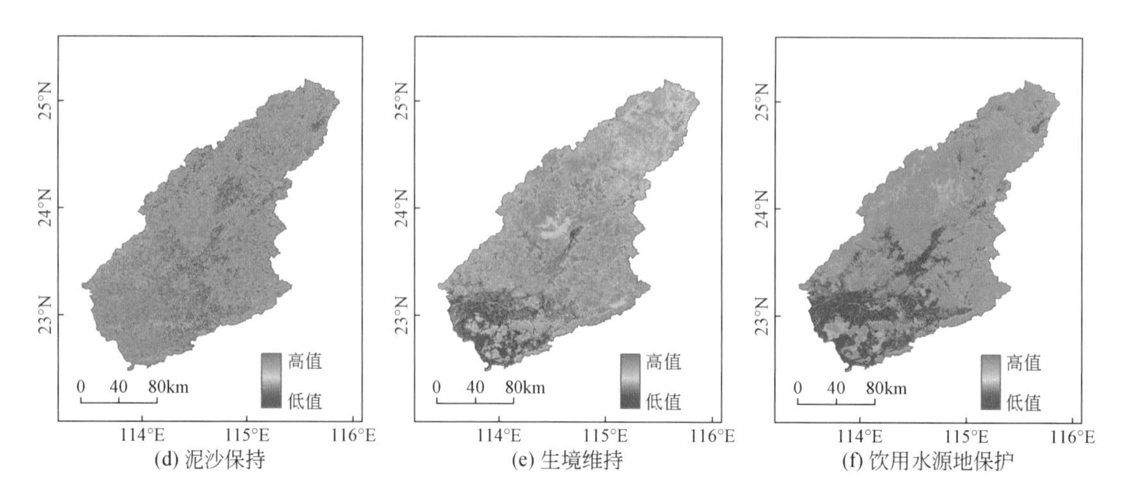

图 7-7　基于格网的陆域水生态功能标准化评估结果排序

7.4.2　水质维护功能

水质维护功能是指流域陆域维护其补给至河道的水体质量接近天然清洁状态的能力。以东江流域 1∶1 000 000 植被图中的植被亚类作为量化的基础，同时结合从 TM 遥感影像数据解译的土地利用图，在原植被亚类的基础上增加了城镇人工植被亚类型。依据不同生态系统类型的单位面积生态系统服务价值量（谢高地等，2008），对流域内 11 个植被亚类的过滤净化作用功能进行量化，以此作为水质维护功能评估依据。具体为针对植被类型的差异，参考谢高地等（2008）有关生态系统服务价值当量表，在植被指标图层中对不同生态系统的各类生态服务价值大小进行赋值。因中国 1∶1 000 000 植被图中植被亚类与中国陆地生态系统类型并不完全一致，研究中依照生态系统服务价值的大小与植被类型生产能力大小成正相关的基本前提，根据不同植被亚类单位面积的 NDVI 值，对不同生态系统的水文调节和过滤净化能力价值进行了订正，以订正后的价值量为基础进行量化。将修改后的量化结果进行零一归一化，获得东江流域水质维护功能评估结果（图 7-7）。

7.4.3　水源涵养功能

水源涵养功能是指流域陆域向河道持续补给水源的能力。相同降雨条件下的短期径流产出能力越强，则该功能越弱，因此可以大致以 SCS 模型中的 CN 值的负值来表示水源涵养功能。但值得特别指出的是，CN 值是不区别水体类型的，而同样属于水体，水库与天然河道的水源涵养功能却分属两个极端，因为水库水体是人为构筑的能发挥巨大水源涵养功能的人工化水体，因此有必要对水库型水体单独赋予水源涵养功能最高值。类似地，沼泽、湖泊、坑塘等水体所在的区域也应具有相对高的水源涵养功能赋值。为此，将水库型水体、沼泽、鱼塘的 CN 值设定为最高。CN 值统一取负值，经归一化，获得东江流域水源涵养功能评估结果（图 7-7）。

7.4.4　泥沙保持功能

泥沙保持功能是指流域陆域保持其输送至河道的泥沙量接近天然较少水平的能力。土壤侵蚀流失量越大，则表明泥沙保持功能越弱。基于已有数据状况，三级分区借鉴美国通用土壤流失方程 USLE 模型，以 30 m×30 m 栅格为分析单元，计算每一栅格的年土壤侵蚀流失量，经零一归一化，得到泥沙保持功能评估结果。基于 USLE 模型评估泥沙保持功能的基本原理及简要实现过程如下。

通用土壤流失方程（USLE）是美国研制的用于定量预报农地或草地坡面多年平均土壤流失量的一个经验性土壤侵蚀预报模型，主要研究由降雨引起的水动力土壤侵蚀。该模型考虑的基本参数有降雨侵蚀力、土壤可蚀性、地形、植被、管理措施等，基本囊括了影响土壤流失的众多因素中最重要的方面。USLE 从 20 世纪 30 年代开始的土壤侵蚀试验和定量研究基础上不断发展完善。较之其他基于物理过程的模型（如 WEPP 和 EUROSE 等），USLE 结构简单，所需数据量少，结果可靠，已在美国乃至世界范围内得到了迅速推广和应用。USLE 模型的基本形式为

$$A=R\cdot K\cdot L\cdot S\cdot C\cdot P \tag{7-3}$$

式中，A 为单位时间单位面积上平均的土壤流失量，R 为降雨侵蚀力因子，K 为土壤可蚀性因子，L 为坡长因子，S 为坡度因子，C 为覆被与管理因子，P 为泥沙保持措施因子。

参考相关文献（潘美慧等，2010），分别计算 USLE 中的各项因子，最终获得 A 值，经零一归一化，获得东江流域泥沙保持功能评估结果（图 7-7）。

7.4.5　生境维持功能

生境维持功能是指流域陆域维持其为河道水生生物提供良好生境背景状况的能力。以 30 m×30 m 栅格为分析单元，结合土地利用，将生境维持功能设定为 5 个级别：生境维持功能最强的区域定义为高密度林地栅格，次强区域定义为中密度林地栅格，土地利用为建设用地的栅格设定为生境维持功能最弱的区域，土地利用为耕地和园地的栅格设定为次弱区域，其余栅格均划入生境维持功能中等区。经零一归一化，获得东江流域生境维持功能评估结果（图 7-7）。

7.4.6　饮用水水源地保护功能

饮用水水源地保护功能是指流域陆域对相应饮用水水源地发挥的水质保护功能。三级分区确定的饮用水水源地可分为以下几类：第一类是存在于大城市周边的库塘山溪区，它们担负着向城市直接供水的任务，但是它们通常只有较小的储水量，而且需要进行间歇性人工调水补充，才能保证其供水功能得以持续发挥；第二类是离大城市有一定距离，储水

量自给有余，并且水质能达到饮用水水源标准的湖库区，三级分区将水（环境）功能区划中管理目标为Ⅱ类水质的湖库及其周边一定范围确定为此类区域；第三类是具有提供清洁优质水源能力或潜力的陆域，三级分区将自然保护区及其周边植被覆盖状况较好的一定范围，以及水（环境）功能区划中被划定为“保护区”的河段所在集水区或周边一定范围确定为此类区域。三级分区将饮用水水源地保护功能设定为4个级别：饮用水水源地中不属于建设用地和农业用地的区域直接确定为饮用水水源地保护功能高值区，饮用水水源地中属于建设用地和农业用地的区域为中高值区，其他区域中的建设用地和农业用地确定为该功能的低值区，其余区域确定为中低值区，经零一归一化，获得东江流域饮用水水源地保护功能评估结果（图7-7）。

饮用水水源地保护功能评估，是流域水生态功能分区与其他相关分区，例如水功能区、国家或者区域性自然保护区等，进行了一定程度的区域整合，便于不同功能区在管理上的相互协调。

7.5 水生态功能三级分区的水生态功能定位

7.5.1 水生态功能的空间格局

基于前述陆域水生态功能评估方法，以30 m×30 m网格为评估单元的各类陆域水生态功能评估结果如图7-7所示。从中可看出如下分布格局。

1）径流产出功能高值区集中在流域中西部的新丰江流域和增江流域一带，南部平原区和东南部西枝江上游白盆珠库区也较高，低值区集中在东江流域北部，而干流中下游地区为中低值的集中分布区。

2）水质维护、水源涵养和生境维持这3项功能在评估计算时虽各有侧重，但最终评估结果分布格局却较为近似，均与土地利用类型分布有十分密切关系，共同表现为中、北部山地林区为高值集中区，南部平原农田、城镇区为低值集中区。导致这种相似性格局的出现，一方面由于这3类功能之间本身有着密切的正向联系，另一方面也说明土地利用类型对评估陆域水生态功能的重要性。由此可得出初步结论：如欲简化评估，只需在水源涵养、水质维护及生境维持功能中择其一项即可，或者可将三者综合为一项功能。

3）泥沙保持功能低值区主要集中在山间宽谷农业区和下游城镇用地集中分布的地区，而林地和建设用地集中分布区均为高值区，可见农耕活动是导致土壤流失，从而降低陆域泥沙保持功能的重要原因。

4）饮用水水源地保护功能高值区主要集中在山区江河偏上游部分，而相对低值区常位于平原及山间谷地区域，影响该功能的主要因素有地形（集中在山地丘陵区）、植被覆盖（覆盖良好区）、蓄水工程（水库坑塘的有无及规模）及位置（水系位置及距用水地远近）等。

7.5.2　分区单元的水生态功能定位

以三级分区陆域水生态功能评估排序结果为依据，确定各三级分区的当前主体水生态功能。分别统计各类功能在各三级分区内的平均值，以雷达图形式表示（图 7-8）。同时结合主要功能的面积占比及其空间重要性（越是集中连片和越是位于分区的核心位置则越重要），确定其是否成为特定分区的主体功能。根据图 7-8 的评估结果，建议将超过 0.6 分值的功能视为各个水生态功能三级分区的主导水生态功能。

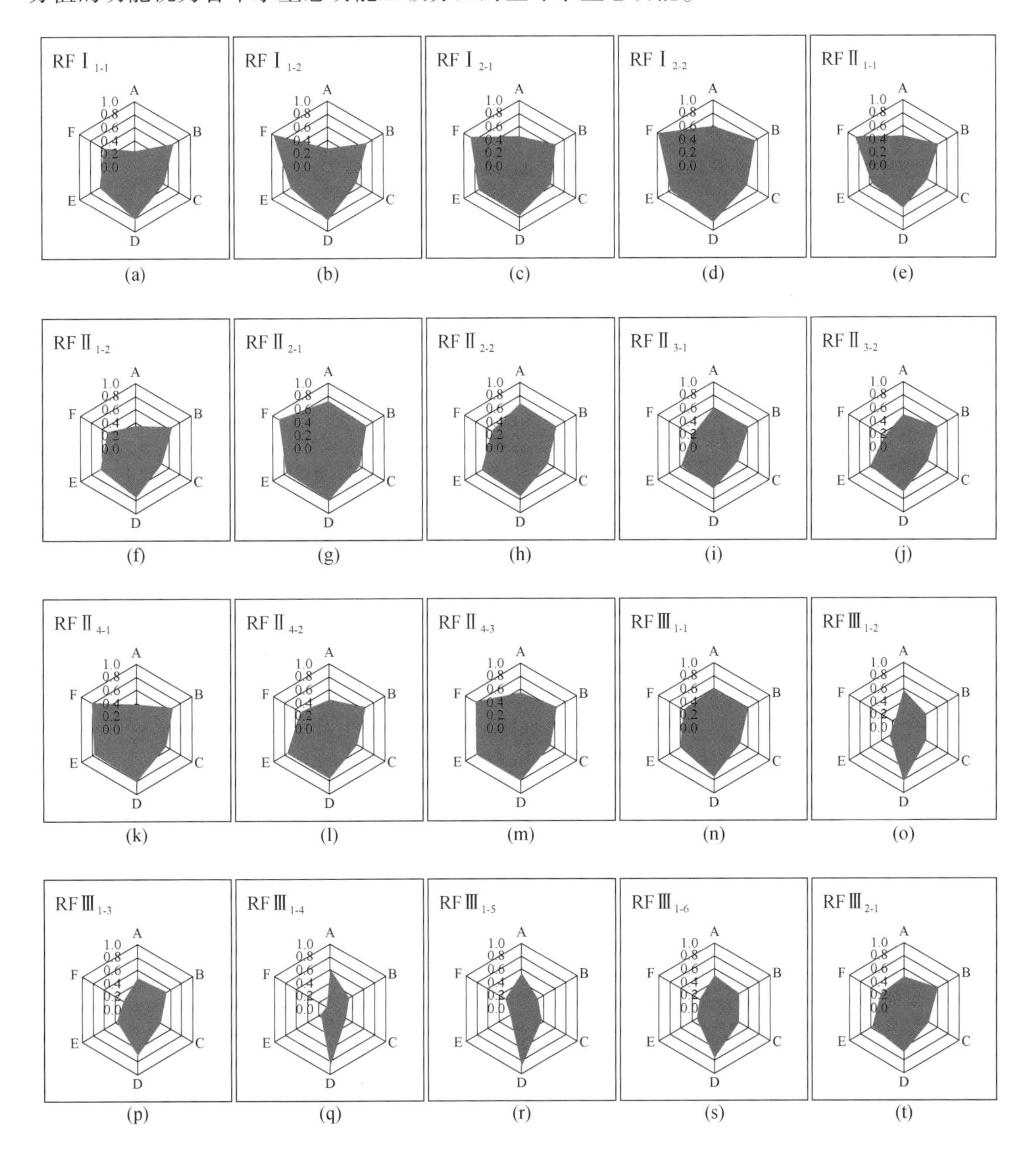

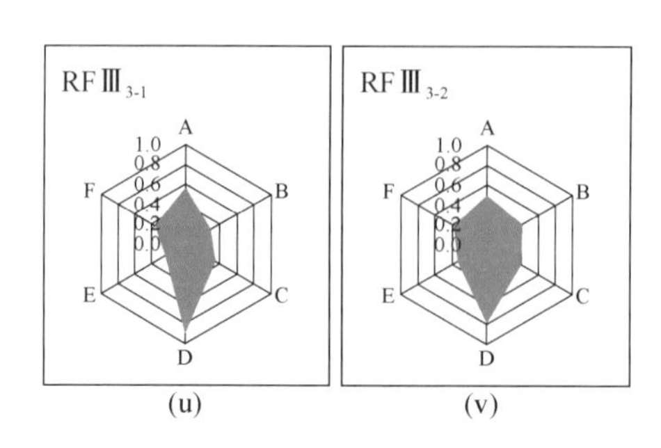

(u) (v)

图 7-8 东江流域水生态功能三级分区单元的水生态功能评估

A. 径流产出；B. 水质维护；C. 水源涵养；D. 泥沙保持；E. 生境维持；F. 饮用水源地保护

7.6 水生态功能三级分区方案及其编码与命名

7.6.1 三级分区编码

三级分区编码建立在一级、二级区编码的基础之上。一级区涉及的编码信息为：①采用英文大写字母“R”和“L”分别表示河流型流域和课题（2008ZX07526-002、2012ZX07501-002）研究涉及的8个重点流域中的东江流域；②采用大写罗马字母“Ⅰ、Ⅱ、Ⅲ、…”对一级分区单位“水生态区”进行编码；③在一级区代码之后，采用下标式阿拉伯数字“1、2、3、…”进行编码。

三级分区单位“功能区”的编码，是在二级区代码之后，采用下标式阿拉伯数字“1、2、3、…”进行编码，采用短横线“-”与二级区编码进行衔接；在每个二级区内对其内部的三级区进行内独立编码。

7.6.2 三级分区命名

水生态功能三级分区命名沿用二级分区命名模式，但在土地利用方面有所补充，在水生态功能和水体类型方面有所细化，具体为：水系地理位置+陆域地貌+土地利用+水体类型+主要水生态功能+三级区标识名。

1）水系地理位置：以区内的大型面状水体、较大河流名称及其流经的区域为主要选择。

2）陆域地貌：视区内主体地貌特征状况相应冠以山地、宽谷、平原或平原丘陵等表示。

3）土地利用：如区内建设用地面积占比大于10%，则在命名中加入“城镇”；如区内农业用地面积占比大于20%，则在命名中加入“农田”；如区内林地面积占比大于40%，则在命名中加入“森林”。在命名优先顺序上，“城镇”优先于“农田”和“森林”，“农田”优先于“森林”。

4）水体类型：视区内主水体生态特征类型，采用河溪、河渠、河网、湿地、库塘或水库等类型。其中，河溪是指未受明显改造的天然河流与溪流，主要对应于非城镇区域；河渠是指受到明显改造或人工工程约束的河道，以及人工开挖的渠道，主要对应于城镇区域；河网专指河口区域的网状河渠；湿地专指流域内的大型湿地—潼湖湿地；库塘专指流域南部平原丘陵城镇区为城市供水的中小型水库或山塘；水库专指流域内的 3 座大型水库。

5）主要水生态功能：因拥有水源涵养、水质维护及生境维持功能的主要区域在空间上有较明显的相互重叠性，因此采用水源涵养功能代表之；针对径流产出功能，因东江流域属于丰水型流域，无须对该功能太过强调，命名中未予体现；饮用水水源地保护功能对保障流域内基本饮水安全有重大意义，故在命名中予以强调。此外，考虑到因土壤流失和人类活动带来的压力，同时也考虑到管理中的使用方便，综合考虑水土流失较为严重和人类活动强烈影响的区域，采用了“水生态修复”，以强调正向功能缺失，修复保护需求强烈的特征。

7.6.3　三级分区方案

东江流域共划分出 22 个水生态功能三级区，分属于 9 个二级区。每个二级区内最少仅划分出 1 个三级区，最多则划分出 6 个三级区（表 7-4，附图 2）。从所区分出的主要水生态系统类型看，有 12 个三级区为河溪型分区，4 个三级区为河渠库塘型分区，3 个三级区为水库河溪型分区，1 个三级区为河渠型分区，1 个三级区为河网型分区，1 个三级区为湿地河渠库塘型分区。

表 7-4　东江流域水生态功能三级分区方案

编码	水系地理位置	地貌背景	土地利用	主要水体类型	陆域水生态功能	三级区标识名
RF Ⅰ$_{1\text{-}1}$	定南水寻乌水	山地	森林	河溪	水源涵养	功能区
RF Ⅰ$_{1\text{-}2}$	枫树坝	山地	森林	水库河溪	水源涵养与饮用水水源地保护	功能区
RF Ⅰ$_{2\text{-}1}$	新丰江浰江中上游	山地	森林	河溪	水源涵养	功能区
RF Ⅰ$_{2\text{-}2}$	新丰江	山地	森林	水库河溪	水源涵养与饮用水水源地保护	功能区
RF Ⅱ$_{1\text{-}1}$	船塘河	宽谷	农田森林	河溪	水生态修复与水源涵养	功能区
RF Ⅱ$_{1\text{-}2}$	干流龙川段	山地	森林	河溪	水源涵养	功能区
RF Ⅱ$_{2\text{-}1}$	增江上游	山地	森林	河溪	水源涵养	功能区
RF Ⅱ$_{2\text{-}2}$	增江中游	山地	森林	河溪	水源涵养	功能区
RF Ⅱ$_{3\text{-}1}$	公庄水中上游	宽谷	农田森林	河溪	水生态修复与水源涵养	功能区
RF Ⅱ$_{3\text{-}2}$	干流河源段	宽谷	农田森林	河溪	水生态修复与水源涵养	功能区
RF Ⅱ$_{4\text{-}1}$	黄村水	山地	森林	河溪	水源涵养	功能区
RF Ⅱ$_{4\text{-}2}$	秋香江	山地	森林	河溪	水源涵养	功能区
RF Ⅱ$_{4\text{-}3}$	白盆珠	山地	森林	水库河溪	水源涵养与饮用水水源地保护	功能区
RF Ⅲ$_{1\text{-}1}$	干流下游北部	山地	森林	河溪	水源涵养	功能区

续表

编码	水系地理位置	地貌背景	土地利用	主要水体类型	陆域水生态功能	三级区标识名
RFⅢ$_{1-2}$	干流下游北部	平原	城镇农田	河渠	水生态修复	功能区
RFⅢ$_{1-3}$	干流惠州段	平原丘陵	城镇农田	河渠库塘	水生态修复与饮用水水源地保护	功能区
RFⅢ$_{1-4}$	三角洲	平原	城镇农田	河网	水生态修复	功能区
RFⅢ$_{1-5}$	石马河东引运河	平原丘陵	城镇	河渠库塘	水生态修复与饮用水水源地保护	功能区
RFⅢ$_{1-6}$	潼湖水	平原丘陵	城镇农田	湿地河渠库塘	水生态修复与饮用水水源地保护	功能区
RFⅢ$_{2-1}$	西枝江中游	宽谷	农田森林	河溪	水生态修复与水源涵养	功能区
RFⅢ$_{3-1}$	沿海诸河	平原丘陵	城镇	河渠库塘	水生态修复与饮用水水源地保护	功能区
RFⅢ$_{3-2}$	石马河淡水河中上游	平原丘陵	城镇森林	河渠库塘	水生态修复与饮用水水源地保护	功能区

7.7 水生态功能三级分区校验

采用浮游藻类群落优势种组成和鱼类组成特征对三级分区方案进行校验。

7.7.1 大河、湿地、水库的藻类群落组成特征

针对东江流域干流大河、湿地、水库三种水体类型，分析浮游藻类特征差。为此，共选取和参考了样点 33 个，其中干流大河 24 个，主要分布于东莞市、东源县、惠阳区、惠城区、增城市、博罗县、惠东县、连平县、新丰县、龙川县、和平县、紫金县、龙门县等境内；湿地类型 1 个，分布在潼湖湿地内；水库样点 8 个，其中枫树坝水库内样点 5 个，并参考了白盆珠、新丰江、显岗水库样点 3 个。差异性分析主要通过浮游藻类的基本区系构成进行统计分析。

干流大河类型共鉴定出浮游藻类 6 门 70 属（种），隐藻门（Cryptophyta）是该类型浮游藻类群落种类组成中的优势类群，该门类的属种总和占总属种数的 50% 以上，而绿藻门（Chlorophyta）、硅藻门（Bacillariophyta）次之，各占到总属种数的 19%；湿地类型共鉴定出浮游藻类 5 门 36 属（种），绿藻门（Chlorophyta）为该类型浮游藻类群落种类组成中的优势类群，该门类的属种总和占总属种数的 73%，其次为硅藻门（Bacillariophyta），占总属种数的 18%；水库类型共鉴定出浮游藻类 6 门 19 属（种），硅藻门（Bacillariophyta）为该类型浮游藻类群落种类组成中的优势类群，该门类的属种总和占总属种数的 71%，其次为蓝藻门（Cyanophyta），占总属种数的 15%。

通过对各类型优势度分析可知，干流大河类型浮游藻类优势种为变异直链藻（*Melosira varians*）、四尾栅藻（*Scenedesmus quadricauda*）、卵形隐藻（*Cryptomons ovata*）；湿地类型优势种为二形栅藻（*Scenedesmus dimorphus*）、绿球藻（*Cladophora aegagrophila*）、四角十字藻（*Crucigeni aquadrata*）；水库类型优势种为颤藻（*Oscillatoria*）、小环藻（*Cyclotella*）、卵形隐藻（*Cryptomons ovata*）。

7.7.2　河流浮游藻类群落的双向指示种分析

为了进一步揭示浮游藻类与河流特征的关系，在整个东江流域选取样点进行野外调查，共获得 133 个样点的浮游藻类物种组成实际调查数据（以各样点各属的相对细胞密度表示），借助双向指示种方法，对该东江流域浮游藻类物种组成调查数据进行分析。结果表明，不同样点组在其分类图中形成较为清楚群组（图 7-9）。分析表明，不同样点组在物种组成特征和生境特征方面均存在差异。例如，第Ⅰ组是平原缓流型样点，河流生境海拔较低、流速平缓，多以绿藻门、蓝藻门物种为优势类群。第Ⅱ组是山区溪流型样点，河流生境有海拔较高、流速较快的基本特征，由于水流湍急、汇流量较小，导致浮游藻类滞留时间很短，种类较少，密度也较小，群落中以硅藻门菱形藻属（*Nitzschia* spp.）为主要指示属（种）。第Ⅲ组是中下游干流型样点，生境有别于支流水系，汇流量大，纳污能力较强，从浮游藻类结构特征来看，相对上游表现出物种密度和种类增加的趋势，优势类群主要以硅藻-绿藻等为主。第Ⅳ组是上游干流型样点，河流生境多表现为海拔稍高，水体流动性强，受人为活动干扰影响较小等，从而浮游藻类特征表现为以硅藻门直链藻属

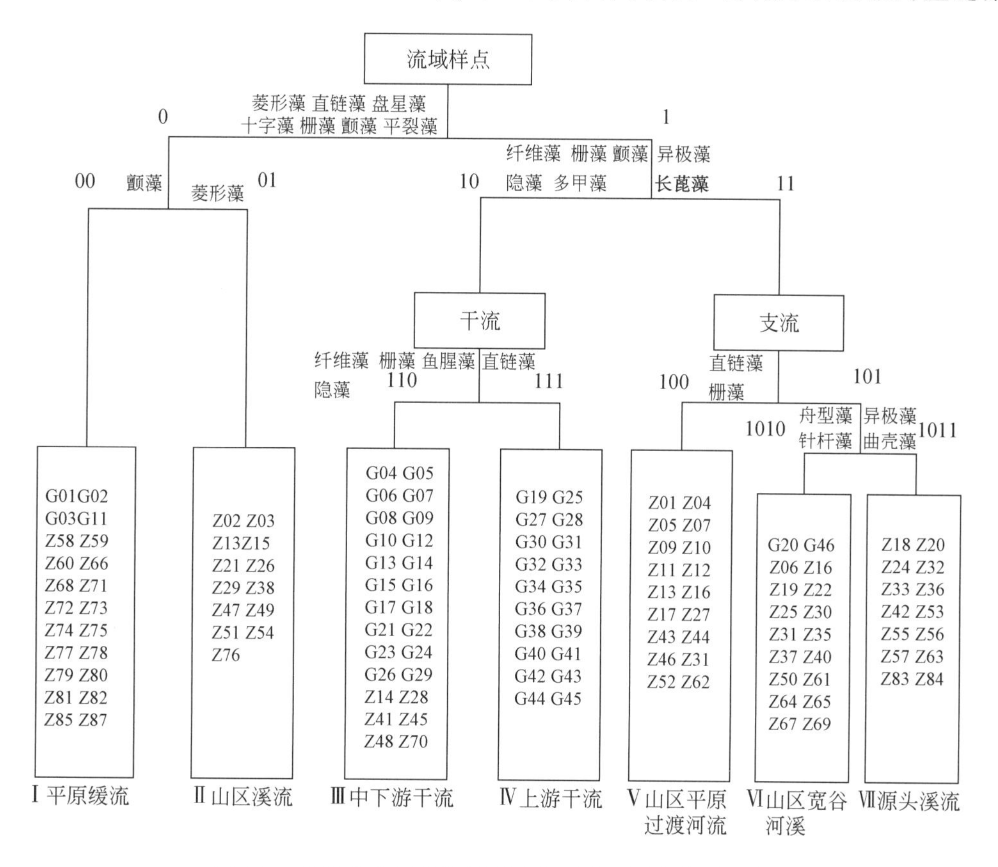

图 7-9　东江流域浮游藻类组成的双向指示中分析结果

资料来源：廖剑宇，2013

（*Melosira* spp.）为主要指示属（种）。第Ⅴ组是山区平原过渡河流型样点，生境属山区与平原之间的过渡型，汇流量介于中低海拔平原和高海拔山区样点之间，具有一定的交叉特征。第Ⅵ组是山区宽谷河溪型样点，生境水速较慢，适合于广布型硅藻的生长，因而该组群主要指示种为硅藻门针杆藻属（*Cyclotella* sp.）和舟形藻属（*Navicula* sp.），这与溪流型水体藻类群落特征基本一致。第Ⅶ组是源头溪流型样点，生境属流域广泛存在的类型，分布在东江主要支流上游源头和自然保护区样点，主要指示种有异极藻属（*Gomphonema* spp.）和曲壳藻属（*Achnanthes* sp.）等。

7.7.3 鱼类种类组成特征

选取对流域水生态系统区域差异特征较为敏感的鱼类分布特征作为校验指标。根据野外实际调查的45个样点的鱼类物种组合特征，采用二元数据表示，即以每种鱼在每个样点是否被发现作为指标。借助DCA排序方法，先对东江流域鱼类物种以及其所属样点的空间分异特征进行排序，并将样点组空间分布与三级分区结果进行对比，以此作为三级分区结果校验的依据。

从东江流域鱼类物种数据DCA排序图（图7-10）可以看出，鱼类空间分异特征在三级分区单元上有较好体现。定南水寻乌水山地森林河溪水源涵养功能区以山间乡村河溪河

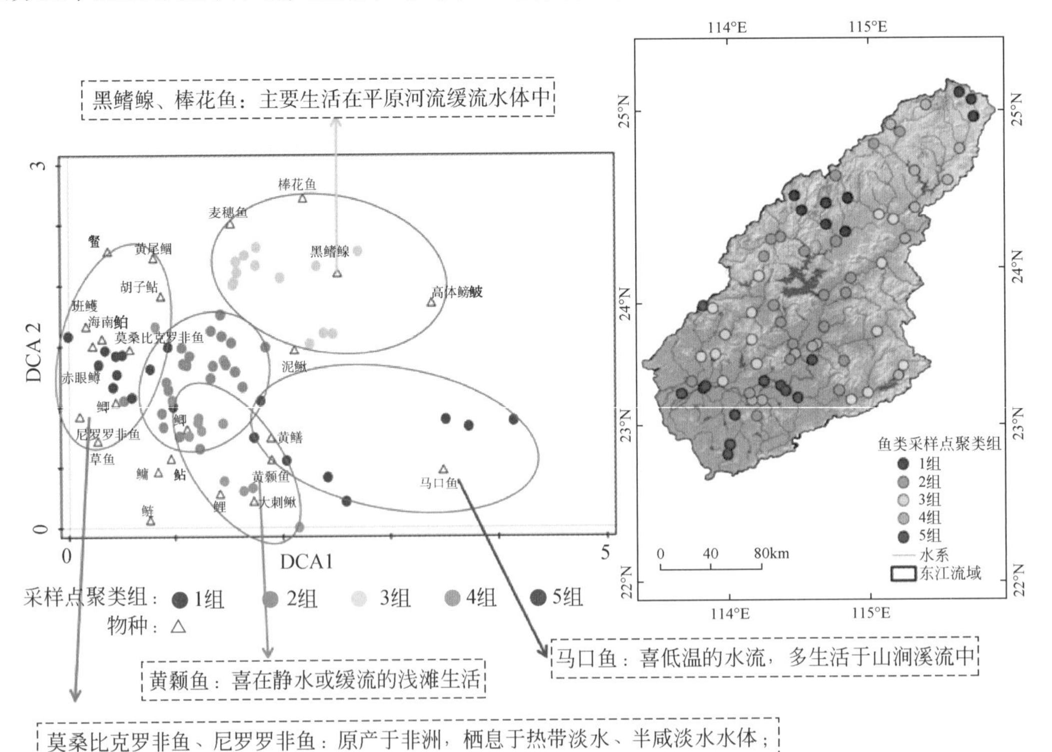

图7-10 东江流域鱼类物种组成DCA排序与各组分布的主要基本河段类型

段为主，该区出现了宽鳍鱲（*Zacco platypus*）、马口鱼（*Opsariichthys bidens*）、平舟原缨口鳅（*Vanmnenia pinchowensis*）等鱼类，这类鱼常栖息于水质清澈、底多卵石、水流湍急的山涧溪流中。船塘河宽谷农田河渠水生态修复功能区以山间宽谷乡村河渠河段为主，该区出现了海南鲌（*Culter recurviceps*）、斑鳠（*Mystus guttatus*）等鱼类，海南鲌生活在开阔水体的中上层；斑鳠栖息于水草茂盛的江河缓流。干流惠州段平原城镇农田河渠水生态修复功能区以大河中下游主干流河段为主，该区出现了李氏吻虾虎鱼（*Rhinogobius leavelli*）、鲮（*Cirrhinus molitorella*）等鱼类，李氏吻虾虎鱼为暖水性小型底层鱼类，喜栖息于淡水河流中；鲮栖息于水温较高的江河中下层。三角洲平原城市河网水生态修复功能区以河口三角洲河网河段为主，出现了纹唇鱼（*Osteochilus salsburyi*）、东方墨头鱼（*Garra orientalis*）等广适盐性的鱼类，能够适应河口区咸淡水交汇的生活环境。结合以上分析，可以看出三级水生态功能分区中不同类型河段间鱼类组成的差异。

7.8 水生态功能三级分区与水生生物保护

东江流域水生态功能三级分区的分区单元，同时辨识了流域内部的陆域地貌特征和水域类型特征，无论从分区域角度，还是从分河流类型角度，抑或从分水生生物类群角度，都对水生生物保护有重要意义。三级分区单元中显示的平原宽谷和山地丘陵这两种大的陆域地貌与相应河流类型的组合特征，对水生态系统的保护和水生生物的保护等，具有不同的生境特征意义。在平原宽谷陆地背景型分区单元内，人类活动强度大，水生生物保护所面临的问题多，保护难度也大；在山地丘陵陆地背景型分区单元内，人类活动强度相对弱一些，水生生物保护所面临的问题往往与平原宽谷登陆地背景型分区单元所面临的问题有明显差别。例如，在平原宽谷陆地背景区内，水体污染、外来水生生物入侵、堤岸固化、河道挖沙、过度捕捞等问题已经并正在持续威胁水生态系统健康；而同样的问题，在山地丘陵陆地背景区内，所造成的威胁相对较小。

在山地丘陵背景型分区单元内，河流可识别出河溪型、水库河溪型两个次一级分区单元类型。本研究所称河溪，即河流与溪流（山溪）的合称，是山地丘陵背景区内普遍分布的一种水生态系统类型（组合）。这两类分区单元的特征及对水生生物保护的意义如下。

1）河溪型分区单元又可称为典型的河溪型分区单元，是山地丘陵背景区内最普遍的分区单元类型。区内河流的共同特点是河道汇水面积较小、水流速度较快、人类干扰程度较小等。这类分区单元内水生生物保护的重点应是原生生境的维护，同时应科学规划小型闸坝布局，保留一定比例的通畅性河溪通道，为关键水生生物保护提供通行条件，防止闸坝建设“遍地开花”。属于这种类型的三级分区单元有 12 个，即 RF $\text{I}_{1\text{-}1}$、RF $\text{I}_{2\text{-}1}$、RF $\text{II}_{1\text{-}1}$、RF $\text{II}_{1\text{-}2}$、RF $\text{II}_{2\text{-}1}$、RF $\text{II}_{2\text{-}2}$、RF $\text{II}_{3\text{-}1}$、RF $\text{II}_{3\text{-}2}$、RF $\text{II}_{4\text{-}1}$、RF $\text{II}_{4\text{-}2}$、RF $\text{III}_{1\text{-}1}$、RF $\text{III}_{2\text{-}1}$。

2）水库河溪型分区单元实际上是河溪与大型水库的组合，其典型之处在于以大型水库为其景观核心和重要的水生态系统类型，周边环绕着的河段类型主要是森林河溪。这类分区单元一般已有较好的生境保护措施，水生生物保护的重点应是在闸坝调控过程中，加强对生态水文过程的关注，防控库区污染，加强库区对外来物种入侵的防控。属于这种类型的三级分区单元有 3 个，即 RFⅠ$_{1-2}$、RFⅠ$_{2-2}$、RFⅡ$_{4-3}$。

在平原宽谷陆域背景型分区单元内，又可划分出河渠型、河渠库塘型、湿地河渠库塘型、河网型这四个次一级分区单元类型。本文所称河渠，指的是受到一定程度人为干扰以致部分或全部渠化，水文过程可能受到明显人为控制的地表排水通道。这些排水通道大多原属于天然河道，是平原宽谷背景区内普遍分布的一种水生态系统类型（组合）。这四类分区单元的特征及对水生生物保护的意义如下。

1）河渠型分区单元又可称为典型的河渠型分区单元，区内河流的特点是水体流速较慢、人类干扰程度较大等。属于这种类型的三级分区单元有 1 个，即 RFⅢ$_{1-2}$。针对城市河渠型分区单元，这里的水生态系统已经严重偏离原生状态，水生生物群落组成和生境改变明显，所以应持续关注水体污染问题，进而逐渐过渡到解决其他方面的水生态问题；针对城镇农田河渠型分区单元，水生生物保护面临巨大的城镇化压力，重点应加强规划，防止其水生态系统加速偏离原生状态。

2）河渠库塘型分区单元是河渠与库塘山溪的组合。库塘山溪实质上也是由河溪型演变而来的一种特殊形式，它的直接背景是低山丘陵，但低山丘陵之外却是规模更大的城市型背景，因此这类分区单元实际上可看作大城市内的“绿岛”和饮用水储水水源地。这类分区单元因其紧邻人口密集区，主要功能是保证饮用水安全，所以水生生物保护只能局限于对某些关键物种分布区典型生境的重点保护。属于这种类型的三级分区单元有 4 个，即 RFⅢ$_{1-3}$、RFⅢ$_{1-5}$、RFⅢ$_{3-1}$、RFⅢ$_{3-2}$。

3）湿地河渠库塘型分区单元是河渠库塘与湿地的组合，其典型之处在于以大型湿地为其景观核心及其水生态保护关注重点，周边环绕着不同类型的河段。这类分区单元水生生物保护的重点应是真正恢复湿地生态系统的天然特征，以发挥湿地的生物多样性维护功能。属于这种类型的三级分区单元有 1 个，即 RFⅢ$_{1-6}$。

4）河网型分区单元又可称为河口网状河渠，其典型之处在于其河、海过渡特性。这类分区单元既是河、海水生生物交互的场所和洄游性鱼类的重要洄游通道，同时也是人类活动集聚的区域，水生生物保护的重点应是留出一定比例的河道实行重点保护，切实减小捕捞压力和水污染压力，保证洄游通道通畅，减少航运、挖沙等活动的干扰。属于这种类型的三级分区单元有 1 个，即 RFⅢ$_{1-4}$。

参考文献

李常斌，冯兆东，马金珠，等. 2008. 区域尺度分布式水文模拟的时空分辨率. 干旱区研究，25（2）：169-173.

廖剑宇. 2013. 基于浮游藻类生态特征的东江流域河流水质生物学评价. 北京：北京师范大学博士学位论文.

潘美慧，伍永秋，任斐鹏，等. 2010. 基于 USLE 的东江流域土壤侵蚀量估算. 自然资源学报，25（12）：2154-2164.

王中根，刘昌明，黄友波. 2003. SWAT 模型的原理、结构及应用研究. 地理科学进展，22（1）：79-861.

谢高地，甄霖，鲁春霞，等. 2008. 一个基于专家知识的生态系统服务价值化方法. 自然资源学报，

23 (5): 911-919.

Chen G J, Dalton C, Leira M, et al. 2008. Diatom-based total phosphorus (TP) and pH transfer functions for the Irish Ecoregion. Journal of Paleolimnology, 40: 143-163.

European Commission. 2000. Directive 2000/60/EC. Establishing a framework for community action in the field of water policy, European Commission PE-CONS 3639/1/100 Rev 1, Luxembourg.

Shi P J, Yuan Y, Zheng J, et al. 2007. The effect of land use/cover change on surface runoff in Shenzhen region, China. Catena, 69 (1): 31-35.

Wang G, Jiang H, Xu Z, et al. 2012. Evaluating the effect of land use changes on soil erosion and sediment yield using a grid-based distributed modelling approach. Hydrological Processes, 26 (23): 3579-3592.

Yang J, Reichert P, Abbaspour K C, et al. 2008. Comparing uncertainty analysis techniques for a SWAT application to the Chaohe Basin in China. Journal of Hydrology, 358 (1-2): 1-23.

第8章　流域水生态功能四级分区

水生态功能四级分区是本书研究框架下的最低分区等级。四级分区与一、二、三级分区不同，注重反映水生态系统类型及其特征。四级分区单元的划定，既受高级分区单元的约束，也应该满足水生态系统类型相似性条件。

8.1　四级分区目的与原则

8.1.1　四级分区目的

四级分区的目的是直接为水生态系统保护和水生态健康管理提供服务，因此应该尽量为管理者以此为基础进行管理方案编制和管理措施的制定提供方便。分区需要在适当的精度条件下，通过调查和分析，辨识不同水生态系统类型，明确其主要特征及其空间分布规律，识别主要生态功能的状态；同时需要对各类水生态系统类型的受损或所承受的压力状态进行评估，明确管理方案实施的集水区范围，提出水生态管理目标。四级分区也需要考虑到在某些地区针对未来管理需求，开展更加详细的分区时，便于实现空间单元的相互对接。

8.1.2　四级分区原则

基于以上对分区目的的考虑，同时兼顾到与前三级水生态功能分区及各级分区原则的衔接，确定流域水生态功能四级分区的原则如下。

（1）水生态系统类型区主导原则

辨识并确定水生态系统类型区能够提高河流水生态管理效率与水平提供有效支撑。在本项原则的指导下，四级分区依据水生态系统类型特征对河段进行分类，不同的水生态系统类型，应该具有不同的水物理和水化学特征，不同的水生生物组成特征和结构。因此，四级分区以此为基础划分水生态系统类型区。相同的水生态系统类型具有相似的特征。这种特征在外界干扰下发生变化，但当外界的干扰因素停止或强度减弱，水生态系统经过一定时间修复与保育，仍然能够恢复某类型原有的基本特征。

体现河段水生态系统类型特征以及不同类型之间的差异，是流域水生态功能四级分区的主要任务。相对一致的水生态系统类型（主要包括水文、水物理、水化学、水生生物、河道生境及河岸带生境结构特征相似)，通常具有相似的水生态功能。我国的河流水生态健康管理正处于起步阶段，以水生态系统健康管理和水生态功能维持等为目的的分区，应该突出水生态系统类型区特征，以便于进行健康评估、建立健康评估的参照基准、便于制定保护目标和措施，从而为形成一套有效的水生态系统健康管理体系奠定坚实的科学基础。

(2) 水陆共轭性原则

水体及其所在的陆域背景区域是相互关联的生态单元，他们的发生和形成过程常常具有共轭性，一定陆地条件下形成的河流，也具有其特定的水生态系统特征。例如，山高谷深的陆地特征与深切峡谷型激流水生态系统相关联，因为它们的成因相同，均是地壳迅速抬升和充沛水量共同作用的结果。同理，在降水丰沛的冲积平原地区，则常常分布着漫滩广阔、江心洲频现、蜿蜒曲折的缓流型河流生态系统，同时也伴生分布着牛轭湖等水生态系统。而冲积平原与该类水生态系统类型也同样具有相同的成因，具有紧密相连的共轭性。由此，水陆共轭性原则显示了采用流水地貌特征实现水生态功能分区的科学性，同时也表明了通过空间数据的获取和分析实现水生态系统功能分区的合理性。

(3) 兼容性原则

四级分区的兼容性原则具体体现在以下三方面。

首先，水生态功能四级分区可在生态系统类型区基础上，兼容各类水生态系统管理需求信息，包括水功能区信息、自然保护区信息、重要物种栖息地信息、行政区划信息等，必要时还可加入专家判断、特殊管理需求等。在此基础上，根据水生态系统本身特征及其所在集水区的陆域特征，辨识四级水生态功能区的水生态系统保护和水生态服务功能，评估所承受的人类活动压力及其健康状态，并提出可能的管理建议。

其次，水生态功能四级分区具有向下、开展更深层次分区的兼容性。为此，四级分区需要具有十分明确的河段划分节点以及节点间河段对应的明确的集水区界限。

最后，水生态功能四级分区应该具有多种用途的兼容性。为此，水生态功能四级分区应该注重科学性和类型区划分的相对稳定性，尽量提供规划、监测、评估、保护等需要的多类型、多等级定性和定量特征性信息。

(4) 从属高级分区单元原则

四级分区划分出的类型区，在区域特征所决定的性质上从属于一、二、三级分区。亦即，根据四级分区指标划分出的水体类型区，当其分布在不同高级分区单元中时，属于不同的类型区，也就是说，水生态功能四级分区在不同程度上体现了一、二、三、四级分区指标所赋予的水生态系统特征。例如，蜿蜒曲折的缓流型河流生态系统，当其出现在北北部地区的宽谷，也出现在南部地区平原时，因其在更高级别的分区中分属不同的一级区/二级区/三级区，故属于不同的水生态功能四级区。

（5）特色类型特殊识别原则

具有重要区域特色的水生态系统类型，在必要时应进行特殊识别，不受其尺度大小或者是否与现有体系相协调等因素的限制，其辨识、空间数据处理、分区显示等可以采用特殊方式进行处理。例如，东江流域分布在惠州市的潼湖湿地，虽然在面积上小于分区技术流程中的最小基本单元尺度，但因其是东江流域具有重要生态功能并属于大型湿地类型，在水生态系统健康管理方面与河流也有所不同，因此，需要在分区中单独处理为一个四级类型区。

8.2 四级分区指标选择

8.2.1 四级分区指标选取依据

流域水生态功能四级分区指标体系将依据四级分区的目标和原则进行确定，此外也会考虑指标数据的可获得性和在空间上的连续性。

根据以水生态系统类型区为主导的原则，四级分区指标应该选择能够表征水生态系统类型特征的指标，即尽量反映受自然背景条件控制的水物理和水化学特征、水生生物群落特征、水生生境特征和群落结构等特征的指标。四级水生态功能分区的这个原则，决定着四级分区与一级、二级、三级分区有明显的区别，四级分区是以水生态系统本身的特征为分区依据进行河段的类型区识别。因此前三个级别分区指标的选择，更关注集水区陆地背景特征指标，而四级分区的指标则更关注河段及其水体特征，凡具有相似河段参数和水体特征，并具有相似的水生态系统生物组成特征的河流单元，将被划分为相同的河段类型区。考虑到对数据的空间连续性的需要和数据的可获得性，可以采用与水生态系统特征相关联的河流地貌特征，用于水生态功能四级分区。

四级分区的兼容性原则允许在分区单元识别中兼顾各类分区特征，评价并厘定主要水生态功能；从属高级分区单元原则表明，当四级指标划分的、分布在不同三级区中的水生态类型区时，应归属于不同的水生态四级功能区。根据四级分区的这些原则，同时考虑东江流域水体的特征和造成水生态系统类型区域差异的可能因素，本研究初步提取以下几个因子，并进一步分析了其与水生态系统中生物群落组成的关系。

（1）水体类型指标的选取依据

水体类型因子作为分区指标是一个定性指标，采取定性判定的方式获取相关信息。东江流域水体可分为湖库沼泽型（或称湖沼型）水体、河川型（或称河道型）水体这两类基本水体类型。按照水的流动性、水深以及水面形状等差异划分河川与湖沼，是对水生态系统最基本的水体类型划分方式之一，与之相对应，国际学术界已发展出了十分成熟的河川学（Potamology）研究领域和湖沼学（Limnology）研究领域。湖库沼泽段与普通河川段在水生态特征上的区别综合表现在流速、水体容量、水面宽度、水体更新周期等方面。在同一地域背景下，二者往往发育出有明显区别的水生生物群落，因此二者分别代表着两种不同的水生态系统类型。

（2）水温指标选取依据

选取河流所在集水区平均冬季背景气温指标来反映流域内部水温的差异性，在较大空间尺度下，温度梯度对水生态分异的影响不可忽视。例如，东江流域鱼类、底栖动物、藻类等水生生物的调查研究结果均表明，在东江流域北部冬温型河段与流域中、南部冬暖型河段之间，由于温度差异，导致水生生物群落构成等方面差异明显（彭秋志，2013；Fu et al.，2015）。类似的研究往往将这种差异地归因于海拔因素或纬度因素（贾兴焕等，2008；丁森等，2012），然而实质上，这种差异在东江流域是由海拔因素与纬度因素共同作用所导致的。此外，采用地理参数表征冷热状况属于间接指标，对于表征生境特征而言，直接采用温度指标，其生态学意义更加明确。

水温是河流生境的重要物理指标之一，河流水质和生境条件，例如水体溶解氧和悬浮固体的浓度等，均受到河流水温的影响。同时，水温也是影响河流水生生物（如浮游藻类、底栖动物、鱼类）的分布、生长、生殖和死亡的重要生态因子（Chenard and Caissie，2008；Sahoo et al.，2009）。然而，受技术、人力和物力等条件的限制，相比于常规的气象数据（如气温、降水），大范围的河流水温数据获取难度较大。所幸，已有的很多研究结果表明，河流水温受许多因素的制约，大致可分为大气条件、地形地势、河流径流量及河床四类，其中大气条件（如气温、太阳辐射、风速和湿度等）影响河流水温最重要的因素。因此，很多学者都尝试建立水温与大气温度之间的定量系（Caissie，2006；Ahmadi-Nedushan et al.，2007；Benyahya et al.，2007），以期为揭示水温特征及其生态作用等提供有效数据和便捷的分析手段。

鉴于河流水温受大气条件的多重影响，也鉴于国内外许多成果也证明大气温度与河流水温之间存在着显著的定量关系（图 8-1）（Grbić et al.，2013），本研究采用气温来反映水温特征。由于东江流域的南、北气温差异在冬季表现得更为明显，因此选用冬季背景气温作为指标。

（3）流速指标的选取依据

选取河道平均坡度来表征河流比降特征，进而反映山区急流型河段与平原宽谷区缓流型河段之间的流速差异。流速是最重要的河流水生态影响因素之一，也是多数河流生态分类方案的必选要素之一（Frissell et al.，1986；Hawkins et al.，1993；Rosgen，1994）。流速要素的水生态分异可体现在不同的空间尺度范围上，如以东江为例，流速从大尺度上决定着山区急流水生态系统与平原区缓流水生态系统之间的显著差异，而在中小尺度可体现出不同具体河段之间、甚至同一河段不同具体小生境之间的差异。“流水不腐”，从河流生态管理的角度，不同流速河段所应关注的主要问题有所不同，例如，在急流河段一般不存在溶氧过低的问题。平原河流与山区河流之间存在极为明显的系统性水生态分异，根本原因是二者之间存在明显的流速差异。

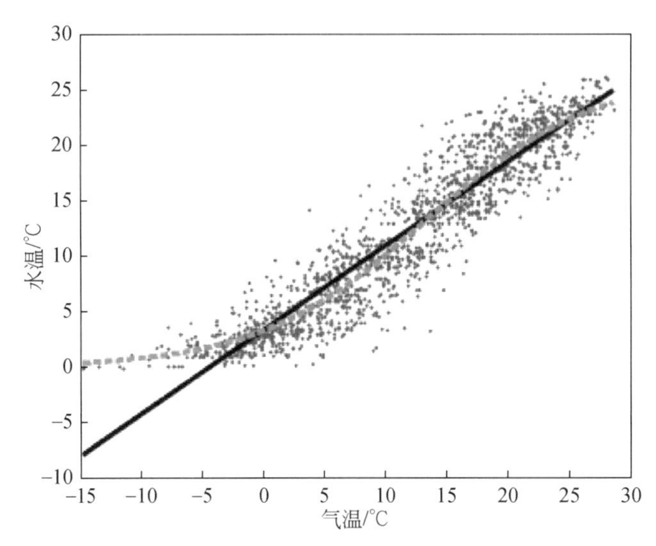

图 8-1 河流水温与流域气温的拟合结果（Grbic et al.，2013）

（4）盐度指标的选取依据

选取盐度特征指标来反映河口淡咸水型河段与内陆淡水型河段之间的盐度差异。海洋生态系统与陆地淡水生态系统有着截然不同的水生态特征，盐度是造成这种差异的一个重要因素。在陆地、海洋水生态系统交汇过渡的区域，由于潮水的顶托作用，海水可以倒灌入河流，使河口区呈现出显著的盐度变化梯度，水生生物群落物种组成和结构等的变化明显与盐度梯度变化相呼应（彭秋志，2013；Fu et al.，2015），形成了一个独特的过渡型水生态系统类型。为反映这种过渡性质河段类型与流域内其他淡水河段类型之间的区别，有必要寻找相应指标来对其加以表征和区别。根据已有研究成果（贾良文等，2006；谭超等，2010），并在综合分析河道形态、流向变化、海拔、海陆连通及临近关系、盐度、潮汐等信息之后，定性确定潮水顶托作用导致回水的最远空间位置以及响应的指示生物分布特征，以此区别河口河段与内陆河段。河口河段与内陆河段在水生态特征上的区别主要表现在盐度、河海物质交换等方面，以及由此导致的河口河段的水生生物构成有着明显的淡咸水过渡组成和生态学特征（Cox and Moore，2005）。

（5）汇流尺度条件的指标选取依据

选取河段中点汇流面积指标来反映不同河段间的汇流尺度差异。汇流面积综合概括了河流从源头流向河口过程中诸多要素如流量、水深、河宽、水温、流速、底质等的系统性协同变化，属于河流水系固有空间特征，对各种水生生物群落组成的空间分异均有重要影响，是经典河流连续体理论（river continuum concept，RCC）[①] 的核心内容之一，也是许

① https://en.wikipedia.org/wiki/River continuum concept

多河流生态分类方案的必选要素之一（Frissell et al.，1986；Maxwell et al.，1995）。就东江流域而言，随着河段汇水面积增大，各种水生生物群落在种类组成方面的分异与河流连续体概念（RCC）经典理论的描述基本相符。对于东江流域而言，整个流域基本属于同一气候区，境内降水空间差异不大，因此可以直接用汇流面积指标来表征不同河段间的汇流水量水面规模等差异。考虑到河段的汇流面积实际上是一个区间值，且不同河段之间有着明显的长度差异，为尽可能增强河段之间的可比性，选择了河段中点作为计算汇流面积的参照位置，由此构建了河段中点汇流面积指标。

（6）河道弯曲程度指标选取依据

河道弯曲度可以作为度量生境复杂程度的有效指标，一般而言，较高的河道弯曲度有利于形成多样化的小生境，并支撑更高的生物多样性。本研究中采用的河道弯曲度指标为河段两端点间的河道长度与直线长度之比。在不加严格区分的情况下，四级分区过程中所提的河道弯曲度概念等同于一些文献中所指的河流蜿蜒度（徐彩彩等，2014），但与经典河流蜿蜒度定义（Mueller，1968）仍有所区别。按河道弯曲度类型，可将东江流域河段分为低弯曲河段（弯曲度≤1.2）、中弯曲河段和高弯曲河段（弯曲度>1.5）。

8.2.2　指标与水生生物特征关联性分析

（1）水体类型与水生生物特征

水体类型对水生生物的影响是系统而显著的。静水型生态系统（湖沼类）和流水型生态系统（河川类）中生存的生物类群差异明显。东江流域中不同水体类型中的生物物种组成，在四级分区结果校验部分以及分区说明书中均有详细数据。

（2）温度与水生生物特征

水生态系统中的鱼类，其机体代谢和生理活动受水温影响十分明显。每种鱼类都有一定的适温范围，例如“四大家鱼”的最适温度为 23～28℃，罗非鱼为 25～33℃（刘建康，1999）。根据不同鱼类适温范围的宽窄差异，一般可将鱼类分为广温性和狭温性两种生态类型，狭温性鱼类又可分为暖水性鱼类和冷水性鱼类。暖水性鱼类主要生活于热带和亚热带，对水温降低较为敏感；而冷水性鱼类主要生活于寒带和温带，对水温升高较为敏感（何大仁和蔡厚才，1998）。水温对鱼类的生长、产卵、越冬等均有明显影响。就某一特定区域而言，水温的季节变化往往比空间分异大，因此许多鱼类在不同季节往返于“三场”，即育肥场、产卵场和越冬场之间。许多鱼类在产卵时对水温有严格要求，如鲤鱼、鲫鱼等在春季水温升至 14℃左右才开始产卵，而产漂浮性卵的鱼类则需要到 18℃才开始产卵（陈秀铜，2010）。许多鱼类有越冬现象，这主要是因为冬季温度低，致使鱼类生理活动机能发生变化，表现为减少或停止摄食、减少活动等。许多鱼种有集群越冬、停食等习性，越冬栖息地也具有一定的隐蔽性。有研究表明，随冬季温度降低，鲤鱼、鲢鱼、草鱼等鱼类的红细胞数、血红蛋白量、血糖量等生理指标均呈明显下降趋势，各种鱼类的耗氧量也随水温下降而降低（沈成钢等，1994）。鱼类对温度突变的耐受性较之温度渐变要弱得多。例如，在长期驯化的条件下，尼罗罗非鱼可在 16 ~ 42℃温度范围生存，但水温短期变化 4 ~ 5℃就会对尼罗罗非鱼带来严重危害（方树森等，1988）。

温度也是制约底栖动物生理特征的重要环境因子，不同物种的适温范围存在较大差异，一些物种适温范围较窄，如摇蚊在水温 26 ~ 28℃会大量繁殖，其他温度下则不利于其繁殖（孙伟等，2003）。

不同藻类有着适合其生长与繁殖的不同温度阈值。1964 年，中国科学院西藏综合考察队采集了日喀则和江孜两个地区的藻类标本，鉴定发现：在海拔 3800 ~ 5000 m 的河道及湖泊内，水温常年低于 20℃。水体中采得的浮游藻类中硅藻占总数 78%，另有少量绿藻、蓝藻、裸藻和极少量黄藻，几乎未见生长在水温较高、富营养性水体中的腐生性种类。而鉴定出的硅藻种类中，很多属高海拔严寒地区的特有种类（饶钦止，1964）。在自然落差较大（1540 m）的香溪河流域，藻类随海拔梯度的变化十分明显。着生藻类细胞密度及叶绿素 a 浓度与海拔都呈显著负相关（贾兴焕等，2008）。在黑河流域海拔高于 1700 m 的上游，由于海拔高，水温低，流速和含沙量大，水体中浮游藻类种类较少，仅占黑河流域浮游藻类总数约三分之一，且多为适于在高原低温、营固着生活的藻类。而在流域的中下游海拔低于 1500 m 的河段，水流减缓，水温较上游有所提高，水体中浮游藻类的种类和数量都大大增加，几乎覆盖黑河流域普生性浮游植物的全部种属（李鹏等，2001）。可见，海拔通过影响水温间接影响水体中浮游藻类和着生藻类的生长与繁殖，对藻类的数量、种类等均有很大的影响。

（3）流速与水生生物特征

鱼类按生活的流速条件，大致可分为急流型和缓流静水型。流速与比降、底质之间有着密切关系，一般来说比降越大，流速越高，底质粒径越大。杜浩等认为不同规格的鱼对流速的选择存在明显差异：规格小的鱼倾向较低的流速和较宽的流速范围（1.33 ~ 1.67 m/s），规格大的鱼倾向选择较高的流速和较窄的流速范围（1.53 ~ 1.55 m/s）（杜浩等，2010）。王寿昆（1997）亦发现，单位流域面积鱼种类数与比降显著相关。另外，不同底质往往对应着不同的特征鱼类。例如，泥鳅喜淤泥底质，草鱼喜水草底质，平鳍鳅科鱼类适应砾石底质等。

对于底栖动物而言，流速不仅直接影响其行为策略，更重要的是通过影响底质构成而造成底栖动物分异。国外有研究指出，流速在 0.3 ~ 1.2 m/s 时底栖动物的物种丰度和密度达到最大值（Beauger et al.，2006）。在流速较快的区域，底质粒径较大，多出现紧贴底质表面的种类，如螺类、蛭类和仙女虫类等（刘建康，1999）。底质粒径、底质表面粗糙度及颗粒空隙等特征都对底栖动物有显著影响（段学花等，2010）。Jowett 和 Richardson（1990）通过调查分析发现，底栖动物物种丰富度随底质粒径增大有先增加后减少的趋势。

流速还是影响藻类生长的重要条件之一，不同藻类对不同流速表现出不同的适宜性偏好（杨敏等，2012）。Ghosh 和 Gaur（1998）进行了自然溪流中流速对着生藻类生长影响的控制实验，发现着生藻类细胞密度与流速之间有显著的线性负相关关系，生物量均随流速增加而降低。流速对浮游藻类的生长也有着相似影响，流域越快，浮游藻类的生长速度越慢（廖平安等，2005）。不同底质也会对附着其上着生的藻类之种类和数量产生影响。张润洁（2012）采集了浑河流域天然底质和人工底质两种生境下的着生藻类，通过野外和室内连续培养，发现天然底质与人工底质藻类群落在生物密度上存在着数量级的差异，天然底质丰、平、枯三个时期，着生藻类种群密度平均约为 2×10^5 个/cm^2，而人工底质这三个时期的着生藻类种群密度仅为约 3×10^4 个/cm^2。

(4) 盐度与水生生物特征

盐度对鱼类分布格局的影响主要表现在河口区。学者们往往根据不同鱼类对于盐度的耐受能力，将河口鱼类群落划分为不同生态类型（Brazner et al.，1997）。詹海刚（1998）根据珠江口及邻近水域鱼类群落结构及其与环境因子的关系，将该水域鱼类划分为淡水、河口和沿岸三种群落类型，并认为盐度梯度是决定各群落分异的主导因子。随着盐度的增加，群落结构愈加复杂。丰水期淡水群落向河口扩展，枯水期则为河口群落的反向扩展，两种群落的分布范围此消彼长。张衡和朱国平（2009）根据 2006 年 3 ~ 11 月每月在长江口的 36 网次鱼类采样数据，分析了长江口潮间带 4 个站点鱼类群落组成的时空变化特征，通过等级聚类将潮间带分为咸淡水区和低盐淡水区两种类型区。咸淡水区以斑尾刺虾虎鱼（*Acanthogobius ommaturus*）、鲻（*Mugil cephalus*）、红狼牙虾虎鱼（*Odontamblyopus rubicundus*）、棘头梅童（*Collichthys lucidus*）等河口定居种的幼鱼为优势种，而低盐淡水区以拟鳊（*Pseudobrama simony*）、光泽黄颡鱼（*Pelteobagrus nitidus*）、鲫（*Carassius auratus*）、鳊（*Parabramis pekinensis*）等淡水鱼类的幼鱼为优势种。张衡和朱国平（2009）的研究验证了 Brazner 等（1997）河口区鱼类群落划分的合理性，即鱼类群落组成与盐度密切相关。

盐度对底栖动物分布格局的影响主要表现在河口区。袁兴中等（2002）在长江口南岸潮滩设置了 7 个采样断面，研究底栖动物功能群分布格局，发现盐度梯度是决定长江口底栖动物分布格局的主导因子，底栖动物的物种数和功能群类型数与河口盐度梯度之间均呈显著正相关关系。

在河口地区，盐度是影响藻类光合作用速率的重要因素。王金辉（2002）将长江口浮游藻类划分为淡水型、河口半咸水型、近岸低盐型、外海高盐型和海洋广布型共 5 种类群。这些类群按盐度梯度分布，随长江径流量的变化而摆动变化。Wong 和 Townsend（1999）研究了美国缅因州 Kennebec 河河口浮游藻类特征，发现叶绿素 a 浓度沿着盐度梯度呈双峰分布，最大值分别出现在淡水向淡咸水过渡的区域，在盐度 10‰ ~ 20‰的区域则出现叶绿素 a 低值。郭沛涌等（2003）综述了河口浮游藻类物种组成、时空分布及其影响因子等方面主要研究进展，发现硅藻、甲藻等在河口区较常见。且河口浮游植物种类组成与盐度变化密切相关，初级生产随河口水体盐度差异时空变化也十分明显。

(5) 汇流尺度与水生生物特征

在自然河流系统中，汇水面积通常与流量、河宽、水深等河道特征有显著的相关。许多研究直接或间接表明，河流汇流尺度对鱼类的分布有明显影响。例如，王寿昆（1997）对中国13条主要河流淡水鱼类分布与环境因子进行了分析，认为鱼种类数与平均流量和径流深度都显著相关（r=0.789，P<0.01；r=0.854，P<0.01）。杜浩等（2010）在研究了长江湖北荆州江口镇至涴市镇河段天然河道的鱼类分布之后也发现，水越深的区域鱼类密度越高。

许多研究直接或间接表明，河流汇流尺度对底栖动物的分布有明显影响。一般来说，水深为16～50 cm时底栖动物群落的物种丰富度和密度最大，敏感种类最多（Beauger et al., 2006）。多数情况下，底栖动物群落多样性和密度随水深增加而递减。Beisel等（1998）研究水深与底栖动物群落变化关系时发现，水深与底栖群落的均匀度成正相关，而与多度呈负相关。

汇流尺度对藻类的影响主要表现在对水深、营养盐浓度、水流滞留时间等方面的影响上。随着汇流尺度的增大，水深加深，直至下游河段流速减小，水流滞留时间延长。水深对光照条件有明显影响，进而决定底栖着生藻类的生长发育。营养盐对藻类的种类构成和数量有明显影响。水流时长是指河水流经某一河段长度经过的时间长度。越接近源头，水流速度越快。藻类繁衍通常需要数天的时间，因此，水流滞留时间是决定河流浮游藻类数量的关键因子之一。

8.3 指标获取方法

8.3.1 基本河段单元的确定

在综合考虑水生态系统特征的空间可识别性、数据的可获得性和管理适用性的基础上，对流域水生态功能四级分区的空间尺度建议如下：①参与分区指标计算的河段，其汇水面积不小于20 km^2。在进行河段划分前，必须有一个界定河段起始的标准，因为河流（尤其在山区）是个分形系统，随汇水面积缩小，河段数量呈指数增长，在目前的管理体系下，不可能也没必要将所有细小源头段包括进来。通常有两种界定河段起始的办法，一种是按实测的河宽、水量、地下水位等标准，一种是按汇水面积标准。显然，从便于GIS数据处理的现实角度考虑，按汇水面积标准来界定河段起始长度将更便利于操作。经抽样统计，在东江流域，当河段汇水面积在约20 km^{2}时，平均河道水面宽度在5 m左右，基本属于源头型浅水河溪，整个东江流域可划分出550条以上的源头河溪，河段分类再往源头上溯已无太大必要。况且，以20 km^{2}的汇水面积作为基本单元，已经小于我国从2010年开始的第一次水利普查中的最小河流统计标准，即汇水面积大于50 km^2。过于细小的划分，将加大系统获取基础数据的难度。②最小河段划分长度不短于1 km。例如，经抽样统计，在东江流域，村与村中心地之间的距离一般大于 2 km，而镇与镇中心地之间的距离一般大于 5 km，将最小河段划分长度界定在 1 km，能够满足绝大多数情况下按最小行政区管理的需求。

8.3.2　河段单元划分

虽然四级分区是一个类型区，但分区过程中仍然需要有归纳、合并、裁切、划分等"取舍"过程。在取与舍的过程中，四级水生态功能分区的基本单元，以东江流域为例，从实际管理需求和现有数据资料掌握水平出发，拟控制在陆地汇水面积或说积水范围不小于 20 km^2（$A \geqslant 20$ km^2）的空间单元尺度。对于其他类型的流域，如干旱区径流量小的流域，或者地形条件平缓的流域，基本单元的面积也可以根据流域水生态系统特征适当放大。水生态功能四级分区过程中采用的策略为自下而上的归并式分区过程。

河段及其所属的汇水区范围是水生态功能四级分区的基本归类单元，在进行四级分区之前，需要划分基本河段及其汇水区单元。基本河段单元既可用线状的河段表示，河段所属的集水区可用面状的汇水单元表示，还可用与河段对应的点（例如河段中点）来表示，这三种表示形式在四级分区中均代表基本四级分区单元。但在四级分区制图中，为增强显示效果，会根据具体情况更多选用其中某种。以东江流域为例，基本河段单元及其对应汇水单元通过如下过程进行划分。

对于河道型水体采用以下步骤：①提取汇水面积大于 20 km^2的河段；②进行河道特征转折点（如河道宽度突变点、陆域土地利用类型变化点等）识别，并利用河道特征转折点进一步分割河段，使分割出的河段在生态特征上尽量接近内部均质性；③利用三级分区边界对河段做进一步切割，使河段划分结果能与三级分区相衔接；④利用 Arc GIS 软件中 ArcToolbox 工具箱中的 Watershed 工具初步划分各河段的对应汇水单元；⑤人工修正湖库、平原区、河网等在自动划分阶段产生的部分错误情形；⑥通过删除、合并等方式依具体情况人工处理细小河段，并相应调整对应的汇水单元边界：第一种情况是删除汇水面积大于 20 km^2但河长小于 1 km 的源头型细小河段，并将其相应汇水区并入更高级别河段汇水区；第二种情况是将河长小于 1 km 且出、入口均无支流汇入的河段并入相邻的上游或下游河长相对较长的河段中；第三种情况是通过微调交汇口位置消除不在源头的河长过短的河段，当微调后交汇点位置严重偏离实际时（偏离 200 m 以上）则仍保留这类过短河段。经过以上步骤，最终获得用于四级分区的基本河段单元 1471 个［图 8-2（a）和图 8-2（b）］。对于非河道型水体，根据平均水面宽度确定面状水体，将平均水面宽度大于 1 km 的水体作为独立面状水体单元进行提取，同时将本流域中面积最大的湿地——潼湖湿地作为面状水体进行提取，小型的湖、库、湿地等并入相应河段进行统一处理。如果应用中需要进行进一步区别时，可在更低级别的分区和分类中进行区分。

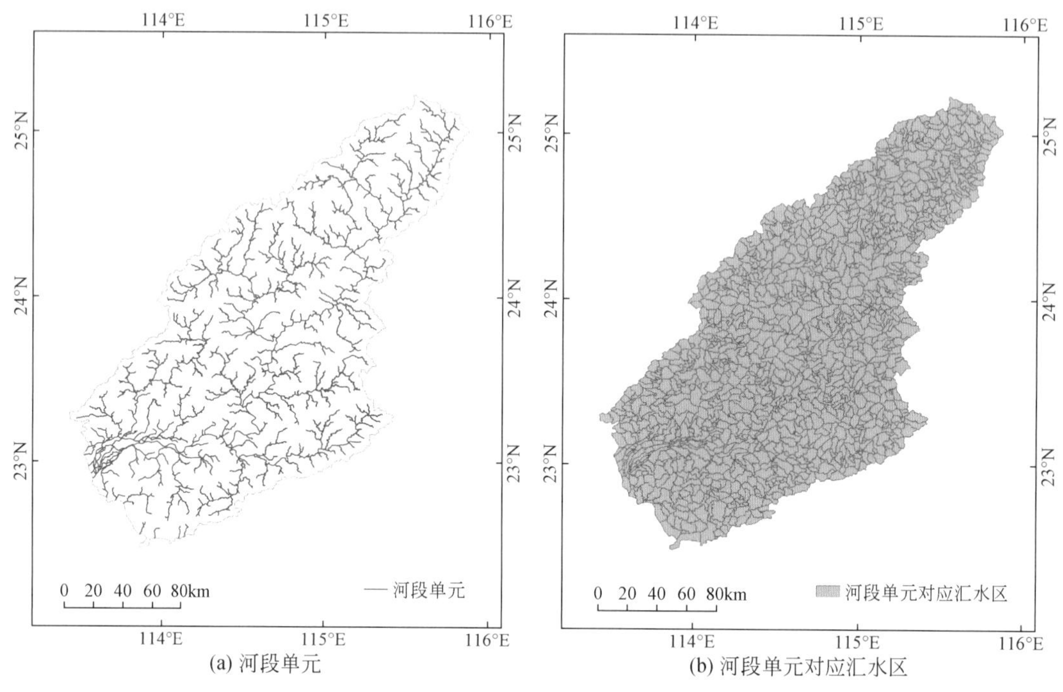

(a) 河段单元　　(b) 河段单元对应汇水区

图 8-2　四级分区基本河段单元

8.3.3　指标获取与计算

(1) 水体类型因子的指标获取

水体类型指标较为直观，采取直接赋值的方式获得。具体做法是，首先根据大型水库和湿地提取水面状水体。东江流域中辨识出的面状水体类型包括新丰江水库、枫树坝水库及白盆珠水库等3座东江流域内代表性大型水库，以及潼湖湿地这些东江流域内具有代表性的大型面状水体，并将这些水体统一归类为湖库沼泽型水体，其余河段均归入河道型水体。

(2) 温度因子的指标获取与计算

利用 ArcToolbox 工具箱中 Add Surface Information 工具，以冬季（前一年12月、1月、2月）气温图层为表面（surface），为每条河段添加并计算 Z_MEAN 属性，即获取每条河段的河道平均冬季背景气温，将该值赋给其对应汇水单元，获得河段单元河道平均冬季背景气温分布图（图8-3，图8-4）。

图 8-3　基本水体类型

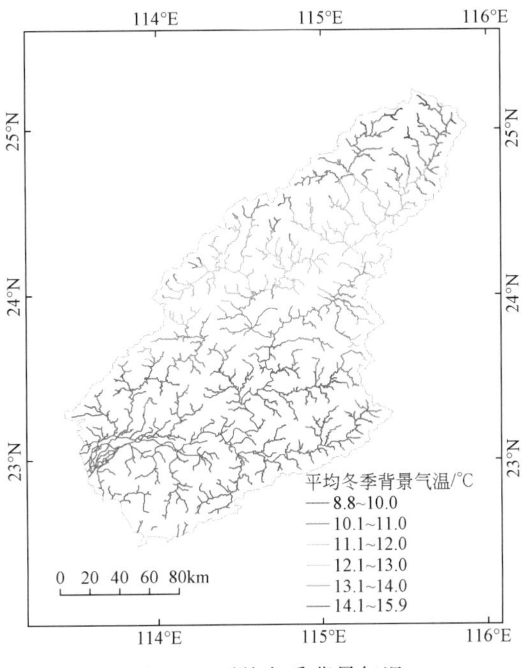

图 8-4　平均冬季背景气温

(3) 流速因子的指标获取与计算

利用 ArcToolbox 工具箱中的 Add Surface Information 工具，以 DEM 为表面（surface），为每一条河段添加并计算 AVG_SLOPE 属性，即获取每条河段的河道平均坡度，将该值赋给其对应汇水单元，获得河段单元的平均河道坡度分布图（图 8-5）。

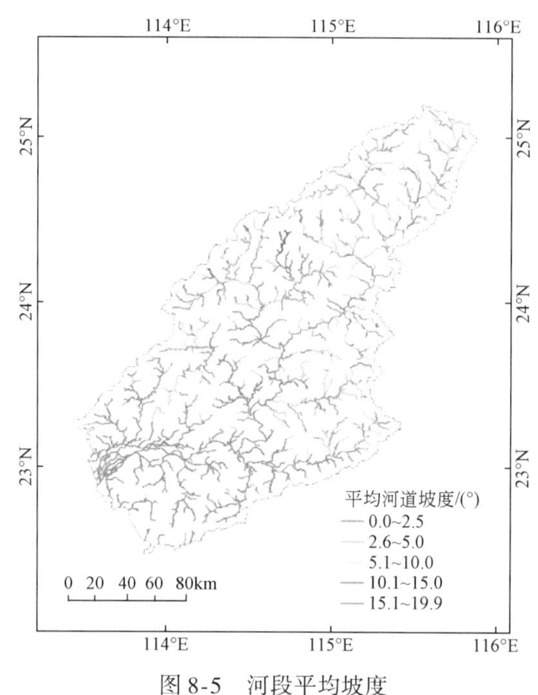

图 8-5 河段平均坡度

(4) 盐度因子的指标获取

根据有关文献信息确定东江下游感潮河段的范围，将其直接确定为河口咸淡水型河段，其余河段均确定为内陆淡水型河段，将该类型值赋给其对应汇水单元，获得基于盐度的河段单元的类型分布图（图 8-6）。

(5) 汇流尺度因子的指标获取与计算

提取河段中点所在栅格的汇流累积量值，将该值乘以单个栅格面积（四级分区中为 30 m ×30 m 栅格，故取 900 m^2），即获得河段中点的汇流面积，然后将该值赋给相应河段及其对应汇水单元，获得河段单元的汇流面积分布图（图 8-7）。

(6) 河道蜿蜒度指标获取与计算

利用 ArcToolbox 工具箱中的 Simplify Line 工具，生成直线型河道，为每一条河段添加并计算 STR_LENGHT 属性，即获取每条河段的直线长度，用河道实际长度除以其直线长度，得到每一条河段的河道蜿蜒度，将该值赋给其对应河道单元。在划分河道蜿蜒类型时，参考国内外常用划分标准，分别以河道蜿蜒度 1.2、1.5 为界，当河道蜿蜒度小于等于 1.2 时界定为低弯曲河段，1.2～1.5 时为中弯曲河段，大于 1.5 时为高弯曲河段（图 8-8）。

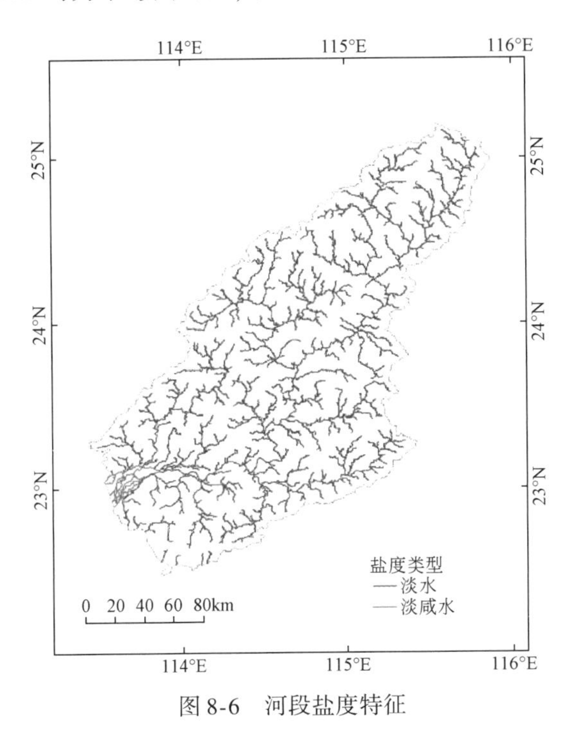

图 8-6　河段盐度特征

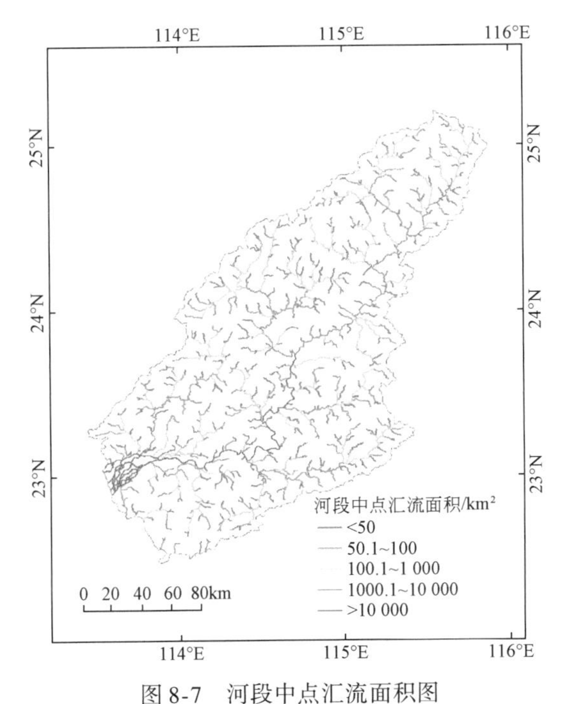

图 8-7　河段中点汇流面积图

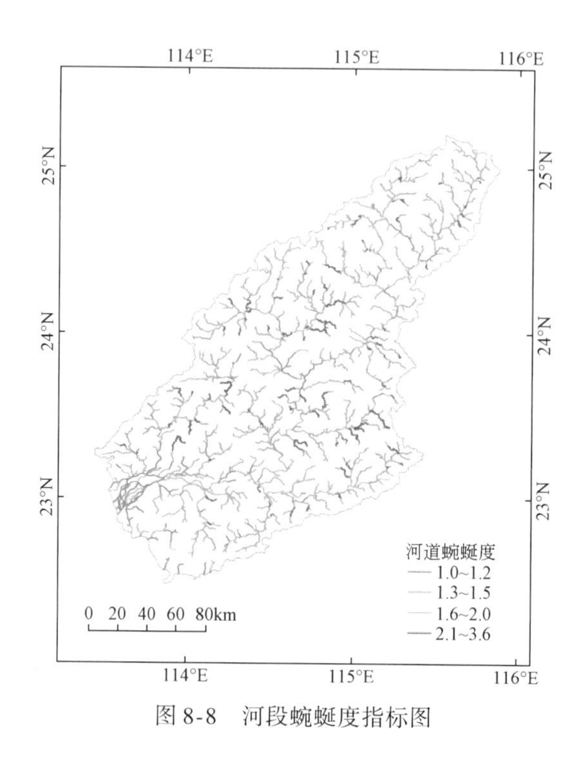

图 8-8　河段蜿蜒度指标图

8.4　河段水生态系统类型确定

8.4.1　指标应用

根据水体类型因子划分出湖库沼泽、河道共两个大组。

根据温度因子划分出冬温型、冬暖型两个河段类型。按河道平均冬季背景气温进行排序，同时考虑水生态功能一级分区界线进而典型热带鱼类越冬界线等信息，选择冬季平均温度 12℃作为冬温型河段与冬暖型河段的分界，以 12℃为界，当河道平均冬季气温小于等于 12℃时界定为冬温型河段，否则界定为冬暖型河段。

根据流速因子区分出山区急流型、平川缓流型两种河段类型。参考山地与平原地区河流的平均比降特征，选择 5°作为山区急流型河段与平川缓流型河段的分界。按照河道平均坡度进行排序，当河道平均坡度大于 5°时界定为急流型河段，否则界定为缓流型河段。

根据盐度因子划分出淡咸水过渡型、淡水型共两种河段类型。结合东江感潮河段的调查数据，同时也根据水质调查中的电导率数据、藻类中的指示类群分布等，以东莞石龙镇鲤鱼洲附近为界，该点下游的河网区河段均界定为淡咸水型河段，全流域内其余河段界定为淡水型河段。选择石龙镇附近作为淡咸水型河段与淡水型河段的分界，是结合潮汐发生机制、传统公认界线等信息加以综合判定的结果。此外，采用鲤鱼洲的海拔高度值，将深圳市入海河流低于该海拔高度以下的河段划分为淡咸水型河段。

参考了欧盟《水框架指令》有关汇流面积尺度的确定，按河段中点汇流面积进行排序，同时参考弯曲度指标的特征，分别以 50 km^2、1000 km^2 为界，当汇流面积小于等于 50 km^2 时界定为河溪，其弯曲度指标约为 1.2，该值大于 1000 km^2 时界定为大河，大河由于分布在平川地区，曲流发育较好，弯曲度指标大都高于 1.5。而该值介于二者之间时界定为中小河。

8.4.2 河段水生态系统类型划分结果及其名称

根据上述指标特征，将识别出的各类河段类型信息进行叠加处理，在东江流域河段中识别出 16 个水生态系统类型。其命名规则为，首先参考河段类型区划分指标，其次参考其空间分布规律，空间分异尺度越大的特征在命名中的位置越靠前。东江流域河段生态系统类型名称具体如表 8-1 所示。

表 8-1　四级分区河段水生态系统类型及其名称

编号	四级分区中的河段水生态系统类型	河段数量
01	冬温急流淡水河溪	131
02	冬温急流淡水中小河	103
03	冬温急流淡水大河	12
04	冬温缓流淡水河溪	33
05	冬温缓流淡水中小河	66
06	冬温缓流淡水大河	2
07	冬暖急流淡水河溪	153
08	冬暖急流淡水中小河	120
09	冬暖急流淡水大河	19
10	冬暖缓流淡水河溪	252
11	冬暖缓流淡水中小河	317
12	冬暖缓流淡水大河	138
13	冬暖缓流淡咸水大河	50
14	冬温淡水水库	20
15	冬暖淡水水库	54
16	冬暖淡水湖沼	1

注：水库类型统计出的河段数是为了保证空间计算而设置的虚拟河段数

8.5 河段类型划分结果校验

鉴于水生态功能四级分区的目标在于为水生态系统健康管理提供依据和支撑，分区的根本原则是反映河段水生态系统的差异性，辨识出不同生态系统类型。因此，水生态功能四级分区的合理性与否，应该看其能否显示水生态系统之间的差异。依据生态系统理论，生态系统的非生物环境-生物组成-系统结构-系统功能相互影响，亦即，生境决定着生物组成，生物组成决定着食物网、格局等尺度和非尺度性结构，生态系统结构决定着生态系统功能。因此，本研究建议根据生物指示性原理（江源等，2020；宋永昌，2001），对四级水生态功能分区的合理性进行校验。具体考虑两个条件：第一，利用调查数据进行基于单因子的特征物种定量筛选，如果可以筛选出满足给定条件的特征物种，则判定为校验有效，认为基于特定单因子的河段分类具有合理性。第二，如果所有单因子的河段分类都具有合理性，则基于这些单因子分类进行排列组合而获得的河段分类体系也应具有合理性。

8.5.1 特征物种筛选

基于单因子的特征物种须同时满足以下两个条件：第一，属于在调查中出现概率≥5%的物种分类单元；第二，归一化出现概率>1.2倍平均出现概率（当因子划分为2类时取50%×1.2=60%，划分为3类时取33.3%×1.2≈40%，划分为4类时取25%×1.2=30%）。其中，第一个条件用于降低偶见种及随机因素的干扰，第二个条件用于辅助判别物种的单因子生境偏好。基于单因子的特征物种定量筛选方法如下。

假设基于冬季温度因子进行特征物种筛选，所有河段被分为冬温型、冬暖型共2类，共进行了100点次采样，其中落在冬温型河段中43点次，落在冬暖型河段中57点次。某物种A在冬温型河段中被发现30点次，在冬暖型河段中被发现20点次。则物种A在冬温型河段的出现概率为30/43=69.8%，在冬暖型河段的出现概率为20/57=35.1%。经归一化处理，物种A在冬温型河段的归一化出现概率为69.8%/（69.8%+35.1%）=66.5%，在冬暖型河段的归一化出现概率为35.1%/(69.8%+35.1%）=1-66.5%=33.5%。由此判断，物种A更可能属于冬温型河段的特征物种。

本书采用水生生物类群藻类、大型底栖动物类和鱼类，对四级河段水生态系统类型进行验证。基于单因子指标划分的东江流域藻类特征物种辅助判别表如表8-2～表8-5所示。结果表明，四级分区所用的所有单因子分类指标均有对应的特征物种出现。

表8-2 冬季温度因子划分东江河段生态系统类型藻类特征物种表

单因子分类	特征物种中文名（归一化出现概率）
冬温	角星鼓藻（70.7%），双菱藻（68.9%），丝藻（68.3%），裸甲藻（66.9%），多甲藻（66.6%），韦氏藻（65.6%），鼓藻（64.7%），角状新月藻（63.1%），二角盘星藻（60.5%），平滑四星藻（60.5%）

续表

单因子分类	特征物种中文名（归一化出现概率）
冬暖	棒胶藻（100.0%），脆杆藻（86.3%），谷皮菱形藻（86.3%），狭形纤维藻（84.2%），尖细栅藻（84.0%），梭形裸藻（84.0%），双对栅藻交错变种（80.6%），辐节藻（78.2%），蓝隐藻（77.2%），弓形藻（73.9%），韦斯藻（72.3%），小空星藻（69.6%），窄异极藻延长变种（67.4%），四角盘星藻（66.2%），扁圆卵形藻（65.2%），布纹藻（64.5%），四足十字藻（64.5%），窄异极藻（64.4%），奇异单针藻（62.8%），纤细异极藻（62.6%），尖针杆藻（62.3%），双对栅藻（61.5%），肘状针杆藻（60.7%），双尾栅藻（60.6%），卵囊藻（60.4%），裸藻（60.1%）

表 8-3　流速因子划分东江河段生态系统类型藻类特征物种表

单因子分类	特征物种中文名（归一化出现概率）
急流	双头针杆藻（68.6%），长篦藻（68.6%），窄异极藻延长变种（64.2%），肘状针杆藻（64.2%），辐节藻（63.3%），赫迪异极藻（62.3%），颗粒直链藻最窄变种（61.6%），尖针杆藻（61.1%），纤细异极藻（60.7%）
缓流	狭形纤维藻（75.9%），谷皮菱形藻（75.5%），四足十字藻（74.1%），韦斯藻（72.4%），圆筛藻（72.4%），梭形裸藻（71.6%），棒胶藻（71.3%），蓝隐藻（71.3%），四角藻（70.6%），卵囊藻（70.6%），小空星藻（69.6%），脆杆藻（69.0%），平裂藻（67.7%），双对栅藻（66.0%），双对栅藻交错变种（66.0%），四角十字藻（65.5%），月牙藻（64.9%），角甲藻（63.2%），奇异单针藻（63.2%），双尾栅藻（61.5%），弓形藻（61.2%），十字藻（61.1%），针形纤维藻（60.6%）

表 8-4　盐度因子划分东江河段生态系统类型藻类特征物种表

单因子分类	特征物种中文名（归一化出现概率）
淡水	双头针杆藻（100.0%），角星鼓藻（100.0%），扁圆卵形藻（100.0%），曲壳藻（93.0%），肘状针杆藻（92.6%），短缝藻（85.7%），异极藻（82.8%），偏肿桥弯藻（79.6%），赫迪异极藻（77.2%），谷皮菱形藻（76.4%），纤细异极藻（73.6%），卵形藻（71.9%），双菱藻（71.0%），窄异极藻（69.7%），桥弯藻（69.3%），窄异极藻延长变种（69.0%），尖针杆藻（67.9%），羽纹藻（65.8%），长蓖藻（64.5%），颗粒直链藻最窄变种（61.8%），颗粒直链藻（60.1%）
淡咸水	圆筛藻（92.4%），四足十字藻（81.0%），钝顶节旋藻（80.3%），双对栅藻交错变种（79.4%），卵囊藻（78.2%），梭形裸藻（77.7%），四角十字藻（76.9%），小空星藻（76.0%），平滑四星藻（75.0%），四角藻（75.0%），盘星藻（74.5%），尖细栅藻（73.9%），月牙藻（73.9%），新月藻（73.3%），十字藻（72.4%），角状新月藻（71.0%），纤维藻（68.4%），韦斯藻（68.1%），双对栅藻（67.8%），针形纤维藻（66.7%），直链藻（66.6%），弓形藻（66.1%），二形栅藻（65.9%），裸甲藻（63.7%），扁裸藻（63.5%），平裂藻（62.2%），蓝隐藻（61.6%），双尾栅藻（61.4%），四角盘星藻（61.3%），弯曲栅藻（60.8%），奇异单针藻（60.5%）

表 8-5　汇流尺度因子划分东江河段生态系统类型藻类特征物种表

单因子分类	特征物种中文名（归一化出现概率）
河溪	双头针杆藻（60.9%），窄异极藻（57.0%），窄异极藻延长变种（56.0%），短缝藻（53.6%），鼓藻（53.1%），小空星藻（51.9%），微囊藻（47.3%），角星鼓藻（45.8%），曲壳藻（44.6%），赫迪异极藻（43.8%），肘状针杆藻（42.9%），颗粒直链藻（41.6%），丝藻（41.4%），箱形桥弯藻（40.5%）
中小河	四角盘星藻（77.9%），直链藻（短）（66.8%），偏肿桥弯藻（58.8%），颗粒直链藻最窄变种（58.2%），囊裸藻（56.6%），辐节藻（56.2%），羽纹藻（56.1%），韦氏藻（55.1%），扁圆卵形藻（53.7%），尖针杆藻（52.4%），扁裸藻（50.6%），纤细异极藻（50.3%），狭形纤维藻（49.7%），盘星藻（49.6%），双菱藻（49.0%），尖细栅藻（48.9%），弯曲栅藻（47.8%），四角藻（47.1%），长蓖藻（46.5%），四尾栅藻（45.9%），二角盘星藻（44.2%），衣藻（44.1%），异极藻（44.0%），鱼腥藻（43.7%），脆杆藻（43.6%），双对栅藻交错变种（43.0%），双尾栅藻（42.6%），赫迪异极藻（42.6%），长篦藻（42.2%），平裂藻（41.9%），针形纤维藻（41.6%），肘状针杆藻（41.3%），平滑四星藻（41.0%），谷皮菱形藻（40.3%），新月藻（40.3%），四角十字藻（40.1%）
大河	圆筛藻（68.4%），脆杆藻（56.4%），韦斯藻（55.6%），角甲藻（52.3%），锥囊藻（51.6%），尖细栅藻（51.1%），蓝隐藻（50.8%），纤维藻（49.5%），卵囊藻（49.2%），卵形藻（48.8%），隐藻（48.0%），布纹藻（47.8%），角状新月藻（47.5%），梭形裸藻（47.2%），弓形藻（46.2%），卵形隐藻（42.8%），四足十字藻（41.9%），多甲藻（41.8%），盘星藻（41.3%），变异直链藻（41.1%），颤藻（41.1%），直链藻（40.8%），小环藻（40.8%）

基于单因子指标划分的东江流域大型底栖动物特征物种辅助判别如表 8-6 ~ 表 8-9 所示。结果表明，本书研究所用的所有单因子分类指标均有对应的特征物种出现。

表 8-6　温度因子划分的东江河段生态系统类型底栖动物特征物种表

单因子分类	特征物种中文名（归一化出现概率）
冬温	螟蛾科（100.0%），蜉蝣科（93.1%），大蚊科（91.0%），泽蛭属（89.3%），蜻科（77.0%），圆扁螺属（77.0%），划蝽科（77.0%），水螨科（77.0%），石蛭属（77.0%），三肠目（77.0%），鱼蛉科（77.0%），纹石蛾科（71.5%），丝蟌科（69.1%），长角石蛾科（69.1%），直突摇蚊亚科（68.3%），颤蚓属（68.1%），长足摇蚊亚科（67.2%），伪蜓科（66.8%），四节蜉科（66.8%），扁蛭属（65.7%），淡水壳菜（65.1%），摇蚊亚科（62.6%），大蜻科（62.6%）
冬暖	短沟蜷属（100.0%），无齿蚌属（78.2%），长臂虾科（70.5%），瓶螺科（67.6%），河蟌科（64.2%），角螺属（64.2%），匙指虾科（62.8%）

表 8-7　流速因子划分的东江河段生态系统类型底栖动物特征物种表

单因子分类	特征物种中文名（归一化出现概率）
急流	石蝇科（91.7%），长角石蛾科（89.9%），蜉蝣科（89.9%），螟蛾科（89.9%），水螨科（81.6%），大蚊科（78.7%），纹石蛾科（74.7%），泽蛭属（74.7%），三肠目（68.9%），丝蟌科（66.0%），箭蜓科（65.5%），匙指虾科（64.5%），长足摇蚊亚科（61.0%）

续表

单因子分类	特征物种中文名（归一化出现概率）
缓流	无齿蚌属（84.4%），短沟蜷属（79.3%），瓶螺科（75.9%），伪蜓科（75.9%），河蚬科（73.0%），角螺属（73.0%），尾腮蚓属（67.0%），环棱螺属（66.6%），长臂虾科（61.2%）

表 8-8　盐度因子划分的东江河段生态系统类型底栖动物特征物种表

单因子分类	特征物种中文名（归一化出现概率）
淡水	无齿蚌属（100.0%），伪蜓科（100.0%），河蚬科（100.0%），圆田螺属（100.0%），膀胱螺属（100.0%），颤蚓属（100.0%），萝卜螺属（100.0%），大蜻科（100.0%），摇蚊亚科（100.0%），石蛭属（100.0%），鱼蛉科（100.0%），直突摇蚊亚科（100.0%），淡水壳菜（100.0%），扁蛭属（100.0%），四节蜉科（100.0%），划蝽科（100.0%），蜓科（100.0%），蜻科（100.0%），圆扁螺属（100.0%），长足摇蚊亚科（100.0%），匙指虾科（100.0%），箭蜓科（100.0%），丝蟌科（100.0%），三肠目（100.0%），纹石蛾科（100.0%），泽蛭属（100.0%），大蚊科（100.0%），水螨科（100.0%），长角石蛾科（100.0%），蜉蝣科（100.0%），螟蛾科（100.0%），石蝇科（100.0%）
淡咸水	角螺属（84.7%），短沟蜷属（78.6%），瓶螺科（66.3%）

表 8-9　汇流尺度因子划分的东江河段生态系统类型底栖动物特征物种表

单因子分类	特征物种中文名（归一化出现概率）
河溪	蜓科（82.4%），蜉蝣科（82.4%），大蚊科（78.9%），鱼蛉科（77.8%），纹石蛾科（73.7%），箭蜓科（63.9%），扁蛭属（60.9%），长角石蛾科（60.3%），螟蛾科（60.3%），三肠目（58.3%），石蝇科（58.3%），大蜻科（52.9%），匙指虾科（52.7%），水螨科（50.6%），淡水壳菜（50.3%），膀胱螺属（48.5%），四节蜉科（47.9%），长足摇蚊亚科（47.8%），划蝽科（42.5%）
中小河	石蛭属（100.0%），圆扁螺属（84.8%），伪蜓科（81.3%），尾腮蚓属（73.6%），蜻科（71.2%），摇蚊亚科（68.4%），泽蛭属（60.7%），丝蟌科（60.1%），颤蚓属（54.2%），瓶螺科（50.8%），萝卜螺属（46.3%），角螺属（45.2%），环棱螺属（44.0%），三肠目（41.7%），石蝇科（41.7%），四节蜉科（41.1%），圆田螺属（40.3%）
大河	河蚬科（80.2%），无齿蚌属（72.1%），角螺属（54.8%），长臂虾科（49.2%），瓶螺科（49.2%），短沟蜷属（47.6%）

基于单因子指标划分的东江流域鱼类特征物种辅助判别如表 8-10 ~ 表 8-13 所示。结果表明，本书研究所用的所有单因子分类指标均有对应的特征物种出现。

表 8-10　温度因子划分的东江河段生态系统类型鱼类特征物种表

单因子分类	特征物种中文名（归一化出现概率）
冬温	侧条光唇鱼（95.1%），钝吻拟平鳅（91.7%），大鳍鳠（79.5%），瓦氏黄颡鱼（79.5%），鳜（翘嘴鳜）（76.9%），宽鳍鱲（76.7%），平舟原缨口鳅（73.5%），斑鳜（70.4%），马口鱼（68.0%），大眼鳜（67.6%），大刺鳅（67.2%），鳊（66.9%），叉尾斗鱼（65.6%），越鲇（64.9%），飘鱼（64.9%），斑鳠（64.9%），高体鳑鲏（64.4%），蛇鮈（64.1%），翘嘴鲌（63.5%），鲤（62.8%）

续表

单因子分类	特征物种中文名（归一化出现概率）
冬暖	瓣结鱼（100.0%），横纹条鳅（横纹南鳅）（100.0%），福建纹胸鮡（100.0%），攀鲈（100.0%），日本鳗鲡（100.0%），纹唇鱼（100.0%），乌塘鳢（100.0%），壮体沙鳅（100.0%），纵带鮠（100.0%），舌虾虎鱼（100.0%），越南鱊（100.0%），斑纹舌虾虎鱼（100.0%），尖头塘鳢（100.0%），花斑副沙鳅（100.0%），美丽小条鳅（100.0%），彩石鳑鲏（86.0%），条纹小鲃（86.0%），麦穗鱼（84.8%），棒花鱼（82.4%），鳘（82.0%），革胡子鲇（81.2%），李氏吻虾虎鱼（81.2%），广东鲂（78.3%），似鮈（78.3%），食蚊鱼（74.2%），间䱻（74.2%），三角鲂（72.5%），黄尾鲴（72.2%），下口鲇（71.6%），麦瑞加拉鲮（71.6%），七丝鲚（68.4%），伍氏半鳘（68.4%），胡子鲇（68.4%），银鮈（65.8%），赤眼鳟（65.0%），短盖巨脂鲤（64.3%），光倒刺鲃（64.3%），东方墨头鱼（64.3%），莫桑比克罗非鱼（64.3%），南方拟鳘（61.8%），尼罗罗非鱼（60.0%）

表 8-11　流速因子划分的东江河段生态系统类型鱼类特征物种表

单因子分类	特征物种中文名（归一化出现概率）
急流	侧条光唇鱼（86.3%），青鱼（80.7%），斑鳜（77.0%），越鲇（75.8%），东方墨头鱼（74.5%），瓦氏黄颡鱼（74.5%），大眼鳜（73.6%），间䱻（72.3%），鳜（翘嘴鳜）（71.5%），翘嘴鲌（70.9%），斑点叉尾鮰（67.6%），小鳈（67.6%），大鳍鳠（67.6%），钝吻拟平鳅（67.6%），斑鳠（64.7%），异鱲（62.6%），马口鱼（61.5%），高体鳑鲏（60.6%），大刺鳅（60.6%），银鮈（60.3%），黑鳍鳈（60.2%）
缓流	日本鳗鲡（100.0%），乌塘鳢（100.0%），麦瑞加拉鲮（87.8%），革胡子鲇（85.2%），广东鲂（82.7%），舌虾虎鱼（77.0%），下口鲇（77.0%），七丝鲚（74.2%），尼罗罗非鱼（66.6%），胡子鲇（65.7%），尖头塘鳢（65.7%），斑纹舌虾虎鱼（62.6%），鳙（62.6%），鲮（60.9%）

表 8-12　盐度因子划分的东江河段生态系统类型鱼类特征物种表

单因子分类	特征物种中文名（归一化出现概率）
淡水	越南鱊（100.0%），鳊（100.0%），条纹小鲃（100.0%），伍氏半鳘（100.0%），飘鱼（100.0%），黄颡鱼（100.0%），黄鳝（100.0%），福建纹胸鮡（100.0%），攀鲈（100.0%），纹唇鱼（100.0%），壮体沙鳅（100.0%），纵带鮠（100.0%），彩石鳑鲏（100.0%），短盖巨脂鲤（100.0%），光倒刺鲃（100.0%），吻鮈（100.0%），月鳢（100.0%），细鳊（100.0%），蛇鮈（100.0%），花斑副沙鳅（100.0%），三角鲂（100.0%），似鮈（100.0%），叉尾斗鱼（100.0%），棒花鱼（100.0%），美丽小条鳅（100.0%），瓣结鱼（100.0%），横纹条鳅（横纹南鳅）（100.0%），平舟原缨口鳅（100.0%），宽鳍鱲（100.0%），黑鳍鳈（100.0%），银鮈（100.0%），高体鳑鲏（100.0%），大刺鳅（100.0%），马口鱼（100.0%），异鱲（100.0%），斑鳠（100.0%），斑点叉尾鮰（100.0%），小鳈（100.0%），大鳍鳠（100.0%），钝吻拟平鳅（100.0%），翘嘴鲌（100.0%），鳜（翘嘴鳜）（100.0%），间䱻（100.0%），大眼鳜（100.0%），东方墨头鱼（100.0%），瓦氏黄颡鱼（100.0%），越鲇（100.0%），斑鳜（100.0%），青鱼（100.0%），侧条光唇鱼（100.0%），泥鳅（62.9%）

续表

单因子分类	特征物种中文名（归一化出现概率）
淡咸水	日本鳗鲡（94.3%），乌塘鳢（94.3%），七丝鲚（93.0%），舌虾虎鱼（91.7%），下口鲇（91.7%），斑纹舌虾虎鱼（90.4%），广东鲂（88.0%），南方拟鳌（88.0%），革胡子鲇（85.7%），麦瑞加拉鲮（82.5%），尖头塘鳢（78.6%），李氏吻虾虎鱼（73.3%），莫桑比克罗非鱼（70.2%），尼罗罗非鱼（69.5%），斑鳢（68.8%），鲮（67.3%），胡子鲇（66.7%），鳙（66.0%），赤眼鳟（65.3%），鲤（65.3%），鳌（62.9%），黄尾鲴（62.9%），子陵吻虾虎鱼（61.1%）

表 8-13　汇流尺度因子划分的东江河段生态系统类型鱼类特征物种表

单因子分类	特征物种中文名（归一化出现概率）
河溪	壮体沙鳅（64.5%），短盖巨脂鲤（64.5%），横纹条鳅（横纹南鳅）（54.8%），纹唇鱼（48.5%），纵带鮠（48.5%），细鳊（48.5%），攀鲈（45.8%），花斑副沙鳅（42.4%），条纹小鲃（41.4%），彩石鳑鲏（41.4%），黄尾鲴（41.3%），尖头塘鳢（41.3%），东方墨头鱼（40.2%）
中小河	福建纹胸鮡（100.0%），斑点叉尾鮰（82.1%），异鱲（69.7%），平舟原缨口鳅（65.2%），越鲇（65.2%），钝吻拟平鳅（57.5%），月鳢（53.7%），光倒刺鲃（52.2%），东方墨头鱼（50.2%），宽鳍鱲（48.2%），马口鱼（45.8%），瓣结鱼（45.1%），伍氏半鳌（43.6%），斑鳠（41.5%），叉尾斗鱼（41.3%），三角鲂（40.7%），间䱻（40.6%）
大河	舌虾虎鱼（91.4%），日本鳗鲡（88.4%），斑纹舌虾虎鱼（84.2%），七丝鲚（70.9%），乌塘鳢（66.0%），李氏吻虾虎鱼（59.9%），吻鮈（54.9%），尼罗罗非鱼（54.1%），广东鲂（52.1%），斑鳜（49.7%），下口鲇（49.3%），南方拟鳌（48.0%），斑鳠（47.4%），革胡子鲇（46.8%），蛇鮈（46.5%），飘鱼（46.1%），斑鳢（45.1%），大鳍鳠（45.1%），美丽小条鳅（44.8%），赤眼鳟（44.8%），麦瑞加拉鲮（44.1%），胡子鲇（43.4%），侧条光唇鱼（42.7%），翘嘴鲌（42.6%），瓦氏黄颡鱼（42.3%），麦穗鱼（41.5%），鲮（40.6%）

8.5.2　校验结果

根据前述生态学理论和特征物种筛选结果可以看出，所有被选单因子的河段分类都具有一定合理性。从不同水生生物类群在不同河段类型中的调查分布看，淡水与淡咸水河流生态系统各类型、冬暖型与冬温型河流生态系统类型的差异最为明显，藻类、大型底栖动物和鱼类，都有多个物种明显趋向于栖息在其中的某一类生态系统类型中；大型底栖动物和鱼类对急流与缓流河段类型具有较明显的生境选择倾向，对河流规模也有相对明显的生境选择倾向。由此，本研究通过单因子分类进行排列组合而获得的河段分类体系，对于辨识河流生态系统类型具有较好效果，能够满足水生态功能四级分区的需要。

8.6　四级水生态功能区压力状态分析

四级水生态功能区压力状态分析包括两个方面的评估，一方面是流域内陆地土地利用和生产、生活的等对水体构成的压力，其中包括来自上游和压力和来自当地的压力；另一方面是水体利用方式对水体本身造成的压力。

8.6.1 流域压力指标获取与计算

由于土地利用综合反映了人类经济和社会活动的特征，压力因子的计算主要依据流域内的土地利用特征判定河段水生态系统所承受的压力状态。土地利用影响程度可分上游土地利用累积影响程度、周边土地利用影响程度和综合土地利用影响程度。

河段上游土地利用累积影响程度可反映不同河段所承受的来自上游区域的水生态压力。上下游关系反映了河流水系固有的空间拓扑属性，即单向流动的连通性，是划定特定河段类型归属的重要判别因子，并对设计污染物排放路径、制定突发污染事件防范对策、设立监测点位、上游对本河段的影响主要表现为水量、水质和水生生物方面，其中，对水量的影响可以用汇流面积反映，对水质的影响与上游陆域的土地利用有密切关系，对水生生物的影响与水量和水质均有密切关系。为了便于表述，本研究将这种来自于上游的影响称为土地利用累积影响。

上游土地利用累积影响程度是一个综合表征土地利用结构对受影响河段所造成水生态压力（主要是污染压力）的指标，通过借助 ArcGIS 所具有的加权计算汇流累积量功能，实现对每一河段所承受其上游汇水范围内土地利用水生态压力相对大小的定量估算。土地利用累积影响程度的获取过程如下：①建立土地利用压力权重栅格，对基本土地利用栅格进行权重设定，将建设用地权重设定为 1，农业用地权重设定为 0.5，林地和水域权重设定为 0。需要说明的是，各类土地利用的权重设定仅表示其所能造成水生态压力的相对高低，有关各类土地实际的水生态压力权重比例设定，尚待对开展分区的地区进行更深入更具体分析研究方能确定。②运行汇流累积量计算工具，并在“权重”选项处载入已设定好的土地利用压力权重栅格图层，获得径流路径上所有栅格点的加权汇流量。③用加权汇流量除以实际汇流量（即未加权的汇流累积量），并将实际汇流累积量为零值的栅格直接取值为土地利用压力权重值，获得每一栅格的来自上游的土地利用累积影响程度。④提取河段入口点所在栅格的土地利用累积影响程度值，将该值赋给相应河段及其对应汇水单元，获得河段单元的上游土地利用累积影响分布图（图 8-9）。

河段周边土地利用影响程度可反映不同河段所承受的来自周边的水生态压力。此处的河段周边，特指与基本河段单元对应的汇水单元。河段周边土地利用状况对水体生态系统的影响，主要表现在对河岸带生境的影响方面，其次也会对水体产生不同程度的影响。虽然周边土地利用对水生态系统影响的定量评估仍然是众多研究正在关注的科学问题，但仅从本团队的一手数据的统计结果看，周边土地利用程度与水体生态系统中的诸多因子，如营养盐、底栖动物多样性、浮游生物数量等，绝大部分情况下是显著相关的（彭秋志，2013；廖剑宇等 2013；Fu et al.，2015）。

周边土地利用影响程度的基本计算原理和权重设定与上游土地利用累计影响程度指标相同，所不同之处在于，周边土地利用影响程度的计算范围为与河段单元相对应的汇水单元。通过计算，获得河段单元的周边土地利用影响分布图（图8-10）。

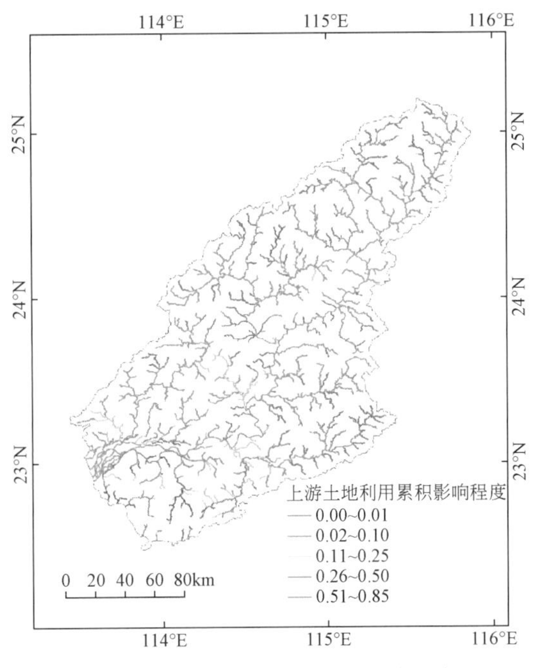

图8-9　上游土地利用累积影响程度

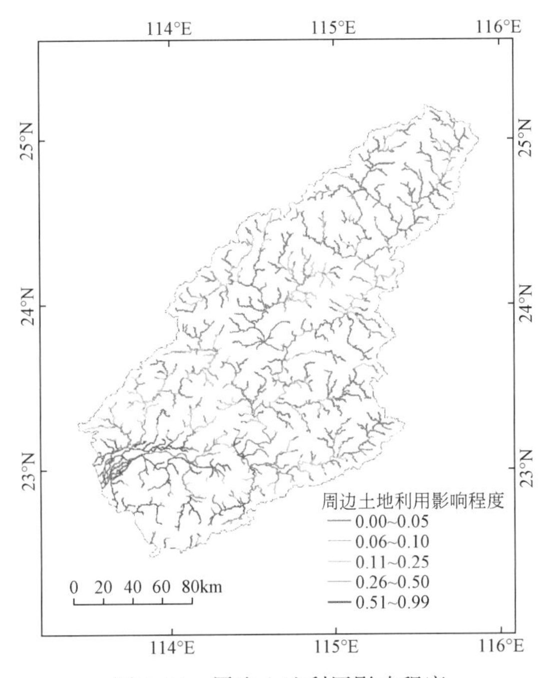

图8-10　周边土地利用影响程度

河段综合土地利用影响程度是对上游土地利用累积影响程度和周边土地利用影响程度的综合，在四级分区过程中以此二者的平均值加以表示。按河段所承受的水生态压力（等级）类型，可将东江流域河段分为低压力河段（综合土地利用影响程度≤0.1）、中压力河段和重压力河段（综合土地利用影响程度>0.5）（图8-11）。

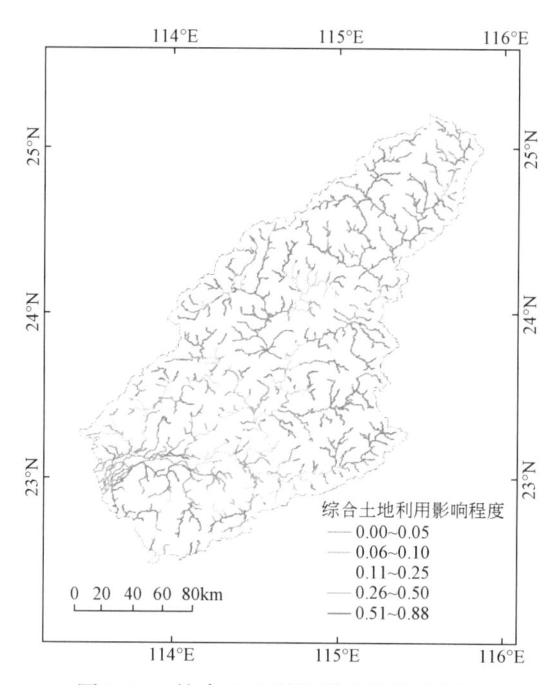

图8-11　综合土地利用影响程度分布图

8.6.2　河段水体利用方式压力

河段水体利用方式压力采用两类信息进行评估。其一是根据河段水体利用方式进行评估，为此，本研究依据水（环境）功能区类型表征水体利用压力，水体利用方式压力按照保护区、保留区、缓冲区、开发区依次递增，将未划归以上水功能区类型的河段，采用“未确定”类型表示；其次是根据河段是否流经保护区进行评估，为此将东江流域河段分为“流经自然保护区”和“未流经自然保护区”两个类型。

水（环境）功能区主要体现水环境管理方面的要求，是否流经自然保护区同样也体现了水体所承受的压力，将这两类信息应用于水生态功能四级分区的水体利用方式压力判断，既能准确清楚地反映压力状态，也有利于四级水生态功能区管理模式与水（环境）功能区管理和自然保护区管理模式的衔接整合。

根据以上分析，得出如下四级水生态功能区压力状态判定体系（表8-14）。

表 8-14　水生态功能四级区压力状态程度判定依据

<table>
<tr><th>压力类型</th><th>压力程度</th><th colspan="2">判定依据</th></tr>
<tr><td rowspan="3">流域土地利用压力</td><td>轻压力</td><td colspan="2">综合土地利用影响程度≤0.1</td></tr>
<tr><td>中压力</td><td colspan="2">综合土地利用影响程度为0.1~0.5</td></tr>
<tr><td>重压力</td><td colspan="2">综合土地利用影响程度≥0.5</td></tr>
<tr><td rowspan="7">水体利用压力</td><td>微压力</td><td>河段类型为保护区</td><td rowspan="5">按水功能区判定</td></tr>
<tr><td>低压力</td><td>河段类型为保留区</td></tr>
<tr><td>中压力</td><td>河段类型为缓冲区</td></tr>
<tr><td>高压力</td><td>河段类型为开发区</td></tr>
<tr><td>未定义</td><td>河段类型为未确定区</td></tr>
<tr><td>低压力</td><td>流经自然保护区</td><td rowspan="2">按自然保护区判定</td></tr>
<tr><td>高压力</td><td>未流经自然保护区</td></tr>
</table>

8.6.3　各河段生态系统类型的水生态压力分布

各河段类型的水生态压力分布情况如表 8-15 所示。从中可看出，东江流域大部分河段单元属于轻压力型河段，而中、重压力河段主要分布在缓流型河段中，尤其集中于流域南部冬暖型缓流河段中；就河段所受平均压力而言，所有河段类型都表现出来自河段周边的压力高于来自河段上游的压力这一共同特征；参与统计的几个大型水库均表现出轻压力特征；参与统计的唯一一个淡水沼泽即潼湖湿地，表现出中压力特征。由此，若从压力管理的角度看待东江流域的水生态管理，应重视缓流型河段的周边压力管理，尤其在南部平原城市区更应引起管理部门的关注。

表 8-15　四级分区各河段水生态系统类型的态压力特征

类型编码	类型名称	压力与河段数			平均压力值		
		轻	中	重	上游	周边	综合
01	冬温淡水急流河溪	131	0	0	0.01	0.03	0.02
02	冬温淡水急流中小河	103	0	0	0.02	0.04	0.03
03	冬温淡水急流大河	12	0	0	0.02	0.03	0.03
04	冬温淡水缓流河溪	33	0	0	0.01	0.08	0.05
05	冬温淡水缓流中小河	65	1	0	0.02	0.11	0.07
06	冬温淡水缓流大河	2	0	0	0.03	0.30	0.16
07	冬暖淡水急流河溪	153	0	0	0.01	0.04	0.03
08	冬暖淡水急流中小河	118	2	0	0.03	0.06	0.05
09	冬暖淡水急流大河	19	0	0	0.03	0.09	0.06
10	冬暖淡水缓流河溪	176	54	22	0.14	0.25	0.20

续表

类型编码	类型名称	压力与河段数			平均压力值		
		轻	中	重	上游	周边	综合
11	冬暖淡水缓流中小河	209	70	38	0.13	0.32	0.23
12	冬暖淡水缓流大河	107	18	12	0.09	0.30	0.19
13	冬暖淡咸水缓流大河	6	44	0	0.06	0.62	0.34
14	冬温淡水水库	20	0	0	0.02	0.03	0.02
15	冬暖淡水水库	55	0	0	0.02	0.03	0.02
16	冬暖淡水湖沼	0	1	0	0.31	0.64	0.47

8.7 四级分区河段类型的水生态功能评估

如前所述，本书研究所涉及的水生态功能包括两个部分，即流域陆地生态系统与水体有关的生态服务功能和水体自身所具有的生态服务功能。一级、二级、三级水生态功能分区中的水生态服务功能主要关注流域内部陆地对于河流、湖泊等水体能够提供生态服务功能，四级分区中所关注的水生态功能与前三级分区不同，主要关注水体本身的生态服务功能，如生境维持、生物多样性维持等，同时也兼顾关注水体能够为人类提供的服务功能。

8.7.1 河段类型的水生态功能评估方法

根据国内外生态服务评估研究内容（Constanza et al.，1997；Reid et al.，2005），同时参考东江流域的特点，共选择 14 类水生态服务功能（包括部分服务功能），对针对四级区中开展生态功能评估：即生物多样性维持、生境维持、泥沙输送、污染消纳、洪水调蓄、航运支持、休闲娱乐、渔业生产、水资源支持、水量供给、水量调节、水能提供、气候调节和防洪。其中只有水量供给、水能提供、水量调节、污染消纳和生物多样性维持 5 个功能可以通过各类数据进行定量或半定量评估，而大多数功能只能根据四级水生态功能分区的特征进行定性等级评估。

在进行基于河段单元的水生态功能定量评估时，以河段作为分析评估的基本单元，以各功能 0/1 归一化评估值表示每一河段在该功能上的水平高低和量值大小，将归一化方向统一规定为取值越接近 1 则越有利于维持水体生态系统健康。以上确定的东江流域各类水生态功能的定义及评估方法如下。

（1）生物多样性维持功能

生物多样性维持功能是指河段能够承载较丰富水生生物种类、珍稀物种以及重要生物群落的功能。一般而言，无论针对陆域还是水体，陆域植被覆盖状况越好，越可能维持较高的生物多样性。然而河流水体的此项功能却难以直接量化评测。另一方面，流域的植被覆盖越茂密，一般情况下流域中水体的水质也会越好，也更能够维持较高的生物多样性。因此四级分区拟以河段本地汇水区为分析单元，以周边土地利用影响程度作为表征河段生物多样性维持功能的主体背景部分。在此基础上，结合实地考察和文献调查结果，针对已知存在重要保护物种、鱼类和底栖动物物种多样性高、湿地、自然保护区等情形，相应赋予更高的多样性维持功能取值。据此建立生物多样性维持功能公式如下：

$$F_d = D + (1 - P_{\text{local}}) \tag{8-1}$$

式中，F_d 表示某河段生物多样性维持功能，D 为基于综合分析后的河段生物多样性维持功能值部分归一化值，P_{local} 为周边土地利用影响程度归一化值。D 和 P_{local} 各占一半权重。D 的取值规则为特有或珍稀水生生物出现地、自然保护区、湿地等，取最高级别；调查显示的鱼类或底栖动物种类较多的区域、水功能区划中按Ⅱ类水质目标管理的区域、源头型山溪河流等，取较高级别；水功能区划中按Ⅲ类水质目标管理的区域、河口、大河等，取中等级别；高污城市河渠等，取最低级别；其余河段取较低级别。以上各类赋值情形如有重叠，按就高不就低原则赋值。最后将赋值结果进行 0/1 归一化，获得东江流域河段生物多样性维持功能评估结果。

（2）生境维持功能

生境维持功能是指河流生境能够满足河流水生生物生活所需的物理、化学和生物环境，为水生生物生长、觅食、繁殖以及其他重要生命活动环节提供场所的功能。可以从河道类型、河道底质类型、河岸稳定性、河岸带宽度、河岸带植被状况和河岸带人类干扰综合考虑。鉴于数据来源和分析方法的有限性，四级分区仅对该功能做定性分析。

（3）泥沙输送功能

泥沙输送功能是指河流对河水及其所溶解、携带的物质向下游输送的功能。可以通过河道过水断面的面积、流速和泥沙含量来加以表征，但由于水深数据的不稳定性和不易获取性，可以考虑用河宽与流速和泥沙含量来近似表达。鉴于数据来源和分析方法的有限性，四级分区仅对该功能做定性分析。

（4）污染消纳功能

污染消纳功能是指河流能够提供并维持良好的污染物质代谢环境，通过稀释、扩散、吸收转化等一系列物理和生物化学反应净化河流污染物的功能。影响污染消纳功能的因素主要有水量、流速、现有污染压力等。其中，水量大小能够明显影响稀释能力，流速快慢能够明显影响扩散能力，水体现有污染压力能够明显影响净化潜力。水量大小可用水量供给功能评估值加以表征，流速快慢可用河道坡度加以表征，水体现有污染压力强弱可用河段上游土地利用累积影响程度加以表征。据此构建表示河段污染消纳功能的公式如下：

$$F_c = [V + (1 - P_{\text{up}})] \cdot W_s \tag{8-2}$$

式中，F_c 表示某河段污染消纳功能，V 为该河段水量供给功能归一化取值，W_s 为该河段的河道平均坡度权重取值，P_{up} 为该河段上游土地利用累积影响程度归一化取值。其中 W_s 实质是对河道平均坡度的直接线性压缩，取值范围为［0.5，1］，其目的是在污染消纳功能计算过程中加入一定程度的流速信息。最后将计算结果进行 0/1 归一化，获得东江流域河段污染消纳功能评估结果。

（5）洪水调蓄功能

洪水调蓄功能是指河流为人类提供调洪滞洪场所，以达到减轻或消除洪水威胁的功能。可以从曲流、漫滩、湿地等的发育程度来初步判定该功能的高低。鉴于数据来源和分析方法的有限性，四级分区仅对该功能做定性分析。

（6）航运支持功能

航运支持功能是指河流能够满足利用其水体通道进行通航的功能。可以从是否有航道以及航道级别等方面来初步判定该功能的高低。鉴于数据来源和分析方法的有限性，四级分区仅对该功能做定性分析。

（7）休闲娱乐功能

休闲娱乐功能是指河流为人类提供休闲娱乐场所，并能够满足人类炊饮、戏水、垂钓、观赏等不同休河流休闲娱乐的功能。该功能的评估具有很多不确定性，休闲娱乐本身类型多样，难以一概而论。但从一般意义上看，抛开交通成本等社会经济因素，仅从河流自然属性对休闲娱乐价值的影响看，水质清澈和风景秀丽均为大众所向往，可以作为评判河流休闲娱乐功能是否较高的两个重要标准。通常而言，水质越好，越能接近水质清澈的标准；河流生境受干扰程度越小或管理保护措施越到位，越能接近风景秀丽的标准。鉴于数据来源和分析方法的有限性，四级分区仅对该功能做定性分析。

（8）渔业生产功能

渔业生产功能是指河流为人类提供渔业生产场所，并能够满足人类对渔业产品需求的功能。通常用渔获量来表征渔业生产功能的强弱，但考虑到获取特定河段准确的渔获量资料不具有现实可行性，四级分区考虑采取间接评估方法。东江流域的渔业生产功能主要由鱼塘及山塘水库养殖所贡献，天然河道捕捞的贡献相对较小。而在天然河道中，一般来说，在水流缓慢而宽阔的河段，渔获量相对大。鉴于数据来源和分析方法的有限性，四级分区仅对该功能做定性分析。

（9）水资源支持功能

水资源支持功能是指河流能够满足人类饮用、灌溉、工业、景观等不同用水需求的功能。该功能实际上可从水质和水量两方面来共同进行分析评估，为避免和其他功能存在过多重叠，四级分区仅分析水质方面，即根据不同用水需求，划分不同的用水支持级别。鉴于数据来源和分析方法的有限性，四级分区仅对该功能做定性分析。

(10) 水量供给功能

水量供给功能指河流或湖泊水体能够满足人类饮用、灌溉、工业、景观等不同用水需求的功能，可以用河段年径流量来表征该功能。由于不可能在所有河段设点监测径流量，因而需借助 ArcGIS 的汇流累积量计算工具（Flow Accumulation）对河段年径流量相对值进行近似计算。具体实现过程如下：首先以陆域径流产出功能评估值①为权重，运行汇流累积量计算程序，获得径流路径上所有栅格点的加权汇流量（即年径流量相对值）。然后提取每一河段的中点位置，以该点的年径流量相对值来代表该河段的情形，并将该取值赋给相应河段。针对存在特殊情况的河段，如湖库、网河等，依据具体情况人工修正赋值。最后将赋值结果进行 0/1 归一化，获得东江流域河段水量供给功能评估结果。

(11) 水量调节功能

水量调节功能是指因人类筑坝建库而使部分河段拥有的对下游主干河道的径流调节功能。径流调节功能通过雨季削峰和旱季补枯，在分配水资源和防洪减灾等方面发挥着重要作用。能够发挥水量调节功能的主要是具备一定调节库容的水库型河段。拟通过对河段进行分级来表征不同河段的水量调节功能，具体如下：将流域内唯一的多年调节型水库，即新丰江水库，定级为水量调节功能最强河段；将流域内另外两个大型水库，即枫树坝水库和白盆珠水库，定级为次强河段；将含有其他水库或湿地（以 1 : 250 000 水系矢量图中存在的为依据）的河段定级为中等；将剩余河段中汇水面积不足 100 km^2 的河段定级为最弱；其他河段统一定级为次弱。最后将分级结果进行 0/1 归一化，获得东江流域河段水量调节功能评估结果。

(12) 水能提供功能

水能提供功能是指河流以水量形式所能提供的重力势能。河段重力势能公式如下：

$$E_w = m \cdot g \cdot h \tag{8-3}$$

式中，E_w 表示某河段重力势能；m 为该河段年均来水量对应的质量，单位为 kg，在四级分区中假设水体密度为 1 t/m^3，并以河段中点位置的年均来水量进行质量换算；h 为该河段落差，单位为 m；$g = 9.8\ m/s^2$ 为重力加速度。当河段的河道平均坡度小于 5°（即属于本文确定的缓流型河段）时，h 取零值。换言之，四级分区仅对急流型河段计算水能提供功能，而缓流型河段将直接被确定为水能提供功能低值区。针对在比降或水量方面难以按统一方法准确计量的河段，例如大型水库，依据具体情况人工修正赋值。将结果进行 0/1 归一化，获得东江流域河段水能提供功能评估结果。通常而言，在落差相似的情况下，大河比中小河蕴藏着更多的水能；同样，在水量相差不大的情况下，山区河流比平原区河流蕴藏着更多的水能。

---

① 详见第 7 章东江流域水生态功能三级分区

(13) 气候调节功能

气候调节功能是指河流通过水面蒸发调节局部气候的功能。通常而言，水体面积越大，蒸发量越大，对局部气候的影响越大。可以用单位河长的水面宽度来表示河流气候调节功能，其中，多河道可合并作单河道处理。鉴于数据来源和分析方法的局限性，四级分区仅对该功能做定性分析。

(14) 防洪功能

防洪功能是指河道在面临洪水威胁时所体现出的抵御洪水破坏及防止漫堤的功能。可以根据河道是否有防洪堤坝及其设防级别，对该功能进行初步分析评估。鉴于数据来源和分析方法的有限性，四级分区仅对该功能做定性分析。

8.7.2 河段类型的水生态功能定性评估

水生态功能四级分区单元河段水生态功能的定性特征分析仅基于河段类型展开，即相同的水生态系统类型在生态服务功能方面是相似的。

由于河流本身是一个连续体，依据河段特征划分的不同类型虽然存在差异，但在很多方面相互连通。因此，河段的水生态系统功能的辨识与陆地生态系统功能评估并不完全相同，事实上一个河段可能同时发挥着多种生态功能。鉴于水生态系统的上述特征，本书在水生态功能定性评估中，定性评估针对所有功能并遵循以下基本原理。

首先，鉴于水生态系统本身同时具有多种类型的生态功能，四级分区河段生态系统的生态服务功能特征，主要由水生态功能分析等级评估表的各类特征进行判定（表 8-16）。

其次，同一种功能在不同河段类型上具有强弱等级差异。例如生物多样性维持功能，可以表现为强、中、弱不同等级，其最强的等级表现为具有保护珍稀濒危或者特有种的功能，最弱的等级表现为支持哪些常见的耐污物种的能力。

再次，在某种生态功能的定性评估中，只明确河段现状条件下所表现出的相对最高的一个等级。

根据以上原理，根据东江水生态系统调查数据，同时参考相关文献，本书提出东江流域水生态功能四级分区类型的水生态功能特征等级划分和评估基本依据，为了简单实用起见，也鉴于数据精度的特征，对每种功能划分三个等级（表 8-16）。本书说明篇《东江流域水生态功能三级四级分区说明书》中的对四级水生态功能的定性评估，均根据表 8-16 中的评估体系完成。

表 8-16　四级分区水生态功能特征等级评估矩阵与判定条件

类型 \ 级别	高	中	低
生物多样性维持	珍稀、濒危、特有物种	特征物种、常见物种	耐污种或入侵种

续表

级别 类型	高	中	低
生境维持	稀有特征生境	典型常见生境	强干扰或强改造生境
泥沙输送	大量输送	一般输送	滞留过程明显
污染消纳	大量消减稀释污染物	容纳污染物	超排放污染物
洪水天然调蓄	漫滩、湿地、曲流较发育	漫滩、湿地、曲流偶发育	峡谷、渠道
航运支持	主要航道	零星航行	不可航行
休闲娱乐	可接触	可靠近观赏	水体景观维持存在
渔业生产	商品性生产	自我消费为主	无生产
水资源支持	饮用水	工农业及景观用水	排污河道
水量供给	大河	中小河	河溪
水量调节	干流级调节	大支流级调节	调节能力微弱
水能提供	可供大中型发电	可供小型发电	水能微弱
气候调节	形成显著小气候	形成较弱小气候	形成微弱小气候
防洪	有大中型防洪工程	偶有小型防洪堤坝	无防洪堤坝

8.7.3　基于河段单元的水生态功能定量评估

基于前述水体水生态功能评估方法，以基本河段单元为评估单元，采取排序方式表达评估结果。排序顺序安排为：评估值越有利于维持水生态系统健康，则排序越靠前，并采用向绿色系表示；反之则排序越靠后，越不利于生态系统健康，采用向红色系表示。针对全流域四级分区基本河段单元的水体水生态功能评估结果如图 8-12 所示。

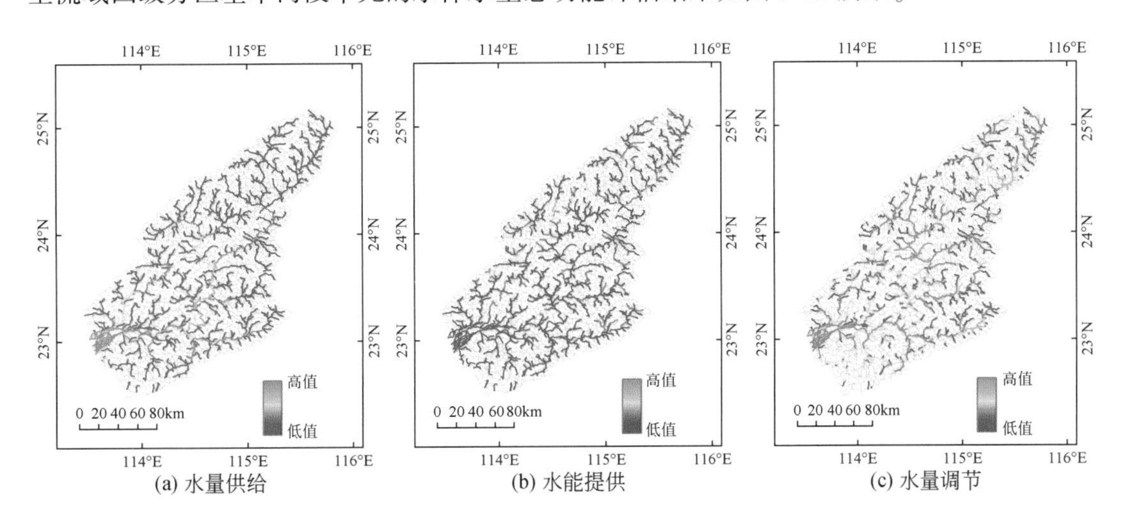

(a) 水量供给　(b) 水能提供　(c) 水量调节

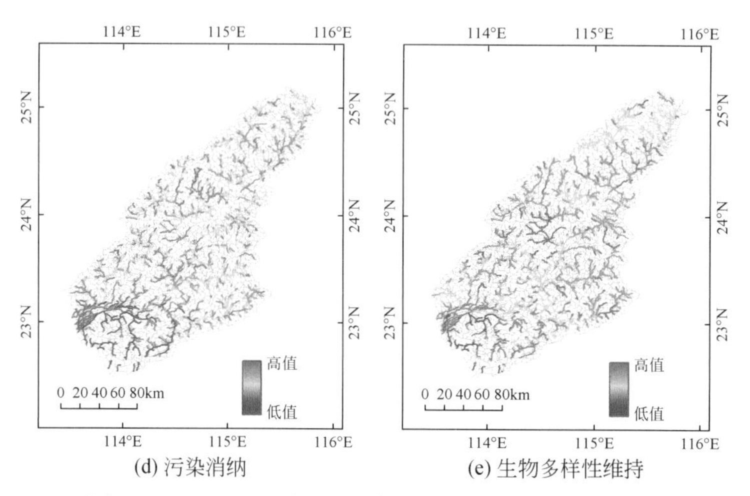

(d) 污染消纳　　(e) 生物多样性维持

图 8-12　基于河段单元的水体水生态功能评估结果排序

水生态功能的定量分析结果表明，四级水生态功能分区结果中所识别出的不同生态系统类型，在流域中的水生态功能差别明显。从水量供给功能的角度看，大河中下游主干河道发挥有重要作用；从水能提供功能和水量调节功能的角度看，建有水库的河段发挥有重要功能；从污染消纳功能的角度看，急流河段的功能相对较强；从生物多样性维持功能的角度看，山区源头型河段具有较强的功能。以四级分区中 16 类河段生态系统类型为分析单元，分别统计各类功能的平均值，绘制雷达图（图 8-13）。从中可看出，不同河段类型间水生态功能的差异与部分分区指标之间的差异具有协同性。例如，水量供给功能的强弱与汇流尺度的大小是协同变化的。

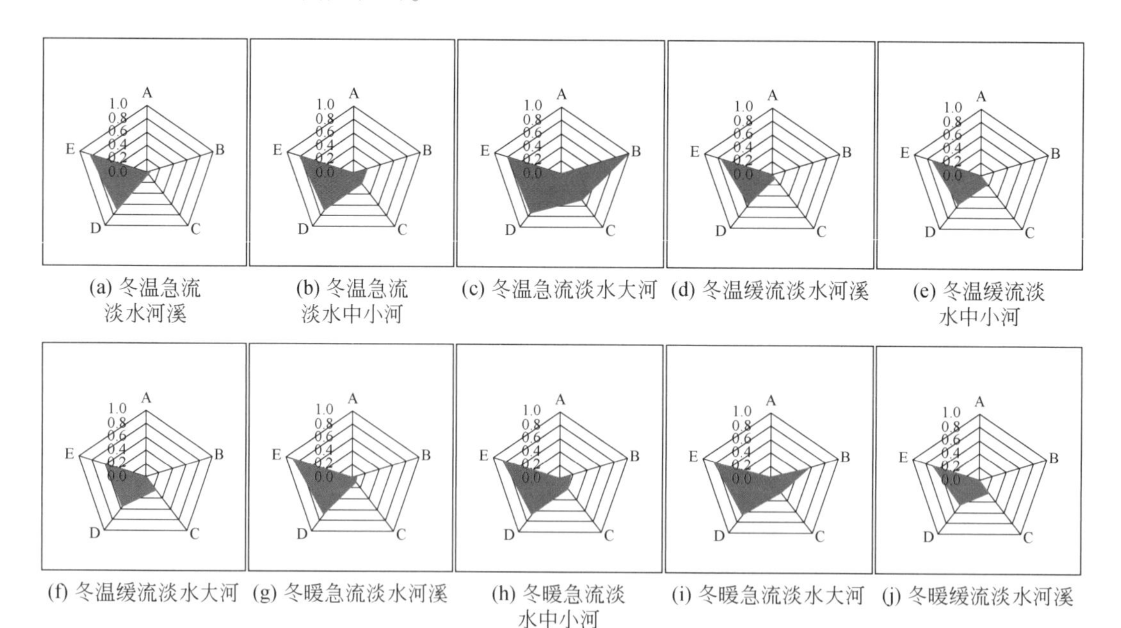

(a) 冬温急流淡水河溪　(b) 冬温急流淡水中小河　(c) 冬温急流淡水大河　(d) 冬温缓流淡水河溪　(e) 冬温缓流淡水中小河

(f) 冬温缓流淡水大河　(g) 冬暖急流淡水河溪　(h) 冬暖急流淡水中小河　(i) 冬暖急流淡水大河　(j) 冬暖缓流淡水河溪

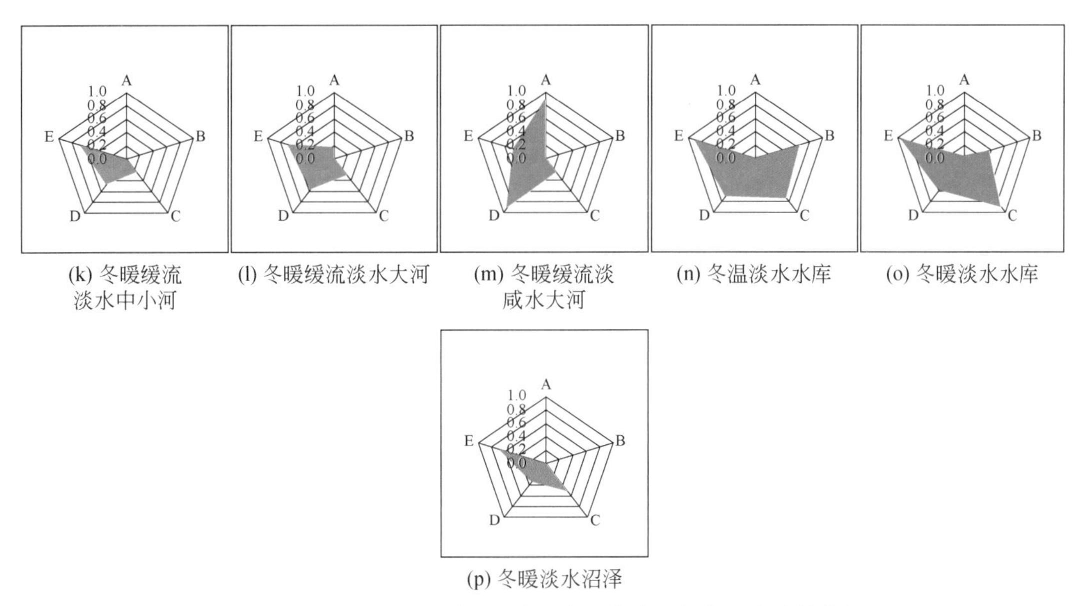

(k) 冬暖缓流淡水中小河　(l) 冬暖缓流淡水大河　(m) 冬暖缓流淡咸水大河　(n) 冬温淡水水库　(o) 冬暖淡水水库

(p) 冬暖淡水沼泽

图 8-13　四级分区不同河段水生态系统类型的水生态功能特征

8.8　四级区空间区域确定与命名

8.8.1　四级分区空间区域的确定

水生态功能四级分区空间单元的确定需要同时关注多方面的信息，首先是在流域空间上与三级水生态功能分区的对接，其次是通过对河段水生态系服务功能和水功能区以及自然保护地体系对接，最后是通过评估流域陆域人类活动压力与管理需求对接。这些都是当前水生态系统管理中关注的主要问题，因此，水生态功能四级分区也被定义为“管理区”。

四级水生功能区因其目的是服务于管理，目标是减少水生水生态系统所承受的人类活动压力，对需要修复的退化水生态系统进行标注。因此，随着承受压力过大的水生态系统的恢复与重建，在管理上需要定期对四级水生态功能分区进行评估，并通过命名调整对其状态变化进行标注。同理，如果有水生态系同在人类活动压力下，持续退化至需要生态恢复的高压力状态，也需要通过命名予以标注。

水生态功能四级分区空间单元的确定通过以下步骤完成。

第一步，对每一个河段从以下三个方面进行识别和标注：①识别河段水生态系统类型(共有 16 个河段水生态系统类型)；②识别河段主体水生态功能；③识别河段水生态系统所承受的压力状态。

第二步，确定每个河段水生态系统类型所对应的集水区空间范围。

第三步，空间单元整理。即如果空间上相邻的单元，其河段类型相同、生态服务功能相似、压力状态相似，则合并为一个空间单元；如果两个相邻的集水区，其河段类型相同，但分属于不同三级区，则不进行合并。

四级水生态功能区是一个类型区，因此一个三级内的各个四级区，在空间区域单元上并不是都是唯一的，有可能在空间上会重复出现。

8.8.2 四级分区编码

四级编码的规则为，在三级水生态功能分区编码的基础上，增加一个河段类型编码。由于东江流域水生态系统类型并不十分复杂，河段类型区的编码采用两位数表示，并作为下标，以短横线与三级水生态功能分区的编码相连。如某个四级水生态功能区的编码为 RF $\text{I}_{2\text{-}2\text{-}01}$，其含义如下："R"——河流型流域；"F"——东江流域；"Ⅰ"——第 1 个一级水生态功能区；第一位下标"2"——第 1 个一级水生态功能区中的第 2 个二级水生态功能区；第二位下标"2"——二级水生态功能区 RF I_2中的第 2 个三级水生态功能区；最后二位下标"01"——三级水生态功能区 RF $\text{I}_{2\text{-}2}$中的 01 类河段水生态系统类型及其所对应的集水区。

需要强调的是，第二、第三级水生态功能区编码，都是在上一级水生态功能区内部进行编码，四级水生态功能区中的水生态类型编码，是整个流域内部的水生态系统类型编码，因此是全流域范围内的统一编码。

8.8.3 四级分区命名

水生态功能四级区可转变成多种用途的、服务于水生态系统管理的空间单元，因此定义为"管理区"。流域水生态功能四级分区的命名与其他几个分区级别不同，需要实现以下 4 个功能。

1）需要与高级别水生态功能分区对接。

2）表征水生态系统类型，即能够体现所划分出的 16 个水生态系统类型。

3）体现该分区单元中水体的主要生态服务功能，根据其所处地段的水功能区类型、自然保护地类型以及是否有保护物种等特征，确定其是需要保护，还是需要进行修复。对于需要保护的四级区，根据拟保护的物种和生境的类型，依次进一步分为高功能和中功能两个等级。

4）对于需要修复的四级区，应标注水生态系统所承受的、来自于陆域生态系统的压力状态，以表明河段对于实施恢复性干预措施的需求。根据水生态系统所承受的来自于陆域生态系统压力大小，依次区分出高压力和中压力两个等级。

具体命名方式如下：三级区中的地理位置+四级区河段水生态系统类型+管理目标+压力状态。如："定南水寻乌水山地冬温淡水急流大河生境保护中功能管理区"，其含义为："定南水寻乌水"——三级区内的地理位置；"山地冬温淡水急流大河"——表明河段水生态系统类型；“生境保护”—表明建议该河段的管理以生境保护为主要目标；“中功能”——表明其生境保护的物种或者生境具有中等程度的重要性（表 8-16）。

8.8.4 东江流域水生态功能四级分体系

依据水生态功能四级分区原则和依据，采用河段水生态系统类型划分指标，东江流域识别出 16 类河段生态系统类型。在此基础上考虑河段及其所对应的集水单元与水生态功能三级分区的关系、水生态系统生态功能服务、人类活动影响压力四个方面的特点，最终完成东江流域水生态功能四级分区［附图 3（1）、附图 3（2）、附图 3（3）］，形成水生态功能四级类型区 112 个（表 8-17），四级区平均面积 309.8 km^2。

表 8-17　东江流域水生态功能四级分区体系

四级区编码	东江流域水生态功能四级区
RF $I_{1\text{-}1\text{-}01}$	定南水寻乌水山地冬温淡水急流河溪水源地保护中功能管理区
RF $I_{1\text{-}1\text{-}02}$	定南水寻乌水山地冬温淡水急流中小河水源地保护中功能管理区
RF $I_{1\text{-}1\text{-}03}$	定南水寻乌水山地冬温淡水急流大河生境保护高功能管理区
RF $I_{1\text{-}1\text{-}04}$	定南水寻乌水山地冬温淡水缓流河溪水源地保护中功能管理区
RF $I_{1\text{-}1\text{-}05}$	定南水寻乌水山地冬温淡水缓流中小河水源地保护中功能管理区
RF $I_{1\text{-}1\text{-}06}$	定南水寻乌水山地冬温淡水缓流大河功能修复中压力管理区
RF $I_{1\text{-}2\text{-}01}$	枫树坝山地冬温淡水急流河溪生境保护高功能管理区
RF $I_{1\text{-}2\text{-}02}$	枫树坝山地冬温淡水急流中小河生境保护高功能管理区
RF $I_{1\text{-}2\text{-}03}$	枫树坝山地冬温淡水急流大河生境保护高功能管理区
RF $I_{1\text{-}2\text{-}14}$	枫树坝山地冬温淡水水库生境保护高功能管理区
RF $I_{2\text{-}1\text{-}01}$	新丰江浰江中上游山地冬温淡水急流河溪水源地保护中功能管理区
RF $I_{2\text{-}1\text{-}02}$	新丰江浰江中上游山地冬温淡水急流中小河水源地保护中功能管理区
RF $I_{2\text{-}1\text{-}04}$	新丰江浰江中上游山地冬温淡水缓流河溪水源地保护中功能管理区
RF $I_{2\text{-}1\text{-}05}$	新丰江浰江中上游山地冬温淡水缓流中小河水源地保护中功能管理区
RF $I_{2\text{-}1\text{-}07}$	新丰江浰江中上游山地冬暖淡水急流河溪生境保护高功能管理区
RF $I_{2\text{-}1\text{-}08}$	新丰江浰江中上游山地冬暖淡水急流中小河生境保护高功能管理区
RF $I_{2\text{-}1\text{-}09}$	新丰江浰江中上游山地冬暖淡水急流大河水源地保护高功能管理区
RF $I_{2\text{-}1\text{-}10}$	新丰江浰江中上游山地冬暖淡水缓流河溪功能修复中压力管理区
RF $I_{2\text{-}1\text{-}11}$	新丰江浰江中上游山地冬暖淡水缓流中小河水源地保护高功能管理区
RF $I_{2\text{-}1\text{-}12}$	新丰江浰江中上游山地冬暖淡水缓流大河水源地保护高功能管理区
RF $I_{2\text{-}1\text{-}15}$	新丰江浰江中上游山地冬暖淡水水库水源地保护高功能管理区
RF $I_{2\text{-}2\text{-}07}$	新丰江山地冬暖淡水急流河溪水源地保护中功能管理区

续表

四级区编码	东江流域水生态功能四级区
RF Ⅰ$_{2-2-08}$	新丰江山地冬暖淡水急流中小河水源地保护中功能管理区
RF Ⅰ$_{2-2-15}$	新丰江山地冬暖淡水水库水源地保护高功能管理区
RF Ⅱ$_{1-1-01}$	船塘河宽谷冬温淡水急流河溪水源地保护中功能管理区
RF Ⅱ$_{1-1-02}$	船塘河宽谷冬温淡水急流中小河功能修复中压力管理区
RF Ⅱ$_{1-1-07}$	船塘河宽谷冬暖淡水急流河溪水源地保护中功能管理区
RF Ⅱ$_{1-1-08}$	船塘河宽谷冬暖淡水急流中小河水源地保护高功能管理区
RF Ⅱ$_{1-1-10}$	船塘河宽谷冬暖淡水缓流河溪功能修复中压力管理区
RF Ⅱ$_{1-1-11}$	船塘河宽谷冬暖淡水缓流中小河功能修复中压力管理区
RF Ⅱ$_{1-1-12}$	船塘河宽谷冬暖淡水缓流大河水源地保护高功能管理区
RF Ⅱ$_{1-1-15}$	船塘河宽谷冬暖淡水水库水源地保护高功能管理区
RF Ⅱ$_{1-2-01}$	干流龙川段山地冬温淡水急流河溪生境保护高功能管理区
RF Ⅱ$_{1-2-02}$	干流龙川段山地冬温淡水急流中小河生境保护高功能管理区
RF Ⅱ$_{1-2-05}$	干流龙川段山地冬温淡水缓流中小河水源地保护中功能管理区
RF Ⅱ$_{1-2-07}$	干流龙川段山地冬暖淡水急流河溪水源地保护中功能管理区
RF Ⅱ$_{1-2-08}$	干流龙川段山地冬暖淡水急流中小河水源地保护中功能管理区
RF Ⅱ$_{1-2-09}$	干流龙川段山地冬暖淡水急流大河水源地保护高功能管理区
RF Ⅱ$_{1-2-10}$	干流龙川段山地冬暖淡水缓流河溪水源地保护中功能管理区
RF Ⅱ$_{1-2-11}$	干流龙川段山地冬暖淡水缓流中小河功能修复中压力管理区
RF Ⅱ$_{1-2-12}$	干流龙川段山地冬暖淡水缓流大河水源地保护中功能管理区
RF Ⅱ$_{1-2-14}$	干流龙川段山地冬温淡水水库生境保护高功能管理区
RF Ⅱ$_{2-1-01}$	增江上游山地冬温淡水急流河溪生境保护高功能管理区
RF Ⅱ$_{2-1-07}$	增江上游山地冬暖淡水急流河溪水源地保护中功能管理区
RF Ⅱ$_{2-1-08}$	增江上游山地冬暖淡水急流中小河水源地保护高功能管理区
RF Ⅱ$_{2-1-10}$	增江上游山地冬暖淡水缓流河溪水源地保护中功能管理区
RF Ⅱ$_{2-1-11}$	增江上游山地冬暖淡水缓流中小河生境保护高功能管理区
RF Ⅱ$_{2-2-07}$	增江中游山地冬暖淡水急流河溪水源地保护中功能管理区
RF Ⅱ$_{2-2-08}$	增江中游山地冬暖淡水急流中小河水源地保护中功能管理区
RF Ⅱ$_{2-2-09}$	增江中游山地冬暖淡水急流大河水源地保护中功能管理区
RF Ⅱ$_{2-2-10}$	增江中游山地冬暖淡水缓流河溪功能修复中压力管理区
RF Ⅱ$_{2-2-11}$	增江中游山地冬暖淡水缓流中小河功能修复中压力管理区
RF Ⅱ$_{2-2-12}$	增江中游山地冬暖淡水缓流大河水源地保护中功能管理区

续表

四级区编码	东江流域水生态功能四级区
$RFⅡ_{3-1-07}$	公庄水中上游宽谷冬暖淡水急流河溪生境保护高功能管理区
$RFⅡ_{3-1-08}$	公庄水中上游宽谷冬暖淡水急流中小河水源地保护中功能管理区
$RFⅡ_{3-1-10}$	公庄水中上游宽谷冬暖淡水缓流河溪功能修复中压力管理区
$RFⅡ_{3-1-11}$	公庄水中上游宽谷冬暖淡水缓流中小河功能修复中压力管理区
$RFⅡ_{3-1-12}$	公庄水中上游宽谷冬暖淡水缓流大河水源地保护中功能管理区
$RFⅡ_{3-2-07}$	干流河源段宽谷冬暖淡水急流河溪水源地保护中功能管理区
$RFⅡ_{3-2-08}$	干流河源段宽谷冬暖淡水急流中小河水源地保护中功能管理区
$RFⅡ_{3-2-09}$	干流河源段宽谷冬暖淡水急流大河水源地保护中功能管理区
$RFⅡ_{3-2-10}$	干流河源段宽谷冬暖淡水缓流河溪功能修复中压力管理区
$RFⅡ_{3-2-11}$	干流河源段宽谷冬暖淡水缓流中小河功能修复中压力管理区
$RFⅡ_{3-2-12}$	干流河源段宽谷冬暖淡水缓流大河水源地保护中功能管理区
$RFⅡ_{4-1-01}$	黄村水山地冬温淡水急流河溪生境保护高功能管理区
$RFⅡ_{4-1-07}$	黄村水山地冬暖淡水急流河溪生境保护高功能管理区
$RFⅡ_{4-1-08}$	黄村水山地冬暖淡水急流中小河水源地保护中功能管理区
$RFⅡ_{4-1-10}$	黄村水山地冬暖淡水缓流河溪水源地保护中功能管理区
$RFⅡ_{4-1-11}$	黄村水山地冬暖淡水缓流中小河水源地保护中功能管理区
$RFⅡ_{4-2-07}$	秋香江山地冬暖淡水急流河溪水源地保护中功能管理区
$RFⅡ_{4-2-08}$	秋香江山地冬暖淡水急流中小河水源地保护中功能管理区
$RFⅡ_{4-2-09}$	秋香江山地冬暖淡水急流大河水源地保护中功能管理区
$RFⅡ_{4-2-10}$	秋香江山地冬暖淡水缓流河溪水源地保护中功能管理区
$RFⅡ_{4-2-11}$	秋香江山地冬暖淡水缓流中小河水源地保护中功能管理区
$RFⅡ_{4-2-12}$	秋香江山地冬暖淡水缓流大河水源地保护中功能管理区
$RFⅡ_{4-3-07}$	白盆珠山地冬暖淡水急流河溪水源地保护中功能管理区
$RFⅡ_{4-3-08}$	白盆珠山地冬暖淡水急流中小河水源地保护中功能管理区
$RFⅡ_{4-3-10}$	白盆珠山地冬暖淡水缓流河溪水源地保护中功能管理区
$RFⅡ_{4-3-11}$	白盆珠山地冬暖淡水缓流中小河水源地保护中功能管理区
$RFⅡ_{4-3-15}$	白盆珠山地冬暖淡水水库生境保护高功能管理区
$RFⅢ_{1-1-07}$	干流下游北部山地冬暖淡水急流河溪生境保护高功能管理区
$RFⅢ_{1-1-08}$	干流下游北部山地冬暖淡水急流中小河生境保护高功能管理区
$RFⅢ_{1-1-10}$	干流下游北部山地冬暖淡水缓流河溪功能修复中压力管理区
$RFⅢ_{1-1-11}$	干流下游北部山地冬暖淡水缓流中小河功能修复中压力管理区

续表

四级区编码	东江流域水生态功能四级区
RFⅢ$_{1\text{-}1\text{-}12}$	干流下游北部山地冬暖淡水缓流大河水源地保护中功能管理区
RFⅢ$_{1\text{-}2\text{-}10}$	干流下游北部平原冬暖淡水缓流河溪功能修复高压力管理区
RFⅢ$_{1\text{-}2\text{-}11}$	干流下游北部平原冬暖淡水缓流中小河功能修复高压力管理区
RFⅢ$_{1\text{-}2\text{-}12}$	干流下游北部平原冬暖淡水缓流大河功能修复中压力管理区
RFⅢ$_{1\text{-}3\text{-}10}$	干流惠州段平原丘陵冬暖淡水缓流河溪生境保护中功能管理区
RFⅢ$_{1\text{-}3\text{-}11}$	干流惠州段平原丘陵冬暖淡水缓流中小河功能修复中压力管理区
RFⅢ$_{1\text{-}3\text{-}12}$	干流惠州段平原丘陵冬暖淡水缓流大河水源地保护中功能管理区
RFⅢ$_{1\text{-}4\text{-}10}$	三角洲平原冬暖淡水缓流河溪功能修复高压力管理区
RFⅢ$_{1\text{-}4\text{-}13}$	三角洲平原冬暖淡咸水缓流大河生境保护中功能管理区
RFⅢ$_{1\text{-}5\text{-}10}$	石马河东引运河平原丘陵冬暖淡水缓流河溪功能修复高压力管理区
RFⅢ$_{1\text{-}5\text{-}11}$	石马河东引运河平原丘陵冬暖淡水缓流中小河功能修复高压力管理区
RFⅢ$_{1\text{-}5\text{-}12}$	石马河东引运河平原丘陵冬暖淡水缓流大河功能修复高压力管理区
RFⅢ$_{1\text{-}6\text{-}10}$	潼湖水平原丘陵冬暖淡水缓流河溪生境保护中功能管理区
RFⅢ$_{1\text{-}6\text{-}11}$	潼湖水平原丘陵冬暖淡水缓流中小河功能修复高压力管理区
RFⅢ$_{1\text{-}6\text{-}16}$	潼湖水平原丘陵冬暖淡水湖沼生境保护中功能管理区
RFⅢ$_{2\text{-}1\text{-}07}$	西枝江中游宽谷冬暖淡水急流河溪生境保护高功能管理区
RFⅢ$_{2\text{-}1\text{-}10}$	西枝江中游宽谷冬暖淡水缓流河溪功能修复中压力管理区
RFⅢ$_{2\text{-}1\text{-}11}$	西枝江中游宽谷冬暖淡水缓流中小河功能修复中压力管理区
RFⅢ$_{2\text{-}1\text{-}12}$	西枝江中游宽谷冬暖淡水缓流大河水源地保护中功能管理区
RFⅢ$_{2\text{-}1\text{-}15}$	西枝江中游宽谷冬暖淡水水库水源地保护中功能管理区
RFⅢ$_{3\text{-}1\text{-}07}$	沿海诸河平原丘陵冬暖淡水急流河溪水源地保护中功能管理区
RFⅢ$_{3\text{-}1\text{-}10}$	沿海诸河平原丘陵冬暖淡水缓流河溪功能修复高压力管理区
RFⅢ$_{3\text{-}1\text{-}11}$	沿海诸河平原丘陵冬暖淡水缓流中小河功能修复高压力管理区
RFⅢ$_{3\text{-}1\text{-}12}$	沿海诸河平原丘陵冬暖淡水缓流大河功能修复高压力管理区
RFⅢ$_{3\text{-}2\text{-}07}$	石马河淡水河中上游平原丘陵冬暖淡水急流河溪水源地保护中功能管理区
RFⅢ$_{3\text{-}2\text{-}08}$	石马河淡水河中上游平原丘陵冬暖淡水急流中小河生境保护中功能管理区
RFⅢ$_{3\text{-}2\text{-}10}$	石马河淡水河中上游平原丘陵冬暖淡水缓流河溪功能修复中压力管理区
RFⅢ$_{3\text{-}2\text{-}11}$	石马河淡水河中上游平原丘陵冬暖淡水缓流中小河功能修复高压力管理区

参考文献

陈秀铜 . 2010. 改进低温下泄水不利影响的水库生态调度方法及影响研究 . 武汉：武汉大学博士学位论文.
丁森，张远，渠晓东，等 . 2012. 影响太子河流域鱼类空间分布的不同尺度环境因子分析 . 环境科学，

33 (7): 2272-2280.
杜浩，班璇，张辉，等 . 2010. 天然河道中鱼类对水深，流速选择特性的初步观测 . 长江科学院院报，27 (10): 70.
段学花，王兆印，徐梦珍 . 2010. 底栖动物与河流生态评价 . 北京：清华大学出版社 .
方树森，苏改珍，李强 . 1988. 温差对尼罗罗非鱼养殖的危害 . 淡水渔业，(2): 24-25.
郭沛涌，沈焕庭，刘阿成，等 . 2003. 长江河口浮游动物的种类组成、群落结构及多样性 . 生态学报，23 (5): 892-900.
何大仁，蔡厚才 . 1998. 鱼类行为学 . 厦门：厦门大学出版社 .
贾良文，罗章仁，杨清书，等 . 2006. 大量采沙对东江下游及东江三角洲河床地形和潮汐动力的影响 . 地理学报，61 (9): 985-994.
贾兴焕，吴乃成，唐涛，等 . 2008. 香溪河水系附石藻类的时空动态 . 应用生态学报，19 (4): 881-886.
江源，康慕谊，黄永梅 . 2020. 植物地理学（第五版）. 北京：高等教育出版社 .
李鹏，安黎哲，冯虎元，等 . 2001. 黑河流域浮游植物及其地理分布特征研究 . 西北植物学报，21 (5): 966-972.
廖平安，胡秀琳 . 2005. 流速对藻类生长影响的试验研究 . 北京水利，2: 12-14.
廖剑宇，彭秋志，郑楚涛，等 . 2013. 东江干支流水体氮素的时空变化特征 . 资源科学，35 (3): 505-513.
刘建康 . 1999. 高级水生生物学 . 北京：科学出版社 .
彭秋志，廖剑宇，伍凯，等 . 2013. 东江支流夏季小型浮游动物群落特征研究 . 资源科学，35 (3): 481-487.
彭秋志 . 2013. 东江流域河流生态分类研究 . 北京：北京师范大学博士学位论文 .
饶钦止 . 1964. 西藏南部地区的藻类 . 海洋与湖沼，(2): 169-192.
沈成钢，桂远明，吴垠祝，等 . 1994. 几种养殖鱼类越冬生理生化指标的变化 I - 血液指标及代谢率 . 大连水产学院学报，(3): 15-27.
宋永昌 . 2001. 植被生态学 . 上海：华东师范大学出版社 .
孙伟，章诗芳，郑锋，等 . 2003. 采用人工基质法监测源水中的摇蚊幼虫 . 中国给水排水，19 (5): 98-99.
谭超，邱静，黄本胜，等 . 2010. 东江下游潮区界、潮流界、咸水界变化对人类活动的响应 . 广东水利水电，10 (1): 36-39.
王金辉 . 2002. 长江口 3 个不同生态系的浮游植物群落 . 青岛海洋大学学报（自然科学版），(3): 422-428.
王寿昆 . 1997. 中国主要河流鱼类分布及其种类多样性与流域特征的关系 . 生物多样性，(3): 38-42.
徐彩彩，张远，张殷波，等 . 2014. 辽河流域河段蜿蜒度特征分析 . 生态科学，33 (3): 495-501.
杨敏，毕永红，艾鹰，等 . 2012. 人工控制条件下水流速对香溪河库湾浮游植物影响的初步研究 . 长江流域资源与环境，21 (2): 220-224.
袁兴中，陆健健，刘红 . 2002. 长江口底栖动物功能群分布格局及其变化 . 生态学报，(12): 2054-2062.
詹海刚 . 1998. 珠江口及邻近水域鱼类群落结构研究 . 海洋学报，20 (3): 91-97.
张衡，朱国平 . 2009. 长江河口潮间带鱼类群落的时空变化 . 应用生态学报，(10): 2519-2526.
张润洁 . 2012. 浑河着生藻类群落结构及影响因子分析 . 沈阳：辽宁大学硕士学位论文 .
Ahmadi-Nedushan B, St-Hilaire A, Ouarda T B, et al. 2007. Predicting river water temperatures using stochastic models: case study of the Moisie River (Québec, Canada). Hydrological Processes: An International Journal, 21 (1): 21-34.

Beauger A, Lair N, Reyes-Marchant P, et al. 2006. The distribution of macroinvertebrate assemblages in a reach of the River Allier (France), in relation to riverbed characteristics. Hydrobiologia, 571 (1): 63-76.

Beisel J N, Usseglio-Polatera P, Thomas S, et al. 1998. Stream community structure in relation to spatial variation: the influence of mesohabitat characteristics. Hydrobiologia, 389 (1-3): 73-88.

Benyahya L, Caissie D, St-Hilaire A, et al. 2007. A review of statistical water temperature models. Canadian Water Resources Journal, 32 (3): 179-192.

Brazner J C, Beals E W. 1997. Patterns in fish assemblages from coastal wetland and beach habitats in Green Bay, Lake Michigan: a multivariate analysis of abiotic and biotic forcing factors. Canadian Journal of Fisheries and Aquatic Sciences, 54 (8): 1743-1761.

Caissie D. 2006. The thermal regime of rivers: a review. Freshwater biology, 51 (8): 1389-1406.

Chenard J F, Caissie D. 2008. Stream temperature modelling using artificial neural networks: application on Catamaran Brook, New Brunswick, Canada. Hydrological Processes: An International Journal, 22 (17): 3361-3372.

Constanza R, Dárge R, De Groot, R, et al. 1997. The value of the world's ecosystem services and natural capital. nature, 387 (15): 253-260.

Cox C Barry, Peter D Moore. 2005. Biogeography: An Ecological and Evolutionary Approach (Seventh Edition). Oxford: Blackwell Publishing.

Frissell C A, Liss W J, Warren C E, et al. 1986. A hierarchical framework for stream habitat classification: viewing streams in a watershed context. Environmental management, 10 (2): 199-214.

Fu L, Jiang Y, Ding J, et al. 2015. Impacts of land use and environmental factors on macroinvertebrate functional feeding groups in the Dongjiang River basin, southeast China. Journal of Freshwater Ecology, 31 (1): 21-35.

Ghosh M, Gaur J P. 1998. Current velocity and the establishment of stream algal periphyton communities. Aquatic Botany, 60 (1): 1-10.

Grbic R, Kurtagic D, Sliškovic D. 2013. Stream water temperature prediction based on Gaussian process regression. Expert systems with applications, 40 (18): 7407-7414.

Hawkins C P, Kershner J L, Bisson P A, et al. 1993. A hierarchical approach to classifying stream habitat features. Fisheries, 18 (6): 3-12.

Jowett I G, Richardson J. 1990. Microhabitat preferences of benthic invertebrates in a New Zealand river and the development of in-stream flow-habitat models for Deleatidium spp. New Zealand journal of marine and freshwater research, 24 (1): 19-30.

Maxwell J R, Edwards C J, Jensen M E, et al. 1995. A hierarchical framework of aquatic ecological units in North America (Nearctic Zone). Washington D. C.: United States Department of Agriculture, Forest Service.

Mueller J E. 1968. An introduction to the hydraulic and topographic sinuosity indexes. Annals of the association of american geographers, 58 (2): 371-385.

Reid W V, Mooney H A, Cropper A, et al. 2005. Ecosystems and human well-being-Synthesis: A report of the Millennium Ecosystem AssessmentM. Washington D. C.: Island Press.

Rosgen D L. 1994. A classification of natural rivers. Catena, 22 (3): 169-199.

Sahoo G B, Schladow S G, Reuter J E. 2009. Forecasting stream water temperature using regression analysis, artificial neural network, and chaotic non-linear dynamic models. Journal of hydrology, 378 (3-4): 325-342.

Wong M W, Townsend D W. 1999. Phytoplankton and hydrography of the Kennebec estuary, Maine, USA. Marine Ecology Progress Series, 178: 133-144.

说明篇

东江流域水生态功能三级四级分区说明书

第9章　东江流域水生态功能三级四级分区单元说明①

9.1　定南水寻乌水山地森林河溪水源涵养功能区（RF $I_{1\text{-}1}$）

9.1.1　位置与分布

该区属于枫树坝水库上游山地林果生态系统溪流水生态保育亚区二级区，位于114°48′8″E～115°52′49″E，24°33′31″N～25°12′27″N，总面积为3696.27 km²。从行政区划看，该区大部分地区位于江西省安远县、寻乌县和定南县境内，也包括广东省和平县的部分地区。从水系构成看，流经区内的主要水系有安远水、定南水、寻乌水等。

9.1.2　河流生态系统特征

9.1.2.1　水体生境特征

该区地处流域北部，海拔集中于161～1422 m，河道所在地段坡度为1.11°～14.83°，平均流速相对较快；冬季区域背景气温为8.8～11.2℃，属于流域内平均水温相对较低的河段。该区的主要河流类型为冬温淡水急流河溪、冬温淡水急流中小河、冬温淡水急流大河、冬温淡水缓流河溪、冬温淡水缓流中小河和冬温缓流淡水大河，其中占主导的是冬温淡水急流河溪。经随机采样实测，该区水体平均电导率为69.44 μs/cm，最大电导率为137.17 μs/cm，最小电导率为37.8 μs/cm；根据《地表水环境质量标准》（GB 3838—2002），高锰酸钾指数水质标准为Ⅰ类水质，溶解氧水质标准为Ⅱ类水质；总磷水质标准为Ⅱ类水质；总氮水质标准为Ⅴ类水质；氨氮水质标准为Ⅲ类水质，说明该区水质主要受总氮的影响。总之，此类生境较适宜急流型水生生物生存。

9.1.2.2　水生生物特征

（1）浮游藻类特征

经过鉴定分析，该区出现浮游藻类8门，共计60属，108种，细胞丰度平均值为36.92×10⁴ cells/L，最大细胞丰度2093.85×10⁴ cells/L，最小细胞丰度0.72×10⁴ cells/L。

---

① 本章所用数据是“十一五”“十二五”时期调查和测定的结果

叶绿素 a 平均值为 6.38 μg/L，最大值为 16.64 μg/L，最小值为 3.28 μg/L。在种类组成上，主要以蓝藻门为主，其次为绿藻门、硅藻门，优势属为栅藻属（*Scenedesmus*）、隐藻属（*Cryptomonas*）、异极藻属（*Gomphonema*）、平裂藻属（*Merismopedia*）、小环藻属（*Cyclotella*）等。代表性属有异极藻属（*Gomphonema*）、小环藻属（*Cyclotella*）、隐藻属（*Cryptomonas*），有适合于贫营养水体的物种，也有适合于富营养水体的物种。总体而言，该功能区浮游藻类细胞丰度较低，属急流水体，水质较好。

（2）底栖动物特征

经鉴定统计出该区分类单元总数 51 个，平均密度为 65.85 ind/m^2，最大密度为 3288 ind/m^2，最小密度为 3.64 ind/m^2。平均生物量为 7.62 g/m^2，最高生物量为 393.28 g/m^2，最低生物量为 0.16 g/m^2。Shannon-Wiener 多样性指数均值为 1.72。环节动物门分类单元数占总分类单元数的 10%，节肢动物门分类单元数占 4%，软体动物门比例占 25%，水生昆虫比例占 57%，其他门类占 4%。该区优势类群有蚬属（*Corbicula*）、长足摇蚊亚科（Tanypodinae）；代表性类群有石蝇科（Perlidae）、蜉蝣科（Ephemeridae）、大蚊科（Tipulidae）、细裳蜉科（Leptophlebiidae）、四节蜉科（Baetidae），为清洁富氧水体指示种。EPT① 分类单元数为 9 个，所占区内分类单元数的比例为 18%。总体而言，底栖动物多样性高，EPT 清洁指示种类多，受农业种植及城镇影响也有颤蚓类等污染指示种存在；干流水体水质相对较差，但总体属于流域中水质较好的一个功能区。

（3）鱼类特征

在该功能区上共鉴定出鱼类 12 科，42 属，53 种。主要分布有大刺鳅（*Mastacembelus armatus*）、鲫（*Carassius aurtus*）、黄颡鱼（*Tachysurus fulvidraco*）、宽鳍鱲（*Zacco platypus*）、泥鳅（*Misgurnus anguillicaudatus*）等优势种。濒危保护种有鲮（*Cirrhina molitorella*），属于世界自然保护联盟（International Union for Conservation of Nature，IUCN）评估中近危（NT）级别，为中国南方特有种，是珠江水系常见鱼类；大鳍鳠（*Hemibagrus macropterus*）和侧条光唇鱼（*Acrossocheilus parallens*），属中国特有种；斑鳢（*Channa maculata*）和月鳢（*Channa asiatica*），是江西省级重点保护野生动物。外来种有尼罗罗非鱼（*Oreochromis niloticus*）、莫桑比克罗非鱼（*Oreochromis mossambicus*）、斑点叉尾鮰（*Ictalurus punctatus*），我国引入进行试养，现已在我国广泛养殖，成为优质水产养殖品种。指示种有马口鱼（*Opsariichthys bidens*）、倒刺鲃（*Spinibarbus denticulatus*），这些物种喜栖息于水温较低、水流较急的山涧溪流。

9.1.3　区内陆域特征

（1）地貌特征

该区海拔在 161 ~ 1422 m，其中，50 ~ 200 m、200 ~ 500 m、500 ~ 1000 m 和高于

---

① 指示物种蜉蝣目（Ephemeroptera）、襀翅目（Plecoptera）、毛翅目（Trichoptera）

1000 m这 4 个海拔段的地域面积占该区总面积的百分比分别为 0.05%、69.74%、29.27% 和 0.94%。平均坡度为 12.3°，其中坡度小于 7°的平地面积占该区总面积的 25.79%，坡度为 7°～15°的缓坡地面积占该区总面积的 41.88%，坡度大于 15°的坡地面积占该区总面积的 32.33%。根据全国 1∶1 000 000 地貌类型图，该区地貌类型以侵蚀剥蚀小起伏低山、侵蚀剥蚀中起伏中山为主，分别占该区总面积的 28.05%、23.32%，其次为侵蚀剥蚀低海拔高丘陵、侵蚀剥蚀低海拔低丘陵，分别占 16.71%、15.91%，再次为低海拔河谷平原、侵蚀剥蚀小起伏中山、侵蚀剥蚀中起伏低山，分别占 6.52%、6.25%、1.69%。

（2）植被和土壤特征

该区 NDVI 平均值为 0.61，植被覆盖情况较好。根据全国 1∶1 000 000 植被类型图，该区植被，以亚热带针叶林、亚热带常绿阔叶林为主，分别占该区总面积的 47.78%、19.63%；其次为亚热带、热带常绿阔叶、落叶阔叶灌丛（常含稀树）、一年两熟或三熟水旱轮作（有双季稻）及常绿果树园、亚热带经济林和亚热带、热带草丛，分别占 12.28%、10.09%、9.27%；再次为亚热带、热带竹林和竹丛和亚热带季风常绿阔叶林，分别占 0.94%、0.01%。根据全国 1∶1 000 000 土壤类型图，该区土壤以红壤为主，占该区总面积的 78.18%；其次为水稻土，占 11.24%；再次为黄红壤、黄壤、渗育水稻土、山地灌丛草甸土，分别占 5.44%、4.6%、0.46%、0.08%。

（3）土地利用特征

该区城镇用地面积比例为 0.46%，主要分布于马蹄河寻乌县城段；农田（耕地及园地）面积比例为 6.89%，主要分布于山间谷地；林草地面积比例为 90.51%；水体面积比例为 0.66%，其他用地面积比例为 1.48%。该区在全流域内林草地所占比例最高，人类活动干扰程度相对较弱。

9.1.4　水生态功能

（1）该区水生态功能概述

径流产出功能较弱，主要由于该区处于流域内的降水低值中心区；水质维护功能很强，主要由于该区属于东江源区，山地丘陵广布，平地少而狭小，污染强度不大；水源涵养功能较强，主要由于该区林地占有较大景观优势；泥沙保持功能一般，主要由于该区较为发达的脐橙种植业和采矿业均不利于保持土壤，或致使部分河段在部分时段有较高的泥沙输入；生境维持功能较强，主要由于该区有大面积林地，其中像东江源、三百山、九龙嶂等保护区为该功能的发挥提供了较强的支撑；饮用水水源地保护功能中等，主要由于该区位于江西省，在水功能区的保护区划定方面，其划定范围相对较小，致使该功能计算值相对偏低。

(2) 主体水生态功能定位

该区陆域主导水生态功能为水源涵养。应严格保护具有重要水源涵养功能的自然植被，限制或禁止各种不利于保护生态系统水源涵养功能的经济社会活动和生产方式，如过度放牧、无序采矿、毁林开荒、开垦草地等，加强生态恢复与生态建设，治理土壤侵蚀，恢复与重建水源涵养区森林、灌丛等生态系统，提高生态系统的水源涵养功能。

9.1.5 水生态保护目标

(1) 水生生物保护目标

保护种（鱼类）：①鲮（*Cirrhina molitorella*），属于IUCN评估中近危（NT）级别，为中国南方特有种，是珠江水系常见鱼类。功能区内分布于寻乌水上游，栖息于水温较高的江河中的中下层，偶尔进入静水水体中。对低温的耐力很差，水温在14℃以下时即潜入深水，不太活动；低于7℃时即出现死亡，冬季在河床深水处越冬。洪水期间亲鱼群居产卵场，相互追逐，产卵场所多在河流的中、上游。②大鳍鳠（*Hemibagrus macropterus*），中国特有鱼类，布于长江至珠江各水系，上以江河中游出产较多。功能区内寻乌水有分布，为底栖性鱼类，多栖息于水流较急、底质多石砾的江河干、支流中，喜集群。夜间觅食，以底栖动物为主食，如螺、蚌、水生昆虫及其幼虫、小虾、小鱼等，偶尔也食高等植物碎屑及藻类。③斑鳢（*Channa maculata*），属于江西省重点保护野生动物，主要分布于长江流域以南地区，如广东、广西、海南、福建、云南等省区。功能区内分布于寻乌水和定南水的上游，栖息于水草茂盛的江、河、湖、池塘、沟渠、小溪中。属底栖鱼类，常潜伏在浅水水草多的水底，仅摇动其胸鳍以维持其身体平衡。性喜阴暗，昼伏夜出，主要在夜间出来活动觅食。斑鳢对水质，温度和其他外界的适应性特别强，能在许多其他鱼类不能活动，不能生活的环境中生活。④月鳢（*Channa asiatica*），江西省级重点保护野生动物，分布于越南、中国、菲律宾等。功能区内寻乌水有分布，喜栖居于山区溪流，也生活在江河、沟塘等水体。为广温性鱼类，适应性强，生存水温为1～38℃，最佳生长水温为15～28℃。有喜阴暗、爱打洞、穴居、集居、残食的生活习性。为动物性杂食鱼类，以鱼、虾、水生昆虫等为食。生殖期为4～6月，5～7月份为产卵盛期。

濒危保护种（两栖爬行）：大鲵（*Andrias davidianus*），国家二级野生保护动物，分布于主要产于长江、黄河及珠江中上游支流的山涧溪流中。定南、寻乌山区曾发现分布。栖息于山区的溪流之中，在水质清澈、含沙量不大、水流湍急并且要有回流水的洞穴中生活。大鲵生性凶猛，肉食性，以水生昆虫、鱼、蟹、虾、蛙、蛇、鳖、鼠、鸟等为食。

该功能区鱼类代表性种群有宽鳍鱲（*Zacco platypus*）、银鮈（*Squalidus argentatus*）、大刺鳅（*Mastacembelus armatus*）、鲢（*Hypophthalmichthys molitrix*）、鳙（*Aristichthys nobilis*）、鲫鱼（*Carassius auratus*）；水生维管植物代表有黑藻（*Hydrilla verticillata*）、火炭母（*Polygonum chinense*）、假稻（*Leersia japonica*）；底栖动物群落代表有细裳蜉科（Leptophlebiidae)、四节蜉科(Baetidae)、纹石蛾科(Hydropsychidae)、原石蛾科(Rhyacophilidae)、石蝇科(Perlidae)、蜉蝣科(Ephemeridae)、大蚊科(Tipulidae)、大蜻科(Macromiidae);浮游藻类群落代表有异极藻属(*Gomphonema*)、小环藻属(*Cyclotella*)、直链藻属(*Meloira*)。

生境保护及水质目标建议:生境方面应保证有足够数量的连通性优良的急流、湖库和干流大河组合生境,保证有一定数量的光照充足的河段生境。严禁毁林造田,积极开展植树造林,防治水土流失;控制农田化肥使用以及城镇生活污水排放,控制面源污染;保护区内河漫滩和滨岸湿地,丰富河岸带群落,维护自然生境,保持鱼类洄游路线畅通;以保护为优先的综合管理措施,保持低水平的人类活动影响强度。水质目标方面,根据参考点特征,建议参照Ⅱ类水质标准进行保护及管理(如溶解氧达到6 mg/L,高锰酸盐指数不超过4 mg/L,氨氮不超过0.5 mg/L,总磷不超过0.1 mg/L,总氮不超过0.5 mg/L)。

(2)流域生态功能保护

该区具有较强的水源涵养功能,重点应当结合已有的生态保护和建设工程,加强自然植被管护和恢复,严格监管矿产、水资源开发,严肃查处毁林开荒、烧山开荒和陡坡地开垦等行为;加强小流域综合治理,营造水土保持林,合理开发自然资源,保护和恢复自然生态系统,增强区域水土保持能力;采取严格的保护措施,构建生态走廊,防止人为破坏,促进自然生态系统的恢复;重视农业面源污染以及采矿等工业活动对水质的影响,严格矿区环境管理和生态恢复管理;构建生态补偿机制,增加水生态保护和修复投入。

9.1.6　区内四级分区

定南水寻乌水山地森林河溪水源涵养功能区内四级区如表 9-1 所示。

表 9-1　RF I_{1-1} 定南水寻乌水山地森林河溪水源涵养功能区内四级区

名称	编码	总面积/km²	占全区面积比例/%	主要生态功能及其等级	压力状态	保护目标	管理目标与建议
定南水寻乌水山地冬温淡水急流河溪水源地保护中功能管理区	RF I_{1-1-01}	1487.94	39.91	水源地保护中功能	低	保护种:大鳍鳠(*Hemibagrus macropterus*)和侧条光唇鱼(*Acrossocheilus parallens*),属中国特有种 水功能保护区:寻乌水源头保护区、定南水源头保护区、定南水新田河源头水保护区	严禁毁林造田;开展植树造林;防治水土流失;严格控制面源污染;丰富河岸带群落;维护自然生境;强化河流保护意识;指定合理保护措施;建立严格的开发审批制度;零星开发,整体保护。水质管理目标建议参照Ⅱ类水质标准

续表

名称	编码	总面积/km²	占全区面积比例/%	主要生态功能及其等级	压力状态	保护目标	管理目标与建议
定南水寻乌水山地冬温淡水急流中小河水源地保护中功能管理区	RF I_{1-1-02}	716.69	19.23	水源地保护中功能	低	保护种：斑鳢（*Channa maculata*）和月鳢（*Channa asiatica*），都属于江西省重点保护野生动物 水功能保护区：定南水源头保护区、寻乌水源头保护区、定南水新田河源头水保护区	控制农田化肥使用以及城镇生活污水排放；保持河流的水量；保持鱼类洄游路线畅通；保护重要物种生境。水质管理目标建议参照Ⅲ类水质标准
定南水寻乌水山地冬温淡水急流大河生境保护高功能管理区	RF I_{1-1-03}	180.6	4.84	生境保护高功能	低	该区部分河段流经自然保护区	上游和河段内采取共同治理，控制污染源，减少污染物进入水体；保持洄游路线畅通性；保护区内河漫滩和滨岸湿地；扩大自然保护区的面积，实施较为严格的保护措施；以保护为优先的综合管理措施，保持低水平的人类活动影响强度。水质管理目标建议参照Ⅲ类水质标准
定南水寻乌水山地冬温淡水缓流河溪水源地保护中功能管理区	RF I_{1-1-04}	445.07	11.94	水源地保护中功能	低	该区部分河段流经自然保护区	加强农药化肥施用的管理，倡导发展生态农业；保证河段的自然曲度；增加该区的生物多样性，加强对于濒危稀有物种的保护力度；加大宣传和教育力度，强化对河流的保护意识；严格控制人类活动强度，尤其应加强对河漫滩的保护，实施退耕还滩等工程。水质管理目标建议参照Ⅱ类水质标准

续表

名称	编码	总面积/km^2	占全区面积比例/%	主要生态功能及其等级	压力状态	保护目标	管理目标与建议
定南水寻乌水山地冬温淡水缓流中小河水源地保护中功能管理区	RF I_{1-1-05}	875.89	23.5	水源地保护中功能	低	保护种：鲮（*Cirrhina molitorella*），属于IUCN评估中近危（NT）级别；月鳢（*Channa asiatica*），江西省级重点保护野生动物 水功能保护区：寻乌水源头保护区、定南水源头保护区、定南水新田河源头水保护区	维持和改善当前的水体环境，避免人类活动的干扰和污染；预防为主，防治结合；禁止非法捕捞保护物种；尽量避免大规模的水利设施建设；维持底质多样性以及天然护坡；持河流的自然面貌；对现有人类活动干扰较大的河段积极开展生态修复。水质管理目标建议参照Ⅲ类水质标准
定南水寻乌水山地冬温淡水缓流大河功能修复中压力管理区	RF I_{1-1-06}	21.71	0.58	功能修复中压力	中	保护种：斑鳢（*Channa maculata*），属于江西省重点保护野生动物；鲮（*Cirrhina molitorella*），属于IUCN评估中近危（NT）级别	加强水源涵养与水土保持，重视水源涵养林建设，提高植被覆盖度；加快农业农村污染控制区的建设，控制农业农村污染；保护和修复河流的自然蜿蜒特性、河滩深浅交错及堤岸生态自然等特性；强化河岸带恢复和保护。水质管理目标建议参照Ⅲ类水质标准

9.2 枫树坝山地森林水库河溪水源涵养与饮用水水源地保护功能区（RF I_{1-2}）

9.2.1 位置与分布

该区属于枫树坝水库上游山地林果生态系统溪流水生态保育亚区二级区，位于115°8′48″E ~ 115°41′22″E，24°20′29″N ~ 24°47′5″N，总面积为1404.45 km^2。从行政区划看，该区包括广东省兴宁县及龙川县的部分地区。从水系构成看，流经区内的主要水系有贝岭水、寻乌水等。

9.2.2 河流生态系统特征

9.2.2.1 水体生境特征

该区地处流域北部，海拔集中于91～1272 m，河道中心线坡度在0°～17.86°，平均坡度为9.29°，平均流速相对较快；冬季背景气温为10.2～12.0℃，平均气温为11.3℃，故平均水温相对较低。该区的主要河流类型为冬温淡水急流河溪、冬温淡水急流中小河、冬温淡水急流大河和冬温淡水极缓流大型水库，其中占主导的是冬温淡水急流河溪和冬温淡水大型水库。经随机采样实测，该区水体平均电导率为82.6 μs/cm，最大电导率为103 μs/cm，最小电导率为66.4 μs/cm；根据《地表水环境评价标准》（GB 3838—2002），高锰酸钾指数水质标准为Ⅱ类水质，溶解氧水质标准为Ⅲ类水质；总磷水质标准为Ⅱ类水质，说明该类型区水质良好。总之，此类生境较适宜山溪急流清水型和淡水缓流水生生物生存。

9.2.2.2 水生生物特征

（1）浮游藻类特征

经过鉴定分析，该区出现浮游藻类6门，共计50属，72种，细胞丰度平均值为25.08×10^4 cells/L，最大细胞丰度为359.55×10^4 cells/L，最小细胞丰度为2.46×10^4 cells/L。叶绿素a平均值为6.03 μg/L，最大值为9.91 μg/L，最小值为1.17 μg/L。在种类组成上，主要以绿藻门为主，其次为隐藻门、蓝藻门，优势属为隐藻属（*Cryptomonas*）、栅藻属（*Scenedesmus*）、鱼腥藻属（*Anabaena*）、多甲藻属（*Peridiniopsis*）等。代表性属有多甲藻属（*Peridiniopsis*）、隐藻属（*Cryptomonas*）、鱼腥藻属（*Anabaena*），多适合于静水水体中生存，也包括富营养水体的耐受种。总体而言，该功能区浮游藻类细胞丰度较低，为大面积的静水水体，个别区域有富营养化现象。

（2）底栖动物特征

经鉴定统计出该区分类单元总数12个，平均密度为50 ind/m^2，最大密度为420 ind/m^2，最小密度为16 ind/m^2。平均生物量为2.11 g/m^2，最高生物量为26.29 g/m^2，最低生物量为0.73 g/m^2。Shannon-Wiener多样性指数为0.97。软体动物门比例占25%，水生昆虫比例占67%，其他门类占8%。该区优势类群有直突摇蚊亚科（Orthocladiinae）、摇蚊亚科（Chironominae）、圆田螺（*Cipargopludina* sp.）；代表性类群有大蚊科（Tipulidae）、灰蚶多足摇蚊（*Polypedilum leucopus*）、等齿多足摇蚊（*Polypedilum fallax*），为中等清洁-污染水体指示种。EPT分类单元数为1个，所占区内分类单元数的比例为8%。总体而言，底栖动物多样性偏低，EPT种类少，不同河段水质差异大，总体水质处于中等健康水平。

（3）鱼类特征

在该功能区上共统计到鱼类 15 科，47 属，59 种。主要分布有大刺鳅（*Mastacembelus armatus*）、海南鲌（*Culter recurviceps*）、鲫（*Carassius aurtus*）、翘嘴鲌（*Culter alburnus*）等优势种。濒危保护种有鲮（*Cirrhina molitorella*），属于评估中近危（NT）级别，为中国南方特有种，是珠江水系常见鱼类；南方拟䱗（*Pseudohemiculter dispar*），属于 IUCN 评估中易危（VU）级别；太湖新银鱼（*Neosalanx taihuensis*），是中国的特有物种；斑鳢（*Channa maculata*）和月鳢（*Channa asiatica*），是江西省级重点保护野生动物。外来种有尼罗罗非鱼（*Oreochromis niloticus*）、莫桑比克罗非鱼（*Oreochromis mossambicus*）和斑点叉尾鮰（*Ictalurus punctatus*），我国引入进行试养，现已成为优质水产养殖品种；食蚊鱼（*Gambusia affinis*），引入我国后在华南地区已取代了本地的青鳉（*Oryzias latipes*）成为低地水体的优势种，危害到本地物种的生存。代表性种有鳡（*Elopichthys bambusa*）、陈氏新银鱼（*Neosalanx tangkahkeii*），这些物种适宜生活在静水环境中；且该区河溪水库的组合类型能够满足鳡在急流中产卵、静水中育肥的生境。总体而言，该功能区鱼类物种较丰富，具有河溪和水库水体组合类型，水质较好。

9.2.3　区内陆域特征

（1）地貌特征

该区海拔为 91 ~ 1272 m，平均海拔为 347.4 m，其中，50 ~ 200 m、200 ~ 500 m、500 ~ 1000 m 和高于 1000 m 这 4 个海拔段的地域面积占该区总面积的百分比分别为 9.14%、76.98%、13.42% 和 0.46%。平均坡度为 11.8°，其中坡度小于 7°的平地面积占该区总面积的 27.58%，坡度为 7° ~ 15°的缓坡地面积占该区总面积的 42.78%，坡度大于 15°的坡地面积占该区总面积的 29.64%。根据全国 1 : 1 000 000 地貌类型图，该区地貌类型以侵蚀剥蚀小起伏低山、侵蚀剥蚀低海拔高丘陵为主，分别占该区总面积的 42.78%、27.73%，其次为侵蚀剥蚀低海拔低丘陵，占 12.83%，再次为侵蚀剥蚀中起伏中山、低海拔河谷平原等。

（2）植被和土壤特征

该区 NDVI 平均值为 0.64，植被覆盖情况较好。根据全国 1 : 1 000 000 植被类型图，该区植被包括 7 种亚类，以亚热带、热带常绿阔叶、落叶阔叶灌丛为主，占该区总面积的 74.23%；其次为亚热带针叶林、亚热带季风常绿阔叶林，分别占 10.48%、6.06%；再次为一年两熟或三熟水旱轮作（有双季稻）及常绿果树园、亚热带经济林、亚热带常绿阔叶林、亚热带、热带草丛、亚热带、热带竹林和竹丛等。根据全国 1 : 1 000 000 土壤类型图，该区土壤以红壤为主，占该区总面积的 62.87%；其次为水稻土、赤红壤，分别占 8.16%、7.59%；再次为红壤性土、渗育水稻土、紫色土、黄壤、山地灌丛草甸土等。

(3) 土地利用特征

该区城镇用地面积比例为0.31%，主要分布于少数小镇；农田（耕地及园地）面积比例为5.5%，主要分布于部分谷地；林草地面积比例为90.44%；水体面积比例为3.18%，其他用地面积比例为0.57%。该区林草地所占比例最高，人类活动干扰程度较弱。

9.2.4 水生态功能

(1) 该区水生态功能概述

径流产出功能较弱，主要由于该区处于流域内的降水低值中心区；水质维护功能很强，主要由于该区植被覆盖良好，山地丘陵广布，且以大型水库为核心，污染强度不大；水源涵养功能较强，主要由于该区大部属于枫树坝水库库区范围，森林植被保护力度较大，且有枫树坝水库这个巨大的人工水源涵养体存在；泥沙保持功能较强，主要由于该区植被覆盖良好，大型水库具有良好的泥沙保持功能；生境维持功能很强，主要由于该区分布有诸多自然保护区；饮用水水源地保护功能、水质和水量调节功能很强，主要由于该区有枫树坝水库存在。

(2) 主体水生态功能定位

该区有两个主要的水生态功能：水源涵养与饮用水水源地保护功能和中下游水质与水量调节功能。应严格保护具有重要水源涵养功能的自然植被，限制或禁止各种不利于保护生态系统水源涵养功能的经济社会活动和生产方式，如过度放牧、无序采矿、毁林开荒、开垦草地等，加强生态恢复与生态建设，治理土壤侵蚀，恢复与重建水源涵养区森林、灌草、湿地等生态系统，提高生态系统的水源涵养功能。应十分重视对饮用水水源地的保护，严格禁止污染水体的一切活动，加强水质监测与监督，准确预测和控制水污染负荷，严格执行水源地保护的相关法律规定，加大水源地保护的执法力度，严格查处各种环境违法和破坏行为，确保饮用水水质达标。

9.2.5 水生态保护目标

(1) 水生生物保护目标

保护种（鱼类）：①鲮（*Cirrhina molitorella*），属于世界自然保护联盟（International Union for Conservation of Nature，IUCN）评估中近危（NT）级别，为中国南方特有种，是珠江水系常见鱼类。功能区内分布于枫树坝上游，栖息于水温较高的江河中的中下层，偶尔进入静水水体中。对低温的耐力很差，水温在14℃以下时即潜入深水，不太活动；低于

7℃时即出现死亡，冬季在河床深水处越冬。②南方拟䱗（*Pseudohemiculter dispar*），属于IUCN 评估中易危（VU）级，是中国的特有物种，分布于云南、广西、福建、海南、江西、香港等。功能区内枫树坝上游有分布。一般栖息于生活在水体的中上层，游动迅速，喜集群活动，属小型鱼类，一般体长 80 ~ 140 mm。③太湖新银鱼（*Neosalanx taihuensis*），是中国的特有物种。功能区内枫树坝水库有分布，是纯淡水的种类，终生生活于湖泊内，浮游在水的中、下层，以浮游动物为主食，也食少量的小虾和鱼苗。半年即达性成熟，1 冬龄亲鱼即能繁殖，产卵期为 4 ~ 5 月，生殖后不久便死亡。④斑鳢（*Channa maculata*），属于江西省级重点保护野生动物，功能区域内分布枫树坝上游，栖息于水草茂盛的江、河、湖、池塘、沟渠、小溪中。属底栖鱼类，常潜伏在浅水水草多的水底，仅摇动其胸鳍以维持其身体平衡。性喜阴暗，昼伏夜出，主要在夜间出来活动觅食。斑鳢对水质，温度和其他外界的适应性特别强，能在许多其他鱼类不能活动，不能生活的环境中生活。⑤月鳢（*Channa asiatica*），江西省级重点保护野生动物，分布于越南、中国、菲律宾等。功能区内枫树坝有分布，喜栖居于山区溪流，也生活在江河、沟塘等水体。为广温性鱼类，适应性强，生存水温为 1 ~ 38℃，最佳生长水温为 15 ~ 28℃。有喜阴暗、爱打洞、穴居、集居、残食的生活习性。为动物性杂食鱼类，以鱼、虾、水生昆虫等为食。生殖期为 4 ~ 6 月，5 ~ 7 月份为产卵盛期。

保护种（两栖爬行）：①三线闭壳龟（*Cuora trifasciata*），IUCN 保护物种极危 CR 级别；《中国濒危动物红皮书》保护物种极危 CR 级别；国家二级保护动物。国内主要分布在海南、广西、福建以及广东省的深山溪涧等地方，国外分布于越南、老挝。功能区内龙川枫树坝保护区有分布。喜欢阳光充足、环境安静、水质清净的地方。交配时多在水中进行，且在浅水地带。栖息于山区溪水地带，常在溪边灌木丛中挖洞做窝，白天在洞中，傍晚、夜晚出洞活动较多，有群居的习性。为变温动物，当环境温度达 23 ~ 28℃时，活动频繁。在 10℃以下时，进入冬眠。12℃以上时又苏醒。一年中，4 ~ 10 月为活动期，11 月至翌年 2 月上旬为冬眠期。杂食性。主要捕食水中的螺、鱼、虾、蝌蚪等水生昆虫，同时也食幼鼠，幼蛙、金龟子、蜗牛及蝇蛆，有时也吃南瓜、香蕉及植物嫩茎叶。②虎纹蛙（*Hoplobatrachus chinensis*），国家二级保护动物，江苏、浙江、湖南、湖北、安徽、广东、广西、贵州、福建、台湾、云南、江西、海南、上海、河南、重庆、四川和陕西南部等地均有分布，在国外还见于南亚和东南亚一带。功能区内龙川枫树坝保护区有分布。对水质要求较高，生活在水质澄清、水生植物生长繁盛的溪流生境。属于水栖蛙类，白天多藏匿于深浅、大小不一的各种石洞和泥洞中，仅将头部伸出洞口，如有猎物活动，则迅速捕食之，若遇敌害则隐入洞中。虎纹蛙的食物种类很多，其中主要以鞘翅目昆虫为食。

鱼类代表性种群有泥鳅（*Misgurnus anguillicaudatus*）、三角鲂（*Megalobrama terminalis*）、大刺鳅（*Mastacembelus armatus*）、鲢（*Hypophthalmichthys molitrix*）、鳙（*Aristichthys nobilis*）、鲫鱼（*Carassius auratus*）；底栖动物群落代表有大蚊科（Tipulidae）、仰泳蝽科（Notonectidae）、纹石蛾科（Hydropsychidae）；浮游藻类群落代表有直链藻属（*Meloira*）。

生境保护及水质目标建议：生境保护方面，纵向应保证有足够数量的连通性优良的急流、湖库、干流大河组合生境，在河流断面方向应维护河漫滩的发育、保护滨岸湿地，在河床底质方面维护多样化的底栖息生境；保护清洁溪流；注意森林生态保护，丰富河岸带群落，维护自然生境；控制农田化肥使用以及城镇生活污水排放，对潜在污染源加强管理；严格监管湖库区养鱼可能导致的富营养化和生物入侵问题。水质目标方面，根据参考点特征，建议基本参照Ⅱ类水质标准进行保护及管理（如溶解氧达到6 mg/L，高锰酸盐指数不超过4 mg/L，氨氮不超过0.5 mg/L，总磷不超过0.1 mg/L，总氮不超过0.5 mg/L）。

（2）生态功能保护

该区具有较强的水源涵养与饮用水水源地保护功能，重点应当加强自然植被管护和恢复，严格监管矿产、水资源开发，严肃查处毁林开荒、烧山开荒和陡坡地开垦等行为；加强小流域综合治理，营造水土保持林，合理开发自然资源，保护和恢复自然生态系统，增强区域水土保持能力；采取严格的保护措施，防止人为破坏，促进自然生态系统的恢复；重视农业面源污染及采矿等工业活动对水质的影响，严格矿区环境管理和生态恢复管理；构建生态补偿机制，增加水生态保护和修复投入。充分发挥大型水库的时空调节作用，保障水库受益区水生态系统健康。

9.2.6 区内四级分区

枫树坝山地森林水库河溪水源涵养与饮用水水源地保护功能区内四级区如表9-2所示。

表9-2 RF I_{1-2} 枫树坝山地森林水库河溪水源涵养与饮用水水源地保护功能区内四级区

名称	编码	总面积/km²	占全区面积比例/%	主要生态功能及其等级	压力状态	保护目标	管理目标与建议
枫树坝山地冬温淡水急流河溪生境保护高功能管理区	RF I_{1-2-01}	593.5	42.51	生境保护高功能	低	该区部分河段流经自然保护区	严禁毁林造田；开展植树造林；防治水土流失；严格控制面源污染；丰富河岸带群落；维护自然生境；强化河流保护意识；指定合理保护措施；建立严格的开发审批制度；零星开发，整体保护。水质管理目标建议参照Ⅱ类水质标准
枫树坝山地冬温淡水急流中小河生境保护高功能管理区	RF I_{1-2-02}	246.64	17.67	生境保护高功能	低	保护种：斑鳢（*Channa maculata*），属于江西省重点保护野生动物；鲮（*Cirrhina molitorella*），属于IUCN评估中近危（NT）级别	控制农田化肥使用以及城镇生活污水排放；保持河流的水量；保持鱼类洄游路线畅通；保护重要物种生境。水质管理目标建议参照Ⅲ类水质标准

续表

名称	编码	总面积/km²	占全区面积比例/%	主要生态功能及其等级	压力状态	保护目标	管理目标与建议
枫树坝山地冬温淡水急流大河生境保护高功能管理区	RF $\mathrm{I}_{1\text{-}2\text{-}03}$	97.37	6.97	生境保护高功能	低	该区部分河段流经自然保护区	上游和河段内采取共同治理，控制污染源，减少污染物进入水体；保持洄游路线畅通性；保护区内河漫滩和滨岸湿地；扩大自然保护区的面积，实施较为严格的保护措施；以保护为优先的综合管理措施，维持低水平的人类活动强度。水质管理目标建议参照Ⅲ类水质标准
枫树坝山地冬温淡水大型水库生境保护高功能管理区	RF $\mathrm{I}_{1\text{-}2\text{-}14}$	458.69	32.85	生境保护高功能	低	保护种：斑鳢（*Channa maculata*）和月鳢（*Channa asiatica*），都属于江西省级重点保护野生动物；鲮（*Cirrhina molitorella*），属于 IUCN 评估中近危（NT）级别；南方拟䱗（*Pseudohemiculter dispar*），属于 IUCN 评估中易危（VU）级别；太湖新银鱼（*Neosalanx taihuensis*），是中国的特有物种	注意森林生态保护；对潜在污染源加强管理；严格监管库区养鱼可能导致的富营养化和生物入侵问题；开辟鱼道以恢复河道连通性；运用基于生态流量理念的水量调节措施。水质管理目标建议参照Ⅱ类水质标准

9.3　新丰江浰江中上游山地森林河溪水源涵养功能区（RF $\mathrm{I}_{2\text{-}1}$）

9.3.1　位置与分布

该区属于新丰江水库上游山地森林生态系统溪流水生态保护亚区二级区，位于113°57′18″E～115°13′10″E，23°54′41″N～24°40′7″N，总面积为 3802.65 km²。从行政区划看，该区包括广东省和平县、连平县、新丰县的部分地区。从水系构成看，流经区内的主要水系有浰江、和平水、连平水、大席水、忠信水等。

9.3.2 河流生态系统特征

9.3.2.1 水体生境特征

该区地处流域北部，海拔集中于89～1388 m，河道中心线坡度为1.16°～19.91°，平均流速相对较快；冬季背景气温为9.9～12.7℃，平均气温为11.5℃，故平均水温相对较低。该区的主要河流类型为冬温淡水急流河溪、冬温淡水急流中小河、冬温淡水缓流河溪、冬温淡水缓流中小河、冬暖淡水急流河溪、冬暖淡水急流中小河、冬暖淡水急流大河、冬暖淡水缓流河溪、冬暖淡水缓流中小河、冬暖淡水缓流大河和冬暖淡水大型水库，其中占主导的是冬温淡水急流河溪。经随机采样实测，该区水体平均电导率为79.09 μs/cm，最大电导率为127.3 μs/cm，最小电导率为24.5 μs/cm；根据《地表水环境质量标准》(GB 3838—2002)，高锰酸钾指数水质标准为Ⅰ类水质，溶解氧水质标准为Ⅱ类水质；总磷水质标准为Ⅱ类水质；总氮水质标准为Ⅲ类水质；氨氮水质标准为Ⅱ类水质，说明该区水质良好。总之，此类生境较适宜山溪急流清水型水生生物生存。

9.3.2.2 水生生物特征

（1）浮游藻类特征

经过鉴定分析，该区出现浮游藻类6门，共计48属，84种，细胞丰度平均值为36.57×10^4 cells/L，最大细胞丰度为441.81×10^4 cells/L，最小细胞丰度为0.45×10^4 cells/L。叶绿素a平均值为6.04 μg/L，最大值为16.39 μg/L，最小值为1.83 μg/L。在种类组成上，主要以硅藻门为主，其次为绿藻门、蓝藻门，优势属为针杆藻属（*Synedra*）、菱形藻属（*Nitzschia*）、栅藻属（*Scenedesmus*）、直链藻属（*Melosira*）等。代表性属有针杆藻属（*Synedra*）、菱形藻属（*Nitzschia*）、直链藻属（*Melosira*）等，都能够指示流速较快并且水深较浅的水体。总体而言，该功能区浮游藻类细胞丰度较低，多为水流较快的溪流，并且水质较好。

（2）底栖动物特征

经鉴定统计出该区分类单元总数47个，平均密度为59.52 ind/m^2，最大密度为617.86 ind/m^2，最小密度为2 ind/m^2。平均生物量为17.86 g/m^2，最高生物量为44.69 g/m^2，最低生物量为0.34 g/m^2。Shannon-Wiener多样性指数为2.02。环节动物门分类单元数占总分类单元数的15%，节肢动物门分类单元数占4%，软体动物门比例占26%，水生昆虫比例占51%，其他门类占4%。该区优势类群有匙指虾科（Atyidae）、圆田螺属（*Cipangopaludina*）、蚬属（*Corbicula*）；代表性类群有纹石蛾科（Hydropsychidae）、鱼蛉科（Corydalidae）、纹石蛾科（Hydropsychidae）、鳞石蛾科（Lepidostomatidae）、沼石蛾科（Limnephilidae）、螟蛾科（Pyralidae）、齿角石蛾科（Odontoceridae），为清洁富氧水体指示种。

EPT 分类单元数为 7 个，所占区内分类单元数的比例为 15%。总体而言，底栖动物多样性较高，EPT 清洁指示种类较多，个别城镇附近有污染种出现，总体水质较为良好。

(3) 鱼类特征

在该功能区上共鉴定出鱼类 14 科，45 属，55 种。主要分布有泥鳅（*Misgurnus anguillicaudatus*）、䱗（*Hemiculter leucisculus*）、叉尾斗鱼（*Macropodus opercularis*）、鲫（*Carassius aurtus*）、鲤（*Cyprinus carpio*）等优势种。濒危保护种异鱲（*Parazacco spilurus*），属于 IUCN 保护名单易危（VU）级别和《中国濒危动物红皮书》保护物种易危（VU）级别；鲮（*Cirrhina molitorella*），属于 IUCN 评估中近危（NT）级别，为中国南方特有种，是珠江水系常见鱼类；斑鳢（*Channa maculata*）和月鳢（*Channa asiatica*），是江西省级重点保护野生动物。外来种有尼罗罗非鱼（*Oreochromis niloticus*）、莫桑比克罗非鱼（*Oreochromis mossambicus*）、露斯塔野鲮（*Labeo rohita*）和斑点叉尾鮰（*Ictalurus punctatus*），我国引入进行试养，现已成为优质水产养殖品种，有良好的经济价值；食蚊鱼（*Gambusia affinis*），引入我国后在华南地区已取代了本地的青鳉（*Oryzias latipes*）成为低地水体的优势种，危害到本地物种的生存。指示种有叉尾斗鱼（*Macropodus opercularis*）、马口鱼（*Opsariichthys bidens*），这些物种喜在水流较急较浅、砂石底质、水温较低的溪流中生活。总体而言，该功能区鱼类物种较丰富，流域地势高，水流较快，多为自然生境，水质较好。

9.3.3　区内陆域特征

(1) 地貌特征

该区海拔为 89 ~ 1388 m，平均海拔为 458.7 m，其中，50 ~ 200 m、200 ~ 500 m、500 ~ 1000 m 和高于 1000 m 这 4 个海拔段的地域面积占该区总面积的百分比分别为 9.11%、51.81%、37.51% 和 1.57%。平均坡度为 15.3°，其中坡度小于 7°的平地面积占该区总面积的 18.95%，坡度为 7° ~ 15°的缓坡地面积占该区总面积的 31.94%，坡度大于 15°的坡地面积占该区总面积的 49.11%。根据全国 1 : 1 000 000 地貌类型图，该区地貌类型以侵蚀剥蚀小起伏低山、侵蚀剥蚀中起伏中山为主，分别占该区总面积的 35.6%、35.16%，其次为侵蚀剥蚀低海拔高丘陵、侵蚀剥蚀中起伏低山，分别占 9.72%、8.87%，再次为低海拔河谷平原和低海拔侵蚀剥蚀低台地等。

(2) 植被和土壤特征

该区 NDVI 平均值为 0.7，植被覆盖度高。根据全国 1 : 1 000 000 植被类型图，该区植被包括 6 种亚类，以亚热带针叶林和亚热带、热带常绿阔叶、落叶阔叶灌丛为主，分别占该区总面积的 37.52%、33.34%；其次为亚热带、热带草丛，占 18.81%；再次为一年两熟或三熟水旱轮作（有双季稻）及常绿果树园、亚热带经济林、亚热带常绿阔叶林和亚热带、热带竹林和竹丛。根据全国 1 : 1 000 000 土壤类型图，该区土壤以红壤为主，占该区总面积的66.17%；其次为赤红壤、水稻土、黄壤、黄红壤，分别占10.63%、7.44%、7.44%、6.24%；再次为淹育水稻土、石质土、渗育水稻土、紫色土、粗骨土等。

（3）土地利用特征

该区城镇用地面积比例为0.73%，主要分布于连平、和平、新丰县城和一些小镇；农田（耕地及园地）面积比例为9.33%，主要分布于山间宽谷地区；林草地面积比例为88.73%；水体面积比例为0.66%，其他用地面积比例为0.55%。该林草地所占比例最高，人类活动干扰程度较弱。

9.3.4 水生态功能

（1）该区水生态功能概述

径流产出功能一般，主要由于该区接近流域内的北部降水低值中心区；水质维护功能很强，主要由于该区植被覆盖良好，山地丘陵广布，污染强度不大；水源涵养功能很强，主要由于该区位于九连山脉，林地占有很大景观优势；泥沙保持功能较弱，主要由于该区有许多山间谷地，谷底农耕活动较强，谷坡较陡；生境维持功能很强，主要由于该区有大面积林地，其中像黄牛石、黄石坳、云髻山等自然保护区为该功能的发挥提供了很强的支撑；饮用水水源地保护功能很强，主要由于该区属于新丰江水库上游，全区均被划入饮用水源重点保护区。

（2）主体水生态功能定位

该区陆域主导水生态功能确定为水源涵养与保护。应严格保护具有重要水源涵养功能的自然植被，限制或禁止各种不利于保护生态系统水源涵养功能的经济社会活动和生产方式，如过度放牧、无序采矿、毁林开荒、开垦草地等，加强生态恢复与生态建设，治理土壤侵蚀，恢复与重建水源涵养区森林、灌丛、湿地等生态系统，提高生态系统的水源涵养和保护功能。

9.3.5 水生态保护目标

（1）水生生物保护目标

保护种（鱼类）：①异鱲（*Parazacco spihurus*），属IUCN保护名单易危（VU）级别和《中国濒危动物红皮书》保护物种易危（VU）级别，国内广东南部河流、福建九龙江、漳河水系以及海南岛部分河流分布。功能区内新丰江上游有分布，喜在水流清澈的水体中活动，或生活于山溪中，底质为沙质，水流缓慢水草丰富是其生境的显著特征。所摄食的食物种类很多，以藻类和浮游动物为主，植物叶片、轮虫和水生昆虫也较为常见，属于一种杂食性的鱼类。②鲮（*Cirrhina molitorella*），属于 IUCN 评估中近危（NT）级别，为中国南方特有种，是珠江水系常见鱼类。功能区内分布于新丰江上游，栖息于水温较高的江河中的中下层，偶尔进入静水水体中。对低温的耐力很差，水温在 14℃以下时即潜入深水，不太活动；低于 7℃时即出现死亡，冬季在河床深水处越冬。产卵场所多在河流的中、上游。③斑鳢（*Channa maculata*），属于江西省重点保护野生动物，主要分布于长江流域以南地区，如广东、广西、海南、福建、云南等省区。功能区内分布于浰江上游，栖息于水草茂盛的江、河、湖、池塘、沟渠、小溪中。属底栖鱼类，常潜伏在浅水水草多的水底，仅摇动其胸鳍以维持其身体平衡。性喜阴暗，昼伏夜出，主要在夜间出来活动觅食。斑鳢对水质，温度和其他外界的适应性特别强，能在许多其他鱼类不能活动，不能生活的环境中生活。④月鳢（*Channa asiatica*），江西省级重点保护野生动物，分布于越南、中国、菲律宾等。功能区内新丰江有分布，喜栖居于山区溪流，也生活在江河、沟塘等水体。为广温性鱼类，适应性强，生存水温为 1 ~ 38℃，最佳生长水温为 15 ~ 28℃。有喜阴暗、爱打洞、穴居、集居、残食的生活习性。为动物性杂食鱼类，以鱼、虾、水生昆虫等为食。生殖期为 4 ~ 6 月，5 ~ 7 月份为产卵盛期。

该功能区内鱼类代表性种群有黄颡鱼（*Pelteobagrus fulvidraco*）、宽鳍鱲（*Zacco platypus*）、马口鱼（*Opsariichthys bidens*）、黄尾鲴（*Xenocypris davidi*）、草鱼（*Ctenopharyngodon idellus*）；水生维管植物代表为水蜈蚣（*Kyllinga brevifolia*）；底栖动物群落代表有纹石蛾科（Hydropsychidae）、鱼蛉科（Corydalidae）、新蜉科（Nemouridae）、大蜻科（Macromiidae）、细裳蜉科（Leptophlebiidae）；浮游藻类群落代表有针杆藻属（*Synedra*）；菱形藻属（*Nitzschia*）、直链藻属（*Melosira*）。

生境保护及水质目标建议：在生境保护方面，需要保护森林植被，维持良好水生态环境，包括水质保护、水量保护及水源保护。维护多样化的栖息生境；保护清洁溪流；严格控制农田化肥使用以及城镇生活污水排放，维持和改善当前的水体环境，避免人类活动的干扰和污染；严禁毁林造田，大力开展植树造林，防治水土流失；维持底质多样性以及天然护坡，加强对于濒危稀有物种的保护力度，增加该区的生物多样性；加大宣传和教育力度，强化对河流的保护意识。水质目标方面，根据参考点特征，建议参照Ⅱ类水质标准进行保护及管理（如溶解氧达到 6 mg/L，高锰酸盐指数不超过 4 mg/L，氨氮不超过 0.5 mg/L，总磷不超过0.1 mg/L，总氮不超过 0.5 mg/L）。

（2）生态功能保护

该区具有较强的水源涵养功能，重点应当结合已有的生态保护和建设工程，加强自然植被管护和恢复，严格监管矿产、水资源开发，严肃查处毁林开荒、烧山开荒和陡坡地开垦等行为；加强小流域综合治理，营造水土保持林，合理开发自然资源，保护和恢复自然生态系统，增强区域水土保持能力；采取严格的保护措施，构建生态走廊，防止人为破坏，促进自然生态系统的恢复；重视农业面源污染以及采矿等工业活动对水质的影响，严格矿区环境管理和生态恢复管理；构建生态补偿机制，增加水生态保护和修复投入。

9.3.6 区内四级区

新丰江浰江中上游山地森林河溪水源涵养功能区内四级区如表 9-3 所示。

表 9-3 RF I_{2-1}新丰江浰江中上游山地森林河溪水源涵养功能区内四级区

名称	编码	总面积/km²	占全区面积比例/%	主要生态功能及其等级	压力状态	保护目标	管理目标与建议
新丰江浰江中上游山地冬温淡水急流河溪水源地保护中功能管理区	RF I_{2-1-01}	1666.74	43.34	水源地保护中功能	低	水功能保护区：浰江源头水保护区、连平水源头水保护区、新丰江源头水保护区	严禁毁林造田；开展植树造林；防治水土流失；严格控制面源污染；丰富河岸带群落；维护自然生境；强化河流保护意识；指定合理保护措施；建立严格的开发审批制度；零星开发，整体保护。水质管理目标建议参照Ⅱ类水质标准
新丰江浰江中上游山地冬温淡水急流中小河水源地保护中功能管理区	RF I_{2-1-02}	761.81	19.8	水源地保护中功能	低	保护种：月鳢（*Channa asiatica*），江西省级重点保护野生动物；异鱲（*Parazacco spihurus*），属 IUCN 保护名单易危（VU）级别和《中国濒危动物红皮书》保护物种易危（VU）级别 水功能保护区：浰江源头水保护区、连平水源头水保护区、新丰江源头水保护区	控制农田化肥使用以及城镇生活污水排放；保持河流的水量；保持鱼类洄游路线畅通；保护重要物种生境。水质管理目标建议参照Ⅲ类水质标准
新丰江浰江中上游山地冬温淡水缓流河溪水源地保护中功能管理区	RF I_{2-1-04}	228.66	5.95	水源地保护中功能	低	保护种：斑鳢（*Channa maculata*），属于江西省重点保护野生动物；鲮（*Cirrhina molitorella*），属于 IUCN 评估中近危（NT）级别 水功能保护区：浰江源头水保护区	加强农药化肥施用的管理，倡导发展生态农业；保证河段的自然曲度；增加该区的生物多样性，加强对于濒危稀有物种的保护力度；加大宣传和教育力度，强化对河流的保护意识；严格控制人类活动强度，尤其应加强对河漫滩的保护，实施退耕还滩等工程。水质管理目标建议参照Ⅱ类水质标准

续表

名称	编码	总面积/km^2	占全区面积比例/%	主要生态功能及其等级	压力状态	保护目标	管理目标与建议
新丰江浰江中上游山地冬温淡水缓流中小河水源地保护中功能管理区	RF I_{2-1-05}	346.58	9.01	水源地保护中功能	低	保护种：异鱲（*Parazacco spihurus*），属 IUCN 保护名单易危（VU）级别和《中国濒危动物红皮书》保护物种易危（VU）级别。水功能保护区：浰江源头水保护区、连平水源头水保护区	维持和改善当前的水体环境，避免人类活动的干扰和污染；预防为主，防治结合；禁止非法捕捞保护物种；尽量避免大规模的水利设施建设；维持底质多样性以及天然护坡；持河流的自然面貌；对现有人类活动干扰较大的河段积极开展生态修复。水质管理目标建议参照Ⅲ类水质标准
新丰江浰江中上游山地冬暖淡水急流河溪生境保护高功能管理区	RF I_{2-1-07}	26.08	0.68	生境保护高功能	低	该区部分河段流经自然保护区	严禁无序采矿等高污染行为，并提高监管和惩罚力度；减少毁林造田，注重植被建设；控制面源污染；保证河道连通性；维持底质多样化；建立严格的开发审批制度；零星开发，整体保护。水质管理目标建议参照Ⅱ类水质标准
新丰江浰江中上游山地冬暖淡水急流中小河生境保护高功能管理区	RF I_{2-1-08}	173.16	4.5	生境保护高功能	低	保护种：南方拟鳘（*Pseudohemiculter dispar*），属于 IUCN 评估中易危（VU）级别。水功能保护区：浰江源头水保护区、连平水源头水保护区、新丰江源头水保护区	加强污染控制，消减河内外源污染物，提高监管和惩罚力度；增加河道沿岸林地与湿地的保存率，疏通断流河道并强化水体的连通性；建立水环境安全预警系统，对流域水环境质量进行定期动态监测、分析和预测；建立特征水生生物栖息地保障区域，并将各类珍稀濒危物种重点保护。水质管理目标建议参照Ⅲ类水质标准

续表

名称	编码	总面积/km^2	占全区面积比例/%	主要生态功能及其等级	压力状态	保护目标	管理目标与建议
新丰江浰江中上游山地冬暖淡水急流大河水源地保护高功能管理区	RF $\text{I}_{2\text{-}1\text{-}09}$	38.76	1.01	水源地保护高功能	低	水功能保护区：新丰江源头水保护区	加强城市污水集中处理，提高污水处理率，加强污染控制，消减外源污染物排放；调整产业结构，加强清洁生产；合理调整土地利用比例，加强科学的景观配置；建立特征水生生物栖息地保障区域。水质管理目标建议参照Ⅲ类水质标准
新丰江浰江中上游山地冬暖淡水缓流河溪功能修复中压力管理区	RF $\text{I}_{2\text{-}1\text{-}10}$	117.1	3.04	功能修复中压力	中	生境恢复	控制农业等面源污染；维持天然河道；保持物种多样性；避免引入入侵种；营造原始、天然的原生态地貌。水质管理目标建议参照Ⅲ类水质标准
新丰江浰江中上游山地冬暖淡水缓流中小河水源地保护高功能管理区	RF $\text{I}_{2\text{-}1\text{-}11}$	393.32	10.23	水源地保护高功能	中	水功能保护区：连平水源头水保护区、新丰江源头水保护区	保持河道及河岸带自然生境；维持物种多样性；进行底泥修复；降低河流及底质污染物含量。水质管理目标建议参照Ⅲ类水质标准
新丰江浰江中上游山地冬暖淡水缓流大河水源地保护高功能管理区	RF $\text{I}_{2\text{-}1\text{-}12}$	21.88	0.57	水源地保护高功能	低	水功能保护区：新丰江源头水保护区	沿江栖息地建设，提高生物多样性；保持河道联通性；人工净化技术与水体自净相结合；强化河岸带恢复和保护，改善生态环境，涵养水源。水质管理目标建议参照Ⅲ类水质标准
新丰江浰江中上游山地冬暖淡水水库水源地保护高功能管理区	RF $\text{I}_{2\text{-}1\text{-}15}$	72	1.87	水源地保护高功能	低	水功能保护区：新丰江源头水保护区、新丰江水库保护区	建立生物缓冲带；改善已经受污染的区域；水库周边设定相关的保护标志；对库区内进行严格把控；保护沿岸带的植被森林；严格监管库区养鱼可能导致的富营养化和生物入侵问题；开辟鱼道以恢复河道连通性；运用基于生态流量理念的水量调节措施。水质管理目标建议参照Ⅱ类水质标准

9.4　新丰江山地森林水库河溪水源涵养与饮用水水源地保护功能区（RF I_{2-2}）

9.4.1　位置与分布

该区属于新丰江水库上游山地森林生态系统溪流水生态保护亚区二级区，位于114°17′25″E ~ 114°46′51″E，23°40′20″N ~ 24°10′35″N，总面积为 1425.01 km^2。从行政区划看，该区位于广东省东源县内。从水系构成看，流经区内的主要水系有新丰江、船塘河等。

9.4.2　河流生态系统特征

9.4.2.1　水体生境特征

该区地处东江流域北部，海拔集中于 91 ~ 1016 m，河道中心线坡度为 0° ~ 12.64°，平均坡度为 4.38°，平均流速相对较慢；冬季背景气温为 12.1 ~ 13.6℃，平均气温为 13.1℃，故水温相对温暖。该区的主要河流类型为冬暖淡水急流河溪、冬暖淡水急流中小河和冬暖极淡水大型水库，其中占主导地位的是冬暖淡水大型水库。经随机采样实测，该区水体平均电导率为 40.27 μs/cm，最大电导率为 65.33 μs/cm，最小电导率为 20.93 μs/cm；根据《地表水环境质量标准》（GB 3838—2002），高锰酸钾指数水质标准为Ⅰ类水质，溶解氧水质标准为Ⅰ类水质；总磷水质标准为Ⅱ类水质；总氮水质标准为Ⅱ类水质；氨氮水质标准为Ⅰ类水质，说明该区水质很好。总之，此类生境较适宜缓流清水型水生生物生存。

9.4.2.2　水生生物特征

（1）浮游藻类特征

经过鉴定分析，该区出现浮游藻类 6 门，共计 23 属，30 种，细胞丰度平均值为 1.08×10^4 cells/L，最大细胞丰度为 80.52×10^4 cells/L，最小细胞丰度为 0.24×10^4 cells/L。叶绿素 a 平均值为 3.92 μg/L，最大值为 4.16 μg/L，最小值为 2.11 μg/L。在种类组成上，主要以硅藻门为主，其次为隐藻门、绿藻门，优势属为针杆藻属（*Synedra*）、隐藻属（*Cryptomonas*）等。代表性属有隐藻属（*Cryptomonas*）、鱼腥藻属（*Anabaena*），多适合于静水水体中生存，也包括富营养水体的耐受种。总体而言，该功能区浮游藻类细胞丰度很低，为大面积的静水水体，部分区域出现了富营养化现象。

（2）底栖动物特征

经鉴定统计出该区分类单元总数 8 个，平均密度为 157.61 ind/m^2，最大密度为 280 ind/m^2，最小密度为 35.22 ind/m^2。平均生物量为 0.82 g/m^2，最高生物量为 1.28 g/m^2，最低生物量为0.36 g/m^2。Shannon-Wiener 多样性指数为 1.24。环节动物门分类单元数占总分类单元数的 13%，节肢动物门分类单元数占 13%，水生昆虫比例占 74%。该区优势类群有匙指虾科（Atyidae）、蚬属（*Corbicula*）、颤蚓（*Tubifex* sp.）；代表性类群有长角石蛾科（Leptoceridae）、石蝇科（Perlidae）、小蜉科（Ephemerellidae），为清洁富氧水体指示种。EPT 分类单元数为 4 个，所占区内分类单元数的比例为 50%。总体而言，由于所处新丰江水库及山地森林生境类型为主区域，生境质量良好，底栖动物多样性较高，有 EPT 清洁指示种出现，虽然个别河段受人类影响较大，有污染种出现，但该功能区总体水生态较为良好。

（3）鱼类特征

在该功能区上共鉴定出鱼类 11 科，35 属，38 种。主要分布有𩽾（*Hemiculter leucisculus*）、大刺鳅（*Mastacembelus armatus*）、海南鲌（*Culter recurviceps*）、鲫（*Carassius aurtus*）、翘嘴鲌（*Culter alburnus*）等优势种。濒危保护种有日本鳗鲡（Anguilla japonica）和月鳢（Channa asiatica），是江西省级重点保护野生动物。外来种有斑点叉尾鮰（*Ictalurus punctatus*）和短盖巨脂鲤（*Piaractus brachypomus*），引入我国进行人工养殖，目前已进行商业性养殖生产。指示种有陈氏新银鱼（*Neosalanx tangkahkeii*），该物种终生生活于湖泊内，处于水体的中、下层，适宜在静水环境中生活。总体而言，该功能区河流类型以水库为主，水质好，鱼类物种较少，以静水缓流物种为主。

9.4.3 区内陆域特征

（1）地貌特征

该区海拔为 91 ~ 1016 m，平均海拔为 265.3 m，其中，50 ~ 200 m、200 ~ 500 m 和高于 500 m 这 3 个海拔段的地域面积占该区总面积的百分比分别为 46.16%、43.08% 和 10.76%。平均坡度为 12.3°，其中坡度小于 7°的平地面积占该区总面积的 30.97%，坡度为 7° ~ 15°的缓坡地面积占该区总面积的 31.99%，坡度大于 15°的坡地面积占该区总面积的 37.04%。根据全国 1：1 000 000 地貌类型图，该区地貌类型以侵蚀剥蚀小起伏低山、侵蚀剥蚀中起伏低山为主，分别占该区总面积的 32.17%、21.86%，其次为水库、侵蚀剥蚀中起伏中山，分别占 18.35%、13.55%，再次为侵蚀剥蚀低海拔高丘陵、侵蚀剥蚀大起伏中山、侵蚀剥蚀低海拔低丘陵等。

（2）植被和土壤特征

该区 NDVI 平均值为 0.6，植被覆盖情况较好。根据全国 1：1 000 000 植被类型图，该区植被包括 5 种亚类，以亚热带针叶林和亚热带、热带常绿阔叶、落叶阔叶灌丛（常含稀树）为主，分别占该区总面积的 43.11%、17.33%；其次为亚热带常绿阔叶林，占 10.52%；再次为亚热带、热带草丛和一年两熟或三熟水旱轮作（有双季稻）及常绿果树园、亚热带经济林等。根据全国 1∶1 000 000 土壤类型图，该区土壤以红壤、赤红壤为主，分别占该区总面积的 29.53%、26.56%；其次为黄色赤红壤，占 16.87%；再次为黄红壤、水稻土、黄壤等。

（3）土地利用特征

该区城镇用地面积比例为 0.23%，主要分布于少数小镇；农田（耕地及园地）面积比例为 2.02%，主要分布于部分谷地；林草地面积比例为 76.97%；水体面积比例为 20.77%，其他用地面积比例为 0.01%。该区林草地所占比例最大，同时水体景观面积比例优势很大，人类活动干扰程度较弱。

9.4.4　水生态功能

（1）该区水生态功能概述

径流产出功能较强，主要由于该区接近流域内的西部降水高值中心区，并且因新丰江水库的水面广阔，使该区产流能力进一步提升；水质维护功能很强，主要由于该区植被覆盖良好，山地丘陵广布，且以大型水库为核心，污染强度不大；水源涵养功能很强，主要由于该区大部属于新丰江水库库区范围，森林植被保护力度较大，且有新丰江水库这个特别巨大的人工水源涵养体存在；泥沙保持功能较强，主要由于该区植被覆盖良好，大型水库具有良好的泥沙保持功能；生境维持功能很强，主要由于该区的新丰江水库及其周边广大山区均处于广东省重点保护的范围；饮用水水源地保护功能很强，主要由于该区有新丰江水库存在。

（2）主体水生态功能定位

该区陆域主导水生态功能确定为水源涵养与饮用水水源地保护。应严格保护具有重要水源涵养功能的自然植被，限制或禁止各种不利于保护生态系统水源涵养功能的经济社会活动和生产方式，如过度放牧、无序采矿、毁林开荒、开垦草地等，加强生态恢复与生态建设，治理土壤侵蚀，恢复与重建水源涵养区森林、灌丛、湿地等生态系统，提高生态系统的水源涵养功能。应十分重视对饮用水水源地的保护，严格禁止污染水体的一切活动，加强水质监测与监督，准确预测和控制水污染负荷，严格执行水源地保护的相关法律规定，加大水源地保护的执法力度，严格查处各种环境违法和破坏行为，确保饮用水水质达标。

9.4.5　水生态保护目标

（1）水生生物保护目标

保护种（鱼类）：①日本鳗鲡（*Anguilla japomica*），属江西省级重点保护野生动物，分布于马来半岛、朝鲜、日本和我国沿岸及各江口。功能区内新丰江有繁殖分布，为江河性洄游鱼类。生活于大海中，溯河到淡水内长大，后回到海中产卵，产卵期为春季和夏季。绝对产卵量70万~320万粒。鳗鲡常在夜间捕食，食物中有小鱼、蟹、虾、甲壳动物和水生昆虫，也食动物腐败尸体，更有部分个体的食物中发现有维管植物碎屑。摄食强度及生长速度随水温升高而增强，一般以春、夏两季为最高。②月鳢（*Channa asiatica*），江西省级重点保护野生动物，分布于越南、中国、菲律宾等，功能区内新丰江有分布，喜栖居于山区溪流，也生活在江河、沟塘等水体。为广温性鱼类，适应性强，生存水温为1~38℃，最佳生长水温为15~28℃。有喜阴暗、爱打洞、穴居、集居、残食的生活习性。为动物性杂食鱼类，以鱼、虾、水生昆虫等为食。生殖期为4~6月，5~7月份为产卵盛期。

鱼类代表性种群有钝吻拟平鳅（*Liniparhomaloptera obtusirostris*）、平舟原缨口鳅（*Vanmanenia pingchowensis*）、东坡长汀品唇鳅（*Pseudogastromyzon changtingensis tungpeiensis*）；底栖动物群落代表有长角石蛾科（Leptoceridae）、石蝇科（Perlidae）、小蜉科（Ephemerellidae）；浮游藻类群落代表有小环藻属（*Cyclotella*）、针杆藻属（*Synedra*）、舟形藻属（*Navicula*）。

生境保护及水质目标建议：生境保护方面，保护森林生境，重点保护新丰江水库水体水质环境，水库周边设定相关的保护标志，对库区内进行严格把控，保护沿岸带的植被森林，同时严格监管库区养鱼可能导致的富营养化和生物入侵问题。减少捕捞，维护并构建生态廊道，保持洄游通道畅通；禁止毒、炸、电鱼等不合理的捕鱼方式。加强污染控制，消减河内外源污染物，提高监管和惩罚力度；增加河道沿岸林地与湿地的保存率，疏通断流河道并强化水体的连通性；建立水环境安全预警系统，对流域水环境质量进行定期动态监测、分析和预测；建立特征水生生物栖息地保障区域，并将各类珍稀濒危物种重点保护。水质目标方面，根据参考点特征，建议参照Ⅱ类水质标准进行保护及管理（如溶解氧达到6 mg/L，高锰酸盐指数不超过4 mg/L，氨氮不超过0.5 mg/L，总磷不超过0.1 mg/L，总氮不超过0.5 mg/L）。

（2）生态功能保护

该区具有较强的水源涵养与饮用水水源地保护功能，重点应当结合已有的生态保护和建设重大工程，加强自然植被管护和恢复，严格监管矿产、水资源开发，严肃查处毁林开荒、烧山开荒和陡坡地开垦等行为；加强小流域综合治理，营造水土保持林，合理开发自然资源，保护和恢复自然生态系统，增强区域水土保持能力；采取严格的保护措施，防止人为破坏，促进自然生态系统的恢复；重视农业面源污染以及采矿等工业活动对水质的影响，严格矿区环境管理和生态恢复管理；构建生态补偿机制，增加水生态保护和修复投入。充分发挥大型水库的时空调节作用，保障水库受益区水生态系统健康。

9.4.6 区内四级区

新丰江山地森林水库河溪水源涵养与饮用水水源地保护功能区内四级区如表9-4

所示。

表 9-4　RF $I_{2\text{-}2}$ 新丰江山地森林水库河溪水源涵养与饮用水水源地保护功能区内四级区

名称	编码	总面积 /km^2	占全区面积比例/%	主要生态功能及其等级	压力状态	保护目标	管理目标与建议
新丰江山地冬暖淡水急流河溪水源地保护中功能管理区	RF $I_{2\text{-}2\text{-}07}$	253.43	17.44	水源地保护中功能	低	保护种：月鳢（*Channa asiatica*），都属江西省级重点保护野生动物	减少或制止无序采矿等高污染行为，提高监管和惩罚力度；减少毁林造田，注重植被建设；控制面源污染；保证河道连通性；维持底质多样化；建立严格的开发审批制度。水质管理目标建议参照Ⅱ类水质标准
新丰江山地冬暖淡水急流中小河水源地保护中功能管理区	RF $I_{2\text{-}2\text{-}08}$	92.13	6.34	水源地保护中功能	低	水功能保护区：新丰江水库保护区	加强污染控制，消减河内外源污染物，提高监管和惩罚力度；增加河道沿岸林地与湿地的保存率，疏通断流河道并强化水体的连通性；建立水环境安全预警系统，对流域水环境质量进行定期动态监测、分析和预测；建立特征水生生物栖息地保障区域，并将各类珍稀濒危物种重点保护。水质管理目标建议参照Ⅲ类水质标准
新丰江山地冬暖淡水水库水源地保护高功能管理区	RF $I_{2\text{-}2\text{-}15}$	1107.89	76.22	水源地保护高功能	低	保护种：日本鳗鲡（*Anguilla japomica*）和月鳢（*Channa asiatica*），都属江西省级重点保护野生动物 水功能保护区：新丰江水库保护区	建立生物缓冲带；改善已经受污染的区域；水库周边设定相关的保护标志；对库区内进行严格把控；保护沿岸带的植被森林；严格监管库区养鱼可能导致的富营养化和生物入侵问题；开辟鱼道以恢复河道连通性；运用基于生态流量理念的水量调节措施。水质管理目标建议参照Ⅱ类水质标准

9.5 船塘河宽谷农田森林河溪社会承载与水源涵养功能区（RFⅡ$_{1-1}$）

9.5.1 位置与分布

该区属于东江中上游丘陵农林生态系统曲流水生态调节亚区二级区，位于 114°37′46″E ~ 115°4′34″E，23°54′52″N ~ 24°22′39″N，总面积为 1502.33 km^2。从行政区划看，该区包括广东省和平县、连平县、东源县的部分地区。从水系构成看，流经区内的主要水系有船塘河、灯塔河、忠信河等。

9.5.2 河流生态系统特征

9.5.2.1 水体生境特征

该区地处流域中部，海拔集中于 93 ~ 1087 m 范围河道中心线坡度在 1.34° ~ 14.87°，平均坡度为 4.37°，平均流速相对较慢；冬季背景气温为 10.8 ~ 13.0℃，平均气温为 12.5℃，故平均水温相对较高。该区的主要河流类型为冬温淡水急流河溪、冬温淡水急流中小河、冬暖淡水急流河溪、冬暖淡水急流中小河、冬暖淡水缓流河溪、冬暖淡水缓流中小河、冬暖淡水缓流大河和冬暖淡水大型水库，其中占主导地位的是冬暖淡水缓流河溪。经随机采样实测，该区水体平均电导率为 70.52 μs/cm，最大电导率为 93.27 μs/cm，最小电导率为 48.6 μs/cm；根据《地表水环境质量标准》（GB 3838—2002），高锰酸钾指数水质标准为Ⅱ类水质，溶解氧水质标准为Ⅲ类水质；总磷水质标准为Ⅲ类水质；总氮水质标准为Ⅳ类水质；氨氮水质标准为Ⅱ类水质，说明该区水质主要受总氮的影响。总之，此类生境较适宜缓流型水生生物生存。

9.5.2.2 水生生物特征

（1）浮游藻类特征

经过鉴定分析，该区出现浮游藻类 6 门，共计 39 属，59 种，细胞丰度平均值为6.38×10^4 cells/L，最大细胞丰度 363.78×10^4 cells/L，最小细胞丰度 0.72×10^4 cells/L。叶绿素 a 平均值为 5.12 μg/L，最大值为 6.77 μg/L，最小值为 4.82 μg/L。在种类组成上，主要以绿藻门为主，其次为蓝藻门、隐藻门，优势属为异极藻属（*Gomphonema*）、栅藻属（*Scenedesmus*）、隐藻属（*Cryptomonas*）、菱形藻属（*Nitzschia*）等。代表性属有异极藻属（*Gomphonema*）、鱼腥藻属（*Anabaena*）、菱形藻属（*Nitzschia*），多数能够指示清洁水体，也有富营养化耐受种出现。总体而言，该功能区浮游藻类细胞丰度较低，存在一定的人为干扰，水质一般。

（2）底栖动物特征

经鉴定统计出该区分类单元总数 26 个，平均密度为 47.06 ind/m^2，最大密度为 79.76 ind/m^2，最小密度为14.36 ind/m^2。平均生物量为 13.22 g/m^2，最高生物量为 20.9 g/m^2，最低生物量为 5.54 g/m^2。Shannon-Wiener 多样性指数为 2.83。环节动物门分类单元数占总分类单元数的 12%，节肢动物门分类单元数占 8%，软体动物门比例占 27%，水生昆虫比例占 53%。该区优势类群有萝卜螺属（*Radix*）、匙指虾科（Atyidae）、蚬属（*Corbicula*）；代表性类群有泽蛭属（*Helobdella*）、四节蜉科（Baetidae）、纹石蛾科（Hydropsychidae）、大蚊科（Tipulidae）、仙女虫属（*Nais*），为中等清洁–污染水体指示种。EPT 分类单元数为 2 个，所占区内分类单元数的比例为 8%。总体而言，由于该功能区受到人类活动干扰及多种土地利用的影响，底栖动物在不同点位差异较大，清洁种及污染种均有出现，总体水生态健康处于一般水平。

（3）鱼类特征

在该功能区上共鉴定出鱼类 13 科，40 属，45 种。主要分布有叉尾斗鱼（*Macropodus opercularis*）、黄鳝（*Monopterus albus*）、鲤（*Cyprinus carpio*）、泥鳅（*Misgurnus anguillicaudatus*）等优势种。濒危保护种有鲮（*Cirrhina molitorella*），属于 IUCN 评估中近危（NT）级别，为中国南方特有种，是珠江水系常见鱼类；异鱲（*Parazacco spilurus*），属于 IUCN 保护名单易危（VU）级别和《中国濒危动物红皮书》保护物种易危（VU）级别；斑鳢（*Channa maculata*）和月鳢（*Channa asiatica*），是江西省级重点保护野生动物。外来种有尼罗罗非鱼（*Oreochromis niloticus*）、露斯塔野鲮（*Labeo rohita*）和斑点叉尾鮰（*Ictalurus punctatus*），我国引入进行试养，现已成为优质水产养殖品种；食蚊鱼（*Gambusia affinis*），引入我国后在华南地区已取代了本地的青鳉（*Oryzias latipes*）成为低地水体的优势种，危害到本地物种的生存。代表性种有泥鳅（*Liniparhomaloptera disparis*），该物种喜欢栖息于静水的底层，常出没于湖泊、池塘、沟渠和水田底部富有植物碎屑的淤泥表层，对环境适应力强。总体而言，该功能区鱼类物种较丰富，河流流速较缓慢，由于存在一定的人为干扰，水体营养盐较丰富。

9.5.3　区内陆域特征

（1）地貌特征

该区海拔为 93 ~ 1087 m，平均海拔为 228.9 m，其中，50 ~ 200 m、200 ~ 500 m 和高于 500 m 这 3 个海拔段的地域面积占该区总面积的百分比分别为 58.68%、36.35% 和 4.97%。平均坡度为 8.6°，其中坡度小于 7°的平地面积占该区总面积的 54.43%，坡度为 7° ~ 15°的缓坡地面积占该区总面积的 26.79%，坡度大于 15°的坡地面积占该区总面积的

18.79%。根据全国1∶1 000 000地貌类型图，该区地貌类型以侵蚀剥蚀小起伏低山、低海拔侵蚀剥蚀低台地、侵蚀剥蚀低海拔高丘陵为主，分别占该区总面积的23.23%、19.69%、14.42%，其次为低海拔冲积平原、低海拔侵蚀剥蚀高台地、侵蚀剥蚀低海拔低丘陵，分别占12.69%、10.95%、10.37%，再次为侵蚀剥蚀中起伏中山、侵蚀剥蚀中起伏低山等。

（2）植被和土壤特征

该区平均NDVI为0.58，植被覆盖情况较好。根据全国1∶1 000 000植被类型图，该区植被包括5种亚类，以亚热带、热带常绿阔叶、落叶阔叶灌丛（常含稀树）为主，占该区总面积的61.61%；其次为亚热带针叶林和一年两熟或三熟水旱轮作（有双季稻）及常绿果树园、亚热带经济林，分别占27.48%、9.44%；再次为亚热带、热带草丛和亚热带常绿阔叶林，分别占1.42%、0.05%。根据全国1∶1 000 000土壤类型图，该区土壤以赤红壤、水稻土、红壤为主，分别占该区总面积的35.14%、25.35%、23.68%；其次为紫色土、黄红壤，分别占8.84%、1.96%；再次为潜育水稻土、棕色石灰土、粗骨土、黄壤等。

（3）土地利用特征

该区城镇用地面积比例为0.97%，主要分布于忠信镇等少数小镇；农田（耕地及园地）面积比例为28.19%；林草地面积比例为69.01%；水体面积比例为0.9%，其他用地面积比例为0.93%。该区虽然林草地面积比例最高，但农田面积比例也较高，人类活动干扰程度较强。

9.5.4 水生态功能

（1）该区水生态功能概述

径流产出功能一般，主要由于该区位于流域内降水高值区与降水低值区的过渡区内；水质维护功能很强，主要由于该区植被类型的废物净化能力强；水源涵养功能一般，主要由于该区以宽谷农业为主导，所能发挥的水源涵养作用有限；泥沙保持功能较弱，主要由于该区属宽谷，农耕活动较强，谷坡较陡；生境维持功能较强，主要由于该区有大面积林地；饮用水水源地保护功能很强，主要由于该区船塘河主体被划为水功能保护区。

（2）主体水生态功能定位

该区陆域主导水生态功能确定为水生态压力承载。应加强水污染防控体系建设，准确预测和控制水污染负荷，设立严格的排污总量控制目标，加大排污监督和执法力度，大力调整产业结构，提高水资源利用效率，发展绿色经济和循环经济，加强水生态修复，构建生态河道。

9.5.5 水生态保护目标

(1) 水生生物保护目标

保护种（鱼类）：①鲮（*Cirrhina molitorella*），属于IUCN评估中近危（NT）级别，为中国南方特有种，是珠江水系常见鱼类。功能区内分布于船塘河中游，栖息于水温较高的江河中的中下层，偶尔进入静水水体中。对低温的耐力很差，水温在14℃以下时即潜入深水，不太活动；低于7℃时即出现死亡，冬季在河床深水处越冬。产卵场所多在河流的中、上游。异鱲（*Parazacco spihurus*），属IUCN保护名单易危（VU）级别和《中国濒危动物红皮书》保护物种易危（VU）级别，国内广东南部河流、福建九龙江、漳河水系以及海南岛部分河流分布。功能区内船塘河有分布，喜在水流清澈的水体中活动，或生活于山溪中，底质为沙质，水流缓慢水草丰富，伴生鱼类较少。所摄食的食物种类很多，主要是些藻类和浮游动物，植物叶片、轮虫和水生昆虫也较为常见，属于一种杂食性的鱼类。②斑鳢（*Channa maculata*），属于江西省重点保护野生动物，主要分布于长江流域以南地区，如广东、广西、海南、福建、云南等省区。功能区内分布于船塘河中游，栖息于水草茂盛的江、河、湖、池塘、沟渠、小溪中。属底栖鱼类，常潜伏在浅水水草多的水底，仅摇动其胸鳍以维持其身体平衡。性喜阴暗，昼伏夜出，主要在夜间出来活动觅食。斑鳢对水质，温度和其他外界的适应性特别强，能在许多其他鱼类不能活动，不能生活的环境中生活。③月鳢（*Channa asiatica*），江西省级重点保护野生动物，分布于越南、中国、菲律宾等，功能区内船塘河有分布，喜栖居于山区溪流，也生活在江河、沟塘等水体。为广温性鱼类，适应性强，生存水温为1～38℃，最佳生长水温为15～28℃。有喜阴暗、爱打洞、穴居、集居、残食的生活习性。为动物性杂食鱼类，以鱼、虾、水生昆虫等为食。生殖期为4～6月，5～7月份为产卵盛期。

鱼类代表性种群有蛇鮈（*Saurogobio dabryi*）、黄尾鲴（*Xenocypris davidi*）、草鱼（*Ctenopharyngodon idellus*）、鲢（*Hypophthalmichthys molitrix*）、鳙（*Aristichthys nobilis*）；底栖动物群落代表有大蚊科（Tipulidae）、纹石蛾科（Hydropsychidae）、四节蜉科（Baetidae）；浮游藻类群落代表有异极藻属（*Gomphonema*）、菱形藻属（*Nitzschia*）。

生境保护及水质目标建议：生境保护方面，注意保护森林资源，特别是森林山溪环境，有利于鱼类保护；对于城镇农田分布地区，加强宣传管理，禁止毒、炸、电鱼等不合理的捕鱼方式；控制农田化肥使用以及城镇生活污水排放，保持河流的水量；严禁无序采矿等高污染行为，并提高监管和惩罚力度；减少毁林造田，注重植被建设；加强污染控制，消减河内外源污染物，提高监管和惩罚力度；如有发现需保护的两栖类物种，应及时通报物种保护管理部门，不可私自猎杀。水质目标方面，根据参考点特征，建议参照Ⅱ类水质标准进行保护及管理（如溶解氧达到6 mg/L，高锰酸盐指数不超过4 mg/L，氨氮不超过0.5 mg/L，总磷不超过0.1 mg/L，总氮不超过0.5 mg/L）。

(2) 生态功能保护

该区具有较强的水生态压力承载功能，重点应当节约水资源，加强水污染防治和水生态修复；开展小流域水土流失，提高植被覆盖率，建立起完善的水土保持预防监督体系，有效控制人为造成的新的水土流失；开展农业面源污染防控，改进施肥方法，减少水、肥流失，不断改良土壤，提高土壤自身保肥、保水能力；减少无机肥施用量，加大有机肥施用量，广种绿肥，推广能适应大面积施用的商品有机肥和微生物肥料；搞好秸秆还田及综合利用；推广高效、低毒、低残留农药及生物农药；合理规划畜禽养殖业布局，利用资源化治理工程和配套措施处理规模化畜禽养殖有机污染；因地制宜建设城镇垃圾、污水处理工程，治理生产、生活污染。

9.5.6 区内四级区

船塘河宽谷农田森林河溪社会承载与水源涵养功能区内四级区如表9-5所示。

表9-5 RFⅡ$_{1-1}$船塘河宽谷农田森林河溪社会承载与水源涵养功能区内四级区

名称	编码	总面积/km^2	占全区面积比例/%	主要生态功能及其等级	压力状态	保护目标	管理目标与建议
船塘河宽谷冬温淡水急流河溪水源地保护中功能管理区	RFⅡ$_{1-1-01}$	41.36	2.77	水源地保护中功能	低	月鳢（*Channa asiatica*），江西省级重点保护野生动物；异鱲（*Parazacco spihurus*），属IUCN保护名单易危（VU）级别和《中国濒危动物红皮书》保护物种易危（VU）级别	严禁毁林造田；开展植树造林；防治水土流失；严格控制面源污染；丰富河岸带群落；维护自然生境；强化河流保护意识；指定合理保护措施；建立严格的开发审批制度；零星开发，整体保护。水质管理目标建议参照Ⅱ类水质标准
船塘河宽谷冬温淡水急流中小河功能修复中压力管理区	RFⅡ$_{1-1-02}$	8.09	0.54	功能修复中压力	低	生境恢复	控制农田化肥使用以及城镇生活污水排放；保持河流的水量；保持鱼类洄游路线畅通；保护重要物种生境。水质管理目标建议参照Ⅲ类水质标准
船塘河宽谷冬暖淡水急流河溪水源地保护中功能管理区	RFⅡ$_{1-1-07}$	149.46	9.99	水源地保护中功能	低	水功能保护区：浰江源头水保护区、船塘河龙川-东源源头水保护区	严禁无序采矿等高污染行为，并提高监管和惩罚力度；减少毁林造田，注重植被建设；控制面源污染；保证河道连通性；维持底质多样化；建立严格的开发审批制度；零星开发，整体保护。水质管理目标建议参照Ⅱ类水质标准

续表

名称	编码	总面积/km^2	占全区面积比例/%	主要生态功能及其等级	压力状态	保护目标	管理目标与建议
船塘河宽谷冬暖淡水急流中小河水源地保护高功能管理区	RFⅡ$_{1-1-08}$	19.93	1.33	水源地保护高功能	中	水功能保护区：船塘河龙川－东源源头水保护区	加强污染控制，消减河内外源污染物，提高监管和惩罚力度；增加河道沿岸林地与湿地的保存率，疏通断流河道并强化水体的连通性；建立水环境安全预警系统，对流域水环境质量进行定期动态监测、分析和预测；建立特征水生生物栖息地保障区域，并将各类珍稀濒危物种重点保护。水质管理目标建议参照Ⅲ类水质标准。
船塘河宽谷冬暖淡水缓流河溪功能修复中压力管理区	RFⅡ$_{1-1-10}$	707.29	47.3	功能修复中压力	低	水功能保护区：船塘河龙川－东源源头水保护区	控制农业等面源污染；维持天然河道；保持物种多样性；避免引入入侵种；营造原始、天然的原生态地貌。水质管理目标建议参照Ⅱ类水质标准
船塘河宽谷冬暖淡水缓流中小河功能修复中压力管理区	RFⅡ$_{1-1-11}$	468.2	31.31	功能修复中压力	中	保护种：月鳢（*Channa asiatica*），江西省级重点保护野生动物；异鱲（*Parazacco spihurus*），属 IUCN 保护名单易危（VU）级别和《中国濒危动物红皮书》保护物种易危（VU）级别 水功能保护区：船塘河龙川－东源源头水保护区、新丰江水库保护区	保持河道及河岸带自然生境；维持物种多样性；进行底泥修复；降低河流及底质污染物含量。水质管理目标建议参照Ⅲ类水质标准
船塘河宽谷冬暖淡水缓流大河水源地保护高功能管理区	RFⅡ$_{1-1-12}$	92.3	6.17	水源地保护高功能	中	保护种：斑鳢（*Channa maculata*），属于江西省重点保护野生动物；鲮（*Cirrhina molitorella*），属于 IUCN 评估中近危（NT）级别 水功能保护区：船塘河龙川－东源源头水保护区、新丰江水库保护区	沿江栖息地建设，提高生物多样性；保持河道联通性；人工净化技术与水体自净相结合；强化河岸带恢复和保护，改善生态环境，涵养水源。水质管理目标建议参照Ⅲ类水质标准

续表

名称	编码	总面积/km^2	占全区面积比例/%	主要生态功能及其等级	压力状态	保护目标	管理目标与建议
船塘河宽谷冬暖淡水水库水源地保护高功能管理区	$RFII_{1-1-15}$	8.8	0.59	水源地保护高功能	低	水功能保护区：新丰江水库保护区	建立生物缓冲带；改善已经受污染的区域；水库周边设定相关的保护标志；对库区内进行严格把控；保护沿岸带的植被森林；严格监管库区养鱼可能导致的富营养化和生物入侵问题；开辟鱼道以恢复河道连通性；运用基于生态流量理念的水量调节措施。水质管理目标建议参照Ⅱ类水质标准

9.6 干流龙川段山地森林河溪水源涵养功能区（$RFII_{1-2}$）

9.6.1 位置与分布

该区属于东江中上游丘陵农林生态系统曲流水生态调节亚区二级区，位于114°43′55″E～115°24′56″E，23°44′23″N～24°34′16″N，总面积为2758.35 km^2。从行政区划看，该区包括广东省龙川县、和平县、东源县的部分地区。从水系构成看，流经区内的主要水系有东江干流、浰水、车田水、小庙水等。

9.6.2 河流生态系统特征

9.6.2.1 水体生境特征

该区地处流域中部，海拔集中于30～1137 m，河道中心线坡度在0.59°～17.48°，平均坡度为6.22°，平均流速相对较快；冬季背景气温为11.5～13.8℃，平均气温为12.9℃，故平均水温相对较高。该区的主要河流类型为冬温淡水急流河溪、冬温淡水急流中小河、冬温淡水缓流中小河、冬暖淡水急流河溪、冬暖淡水急流中小河、冬暖淡水急流大河、冬暖淡水缓流河溪、冬暖淡水缓流中小河、冬暖淡水缓流大河和冬温淡水大型水库，其中占主导地位的是冬暖淡水急流河溪。经随机采样实测，该区水体平均电导率为81.99 μs/cm，最大电导率为126.9 μs/cm，最小电导率为48.33 μs/cm；根据《地表水环境质量标准》（GB 3838—2002），高锰酸钾指数水质标准为Ⅰ类水质，溶解氧水质标准为Ⅱ类水质；总磷水质标准为Ⅱ类水质；总氮水质标准为Ⅳ类水质；氨氮水质标准为Ⅲ类水质，说明该区水质主要受总氮的影响。总之，此类生境较适宜急流型水生生物生存。

9.6.2.2　水生生物特征

（1）浮游藻类特征

经过鉴定分析，该区出现浮游藻类 6 门，共计 52 属，81 种，细胞丰度平均值为 23.76×10^4 cells/L，最大细胞丰度为 426.2×10^4 cells/L，最小细胞丰度为 0.6×10^4 cells/L。叶绿素 a 平均值为 7.7 μg/L，最大值为 15.25 μg/L，最小值为 0.9 μg/L。在种类组成上，主要以蓝藻门为主，其次为硅藻门和隐藻门，优势属为隐藻属（*Cryptomonas*）、鱼腥藻属（*Anabaena*）、栅藻属（*Scenedesmus*）、舟形藻属（*Navicula*）、针杆藻属（*Synedra*）等。代表性属有隐藻属（*Cryptomonas*）、鱼腥藻属（*Anabaena*）、舟形藻属（*Navicula*），既有清洁物种，也有耐污物种。总体而言，该功能区浮游藻类细胞丰度较低，局部地区存在人为活动，水质一般。

（2）底栖动物特征

经鉴定统计出该区分类单元总数 29 个，平均密度为 78 ind/m^2，最大密度为 2040 ind/m^2，最小密度为 1.33 ind/m^2。平均生物量为 3.34 g/m^2，最高生物量为 228.78 g/m^2，最低生物量为 0.01 g/m^2。Shannon-Wiener 多样性指数为 0.92。环节动物门分类单元数占总分类单元数的 10%，节肢动物门分类单元数占 7%，软体动物门比例占 31%，水生昆虫比例占 48%，其他门类占 4%。该区优势类群有圆田螺属（*Cipangopaludina*）、颤蚓（*Tubifex* sp.）、管水蚓（*Aulodrilus* sp.）；代表性类群有颤蚓属（*Tubifex*）、尾腮蚓属（*Branchiura*）、泽蛭属（*Helobdella*），为污染水体指示种。EPT 分类单元数为 2 个，所占区内分类单元数的比例为 7%。总体而言，由于该功能区局部城镇农业开发程度高，干流及支流均受到影响，底栖动物多样性低，污染指示种在多个点位可见，所以该区域部分河段水生态健康差，需要加强管理。

（3）鱼类特征

在该功能区上共鉴定出鱼类 18 科，64 属，76 种。主要分布有棒花鱼（*Abbottina rivularis*）、黄尾鲴（*Xenocypris davidi*）、麦穗鱼（*Pseudorasbora parva*）、三角鲂（*Megalobrama terminalis*）、银鮈（*Squalidus argentatus*）等优势种。濒危保护种有鲮（Cirrhina molitorella），属于 IUCN 评估中近危（NT）级别，为中国南方特有种，是珠江水系常见鱼类；萨氏华黝鱼（*Sineleotris saccharae*），属中国特有种；伍氏半䱗（*Hemiculterella wui*），中国特有种，属小型经济鱼类；海丰沙塘鳢（*Odontobutis haifengensis*），是广东特有种；斑鳢（Channa maculata）和月鳢（Channa asiatica），是江西省级重点保护野生动物；南方白甲鱼（*Onychosotoma gerlachi*)，是重要经济鱼类。外来种有尼罗罗非鱼（*Oreochromis niloticus*）、莫桑比克罗非鱼（*Oreochromis mossambicus*）斑和点叉尾鮰（*Ictalurus punctatus*），我国引入进行试养，现已成为优质水产养殖品种；食蚊鱼（*Gambusia affinis*），引入我国后在华南地区已取代了本地的青鳉（*Oryzias latipes*）成为低地水体的优势种，危害到本地物种的生存。指示种有棒花鱼（*Abbottina rivularis*）、大刺鳅（*Mastacembelus armatus*），这些物种喜栖息于底质以砾石和沙为主、自然生境较好的水体中。总体而言，该功能区鱼类物种很丰富，具有从溪流和大河的组合生境，自然生境良好，水质较好。

9.6.3 区内陆域特征

（1）地貌特征

该区海拔为 30 ~ 1137 m，平均海拔为 225.8 m，其中，低于 50 m、50 ~ 200 m、200 ~ 500 m、500 ~ 1000 m 和高于 1000 m 这 5 个海拔段的地域面积占该区总面积的百分比分别为 1.01%、51.62%、42.19%、5.12% 和 0.06%。平均坡度为 10.8°，其中坡度小于 7°的平地面积占该区总面积的 33.22%，坡度为 7° ~ 15°的缓坡地面积占该区总面积的 41.6%，坡度大于 15°的坡地面积占该区总面积的 25.18%。根据全国 1∶1 000 000 地貌类型图，该区地貌类型以侵蚀剥蚀小起伏低山、侵蚀剥蚀低海拔低丘陵为主，分别占该区总面积的 35%、25.13%，其次为侵蚀剥蚀低海拔高丘陵，占 19.95%，再次为侵蚀剥蚀中起伏中山、低海拔河谷平原、低海拔侵蚀剥蚀高台地等。

（2）植被和土壤特征

该区 NDVI 平均值为 0.63，植被覆盖情况较好。根据全国 1∶1 000 000 植被类型图，该区植被包括 4 种亚类，以亚热带、热带常绿阔叶、落叶阔叶灌丛（常含稀树）为主，占该区总面积的 59.93%；其次为亚热带针叶林，占 23.56%；再次为一年两熟或三熟水旱轮作（有双季稻）及常绿果树园、亚热带经济林和亚热带、热带草丛，分别占 13.91%、2.6%。根据全国 1∶1 000 000 土壤类型图，该区土壤以赤红壤为主，占该区总面积的 64.06%；其次为红壤、水稻土，分别占 14.44%、12.56%；再次为黄红壤、紫色土、淹育水稻土、赤红壤性土等。

（3）土地利用特征

该区城镇用地面积比例为 0.69%，主要分布于龙川县城；农田（耕地及园地）面积比例为 11%，主要分布于龙川宽谷及其他山间谷地；林草地面积比例为 86.13%；水体面积比例为 1.39%，其他用地面积比例为 0.79%。该区森草地所占比例最高，人类活动干扰程度相对较弱。

9.6.4 水生态功能

（1）该区水生态功能概述

径流产出功能较弱，主要由于该区接近流域内的北部降水低值中心区；水质维护功能很强，主要由于该区植被覆盖良好，山地丘陵广布，污染强度不大；水源涵养功能较强，主要由于该区林地占有较大景观优势；泥沙保持功能较弱，主要由于该区山间谷地农耕活动较强，谷坡较陡；生境维持功能较强，主要由于该区有大面积林地；饮用水水源地保护功能一般，主要由于该区属于水功能保护区的地方较少。

（2）主体水生态功能定位

该区陆域主导水生态功能确定为水源涵养。应严格保护具有重要水源涵养功能的自然植被，限制或禁止各种不利于保护生态系统水源涵养功能的经济社会活动和生产方式，如过度放牧、无序采矿、毁林开荒、开垦草地等，加强生态恢复与生态建设，治理土壤侵蚀，恢复与重建水源涵养区森林、灌丛、湿地等生态系统，提高生态系统的水源涵养功能。

9.6.5 水生态保护目标

（1）水生生物保护目标

保护种（鱼类）：①鲮（*Cirrhina molitorella*），属于 IUCN 评估中近危（NT）级别，为中国南方特有种，是珠江水系常见鱼类。功能区内分布于龙川东江干流，栖息于水温较高的江河中的中下层，偶尔进入静水水体中。对低温的耐力很差，水温在 14℃以下时即潜入深水，不太活动；低于 7℃时即出现死亡，冬季在河床深水处越冬。以着生藻类为主要食料，常以其下颌的角质边缘在水底岩石等物体上刮取食物，亦食一些浮游动物和高等植物的碎屑和水底腐殖物质。性成熟为 2 冬龄，生殖期较长，从 3 月开始，可延至 8 ~ 9 月。②萨氏华黝鱼（*Sineleotris saccharae*），中国特有种，分布于广东韩江、龙津河、东江、漠阳江等水系。功能区内分布于干流龙川段，属淡水小型底栖鱼类，栖息于河川、小溪中。体长 70 ~ 80 mm，数量极少，属于稀有种类，为濒危物种，已被列入《中国濒危动物红皮书》名录。③伍氏半䱗（*Hemiculterella wui*），中国特有种，属小型经济鱼类，分布于珠江水系及浙江等。功能区内分布于干流龙川段，属中上层鱼类，个体较小，常见体长 8 ~ 140 mm。④海丰沙塘鳢（*Odontobutis haifengensis*），广东特有种，分布于广东南部的河、溪中。功能区内分布于车田水，为淡水小型底层鱼类，生活于河川及溪流的底层，喜栖息于泥沙、杂草和碎石相混杂的浅水区生境中。⑤斑鳢（*Channa maculata*），属于江西省重点保护野生动物，主要分布于长江流域以南地区，如广东、广西、海南、福建、云南等省区。

功能区内分布于车田水，栖息于水草茂盛的江、河、湖、池塘、沟渠、小溪中。属底栖鱼类，常潜伏在浅水水草多的水底，仅摇动其胸鳍以维持其身体平衡。性喜阴暗，昼伏夜出，主要在夜间出来活动觅食。斑鳢对水质，温度和其他外界的适应性特别强，能在许多其他鱼类不能活动，不能生活的环境中生活。⑥月鳢（*Channa asiatica*），江西省级重点保护野生动物，分布于越南、中国、菲律宾等，功能区内浉江有分布，喜栖居于山区溪流，也生活在江河、沟塘等水体。为广温性鱼类，适应性强，生存水温为 1 ~38℃，最佳生长水温为 15 ~28℃。有喜阴暗、爱打洞、穴居、集居、残食的生活习性。为动物性杂食鱼类，以鱼、虾、水生昆虫等为食。生殖期为 4 ~6 月，5 ~7 月份为产卵盛期。⑦南方白甲鱼（*Onychosotoma gerlachi*），属于广东主要的经济鱼类，分布于珠江、元江、澜沧江和海南岛各水系。功能区内分布于车田水，大多栖息于水流较湍急、底质多砾石的江段中，喜游弋于水的底层。每年雨水节前后成群溯河上游，立秋前后则顺水而下，冬季在江河干流的深水处乱石堆中越冬。常以锋利的角质下颌铲食岩石上的着生藻类，兼食少量的摇蚊幼虫、寡毛类和高等植物的碎片。摄食强度最大是在 3 ~4 月份，冬季和生殖季节一般都很少或停止摄食。3 冬龄达到性成熟，产卵期较长，长江流域为 4 ~6 月，珠江流域为 2 ~3 月。产卵场多为砾石及沙滩的急流处，卵附着在水底砾石上进行孵化。

鱼类代表性种群有马口鱼（*Opsariichthys bidens*）、瓦氏黄颡鱼（*Pelteobagrus vachelli*）、鲤（*Cyprinus carpio*）、宽鳍鱲（*Zacco platypus*）、东方墨头鱼（*Garra orientalis*）；底栖动物群落代表有箭蜓科（Gomphidae）、四节蜉科（Baetidae）、仰泳蝽科（Notonectidae）、短丝蜉科（Siphlonuridae）；浮游藻类群落代表有直链藻属（*Melosira*）、舟形藻属（*Navicula*）、针杆藻属（*Synedra*）。

生境保护及水质目标建议：生境保护方面，注意保护森林资源，特别是森林山溪环境，有利于鱼类及两栖爬行类动物保护；对于城镇农田分布地区，保持河段水流通畅，减少污染排放，加强宣传管理，禁止毒、炸、电鱼等不合理的捕鱼方式；严禁毁林造田，开展植树造林，防治水土流失；控制农田化肥使用以及城镇生活污水排放，维持和改善当前的水体环境，避免人类活动的干扰和污染；严禁无序采矿等高污染行为，并提高监管和惩罚力度；如有发现保护两栖类物种，应及时通报物种保护管理部门，不可私自猎杀。水质目标方面，根据参考点特征，建议参照Ⅱ类水质标准进行保护及管理（如溶解氧达到 6 mg/L，高锰酸盐指数不超过 4 mg/L，氨氮不超过 0. 5 mg/L，总磷不超过 0. 1 mg/L，总氮不超过 0. 5 mg/L）。

(2) 生态功能保护

该区具有较强的水源涵养功能，重点应当结合已有的生态保护和建设重大工程，加强自然植被管护和恢复，严格监管矿产、水资源开发，严肃查处毁林开荒、烧山开荒和陡坡地开垦等行为；加强小流域综合治理，营造水土保持林，合理开发自然资源，保护和恢复自然生态系统，增强区域水土保持能力；采取严格的保护措施，防止人为破坏，促进自然生态系统的恢复；重视农业面源污染以及采矿等工业活动对水质的影响，严格矿区环境管理和生态恢复管理；构建生态补偿机制，增加水生态保护和修复投入。

9.6.6 区内四级区

干流龙川段山地森林河溪水源涵养功能区内四级区如表 9-6 所示。

表 9-6 RFⅡ$_{1-2}$干流龙川段山地森林河溪水源涵养功能区内四级区

名称	编码	总面积/km^2	占全区面积比例/%	主要生态功能及其等级	压力状态	保护目标	管理目标与建议
干流龙川段山地冬温淡水急流河溪生境保护高功能管理区	RFⅡ$_{1-2-01}$	46.31	1.67	生境保护高功能	低	该区部分河段流经自然保护区	严禁毁林造田；开展植树造林；防治水土流失；严格控制面源污染；丰富河岸带群落；维护自然生境；强化河流保护意识；指定合理保护措施；建立严格的开发审批制度；零星开发，整体保护。水质管理目标建议参照Ⅱ类水质标准
干流龙川段山地冬温淡水急流中小河生境保护高功能管理区	RFⅡ$_{1-2-02}$	132.68	4.79	生境保护高功能	低	该区部分河段流经自然保护区	控制农田化肥使用以及城镇生活污水排放；保持河流的水量；保持鱼类洄游路线畅通；保护重要物种生境。水质管理目标建议参照Ⅲ类水质标准
干流龙川段山地冬温淡水缓流中小河水源地保护中功能管理区	RFⅡ$_{1-2-05}$	29.92	1.08	水源地保护中功能	低	保护种：斑鳢（*Channa maculata*）和月鳢（*Channa asiatica*），都属于江西省重点保护野生动物；鲮（*Cirrhina molitorella*），属于 IUCN 评估中近危（NT）级别	维持和改善当前的水体环境，避免人类活动的干扰和污染；预防为主，防治结合；禁止非法捕捞保护物种；尽量避免大规模的水利设施建设；维持底质多样性以及天然护坡；持河流的自然面貌；对现有人类活动干扰较大的河段积极开展生态修复。水质管理目标建议参照Ⅲ类水质标准

续表

名称	编码	总面积/km²	占全区面积比例/%	主要生态功能及其等级	压力状态	保护目标	管理目标与建议
干流龙川段山地冬暖淡水急流河溪水源地保护中功能管理区	$RFⅡ_{1\text{-}2\text{-}07}$	1054.3	38.02	水源地保护中功能	低	保护种：鲮（*Cirrhina molitorella*），属于IUCN评估中近危（NT）级别；海丰沙塘鳢（*Odontobutis haifengensis*）和萨氏华黝鱼（*Sineleotris saccharae*），都是广东特有种	严禁无序采矿等高污染行为，并提高监管和惩罚力度；减少毁林造田，注重植被建设；控制面源污染；保证河道连通性；维持底质多样化；建立严格的开发审批制度；零星开发，整体保护。水质管理目标建议参照Ⅱ类水质标准
干流龙川段山地冬暖淡水急流中小河水源地保护中功能管理区	$RFⅡ_{1\text{-}2\text{-}08}$	300.29	10.83	水源地保护中功能	低	保护种：斑鳢（*Channa maculata*）和月鳢（*Channa asiatica*），都属于江西省重点保护野生动物；鲮（*Cirrhina molitorella*），属于IUCN评估中近危（NT）级别 水功能保护区：干流佗城保护区	加强污染控制，消减河内外源污染物，提高监管和惩罚力度；增加河道沿岸林地与湿地的保存率，疏通断流河道并强化水体的连通性；建立水环境安全预警系统，对流域水环境质量进行定期动态监测、分析和预测；建立特征水生生物栖息地保障区域，并将各类珍稀濒危物种重点保护。水质管理目标建议参照Ⅲ类水质标准
干流龙川段山地冬暖淡水急流大河水源地保护高功能管理区	$RFⅡ_{1\text{-}2\text{-}09}$	153.16	5.52	水源地保护高功能	低	保护种：斑鳢（*Channa maculata*），属于江西省重点保护野生动物；鲮（*Cirrhina molitorella*），属于IUCN评估中近危（NT）级别；南方拟䱗（*Pseudohemiculter dispar*），属于IUCN评估中易危（VU）级别；南方白甲鱼异鱲（*Parazacco spihurus*），属IUCN保护名单易危（VU）级别和《中国濒危动物红皮书》保护物种易危（VU）级别 水功能保护区：干流佗城保护区	加强城市污水集中处理，提高污水处理率，加强污染控制，消减外源污染物排放；调整产业结构，加强清洁生产；合理调整土地利用比例，加强科学的景观配置；建立特征水生生物栖息地保障区域。水质管理目标建议参照Ⅲ类水质标准

续表

名称	编码	总面积/km^2	占全区面积比例/%	主要生态功能及其等级	压力状态	保护目标	管理目标与建议
干流龙川段山地冬暖淡水缓流河溪水源地保护中功能管理区	RFⅡ$_{1\text{-}2\text{-}10}$	202.2	7.29	水源地保护中功能	低	水功能保护区：干流佗城保护区	控制农业等面源污染；维持天然河道；保持物种多样性；避免引入入侵种；营造原始、天然的原生态地貌。水质管理目标建议参照Ⅱ类水质标准
干流龙川段山地冬暖淡水缓流中小河功能修复中压力管理区	RFⅡ$_{1\text{-}2\text{-}11}$	343.13	12.38	功能修复中压力	低	保护种：鲮（Cirrhina molitorella），属于IUCN评估中近危（NT）级别；海丰沙塘鳢（Odontobutis haifengensis）和萨氏华黝鱼（Sineleotris saccharae），都是广东特有种	保持河道及河岸带自然生境；维持物种多样性；进行底泥修复；降低河流及底质污染物含量。水质管理目标建议参照Ⅲ类水质标准
干流龙川段山地冬暖淡水缓流大河水源地保护中功能管理区	RFⅡ$_{1\text{-}2\text{-}12}$	498.78	17.99	水源地保护中功能	低	水功能保护区：干流佗城保护区；该区有鱼类产卵场	沿江栖息地建设，提高生物多样性；保持河道联通性；人工净化技术与水体自净相结合；强化河岸带恢复和保护，改善生态环境，涵养水源。水质管理目标建议参照Ⅲ类水质标准
干流龙川段山地冬温淡水水库生境保护高功能管理区	RFⅡ$_{1\text{-}2\text{-}14}$	11.81	0.43	生境保护高功能	低	水功能保护区：干流佗城保护区	注意森林生态保护；对潜在污染源加强管理；严格监管库区养鱼可能导致的富营养化和生物入侵问题；开辟鱼道以恢复河道连通性；运用基于生态流量理念的水量调节措施。水质管理目标建议参照Ⅱ类水质标准

9.7　增江上游山地森林河溪水源涵养功能区（RFⅡ$_{2\text{-}1}$）

9.7.1　位置与分布

该区属于增江中上游山地森林生态系统溪流水生态保育亚区二级区，位于113°42′15″E～

114°21′12″E，23°28′39″N ~ 23°58′4″N，总面积为 1140.66 km²。从行政区划看，该区包括广东省龙门县、增城市的部分地区。从水系构成看，流经区内的主要水系有西林河、蓝田河、铁岗水、永汉水等。

9.7.2 河流生态系统特征

9.7.2.1 水体生境特征

该区地处流域中部，海拔集中于 10 ~ 1170 m，河道中心线坡度为 1.29° ~ 12.81°，平均坡度为 5.33°，平均流速相对较慢；冬季背景气温为 11.8 ~ 14.1℃，平均气温为 13.1℃，故平均水温相对较高。该区的主要河流类型为冬温淡水急流河溪、冬暖淡水急流河溪、冬暖淡水急流中小河、冬暖淡水缓流河溪和冬暖淡水缓流中小河，其中占主导地位的是冬暖淡水缓流河溪。经随机采样实测，该区水体平均电导率为 30.63 μs/cm；根据《地表水环境质量标准》（GB 3838—2002），高锰酸钾指数水质标准为Ⅰ类水质，溶解氧水质标准为Ⅱ类水质；总磷水质标准为Ⅰ类水质；总氮水质标准为Ⅲ类水质；氨氮水质标准为Ⅰ类水质，说明该区水质良好。总之，此类生境较适宜山溪缓流清水型水生生物生存。

9.7.2.2 水生生物特征

（1）浮游藻类特征

经过鉴定分析，该区出现浮游藻类 2 门，共计 8 属，10 种，细胞丰度平均值为 0.6×10^4 cells/L，叶绿素 a 平均值为 5.64 μg/L。在种类组成上，主要以硅藻门为主，其次为蓝藻门，优势属为舟形藻属（*Navicula*）、鱼腥藻属（*Anabaena*）、异极藻属（*Gomphonema*）等。代表性属有舟形藻属（*Navicula*）、鱼腥藻属（*Anabaena*）、异极藻属（*Gomphonema*）、长蓖藻属（*Neidium*），多数都能够指示清洁水体，也有个别适合富营养化水体的物种出现。总体而言，该功能区浮游藻类细胞丰度很低，大部分水体水质较好，个别区域出现富营养化现象。

（2）底栖动物特征

经鉴定统计出该区分类单元总数 14 个，平均密度为 6 ind/m²，最大密度为 251 ind/m²，最小密度为 5.03 ind/m²。平均生物量为 4.59 g/m²，最高生物量为 200.25 g/m²，最低生物量为 2.81 g/m²。Shannon-Wiener 多样性指数为 2.56。环节动物门分类单元数占总分类单元数的 7%，软体动物门比例占 57%，水生昆虫比例占 36%。该区优势类群有蚬属（*Corbicula*）、短沟蜷属（*Semisulcospira*）；代表性类群有长角石蛾科（Leptoceridae），为清洁-中等清洁水体指示种。EPT 分类单元数为 3 个，所占区内分类单元数的比例为 21%。总体而言，该功能区底栖动物多样性很高，有 EPT 清洁指示种出现，总体反映的水质情况良好，因此水生态健康状况为良好。

(3) 鱼类特征

在该功能区上共鉴定出鱼类 14 科，37 属，42 种。主要分布有黑鳍鳈（*Sarcocheilichthys nigripinnis*）、黄尾鲴（*Xenocypris davidi*）、鲤（*Cyprinus carpio*）等优势种。濒危保护种有南方拟䱗（*Pseudohemiculter dispar*），属于 IUCN 评估中易危（VU）级别；异鱲（*Parazacco spilurus*），属于 IUCN 保护名单易危（VU）级别和《中国濒危动物红皮书》保护物种易危（VU）级别；广东鲂（*Megalobrama hoffmanni*），属中国特有种；斑鳢（*Channa maculata*），属于江西省级重点保护野生动物。外来种有尼罗罗非鱼（*Oreochromis niloticus*）、莫桑比克罗非鱼（*Oreochromis mossambicus*）、革胡子鲇（*Clarias leather*）、短盖巨脂鲤（*Piaractus brachypomus*）和斑点叉尾鮰（*Ictalurus punctatus*），现已成为我国重要的水产养殖鱼类；下口鲇（*Hypostomus plecostomus*），作为热带观赏鱼引进我国，但进入江河后专吃鱼卵、鱼苗，破坏我国的河川生态；食蚊鱼（*Gambusia affinis*），引入我国后在华南地区已取代了本地的青鳉（*Oryzias latipes*）成为低地水体的优势种，危害到本地物种的生存。指示种有纹唇鱼（*Osteochilus salsburyi*）、小鳈（*Sarcocheilichthys parvus*），这些物种喜栖息于水质清澈的石底山溪和小河中。总体而言，该功能区鱼类物种较丰富，水体清澈，水质好。

9.7.3　区内陆域特征

(1) 地貌特征

该区海拔为 10～1170 m，平均海拔为 355.4 m，其中，低于 50 m、50～200 m、200～500 m、500～1000 m 和高于 1000 m 这 5 个海拔段的地域面积占该区总面积的百分比分别为 2.54%、22.42%、52.18%、22.68% 和 0.18%。平均坡度为 14.9°，其中坡度小于 7° 的平地面积占该区总面积的 18.81%，坡度为 7°～15° 的缓坡地面积占该区总面积的 34.22%，坡度大于 15° 的坡地面积占该区总面积的 46.97%。根据全国 1∶1 000 000 地貌类型图，该区地貌类型以侵蚀剥蚀小起伏低山、侵蚀剥蚀中起伏低山为主，分别占该区总面积的 30.27%、25.1%，其次为侵蚀剥蚀中起伏中山、侵蚀剥蚀大起伏中山，分别占 17.44%、11.7%，再次为低海拔河谷平原和侵蚀剥蚀低海拔高丘陵等。

(2) 植被和土壤特征

该区 NDVI 平均值为 0.73，植被覆盖情况高。根据全国 1∶1 000 000 植被类型图，该区植被包括 8 种亚类，以亚热带针叶林和亚热带、热带常绿阔叶、落叶阔叶灌丛（常含稀树）为主，分别占该区总面积的 44.31%、20.63%；其次为亚热带季风常绿阔叶林、亚热带、热带草丛和一年三熟粮食作物及热带常绿果树园和经济林，分别占 11.45%、7.48%、6.05%；再次为亚热带、热带竹林和竹丛、亚热带常绿阔叶林和一年两熟或三熟水旱轮作（有双季稻）及常绿果树园、亚热带经济林等。根据全国 1∶1 000 000 土壤类型图，该区土壤以赤红壤、红壤为主，分别占该区总面积的45.74%、39.72%；其次为水稻土、黄红壤、黄壤，分别占5.96%、4.55%、2.39%；再次为棕色石灰土、黄色赤红壤等。

（3）土地利用特征

该区城镇用地面积比例为1.11%，主要分布于少数小镇；农田（耕地及园地）面积比例为7.38%，主要分布于山间谷地；林草地面积比例为89.87%；水体面积比例为1.37%，其他用地面积比例为0.27%。该区林草地所占比例最高，人类活动干扰程度相对较弱。

9.7.4 水生态功能

（1）该区水生态功能概述

径流产出功能很强，主要由于该区位于流域内的西部降水高值中心区；水质维护功能很强，主要由于该区以南昆山自然保护区为核心，植被覆盖良好；水源涵养功能很强，主要由于该区位于南昆山地区，林地占有很大景观优势；泥沙保持功能一般，主要由于该区植被覆盖良好，但坡度较陡；生境维持功能很强，主要由于该区植被覆盖良好；饮用水水源地保护功能很强，主要由于该区以南昆山自然保护区为核心，植被覆盖良好。

（2）主体水生态功能定位

该区陆域主导水生态功能确定为水源涵养和生境保护。应严格保护具有重要水源涵养功能的自然植被，限制或禁止各种不利于保护生态系统水源涵养功能的经济社会活动和生产方式，如过度放牧、无序采矿、毁林开荒、开垦草地等，加强生态恢复与生态建设，治理土壤侵蚀，恢复与重建水源涵养区森林、灌丛、湿地等生态系统，提高生态系统的水源涵养功能。

9.7.5 水生态保护目标

（1）水生生物保护目标

保护种（鱼类）：①南方拟䱗（*Pseudohemiculter dispar*），属于IUCN评估中易危（VU）级，是中国的特有物种，分布于云南、广西、福建、海南、江西等，功能区内增江上游有分布。一般栖息于生活在水体的中上层，游动迅速，喜集群活动，属小型鱼类，一般体长80～140 mm。②异鱲（*Parazacco spihurus*），属IUCN保护名单易危（VU）级别和《中国濒危动物红皮书》保护物种易危（VU）级别，国内广东南部河流、福建九龙江、漳河水系以及海南岛部分河流分布。功能区内增江上游有分布，喜在水流清澈的水体中活动，或生活于山溪中，底质为沙质，水流缓慢水草丰富。所摄食的食物种类很多，以藻类和浮游动物为主，植物叶片、轮虫和水生昆虫也较为常见，属于一种杂食性的鱼类。③广东鲂（*Megalobrama hoffmanni*），中国特有种，珠江水系及海南岛有分布。功能区内增江，喜欢生活在水草茂盛的江河缓流。生活在水体中下层，尤喜栖息于江河底质多淤泥或石砾的缓流处。杂食，喜食水生植物及软体动物。3～4月间产卵。④斑鳢（*Channa maculata*），属于江西省重点保护野生动物，主要分布于长江流域以南地区，如广东、广西、海南、福建、云南等省区。功能区分布于增江上游，栖息于水草茂盛的江、河、湖、池塘、沟渠、小溪中。属底栖鱼类，常潜伏在浅水水草多的水底，仅摇动其胸鳍以维持其身体平衡。性喜阴暗，昼伏夜出，主要在夜间出来活动觅食。斑鳢对水质，温度和其他外界的适应性特别强，能在许多其他鱼类不能活动，不能生活的环境中生活。

濒危保护种（两栖爬行类）：①金环蛇（*Bungarus fasciatus*），属《中国濒危动物红皮书》保护物种濒危（EN）级别，分布于25°N附近及其以南地区，包括福建、广东、海南、广西及云南南部，在东部向北可达江西南昌，国外分布于南亚及东南亚。广东龙门南昆山有分布，栖息于海拔180～1014 m的平原或低山，植被覆盖较好的近水处。活动于平原、丘陵、山地丛林、塘边、溪沟边和住宅附近。夜行动物，白天往往盘着身体不动，把头藏于腹下，但是到晚上十分活跃，捕食蜥蜴，鱼类，蛙类，鼠类等，并能吞食其它蛇类及蛇蛋，性温顺，行动迟缓，其毒性十分剧烈，但是不主动袭击人。卵生，5～6月产卵6～14枚于腐叶下或洞穴中。有剧毒，蛇体浸酒及蛇胆也被用来入药，长期以来大量被捕杀内销或出口。②地龟（*Geoemyda spengleri*），国家二级保护动物，分布在中国云南滇西、广西桂林、广东、湖南、海南等地，以及越南、印度尼西亚等地。广东龙门南昆山有分布。生活于山区丛林、小溪及山涧小河边，为半水栖龟，不能进入深水。喜欢吃鲜活的各种小虫子，例如蚯蚓，蟋蟀，面包虫等等。③眼斑水龟（*Sacalia bealei*），分布于广东、广西、海南、福建、安徽、江西、贵州等地。广东龙门南昆山有分布，野外极少见。通常趴在石头上，摄食时下水，喜欢温暖的环境，流动水体。4月底开始发情交配，交配多在岸边或水中进行。5～8月份为产卵期，产卵时雌龟爬到岸边，用后肢在松软处交替掘穴，并将卵产在挖好的穴中，产完卵后再扒土将卵盖好，然后离去。杂食。

鱼类代表性种群有马口鱼（*Opsariichthys bidens*）、宽鳍鱲（*Zacco platypus*）、赤眼鳟（*Squaliobarbus curriculus*）、银飘鱼（*Pseudolaubuca sinensis*）、瓦氏黄颡鱼（*Pelteobagrus vachelli*）、鲤（*Cyprinus carpio*）、鲢（*Hypophthalmichthys molitrix*）；底栖动物群落代表有四节蜉科（Baetidae）、长角石蛾科（Leptoceridae）、箭蜓科（Gomphidae）、大蜓科（Cordulegastridae）；浮游藻类群落代表有直链藻属（*Melosira*）、舟形藻属（*Navicula*）。

生境保护及水质目标建议：生境保护方面，该区土地利用总体特征为以森林为优势，人类活动干扰程度较弱，因此应注意保护森林资源，特别是森林山溪环境，有利于鱼类保护；南昆山省级自然区位于该区域内，因此格外注意保护；严禁毁林造田，开展植树造林，防治水土流失；丰富河岸带群落，维护自然生境；严禁无序采矿等高污染行为，并提高监管和惩罚力度；对于城镇农田分布地区，加强宣传管理，禁止毒、炸、电鱼等不合理的捕鱼方式；如有发现保护两栖类物种，应及时通报物种保护管理部门，不可私自猎杀。水质目标方面，根据参考点特征，建议参照Ⅱ类水质标准进行保护及管理（如溶解氧达到

6 mg/L，高锰酸盐指数不超过4 mg/L，氨氮不超过0.5 mg/L，总磷不超过0.1 mg/L，总氮不超过0.5 mg/L)。

(2) 生态功能保护

该区具有较强的水源涵养功能，重点应当结合已有的生态保护和建设重大工程，加强自然植被管护和恢复，严格监管矿产、水资源开发，严肃查处毁林开荒、烧山开荒和陡坡地开垦等行为；加强小流域综合治理，营造水土保持林，合理开发自然资源，保护和恢复自然生态系统，增强区域水土保持能力；采取严格的保护措施，防止人为破坏，促进自然生态系统的恢复；重视农业面源污染以及采矿等工业活动对水质的影响，严格矿区环境管理和生态恢复管理；构建生态补偿机制，增加水生态保护和修复投入。

9.7.6 区内四级区

增江上游山地森林河溪水源涵养功能区内四级区如表9-7所示。

表9-7 RFⅡ$_{2-1}$增江上游山地森林河溪水源涵养功能区内四级区

名称	编码	总面积/km^2	占全区面积比例/%	主要生态功能及其等级	压力状态	保护目标	管理目标与建议
增江上游山地冬温淡水急流河溪生境保护高功能管理区	RFⅡ$_{2-1-01}$	55.85	4.95	生境保护高功能	低	保护种：鲮（*Cirrhina molitorella*），属于IUCN评估中近危(NT)级别；南方拟䱗（*Pseudohemiculter dispar*），属于IUCN评估中易危(VU)级别；斑鳢（*Channa maculata*），属于江西省重点保护野生动物；广东鲂（*Megalobrama hoffmanni*），属中国特有种	严禁毁林造田；开展植树造林；防治水土流失；严格控制面源污染；丰富河岸带群落；维护自然生境；强化河流保护意识；指定合理保护措施；建立严格的开发审批制度；零星开发，整体保护。水质管理目标建议参照Ⅱ类水质标准
增江上游山地冬暖淡水急流河溪水源地保护中功能管理区	RFⅡ$_{2-1-07}$	311.4	27.59	水源地保护中功能	低	水功能保护区：派潭河源头水保护区	严禁无序采矿等高污染行为，并提高监管和惩罚力度；减少毁林造田，注重植被建设；控制面源污染；保证河道连通性；维持底质多样化；建立严格的开发审批制度；零星开发，整体保护。水质管理目标建议参照Ⅱ类水质标准

续表

名称	编码	总面积/km²	占全区面积比例/%	主要生态功能及其等级	压力状态	保护目标	管理目标与建议
增江上游山地冬暖淡水急流中小河水源地保护高功能管理区	RFⅡ$_{2\text{-}1\text{-}08}$	110.54	9.79	水源地保护高功能	低	水功能保护区：增江源头水保护区、派潭河源头水保护区	加强污染控制，消减河内外源污染物，提高监管和惩罚力度；增加河道沿岸林地与湿地的保存率，疏通断流河道并强化水体的连通性；建立水环境安全预警系统，对流域水环境质量进行定期动态监测、分析和预测；建立特征水生生物栖息地保障区域，并将各类珍稀濒危物种重点保护。水质管理目标建议参照Ⅲ类水质标准
增江上游山地冬暖淡水缓流河溪水源地保护中功能管理区	RFⅡ$_{2\text{-}1\text{-}10}$	353.47	31.31	水源地保护中功能	低	水功能保护区：增江源头水保护区、派潭河源头水保护区	控制农业等面源污染；维持天然河道；保持物种多样性；避免引入入侵种；营造原始、天然的原生态地貌。水质管理目标建议参照Ⅱ类水质标准
增江上游山地冬暖淡水缓流中小河生境保护高功能管理区	RFⅡ$_{2\text{-}1\text{-}11}$	297.57	26.36	生境保护高功能	低	保护种：异鱲（*Parazacco spihurus*），属 IUCN 保护名单易危（VU）级别和《中国濒危动物红皮书》保护物种易危（VU）级别 水功能保护区：增江源头水保护区、派潭河源头水保护区	保持河道及河岸带自然生境；维持物种多样性；进行底泥修复；降低河流及底质污染物含量。水质管理目标建议参照Ⅲ类水质标准

9.8 增江中游山地森林河溪水源涵养功能区（RFⅡ$_{2\text{-}2}$）

9.8.1 位置与分布

该区属于增江中上游山地森林生态系统溪流水生态保育亚区二级区，位于113°52′38″E～114°21′1″E，23°19′7″N～23°50′31″N，总面积为1401.8 km²。从行政区划看，该区包括广东省龙门县、增城区、博罗县的部分地区。从水系构成看，流经区内的主要水系有增江、永汉水等。

9.8.2 河流生态系统特征

9.8.2.1 水体生境特征

该区地处流域中部，海拔集中于1～852 m，河道中心线坡度为0.94～13°，平均坡度为3.97°，平均流速相对较慢；冬季背景气温为13.3～14.4℃之间，平均气温为13.8℃，故平均水温相对较高。该区的主要河流类型为冬暖淡水急流河溪、冬暖淡水急流中小河、冬暖淡水急流大河、冬暖淡水缓流河溪、冬暖淡水缓流中小河和冬暖淡水缓流大河，其中占主导地位的是冬暖淡水缓流中小河。经随机采样实测，该区水体平均电导率为64.65 μs/cm，最大电导率为113.47 μs/cm，最小电导率为44 μs/cm；根据《地表水环境质量标准》(GB 3838—2002)，高锰酸钾指数水质标准为Ⅱ类水质，溶解氧水质标准为Ⅱ类水质；总磷水质标准为Ⅱ类水质；总氮水质标准为Ⅳ类水质；氨氮水质标准为Ⅱ类水质，说明该区水质主要受总氮的影响。总之，，此类生境较适宜缓流型和急流清水型水生生物生存。

9.8.2.2 水生生物特征

（1）浮游藻类特征

经过鉴定分析，该区出现浮游藻类6门，共计54属，99种，细胞丰度平均值为10.53×10^4 cells/L，最大细胞丰度430.05×10^4 cells/L，最小细胞丰度1.24×10^4 cells/L。叶绿素a平均值为6.84 μg/L，最大值为42.46 μg/L，最小值为1.54 μg/L。在种类组成上，主要以绿藻门为主，其次为蓝藻门、硅藻门，优势属为直链藻属（*Melosira*）、针杆藻属（*Synedra*）、栅藻属（*Scenedesmus*）、盘星藻属（*Pediastrum*）等。代表性属有针杆藻属（*Synedra*）、盘星藻属（*Pediastrum*），前者适合生存在流速较快的急流水体中，后者适合生存在缓流的富营养化水体中。总体而言，该功能区属于急流和缓流的组合生境，急流生境水质较好，缓流生境水质一般。

（2）底栖动物特征

经鉴定统计出该区分类单元总数19个，平均密度为5.52 ind/m^2，最大密度为259.17 ind/m^2，最小密度为1.96 ind/m^2。平均生物量为3.91 g/m^2，最高生物量为200.22 g/m^2，最低生物量为2.87 g/m^2。Shannon-Wiener多样性指数为2.38。环节动物门分类单元数占总分类单元数的5%，节肢动物门分类单元数占11%，软体动物门比例占47%，水生昆虫比例占37%。该区优势类群有蚬属（*Corbicula*）、短沟蜷属（*Semisulcospira*）；代表性类群有长角石蛾科（Leptoceridae）、箭蜓科（Gomphidae）、大蜓科（Cordulegastridac），为清洁-中等清洁水体指示种。EPT 分类单元数为 2 个，所占区内分类单元数的比例为 11%。总体而言，该功能区底栖动物多样性高，但 EPT 种类较少，总体反映的水质情况良好，但受到土地利用及人为活动的影响，因此水生态健康状况为中等。

（3）鱼类特征

在该功能区上共鉴定出鱼类 8 科，29 属，33 种。主要分布有棒花鱼（*Abbottina rivularis*）、黑鳍鳈（*Sarcocheilichthys nigripinnis*）、麦穗鱼（*Pseudorasbora parva*）、美丽小条鳅（*Micronemacheilus pulcher*）、似鮈（*Pseudogobio vaillanti*）等优势种。濒危保护种有异鱲（*Parazacco spilurus*），属于 IUCN 保护名单易危（VU）级别和《中国濒危动物红皮书》保护物种易危（VU）级别；斑鳢（*Channa maculata*）和月鳢（*Channa asiatica*），是江西省级重点保护野生动物。外来种有尼罗罗非鱼（*Oreochromis niloticus*）、莫桑比克罗非鱼（*Oreochromis mossambicus*）和短盖巨脂鲤（*Piaractus brachypomus*），引入我国进行人工养殖，已成为重要的水产养殖鱼类；食蚊鱼（*Gambusia affinis*），引入我国后在华南地区已取代了本地的青鳉（*Oryzias latipes*）成为低地水体的优势种，危害到本地物种的生存。指示种有东方墨头鱼（*Garra orientalis*）、黑鳍鳈（*Sarcocheilichthys nigripinnis*），前者常栖息于江河、山涧水流湍急的环境中，以其碟状吸盘吸附于岩石上，营底栖生活，其产卵须有流水条件，故多在洪水期产卵；后者喜栖息于水流缓慢、水草丛生的河汊中。总体而言，该功能区鱼类物种数虽然较少，但存在多个保护物种，以及适宜不同生境的特征物种，功能区内具有急流和缓流中小河的组合生境，水质较好。

9.8.3　区内陆域特征

（1）地貌特征

该区海拔为 1～852 m，平均海拔为 170.7 m，其中，低于 50 m、50～200 m、200～500 m 和 500～1000 m这 4 个海拔段的地域面积占该区总面积的百分比分别为 12.36%、53.78%、32.37%、1.49%。平均坡度为 11.4°，其中坡度小于 7°的平地面积占该区总面积的 35.65%，坡度为 7°～15°的缓坡地面积占该区总面积的 32.09%，坡度大于 15°的坡地面积占该区总面积的 32.26%。根据全国 1∶1 000 000 地貌类型图，该区地貌类型以侵蚀剥蚀小起伏低山、侵蚀剥蚀中起伏低山为主，分别占该区总面积的 33.4%、28.79%，其次为侵蚀剥蚀低海拔高丘陵、低海拔冲积平原、低海拔河谷平原，分别占 9.87%、9.53%、8.31%，再次为侵蚀剥蚀低海拔低丘陵、侵蚀剥蚀中起伏中山等。

（2）植被和土壤特征

该区 NDVI 平均值为 0.69，植被覆盖情况较好。根据全国 1∶1 000 000 植被类型图，该区植被包括 7 种亚类，以亚热带、热带常绿阔叶、落叶阔叶灌丛（常含稀树）为主，占该区总面积的 57.95%；其次为亚热带针叶林，占 24.29%；再次为一年三熟粮食作物及热带常绿果树园和经济林、一年两熟或三熟水旱轮作（有双季稻）及常绿果树园、亚热带经济林、亚热带季风常绿阔叶林、亚热带、热带草丛、亚热带常绿阔叶林等。根据全国1∶1 000 000土壤类型图，该区土壤以赤红壤为主，占该区总面积的73.62%；其次为水稻土，占15.61%；再次为红壤、漂洗水稻土等。

（3）土地利用特征

该区城镇用地面积比例为3.15%，主要分布于龙门县城、永汉镇等地；农田（耕地及园地）面积比例为18.09%，主要分布于山间谷地；林草地面积比例为77%；水体面积比例为1.32%，其他用地面积比例为0.44%。该区虽然林草地面积比例最高，但农田面积比例也较高，人类活动干扰程度较强。

9.8.4 水生态功能

（1）该区水生态功能概述

径流产出功能很强，主要由于该区位于流域内的西部降水高值中心区；水质维护功能很强，主要由于该区植被覆盖良好，山地丘陵广布，污染强度不大；水源涵养功能较强，主要由于该区林地占有较大景观优势；泥沙保持功能较弱，主要由于该区景观较为破碎；生境维持功能很强，主要由于该区植被覆盖良好；饮用水水源地保护功能一般，主要由于该区属于水功能保护区的地方较少。

（2）主体水生态功能定位

该区陆域主导水生态功能确定为水源涵养。应严格保护具有重要水源涵养功能的自然植被，限制或禁止各种不利于保护生态系统水源涵养功能的经济社会活动和生产方式，如过度放牧、无序采矿、毁林开荒、开垦草地等，加强生态恢复与生态建设，治理土壤侵蚀，恢复与重建水源涵养区森林、灌丛、湿地等生态系统，提高生态系统的水源涵养功能。

9.8.5 水生态保护目标

（1）水生生物保护目标

保护种（鱼类）：①异鱲（*Parazacco spihurus*），属IUCN保护名单易危（VU）级别和《中国濒危动物红皮书》保护物种易危（VU）级别，国内广东南部河流、福建九龙江、漳河水系以及海南岛部分河流分布。功能区内增江有分布，喜在水流清澈的水体中活动，或生活于山溪中，底质为沙质，水流缓慢水草丰富。所摄食的食物种类很多，以藻类和浮游动物为主，植物叶片、轮虫和水生昆虫也较为常见，属于一种杂食性的鱼类。②斑鳢

(*Channa maculata*)，属于江西省重点保护野生动物，主要分布于长江流域以南地区，如广东、广西、海南、福建、云南等省区。功能区内增江有分布，栖息于水草茂盛的江、河、湖、池塘、沟渠、小溪中。属底栖鱼类，常潜伏在浅水水草多的水底，仅摇动其胸鳍以维持其身体平衡。性喜阴暗，昼伏夜出，主要在夜间出来活动觅食。斑鳢对水质，温度和其他外界的适应性特别强，能在许多其他鱼类不能活动，不能生活的环境中生活。③月鳢(*Channa asiatica*)，江西省级重点保护野生动物，分布于越南、中国、菲律宾等，功能区内增江有分布，喜栖居于山区溪流，也生活在江河、沟塘等水体。为广温性鱼类，适应性强，生存水温为1~38℃，最佳生长水温为15~28℃。有喜阴暗、爱打洞、穴居、集居、残食的生活习性。为动物性杂食鱼类，以鱼、虾、水生昆虫等为食。生殖期为4~6月，5~7月份为产卵盛期。

保护种（两栖爬行）：①三索锦蛇（*Elaphe radiata*)，《中国濒危动物红皮书》保护物种濒危（EN）级别，增城附近有分布，现已少见。生活于450~1400 m的平原、山地、丘陵地带，常见于田野、山坡、草丛、石堆、路边、池塘边，有时也闯进居民点内。11月至次年3月为冬眠期，冬眠初醒时，常伏地等待阳光照射。行动敏捷，性较凶猛，遇人则攻击状。昼夜活动。受惊时可似眼镜蛇那样竖起体前部，并能发出呲呲声响。主要捕食鼠类，也食蜥蜴、蛙类及鸟类，甚至取食蚯蚓。卵生。②黑斑水蛇（*Enhydris bennettii*)，该物种已被列入中国国家林业局2000年8月1日发布的《国家保护的有益的或者有重要经济、科学研究价值的陆生野生动物名录》。中国福建及海南，以及印尼爪哇岛等地分布，功能区内增城附近有分布，现已少见。生活于沿岸河口地带碱水或半碱水中。以鱼为食物，卵胎生。③蜡皮蜥（*Leiolepis reevesii*)，广东博罗有分布记载，现已少见。栖息环境主要为沿海沙地略有坡度的地方，掘穴而居，穴道深1 m左右，洞穴与地面成30°。一蜥一洞，雄性蜡皮蜥的洞穴一般在雌性附近。下雨前和傍晚回洞，用土封洞口。白天温度适宜时，出洞活动，觅食。遇到干扰立即窜入洞中，以昆虫为食物。卵生，一次6枚左右。

鱼类代表性种群有马口鱼（*Opsariichthys bidens*)、银飘鱼（*Pseudolaubuca sinensis*)、瓦氏黄颡鱼（*Pelteobagrus vachelli*)、鲤（*Cyprinus carpio*)、鲢（*Hypophthalmichthys molitrix*)；底栖动物群落代表有长角石蛾科（Leptoceridae)、箭蜓科（Gomphidae)、大蜓科（Cordulegastridae)；浮游藻类群落代表有直链藻属（*Melosira*)、针杆藻属（*Synedra*)。

生境保护及水质目标建议：生境保护方面，该区土地利用总体特征为森林占有明显优势，人类活动干扰程度较弱，因此应注意保护森林资源，特别是森林山溪环境，有利于鱼类保护；严禁无序采矿等高污染行为，并提高监管和惩罚力度；由于主要水体类型为山间宽谷乡村河渠和山间乡村河溪，对于城镇农田分布地区，加强宣传管理，保护生境，减少污染排放，禁止毒、炸、电鱼等不合理的捕鱼方式；控制农业等面源污染，维持天然河道，保持物种多样性，避免引入入侵种，营造原始、天然的原生态地貌。水质目标方面，根据参考点特征，建议参照Ⅲ类水质标准进行保护及管理（如溶解氧达到5 mg/L，高锰酸盐指数不超过6 mg/L，氨氮不超过1 mg/L，总磷不超过0.2 mg/L，总氮不超过1 mg/L)。

(2) 生态功能保护

该区具有较强的水源涵养功能，重点应当结合已有的生态保护措施，加强自然植被管护和恢复，严格监管矿产、水资源开发，严肃查处毁林开荒、烧山开荒和陡坡地开垦等行为；加强小流域综合治理，营造水土保持林，合理开发自然资源，保护和恢复自然生态系统，增强区域水土保持能力；采取严格的保护措施，防止人为破坏，减少挖沙等直接影响河流生境的人类活动，促进洄游鱼类的生境恢复；重视农业面源污染以及采矿等工业活动对水质的影响，严格矿区环境管理和生态恢复管理；构建生态补偿机制，增加水生态保护和修复投入。

9.8.6 区内四级区

增江中游山地森林河溪水源涵养功能区内四级区如表 9-8 所示。

表 9-8 RFⅡ$_{2-2}$增江中游山地森林河溪水源涵养功能区内四级区

名称	编码	总面积/km^2	占全区面积比例/%	主要生态功能及其等级	压力状态	保护目标	管理目标与建议
增江中游山地冬暖淡水急流河溪水源地保护中功能管理区	RFⅡ$_{2-2-07}$	242.46	17.49	水源地保护中功能	低	保护种：斑鳢（*Channa maculata*），属于江西省重点保护野生动物 水功能保护区：沙河源头水保护区	严禁无序采矿等高污染行为，并提高监管和惩罚力度；减少毁林造田，注重植被建设；控制面源污染；保证河道连通性；维持底质多样化；建立严格的开发审批制度；零星开发，整体保护。水质管理目标建议参照Ⅱ类水质标准
增江中游山地冬暖淡水急流中小河水源地保护中功能管理区	RFⅡ$_{2-2-08}$	183.58	13.24	水源地保护中功能	低	水功能保护区：沙河源头水保护区	加强污染控制，消减河内外源污染物，提高监管和惩罚力度；增加河道沿岸林地与湿地的保存率，疏通断流河道并强化水体的连通性；建立水环境安全预警系统，对流域水环境质量进行定期动态监测、分析和预测；建立特征水生生物栖息地保障区域，并将各类珍稀濒危物种重点保护。水质管理目标建议参照Ⅲ类水质标准

续表

名称	编码	总面积/km²	占全区面积比例/%	主要生态功能及其等级	压力状态	保护目标	管理目标与建议
增江中游山地淡水冬暖急流大河水源地保护中功能管理区	RFⅡ$_{2\text{-}2\text{-}09}$	108.17	7.9	水源地保护中功能	低	保护种：月鳢（*Channa asiatica*），江西省级重点保护野生动物；异鱲（*Parazacco spihurus*），属 IUCN 保护名单易危（VU）级别和《中国濒危动物红皮书》保护物种易危（VU）级别	加强城市污水集中处理，提高污水处理率，加强污染控制，消减外源污染物排放；调整产业结构，加强清洁生产；合理调整土地利用比例，加强科学的景观配置；建立特征水生生物栖息地保障区域。水质管理目标建议参照Ⅲ类水质标准
增江中游山地冬暖淡水缓流河溪功能修复中压力管理区	RFⅡ$_{2\text{-}2\text{-}10}$	345.07	24.89	功能修复中压力	中	生境恢复	控制农业等面源污染；维持天然河道；保持物种多样性；避免引入入侵种；营造原始、天然的原生态地貌。水质管理目标建议参照Ⅲ类水质标准
增江中游山地冬暖淡水缓流中小河功能修复中压力管理区	RFⅡ$_{2\text{-}2\text{-}11}$	406.01	29.29	功能修复中压力	中	水功能保护区：沙河源头水保护区	保持河道及河岸带自然生境；维持物种多样性；进行底泥修复；降低河流及底质污染物含量。水质管理目标建议参照Ⅲ类水质标准
增江中游山地冬暖淡水缓流大河水源地保护中功能管理区	RFⅡ$_{2\text{-}2\text{-}12}$	100.86	7.28	水源地保护中功能	中	保护种：月鳢（*Channa asiatica*），江西省级重点保护野生动物；异鱲（*Parazacco spihurus*），属 IUCN 保护名单易危（VU）级别和《中国濒危动物红皮书》保护物种易危（VU）级别	沿江栖息地建设，提高生物多样性；保持河道联通性；人工净化技术与水体自净相结合；强化河岸带恢复和保护，改善生态环境，涵养水源。水质管理目标建议参照Ⅲ类水质标准

9.9　公庄水中上游宽谷农田森林河溪社会承载与水源涵养功能区（RFⅡ$_{3\text{-}1}$）

9.9.1　位置与分布

该区属于东江中游宽谷农业城镇生态系统曲流水生态调节亚区二级区，位于 114°12′49″E ~

114°37′19″E，23°18′36″N ~ 23°44′37″N，总面积为 1225. 27 km²。从行政区划看，该区包括广东省龙门县、博罗县部分地区。从水系构成看，流经区内的主要水系有公庄河、柏塘河、石坝水等。

9. 9. 2　河流生态系统特征

9. 9. 2. 1　水体生境特征

该区地处流域中部，海拔集中于 7 ~ 1026 m，河道中心线坡度为 1. 05° ~ 9. 19°，平均坡度为 2. 6°，平均流速相对较慢；冬季背景气温为 13. 3 ~ 14. 4℃，平均气温为 14. 1℃，故平均水温相对较高。该区的主要河流类型为冬暖急流淡水河溪、冬暖急流淡水中小河、冬暖缓流淡水河溪、冬暖缓流淡水中小河和冬暖缓流淡水大河，其中占主导地位的是冬暖缓流淡水中小河。经随机采样实测，该区水体平均电导率为 120. 78 μs/cm，最大电导率为 217. 67 μs/cm，最小电导率为 30. 4 μs/cm；根据《地表水环境质量标准》（GB 3838—2002），高锰酸钾指数水质标准为Ⅱ类水质，溶解氧水质标准为Ⅳ类水质；总磷水质标准为Ⅲ类水质；总氮水质标准为Ⅴ类水质；氨氮水质标准为Ⅳ类水质，说明该区水质主要受总氮、氨氮的影响，水质一般。总之，此类生境较适宜缓流型水生生物生存。

9. 9. 2. 2　水生生物特征

（1）浮游藻类特征

经过鉴定分析，该区出现浮游藻类 6 门，共计 50 属，92 种，细胞丰度平均值为 48.99×10^4 cells/L，最大细胞丰度 411.72×10^4 cells/L，最小细胞丰度 0.51×10^4 cells/L。叶绿素 a 平均值为 10. 98 μg/L，最大值为 43. 21 μg/L，最小值为 0. 13 μg/L。在种类组成上，主要以绿藻门为主，其次为硅藻门、隐藻门，优势属为栅藻属（*Scenedesmus*）、微囊藻属（*Microcystis*）、盘星藻属（*Pediastrum*）等。代表性属有微囊藻（*Microcystis*）、盘星藻（*Pediastrum*），都适合在水流较缓的富营养化水体中生存。总体而言，该功能区浮游藻类细胞丰度较高，流速较慢，受到一定程度的人类活动影响，水质较差。

（2）底栖动物特征

经鉴定统计出该区分类单元总数 13 个，平均密度为 7 ind/m²，最大密度为 460 ind/m²，最小密度为 6 ind/m²。平均生物量为 5. 08 g/m²，最高生物量为 57. 91 g/m²，最低生物量为 2. 42 g/m²。Shannon-Wiener 多样性指数为 0. 54。环节动物门分类单元数占总分类单元数的 8%，节肢动物门分类单元数占 8%，软体动物门比例占 54%，水生昆虫比例占 30%。该区优势类群有蚬属（*Corbicula*）、环棱螺属（*Bellamya*）、摇蚊亚科（Chironominae）；代表性类群有颤蚓属（*Tubifex*）、长足摇蚊亚科（Tanypodinae）、直突摇蚊亚科（Orthocladiinae），为污染水体指示种。该区未出现 EPT 种。总体而言，该功能区底栖动物多样性低，EPT 种类极少。总体反映的水质情况差，由于土地利用方式多样及人为活动影响严重，因此水生态健康状况差。

（3）鱼类特征

在该功能区上共鉴定出鱼类 8 科，32 属，35 种。主要分布有䱗（*Hemiculter leucisculus*）、草鱼（*Ctenopharyngodon idella*）、赤眼鳟（Squaliobarbus *curriculus*）、花斑副沙鳅（*Parabotia fasciata*）、黄鳝（*Monopterus albus*）、鲫（*Carassius aurtus*）、泥鳅（*Misgurnus anguillicaudatus*）、鲇（*Silurus asotus*）、食蚊鱼（*Gambusia affinis*）、条纹小鲃（*Puntius semifasciolatus*）、鳙（*Aristichthys nobilis*）等优势种。濒危保护种有鲮（*Cirrhina molitorella*），属于 IUCN 评估中近危（NT）级别，为中国南方特有种，是珠江水系常见鱼类；斑鳢（*Channa maculata*），属于江西省级重点保护野生动物。外来种有尼罗罗非鱼（*Oreochromis niloticus*）和莫桑比克罗非鱼（*Oreochromis mossambicus*），我国引入进行试养，现已成为优质水产养殖品种；食蚊鱼（*Gambusia affinis*），引入我国后在华南地区已取代了本地的青鳉（*Oryzias latipes*）成为低地水体的优势种，危害到本地物种的生存。指示种有黄鳝（*Monopterus albus*）、食蚊鱼（*Gambusia affinis*），这些物种喜栖息于流速较慢、营养较丰富的小河中。总体而言，该功能区鱼类物种较少，存在一定的人为干扰，水体中营养盐较丰富，水质较差。

9.9.3　区内陆域特征

（1）地貌特征

该区海拔为 7 ~ 1026 m，平均海拔为 144.2 m，其中，低于 50 m、50 ~ 200 m、200 ~ 500 m 和高于 500 m 这 4 个海拔段的地域面积占该区总面积的百分比分别为 33.4%、41.36%、21.47%、3.77%。平均坡度为 9°，其中坡度小于 7°的平地面积占该区总面积的 53.35%，坡度为 7° ~ 15°的缓坡地面积占该区总面积的 22.5%，坡度大于 15°的坡地面积占该区总面积的 24.15%。根据全国 1 ∶ 1 000 000 地貌类型图，该区地貌类型以侵蚀剥蚀小起伏低山、侵蚀剥蚀中起伏低山、低海拔冲积平原为主，分别占该区总面积的 21.02%、17.46%、12.08%，其次为低海拔侵蚀剥蚀低台地、低海拔冲积洪积平原、侵蚀剥蚀中起伏中山、侵蚀剥蚀低海拔低丘陵、低海拔侵蚀剥蚀高台地、侵蚀剥蚀低海拔高丘陵，分别占 9.84%、8.76%、8.46%、7.78%、6.7%、5.47%，再次为侵蚀剥蚀大起伏中山等。

（2）植被和土壤特征

该区 NDVI 平均值为 0.62，植被覆盖情况较好。根据全国 1 ∶ 1 000 000 植被类型图，该区植被包括 7 种亚类，以亚热带、热带常绿阔叶、落叶阔叶灌丛（常含稀树）为主，占该区总面积的 63.14%；其次为一年三熟粮食作物及热带常绿果树园和经济林和亚热带针叶林，分别占 17.82%、8.98%；再次为亚热带、热带草丛、一年两熟或三熟水旱轮作

（有双季稻）及常绿果树园、亚热带经济林、亚热带常绿阔叶林和亚热带季风常绿阔叶林等。根据全国 1∶1 000 000 土壤类型图，该区土壤以赤红壤、水稻土为主，分别占该区总面积的 40.44%、26.34%；其次为红壤、黄色赤红壤、漂洗水稻土，分别占 18.36%、7.18%、6.08%；再次为潮土、棕色石灰土等。

（3）土地利用特征

该区城镇用地面积比例为 3.47%，主要分布于柏塘镇、公庄镇、杨村镇等地；农田（耕地及园地）面积比例为 35.58%；林草地面积比例为 58.76%；水体面积比例为 1.74%，其他用地面积比例为 0.45%。该区虽然林草地面积比例最高，但农田面积比例也很高，人类活动干扰程度较强。

9.9.4 水生态功能

（1）该区水生态功能概述

径流产出功能较强，主要由于该区较为接近流域内的西部降水高值中心区；水质维护功能较强，主要由于该区宽谷农业较为发展，有一定的污染压力；水源涵养功能一般，主要由于该区以宽谷农业为主导，所能发挥的水源涵养作用有限；泥沙保持功能很弱，主要由于该区属宽谷，农耕活动较强，谷坡较陡；生境维持功能较强，主要由于该区有大面积林地；饮用水水源地保护功能较弱，主要由于该区饮用水水源地面积较小。

（2）主体水生态功能定位

该区陆域主导水生态功能确定为水生态压力承载。应加强水污染防控体系建设，准确预测和控制水污染负荷，设立严格的排污总量控制目标，加大排污监督和执法力度，大力调整产业结构，提高水资源利用效率，发展绿色经济和循环经济，加强水生态修复，构建生态河道。

9.9.5 水生态保护目标

（1）水生生物保护目标

保护种（鱼类）：①鲮（*Cirrhina molitorella*），属于 IUCN 评估中近危（NT）级别，为中国南方特有种，是珠江水系常见鱼类。功能区内分布于公庄水中游，栖息于水温较高的江河中的中下层，偶尔进入静水水体中。对低温的耐力很差，水温在 14℃以下时即潜入深水，不太活动；低于 7℃时即出现死亡，冬季在河床深水处越冬。以着生藻类为主要食料，常以其下颌的角质边缘在水底岩石等物体上刮取食物，亦食一些浮游动物和高等植物的碎屑和水底腐殖物质。性成熟为 2 冬龄，生殖期较长，从 3 月开始，可延至 8、9 月。洪水期间亲鱼群居产卵场，相互追逐，产卵场所多在河流的中、上游。②斑鳢（*Channa maculata*），属于江西省重点保护野生动物，主要分布于长江流域以南地区，如广东、广西、海南、福建、云南等省区。功能区内分布于公庄水上游，栖息于水草茂盛的江、河、湖、池塘、沟渠、小溪中。属底栖鱼类，常潜伏在浅水水草多的水底，仅摇动其胸鳍以维持其身体平衡。性喜阴暗，昼伏夜出，主要在夜间出来活动觅食。斑鳢对水质，温度和其他外界的适应性特别强，能在许多其他鱼类不能活动，不能生活的环境中生活。

保护种（两栖爬行）：①紫灰锦蛇（*Elaphe porphyracea*），《中国濒危动物红皮书》保护物种易危（VN）级别，分布于江苏、浙江、安徽、福建、台湾、江西、湖南、广东、海南、广西及贵州东部。广东博罗县罗浮山有分布。生活于海拔 200 ~ 2400 米山区的林缘、路旁、耕地、溪边及居民点，以小型啮齿类动物为食，卵生。属于夜间活动的蛇类，主要以鼠类等小型哺乳动物为食。②虎纹蛙（*Hoplobatrachus chinensis*），国家二级保护动物，江苏、浙江、湖南、湖北、安徽、广东、广西、贵州、福建、台湾、云南、江西、海南、上海、河南、重庆、四川和陕西南部等地均有分布，在国外还见于南亚和东南亚一带。广东博罗县罗浮山有分布。对水质要求较高，生活在水质澄清、水生植物生长繁盛的溪流生境。属于水栖蛙类，白天多藏匿于深浅、大小不一的各种石洞和泥洞中，仅将头部伸出洞口，如有猎物活动，则迅速捕食之，若遇敌害则隐入洞中。虎纹蛙的食物种类很多，其中主要以鞘翅目昆虫为食。③蜡皮蜥（*Leiolepis reevesii*），广东博罗有分布记载，现已少见。栖息环境主要为沿海沙地略有坡度的地方，掘穴而居，穴道深 1 m 左右，洞穴与地面成 30°。一蜥一洞，雄性蜡皮蜥的洞穴一般在雌性附近。下雨前和傍晚回洞，用土封洞口。白天温度适宜时，出洞活动，觅食。遇到干扰立即窜入洞中，以昆虫为食物。卵生，一次 6 枚左右。

鱼类代表性种群有草鱼（*Ctenopharyngodon idellus*）、鲢（*Hypophthalmichthys molitrix*）、鳙（*Aristichthys nobilis*）；水生维管植物有水龙（*Ludwigia adscendens*）；底栖动物群落代表有箭蜓科（Gomphidae）、蜓科（Aeshnidae）；浮游藻类群落代表有异极藻属（*Gomphonema*）、菱形藻属（*Nitzschia*）。

生境保护及水质目标建议：生境保护方面，该功能内城镇农田面积比例占优势，因此要加强宣传管理，保护生境，提高水质，减少污染排放；禁止毒、炸、电鱼等不合理的捕鱼方式；严禁无序采矿等高污染行为，并提高监管和惩罚力度；加强污染控制，消减河内外源污染物，提高监管和惩罚力度；对于山地溪流及博罗山自然保护区要重点保护，维持自然生境；建立水环境安全预警系统，对流域水环境质量进行定期动态监测、分析和预测；建立特征水生生物栖息地保障区域，并将各类珍稀濒危物种重点保护。水质目标方面，根据参考点特征，建议参照Ⅲ类水质标准进行保护及管理（如溶解氧达到5 mg/L，高锰酸盐指数不超过 6 mg/L，氨氮不超过 1 mg/L，总磷不超过 0.2 mg/L，总氮不超过 1 mg/L）。

(2) 生态功能保护

该区具有较强的水生态压力承载功能，重点应当节约水资源，加强水污染防治和水生态修复；开展小流域水土流失，提高植被覆盖率，建立起完善的水土保持预防监督体系，有效控制人为造成的新的水土流失；开展农业面源污染防控，改进施肥方法，减少水、肥流失，不断改良土壤，提高土壤自身保肥、保水能力；减少无机肥施用量，加大有机肥施用量，广种绿肥，推广能适应大面积施用的商品有机肥和微生物肥料；搞好秸秆还田及综合利用；推广高效、低毒、低残留农药及生物农药；合理规划畜禽养殖业布局，利用资源化治理工程和配套措施处理规模化畜禽养殖有机污染；因地制宜建设城镇垃圾、污水处理工程，治理生产、生活污染。

9.9.6 区内四级区

公庄水中上游宽谷农田森林河溪社会承载与水源涵养功能区内四级区如表 9-9 所示。

表 9-9 RFⅡ$_{3\text{-}1}$公庄水中上游宽谷农田森林河溪社会承载与水源涵养功能区内四级区

名称	编码	总面积/km^2	占全区面积比例/%	主要生态功能及其等级	压力状态	保护目标	管理目标与建议
公庄水中上游宽谷冬暖淡水急流河溪生境保护高功能管理区	RFⅡ$_{3\text{-}1\text{-}07}$	118.48	10.14	生境保护高功能	低	水功能保护区：公庄河源头水保护区	严禁无序采矿等高污染行为，并提高监管和惩罚力度；减少毁林造田，注重植被建设；控制面源污染；保证河道连通性；维持底质多样化；建立严格的开发审批制度；零星开发，整体保护。水质管理目标建议参照Ⅱ类水质标准
公庄水中上游宽谷冬暖淡水急流中小河水源地保护中功能管理区	RFⅡ$_{3\text{-}1\text{-}08}$	28.32	2.42	水源地保护中功能	低	保护种：斑鳢（*Channa maculata*），属于江西省重点保护野生动物；鲮（*Cirrhina molitorella*），属于 IUCN 评估中近危（NT）级别	加强污染控制，消减河内外源污染物，提高监管和惩罚力度；增加河道沿岸林地与湿地的保存率，疏通断流河道并强化水体的连通性；建立水环境安全预警系统，对流域水环境质量进行定期动态监测、分析和预测；建立特征水生生物栖息地保障区域，并将各类珍稀濒危物种重点保护。水质管理目标建议参照Ⅲ类水质标准

续表

名称	编码	总面积/km²	占全区面积比例/%	主要生态功能及其等级	压力状态	保护目标	管理目标与建议
公庄水中上游宽谷冬暖淡水缓流河溪功能修复中压力管理区	$RF II_{3-1-10}$	450.84	38.59	功能修复中压力	中	保护种：斑鳢（*Channa maculata*），属于江西省重点保护野生动物；鲮（*Cirrhina molitorella*），属于 IUCN 评估中近危（NT）级别	控制农业等面源污染；维持天然河道；保持物种多样性；避免引入入侵种；营造原始、天然的原生态地貌。水质管理目标建议参照Ⅱ类水质标准
公庄水中上游宽谷冬暖缓流淡水中小河功能修复中压力管理区	$RF II_{3-1-11}$	568.98	48.71	功能修复中压力	中	保护种：斑鳢（*Channa maculata*），属于江西省重点保护野生动物；鲮（*Cirrhina molitorella*），属于 IUCN 评估中近危（NT）级别 水功能保护区：公庄河源头水保护区	保持河道及河岸带自然生境；维持物种多样性；进行底泥修复；降低河流及底质污染物含量。水质管理目标建议参照Ⅲ类水质标准
公庄水中上游宽谷冬暖淡水缓流大河水源地保护中功能管理区	$RF II_{3-1-12}$	1.56	0.14	水源地保护中功能	中	保护种：斑鳢（*Channa maculata*），属于江西省重点保护野生动物；鲮（*Cirrhina molitorella*），属于 IUCN 评估中近危（NT）级别	沿江栖息地建设，提高生物多样性；保持河道联通性；人工净化技术与水体自净相结合；强化河岸带恢复和保护，改善生态环境，涵养水源。水质管理目标建议参照Ⅲ类水质标准

9.10　干流河源段宽谷农田森林河溪社会承载与水源涵养功能区（$RF II_{3-2}$）

9.10.1　位置与分布

该区属于东江中游宽谷农业城镇生态系统曲流水生态调节亚区二级区，位于114°21′9″E～114°55′1″E，23°15′9″N～23°52′47″N，总面积为1827.39 km²。从行政区划看，该区包括广东省河源市源城区、紫金县、惠阳区的部分地区。从水系构成看，流经区内的主要水系有东江干流、新丰江、柏埔河、古竹水、秋香江等。

9.10.2 河流生态系统特征

9.10.2.1 水体生境特征

该区地处流域中部，海拔集中于 7 ~ 1050 m，河道中心线坡度在 0.08° ~ 11.21°，平均坡度为 3.42°，平均流速相对较慢；冬季背景气温为 13.1 ~ 14.6℃，平均气温为 14.1℃，故平均水温相对较高。该区的主要河流类型为冬暖淡水急流河溪、冬暖淡水急流中小河、冬暖淡水急流大河、冬暖淡水缓流河溪、冬暖淡水缓流中小河和冬暖淡水缓流大河，其中占主导地位的是冬暖淡水缓流大河。经随机采样实测，该区水体平均电导率为 57.32 μs/cm，最大电导率为 82.7 μs/cm，最小电导率为 33.77 μs/cm；参考《地表水环境质量标准》(GB 3838—2002)，高锰酸钾指数水质标准为Ⅱ类水质，溶解氧水质标准为Ⅱ类水质；总磷水质标准为Ⅱ类水质；总氮水质标准为Ⅲ类水质；氨氮水质标准为Ⅱ类水质，说明该区水质良好。总之，此类生境较适宜缓流型水生生物生存。

9.10.2.2 水生生物特征

(1) 浮游藻类特征

经过鉴定分析，该区出现浮游藻类 7 门，共计 49 属，72 种，细胞丰度平均值为 18.81×10^4 cells/L，最大细胞丰度 91.11×10^4 cells/L，最小细胞丰度 2.82×10^4 cells/L。叶绿素 a 平均值为 6.5 μg/L，最大值为 11.86 μg/L，最小值为 1.78 μg/L。在种类组成上，主要以硅藻门为主，其次为蓝藻门、绿藻门，优势属为隐藻属（*Cryptomonas*）、小环藻属（*Cyclotella*）、颤藻属（*Oscillatoria*）、栅藻属（*Scenedesmus*）等。代表性属有隐藻属（*Cryptomonas*）、颤藻属（*Oscillatoria*）、舟形藻属（*Navicula*），能够指示流速较缓的富营养化水体，也存在个别指示流速较快的无机浅水水体的物种存在。总体而言，该功能区浮游藻类细胞丰度较低，大部分区域水流速度较缓，受人类活动的影响，水质一般。

(2) 底栖动物特征

经鉴定统计出该区分类单元总数 26 个，平均密度为 140 ind/m^2，最大密度为 1240 ind/m^2，最小密度为 1.67 ind/m^2。平均生物量为 2.82 g/m^2，最高生物量为 100.4 g/m^2，最低生物量为 0.07 g/m^2。Shannon-Wiener 多样性指数为 0.96。环节动物门分类单元数占总分类单元数的 4%，节肢动物门分类单元数占 8%，软体动物门比例占 30%，水生昆虫比例占 58%。该区优势类群有圆田螺属（*Cipangopaludina*）、蚬属（*Corbicula*）、管水蚓（*Aulodrilus* sp.）；代表性类群有灰蚋多足摇蚊（*Polypedilum leucopus*）、管水蚓（*Aulodrilus* sp.）、苏氏尾鳃蚓（*Branchiura sowerbyi*），为污染水体指示种。EPT 分类单元数为 3 个，所占区内分类单元数的比例为 12%。总体而言，该功能区底栖动物多样性极低，EPT 种类少，指示种为多为污染指示种。总体反映的水质情况偏差，由于土地利用多种及城市人为活动的影响严重，因此水生态健康状相对较差。

（3）鱼类特征

在该功能区上共鉴定出鱼类 16 科，50 属，69 种。主要分布有䱗（*Hemiculter leucisculus*）、赤眼鳟（*Squaliobarbus curriculus*）、海南鲌（*Culter recurviceps*）、鲫（*Carassius aurtus*）等优势种。濒危保护种有鲮（*Cirrhina molitorella*），属于 IUCN 评估中近危（NT）级别，为中国南方特有种，是珠江水系常见鱼类；花鳗鲡（*Anguilla marmorata*），属IUCN 保护物种，是国家二级保护动物，《中国濒危动物红皮书》保护物种中濒危 EN 级别；嘉积小鳔鮈（*Microphysogobio kachekensis*）和广东鲂（*Megalobrama hoffmanni*），属中国特有种；月鳢（*Channa asiatica*）、斑鳢（*Channa maculata*）和日本鳗鲡（Anguilla japonica），是江西省级重点保护野生动物。外来种有尼罗罗非鱼（*Oreochromis niloticus*）、莫桑比克罗非鱼（*Oreochromis mossambicus*）、革胡子鲇（*Clarias leather*）和短盖巨脂鲤（*Piaractus brachypomus*），我国引入进行试养，现已成为优质水产养殖品种，具有良好的经济价值；食蚊鱼（*Gambusia affinis*），引入我国后在华南地区已取代了本地的青鳉（*Oryzias latipes*）成为低地水体的优势种，危害到本地物种的生存。总体而言，该功能区鱼类物种很丰富，水流较慢，存在一定的人为干扰，但河流水量较大，纳污能力较强，水质良好。

9.10.3　区内陆域特征

（1）地貌特征

该区海拔为 7 ~ 1050 m，平均海拔为 158 m，其中，低于 50 m、50 ~ 200 m、200 ~ 500 m、500 ~ 1000 m和高于 1000 m 这 5 个海拔段的地域面积占该区总面积的百分比分别为 28.41%、45.29%、20.81%、5.46%和 0.03%。平均坡度为 9.5°，其中坡度小于 7°的平地面积占该区总面积的 46.82%，坡度为 7° ~ 15°的缓坡地面积占该区总面积的 29.91%，坡度大于 15°的坡地面积占该区总面积的 23.27%。根据全国 1∶1 000 000 地貌类型图，该区地貌类型以侵蚀剥蚀小起伏低山、侵蚀剥蚀低海拔高丘陵为主，分别占该区总面积的 29.62%、21.94%，其次为低海拔侵蚀剥蚀高台地、侵蚀剥蚀中起伏低山、低海拔侵蚀剥蚀低台地、低海拔河流低阶地，分别占 8.86%、8.2%、5.52%、5.35%，再次为侵蚀剥蚀大起伏中山、侵蚀剥蚀低海拔低丘陵、低海拔河谷平原、侵蚀剥蚀中起伏中山、低海拔冲积平原等。

（2）植被和土壤特征

该区 NDVI 平均值为 0.59，植被覆盖情况较好。根据全国 1∶1 000 000 植被类型图，该区植被包括 5 种亚类，以亚热带、热带常绿阔叶、落叶阔叶灌丛（常含稀树）为主，占该区总面积的 65.79%；其次为亚热带针叶林，占 18.96%；再次为一年三熟粮食作物及热带常绿果树园和经济林、一年两熟或三熟水旱轮作（有双季稻）及常绿果树园、亚热带经济林和亚热带、热带草丛等。根据全国 1 : 1 000 000 土壤类型图，该区土壤以赤红壤为主，占该区总面积的 59.79%；其次为水稻土、红壤，分别占 23.04%、11.1%；再次为黄色赤红壤、潮土、黄壤、黄红壤、渗育水稻土等。

（3）土地利用特征

该区城镇用地面积比例为 4.43%，主要分布于河源市、古竹镇等地；农田（耕地及园地）面积比例为 22.84%，主要分布于干流周边的宽谷；林草地面积比例为 68.94%；水体面积比例为 3.14%，其他用地面积比例为 0.65%。该区虽然林草地面积比例最高，但农田面积也较高，人类活动干扰程度较强。

9.10.4 水生态功能

（1）该区水生态功能概述

径流产出功能一般，主要由于该区位于流域内降水高值区与降水低值区的过渡区内；水质维护功能较强，主要由于该区宽谷农业较为发展，有一定的污染压力；水源涵养功能一般，主要由于该区以宽谷农业为主导，所能发挥的水源涵养作用有限；泥沙保持功能很弱，主要由于该区属宽谷，农耕活动较强，谷坡较陡；生境维持功能较强，主要由于该区有大面积林地；饮用水水源地保护功能较弱，主要由于该区饮用水水源地面积较小。

（2）主体水生态功能定位

该区陆域主导水生态功能确定为水生态压力承载。应加强水污染防控体系建设，准确预测和控制水污染负荷，设立严格的排污总量控制目标，加大排污监督和执法力度，大力调整产业结构，提高水资源利用效率，发展绿色经济和循环经济，加强水生态修复，构建生态河道。

9.10.5 水生态保护目标

（1）水生生物保护目标

保护种（鱼类）：①鲮（*Cirrhina molitorella*），属于 IUCN 评估中近危（NT）级别，为中国南方特有种，是珠江水系常见鱼类。功能区内分布于河源东江干流，栖息于水温较高的江河中的中下层，偶尔进入静水水体中。对低温的耐力很差，水温在 14℃以下时即潜入深水，不太活动；低于 7℃时即出现死亡，冬季在河床深水处越冬。以着生藻类为主要食料，常以其下颌的角质边缘在水底岩石等物体上刮取食物，亦食一些浮游动物和高等植物的碎屑和水底腐殖物质。性成熟为 2 冬龄，生殖期较长，从 3 月开始，可延至 8、9 月。洪水期间亲鱼群居产卵场，相互追逐，产卵场所多在河流的中、上游。②花鳗鲡

(*Anguilla marmorata*)，属IUCN保护物种，是国家二级保护动物，《中国濒危动物红皮书》保护物种中濒危EN级别。花鳗鲡分布于我国长江下游及以南的钱塘江、灵江、瓯江、闽江、九龙江、广东、海南岛及广西等地江河；国外北达朝鲜南部及日本纪州，西达东非，东达南太平洋的马贵斯群岛，南达澳大利亚南部，曾在本功能区内的干流河源段有分布，目前踪迹罕见。生活在水质良好，河道通畅的环境中，是典型降河洄游鱼类。③嘉积小鳔鮈（*Microphysogobio kachekensis*）：中国特有种，分布于东江、北江和海南岛。功能区内分布于柏埔河，喜居山区清洁溪流，个体小且纤细，属小型鱼类，无经济价值。④广东鲂（*Megalobrama hoffmanni*），中国特有种，珠江水系及海南岛有分布。功能区内分布于干流河源段，喜欢生活在水草茂盛的江河缓流。生活在水体中下层，尤喜栖息于江河底质多淤泥或石砾的缓流处。杂食，喜食水生植物及软体动物。3～4 月间产卵。⑤斑鳢（*Channa maculata*），属于江西省重点保护野生动物，主要分布于长江流域以南地区，如广东、广西、海南、福建、云南等省区。功能区内分布柏埔河上游，栖息于水草茂盛的江、河、湖、池塘、沟渠、小溪中。属底栖鱼类，常潜伏在浅水水草多的水底，仅摇动其胸鳍以维持其身体平衡。性喜阴暗，昼伏夜出，主要在夜间出来活动觅食。斑鳢对水质，温度和其他外界的适应性特别强，能在许多其他鱼类不能活动，不能生活的环境中生活。⑥月鳢（*Channa asiatica*），江西省级重点保护野生动物，分布于越南、中国、菲律宾等，功能区内柏埔河有分布，喜栖居于山区溪流，也生活在江河、沟塘等水体。为广温性鱼类，适应性强，生存水温为 1～38℃，最佳生长水温为 15～28℃。有喜阴暗、爱打洞、穴居、集居、残食的生活习性。为动物性杂食鱼类，以鱼、虾、水生昆虫等为食。生殖期为 4～6 月，5～7 月份为产卵盛期。⑦日本鳗鲡（*Anguilla japomica*），属江西省级重点保护野生动物，分布于马来半岛、朝鲜、日本和我国沿岸及各江口。功能区内干流河源段有繁殖分布，为江河性洄游鱼类。生活于大海中，溯河到淡水内长大，后回到海中产卵，产卵期为春季和夏季。绝对产卵量 70 万～320 万粒。鳗鲡常在夜间捕食，食物中有小鱼、蟹、虾、甲壳动物和水生昆虫，也食动物腐败尸体，更有部分个体的食物中发现有维管植物碎屑。摄食强度及生长速度随水温升高而增强，一般以春、夏两季为最高。

保护种（两栖爬行）：三线闭壳龟（*Cuora trifasciata*），IUCN 保护物种极危 CR 级别；《中国濒危动物红皮书》保护物种极危 CR 级别；国家二级保护动物。国内主要分布在海南、广西、福建以及广东省的深山溪涧等地方，国外分布于越南、老挝。河源段水域有分布。喜欢阳光充足、环境安静、水质清净的地方。交配时多在水中进行，且在浅水地带。栖息于山区溪水地带，常在溪边灌木丛中挖洞做窝，白天在洞中，傍晚、夜晚出洞活动较多，有群居的习性。为变温动物，当环境温度达 23～28℃时，活动频繁。在 10℃以下时，进入冬眠。12℃以上时又苏醒。一年中，4～10 月为活动期，11 月至翌年 2 月上旬为冬眠期。杂食性。主要捕食水中的螺、鱼、虾、蝌蚪等水生昆虫，同时也食幼鼠，幼蛙、金龟子、蜗牛及蝇蛆，有时也吃南瓜、香蕉及植物嫩茎叶。

鱼类代表性种群有银飘鱼（*Pseudolaubuca sinensis*）、瓦氏黄颡鱼（*Pelteobagrus vachelli*）、鲤（*Cyprinus carpio*）、宽鳍鱲（*Zacco platypus*）；底栖动物群落代表有鱼蛉科（Corydalidae）、纹石蛾科（Hydropsychidae）、石蝇科（Perlidae）；浮游藻类群落代表有直

链藻属（*Melosira*）、小环藻属（*Cyclotella*）。

生境保护及水质目标建议：生境保护方面，该区人类活动干扰程度较强，鱼类要适度捕捞、保持江湖之间的畅通，特别是干流河源段要重点保护；控制面源污染，保证河道连通性，维持底质多样化，建立严格的开发审批制度；加强城市污水集中处理，提高污水处理率，加强污染控制，消减外源污染物排放；合理调整土地利用比例，加强科学的景观配置，建立特征水生生物栖息地保障区域；保证有足够数量的连通性优良的急流、湖库和干流大河组合生境；两栖爬行类要当地管理部门加强宣传，禁捕禁售。水质目标方面，根据参考点特征，建议参照Ⅲ类水质标准进行保护及管理（如溶解氧达到5 mg/L，高锰酸盐指数不超过6 mg/L，氨氮不超过1 mg/L，总磷不超过0.2 mg/L，总氮不超过1 mg/L）。

（2）生态功能保护

该区具有较强的水生态压力承载功能，重点应当节约水资源，加强水污染防治和水生态修复；开展小流域水土流失，提高植被覆盖率，建立起完善的水土保持预防监督体系，有效控制人为造成的新的水土流失；开展农业面源污染防控，改进施肥方法，减少水、肥流失，不断改良土壤，提高土壤自身保肥、保水能力；减少无机肥施用量，加大有机肥施用量，广种绿肥，推广能适应大面积施用的商品有机肥和微生物肥料；搞好秸秆还田及综合利用；推广高效、低毒、低残留农药及生物农药；合理规划畜禽养殖业布局，利用资源化治理工程和配套措施处理规模化畜禽养殖有机污染；因地制宜建设城镇垃圾、污水处理工程，治理生产、生活污染。

9.10.6 区内四级区

干流河源段宽谷农田森林河溪社会承载与水源涵养功能区内四级区如表9-10所示。

表9-10 RFⅡ$_{3-2}$干流河源段宽谷农田森林河溪社会承载与水源涵养功能区内四级区

名称	编码	总面积/km^2	占全区面积比例/%	主要生态功能及其等级	压力状态	保护目标	管理目标与建议
干流河源段宽谷冬暖淡水急流河溪水源地保护中功能管理区	RFⅡ$_{3-2-07}$	387.67	22.06	水源地保护中功能	低	保护种：斑鳢（*Channa maculata*），属于江西省重点保护野生动物	严禁无序采矿等高污染行为，并提高监管和惩罚力度；减少毁林造田，注重植被建设；控制面源污染；保证河道连通性；维持底质多样化；建立严格的开发审批制度；零星开发，整体保护。水质管理目标建议参照Ⅱ类水质标准

续表

名称	编码	总面积/km²	占全区面积比例/%	主要生态功能及其等级	压力状态	保护目标	管理目标与建议
干流河源段宽谷冬暖淡水急流中小河水源地保护中功能管理区	RFⅡ$_{3\text{-}2\text{-}08}$	140.29	7.98	水源地保护中功能	低	保护种：嘉积小鳔鮈（*Microphysogobio kachekensis*），属中国特有种	加强污染控制，消减河内外源污染物，提高监管和惩罚力度；增加河道沿岸林地与湿地的保存率，疏通断流河道并强化水体的连通性；建立水环境安全预警系统，对流域水环境质量进行定期动态监测、分析和预测；建立特征水生生物栖息地保障区域，并将各类珍稀濒危物种重点保护。水质管理目标建议参照Ⅲ类水质标准
干流河源段宽谷淡水冬暖急流大河水源地保护中功能管理区	RFⅡ$_{3\text{-}2\text{-}09}$	14.95	0.85	水源地保护中功能	中	鲮（*Cirrhina molitorella*），属于 IUCN 评估中近危（NT）级别；斑鳢（*Channa maculata*）、月鳢（*Channa asiatica*）和日本鳗鲡（*Anguilla japomica*），都属于江西省重点保护野生动物；广东鲂（*Megalobrama hoffmanni*），属中国特有种	加强城市污水集中处理，提高污水处理率，加强污染控制，消减外源污染物排放；调整产业结构，加强清洁生产；合理调整土地利用比例，加强科学的景观配置；建立特征水生生物栖息地保障区域。水质管理目标建议参照Ⅲ类水质标准
干流河源段宽谷冬暖淡水缓流河溪功能修复中压力管理区	RFⅡ$_{3\text{-}2\text{-}10}$	343.12	19.52	功能修复中压力	中	保护种：鲮（*Cirrhina molitorella*），属于 IUCN 评估中近危（NT）级别；月鳢（*Channa asiatica*），江西省级重点保护野生动物；广东鲂（*Megalobrama hoffmanni*），属中国特有种	控制农业等面源污染；维持天然河道；保持物种多样性；避免引入入侵种；营造原始、天然的原生态地貌。水质管理目标建议参照Ⅱ类水质标准

续表

名称	编码	总面积/km^2	占全区面积比例/%	主要生态功能及其等级	压力状态	保护目标	管理目标与建议
干流河源段宽谷冬暖淡水缓流中小河功能修复中压力管理区	$RFII_{3\text{-}2\text{-}11}$	342.89	19.51	功能修复中压力	中	保护种：斑鳢（*Channa maculata*）和月鳢（*Channa asiatica*），都属于江西省重点保护野生动物；鲮（*Cirrhina molitorella*），属于IUCN评估中近危（NT）级别；广东鲂（*Megalobrama hoffmanni*），属中国特有种	保持河道及河岸带自然生境；维持物种多样性；进行底泥修复；降低河流及底质污染物含量。水质管理目标建议参照Ⅲ类水质标准
干流河源段宽谷冬暖淡水缓流大河水源地保护中功能管理区	$RFII_{3\text{-}2\text{-}12}$	528.75	30.08	水源地保护中功能	中	保护种：鲮（*Cirrhina molitorella*），属于IUCN评估中近危（NT）级别；斑鳢（Channa maculata）、月鳢（*Channa asiatica*）和日本鳗鲡（*Anguilla japomica*），都属于江西省重点保护野生动物；广东鲂（*Megalobrama hoffmanni*），属中国特有种。水功能保护区：新丰江水库保护区；该区有鱼类产卵场	沿江栖息地建设，提高生物多样性；保持河道联通性；人工净化技术与水体自净相结合；强化河岸带恢复和保护，改善生态环境，涵养水源。水质管理目标建议参照Ⅲ类水质标准

9.11 黄村水山地森林河溪水源涵养功能区（$RFII_{4\text{-}1}$）

9.11.1 位置与分布

该区属于秋香江中上游山地林农生态系统溪流水生态保育亚区二级区，位于114°53′31″E～115°22′23″E，23°35′44″N～23°58′3″N，总面积为1046.6 km^2。从行政区划看，该区包括广东省东源县、紫金县的部分地区。从水系构成看，流经区内的主要水系有叶潭河、黄村河、康禾河、柏埔河等。

9.11.2 河流生态系统特征

9.11.2.1 水体生境特征

该区地处流域中部，海拔集中于47～1203 m，河道中心线坡度为2.2°～15.79°，平均坡度为7.96°，平均流速相对较快；冬季背景气温为11.7～13.7℃，平均气温为13.2℃，故平均水温相对较高。该区的主要河流类型冬温淡水急流河溪、冬暖淡水急流河溪、冬暖淡水急流中小河、冬暖淡水缓流河溪和冬暖淡水缓流中小河，其中占主导地位的是冬暖淡水急流中小河。经随机采样实测，该区水体平均电导率为56.67 μs/cm，最大电导率为72.4 μs/cm，最小电导率为44.6 μs/cm；根据《地表水环境质量标准》（GB 3838—2002），高锰酸钾指数水质标准为Ⅱ类水质，溶解氧水质标准为Ⅱ类水质；总磷水质标准为Ⅱ类水质；总氮水质标准为Ⅲ类水质；氨氮水质标准为Ⅱ类水质，说明该区水质良好。总之，此类生境较适宜急流清水型水生生物生存。

9.11.2.2 水生生物特征

（1）浮游藻类特征

经过鉴定分析，该区出现浮游藻类6门，共计37属，67种，细胞丰度平均值为66.76×10^4 cells/L，最大细胞丰度158.37×10^4 cells/L，最小细胞丰度2.48×10^4 cells/L。叶绿素a平均值为11.57 μg/L，最大值为15.05 μg/L，最小值为3.84 μg/L。在种类组成上，主要以硅藻门为主，其次为绿藻门，优势属为栅藻属（*Scenedesmus*）、直链藻属（*Melosira*）、针杆藻属（*Synedra*）、异极藻属（*Gomphonema*）等。代表性属有针杆藻属（*Synedra*）、异极藻属（*Gomphonema*）、舟形藻属（*Navicula*），都适合生存在常受搅动的急流环境中，能够指示清洁的水体。总体而言，该功能区多为流速较快的山涧溪流，水质较好。

（2）底栖动物特征

经鉴定统计出该区分类单元总数为38个，平均密度为30 ind/m^2，最大密度为107.22 ind/m^2，最小密度为0.67 ind/m^2。平均生物量为4.59 g/m^2，最高生物量为6.57 g/m^2，最低生物量为0。Shannon-Wiener多样性指数为2.3。环节动物门分类单元数占总分类单元数的3%，节肢动物门分类单元数占5%，软体动物门比例占13%，水生昆虫比例占76%，其他门类占3%。该区优势类群有长臂虾科（Palaemonidae）、匙指虾科（Atyidae）、萝卜螺属（*Radix*）；代表性类群有为蜉蝣科（Ephemeridae）、石蝇科（Perlidae）、纹石蛾科（Hydropsychidae）、长角石蛾科（Leptoceridae）、大蚊科（Tipulidae）、河蟌科（Calopterygidae），为清洁水体指示种。EPT分类单元数为13个，所占区内分类单元数的比例为34%。总体而言，该功能区以山地森林为主，底栖动物多样性较高，EPT种类多，指示种为多为清洁指示种。总体反映的水质情况良好。

（3）鱼类特征

在该功能区上共鉴定出鱼类14科，48属，56种。主要分布有棒花鱼（*Abbottina rivularis*）、彩石鳑鲏（*Rhodeus lighti*）、高体鳑鲏（*Rhodeus ocellatus*）、黑鳍鳈（*Sarcocheilichthys nigripinnis*）、马口鱼（*Opsariichthys bidens*）、麦穗鱼（*Pseudorasbora parva*）、美丽小条鳅（*Micronemacheilus pulcher*）、泥鳅（*Misgurnus anguillicaudatus*）、条纹

小鲃（*Puntius semifasciolatus*）、银鮈（*Squalidus argentatus*）等优势种。指示种有海丰沙塘鳢（*Odontobutis haifengensis*）、萨氏华黝鱼（*Sineleotris saccharae*），这些物种喜栖息于水温较高的山涧溪流中。总体而言，该功能区鱼类物种较丰富，水温较高，流速较快，生境自然，水质好。

9.11.3 区内陆域特征

（1）地貌特征

该区海拔为47～1203 m，平均海拔为359.5 m，其中，低于50 m、50～200 m、200～500 m、500～1000 m和高于1000 m这5个海拔段的地域面积占该区总面积的百分比分别为0.02%、21.39%、57.86%、20.36%和0.37%。平均坡度为14.5°，其中坡度小于7°的平地面积占该区总面积的17.32%，坡度为7°～15°的缓坡地面积占该区总面积的38.23%，坡度大于15°的坡地面积占该区总面积的44.45%。根据全国1∶1 000 000地貌类型图，该区地貌类型以侵蚀剥蚀中起伏低山、侵蚀剥蚀小起伏低山为主，分别占该区总面积的29.3%、25.76%，其次为侵蚀剥蚀大起伏中山、侵蚀剥蚀低海拔高丘陵、侵蚀剥蚀中起伏中山，分别占15.28%、11.76%、10.43%，再次为低海拔河谷平原等。

（2）植被和土壤特征

该区NDVI平均值为0.73，植被覆盖情况高。根据全国1∶1 000 000植被类型图，该区植被包括5种亚类，以亚热带针叶林为主，占该区总面积的50.31%；其次为亚热带、热带常绿阔叶、落叶阔叶灌丛（常含稀树）和亚热带、热带草丛，分别占32.49%、12.71%；再次为亚热带常绿阔叶林和一年两熟或三熟水旱轮作（有双季稻）及常绿果树园、亚热带经济林等。根据全国1∶1 000 000土壤类型图，该区土壤以赤红壤为主，占该区总面积的53.31%；其次为红壤、水稻土，分别占32.16%、10.47%；再次为黄壤、黄红壤、黄色赤红壤、中性粗骨土，分别占2.15%、1.01%、0.51%、0.39%。

（3）土地利用特征

该区城镇用地面积比例为0.24%，主要分布于少数小镇；农田（耕地及园地）面积比例为7.08%，主要分布于山间谷地；林草地面积比例为92.41%；水体面积比例为0.17%，其他用地面积比例为0.1%。该区以林草地所占面积比例最高，人类活动干扰程度较弱。

9.11.4 水生态功能

（1）该区水生态功能概述

径流产出功能较弱，主要由于该区离流域内的降水高值中心区较远；水质维护功能很强，主要由于该区植被覆盖良好，山地丘陵广布，污染强度不大；水源涵养功能很强，主要由于该区人口密度小，森林保存较为完好；泥沙保持功能一般，主要由于该区植被覆盖良好，但坡度较陡；生境维持功能很强，主要由于该区植被覆盖良好；饮用水水源地保护功能很强，主要由于该区植被覆盖良好。

（2）主体水生态功能定位

该区陆域主导水生态功能确定为水源涵养和水质维护。应严格保护具有重要水源涵养功能的自然植被，限制或禁止各种不利于保护生态系统水源涵养功能的经济社会活动和生产方式，如过度放牧、无序采矿、毁林开荒、开垦草地等，加强生态恢复与生态建设，治理土壤侵蚀，恢复与重建水源涵养区森林、草丛、湿地等生态系统，提高生态系统的水源涵养功能。

9.11.5　水生态保护目标

（1）水生生物保护目标

尚未发现在该功能区内需特殊保护的鱼类物种，因此流域内濒危珍稀鱼类物种均需注意保护。

保护种（两栖爬行）：①三线闭壳龟（*Cuora trifasciata*），IUCN 保护物种极危 CR 级别；《中国濒危动物红皮书》保护物种极危 CR 级别；国家二级保护动物。国内主要分布在海南、广西、福建及广东省的深山溪涧等地方，国外分布于越南、老挝。紫金县水域有分布。喜欢阳光充足、环境安静、水质清净的地方。交配时多在水中进行，且在浅水地带。栖息于山区溪水地带，常在溪边灌木丛中挖洞做窝，白天在洞中，傍晚、夜晚出洞活动较多，有群居的习性。为变温动物，当环境温度达 23～28℃时，活动频繁。在 10℃以下时，进入冬眠。12℃以上时又苏醒。一年中，4～10 月为活动期，11 月至翌年 2 月上旬为冬眠期。杂食性。主要捕食水中的螺、鱼、虾、蝌蚪等水生昆虫，同时也食幼鼠，幼蛙、金龟子、蜗牛及蝇蛆，有时也吃南瓜、香蕉及植物嫩茎叶。②三索锦蛇（*Elaphe radiata*），《中国濒危动物红皮书》保护物种濒危（EN）级别，紫金附近有分布，现已少见。生活于 450～1400 m 的平原、山地、丘陵地带，常见于田野、山坡、草丛、石堆、路边、池塘边，有时也闯进居民点内。11 月至次年 3 月为冬眠期，冬眠初醒时，常伏地等待阳光照射。行动敏捷，性较凶猛，遇人则攻击状。昼夜活动。主要捕食鼠类，也食蜥蜴、蛙类及鸟类，甚至取食蚯蚓，卵生。

鱼类代表性种群有餐（*Hemiculter leucisculus*）、黑鳍鳈（*Sarcocheilichthys nigripinnis*）、银鮈（*Squalidus argentatus*）、越南鱊（*Acheilognathus tonkiensis*）水生维管植物台湾水龙（*Ludwigia taiwanensis*）；底栖动物群落代表为蜉蝣科（Ephemeridae）、石蝇科（Perlidae）、纹石蛾科（Hydropsychidae）、长角石蛾科（Leptoceridae）、大蚊科（Tipulidae）、河蟌科（Calopterygidae）；浮游藻类群落代表有舟形藻属（*Navicula*）、直链藻属（*Melosira*）、针杆

藻属（*Synedra*）。

生境保护及水质目标建议：在生境保护方面，该区土地利用总体特征为以森林为优势，人类活动干扰程度较弱，主要水体类型为山间乡村河溪，因此需要保护森林植被，维持良好水生态环境，包括水质保护、水量保护及水源保护；严禁无序采矿等高污染行为，并提高监管和惩罚力度；加强污染控制，消减河内外源污染物，提高监管和惩罚力度；增加河道沿岸林地与湿地的保存率，疏通断流河道并强化水体的连通性；维护多样化的底栖息生境；保护清洁溪流，特别应该关注保持河岸带生境和水体之间的生态廊道，为濒危两栖爬行类动物提供栖息地。水质目标方面，根据参考点特征，建议参照Ⅱ类水质标准进行保护及管理（如溶解氧达到6 mg/L，高锰酸盐指数不超过4 mg/L，氨氮不超过0.5 mg/L，总磷不超过0.1 mg/L，总氮不超过0.5 mg/L）。

（2）生态功能保护

该区具有较强的水源涵养功能，重点应当结合已有的生态保护和建设重大工程，加强自然植被管护和恢复，严格监管矿产、水资源开发，严肃查处毁林开荒、烧山开荒和陡坡地开垦等行为；加强小流域综合治理，营造水土保持林，合理开发自然资源，保护和恢复自然生态系统，增强区域水土保持能力；采取严格的保护措施，构建生态走廊，防止人为破坏，促进自然生态系统的恢复；重视农业面源污染以及采矿等工业活动对水质的影响，严格矿区环境管理和生态恢复管理；构建生态补偿机制，增加水生态保护和修复投入。

9.11.6 区内四级区

黄村水山地森林河溪水源涵养功能区内四级区如表9-11所示。

表9-11 RFⅡ$_{4-1}$黄村水山地森林河溪水源涵养功能区内四级区

名称	编码	总面积/km^2	占全区面积比例/%	主要生态功能及其等级	压力状态	保护目标	管理目标与建议
黄村水山地冬温淡水急流河溪生境保护高功能管理区	RFⅡ$_{4-1-01}$	34.13	3.27	生境保护高功能	低	该区部分河段流经自然保护区	严禁毁林造田；开展植树造林；防治水土流失；严格控制面源污染；丰富河岸带群落；维护自然生境；强化河流保护意识；指定合理保护措施；建立严格的开发审批制度；零星开发，整体保护。水质管理目标建议参照Ⅱ类水质标准

续表

名称	编码	总面积/km^2	占全区面积比例/%	主要生态功能及其等级	压力状态	保护目标	管理目标与建议
黄村水山地冬暖淡水急流河溪生境保护高功能管理区	RF $Ⅱ_{4-1-07}$	300.28	28.72	生境保护高功能	低	该区部分河段流经自然保护区	严禁无序采矿等高污染行为，并提高监管和惩罚力度；减少毁林造田，注重植被建设；控制面源污染；保证河道连通性；维持底质多样化；建立严格的开发审批制度；零星开发，整体保护。水质管理目标建议参照Ⅱ类水质标准
黄村水山地冬暖淡水急流中小河水源地保护中功能管理区	RF $Ⅱ_{4-1-08}$	419.61	40.13	水源地保护中功能	低	该区部分河段流经自然保护区	加强污染控制，消减河内外源污染物，提高监管和惩罚力度；增加河道沿岸林地与湿地的保存率，疏通断流河道并强化水体的连通性；建立水环境安全预警系统，对流域水环境质量进行定期动态监测、分析和预测；建立特征水生生物栖息地保障区域，并将各类珍稀濒危物种重点保护。水质管理目标建议参照Ⅲ类水质标准
黄村水山地冬暖淡水缓流河溪水源地保护中功能管理区	RF $Ⅱ_{4-1-10}$	95.76	9.16	水源地保护中功能	低	该区部分河段流经自然保护区	控制农业等面源污染；维持天然河道；保持物种多样性；避免引入入侵种；营造原始、天然的原生态地貌。水质管理目标建议参照Ⅱ类水质标准
黄村水山地冬暖淡水缓流中小河水源地保护中功能管理区	RF $Ⅱ_{4-1-11}$	195.74	18.72	水源地保护中功能	低	该区部分河段流经自然保护区	保持河道及河岸带自然生境；维持物种多样性；进行底泥修复；降低河流及底质污染物含量。水质管理目标建议参照Ⅲ类水质标准

9.12 秋香江山地森林河溪水源涵养功能区（RFⅡ$_{4-2}$）

9.12.1 位置与分布

该区属于秋香江中上游山地林农生态系统溪流水生态保育亚区二级区，位于114°36′34″E～115°18′49″E，23°8′58″N～23°40′21″N，总面积为1806.41 km^2。从行政区划看，该区包括广东省紫金县、惠阳区的部分地区。从水系构成看，流经区内的主要水系有秋香江、青溪河、上义水、大岚水等。

9.12.2 河流生态系统特征

9.12.2.1 水体生境特征

该区地处流域中部，海拔集中于26～1063 m，河道中心线坡度为0.75°～16.31°，平均坡度为6.05°，平均流速相对较快；冬季背景气温为12.8～14.4℃，平均气温为14.04℃，故平均水温相对较高。该区的主要河流类型为冬暖淡水急流河溪、冬暖淡水急流中小河、冬暖淡水急流大河、冬暖淡水缓流河溪、冬暖淡水缓流中小河和冬暖淡水缓流大河，其中占主导地位的是冬暖淡水急流河溪。经随机采样实测，该区水体平均电导率为72.94 μs/cm，最大电导率为112.9 μs/cm，最小电导率为29.73 μs/cm；参考《地表水环境质量标准》（GB 3838—2002），高锰酸钾指数水质标准为Ⅱ类水质，溶解氧水质标准为Ⅱ类水质；总磷水质标准为Ⅲ类水质；总氮水质标准为Ⅳ类水质；氨氮水质标准为Ⅲ类水质，说明该区水质主要受总氮的影响。总之，此类生境较适宜急流型水生生物生存。

9.12.2.2 水生生物特征

（1）浮游藻类特征

经过鉴定分析，该区出现浮游藻类7门，共计45属，83种，细胞丰度平均值为2.22×10^4 cells/L，最大细胞丰度39.18×10^4 cells/L，最小细胞丰度0.15×10^4 cells/L。叶绿素a平均值为10.16 μg/L，最大值为18.38 μg/L，最小值为3.76 μg/L。在种类组成上，主要以硅藻门为主，其次为蓝藻门、绿藻门，优势属为直链藻属（*Melosira*）、栅藻属（*Scenedesmus*）、舟形藻属（*Navicula*）、针杆藻属（*Synedra*）等。代表性属有舟形藻属（*Navicula*）、针杆藻属（*Synedra*），都适合生存在常受搅动的急流环境中，能够指示清洁的水体。总体而言，该功能区多为流速较快的山涧溪流，水质较好。

（2）底栖动物特征

经鉴定统计出该区分类单元总数18个，平均密度为17.88 ind/m^2，最大密度为

168.67 ind/m², 最小密度为 0.42 ind/m²。平均生物量为 16.08 g/m², 最高生物量为 160.13 g/m², 最低生物量为 0。Shannon-Wiener 多样性指数为 1.6。环节动物门分类单元数占总分类单元数的 6%, 节肢动物门分类单元数占 11%, 软体动物门比例占 44%, 水生昆虫比例占 39%。该区优势类群有环棱螺属 (*Bellamya*)、短沟蜷属 (*Semisulcospira*)、匙指虾科 (Atyidae); 指示类群有大蜻科 (Macromiidae)、鳞石蛾科 (Lepidostomatidae)、丝蟌科 (Lestidae), 为中等清洁水体指示种。EPT 分类单元数为 1 个, 所占区内分类单元数的比例为 6%。总体而言, 该功能区以山地森林为主, 但受到多种土地利用的影响。底栖动物多样性较高, 但 EPT 种类少, 多为中等清洁指示种。总体反映的水质情况一般。

(3) 鱼类特征

在该功能区上共鉴定出鱼类 13 科, 50 属, 54 种。主要分布有棒花鱼 (Abbottina rivularis)、彩石鳑鲏 (*Rhodeus lighti*)、高体鳑鲏 (*Rhodeus ocellatus*)、黑鳍鳈 (*Sarcocheilichthys nigripinnis*)、黄鳝 (*Monopterus* albus)、黄尾鲴 (*Xenocypris davidi*)、鲫 (*Carassius aurtus*)、鲮 (*Cirrhina molitorella*)、马口鱼 (*Opsariichthys bidens*)、莫桑比克罗非鱼 (*Oreochromis mossambicus*)、泥鳅 (*Misgurnus anguillicaudatus*)、鲇 (*Silurus asotus*)、三角鲂 (*Megalobrama terminalis*)、食蚊鱼 (*Gambusia affinis*)、条纹小鲃 (*Puntius semifasciolatus*) 等优势种。濒危保护种有鲮 (*Cirrhina molitorella*), 属于 IUCN 评估中近危 (NT) 级别, 为中国南方特有种, 是珠江水系常见鱼类; 异鱲 (*Parazacco spilurus*), 属于 IUCN 保护名单易危 (VU) 级别和《中国濒危动物红皮书》保护物种易危 (VU) 级别; 南方拟䱗 (*Pseudohemiculter dispar*), 属于 IUCN 评估中易危 (VU) 级别。外来种有尼罗罗非鱼 (*Oreochromis niloticus*) 和莫桑比克罗非鱼 (*Oreochromis mossambicus*), 我国引入广东省进行试养, 现已成为优质水产养殖品种; 食蚊鱼 (*Gambusia affinis*), 引入我国后在华南地区已取代了本地的青鳉 (*Oryzias latipes*) 成为低地水体的优势种, 危害到本地物种的生存。指示种有三角鲂 (*Megalobrama terminalis*), 该物种适宜生活在水质较为清澈并伴有沉水植物的水体中。总体而言, 该功能区鱼类物种较丰富, 水流较快, 水体清澈, 营养盐较高。

9.12.3　区内陆域特征

(1) 地貌特征

该区海拔为 26 ~ 1063 m, 平均海拔为 233.8 m, 其中, 低于 50 m、50 ~ 200 m、200 ~ 500 m、500 ~ 1000 m 和高于 1000 m 这 5 个海拔段的地域面积占该区总面积的百分比分别为 1.5%、51%、40.74%、6.75% 和 0.01%。平均坡度为 12.2°, 其中坡度小于 7°的平地面积占该区总面积的 27.44%, 坡度为 7° ~ 15°的缓坡地面积占该区总面积的 39.23%, 坡度大于 15°的坡地面积占该区总面积的 33.33%。根据全国 1 : 1 000 000 地貌类型图, 该区地貌类型以侵蚀剥蚀小起伏低山、侵蚀剥蚀低海拔高丘陵为主, 分别占该区总面积的28.82%、27.13%，其次为侵蚀剥蚀中起伏低山、侵蚀剥蚀低海拔低丘陵，分别占15.08%、11.45%，再次为侵蚀剥蚀中起伏中山、低海拔河谷平原、低海拔冲积平原等。

（2）植被和土壤特征

该区NDVI平均值为0.72，植被覆盖情况高。根据全国1∶1 000 000植被类型图，该区植被包括4种亚类，以亚热带、热带常绿阔叶、落叶阔叶灌丛（常含稀树）为主，占该区总面积的72.92%；其次为亚热带、热带草丛，占12.69%；再次为一年三熟粮食作物及热带常绿果树园和经济林、亚热带针叶林、亚热带季风常绿阔叶林，分别占7.61%、6.58%、0.2%。根据全国1∶1 000 000土壤类型图，该区土壤以赤红壤为主，占该区总面积的63.33%；其次为水稻土、红壤，分别占20.13%、12.74%；再次为黄红壤、渗育水稻土、黄壤、潮土等。

（3）土地利用特征

该区城镇用地面积比例为0.43%，主要分布于紫金县城；农田（耕地及园地）面积比例为8.29%，主要分布于山间谷地；林草地面积比例为90.41%；水体面积比例为0.15%，其他用地面积比例为0.72%。该区以林草地所占面积比例最高，人类活动干扰程度较弱。

9.12.4 水生态功能

（1）该区水生态功能概述

径流产出功能一般，主要由于该区位于流域内降水高值区与降水低值区的过渡区内；水质维护功能很强，主要由于该区植被覆盖良好，山地丘陵广布，污染强度不大；水源涵养功能较强，主要由于该区林地占有较大景观优势；泥沙保持功能一般，主要由于该区植被覆盖良好，但坡度较陡；生境维持功能很强，主要由于该区植被覆盖较好；饮用水水源地保护功能一般，主要由于该区属于水功能保护区的地方较少。

（2）主体水生态功能定位

该区陆域主导水生态功能确定为水源涵养和水质维持。应严格保护具有重要水源涵养功能的自然植被，限制或禁止各种不利于保护生态系统水源涵养功能的经济社会活动和生产方式，如过度放牧、无序采矿、毁林开荒、开垦草地等，加强生态恢复与生态建设，治理土壤侵蚀，恢复与重建水源涵养区森林、灌草丛、湿地等生态系统，提高生态系统的水源涵养功能。

9.12.5 水生态保护目标

(1) 水生生物保护目标

保护种（鱼类）：①鲮（*Cirrhina molitorella*），属于IUCN评估中近危（NT）级别，为中国南方特有种，是珠江水系常见鱼类。功能区分布于秋香江，栖息于水温较高的江河中的中下层，偶尔进入静水水体中。对低温的耐力很差，水温在14℃以下时即潜入深水，不太活动；低于7℃时即出现死亡，冬季在河床深水处越冬。以着生藻类为主要食料，常以其下颌的角质边缘在水底岩石等物体上刮取食物，亦食一些浮游动物和高等植物的碎屑和水底腐殖物质。性成熟为2冬龄，生殖期较长，从3月开始，可延至8、9月。产卵场所多在河流的中、上游。②异鱲（*Parazacco spihurus*），属IUCN保护名单易危（VU）级别和《中国濒危动物红皮书》保护物种易危（VU）级别，国内广东南部河流、福建九龙江、漳河水系以及海南岛部分河流分布。功能区分布于秋香江，喜在水流清澈的水体中活动，或生活于山溪中，底质为沙质，水流缓慢水草丰富，伴生鱼类较少。所摄食的食物种类很多，主要是些藻类和浮游动物，植物叶片、轮虫和水生昆虫也较为常见，属于一种杂食性的鱼类。南方拟䱗（*Pseudohemiculter dispar*），属于IUCN评估中易危（VU）级，是中国的特有物种，分布于云南、广西、福建、海南、江西等，功能区分布于秋香江。一般栖息于生活在水体的中上层，游动迅速，喜集群活动，属小型鱼类，一般体长80～140 mm。

保护种（两栖爬行）：①三线闭壳龟（*Cuora trifasciata*），IUCN保护物种极危CR级别；《中国濒危动物红皮书》保护物种极危CR级别；国家二级保护动物。国内主要分布在海南、广西、福建以及广东省的深山溪涧等地方，国外分布于越南、老挝。功能区内紫金、惠阳地区有分布。喜欢阳光充足、环境安静、水质清净的地方。交配时多在水中进行，且在浅水地带。栖息于山区溪水地带，常在溪边灌木丛中挖洞做窝，白天在洞中，傍晚、夜晚出洞活动较多，有群居的习性。为变温动物，当环境温度达23～28℃时，活动频繁。在10℃以下时，进入冬眠。12℃以上时又苏醒。一年中，4～10月为活动期，11月至翌年2月上旬为冬眠期。杂食性。主要捕食水中的螺、鱼、虾、蝌蚪等水生昆虫，同时也食幼鼠，幼蛙、金龟子、蜗牛及蝇蛆，有时也吃南瓜、香蕉及植物嫩茎叶。②三索锦蛇（*Elaphe radiata*），《中国濒危动物红皮书》保护物种濒危（EN）级别，国内分布于云南、贵州、福建、广东、广西；国外分布于印度尼西亚、马来西亚、缅甸、锡金、印度。功能区内紫金、惠阳地区有分布，现已少见。生活于450～1400 m的平原、山地、丘陵地带，常见于田野、山坡、草丛、石堆、路边、池塘边，有时也闯进居民点内。11月至次年3月为冬眠期，冬眠初醒时，常伏地等待阳光照射。行动敏捷，性较凶猛，遇人则攻击状。昼夜活动。主要捕食鼠类，也食蜥蜴、蛙类及鸟类，甚至取食蚯蚓。卵生。

鱼类代表性种群有宽鳍鱲（*Zacco platypus*）、赤眼鳟（*Squaliobarbus curriculus*）、间䱻（*Hemibarbus medius*）、黄尾鲴（*Xenocypris davidi*）、棒花鱼（*Abbottina rivularis*）、黄颡鱼（*Pelteobagrus fulvidraco*）；底栖动物群落代表有大蜻科（Macromiidae）、鳞石蛾科（Lepidostomatidae)；浮游藻类群落代表有直链藻属（*Melosira*）、舟形藻属（*Navicula*）、针杆藻属（*Synedra*）。

生境保护及水质目标建议：生境保护方面，该区土地利用总体特征为以森林为优势，人类活动干扰程度较弱，因此需要保护森林植被，维持良好水生态环境，包括水质保护、水量保护及水源保护，特别应该关注溪流部分的生境保护，因为这种环境中生活有珍稀濒危物种；严禁无序采矿等高污染行为，并提高监管和惩罚力度；增加河道沿岸林地与湿地的保存率，疏通断流河道并强化水体的连通性；建立水环境安全预警系统，对流域水环境质量进行定期动态监测、分析和预测；控制农业等面源污染，维持天然河道，保持物种多样性。水质目标方面，根据参考点特征，建议参照Ⅲ类水质标准进行保护及管理（如溶解氧达到5 mg/L，高锰酸盐指数不超过6 mg/L，氨氮不超过1 mg/L，总磷不超过0.2 mg/L，总氮不超过1 mg/L）。

(2) 生态功能保护

该区具有较强的水源涵养功能，重点应当结合已有的生态保护和建设工程，加强自然植被管护和恢复，严格监管矿产、水资源开发，严肃查处毁林开荒、烧山开荒和陡坡地开垦等行为；加强小流域综合治理，营造水土保持林，合理开发自然资源，保护和恢复自然生态系统，增强区域水土保持能力；采取严格的保护措施，构建生态走廊，防止人为破坏，促进自然生态系统的恢复；重视农业面源污染以及采矿等工业活动对水质的影响，严格矿区环境管理和生态恢复管理；构建生态补偿机制，增加水生态保护和修复投入。

9.12.6 区内四级区

秋香江山地森林河溪水源涵养功能区内四级区如表9-12所示。

表9-12 RFⅡ$_{4-2}$秋香江山地森林河溪水源涵养功能区内四级区

名称	编码	总面积/km^2	占全区面积比例/%	主要生态功能及其等级	压力状态	保护目标	管理目标与建议
秋香江山地冬暖淡水急流河溪水源地保护中功能管理区	RFⅡ$_{4-2-07}$	716.95	38.63	水源地保护中功能	低	水功能保护区：秋香江源头水保护区	严禁无序采矿等高污染行为，并提高监管和惩罚力度；减少毁林造田，注重植被建设；控制面源污染；保证河道连通性；维持底质多样化；建立严格的开发审批制度；零星开发，整体保护。水质管理目标建议参照Ⅱ类水质标准

续表

名称	编码	总面积/km²	占全区面积比例/%	主要生态功能及其等级	压力状态	保护目标	管理目标与建议
秋香江山地冬暖淡水急流中小河水源地保护中功能管理区	RFⅡ$_{4\text{-}2\text{-}08}$	271.97	14.65	水源地保护中功能	低	水功能保护区：秋香江源头水保护区	加强污染控制，消减河内外源污染物，提高监管和惩罚力度；增加河道沿岸林地与湿地的保存率，疏通断流河道并强化水体的连通性；建立水环境安全预警系统，对流域水环境质量进行定期动态监测、分析和预测；建立特征水生生物栖息地保障区域，并将各类珍稀濒危物种重点保护。水质管理目标建议参照Ⅲ类水质标准
秋香江山地冬暖淡水急流大河水源地保护中功能管理区	RFⅡ$_{4\text{-}2\text{-}09}$	83.06	4.48	水源地保护中功能	低	保护种：鲮（*Cirrhina molitorella*），属于IUCN评估中近危（NT）级别；异鱲（*Parazacco spihurus*），属IUCN保护名单易危（VU）级别和《中国濒危动物红皮书》保护物种易（VU）级别	加强城市污水集中处理，提高污水处理率，加强污染控制，消减外源污染物排放；调整产业结构，加强清洁生产；合理调整土地利用比例，加强科学的景观配置；建立特征水生生物栖息地保障区域。水质管理目标建议参照Ⅲ类水质标准
秋香江山地冬暖淡水缓流河溪水源地保护中功能管理区	RFⅡ$_{4\text{-}2\text{-}10}$	254.2	13.7	水源地保护中功能	低	该区部分河段流经自然保护区	控制农业等面源污染；维持天然河道；保持物种多样性；避免引入入侵种；营造原始、天然的原生态地貌。水质管理目标建议参照Ⅱ类水质标准
秋香江山地冬暖淡水缓流中小河水源地保护中功能管理区	RFⅡ$_{4\text{-}2\text{-}11}$	451.89	24.35	水源地保护中功能	低	保护种：鲮（*Cirrhina molitorella*），属于IUCN评估中近危（NT）级别；异鱲（*Parazacco spihurus*），属IUCN保护名单易危（VU）级别和《中国濒危动物红皮书》保护物种易危（VU）级别；南方拟䱗（*Pseudohemi-culter dispar*），属于IUCN评估中易危（VU）级别； 水功能保护区：秋香江源头水保护区	保持河道及河岸带自然生境；维持物种多样性；进行底泥修复；降低河流及底质污染物含量。水质管理目标建议参照Ⅲ类水质标准

续表

名称	编码	总面积/km²	占全区面积比例/%	主要生态功能及其等级	压力状态	保护目标	管理目标与建议
秋香江山地冬暖淡水缓流大河水源地保护中功能管理区	RFⅡ$_{4-2-12}$	77.81	4.19	水源地保护中功能	低	保护种：鲮（*Cirrhina molitorella*），属于IUCN评估中近危（NT）级别；异鱲（*Parazacco spihurus*），属IUCN保护名单易危（VU）级别和《中国濒危动物红皮书》保护物种易危（VU）级别	沿江栖息地建设，提高生物多样性；保持河道联通性；人工净化技术与水体自净相结合；强化河岸带恢复和保护，改善生态环境，涵养水源。水质管理目标建议参照Ⅲ类水质标准

9.13 白盆珠山地森林水库河溪水源涵养与饮用水水源地保护功能区（RFⅡ$_{4-3}$）

9.13.1 位置与分布

该区属于秋香江中上游山地林农生态系统溪流水生态保育亚区二级区，位于114°50′18″E～115°25′34″E，22°59′43″N～23°23′10″N，总面积为1373.05 km²。从行政区划看，该区位于广东省惠东县内。从水系构成看，流经区内的主要水系有西枝江、安墩河、小沥河等。

9.13.2 河流生态系统特征

9.13.2.1 水体生境特征

该区地处流域中部，海拔集中于31～1244 m，河道中心线坡度为0°～14.5°，平均坡度为6.81°，平均流速相对较快；冬季背景气温为13.7～14.97℃，平均气温为14.4℃，故平均水温相对较高。该区的主要河流类型为冬暖淡水急流河溪、冬暖淡水急流中小河、冬暖淡水缓流河溪、冬暖淡水缓流中小河和冬暖淡水极缓流大型水库，其中占主导地位的是冬暖淡水急流河溪和冬暖淡水水库。经随机采样实测，该区水体平均电导率为26.86 μs/cm，最大电导率为30.27 μs/cm，最小电导率为25.1 μs/cm；根据《地表水环境质量标准》（GB 3838—2002），高锰酸钾指数水质标准为Ⅰ类水质，溶解氧水质标准为Ⅰ类水质；总磷水质标准为Ⅱ类水质；总氮水质标准为Ⅰ类水质；氨氮水质标准为Ⅰ类水质，说明该区水质良好。总之，此类生境较适宜山溪急流清水型和静水缓流型水生生物生存。

9.13.2.2　水生生物特征

（1）浮游藻类特征

经过鉴定分析，该区出现浮游藻类 6 门，共计 24 属，36 种，细胞丰度平均值为 1.95×10^4 cells/L，最大细胞丰度为 10.71×10^4 cells/L，最小细胞丰度为 0.63×10^4 cells/L。叶绿素 a 平均值为 4.89 μg/L，最大值为 4.94 μg/L，最小值为 4.29 μg/L。在种类组成上，主要以蓝藻门为主，其次为硅藻门、绿藻门，优势属为多甲藻属（*Peridiniopsis*）、异极藻属（*Gomphonema*）、直链藻属（*Melosira*）、舟形藻属（*Navicula*）等。代表性属有多甲藻属（*Peridiniopsis*）、异极藻属（*Gomphonema*）、舟形藻属（*Navicula*），有适合于静水水体中生存的物种，也有适合于急流环境中生存的物种，都能够指示较为清洁的水体。总体而言，该功能区浮游藻类细胞丰度很低，属于急流与静水的组合生境，水质较好。

（2）底栖动物特征

经鉴定统计出该区分类单元总数 8 个，平均密度为 4.63 ind/m^2，最大密度为 5.94 ind/m^2，最小密度为 3.33 ind/m^2。平均生物量为 0.96 g/m^2，最高生物量为 1.73 g/m^2，最低生物量为 0.19 g/m^2。Shannon-Wiener 多样性指数为 2.04。节肢动物门分类单元数占总分类单元数的 25%，软体动物门比例占 38%，水生昆虫比例占 25%，其他门类占 12%。该区优势类群有匙指虾科（Atyidae）、箭蜓科（Gomphidae）、蚬属（*Corbicula*）；代表性类群有箭蜓科（Gomphidae）、石蝇科（Perlidae），为清洁水体指示种。EPT 分类单元数为 1 个，所占区内分类单元数的比例为 13%。总体而言，由于所处白盆珠水库及山地森林生境为主的区域，总体生境较为良好，底栖动物多样性较高，有 EPT 清洁指示种出现，总体水生态较为良好。

（3）鱼类特征

在该功能区上共鉴定出鱼类 18 科，59 属，71 种。主要分布有棒花鱼（*Abbottina rivularis*）、叉尾斗鱼（*Macropodus opercularis*）、东方墨头鱼（*Garra orientalis*）、麦穗鱼（*Pseudorasbora parva*）、泥鳅（*Misgurnus anguillicaudatus*）、银鮈（*Squalidus argentatus*）等优势种。濒危保护种有鲮（Cirrhina molitorella），属于 IUCN 评估中近危（NT）级别，为中国南方特有种，是珠江水系常见鱼类；异鱲（*Parazacco spilurus*），属于 IUCN 保护名单易危（VU）级别和《中国濒危动物红皮书》保护物种易危（VU）级别；台细鳊（*Rasborinus formosae*），属《中国濒危动物红皮书》保护物种易危（VU）级别；南方拟𩷶（*Pseudohemiculter* dispar），属于 IUCN 评估中易危（VU）级别；斑鳢（*Channa maculata*）和月鳢（*Channa asiatica*），是江西省级重点保护野生动物。外来种有莫桑比克罗非鱼（*Oreochromis mossambicus*）、短盖巨脂鲤（*Piaractus brachypomus*）和斑点叉尾鮰（*Ictalurus punctatus*），我国引进进行驯化并繁育成功，成为重要的水产养殖品种；食蚊鱼（*Gambusia affinis*），引入我国后在华南地区已取代了本地的青鳉（*Oryzias latipes*）成为低地水体的优

势种，危害到本地物种的生存。指示种有乌鳢（*Channa argus*），该物种喜栖息于水草丛生、底泥细软的静水中。总体而言，该功能区鱼类物种很丰富，河流生境多为静水环境，水质好。

9.13.3 区内陆域特征

（1）地貌特征

该区海拔为31～1244 m，平均海拔为307.3 m，其中，低于50 m、50～200 m、200～500 m、500～1000 m和高于1000 m这5个海拔段的地域面积占该区总面积的百分比分别为0.23%、36.18%、47.96%、15.12%和0.51%。平均坡度为13.6°，其中坡度小于7°的平地面积占该区总面积的22.74%，坡度为7°～15°的缓坡地面积占该区总面积的35.87%，坡度大于15°的坡地面积占该区总面积的41.39%。根据全国1：1 000 000地貌类型图，该区地貌类型以侵蚀剥蚀小起伏低山、侵蚀剥蚀中起伏低山、侵蚀剥蚀中起伏中山为主，分别占该区总面积的41.53%、14.35%、14.09%，其次为侵蚀剥蚀大起伏中山，占10.34%，再次为侵蚀剥蚀低海拔高丘陵、低海拔河谷平原、低海拔侵蚀剥蚀高台地等。

（2）植被和土壤特征

该区NDVI平均值为0.73，植被覆盖度较高。根据全国1：1 000 000植被类型图，该区植被包括6种亚类，以亚热带、热带草丛和亚热带、热带常绿阔叶、落叶阔叶灌丛（常含稀树）为主，分别占该区总面积的32.15%、30.14%；其次为亚热带针叶林，占27.12%；再次为一年三熟粮食作物及热带常绿果树园和经济林、亚热带常绿阔叶林、亚热带季风常绿阔叶林等。根据全国1：1 000 000土壤类型图，该区土壤以赤红壤为主，占该区总面积的54.75%；其次为红壤、水稻土，分别占26.27%、12.82%；再次为黄红壤、黄壤、渗育水稻土等。

（3）土地利用特征

该区城镇用地面积比例为0.17%，主要分布于少数小镇；农田（耕地及园地）面积比例为5.29%，主要分布于部分谷地；林草地面积比例为91.45%；水体面积比例为2.93%，其他用地面积比例为0.16%。该区以林草地所占面积比例最高，人类活动干扰程度较弱。

9.13.4 水生态功能

（1）该区水生态功能概述

径流产出功能较强，主要由于该区位于流域内东南部降水相对高值中心区；水质维护功能很强，主要由于该区植被覆盖良好，山地丘陵广布，污染强度不大；水源涵养功能很强，主要由于该区大部属于白盆珠水库库区范围，森林植被保护力度较大，且有白盆珠水库这个巨大的人工水源涵养体存在；泥沙保持功能一般，主要由于该区植被覆盖良好，大型水库具有良好的泥沙保持功能，但降雨侵蚀力较大；生境维持功能很强，主要由于该区的白盆珠水库及其周边广大山区均处于广东省重点保护的范围；饮用水水源地保护功能很强，主要由于该区有白盆珠水库存在。

（2）主体水生态功能定位

该区陆域主导水生态功能确定为水源涵养与饮用水水源地保护。应严格保护具有重要水源涵养功能的自然植被，限制或禁止各种不利于保护生态系统水源涵养功能的经济社会活动和生产方式，如过度放牧、无序采矿、毁林开荒、开垦草地等，加强生态恢复与生态建设，治理土壤侵蚀，恢复与重建水源涵养区森林、灌丛、湿地等生态系统，提高生态系统的水源涵养功能。应十分重视对饮用水水源地的保护，严格禁止污染水体的一切活动，加强水质监测与监督，准确预测和控制水污染负荷，严格执行水源地保护的相关法律规定，加大水源地保护的执法力度，严格查处各种环境违法和破坏行为，确保饮用水水质达标。

9.13.5　水生态保护目标

（1）水生生物保护目标

保护种（鱼类）：①鲮（*Cirrhina molitorella*），属于 IUCN 评估中近危（NT）级别，为中国南方特有种，是珠江水系常见鱼类。功能区分布于西枝江，栖息于水温较高的江河中的中下层，偶尔进入静水水体中。对低温的耐力很差，水温在 14℃以下时即潜入深水，不太活动；低于 7℃时即出现死亡，冬季在河床深水处越冬。以着生藻类为主要食料，常以其下颌的角质边缘在水底岩石等物体上刮取食物，亦食一些浮游动物和高等植物的碎屑和水底腐殖物质。性成熟为 2 冬龄，生殖期较长，从 3 月开始，可延至 8、9 月。产卵场所多在河流的中、上游。②异鱲（*Parazacco spihurus*），属 IUCN 保护名单易危（VU）级别和《中国濒危动物红皮书》保护物种易危（VU）级别，国内广东南部河流、福建九龙江、漳河水系以及海南岛部分河流分布。功能区分布于西枝江，喜在水流清澈的水体中活动，或生活于山溪中，底质为沙质，水流缓慢水草丰富，伴生鱼类较少。所摄食的食物种类很多，主要是些藻类和浮游动物，植物叶片、轮虫和水生昆虫也较为常见，属于一种杂食性的鱼类。③台细鳊（*Rasborinus formosae*），属《中国濒危动物红皮书》保护物种易危（VU）级别，分布于我国广西、海南、香港和台湾。功能区分布于西枝江，对于栖息环境具有较高的要求，生活在较清澈的静水或缓流水的小河、小溪中。属杂食性，以浮游动物、植物及小型无脊椎动物等为食。④南方拟䱗（*Pseudohemiculter dispar*），属于 IUCN 评估中易危（VU）级，是中国的特有物种，分布于云南、广西、福建、海南、江西、香港等，功能区分布于西枝江。一般栖息于生活在水体的中上层，游动迅速，喜集群活动，属小型鱼类，一般体长 80 ~ 140 mm。⑤斑鳢（*Channa maculata*），属于江西省重点保护野生动物，主要分布于长江流域以南地区，如广东、广西、海南、福建、云南等省区。在功能区内分布于西枝江，栖息于水草茂盛的江、河、湖、池塘、沟渠、小溪中。属底栖鱼类，常潜伏在浅水水草多的水底，仅摇动其胸鳍以维持其身体平衡。性喜阴暗，昼伏夜出，主要在夜间出来活动觅食。斑鳢对水质，温度和其他外界的适应性特别强，能在许多其他鱼类不能活动，不能生活的环境中生活。月鳢（*Channa asiatica*），江西省级重点保护野生动物，分布于越南、中国、菲律宾等。功能区分布于西枝江，喜栖居于山区溪流，也生活在江河、沟塘等水体。为广温性鱼类，适应性强，生存水温为 1 ~ 38℃，最佳生长水温为 15 ~ 28℃。有喜阴暗、爱打洞、穴居、集居、残食的生活习性。为动物性杂食鱼类，以鱼、虾、水生昆虫等为食。生殖期为 4 ~ 6 月，5 ~ 7 月份为产卵盛期。

鱼类代表性种群宽鳍鱲（*Zacco platypus*）、赤眼鳟（*Squaliobarbus curriculus*）、间䱻（*Hemibarbus medius*）、黄尾鲴（*Xenocypris davidi*）、鲤（*Cyprinus carpio*）、鲢（*Hypophthalmichthys molitrix*）；底栖动物群落代表有箭蜓科（Gomphidae）、石蝇科（Perlidae）；浮游藻类群落代表有异极藻属（Gomphonema）、直链藻属（*Melosira*）、舟形藻属（*Navicula*）。

生境保护及水质目标建议：生境保护方面，该区土地利用总体特征为以森林为优势，人类活动干扰程度较弱，保护森林生境，重点保护白盆珠水库水体水质环境，维护多样化底质；保证有足够数量的连通性优良的急流、湖库和干流大河组合生境，保证有一定数量的光照充足的河段生境，禁止对森林林木乱砍滥伐；减少捕捞，保持洄游通道畅通；严禁无序采矿等高污染行为，并提高监管和惩罚力度；加强污染控制，消减河内外源污染物，提高监管和惩罚力度；禁止毒、炸、电鱼等不合理的捕鱼方式。水质目标方面，根据参考点特征，建议参照Ⅱ类水质标准进行保护及管理（如溶解氧达到 6 mg/L，高锰酸盐指数不超过 4 mg/L，氨氮不超过 0.5 mg/L，总磷不超过 0.1 mg/L，总氮不超过 0.5 mg/L）。

（2）生态功能保护

该区具有较强的水源涵养与饮用水水源地保护功能，加强自然植被管护和恢复，严格监管矿产、水资源开发，严肃查处毁林开荒、烧山、开荒和陡坡地开垦等行为；加强小流域综合治理，营造水土保持林，合理开发自然资源，保护和恢复自然生态系统，增强区域水土保持能力；采取严格的保护措施，防止人为破坏，促进自然生态系统的恢复；重视农业面源污染以及采矿等工业活动对水质的影响，严格矿区环境管理和生态恢复管理；构建生态补偿机制，增加水生态保护和修复投入。充分发挥大型水库的时空调节作用，保障水库受益区水生态系统健康。

9.13.6 区内四级区

白盆珠山地森林水库河溪水源涵养与饮用水水源地保护功能区内四级区如表 9-13

所示。

表 9-13　RFⅡ$_{4-3}$白盆珠山地森林水库河溪水源涵养与饮用水水源地保护功能区内四级区

名称	编码	总面积/km^2	占全区面积比例/%	主要生态功能及其等级	压力状态	保护目标	管理目标与建议
白盆珠山地冬暖淡水急流河溪水源地保护中功能管理区	RFⅡ$_{4-3-07}$	578.27	42.15	水源地保护中功能	低	水功能保护区：西枝江源头水保护区	严禁无序采矿等高污染行为，并提高监管和惩罚力度；减少毁林造田，注重植被建设；控制面源污染；保证河道连通性；维持底质多样化；建立严格的开发审批制度；零星开发，整体保护。水质管理目标建议参照Ⅱ类水质标准
白盆珠山地冬暖淡水急流中小河水源地保护中功能管理区	RFⅡ$_{4-3-08}$	290.19	21.15	水源地保护中功能	低	保护种：保护种：台细鳊（*Rasborinus formosae*），属《中国濒危动物红皮书》保护物种易危（VU）级别；异鱲（*Parazacco spihurus*），属 IUCN 保护名单易危（VU）级别和《中国濒危动物红皮书》保护物种易危（VU）级别 水功能保护区：西枝江源头水保护区	加强污染控制，消减河内外源污染物，提高监管和惩罚力度；增加河道沿岸林地与湿地的保存率，疏通断流河道并强化水体的连通性；建立水环境安全预警系统，对流域水环境质量进行定期动态监测、分析和预测；建立特征水生生物栖息地保障区域，并将各类珍稀濒危物种重点保护。水质管理目标建议参照Ⅲ类水质标准
白盆珠山地冬暖淡水缓流河溪水源地保护中功能管理区	RFⅡ$_{4-3-10}$	178.95	13.04	水源地保护中功能	低	该区部分河段流经自然保护区	控制农业等面源污染；维持天然河道；保持物种多样性；避免引入入侵种；营造原始、天然的原生态地貌。水质管理目标建议参照Ⅱ类水质标准
白盆珠山地冬暖淡水缓流中小河水源地保护中功能管理区	RFⅡ$_{4-3-11}$	107.16	7.81	水源地保护中功能	低	异鱲（*Parazacco spihurus*），属 IUCN 保护名单易危（VU）级别和《中国濒危动物红皮书》保护物种易危（VU）级别	保持河道及河岸带自然生境；维持物种多样性；进行底泥修复；降低河流及底质污染物含量。水质管理目标建议参照Ⅲ类水质标准

续表

名称	编码	总面积/km²	占全区面积比例/%	主要生态功能及其等级	压力状态	保护目标	管理目标与建议
白盆珠山地冬暖淡水水库生境保护高功能管理区	$RFⅡ_{4-3-15}$	217.4	15.85	生境保护高功能	低	保护种：斑鳢（*Channa maculata*）、月鳢（*Channa asiatica*）和日本鳗鲡（*Anguilla japomica*），都属江西省级重点保护野生动物；南方拟䱗（*Pseudo-hemiculter dispar*），属于IUCN评估中易危（VU）级别；鲮（*Cirrhina molitorella*），属于IUCN评估中近危（NT）级别 水功能保护区：西枝江源头水保护区	建立生物缓冲带；改善已经受污染的区域；水库周边设定相关的保护标志；对库区内进行严格把控；保护沿岸带的植被森林；严格监管库区养鱼可能导致的富营养化和生物入侵问题；开辟鱼道以恢复河道连通性；运用基于生态流量理念的水量调节措施。水质管理目标建议参照Ⅱ类水质标准

9.14 干流下游北部山地森林河溪水源涵养功能区（$RFⅢ_{1-1}$）

9.14.1 位置与分布

该区属于东江下游三角洲城镇生态系统河网水生态恢复亚区二级区，位于113°25′45″E～114°30′26″E，23°8′15″N～23°31′4″N，总面积为1947.13 km²。从行政区划看，该区包括广东省广州市增城区、博罗县、惠城县的部分地区。从水系构成看，流经区内的主要水系有增江、西福河、里波水、沙河等。

9.14.2 河流生态系统特征

9.14.2.1 水体生境特征

该区地处流域南部，海拔集中于0～1255 m，河道中心线坡度为0.38°～8.86°，平均坡度为2.46°，平均流速相对较慢；冬季背景气温为13.9～14.7℃，平均气温为14.4℃，故平均水温相对较高。该区的主要水体类型为冬暖淡水急流河溪、冬暖淡水急流中小河、冬暖淡水缓流河溪、冬暖淡水缓流中小河和冬暖淡水缓流大河，其中占主导地位的是冬暖淡水缓流河溪。经随机采样实测，该区水体平均电导率为55.28 μs/cm，最大电导率为

73.4 μs/cm，最小电导率为 45.9 μs/cm；根据《地表水环境质量标准》（GB 3838—2002），高锰酸钾指数水质标准为Ⅱ类水质，溶解氧水质标准为Ⅱ类水质；总磷水质标准为Ⅱ类水质；总氮水质标准为Ⅲ类水质；氨氮水质标准为Ⅱ类水质，说明该区水质良好。总之，此类生境较适宜平原缓流耐污型和山溪急流清水型水生生物生存。

9.14.2.2　水生生物特征

（1）浮游藻类特征

经过鉴定分析，该区出现浮游藻类6门，共计48属，88种，细胞丰度平均值为183.26×10^4 cells/L，最大细胞丰度为3106.4×10^4 cells/L，最小细胞丰度为1.53×10^4 cells/L。叶绿素a平均值为7.68 μg/L，最大值为25.04 μg/L，最小值为3.78 μg/L。在种类组成上，主要以蓝藻门为主，其次为绿藻门，优势属为颤藻属（*Oscillatoria*）、十字藻属（*Crucigenia*）、平裂藻属（*Merismopedia*）、曲壳藻属（*Achnanthes*）、舟形藻属（*Navicula*）等。代表性属有颤藻属（*Oscillatoria*）、十字藻属（*Crucigenia*）、曲壳藻属（*Achnanthes*）、舟形藻属（*Navicula*），既有适合在高富营养化水体中生存的物种，也有适合急流清洁水体中生存的物种。总体而言，该功能区浮游藻类细胞丰度较高，清洁种和耐污种均有出现，山地区域水质较好，部分区域受人为活动影响，出现富营养化现象。

（2）底栖动物特征

经鉴定统计出该区分类单元总数15个，平均密度为108.81 ind/m^2，最大密度为206.67 ind/m^2，最小密度为10.95 ind/m^2。平均生物量为58.58 g/m^2，最高生物量为93.66 g/m^2，最低生物量为23.51 g/m^2。Shannon-Wiener多样性指数为1.57。环节动物门分类单元数占总分类单元数的27%，软体动物门比例占47%，水生昆虫比例占20%，其他门类占6%。该区优势类群有环棱螺属（*Bellamya*）、颤蚓属（*Tubifex*）、瓶螺科（Ampullariidae）；代表性类群有颤蚓属（*Tubifex*）、尾腮蚓属（*Branchiura*），为污染水体指示种。EPT分类单元数为1个，所占区内分类单元数的比例为7%。总体而言，由于该功能区受到人类活动干扰及多种土地利用的影响，底栖动物在不同点位差异较大，清洁种及污染种均有出现，总体水生态健康处于一般水平。

（3）鱼类特征

在该功能区上共鉴定出鱼类12科，31属，32种。主要分布有棒花鱼（*Abbottina rivularis*）、彩石鳑鲏（*Rhodeus lighti*）、䱗（*Hemiculter leucisculus*）、黑鳍鳈（*Sarcocheilichthys nigripinnis*）、胡子鲇（*Clarias fuscus*）、花斑副沙鳅（*Parabotia fasciata*）、黄尾鲴（*Xenocypris davidi*）、泥鳅（*Misgurnus anguillicaudatus*）、食蚊鱼（*Gambusia affinis*）、似鮈（*Pseudogobio vaillanti*）等优势种。濒危保护种有斑鳠（*Hemibagrus guttatus*），是江西省级重点保护野生动物名录；斑鳢（*Channa maculata*），属于江西省级重点保护野生动物。

外来种有莫桑比克罗非鱼（*Oreochromis mossambicus*）、斑点叉尾鮰（*Ictalurus punctatus*）和短盖巨脂鲤（*Piaractus brachypomus*），我国引入进行试养，现已优质水产养殖品种；食蚊鱼（*Gambusia affinis*），引入我国后在华南地区已取代了本地的青鳉（*Oryzias latipes*）成为低地水体的优势种，危害到本地物种的生存。指示种有福建纹胸鮡（*Glyptothorax fokiensis*），该物种喜栖息于水流较快，且多有急流石滩的山涧溪流中。总体而言，该功能区鱼类物种较少，水流较快，生境自然，水质较好，但部分河段人为干扰较强烈，水质较差。

9.14.3 区内陆域特征

（1）地貌特征

该区海拔为0～1255 m，平均海拔为126.4 m，其中，低于50 m、50～200 m、200～500 m、500～1000 m和高于1000 m这5个海拔段的地域面积占该区总面积的百分比分别为43.61%、36.84%、15.62%、3.59%和0.34%。平均坡度为9.8°，其中坡度小于7°的平地面积占该区总面积的47.14%，坡度为7°～15°的缓坡地面积占该区总面积的27.6%，坡度大于15°的坡地面积占该区总面积的25.26%。根据全国1：1 000 000地貌类型图，该区地貌类型以侵蚀剥蚀小起伏低山、侵蚀剥蚀低海拔高丘陵、侵蚀剥蚀低海拔低丘陵为主，分别占该区总面积的28.19%、19.35%、17.39%，其次为低海拔冲积平原、侵蚀剥蚀中起伏低山、侵蚀剥蚀大起伏中山，分别占8.99%、8.24%、5.47%，再次为低海拔河谷平原、低海拔侵蚀剥蚀高台地、侵蚀剥蚀中起伏中山等。

（2）植被和土壤特征

该区NDVI平均值为0.59，植被覆盖情况较好。根据全国1：1 000 000植被类型图，该区植被包括6种亚类，以亚热带、热带常绿阔叶、落叶阔叶灌丛（常含稀树）和一年三熟粮食作物及热带常绿果树园和经济林为主，分别占该区总面积的43.15%、31.23%；其次为亚热带针叶林和亚热带、热带草丛，分别占14.67%、6.69%；再次为亚热带季风常绿阔叶林和一年两熟或三熟水旱轮作（有双季稻）及常绿果树园、亚热带经济林等。根据全国1：1 000 000土壤类型图，该区土壤以赤红壤为主，占该区总面积的55.93%；其次为水稻土，占29.48%；再次为红壤、漂洗水稻土、黄色赤红壤、黄壤、灰潮土、潮土等。

（3）土地利用特征

该区城镇用地面积比例为8.01%，主要分布于增城市区等地；农田（耕地及园地）面积比例为16.98%，主要分布于山前平原区；林草地面积比例为71.26%；水体面积比例为3.5%，其他用地面积比例为0.25%。该区虽然林草地面积比例最高，但农田面积比例也较高，人类活动干扰程度较强。

9.14.4　水生态功能

（1）该区水生态功能概述

径流产出功能较强，主要由于该区接近流域内西部降水高值中心区；水质维护功能较强，主要由于该区宽谷农业较为发展，有一定的污染压力；水源涵养功能较强，主要由于该区林地占有较大景观优势；泥沙保持功能较弱，主要由于该区位于山前区；生境维持功能较强，主要由于该区有大面积林地；饮用水水源地保护功能一般，主要由于该区属于水功能保护区的地方较少。

（2）主体水生态功能定位

该区陆域主导水生态功能确定为水源涵养。应严格保护具有重要水源涵养功能的自然植被，限制或禁止各种不利于保护生态系统水源涵养功能的经济社会活动和生产方式，如过度放牧、无序采矿、毁林开荒、开垦草地等，加强生态恢复与生态建设，治理土壤侵蚀，恢复与重建水源涵养区森林、草丛、湿地等生态系统，提高生态系统的水源涵养功能。

9.14.5　水生态保护目标

（1）水生生物保护目标

保护种（鱼类）：①斑鳜（*Mystus guttatus*），曾为产区的重要经济鱼类。功能区内西福河有分布，江河、湖泊中都能生活，尤喜栖息于流水环境。常栖息士底层，以小鱼、小虾为食。②斑鳢（*Channa maculata*），属于江西省重点保护野生动物，主要分布于长江流域以南地区，如广东、广西、海南、福建、云南等省区。功能区内分布于西福河，栖息于水草茂盛的江、河、湖、池塘、沟渠、小溪中。属底栖鱼类，常潜伏在浅水水草多的水底，仅摇动其胸鳍以维持其身体平衡。性喜阴暗，昼伏夜出，主要在夜间出来活动觅食。斑鳢对水质，温度和其他外界的适应性特别强，能在许多其他鱼类不能活动，不能生活的环境中生活。

保护种（两栖爬行）：①三索锦蛇（*Elaphe radiata*），《中国濒危动物红皮书》保护物种濒危（EN）级别，国内分布于云南、贵州、福建、广东、广西；国外分布于印度尼西亚、马来西亚、缅甸、锡金、印度。功能区内增城地区有分布，现已少见。生活于 450 ~ 1400 m 的平原、山地、丘陵地带，常见于田野、山坡、草丛、石堆、路边、池塘边，有时也闯进居民点内。11 月至次年 3 月为冬眠期，冬眠初醒时，常伏地等待阳光照射。行动敏捷，性较凶猛，遇人则攻击状。昼夜活动。主要捕食鼠类，也食蜥蜴、蛙类及鸟类，甚至取食蚯蚓，卵生。②黑斑水蛇（*Enhydris bennettii*），该物种已被列入中国国家林业局 2000 年 8 月 1 日发布的《国家保护的有益的或者有重要经济、科学研究价值的陆生野生动物名录》。中国福建、海南等地及印度尼西亚爪哇岛等地分布，功能区内增城附近有分布，现已少见。生活于沿岸河口地带碱水或半碱水中。以鱼为食物，卵胎生。

鱼类代表性种群有䱗（*Hemiculter leucisculus*）、鳙（*Aristichthys nobilis*）、鲮（*Cirrhina molitorella*）、赤眼鳟（*Squaliobarbus curriculus*）、鲤（*Cyprinus carpio*）、泥鳅（*Misgurnus anguillicaudatus*）；底栖动物群落代表有新蜉科（Nemouridae）、无齿蚌属（*Anodonta*）；浮游藻类群落代表有曲壳藻属（*Achnanthes*）、舟形藻属（*Navicula*）。

生境保护及水质目标建议：在生境保护方面，该区域人类活动干扰程度较强，要维持良好水生态环境，包括水质保护、水量保护及水源保护；严禁无序采矿等高污染行为，并提高监管和惩罚力度；保证有足够数量的连通性优良的急流以及河漫滩与溪流组合生境；加强宣传管理，禁止毒、炸、电鱼等不合理的捕鱼方式；加强污染控制，消减河内外源污染物，提高监管和惩罚力度；控制农业等面源污染，维持天然河道，保持物种多样性，避免引入入侵种；营造原始、天然的原生态地貌；人工净化技术与水体自净相结合，强化河岸带恢复和保护，改善生态环境，涵养水源；如有发现保护两栖类物种，应及时通报物种保护管理部门，不可私自猎杀。水质目标方面，根据参考点特征，建议参照Ⅲ类水质标准进行保护及管理（如溶解氧达到 5 mg/L，高锰酸盐指数不超过 6 mg/L，氨氮不超过 1 mg/L，总磷不超过 0.2 mg/L，总氮不超过 1 mg/L）。

（2）生态功能保护

该区具有较强的水源涵养功能，重点应当结合已有的生态保护和建设重大工程，加强自然植被管护和恢复，严格监管矿产、水资源开发，严肃查处毁林开荒、烧山开荒和陡坡地开垦等行为；加强小流域综合治理，营造水土保持林，合理开发自然资源，保护和恢复自然生态系统，增强区域水土保持能力；采取严格的保护措施，构建生态走廊，防止人为破坏，促进自然生态系统的恢复；重视农业面源污染以及采矿等工业活动对水质的影响，严格矿区环境管理和生态恢复管理；构建生态补偿机制，增加水生态保护和修复投入。

9.14.6 区内四级区

干流下游北部山地森林河溪水源涵养功能区内四级区如表 9-14 所示。

表 9-14　RF Ⅲ$_{1-1}$ 干流下游北部山地森林河溪水源涵养功能区内四级区

名称	编码	总面积/km^2	占全区面积比例/%	主要生态功能及其等级	压力状态	保护目标	管理目标与建议
干流下游北部山地冬暖淡水急流河溪生境保护高功能管理区	RF Ⅲ$_{1-1-07}$	159.91	8.23	生境保护高功能	低	该区部分河段流经自然保护区	严禁无序采矿等高污染行为，并提高监管和惩罚力度；减少毁林造田，注重植被建设；控制面源污染；保证河道连通性；维持底质多样化；建立严格的开发审批制度；零星开发，整体保护。水质管理目标建议参照Ⅱ类水质标准
干流下游北部山地冬暖淡水急流中小河生境保护高功能管理区	RF Ⅲ$_{1-1-08}$	100.65	5.18	生境保护高功能	低	保护种：斑鳢（*Channa maculata*），属于江西省重点保护野生动物	加强污染控制，消减河内外源污染物，提高监管和惩罚力度；增加河道沿岸林地与湿地的保存率，疏通断流河道并强化水体的连通性；建立水环境安全预警系统，对流域水环境质量进行定期动态监测、分析和预测；建立特征水生生物栖息地保障区域，并将各类珍稀濒危物种重点保护。水质管理目标建议参照Ⅲ类水质标准
干流下游北部山地冬暖淡水缓流河溪功能修复中压力管理区	RF Ⅲ$_{1-1-10}$	776.07	39.94	功能修复中压力	中	生境恢复	控制农业等面源污染；维持天然河道；保持物种多样性；避免引入入侵种；营造原始、天然的原生态地貌。水质管理目标建议参照Ⅱ类水质标准
干流下游北部山地冬暖淡水缓流中小河功能修复中压力管理区	RF Ⅲ$_{1-1-11}$	682.76	35.14	功能修复中压力	中	保护种：斑鳢（*Channa maculata*），属于江西省重点保护野生动物 水功能保护区：派潭河源头水保护区、沙河源头水保护区	保持河道及河岸带自然生境；维持物种多样性；进行底泥修复；降低河流及底质污染物含量。水质管理目标建议参照Ⅲ类水质标准

续表

名称	编码	总面积/km²	占全区面积比例/%	主要生态功能及其等级	压力状态	保护目标	管理目标与建议
干流下游北部山地冬暖淡水缓流大河水源地保护中功能管理区	RF Ⅲ$_{1\text{-}1\text{-}12}$	223.58	11.51	水源地保护中功能	中	保护种：斑鳠（*Hemibagrus guttatus*），江西省级重点保护野生动物名录	沿江栖息地建设，提高生物多样性；保持河道联通性；人工净化技术与水体自净相结合；强化河岸带恢复和保护，改善生态环境，涵养水源。水质管理目标建议参照Ⅲ类水质标准

9.15 干流下游北部平原城镇农田河渠社会承载功能区（RFⅢ$_{1\text{-}2}$）

9.15.1 位置与分布

该区属于东江下游三角洲城镇生态系统河网水生态恢复亚区二级区，位于113°31′48″E～114°8′27″E，23°2′46″N～23°15′5″N，总面积681.82 km²。从行政区划看，该区包括广东省广州市增城区、博罗县的部分地区。从水系构成看，流经区内的主要水系有东江干流、增江、西福河、沙河等。

9.15.2 河流生态系统特征

9.15.2.1 水体生境特征

该区地处流域南部，海拔集中于-15～173 m，河道中心线坡度为0°～2.59°，平均坡度为1.05°，平均流速相对较慢；冬季背景气温为14.6～15℃之间，平均气温14.8℃，故平均水温相对较高。该区的主要河流类型为冬暖淡水缓流河溪、冬暖淡水缓流中小河和冬暖淡水缓流大河，其中占主导地位的是冬暖淡水缓流河溪。经随机采样实测，该区水体平均电导率为157.98 μs/cm，最大电导率为241 μs/cm，最小电导率为78.9 μs/cm；依据《地表水环境质量标准》（GB 3838—2002），高锰酸钾指数水质标准为Ⅱ类水质，溶解氧水质标准为Ⅳ类水质；总磷水质标准为Ⅲ类水质；总氮水质标准为劣Ⅴ类水质；氨氮水质标准为劣Ⅴ类水质，说明该区水质主要受总氮、氨氮的影响。总之，此类生境较适宜较耐污的缓流型水生生物生存。

9.15.2.2 水生生物特征

(1) 浮游藻类特征

经过鉴定分析，该区出现浮游藻类 7 门，共计 43 属，73 种，细胞丰度平均值为 156.9×10^4 cells/L，最大细胞丰度 673.95×10^4 cells/L，最小细胞丰度为 25.74×10^4 cells/L。叶绿素 a 平均值为 29.88 μg/L，最大值为 59.97 μg/L，最小值为 9.2 μg/L。在种类组成上，主要以绿藻门为主，其次为蓝藻门、硅藻门，优势属为栅藻属（*Scenedesmus*）、平裂藻属（*Merismopedia*）、菱形藻属（*Nitzschia*）、十字藻属（*Crucigenia*）等。代表性属有平裂藻属（*Merismopedia*）、十字藻属（*Crucigenia*），适合生存于流速较缓的高富营养化水体中。总体而言，该功能区浮游藻类细胞丰度较高，富营养化耐受种出现较多，水流速度缓慢，存在较为强烈的人为干扰，水质较差。

(2) 底栖动物特征

经鉴定统计出该区分类单元总数 2 个，平均密度为 306 ind/m^2，最大密度为 610 ind/m^2，最小密度为 2 ind/m^2。平均生物量为 1.48 g/m^2，最高生物量为 2 g/m^2，最低生物量为 0.97 g/m^2。Shannon-Wiener 多样性指数为 0.9。软体动物门比例占 50%，其他门类占 50%。该区优势类群有颤蚓属（*Tubifex*）、瓶螺科（Ampullariidae）；代表性类群有颤蚓属（*Tubifex*）、尾腮蚓属（*Branchiura*），为污染水体指示种。该区未出现 EPT 种。总体而言，由于该功能区人类活动压力大，城镇农业开发程度高，干流及支流均受到影响，底栖动物多样性低，污染指示种在多个点位可见，所以该区域水生态健康差，需要加强管理。

(3) 鱼类特征

在该功能区上共鉴定出鱼类 18 科，45 属，50 种。主要分布有鳘（*Hemiculter leucisculus*）、黄颡鱼（*Tachysurus fulvidraco*）、黄尾鲴（*Xenocypris davidi*）、鲫（*Carassius aurtus*）等优势种。濒危保护种有鲮（Cirrhina molitorella），属于 IUCN 评估中近危（NT）级别，为中国南方特有种，是珠江水系常见鱼类；南方拟鳘（*Pseudohemiculter dispar*），属于 IUCN 评估中易危（VU）级别；斑鳢（*Channa maculata*）和日本鳗鲡（*Anguilla japonica*），是江西省级重点保护野生动物。外来种有尼罗罗非鱼（*Oreochromis niloticus*）、莫桑比克罗非鱼（*Oreochromis mossambicus*）和短盖巨脂鲤（*Piaractus brachypomus*），我国引人进行试养，现已成为重要的水产养殖鱼类；下口鲇（*Hypostomus plecostomus*），作为热带观赏鱼引进我国，但进入江河后专吃鱼卵、鱼苗，破坏我国的河川生态。代表性种有泥鳅（*Liniparhomaloptera disparis*），该物种喜欢栖息于水流较缓、营养较丰富的水体底层。总体而言，该功能区鱼类物种较丰富，以喜水质营养丰富的物种为主，水流缓慢，存在较强的人为干扰，水质较差。

9.15.3 区内陆域特征

(1) 地貌特征

该区海拔为–15 ~ 173 m，平均海拔为 7.7 m，其中，低于 50 m 和 50 ~ 200 m 这 2 个海拔段的地域面积占该区总面积的百分比分别为 99.11% 和 0.89%。平均坡度为 1.7°，其中坡度小于 7°的平地面积占该区总面积的 97.55%，坡度为 7° ~ 15°的缓坡地面积占该区总面积的 2.12%，坡度大于 15°的坡地面积占该区总面积的 0.33%。根据全国 1 : 1 000 000 地貌类型图，该区地貌类型以低海拔冲积平原、低海拔冲积海积三角洲平原、低海拔冲积洪积平原为主，分别占该区总面积的 30.49%、21.54%、16.2%，其次为侵蚀剥蚀低海拔低丘陵、低海拔侵蚀剥蚀高台地、低海拔侵蚀剥蚀低台地，分别占 9.07%、8.28%、6.04%，再次为河流、侵蚀剥蚀低海拔高丘陵、低海拔河流低阶地、低海拔冲积高地等。

(2) 植被和土壤特征

该区 NDVI 平均值为 0.26，植被覆盖情况低。根据全国 1 : 1 000 000 植被类型图，该区植被包括 4 种亚类，以一年三熟粮食作物及热带常绿果树园和经济林为主，占该区总面积的 90.9%；其次为亚热带、热带草丛和亚热带、热带常绿阔叶、落叶阔叶灌丛（常含稀树），分别占 4.18%、3.94%；再次为亚热带针叶林等。根据全国 1 : 1 000 000 土壤类型图，该区土壤以水稻土为主，占该区总面积的 71.88%；其次为赤红壤，占 13.45%；再次为灰潮土、潮土、漂洗水稻土等。

(3) 土地利用特征

该区城镇用地面积比例为 41.48%，主要分布于地势相对低平处；农田（耕地及园地）面积比例为 26.74%；林草地面积比例为 15.74%，主要为零星分布；水体面积比例为 16.01%，其他用地面积比例为 0.03%。该区土地利用总体特征为建设用地占很大优势，水体景观优势较大，人类活动干扰程度强。

9.15.4 水生态功能

(1) 该区水生态功能概述

径流产出功能较强，主要由于该区较为接近流域内的西部降水高值中心区；水质维护功能较弱，主要由于该区为平原城乡混合区，点源和面源污染压力均较大；水源涵养功能较弱，主要由于该区林地优势不明显；泥沙保持功能较强，主要由于该区位于平原，平均坡度极小；生境维持功能很弱，主要由于该区城乡混合的特征；饮用水水源地保护功能很弱，主要由丁该区为主要的用水区。

(2) 主体水生态功能定位

该区陆域主导水生态功能确定为水生态压力承载。应加强水污染防控体系建设，准确预测和控制水污染负荷，设立严格的排污总量控制目标，加大排污监督和执法力度，大力调整产业结构，提高水资源利用效率，发展绿色经济和循环经济，加强水生态修复，构建生态河道。

9.15.5 水生态保护目标

(1) 水生生物保护目标

保护种（鱼类）：①鲮（*Cirrhina molitorella*），属于 IUCN 评估中近危（NT）级别，为中国南方特有种，是珠江水系常见鱼类。功能区分布于东江干流，栖息于水温较高的江河中的中下层，偶尔进入静水水体中。对低温的耐力很差，水温在 14℃以下时即潜入深水，不太活动；低于 7℃时即出现死亡，冬季在河床深水处越冬。以着生藻类为主要食料，常以其下颌的角质边缘在水底岩石等物体上刮取食物，亦食一些浮游动物和高等植物的碎屑和水底腐殖物质。性成熟为 2 冬龄，生殖期较长，从 3 月开始，可延至 8、9 月。产卵场所多在河流的中、上游。②南方拟𩷶（*Pseudohemiculter dispar*），属于 IUCN 评估中易危（VU）级，是中国的特有物种，分布于云南、广西、福建、海南、江西等，功能区东江干流有分布。一般栖息于生活在水体的中上层，游动迅速，喜集群活动，属小型鱼类，一般体长 80 ~ 140 mm。③斑鳢（*Channa maculata*），属于江西省重点保护野生动物，主要分布于长江流域以南地区，如广东、广西、海南、福建、云南等省区。功能区干流下游有分布，栖息于水草茂盛的江、河、湖、池塘、沟渠、小溪中。属底栖鱼类，常潜伏在浅水水草多的水底，仅摇动其胸鳍以维持其身体平衡。性喜阴暗，昼伏夜出，主要在夜间出来活动觅食。斑鳢对水质，温度和其他外界的适应性特别强，能在许多其他鱼类不能活动，不能生活的环境中生活。④日本鳗鲡（*Anguilla japomica*），属江西省级重点保护野生动物，分布于马来半岛、朝鲜、日本和我国沿岸及各江口。功能区内干流下游区域有繁殖分布，为江河性洄游鱼类。生活于大海中，溯河到淡水内长大，后回到海中产卵，产卵期为春季和夏季。绝对产卵量 70 万 ~ 320 万粒。鳗鲡常在夜间捕食，食物中有小鱼、蟹、虾、甲壳动物和水生昆虫，也食动物腐败尸体，更有部分个体的食物中发现有维管植物碎屑。摄食强度及生长速度随水温升高而增强，一般以春、夏两季为最高。

保护种（两栖爬行）：①三线闭壳龟（*Cuora trifasciata*），IUCN 保护物种极危 CR 级别；《中国濒危动物红皮书》保护物种极危 CR 级别；国家二级保护动物。国内主要分布在海南、广西、福建及广东省的深山溪涧等地方，国外分布于越南、老挝。功能区内增城地区有分布。喜欢阳光充足、环境安静、水质清净的地方。交配时多在水中进行，且在浅水地带。栖息于山区溪水地带，常在溪边灌木丛中挖洞做窝，白天在洞中，傍晚、夜晚出洞活动较多，有群居的习性。为变温动物，当环境温度达 23 ~ 28℃时，活动频繁。在10℃以下时，进入冬眠。12℃以上时又苏醒。一年中，4 ~ 10 月为活动期，11 月至翌年 2 月上旬为冬眠期。杂食性。主要捕食水中的螺、鱼、虾、蝌蚪等水生昆虫，同时也食幼鼠，幼蛙、金龟子、蜗牛及蝇蛆，有时也吃南瓜、香蕉及植物嫩茎叶。②黑斑水蛇（*Enhydris bennettii*），该物种已被列入中国国家林业局 2000 年 8 月 1 日发布的《国家保护的有益的或者有重要经济、科学研究价值的陆生野生动物名录》。中国福建、香港及海南以及印度尼西亚爪哇岛等地分布，功能区内增城附近有分布，现已少见。生活于沿岸河口地带碱水或半碱水中。以鱼为食物，卵胎生。

鱼类代表性种群鲤（*Cyprinus carpio*）、泥鳅（*Misgurnus anguillicaudatus*）、鲫（*Carassius aurtus*）、鲢（*Hypophthalmichthys molitrix*）、鲇（*Silurus asotus*）、胡子鲇（*Clarias fuscus*）；底栖动物群落代表有四节蜉科（Baetidae）、大蚊科（Tipulidae）、无齿蚌属（*Anodonta*）；浮游藻类群落代表有栅藻属（*Scenedesmus*）、平裂藻属（*Merismopedia*）、隐藻属（*Cryptomonas*）。

生境保护及水质目标建议：生境保护方面，应保持干流下游河道畅通、维持底质多样化，山区要保护森林，维持原生境；进行底泥修复，降低河流及底质污染物含量；城镇区要减少工业、生活污水排放，控制农业等面源污染；维持天然河道，保持物种多样性，避免引入入侵种，营造原始、天然的原生态地貌；沿江栖息地建设，提高生物多样性，保持河道联通性；人工净化技术与水体自净相结合，强化河岸带恢复和保护，改善生态环境，涵养水源。水质目标方面，根据参考点特征，建议参照Ⅲ类水质标准进行保护及管理（如溶解氧达到 5 mg/L，高锰酸盐指数不超过 6 mg/L，氨氮不超过 1 mg/L，总磷不超过 0.2 mg/L，总氮不超过 1 mg/L）。

（2）生态功能保护

该区具有较强的水生态压力承载功能，重点应当节约水资源，加强水污染防治和水生态修复；开展小流域水土流失，提高植被覆盖率，建立起完善的水土保持预防监督体系，有效控制人为造成的新的水土流失；开展农业面源污染防控，改进施肥方法，减少水、肥流失，不断改良土壤，提高土壤自身保肥、保水能力；减少无机肥施用量，加大有机肥施用量，广种绿肥，推广能适应大面积施用的商品有机肥和微生物肥料；搞好秸秆还田及综合利用；推广高效、低毒、低残留农药及生物农药；合理规划畜禽养殖业布局，利用资源化治理工程和配套措施处理规模化畜禽养殖有机污染；因地制宜建设城镇垃圾、污水处理工程，治理生产、生活污染。

9.15.6 区内四级区

干流下游北部平原城镇农田河渠社会承载功能区内四级区如表 9-15 所示。

表 9-15　RFⅢ$_{1-2}$ 干流下游北部平原城镇农田河渠社会承载功能区内四级区

名称	编码	总面积/km^2	占全区面积比例/%	主要生态功能及其等级	压力状态	保护目标	管理目标与建议
干流下游北部平原冬暖淡水缓流河溪功能修复高压力管理区	RFⅢ$_{1-2-10}$	436.66	48.44	功能修复高压力	中	生境恢复	控制农业等面源污染；维持天然河道；保持物种多样性；避免引入入侵种；营造原始、天然的原生态地貌。水质管理目标建议参照Ⅱ类水质标准
干流下游北部平原冬暖淡水缓流中小河功能修复高压力管理区	RFⅢ$_{1-2-11}$	359.48	39.87	功能修复高压力	中	保护种：鲮（*Cirrhina molitorella*），属于 IUCN 评估中近危（NT）级别；南方拟䱗（*Pseudohemiculter dispar*），属于 IUCN 评估中易危（VU）级别；斑鳢（*Channa maculata*），属于江西省重点保护野生动物	保持河道及河岸带自然生境；维持物种多样性；进行底泥修复；降低河流及底质污染物含量。水质管理目标建议参照Ⅲ类水质标准
干流下游北部平原冬暖淡水缓流大河功能修复中压力管理区	RFⅢ$_{1-2-12}$	105.43	11.69	功能修复中压力	中	保护种：南方拟䱗（*Pseudohemiculter dispar*），属于 IUCN 评估中易危（VU）级别；鲮（*Cirrhina moli-torella*），属于 IUCN 评估中近危（NT）级别；斑鳢（*Channa maculata*）和日本鳗鲡（*Anguilla japomica*），都属于江西省重点保护野生动物 水功能保护区：东深供水水源地保护区	沿江栖息地建设，提高生物多样性；保持河道联通性；人工净化技术与水体自净相结合；强化河岸带恢复和保护，改善生态环境，涵养水源。水质管理目标建议参照Ⅲ类水质标准

9.16　干流惠州段平原丘陵城镇农田河渠库塘社会承载与饮用水水源地保护功能区（RFⅢ$_{1-3}$）

9.16.1　位置与分布

该区属于东江下游三角洲城镇生态系统河网水生态恢复亚区二级区，位于 114°6′37″E ~ 114°36′32″E，22°53′30″N ~ 23°15′36″N，总面积为 405.28 km^2。从行政区划看，该区包括广东省博罗县、惠州市惠城区、惠阳区的部分地区。从水系构成看，流经区内的主要水系有东江干流、西枝江、淡水河等。

9.16.2 河流生态系统特征

9.16.2.1 水体生境特征

该区地处流域南部，海拔集中于-41 ~ 645 m 范围，河道中心线坡度为 0 ~ 4.72°，平均坡度为 1.43°，平均流速相对较慢；冬季背景气温为 14.6 ~ 15℃，平均气温为 14.8℃，故平均水温相对较高。该区的主要河流类型为冬暖淡水缓流河溪、冬暖淡水缓流中小河和冬暖淡水缓流大河，其中占主导地位的是冬暖淡水缓流河溪。经随机采样实测，该区水体平均电导率为 108.21 μs/cm，最大电导率为 305.67 μs/cm，最小电导率为 58.6 μs/cm；依据《地表水环境质量标准》（GB 3838—2002），高锰酸钾指数水质标准为Ⅱ类水质，溶解氧水质标准为Ⅲ类水质；总磷水质标准为Ⅱ类水质；总氮水质标准为Ⅴ类水质；氨氮水质标准为Ⅳ类水质，说明该区水质主要受总氮、氨氮的影响。总之，此类生境较适宜较耐污的缓流型水生生物生存。

9.16.2.2 水生生物特征

（1）浮游藻类特征

经过鉴定分析，该区出现浮游藻类 6 门，共计 58 属，103 种，细胞丰度平均值为 40.47×10^4 cells/L，最大细胞丰度 1452.3×10^4 cells/L，最小细胞丰度为 1.89×10^4 cells/L。叶绿素 a 平均值为 11.11 μg/L，最大值为 21.72 μg/L，最小值为 5.81 μg/L。在种类组成上，主要以绿藻门为主，其次为蓝藻门、硅藻门，优势属为栅藻属（*Scenedesmus*）、平裂藻属（*Merismopedia*）、十字藻属（*Crucigenia*）、菱形藻属（*Nitzschia*）等。代表性属有平裂藻属（*Merismopedia*）、十字藻属（*Crucigenia*），适合生存于流速较缓的高富营养化水体中。总体而言，该功能区浮游藻类细胞丰度较高，富营养化耐受种出现较多，水流速度缓慢，存在较为强烈的人为干扰，水质较差。

（2）底栖动物特征

经鉴定统计出该区分类单元总数 9 个，平均密度为 63 ind/m^2，最大密度为 760 ind/m^2，最小密度为 3.33 ind/m^2。平均生物量为 9.92 g/m^2，最高生物量为 89.97 g/m^2，最低生物量为 0.42 g/m^2。Shannon-Wiener 多样性指数为 0.68。节肢动物门分类单元数占 11%，软体动物门比例占 67%，水生昆虫比例占 22%。该区优势类群有蚬属（*Corbicula*）、尾腮蚓属（*Branchiura*）；代表性类群有尾腮蚓属（*Branchiura*），为污染水体指示种。该区未出现 EPT 种。总体而言，由于该功能区人类活动压力大，城镇农业开发程度高，底栖动物多样性低，未见 EPT，污染指示种在多个点位可见，所以该区域水生态健康差，需要加强管理。

（3）鱼类特征

在该功能区上共鉴定出鱼类 16 科，33 属，39 种。主要分布有鳘（*Hemiculter leucisculus*）、麦穗鱼（*Pseudorasbora parva*）、斑鳢（*Channa maculata*）、草鱼（*Ctenopharyngodon idella*）、赤眼鳟（*Squaliobarbus curriculus*）、胡子鲇（*Clarias fuscus*）、黄鳝（*Monopterus albus*）、黄尾鲴（*Xenocypris davidi*）、鲫（*Carassius aurtus*）、鲮（*Cirrhina molitorella*）、尼罗罗非鱼（*Oreochromis niloticus*）、泥鳅（*Misgurnus anguillicaudatus*）、鲇（*Silurus asotus*）、子陵吻虾虎鱼（*Rhinogobius giurinus*）等优势种。濒危保护种有鲮（*Cirrhina molitorella*），属于 IUCN 评估中近危（NT）级别，为中国南方特有种，是珠江水系常见鱼类；南方拟鳘（*Pseudohemiculter dispar*），属于 IUCN 评估中易危（VU）级别；斑鳢（*Channa maculata*）和日本鳗鲡（*Anguilla japonica*），是江西省级重点保护野生动物；七丝鲚（*Coilia grayi*），为南方江河下游重要的经济鱼类。外来种有尼罗罗非鱼（*Oreochromis niloticus*）、莫桑比克罗非鱼（*Oreochromis mossambicus*）和革胡子鲇（*Clarias leather*），我国引入进行试养，现已成为优质水产养殖品种；食蚊鱼（*Gambusia affinis*），引入我国后在华南地区已取代了本地的青鳉（*Oryzias latipes*）成为低地水体的优势种，危害到本地物种的生存。指示种有麦穗鱼（*Pseudorasbora parva*）、草鱼（*Ctenopharyngodon idella*）、黄鳝（*Monopterus albus*），这些物种适宜在水流较缓、营养较为丰富的平原河流中生活。总体而言，该功能区鱼类物种较少，水流缓慢，人为干扰较强，水体营养盐丰富，水质较差。

9.16.3 区内陆域特征

（1）地貌特征

该区海拔为-41 ~ 645 m，平均海拔为 50.6 m，其中，低于 50 m、50 ~ 200 m、200 ~ 500 m 和 500 ~ 1000 m 这 4 个海拔段的地域面积占该区总面积的百分比分别为 71.49%、23.86%、4.59% 和 0.06%。平均坡度为 5.9°，其中坡度小于 7°的平地面积占该区总面积的 69.43%，坡度为 7° ~ 15°的缓坡地面积占该区总面积的 19.2%，坡度大于 15°的坡地面积占该区总面积的 11.37%。根据全国 1∶1 000 000 地貌类型图，该区地貌类型以侵蚀剥蚀低海拔高丘陵、低海拔冲积平原、侵蚀剥蚀小起伏低山为主，分别占该区总面积的 21.11%、20.85%、17.3%，其次为低海拔河流低阶地、侵蚀剥蚀低海拔低丘陵，分别占 12.99%、12.16%，再次为低海拔侵蚀剥蚀低台地、河流、低海拔冲积洪积平原等。

（2）植被和土壤特征

该区 NDVI 平均值为 0.39，植被覆盖程度较低。根据全国 1∶1 000 000 植被类型图，该区植被包括 3 种亚类，以亚热带、热带常绿阔叶、落叶阔叶灌丛（常含稀树）为主，占该区总面积的 51.77%；其次为一年三熟粮食作物及热带常绿果树园和经济林，占 47.06%；再次为亚热带、热带草丛，占 1.17%。根据全国 1∶1 000 000 土壤类型图，该区土壤以赤红壤、水稻土为主，分别占该区总面积的42.86%、35.87%；其次为潮土、灰潮土，分别占9.6%、4.05%；再次为漂洗水稻土、盐渍水稻土、红壤等。

(3) 土地利用特征

该区城镇用地面积比例为18.33%，主要分布于惠州市区、博罗县城等地；农田（耕地及园地）面积比例为30.11%；林草地面积比例为40.86%，主要分布于丘陵地区；水体面积比例为10.07%，其他用地面积比例为0.63%。该区土地利用总体特征为建设用地占很大优势，水体景观优势较大，人类活动干扰程度较强。

9.16.4 水生态功能

(1) 该区水生态功能概述

径流产出功能一般，主要由于该区位于流域内南部多雨区和西部多雨区的中间过渡地带；水质维护功能较强，主要由于该区处于流域下游林农城混合区；水源涵养功能一般，主要由于该区能发挥较强水源涵养功能的区域面积有限；泥沙保持功能较弱，主要由于该区属平原丘陵混合区；生境维持功能一般，主要由于该区主体位于干流下游平原区，周边大多已被开发；饮用水水源地保护功能较弱，主要由于该区饮用水水源地面积较小。

(2) 主体水生态功能定位

该区陆域主导水生态功能确定为水生态压力承载。应加强水污染防控体系建设，准确预测和控制水污染负荷，设立严格的排污总量控制目标，加大排污监督和执法力度，大力调整产业结构，提高水资源利用效率，发展绿色经济和循环经济，加强水生态修复，构建生态河道。

9.16.5 水生态保护目标

(1) 水生生物保护目标

保护种（鱼类）：①鲮（*Cirrhina molitorella*），属于IUCN评估中近危（NT）级别，为中国南方特有种，是珠江水系常见鱼类。功能区内分布于惠州市东江干流，栖息于水温较高的江河中的中下层，偶尔进入静水水体中。对低温的耐力很差，水温在14℃以下时即潜入深水，不太活动；低于7℃时即出现死亡，冬季在河床深水处越冬。以着生藻类为主要食料，常以其下颌的角质边缘在水底岩石等物体上刮取食物，亦食一些浮游动物和高等植物的碎屑和水底腐殖物质。性成熟为2冬龄，生殖期较长，从3月开始，可延至8、9月。产卵场所多在河流的中、上游。②南方拟䱗（*Pseudohemiculter dispar*），属于IUCN评估中易危（VU）级，是中国的特有物种，分布于云南、广西、福建、海南、江西等，功能区干流惠州段有分布。一般栖息于生活在水体的中上层，游动迅速，喜集群活动，属小型鱼类，一般体长 80 ~ 140 mm。③斑鳢（*Channa maculata*），属于江西省重点保护野生动物，主要分布于长江流域以南地区，如广东、广西、海南、福建、云南等省区。功能区分布于西枝江，栖息于水草茂盛的江、河、湖、池塘、沟渠、小溪中。属底栖鱼类，常潜伏在浅水水草多的水底，仅摇动其胸鳍以维持其身体平衡。性喜阴暗，昼伏夜出，主要在夜间出来活动觅食。斑鳢对水质，温度和其他外界的适应性特别强，能在许多其他鱼类不能活动，不能生活的环境中生活。④日本鳗鲡（*Anguilla japomica*），属江西省级重点保护野生动物，分布于马来半岛、朝鲜、日本和我国沿岸及各江口。功能区内干流惠州段有繁殖分布，为江河性洄游鱼类。生活于大海中，溯河到淡水内长大，后回到海中产卵，产卵期为春季和夏季。绝对产卵量 70 万 ~ 320 万粒。鳗鲡常在夜间捕食，食物中有小鱼、蟹、虾、甲壳动物和水生昆虫，也食动物腐败尸体，更有部分个体的食物中发现有维管植物碎屑。摄食强度及生长速度随水温升高而增强，一般以春、夏两季为最高。七丝鲚（*Coilia grayi*）：为南方江河下游重要的经济鱼类。功能区东江干流区域有分布，产卵场位于莲花山、虎门、鸣啼门口，磨刀门的神湾、灯笼山一带，盐度上限为 15‰，产卵期为 5 ~ 7 月，水温范围为 21. 3 ~ 30. 5℃。

鱼类代表性种群有鳙（*Aristichthys nobilis*）、鲮（*Cirrhina molitorella*）、赤眼鳟（*Squaliobarbus curriculus*）、广东鲂（*Megalobrama hoffmanni*）；底栖动物群落代表有四节蜉科（Baetidae）、大蚊科（Tipulidae）、无齿蚌属（*Anodonta*）；浮游藻类群落代表有菱形藻属（*Nitzschia*）、舟形藻（*Navicula*）、小环藻（*Cyclotella*）。

生境保护及水质目标建议：生境保护方面，应注重保护洄游通道畅通，沿江栖息地建设，提高生物多样性；保持河道联通性，人工净化技术与水体自净相结合，强化河岸带恢复和保护，改善生态环境，涵养水源；保护河岸带植被及多样化底质，保护生境，减少农业、工业级生活污水排放；禁止毒、炸、电鱼等不合理的捕鱼方式；控制农业等面源污染，维持天然河道，保持物种多样性，避免引入入侵种，营造原始、天然的原生态地貌。水质目标方面，根据参考点特征，建议参照Ⅲ类水质标准进行保护及管理（如溶解氧达到 5 mg/L，高锰酸盐指数不超过 6 mg/L，氨氮不超过 1 mg/L，总磷不超过 0. 2 mg/L，总氮不超过 1 mg/L）。

（2）生态功能保护

该区具有较强的水生态压力承载功能，重点应当节约水资源，加强水污染防治和水生态修复；开展小流域水土流失，提高植被覆盖率，建立起完善的水土保持预防监督体系，有效控制人为造成的新的水土流失；开展农业面源污染防控，改进施肥方法，减少水、肥流失，不断改良土壤，提高土壤自身保肥、保水能力；减少无机肥施用量，加大有机肥施用量，广种绿肥，推广能适应大面积施用的商品有机肥和微生物肥料；搞好秸秆还田及综合利用；推广高效、低毒、低残留农药及生物农药；合理规划畜禽养殖业布局，利用资源化治理工程和配套措施处理规模化畜禽养殖有机污染；因地制宜建设城镇垃圾、污水处理工程，治理生产、生活污染。

9.16.6 区内四级区

干流惠州段平原丘陵城镇农田河渠库塘社会承载与饮用水水源地保护功能区内四级区如表 9-16 所示。

表 9-16 RFⅢ$_{1-3}$干流惠州段平原丘陵城镇农田河渠库塘社会承载与饮用水水源地保护功能区内四级区

名称	编码	总面积/km^2	占全区面积比例/%	主要生态功能及其等级	压力状态	保护目标	管理目标与建议
干流惠州段平原丘陵冬暖淡水缓流河溪生境保护中功能管理区	RFⅢ$_{1-3-10}$	395.92	42.10	生境保护中功能	中	该区部分河段流经自然保护区	控制农业等面源污染；维持天然河道；保持物种多样性；避免引入入侵种；营造原始、天然的原生态地貌。水质管理目标建议参照Ⅱ类水质标准
干流惠州段平原丘陵冬暖淡水缓流中小河功能修复中压力管理区	RFⅢ$_{1-3-11}$	234.66	24.96	功能修复中压力	中	保护种：斑鳢（*Channa macu lata*）和日本鳗鲡（*Anguilla japomica*），都属江西省级重点保护野生动物；鲮（*Cirrhina molitorella*），属于 IUCN 评估中近危（NT）级别 水功能保护区：该区有鱼类产卵场	保持河道及河岸带自然生境；维持物种多样性；进行底泥修复；降低河流及底质污染物含量。水质管理目标建议参照Ⅲ类水质标准
干流惠州段平原丘陵冬淡水暖缓流大河水源地保护中功能管理区	RFⅢ$_{1-3-12}$	309.73	32.94	水源地保护中功能	中	保护种：鲮（*Cirrhina molitorella*），属于 IUCN 评估中近危（NT）级别；南方拟䱗（*Pseudohemiculter dispar*），属于 IUCN 评估中易危（VU）级别；斑鳢（*Channa maculata*）和日本鳗鲡（*Anguilla japomica*），都属于江西省重点保护野生动物 水功能保护区：东深供水水源地保护区；该区有鱼类产卵场	沿江栖息地建设，提高生物多样性；保持河道联通性；人工净化技术与水体自净相结合；强化河岸带恢复和保护，改善生态环境，涵养水源。水质管理目标建议参照Ⅲ类水质标准

9.17 三角洲平原城镇农田河网社会承载功能区（RFⅢ$_{1\text{-}4}$）

9.17.1 位置与分布

该区属于东江下游三角洲城镇生态系统河网水生态恢复亚区二级区，位于113°31′5″E～113°51′41″E，22°46′32″N～23°8′51″N，总面积为483.13 km^2。从行政区划看，该区位于广东省东莞市内。从水系构成看，流经区内的主要水系有东江北干流、东江南支流等。

9.17.2 河流生态系统特征

9.17.2.1 水体生境特征

该区地处流域南部，海拔集中于-37～159 m范围，河道中心线坡度为0°～2.57°，平均坡度为0.74°，平均流速相对较慢；冬季背景气温为14.8～15.2℃，平均气温为15℃，故平均水温相对较高。该区的主要水体类型为冬暖淡水缓流河溪和冬暖淡咸水缓流大河，其中占主导地位的是冬暖淡咸水缓流大河。经随机采样实测，该区水体平均电导率为156.46 μs/cm，最大电导率为262 μs/cm，最小电导率为93.6 μs/cm；根据《地表水环境质量标准》（GB 3838—2002），高锰酸钾指数水质标准为Ⅲ类水质，溶解氧水质标准为Ⅴ类水质；总磷水质标准为Ⅲ类水质；总氮水质标准为劣Ⅴ类水质；氨氮水质标准为劣Ⅴ类水质，说明该区水质主要受总氮、氨氮的影响。总之，此类生境较适宜缓流耐污耐盐型水生生物生存。

9.17.2.2 水生生物特征

（1）浮游藻类特征

经过鉴定分析，该区出现浮游藻类8门，共计56属，113种，细胞丰度平均值为443.11×10^4 cells/L，最大细胞丰度3494.7×10^4 cells/L，最小细胞丰度为10.44×10^4 cells/L。叶绿素a平均值为14.56 μg/L，最大值为78.98 μg/L，最小值为4.46 μg/L。在种类组成上，主要以绿藻门为主，其次为蓝藻门、硅藻门，优势属为栅藻属（*Scenedesmus*）、十字藻属（*Crucigenia*）、平裂藻属（*Merismopedia*）、节旋藻属（*Arthro-spira*）等。代表性属有十字藻属（*Crucigenia*）、平裂藻属（*Merismopedia*）、节旋藻属（*Arthrospira*）、圆筛藻属（*Coscinodiscus*），都适合生存于高富营养化水体中，流速较为缓慢，而且出现喜好半咸水的物种。总体而言，该功能区浮游藻类细胞丰度很高，水流速较慢，富营养化非常严重，水质差，且盐度较高。

（2）底栖动物特征

经鉴定统计出该区分类单元总数 9 个，平均密度为 31.67 ind/m^2，最大密度为 7910 ind/m^2，最小密度为 0.67 ind/m^2。平均生物量为 2.2 g/m^2，最高生物量为 56.98 g/m^2，最低生物量为 0.04 g/m^2。Shannon-Wiener 多样性指数为 0.99。环节动物门分类单元数占总分类单元数的 22%，节肢动物门分类单元数占 11%，软体动物门比例占 67%。该区优势类群有蚬属（*Corbicula*）、角螺属（*Angulyagra*）、短沟蜷属（*Semisulcospira*）；指示种有管水蚓（*Aulodrilus* sp.）、水绦蚓（*Limnodrilus* sp.）、苏氏尾鳃蚓（*Branchiura sowerbyi*），为污染水体指示种。该区未出现 EPT 种。总体而言，由于该功能区处于平原河网区，人类活动压力大，城镇农业开发程度高，污染排放严重。污染指示种在多个点位可见，所以该区域水生态健康极差。

（3）鱼类特征

在该功能区上共鉴定出鱼类 13 科，27 属，32 种。主要分布有斑鳢（Channa maculata）、斑纹舌虾虎鱼（*Glossogobius olivaceus*）、䱗（*Hemiculter leucisculus*）、赤眼鳟（*Squaliobarbus curriculus*）、胡子鲇（*Clarias fuscus*）、花鲈（*Lateolabrax japonicus*）、黄尾鲴（*Xenocypris davidi*）、鲫（*Carassius aurtus*）、鲤（*Cyprinus carpio*）、鲮（*Cirrhina molitorella*）、莫桑比克罗非鱼（*Oreochromis mossambicus*）、南方拟䱗（*Pseudohemiculter dispar*）、尼罗罗非鱼（*Oreochromis niloticus*）、七丝鲚（*Coilia grayii*）、日本鳗鲡（Anguilla *japonica*）、舌虾虎鱼（*Glossogobius giuris*）、乌塘鳢（*Bostrychus sinensis*）、下口鲇（*Hypostomus plecostomus*）、鳙（*Aristichthys nobilis*）等优势种。濒危保护种有鲮（*Cirrhina molitorella*），属于 IUCN 评估中近危（NT）级别，为中国南方特有种，是珠江水系常见鱼类；南方拟䱗（*Pseudohemiculter dispar*），属于 IUCN 评估中易危（VU）级别；斑鳢（*Channa maculata*）和日本鳗鲡（*Anguilla japonica*），是江西省级重点保护野生动物。外来种有尼罗罗非鱼（*Oreochromis niloticus*）和莫桑比克罗非鱼（*Oreochromis mossambicus*），我国引人广东省进行试养，现已、成为优质水产养殖品种；下口鲇（*Hypostomus plecostomus*），被作为热带观赏鱼引进我国，但进入江河中专吃鱼卵、鱼苗，破坏我国的河川生态；食蚊鱼（*Gambusia affinis*），引入我国后在华南地区已取代了本地的青鳉（*Oryzias latipes*）成为低地水体的优势种，危害到本地物种生存。代表性种有斑纹舌虾虎鱼（*Glossogobius olivaceus*）、广东鲂（*Megalobrama terminalis*）、花鲈（*Lateolabrax japonicus*）、日本鳗鲡（*Anguilla japomica*）、乌塘鳢（*Bostrychus sinensis*），这些物种喜栖于水体流速较缓、泥沙底质、淡咸水交汇的江河河口地区。总体而言，该功能区鱼类物种较少，处于咸淡水交汇的河口区域，水流较慢，人为干扰强烈，水质较差。

9.17.3　区内陆域特征

(1) 地貌特征

该区海拔为-37 ~ 159 m，平均海拔为 1 m，其中，低于 50 m 和 50 ~ 200 m 这 2 个海拔段的地域面积占该区总面积的百分比分别为 99.54% 和 0.46%。平均坡度为 1.5°，其中坡度小于 7°的平地面积占该区总面积的 98.35%，坡度为 7° ~ 15°的缓坡地面积占该区总面积的 1.19%，坡度大于 15°的坡地面积占该区总面积的 0.46%。根据全国 1 : 1 000 000 地貌类型图，该区地貌类型以低海拔冲积海积三角洲平原为主，占该区总面积的 84.24%，其次为河流，占 13.22%，再次为侵蚀剥蚀低海拔高丘陵等。

(2) 植被和土壤特征

该区 NDVI 平均值为 0.06，自然植被覆盖程度很低。根据全国 1 : 1 000 000 植被类型图，该区植被包括 2 种亚类，以一年三熟粮食作物及热带常绿果树园和经济林为主，占该区总面积的 99.14%；其次为亚热带、热带常绿阔叶、落叶阔叶灌丛（常含稀树），占 0.86%。根据全国 1 : 1 000 000 土壤类型图，该区土壤以水稻土为主，占该区总面积的 76.3%；其次为盐渍水稻土、潮土，分别占 3.62%、3.15%；再次为赤红壤等。

(3) 土地利用特征

该区城镇用地面积比例为 51.71%，主要分布于地势相对低平处；农田（耕地及园地）面积比例为 20.11%，主要分布于下游靠海地区；林草地面积比例为 2.39%，主要为零星分布；水体面积比例为 25.72%，其他用地面积比例为 0.07%。该区土地利用总体特征为河网纵横，水域景观优势大，建设用地占绝对优势，人类活动干扰程度强。

9.17.4　水生态功能

(1) 本区水生态功能概述

径流产出功能很强，主要由于该区较为接近流域内的西部降水高值中心区；水质维护功能较弱，主要由于该区既有高度城市化区域也有较完整的农业区，污染压力较大；水源涵养功能很弱，主要由于该区以城市景观占优势；泥沙保持功能较强，主要由于该区城市不透水层较为广布，土壤流失较少；生境维持功能很弱，主要由于该区已经被强烈城市化所改造；饮用水水源地保护功能很弱，主要由于该区为主要的用水区。

(2) 主体水生态功能定位

本区陆域主导水生态功能确定为水生态压力承载。应加强水污染防控体系建设，准确预测和控制水污染负荷，设立严格的排污总量控制目标，加大排污监督和执法力度，大力调整产业结构，提高水资源利用效率，发展绿色经济和循环经济，加强水生态修复，构建生态河道。

9.17.5 水生态保护目标

（1）水生生物保护目标

保护种（鱼类）：①鲮（*Cirrhina molitorella*），属于IUCN评估中近危（NT）级别，为中国南方特有种，是珠江水系常见鱼类。功能区分布于东莞市东江干流，栖息于水温较高的江河中的中下层，偶尔进入静水水体中。对低温的耐力很差，水温在14℃以下时即潜入深水，不太活动；低于7℃时即出现死亡，冬季在河床深水处越冬。以着生藻类为主要食料，常以其下颌的角质边缘在水底岩石等物体上刮取食物，亦食一些浮游动物和高等植物的碎屑和水底腐殖物质。性成熟为2冬龄，生殖期较长，从3月开始，可延至8、9月。产卵场所多在河流的中、上游。②南方拟䱗（*Pseudohemiculter dispar*），属于IUCN评估中易危（VU）级，是中国的特有物种，分布于云南、广西、福建、海南、江西等，功能区东江干流有分布。一般栖息于生活在水体的中上层，游动迅速，喜集群活动，属小型鱼类，一般体长80～140 mm。③斑鳢（*Channa maculata*），属于江西省重点保护野生动物，主要分布于长江流域以南地区，如广东、广西、海南、福建、云南等省区。功能区内分布于东江干流，栖息于水草茂盛的江、河、湖、池塘、沟渠、小溪中。属底栖鱼类，常潜伏在浅水水草多的水底，仅摇动其胸鳍以维持其身体平衡。性喜阴暗，昼伏夜出，主要在夜间出来活动觅食。斑鳢对水质，温度和其他外界的适应性特别强，能在许多其他鱼类不能活动，不能生活的环境中生活。④日本鳗鲡（*Anguilla japomica*），属江西省级重点保护野生动物，分布于马来半岛、朝鲜、日本和我国沿岸及各江口。功能区内河口区域有繁殖分布，为江河性洄游鱼类。生活于大海中，溯河到淡水内长大，后回到海中产卵，产卵期为春季和夏季。绝对产卵量70万～320万粒。鳗鲡常在夜间捕食，食物中有小鱼、蟹、虾、甲壳动物和水生昆虫，也食动物腐败尸体，更有部分个体的食物中发现有维管植物碎屑。摄食强度及生长速度随水温升高而增强，一般以春、夏两季为最高。

保护种（两栖爬行）：黑斑水蛇（*Enhydris bennettii*），该物种已被列入中国国家林业局2000年8月1日发布的《国家保护的有益的或者有重要经济、科学研究价值的陆生野生动物名录》。福建、香港及海南等地分布，印度尼西亚的爪哇岛等地也有分布，功能区内东莞山地森林有分布，现已少见。生活于沿岸河口地带碱水或半碱水中。以鱼为食物，卵胎生。

鱼类代表性种群有鳙（*Aristichthys nobilis*）、鲮（*Cirrhina molitorella*）、广东鲂（*Megalobrama hoffmanni*）；底栖动物群落代表有蚬属（*Corbicula*）、短沟蜷属（*Semisulcospira*）；浮游藻类群落代表小环藻属（*Cyclotella*）、圆筛藻属（*Coscinodiscus*）。

生境保护及水质目标建议：在生境保护方面，保护河口区咸淡水生境，保持洄游路线畅通；河道纵向应保证有足够数量的连通性优良的急流、干流大河和海域组合生境，在河流断面方向应维护河漫滩的发育、保护滨岸湿地，在河床底质方面维护多样化的底栖息生境；控制农业等面源污染，维持天然河道，保持物种多样性，避免引入入侵种，营造原始、天然的原生态地貌；整治渔樵，限制不科学的捕捞方式，保护沿岸防护林，严禁乱砍滥伐；合理改善林相结果，控制林地总量，控制滩涂围垦。水质目标方面，根据参考点特征，建议参照Ⅲ类水质标准进行保护及管理（如溶解氧达到 5 mg/L，高锰酸盐指数不超过 6 mg/L，氨氮不超过 1 mg/L，总磷不超过 0.2 mg/L，总氮不超过 1 mg/L）。

（2）生态功能保护

该区具有较强的水生态压力承载功能，重点应当节约水资源，加强水污染防治和水生态修复。通过重污染行业整治、建设完善污水处理厂和管网等措施，切实提高城镇生活污水收集率和处理率；关停清退超标排污企业和养殖业，逐步淘汰劳动密集型产业、污水无法进入截排系统的企业，逐年减小废水量和主要污染物排放量；通过区域禁批、行业禁批、行业限批和企业限批等措施，严把新、扩建项目环保审批关；加强环境监管能力建设，对重点企业、重点河段完善在线监控管理系统，加强对环境违法行为的监控和处罚，杜绝偷排漏排和超标超量排污；通过采用阶梯水价、全额征收污水处理费等手段，切实推进节水、中水回用和污染减排工作；从环境保护的角度对水资源进行优化调度，尽可能增加河流枯水期的清洁流量；保留足够比例的自然下垫面，在社区周围布置绿化缓冲带控制面源入河量；实施河流清淤、清障和滨河带保洁等综合整治工程，恢复河流生态系统，提升自然净化能力。

9.17.6 区内四级区

三角洲平原城镇农田河网社会承载功能区内四级区如表 9-17 所示。

表 9-17　RFⅢ$_{1-4}$三角洲平原城镇农田河网社会承载功能区内四级区

名称	编码	总面积/km^2	占全区面积比例/%	主要生态功能及其等级	压力状态	保护目标	管理目标与建议
三角洲平原冬暖淡水缓流河溪功能修复高压力管理区	RFⅢ$_{1-4-10}$	22.97	4.71	功能修复高压力	高	生境恢复	控制农业等面源污染；维持天然河道；保持物种多样性；避免引入入侵种；营造原始、天然的原生态地貌。水质管理目标建议参照Ⅲ类水质标准

续表

名称	编码	总面积/km²	占全区面积比例/%	主要生态功能及其等级	压力状态	保护目标	管理目标与建议
三角洲平原冬暖淡咸水缓流大河生境保护中功能管理区	RFⅢ$_{1-4-13}$	464.72	95.29	生境保护中功能	中	保护种：鲮（*Cirrhina molitorella*），属于IUCN评估中近危（NT）级别；南方拟𩷶（*Pseudohemiculter dispar*），属于IUCN评估中易危（VU）级别；斑鳢（*Channa maculata*）和日本鳗鲡（*Anguilla japomica*），都属于江西省重点保护野生动物	控制河段周边的工业污染；治理近岸海域含油污水；整治河道采砂；整治渔樵，限制不科学的捕捞方式；保护沿岸防护林，严禁乱砍滥伐；合理改善林相结果，控制林地总量；控制滩涂围垦；禁止破坏沿岸植被、生态环境以及水生生物洄游通道。水质管理目标建议参照Ⅲ类水质标准

9.18 石马河东引运河平原丘陵城镇河渠库塘社会承载与饮用水水源地保护功能区（RFⅢ$_{1-5}$）

9.18.1 位置与分布

该区属于东江下游三角洲城镇生态系统河网水生态恢复亚区二级区，位于113°36′52″E～114°6′5″E，22°48′35″N～23°6′35″N，总面积为1110.32 km²。从行政区划看，该区位于广东省东莞市内。从水系构成看，流经区内的主要水系有石马河、寒溪水、东引运河、松木山水、黄沙水等。

9.18.2 河流生态系统特征

9.18.2.1 水体生境特征

该区地处流域南部，海拔集中于-29～511 m范围，河道中心线坡度为0.45°～3.14°，平均坡度为1.74°，平均流速相对较慢；冬季背景气温为15～15.3℃，平均气温为15.1℃，故平均水温相对较高。该区的主要河流类型为冬暖缓流淡水河溪、冬暖缓流淡水中小河和冬暖缓流淡水大河，其中占主导地位的是冬暖缓流淡水中小河。经随机采样实测，该区水体平均电导率为 393 μs/cm，最大电导率为 882 μs/cm，最小电导率为 116.9 μs/cm；依据《地表水环境质量标准》（GB 3838—2002），高锰酸钾指数为劣Ⅴ类水质，溶解氧为Ⅰ类水质；总磷为劣Ⅴ类水质；总氮为劣Ⅴ类水质；氨氮为劣Ⅴ类水质，说明该区水质主要受总磷、总氮、氨氮的影响。总之，此类生境较适宜较耐污的缓流型水生生物生存。

9.18.2.2　水生生物特征

(1) 浮游藻类特征

经过鉴定分析，该区出现浮游藻类 7 门，共计 55 属，88 种，细胞丰度平均值为 160.19×10^4 cells/L，最大细胞丰度 4214.78×10^4 cells/L，最小细胞丰度为 52.54×10^4 cells/L。叶绿素 a 平均值为 20.9 μg/L，最大值为 74.4 μg/L，最小值为 8.2 μg/L。在种类组成上，主要以蓝藻门为主，其次为绿藻门、硅藻门，优势属为颤藻属（*Oscillatoria*）、平裂藻属（*Merismopedia*）、栅藻属（*Scenedesmus*）、浮丝藻属（*Planktonema*）、菱形藻属（*Nitzschia*）等，适合生存于流速较慢的高富营养化水体中。总体而言，该功能区浮游藻类细胞丰度较高，富营养化耐受种出现较多，水流速度缓慢，存在较为强烈的人为干扰，水质较差。

(2) 底栖动物特征

经鉴定统计出该区分类单元总数 7 个，平均密度为 77.67 ind/m^2，最大密度为 153.33 ind/m^2，最小密度为 2 ind/m^2。平均生物量为 3.96 g/m^2，最高生物量为 4.14 g/m^2，最低生物量为 3.79 g/m^2。Shannon-Wiener 多样性指数为 1.59。环节动物门分类单元数占总分类单元数的 29%，节肢动物门分类单元数占 14%，软体动物门比例占 43%，水生昆虫比例占 14%。该区优势类群有尾腮蚓属（*Branchiura*）、环棱螺属（*Bellamya*）；代表性类群有蟌科（Coenagrionidae）、瓶螺科（Ampullariidae），为中等-污染水体指示种。该区未出现 EPT 种类。总体而言，该区底栖动物多样性处于中等水平，未出现 EPT，河段土地利用类体以城镇为主，人为干扰强烈，所以该区域水生态健康差。

(3) 鱼类特征

在该功能区上共鉴定出鱼类 20 科，51 属，58 种。主要分布有䅗（*Hemiculter leucisculus*）、黄尾鲴（*Xenocypris davidi*）、鲫（*Carassius aurtus*）等优势种。指示种有草鱼（*Ctenopharyngodon idella*）、黄鳝（*Monopterus albus*），这些物种喜欢栖息于水流较缓、营养丰富、水草较多的平原江河中。总体而言，该功能区鱼类物种较丰富，以喜水质营养丰富的物种为主，河流水流较慢，人为干扰强烈，水质较差。

9.18.3 区内陆域特征

（1）地貌特征

该区海拔为-29～511 m，平均海拔为30.97 m，其中，低于50 m、50～200 m和高于200 m这3个海拔段的地域面积占该区总面积的百分比分别为86.13%、12.06%和1.81%。平均坡度为3.9°，其中坡度小于7°的平地面积占该区总面积的85.08%，坡度为7°～15°的缓坡地面积占该区总面积的9.54%，坡度大于15°的坡地面积占该区总面积的5.38%。根据全国1∶1 000 000地貌类型图，该区地貌类型以低海拔冲积平原为主，占该区总面积的20.44%，其次为低海拔侵蚀剥蚀低台地，占19.05%，再次为低海拔侵蚀剥蚀高台地、侵蚀剥蚀低海拔低丘陵等。

（2）植被和土壤特征

该区NDVI平均值为0.21，植被覆盖情况较低。根据全国1∶1 000 000植被类型图，该区植被包括4种亚类，以一年三熟粮食作物及热带常绿果树园和经济林为主，占该区总面积的74.23%；其次为亚热带针叶林，占17.06%；再次为亚热带、热带常绿阔叶、落叶阔叶灌丛（常含稀树）等。根据全国1∶1 000 000土壤类型图，该区土壤包括5种亚类，以水稻土为主，占该区总面积的47.31%；其次为赤红壤，占42.22%；再次为石质土、灰潮土等。

（3）土地利用特征

该区城镇用地面积比例为53.65%，主要分布于地势相对低平处；农田（耕地及园地）面积比例为11.83%，主要分布于城市周边；林草地面积比例为25.76%，主要分布于零星分布；水体面积比例为8.7%，其他用地面积比例为0.06%。该区土地利用总体特征为建设用地占主导，人类活动干扰程度强。

9.18.4 水生态功能

（1）该区水生态功能概述

径流产出功能较强，主要由于该区较为接近流域内的西部降水高值中心区和南部多雨区；水质维护功能弱，主要由于该区库塘山溪以及高度城市化混合的情况，决定了水质压力的混合性；水源涵养功能弱，主要由于能发挥较强水源涵养功能的区域面积有限，同时又存在高度城市化地区；泥沙保持功能较强，主要由于该区的平原城市区，不透水层面积广，基本不存在土壤流失问题，同时山区坡度较缓，植被覆盖较好；生境维持功能很弱，主要由于该区靠近大城市或者已经被强烈城市化所改造；饮用水水源地保护功能很弱，主要由于该区虽然有平原背景下的山溪库塘区，但以城镇用地为主的背景条件表明该区为水资源主要消耗区。

（2）该区水生态功能定位

该区陆域主导水生态功能确定为水源涵养及水生态压力承载混合。应严格保护具有重要水源涵养功能的自然植被，限制或禁止各种不利于保护生态系统水源涵养功能的经济社会活动和生产方式，如过度放牧、无序采矿、毁林开荒、开垦草地等，加强生态恢复与生态建设，治理土壤侵蚀，恢复与重建水源涵养区森林、草丛、湿地等生态系统，提高生态系统的水源涵养功能。同时，应加强城市背景下河流水污染防控体系建设，准确预测和控制水污染负荷，设立严格的排污总量控制目标，加大排污监督和执法力度，大力调整产业结构，提高水资源利用效率，发展绿色经济和循环经济，加强水生态修复，构建生态河道。

9.18.5　水生态保护目标

（1）水生生物保护目标

鱼类代表性种群有泥鳅（*Misgurnus anguillicaudatus*）、鲫（*Carassius aurtus*）、鲢（*Hypophthalmichthys molitrix*）、鲇（*Silurus asotus*）、胡子鲇（*Clarias fuscus*）；底栖动物群落代表有蟌科（Coenagrionidae）、摇蚊亚科（Chironominae）；浮游藻类群落代表有菱形藻属（*Nitzschia*）、舟形藻属（*Navicula*）。

生境保护及水质目标建议：在生境保护方面，该区主要位于东莞城市区河段，因此应该保护河口区咸淡水生境，保持洄游路线畅通；在河床底质方面维护多样化的底栖息生境；控制农业等面源污染，维持天然河道，保持物种多样性，避免引入入侵种，营造原始、天然的原生态地貌；进行底泥修复，降低河流及底质污染物含量；重点减少污染物排放及人类活动干扰，沿江栖息地建设，提高生物多样性；保持河道联通性，人工净化技术与水体自净相结合，强化河岸带恢复和保护，改善生态环境，涵养水源。水质目标方面，根据参考点特征，建议近期内参照Ⅳ类水质标准进行保护及管理（如溶解氧达到3 mg/L，高锰酸盐指数不超过 10 mg/L，氨氮不超过 1.5 mg/L，总磷不超过 0.3 mg/L，总氮不超过 1.5 mg/L）。

（2）生态功能保护

该区具有较强的水生态压力承载功能，重点应当节约水资源，加强水污染防治和水生态修复。通过重污染行业整治、建设完善污水处理厂和管网等措施，切实提高城镇生活污水收集率和处理率；关停清退超标排污企业和养殖业，逐步淘汰劳动密集型产业、污水无法进入截排系统的企业，逐年减小废水量和主要污染物排放量；通过区域禁批、行业禁批、行业限批和企业限批等措施，严把新、扩建项目环保审批关；加强环境监管能力建设，对重点企业、重点河段完善在线监控管理系统，加强对环境违法行为的监控和处罚，杜绝偷排漏排和超标超量排污；通过采用阶梯水价、全额征收污水处理费等手段，切实推进节水、中水回用和污染减排工作；从环境保护的角度对水资源进行优化调度，尽可能增加河流枯水期的清洁流量；保留足够比例的自然下垫面，在社区周围布置绿化缓冲带控制面源入河量；实施河流清淤、清障和滨河带保洁等综合整治工程，恢复河流生态系统，提升自然净化能力。同时，该区也具有饮用水水源地保护功能，重点应当着力保障城市饮用水水源地水质安全，加强水源地污染防治工作，基本遏制饮用水水源地环境质量下降的趋势，促使不达标饮用水水源地排污总量大幅削减，水源地水质稳定达标。实施水生态系统恢复与建设工程、水源地水质安全预警监控体系建设工程等，控制饮用水水源保护区污染负荷，保障区域社会经济持续健康发展。

9.18.6　区内四级区

石马河东引运河平原丘陵城镇河渠库塘社会承载与饮用水水源地保护功能区内四级区如表 9-18 所示。

表 9-18　RFⅢ$_{1\text{-}5}$石马河东引运河平原丘陵城镇河渠库塘社会承载与饮用水水源地保护功能区内四级区

名称	编码	总面积/km^2	占全区面积比例/%	主要生态功能及其等级	压力状态	保护目标	管理目标与建议
石马河东引运河平原丘陵冬暖淡水缓流河溪功能修复高压力管理区	RFⅢ$_{1\text{-}5\text{-}10}$	391.5	35.26	功能修复高压力	中	生境恢复	控制农业等面源污染；维持天然河道；保持物种多样性；避免引入入侵种；营造原始、天然的原生态地貌。水质管理目标建议参照Ⅲ类水质标准
石马河东引运河平原丘陵冬暖淡水缓流中小河功能修复高压力管理区	RFⅢ$_{1\text{-}5\text{-}11}$	404.65	36.44	功能修复高压力	高	生境恢复	保持河道及河岸带自然生境；维持物种多样性；进行底泥修复；降低河流及底质污染物含量。水质管理目标建议参照Ⅳ类水质标准
石马河东引运河平原丘陵冬暖淡水缓流大河功能修复高压力管理区	RFⅢ$_{1\text{-}5\text{-}12}$	314.17	28.3	功能修复高压力	高	生境恢复	沿江栖息地建设，提高生物多样性；保持河道联通性；人工净化技术与水体自净相结合；强化河岸带恢复和保护，改善生态环境，涵养水源。水质管理目标建议参照Ⅳ类水质标准

9.19　潼湖水平原丘陵城镇农田湿地河渠库塘社会承载与饮用水水源地保护功能区（RFⅢ$_{1\text{-}6}$）

9.19.1　位置与分布

该区属于东江下游三角洲城镇生态系统河网水生态恢复亚区二级区，位于114°4′20″E ~ 114°24′17″E，22°52′12″N ~ 23°5′48″N，总面积为516.93km^2。从行政区划看，该区包括广东省东莞市和惠阳区的部分地区。从水系构成看，流经区内的主要水系有潼湖水、石鼓水、观洞水等。

9.19.2　河流生态系统特征

9.19.2.1　水体生境特征

该区地处流域南部，海拔集中于-6 ~ 975 m，河道中心线坡度为0.59° ~ 3.09°，平均坡度为1.64°，平均流速相对较慢；冬季背景气温为14.8 ~ 15.1℃，平均气温为15℃，故平均水温相对较高。该区的主要河流类型为冬暖缓流淡水河溪、冬暖缓流淡水中小河和冬暖极缓流淡水湖沼湿地，其中占主导地位的是冬暖缓流淡水河溪。经随机采样实测，该区水体平均电导率为464.33 μs/cm，最大电导率为901 μs/cm，最小电导率为43.2 μs/cm；依据《地表水环境质量标准》（GB 3838—2002），高锰酸钾指数为Ⅲ类水质，溶解氧为劣Ⅴ类水质；总磷为劣Ⅴ类水质；总氮为劣Ⅴ类水质；氨氮为劣Ⅴ类水质，说明该区水质主要受总磷、总氮、氨氮的影响。总之，此类生境较适宜较耐污的缓流生境水生生物生存。

9.19.2.2　水生生物特征

（1）浮游藻类特征

经过鉴定分析，该区出现浮游藻类6门，共计33属，68种，细胞丰度平均值为322.34×10^4 cells/L，最大细胞丰度为4221.88×10^4 cells/L，最小细胞丰度为37.95×10^4 cells/L。叶绿素a平均值为34.4 μg/L，最大值为78.9 μg/L，最小值为17.1 μg/L。在种类组成上，主要以绿藻门为主，其次为蓝藻门、硅藻门，优势属为十字藻属（*Crucigenia*）、栅藻属（*Scenedesmus*）、平裂藻属（*Merismopedia*）、小环藻属（*Cyclotella*）、绿球藻属（*Prochlorococcus*）等，其中有适合生存于流速较慢的高富营养化水体中的物种，也有适合生存于常受搅动的无机水体中的物种。总而言之，该功能区浮游藻类细胞丰度很高，富营养化耐受种出现较多，大部分区域存在较为强烈的人为干扰，水流速度缓慢，也有小部分区域水质较好，流速较快。

（2）底栖动物特征

经鉴定统计出该区分类单元总数 19 个，平均密度为 16.68 ind/m^2，平均生物量为 1.53 g/m^2。Shannon-Wiener 多样性指数为 1.93。环节动物门分类单元数占总分类单元数的 21%，节肢动物门分类单元数占 5%，软体动物门比例占 37%，水生昆虫比例占 32%，其他门类占 5%。该区优势类群有长臂虾科（Palaemonidae）；指示类群有四节蜉科（Baetidae），为清洁水体指示种。EPT 分类单元数为 1 个，所占区内分类单元数的比例为 5%。总体而言，该区底栖动物多样性较高，出现一定清洁物种，但该区邻近城市河段，人为干扰较为强烈，所以水生态健康较差。

（3）鱼类特征

在该功能区上共鉴定出鱼类 17 科，37 属，45 种。主要分布有赤眼鳟（*Squaliobarbus curriculus*）、黄鳝（*Monopterus albus*）、黄尾鲴（*Xenocypris davidi*）、鲫（*Carassius aurtus*）、鲮（*Cirrhina molitorella*）、麦穗鱼（*Pseudorasbora parva*）、泥鳅（*Misgurnus anguillicaudatus*）、鲇（*Silurus asotus*）等优势种。

9.19.3 区内陆域特征

（1）地貌特征

该区海拔为-6～975 m，平均海拔为 76.9 m，其中，低于 50 m、50～200 m、200～500 m和 500～1000 m 这 4 个海拔段的地域面积占该区总面积的百分比分别为 67.82%、20.8%、9.13%和 2.25%。平均坡度为 6.8°，其中坡度小于 7°的平地面积占该区总面积的 68.23%，坡度为 7°～15°的缓坡地面积占该区总面积的 14.74%，坡度大于 15°的坡地面积占该区总面积的 17.03%。根据全国 1∶1 000 000 地貌类型图，该区地貌类型以低海拔冲积平原为主，占该区总面积的 19.48%，其次为低海拔冲积洼地，占 17.55%，再次为侵蚀剥蚀小起伏低山、侵蚀剥蚀中起伏中山等。

（2）植被和土壤特征

该区 NDVI 平均值为 0.34，植被覆盖情况较低。根据全国 1∶1 000 000 植被类型图，该区植被包括 4 种亚类，以一年三熟粮食作物及热带常绿果树园和经济林为主，占该区总面积的 44.93%；其次为亚热带、热带常绿阔叶、落叶阔叶灌丛（常含稀树），占 38.94%；再次为亚热带针叶林等。根据全国 1∶1 000 000 土壤类型图，该区土壤包括 5 种亚类，以水稻土为主，占该区总面积的 51.09%；其次为赤红壤，占 34.47%；再次为红壤、漂洗水稻土等。

(3) 土地利用特征

该区城镇用地面积比例为29.22%，主要分布于地势相对低平处；农田（耕地及园地）面积比例为20.26%，主要分布于湿地周边；林草地面积比例为36.77%，主要分布于零星分布；水体面积比例为12.89%，其他用地面积比例为0.86%。该区该区虽然林草地面积比例最高，水域景观较大，但城镇和农田的比例也很高，人类活动干扰程度较高。

9.19.4 水生态功能

(1) 该区水生态功能概述

径流产出功能较强，主要由于该区较为接近流域内南部多雨区以及西部多雨区的中间过渡地带；水质维护功能较弱，主要由于该区虽有潼湖湿地以及部分林区发挥一定的净化作用，但整体属于城乡混合状态，污染压力较大；水源涵养功能较弱，主要由于该区能发挥较强水源涵养功能的区域面积有限；泥沙保持功能较强，主要由于该区以平原为主，不属于主要土壤流失区；生境维持功能很弱，主要由于该区城乡混合的特征；饮用水水源地保护功能较弱，主要由于该区山溪库塘所占面积比例较小，城市为主要的用水区。

(2) 主体水生态功能定位

该区陆域主导水生态功能确定为水源涵养及水生态压力承载混合。应加强水污染防控体系建设，准确预测和控制水污染负荷，设立严格的排污总量控制目标，加大排污监督和执法力度，大力调整产业结构，提高水资源利用效率，发展绿色经济和循环经济，加强水生态修复，构建生态河道。同时，应十分重视对饮用水水源地的保护，严格禁止污染水体的一切活动，加强水质监测与监督，准确预测和控制水污染负荷，严格执行水源地保护的相关法律规定，加大水源地保护的执法力度，严格查处各种环境违法和破坏行为，确保饮用水水质达标。

9.19.5 水生态保护目标

(1) 水生生物保护目标

保护种（鱼类）：①花鳗鲡（*Anguilla marmorata*），属IUCN保护物种，是国家二级保护动物，《中国濒危动物红皮书》保护物种中濒危EN级别。花鳗鲡分布于我国长江下游及以南的钱塘江、灵江、瓯江、闽江、九龙江，以及广东、海南、广西等地的江河；国外北达朝鲜南部及日本九州，西达东非，东达南太平洋的马贵斯群岛，南达澳大利亚南部，曾在本功能区内的潼湖水发现，目前踪迹罕见。生活在水质良好，河道通畅的环境中，是典型降河洄游鱼类。②太湖新银鱼（*Neosalanx taihuensis*），是中国的特有物种。功能区内分布于潼湖水，是纯淡水的种类，终生生活于湖泊内，浮游在水的中、下层，以浮游动物为主食，也食少量的小虾和鱼苗。半年即达性成熟，1 冬龄亲鱼即能繁殖，产卵期为 4～5 月，生殖后不久便死亡。

鱼类代表性种群有鳘（*Hemiculter leucisculus*）、鳙（*Aristichthys nobilis*）、鲮（*Cirrhina molitorella*）、鲤（*Cyprinus carpio*）、泥鳅（*Misgurnus anguillicaudatus*）；底栖动物群落代表有四节蜉科（Baetidae）、长角石蛾科（Leptoceridae）、箭蜓科（Gomphidae）、大蜓科（Cordulegastridae）；浮游藻类群落代表有菱形藻属（*Nitzschia*）、小环藻属（*Cyclotella*）。

生境保护及水质目标建议：生境保护方面，保护潼湖湿地水质及湿地的生态健康，保护河流与湖库连通性、保护流水河段及多样化底质，开展退耕还湿，禁止在该区周围开荒；保护湿地动植物以及其他生物资源，长期维持一定面积的水面、沼泽及滨岸带的自然性；减少农业、工业级生活污水排放，控制农业等面源污染，维持天然河道；保持物种多样性，避免引入入侵种，营造原始、天然的原生态地貌；保持河道及河岸带自然生境，维持物种多样性，进行底泥修复，降低河流及底质污染物含量。水质目标方面，根据参考点特征，建议参照Ⅲ类水质标准进行保护及管理（如溶解氧达到 5 mg/L，高锰酸盐指数不超过 6 mg/L，氨氮不超过 1 mg/L，总磷不超过 0. 2 mg/L，总氮不超过 1 mg/L）。

（2）生态功能保护

该区平原地区具有较强的水生态压力承载功能，重点应当节约水资源，加强水污染防治和水生态修复；开展小流域水土流失，提高植被覆盖率，建立起完善的水土保持预防监督体系，有效控制人为造成的新的水土流失；开展农业面源污染防控，改进施肥方法，减少水、肥流失，不断改良土壤，提高土壤自身保肥、保水能力；减少无机肥施用量，加大有机肥施用量，广种绿肥，推广能适应大面积施用的商品有机肥和微生物肥料；搞好秸秆还田及综合利用；推广高效、低毒、低残留农药及生物农药；合理规划畜禽养殖业布局，利用资源化治理工程和配套措施处理规模化畜禽养殖有机污染；因地制宜建设城镇垃圾、污水处理工程，治理生产、生活污染。同时，该区山地丘陵区具有较强的饮用水水源地保护功能，重点应当着力保障城市饮用水水源地水质安全，加强水源地污染防治工作，基本遏制饮用水水源地环境质量下降的趋势，促使不达标饮用水水源地排污总量大幅削减，水源地水质稳定达标。实施水生态系统恢复与建设工程、水源地水质安全预警监控体系建设工程等，控制饮用水水源保护区污染负荷，保障区域社会经济持续健康发展。

9. 19. 6　区内四级区

潼湖水平原丘陵城镇农田湿地河渠库塘社会承载与饮用水水源地保护功能区内四级区

如表 9-19 所示。

表 9-19　RFⅢ$_{1-6}$潼湖水平原丘陵城镇农田湿地河渠库塘社会承载与饮用水水源地保护功能区内四级区

名称	编码	总面积/km^2	占全区面积比例/%	主要生态功能及其等级	压力状态	保护目标	管理目标与建议
潼湖水平原丘陵冬暖淡水缓流河溪生境保护中功能管理区	RFⅢ$_{1-6-10}$	399.6	77.3	生境保护中功能	中	保护种：太湖新银鱼（*Neos- alanx taihuensis*），是中国特有物种；斑鳢（*Channa maculata*），属于江西省重点保护野生动物	控制农业等面源污染；维持天然河道；保持物种多样性；避免引入入侵种；营造原始、天然的原生态地貌。水质管理目标建议参照Ⅱ类水质标准
潼湖水平原丘陵冬暖淡水缓流中小河功能修复高压力管理区	RFⅢ$_{1-6-11}$	81.36	15.74	功能修复高压力	中	生境恢复	保持河道及河岸带自然生境；维持物种多样性；进行底泥修复；降低河流及底质污染物含量。水质管理目标建议参照Ⅲ类水质标准
潼湖水平原丘陵冬暖淡水沼泽生境保护中功能管理区	RFⅢ$_{1-6-16}$	35.97	6.96	生境保护中功能	中	保护种：太湖新银鱼（*Neosalanx taihuensis*），是中国的特有物种；斑鳢（*Channa maculata*），属于江西省重点保护野生动物	恢复和改善地表水文状况；保护湿地植被，开展退耕还湿，禁止在该区周围开荒；调整生产方式和种植结构，合理施用农药化肥；保护湿地动植物以及其他生物资源；长期维持一定面积的水面、沼泽及滨岸带的自然性。水质管理目标建议参照Ⅲ类水质标准

9.20　西枝江中游宽谷农田森林河溪社会承载与水源涵养功能区（RFⅢ$_{2-1}$）

9.20.1　位置与分布

该区属于西枝江中下游岭谷农林生态系统曲流水生态调节亚区二级区，位于114°29′59″E～115°6′10″E，22°48′57″N～23°17′26″N，总面积为1665.39 km^2。从行政区划看，该区包括广东省惠州市惠城区、惠阳区、惠东县的部分地区。从水系构成看，流经区内的主要水系有西枝江、白花河、梁化河等。

9.20.2 河流生态系统特征

9.20.2.1 水体生境特征

该区地处流域南部，海拔集中于-14～1259 m，河道中心线坡度为0.37°～10.61°，平均坡度为2.94°，平均流速相对较慢；冬季背景气温为14.1～15.0℃，平均气温为14.9℃，故平均水温相对较高。该区的主要河流类型为冬暖急流淡水河溪、冬暖缓流淡水河溪、冬暖缓流淡水中小河、冬暖缓流淡水大河和冬暖极缓流淡水大型水库，其中占主导地位的是冬暖缓流淡水河溪。经随机采样实测，该区水体平均电导率为49.6 μs/cm，最大电导率为94 μs/cm，最小电导率为21.9 μs/cm。此类生境较适宜缓流型水生生物生存。

9.20.2.2 水生生物特征

（1）浮游藻类特征

经过鉴定分析，该区出现浮游藻类6门，共计43属，69种，细胞丰度平均值为4.44×10^4 cells/L，最大细胞丰度2127.84×10^4 cells/L，最小细胞丰度1.02×10^4 cells/L。叶绿素a平均值为8.02 μg/L，最大值为23.15 μg/L，最小值为4.79 μg/L。在种类组成上，主要以蓝藻门为主，其次为绿藻门、硅藻门，优势属为针杆藻属（*Synedra*）、栅藻属（*Scenedesmus*）、鱼腥藻属（*Anabaena*）等。代表性属有针杆藻属（*Synedra*）、鱼腥藻属（*Anabaena*），前者适合于流速较快的贫营养生境，后者适合于流速较缓的富营养生境。总而言之，该功能区浮游藻类细胞丰度很低，部分河段受到人为活动的影响，水质一般。

（2）底栖动物特征

经鉴定统计出该区分类单元总数11个，平均密度为125 ind/m^2，最大密度为300 ind/m^2，最小密度为15.24 ind/m^2。平均生物量为11.01 g/m^2，最高生物量为29.06 g/m^2，最低生物量为3.55 g/m^2。Shannon-Wiener多样性指数为1.49。节肢动物门分类单元数占18%，软体动物门比例占64%，水生昆虫比例占18%。该区优势类群有匙指虾科（Atyidae）、长臂虾科（Palaemonidae）；指示类群有匙指虾科（Atyidae）、长臂虾科（Palaemonidae），为中等清洁水体指示种。该区未出现EPT种。总体而言，底栖动物多样性处于中等水平，未见EPT，不同河段根据不同土地利用差异较大，总体水质属于中等清洁水平。

（3）鱼类特征

在该功能区上共鉴定出鱼类4科，33属，35种。主要分布有棒花鱼（*Abbottina rivularis*）、马口鱼（*Opsariichthys bidens*）、泥鳅（*Misgurnus anguillicaudatus*）、鲇（*Silurus asotus*）、条纹小鲃（*Puntius semifasciolatus*）等优势种。保护种有花斑副沙鳅（*Parabotia* fasciata)，属于中国特有种。指示种有条纹小鲃（*Puntius semifasciolatus*），该物种喜栖息于流速较缓的平原河流的中下游。总体而言，该功能区鱼类物种较少，水流较缓，部分河段存在一定的人为干扰，水质一般。

9.20.3 区内陆域特征

（1）地貌特征

该区海拔为-14 ~ 1259 m，平均海拔为 150.3 m，其中，低于 50 m、50 ~ 200 m、200 ~ 500 m、500 ~ 1000 m 和高于 1000 m 这 5 个海拔段的地域面积占该区总面积的百分比分别为 45.72%、29.46%、17.32%、7.32% 和 0.18%。平均坡度为 9.2°，其中坡度小于 7°的平地面积占该区总面积的 54.5%，坡度为 7° ~ 15°的缓坡地面积占该区总面积的 19.66%，坡度大于 15°的坡地面积占该区总面积的 25.84%。根据全国 1∶1 000 000 地貌类型图，该区地貌类型以侵蚀剥蚀中起伏低山、低海拔侵蚀剥蚀高台地、侵蚀剥蚀低海拔高丘陵、低海拔冲积平原、侵蚀剥蚀小起伏低山为主，分别占该区总面积的 15.3%、14.42%、12.44%、11.05%、10.91%，其次为侵蚀剥蚀中起伏中山、侵蚀剥蚀低海拔低丘陵、侵蚀剥蚀大起伏中山，分别占 8.37%、8.16%、7.6%，再次为低海拔冲积洪积平原和低海拔冲积洪积低台地等。

（2）植被和土壤特征

该区 NDVI 平均值为 0.6，植被覆盖程度较好。根据全国 1∶1 000 000 植被类型图，该区植被包括 5 种亚类，以亚热带、热带常绿阔叶、落叶阔叶灌丛（常含稀树）和亚热带针叶林为主，分别占该区总面积的 38.4%、29.52%；其次为一年三熟粮食作物及热带常绿果树园和经济林，占 27.06%；再次为亚热带、热带草丛和亚热带季风常绿阔叶林，分别占 3.36%、1.66%。根据全国 1∶1 000 000 土壤类型图，该区土壤以赤红壤、水稻土为主，分别占该区总面积的 48.88%、26.48%；其次为红壤，占 13.86%；再次为潮土、黄红壤、潴育水稻土等。

（3）土地利用特征

该区城镇用地面积比例为 4.46%，主要分布于惠东县城等地；农田（耕地及园地）面积比例为 30.84%；林草地面积比例为 61.78%；水体面积比例为 2.26%，其他用地面积比例为 0.66%。该区虽然林草地面积比例最高，但农田面积比例也较高，人类活动干扰程度较强。

9.20.4 水生态功能

（1）该区水生态功能概述

径流产出功能一般，主要由于该区位于流域内南部多雨区和西部多雨区的中间过渡地带；水质维护功能较强，主要由于该区宽谷农业较为发展，有一定的污染压力；水源涵养功能一般，主要由于该区以宽谷农业为主导，所能发挥的水源涵养作用有限；泥沙保持功能很弱，主要由于该区属宽谷平原，农耕活动较强，谷坡较陡；生境维持功能较强，主要由于该区有大面积林地；饮用水水源地保护功能较弱，主要由于该区饮用水水源地面积较小。

（2）主体水生态功能定位

该区陆域主导水生态功能确定为水生态压力承载。应加强水污染防控体系建设，准确预测和控制水污染负荷，设立严格的排污总量控制目标，加大排污监督和执法力度，大力调整产业结构，提高水资源利用效率，发展绿色经济和循环经济，加强水生态修复，构建生态河道。

9.20.5 水生态保护目标

（1）水生生物保护目标

保护种（鱼类）：花斑副沙鳅（*Parabotia fasciata*），属中国特有种，分布于珠江、韩江、汉水九龙江、闽江、钱塘江、长江、淮河、黄河和黑龙江等水系。功能区内分布于西枝江中游，栖息于砂石底质的河底，以水生昆虫和藻类为食，个体较小。

保护种（两栖爬行）：①虎纹蛙（*Hoplobatrachus chinensis*），国家二级保护动物，在国内江苏、浙江、湖南、湖北、安徽、广东、广西、贵州、福建、台湾、云南、江西、海南、上海、河南、重庆、四川和陕西南部等地均有分布，在国外还见于南亚和东南亚一带。功能区内广东古田省级自然保护区有分布。对水质要求较高，生活在水质澄清、水生植物生长繁盛的溪流生境。属于水栖蛙类，白天多藏匿于深浅、大小不一的各种石洞和泥洞中，仅将头部伸出洞口，如有食物活动，则迅速捕食之，若遇敌害则隐入洞中。虎纹蛙的食物种类很多，其中主要以鞘翅目昆虫为食。②三线闭壳龟（*Cuora trifasciata*），IUCN 保护物种极危 CR 级别；《中国濒危动物红皮书》保护物种极危 CR 级别；国家二级保护动物。国内主要分布在海南、广西、福建以及广东省的深山溪涧等地方，国外分布于越南、老挝。功能区内广东古田省级自然保护区有分布。喜欢阳光充足、环境安静、水质清净的地方。交配时多在水中进行，且在浅水地带。栖息于山区溪水地带，常在溪边灌木丛中挖洞做窝，白天在洞中，傍晚、夜晚出洞活动较多，有群居的习性。为变温动物，当环境温度达 23～28℃时，活动频繁。在 10℃以下时，进入冬眠。12℃以上时又苏醒。一年中，4～10 月为活动期，11 月至翌年 2 月上旬为冬眠期。杂食性，主要捕食水中的螺、鱼、虾、蝌蚪等水生昆虫，同时也食幼鼠，幼蛙、金龟子、蜗牛及蝇蛆，有时也吃南瓜、香蕉及植物嫩茎叶。

鱼类代表性种群有鱼类代表性种群有鳙（*Aristichthys nobilis*）、鲮（*Cirrhina molitorella*）、赤眼鳟（*Squaliobarbus curriculus*）、鲤（*Cyprinus carpio*）、鲢（*Hypophtha-*

lmichthys molitrix）；底栖动物群落代表有匙指虾科（Atyidae）、长臂虾科（Palaemonidae）；浮游藻类群落代表有针杆藻属（*Synedra*）、菱形藻（*Nitzschia*）、小环藻（*Cyclotella*）。

生境保护及水质目标建议：生境保护方面，应保证有足够数量的连通性优良的急流、湖库和干流大河组合生境，保证有一定数量的光照充足的河段生境；在河流断面方向应维护河漫滩的发育、保护滨岸湿地，在河床底质方面维护多样化的底栖息生境；保护山地清洁溪流，减少污水排放，保证水质基本要求；控制面源污染；保证河道连通性，维持底质多样化，建立严格的开发审批制度，零星开发，整体保护；严禁无序采矿等高污染行为，并提高监管和惩罚力度；对于自然保护区内濒危保护物种要重点关注，禁捕禁售。水质目标方面，根据参考点特征，建议参照Ⅲ类水质标准进行保护及管理（如溶解氧达到5 mg/L，高锰酸盐指数不超过6 mg/L，氨氮不超过1 mg/L，总磷不超过0.2 mg/L，总氮不超过1 mg/L）。

（2）生态功能保护

该区具有较强的水生态压力承载功能，重点应当节约水资源，加强水污染防治和水生态修复；开展小流域水土流失，提高植被覆盖率，建立起完善的水土保持预防监督体系，有效控制人为造成的新的水土流失；开展农业面源污染防控，改进施肥方法，减少水、肥流失，不断改良土壤，提高土壤自身保肥、保水能力；减少无机肥施用量，加大有机肥施用量，广种绿肥，推广能适应大面积施用的商品有机肥和微生物肥料；搞好秸秆还田及综合利用；推广高效、低毒、低残留农药及生物农药；合理规划畜禽养殖业布局，利用资源化治理工程和配套措施处理规模化畜禽养殖有机污染；因地制宜建设城镇垃圾、污水处理工程，治理生产、生活污染。

9.20.6 区内四级区

西枝江中游宽谷农田森林河溪社会承载与水源涵养功能区内四级区如表9-20所示。

表9-20 RFⅢ$_{2-1}$西枝江中游宽谷农田森林河溪社会承载与水源涵养功能区内四级区

名称	编码	总面积/km^2	占全区面积比例/%	主要生态功能及其等级	压力状态	保护目标	管理目标与建议
西枝江中游宽谷冬暖淡水急流河溪生境保护高功能管理区	RFⅢ$_{2-1-07}$	269	16.01	生境保护高功能	低	保护种：花斑副沙鳅（*Parabotia fasciata*），属于中国特有种	严禁无序采矿等高污染行为，提高监管和惩罚力度；减少毁林造田，注重植被建设；控制面源污染；保证河道连通性；维持底质多样化；建立严格开发审批制度；零星开发，整体保护。水质管理目标建议参照Ⅱ类水质标准

续表

名称	编码	总面积/km^2	占全区面积比例/%	主要生态功能及其等级	压力状态	保护目标	管理目标与建议
西枝江中游宽谷冬暖淡水缓流河溪功能修复中压力管理区	RF Ⅲ$_{2\text{-}1\text{-}10}$	676.71	40.26	功能修复中压力	中		控制农业等面源污染；维持天然河道；保持物种多样性；避免引入入侵种；营造原始、天然的原生态地貌。水质管理目标建议参照Ⅲ类水质标准
西枝江中游宽谷冬暖淡水缓流中小河功能修复中压力管理区	RF Ⅲ$_{2\text{-}1\text{-}11}$	346.82	20.63	功能修复中压力	中	生境恢复	保持河道及河岸带自然生境；维持物种多样性；进行底泥修复；降低河流及底质污染物含量。水质管理目标建议参照Ⅲ类水质标准
西枝江中游宽谷冬暖淡水缓流大河水源地保护中功能管理区	RF Ⅲ$_{2\text{-}1\text{-}12}$	387.16	23.03	水源地保护中功能	中	保护种：花斑副沙鳅(*Parabotia fasciata*)，属于中国特有种	沿江栖息地建设，提高生物多样性；保持河道联通性；人工净化技术与水体自净相结合；强化河岸带恢复和保护，改善生态环境，涵养水源。水质管理目标建议参照Ⅲ类水质标准
西枝江中游宽谷冬暖淡水水库水源地保护中功能管理区	RF Ⅲ$_{2\text{-}1\text{-}15}$	1.22	0.07	水源地保护中功能	低	保护种：花斑副沙鳅(*Parabotia fasciata*)，属于中国特有种	建立生物缓冲带；改善已经受污染的区域；水库周边设定相关的保护标志；对库区内进行严格把控；保护沿岸带的植被森林；严格监管库区养鱼可能导致的富营养化和生物入侵问题；开辟鱼道以恢复河道连通性；运用基于生态流量理念的水量调节措施。水质管理目标建议参照Ⅱ类水质标准

9.21 沿海诸河平原丘陵城镇河渠库塘社会承载与饮用水水源地保护功能区（RFⅢ$_{3\text{-}1}$）

9.21.1 位置与分布

该区属于石马河淡水河平原丘陵城市生态系统河渠水生态恢复亚区二级区，位于113°38′34″E～114°12′31″E，22°19′15″N～22°53′7″N，总面积为 1053.74 km^2。从行政区划看，该区包括广东省东莞市、深圳市的部分地区。从水系构成看，流经区内的主要水系有茅洲河、深圳河等。

9.21.2 河流生态系统特征

9.21.2.1 水体生境特征

该区地处流域南部，海拔集中于-28～799 m 范围，河道中心线坡度为 0°～5.02°，平均坡度为 2.05°，平均流速相对较慢；冬季背景气温为 15.3～15.9℃，平均气温为 15.5℃，故平均水温相对较高。该区的主要河流类型为冬暖急流淡水河溪、冬暖缓流淡水河溪、冬暖缓流淡水中小河和冬暖缓流淡水大河，其中占主导地位的是冬暖缓流淡水河溪。经随机采样实测，该区水体平均电导率为 495.17 μs/cm，最大电导率为 1582 μs/cm，最小电导率为 78.4 μs/cm；参考《地表水环境质量标准》（GB 3838—2002），高锰酸钾指数为Ⅱ类水质，溶解氧为Ⅲ类水质；总磷为劣Ⅴ类水质；总氮为劣Ⅴ类水质；氨氮为劣Ⅴ类水质，说明该区水质主要受总磷、总氮、氨氮影响。总之，此类生境较适宜较耐污的缓流型水生生物生存。

9.21.2.2 水生生物特征

（1）浮游藻类特征

经过鉴定分析，该区出现浮游藻类 5 门，共计 21 属，32 种，细胞丰度平均值为 128.65×10^4 cells/L，最大细胞丰度为 115.73×10^4 cells/L，最小细胞丰度为 141.57×10^4 cells/L。叶绿素 a 平均值为 10.92 μg/L，最大值为 12.52 μg/L，最小值为 9.32 μg/L。在种类组成上，主要以硅藻门为主，其次为蓝藻门、绿藻门，优势属为菱形藻属（*Nitzschia*）、平裂藻属（*Merismopedia*）、栅藻属（*Scenedesmus*）、盘星藻属（*Pediastrum*）、空星藻属（*Coelastrum*）等，适合生存于流速较慢的高富营养化水体中。总体而言，该功能区浮游藻类细胞丰度较高，富营养化耐受种出现较多，水流速度缓慢，存在较为强烈的人为干扰，水质较差。

（2）底栖动物特征

经鉴定统计出该区分类单元总数 17 个，平均密度为 86.61 ind/m^2，最大密度为 154.44 ind/m^2，最小密度为 18.78 ind/m^2。平均生物量为 6.56 g/m^2，最高生物量为 10.75 g/m^2，最低生物量为 2.36 g/m^2。Shannon-Wiener 多样性指数为 1.02。环节动物门分类单元数占总分类单元数的 12%，节肢动物门分类单元数占 6%，软体动物门比例占 35%，水生昆虫比例占 47%。该区优势类群有匙指虾科（Atyidae）；指示类群有匙指虾科（Atyidae）、四节蜉科（Baetidae），为清洁–中等水体指示种。EPT 分类单元数为 3 个，所占区内分类单元数的比例为 18%。总体而言，该区虽出现清洁物种，但底栖动物多样性较低，不同河段土地利用类型差异较大，整体以城镇河段为主，所以该区域水生态健康较差。

（3）鱼类特征

在该功能区上共鉴定出鱼类 13 科，26 属，32 种。主要分布有斑鳢（*Channa maculata*）、䱗（*Hemiculter leucisculus*）、鲮（*Cirrhina molitorella*）、尼罗罗非鱼（*Oreochromis niloticus*）等优势种。指示种有泥鳅（*Liniparhomaloptera disparis*），该物种喜欢栖息于水流较缓、营养较丰富，且底质富有植物碎屑淤泥的水体底层。总体而言，该功能区鱼类物种较少，以喜水质营养丰富的物种为主。

9.21.3 区内陆域特征

（1）地貌特征

该区海拔为-28～799 m，平均海拔为 45.7 m，其中，低于 50 m、50～200 m、200～500 m 和 500～1000 m 这 4 个海拔段的地域面积占该区总面积的百分比分别为 71.92%、24.72%、3.14% 和 0.22%。平均坡度为 5.7°，其中坡度小于 7°的平地面积占该区总面积的 74.59%，坡度为 7°～15°的缓坡地面积占该区总面积的 15.21%，坡度大于 15°的坡地面积占该区总面积的 10.2%。根据全国 1：1 000 000 地貌类型图，该区地貌类型以侵蚀剥蚀小起伏低山为主，占该区总面积的 17.72%，其次为低海拔海积冲积平原，占 15.08%，再次为低海拔冲积平原、侵蚀剥蚀低海拔高丘陵等。

（2）植被和土壤特征

该区 NDVI 平均值为 0.19，植被覆盖情况低。根据全国 1：1 000 000 植被类型图，该区植被包括 5 种亚类，以亚热带、热带常绿阔叶、落叶阔叶灌丛（常含稀树）为主，占该区总面积的 44.94%；其次为一年三熟粮食作物及热带常绿果树园和经济林，占 44.01%；再次为亚热带针叶林等。根据全国 1：1 000 000 土壤类型图，该区土壤包括 8 种亚类，以赤红壤为主，占该区总面积的 63.39%；其次为水稻土，占 29.3%；再次为盐渍水稻土、渗育水稻土等。

(3) 土地利用特征

该区城镇用地面积比例为55.91%，主要分布于地势相对低平处；农田（耕地及园地）面积比例为6.11%，主要分布于沿海地区；林草地面积比例为30.31%，水体面积比例为7.64%，其他用地面积比例为0.03%。该区土地利用总体特征为建设用地占主导，人类活动干扰程度强。

9.21.4 水生态功能

(1) 该区水生态功能概述

径流产出功能一般，主要由于该区较为接近流域内南部多雨区；水质维护功能较弱，主要由于该区整体属于高度城市化区域，污染压力巨大；水源涵养功能很弱，主要由于该区库塘山溪及高度城市化的性质；泥沙保持功能很强，主要由于该区丘陵的坡度较缓，植被覆盖较好，平原城市区不透水层面积广，基本不存在土壤流失问题；生境维持功能很弱，主要由于该区靠近大城市或已经被强烈城市化所改造；饮用水水源地保护功能较弱，主要由于该区山溪库塘所占面积比例较小，又是区域内的主要的用水区。

(2) 主体水生态功能定位

该区陆域主导水生态功能确定为水源涵养及水生态压力承载混合。应加强平原区城市水污染防控体系建设，准确预测和控制水污染负荷，设立严格的排污总量控制目标，加大排污监督和执法力度，大力调整产业结构，提高水资源利用效率，发展绿色经济和循环经济，加强水生态修复，构建生态河道。同时，应十分重视山地丘陵区对饮用水水源地的保护，严格禁止污染水体的一切活动，加强水质监测与监督，准确预测和控制水污染负荷，严格执行水源地保护的相关法律规定，加大水源地保护的执法力度，严格查处各种环境违法和破坏行为，确保饮用水水质达标。

9.21.5 水生态保护目标

(1) 水生生物保护目标

尚未发现在该功能区内需特殊保护的鱼类物种，因此流域内濒危珍稀鱼类物种需多加留意，一旦发现及时进行保护及宣传教育。

该区的重要水生植被是沿海红树林（Mangrove）群落。红树林是热带、亚热带海湾、河口泥滩上特有的常绿灌木和小乔木群落。红树林的建群种具有呼吸根或支柱根，种子可以在树上的果实中萌芽长成小苗，然后再脱离母株，坠落于淤泥中发育生长，是一种稀有的木本“胎生”植物。重要生态效益是它的生物多样性维持功能，防风消浪、促淤保滩、固岸护堤、净化海水和空气功能。盘根错节的发达根系能有效地滞留陆地来沙，减少近岸海域的含沙量。

保护（两栖爬行）：虎纹蛙（*Hoplobatrachus chinensis*），国家二级保护动物，在国内江苏、浙江、湖南、湖北、安徽、广东、广西、贵州、福建、台湾、云南、江西、海南、上海、河南、重庆、四川和陕西南部等地均有分布，在国外还见于南亚和东南亚一带。本功能区内深圳市笔架山有分布。对水质要求较高，生活在水质澄清、水生植物生长繁盛的溪流生境。属于水栖蛙类，白天多藏匿于深浅、大小不一的各种石洞和泥洞中，仅将头部伸出洞口，如有食物活动，则迅速捕食之，若遇敌害则隐入洞中。虎纹蛙的食物种类很多，其中主要以鞘翅目昆虫为食。

鱼类代表性种群有鲤（*Cyprinus carpio*）、泥鳅（*Misgurnus anguillicaudatus*）、乌塘鳢（*Bostrichthys sinensis*）、七丝鲚（*Coilia grayi*）、𩷏（*Hemiculter leucisculus*）、黑鳍鳈（*Sarcocheilichthys nigripinnis*）、银𬶋（*Squalidus argentatus*）、越南鱊（*Acheilognathus tonkiensis*）、东方墨头鱼（*Garra orientalis*）；底栖动物群落代表蚬属（*Corbicula*）、四节蜉科（Baetidae）；浮游藻类群落代表有菱形藻属（*Nitzschia*）、小环藻属（*Cyclotella*）、直链藻属（*Melosira*）。

生境保护及水质目标建议：在生境保护方面，保持鱼类洄游路线畅通，此外要减少人类活动产生的污水排放；严禁无序采矿等高污染行为，并提高监管和惩罚力度；改变鱼类捕捞方式，控制捕捞强度；保护沿海海岸生境，特别是深圳红树林保护区，加强巡护管理，减少人为破坏；控制农业等面源污染，维持天然河道，保持物种多样性，避免引入入侵种，营造原始、天然的原生态地貌；沿江栖息地建设，提高生物多样性，保持河道联通性，人工净化技术与水体自净相结合；强化河岸带恢复和保护，改善生态环境，涵养水源。水质目标方面，根据参考点特征，建议参照Ⅲ类水质标准进行保护及管理（如溶解氧达到 5 mg/L，高锰酸盐指数不超过 6 mg/L，氨氮不超过 1 mg/L，总磷不超过 0.2 mg/L，总氮不超过 1 mg/L）。

（2）生态功能保护

该区平原区具有较强的水生态压力承载功能，重点应当节约水资源，加强水污染防治和水生态修复。通过重污染行业整治、建设完善污水处理厂和管网等措施，切实提高城镇生活污水收集率和处理率；关停清退超标排污企业和养殖业，逐步淘汰劳动密集型产业、污水无法进入截排系统的企业，逐年减小废水量和主要污染物排放量；通过区域禁批、行业禁批、行业限批和企业限批等措施，严把新、扩建项目环保审批关；加强环境监管能力建设，对重点企业、重点河段完善在线监控管理系统，加强对环境违法行为的监控和处罚，杜绝偷排漏排和超标超量排污；通过采用阶梯水价、全额征收污水处理费等手段，切实推进节水、中水回用和污染减排工作；从环境保护的角度对水资源进行优化调度，尽可能增加河流枯水期的清洁流量；保留足够比例的自然下垫面，在社区周围布置绿化缓冲带控制面源入河量；实施河流清淤、清障和滨河带保洁等综合整治工程，恢复河流生态系统，提升自然净化能力。同时，该区山地丘陵具有较强的饮用水水源地保护功能，重点应当着力保障城市饮用水水源地水质安全，加强水源地污染防治工作，基本遏制饮用水水源地环境质量下降的趋势，促使不达标饮用水水源地排污总量大幅削减，水源地水质稳定达标。实施水生态系统恢复与建设工程、水源地水质安全预警监控体系建设工程等，控制饮用水水源保护区污染负荷，保障区域社会经济持续健康发展。

9.21.6　区内四级区

沿海诸河平原丘陵城镇河渠库塘社会承载与饮用水水源地保护功能区内四级区如表 9-21 所示。

表 9-21　RFⅢ$_{3-1}$ 沿海诸河平原丘陵城镇河渠库塘社会承载与饮用水水源地保护功能区内四级区

名称	编码	总面积/km^2	占全区面积比/%	主要生态功能及其等级	压力状态	保护目标	管理目标与建议
沿海诸河平原丘陵冬暖淡水急流河溪水源地保护中功能管理区	RFⅢ$_{3-1-07}$	23.18	2.2	水源地保护中功能	低	保护该区自然生境	严禁无序采矿等高污染行为，并提高监管和惩罚力度；减少毁林造田，注重植被建设；控制面源污染；保证河道连通性；维持底质多样化；建立严格的开发审批制度；零星开发，整体保护。水质管理目标建议参照Ⅱ类水质标准
沿海诸河平原丘陵冬暖淡水缓流河溪功能修复高压力管理区	RFⅢ$_{3-1-10}$	561.26	53.26	功能修复高压力	中	水功能保护区：深圳河源头水保护区	控制农业等面源污染；维持天然河道；保持物种多样性；避免引入入侵种；营造原始、天然的原生态地貌。水质管理目标建议参照Ⅱ类水质标准
沿海诸河平原丘陵冬暖淡水缓流中小河功能修复高压力管理区	RFⅢ$_{3-1-11}$	425.9	40.42	功能修复高压力	高	水功能保护区：深圳河源头水保护区、深圳水库保护区	保持河道及河岸带自然生境；维持物种多样性；进行底泥修复；降低河流及底质污染物含量。水质管理目标建议参照Ⅲ类水质标准

续表

名称	编码	总面积/km^2	占全区面积比/%	主要生态功能及其等级	压力状态	保护目标	管理目标与建议
沿海诸河平原丘陵冬暖淡水缓流大河功能修复高压力管理区	RF Ⅲ$_{3\text{-}1\text{-}12}$	43.4	4.12	功能修复高压力	高	生境恢复	沿江栖息地建设，提高生物多样性；保持河道联通性；人工净化技术与水体自净相结合；强化河岸带恢复和保护，改善生态环境，涵养水源。水质管理目标建议参照Ⅲ类水质标准

9.22 石马河淡水河中上游平原丘陵城镇森林河渠库塘社会承载与饮用水水源地保护功能区（RFⅢ$_{3\text{-}2}$）

9.22.1 位置与分布

该区属于石马河淡水河平原丘陵城市生态系统河渠水生态恢复亚区二级区，位于113°58′8″E～114°35′45″E，22°35′47″N～22°56′46″N，总面积为1660.93 km^2。从行政区划看，该区包括广东省东莞市、深圳市、惠州市惠阳区的部分地区。从水系构成看，流经区内的主要水系有石马河、淡水河、清溪水、坪山河、横岭水、沙田水等。

9.22.2 河流生态系统特征

9.22.2.1 水体生境特征

该区地处流域南部，海拔集中于1～975 m，河道中心线坡度为1.04°～8.66°，平均坡度为2.63°，平均流速相对较慢；冬季背景气温为14.8～15.5℃之间，平均气温为15.2℃，故平均水温相对较高。该区的主要河流类型为冬暖急流淡水河溪、冬暖急流淡水中小河、冬暖缓流淡水河溪、冬暖缓流淡水中小河，其中占主导地位的是冬暖缓流淡水河溪。经随机采样实测，该区水体平均电导率为549 μs/cm，最大电导率为852 μs/cm，最小电导率为27.53 μs/cm；依据《地表水环境质量标准》（GB 3838—2002），高锰酸钾指数为Ⅰ类水质，溶解氧为Ⅴ类水质；总磷为劣Ⅴ类水质；总氮为劣Ⅴ类水质；氨氮为劣Ⅴ类水质，说明该区水质主要受总磷、总氮、氨氮的影响。总之，此类生境较适宜较耐污的缓流型水生生物生存。

9.22.2.2 水生生物特征

（1）浮游藻类特征

经过鉴定分析，该区出现浮游藻类6门，共计48属，83种，细胞丰度平均值为

203.06×10^4 cells/L，最大细胞丰度为985.59×10^4 cells/L，最小细胞丰度为0.42×10^4 cells/L。叶绿素 a 平均值为7.6 μg/L，最大值为20.31 μg/L，最小值为0.4 μg/L。在种类组成上，主要以绿藻门为主，其次为蓝藻门、硅藻门，优势属为栅藻属（*Scenedesmus*）、颤藻属（*Oscillatoria*）、菱形藻属（*Nitzschia*）、平裂藻属（*Merismopedia*）、十字藻属（*Crucigenia*）等。代表性属有颤藻属（*Oscillatoria*）、平裂藻属（*Merismopedia*）、十字藻属（*Crucigenia*），适合生存于流速较慢的高富营养化水体中。总体而言，该功能区浮游藻类细胞丰度较高，富营养化耐受种出现较多，水流速度缓慢，存在较为强烈的人为干扰，水质很差。

（2）底栖动物特征

经鉴定统计出该区分类单元总数13个，平均密度为10 ind/m²，最大密度为200.74 ind/m²，最小密度为7.78 ind/m²。平均生物量为0.04 g/m²。最高生物量为5.43 g/m²，最低生物量为0.01 g/m²。Shannon-Wiener 多样性指数为0.86。环节动物门分类单元数占总分类单元数的31%，节肢动物门分类单元数占8%，软体动物门比例占38%，水生昆虫比例占23%。该区优势类群有摇蚊亚科（Chironominae）、尾腮蚓属（*Branchiura*）；指示类群有摇蚊亚科（Chironominae）、直突摇蚊亚科（Orthocladiinae）、尾腮蚓属（*Branchiura*）、颤蚓属（*Tubifex*），为污染水体指示种。该区未出现 EPT 中。总体而言，由于该功能区处于平原城市区，人类活动压力大，城镇开发程度高，污染排放严重。底栖动物多样性低，未见EPT，污染指示种在多个点位可见，所以该区域水生态健康极差。

（3）鱼类特征

在该功能区上共鉴定出鱼类7科，18属，21种。主要分布有斑鳢（*Channa maculata*）、䱗（*Hemiculter leucisculus*）、草鱼（*Ctenopharyngodon idella*）、赤眼鳟（*Squaliobarbus curriculus*）等优势种。濒危保护种有鲮（Cirrhina molitorella），属于 IUCN 评估中近危（NT）级别，为中国南方特有种，是珠江水系常见鱼类；南方拟䱗（*Pseudohemiculter dispar*），属于 IUCN 评估中易危（VU）级别；斑鳢（*Channa maculata*），属于江西省级重点保护野生动物。外来种有尼罗罗非鱼（*Oreochromis niloticus*）、莫桑比克罗非鱼（*Oreochromis mossambicus*）和革胡子鲇（*Clarias leather*），我国引入进行试养，现已成为优质水产养殖品种；下口鲇（*Hypostomus plecostomus*），作为热带观赏鱼引进我国，但进入江河后专吃鱼卵、鱼苗，破坏我国的河川生态。指示种有胡子鲇（*Clarias fuscus*），该物种喜栖息于水草丛生的江河中。总体而言，该功能区鱼类物种较少，存在剧烈人为干扰，水中氮、磷营养盐含量高，水质较差，但功能区内部分河段生境自然，存在多个保护物种。

9.22.3　区内陆域特征

（1）地貌特征

该区海拔为1～975 m，平均海拔为99.8 m，其中，低于50 m、50～200 m、200～

500 m和500 ~1000 m 这 4 个海拔段的地域面积占该区总面积的百分比分别为 38.46%、49.54%、10.66%和 1.34%。平均坡度为 7.5°，其中坡度小于 7°的平地面积占该区总面积的 62.29%，坡度为 7°~15°的缓坡地面积占该区总面积的 20.74%，坡度大于 15°的坡地面积占该区总面积的 16.97%。根据全国 1∶1 000 000 地貌类型图，该区地貌类型以侵蚀剥蚀低海拔高丘陵为主，占该区总面积的 21.44%，其次为侵蚀剥蚀小起伏低山，占 15.93%，再次为低海拔侵蚀剥蚀低台地、侵蚀剥蚀中起伏低山等。

（2）植被和土壤特征

该区 NDVI 平均值为 0.33，植被覆盖情况较低。根据全国 1∶1 000 000 植被类型图，该区植被包括 4 种亚类，以亚热带、热带常绿阔叶、落叶阔叶灌丛（常含稀树）为主，占该区总面积的 72.51%；其次为一年三熟粮食作物及热带常绿果树园和经济林，占 19.4%；再次为亚热带针叶林等。根据全国 1∶1 000 000 土壤类型图，该区土壤包括 9 种亚类，以赤红壤为主，占该区总面积的 58%；其次为水稻土，占 24.89%；再次为潴育水稻土、红壤等。

（3）土地利用特征

该区城镇用地面积比例为 36.93%，主要分布于地势相对低平处；农田（耕地及园地）面积比例为 13.46%，主要分布于缓丘平原区；林草地面积比例为 46.77%，主要分布于周边缓丘地区；水体面积比例为 2.65%，其他用地面积比例为 0.19%。该区虽然林草地面积比例最高，但城镇用地比例也很高，人类活动干扰程度强。

9.22.4 水生态功能

（1）该区水生态功能概述

径流产出功能一般，主要由于该区接近流域内南部多雨区和西部多雨区的中间过渡地带；水质维护功能较弱，主要由于虽然该区有部分林区，但整体仍属于高度城市化区域，污染压力巨大；水源涵养功能很弱，主要由于该区主要为高度城市化地区，能发挥较强水源涵养功能的区域面积有限；泥沙保持功能很强，主要由于该区为平原城市区，不透水层面积广，基本不存在土壤流失问题；生境维持功能很弱，主要由于该区在城区附近或者已经被强烈城市化所改造；饮用水水源地保护功能很弱，主要由于该区山溪库塘所占面积比例较小，为主要的用水区。

（2）主体水生态功能定位

该区陆域主导水生态功能确定为水源涵养及水生态压力承载混合。应加强水污染防控体系建设，准确预测和控制水污染负荷，设立严格的排污总量控制目标，加大排污监督和执法力度，大力调整产业结构，提高水资源利用效率，发展绿色经济和循环经济，加强水生态修复，构建生态河道。同时，应十分重视对山区饮用水水源地功能。加强保护，严格禁止污染水体的一切活动，加强水质监测与监督，准确预测和控制水污染负荷，严格执行水源地保护的相关法律规定，加大水源地保护的执法力度，严格查处各种环境违法和破坏行为，确保饮用水水质达标。

9.22.5 水生态保护目标

（1）水生生物保护目标

保护种（鱼类）：①鲮（*Cirrhina molitorella*），属于 IUCN 评估中近危（NT）级别，为中国南方特有种，是珠江水系常见鱼类。功能区内分布于石马河，栖息于水温较高的江河中的中下层，偶尔进入静水水体中。对低温的耐力很差，水温在 14℃以下时即潜入深水，不太活动；低于 7℃时即出现死亡，冬季在河床深水处越冬。以着生藻类为主要食料，常以其下颌的角质边缘在水底岩石等物体上刮取食物，亦食一些浮游动物和高等植物的碎屑和水底腐殖物质。性成熟为 2 冬龄，生殖期较长，从 3 月开始，可延至 8、9 月。产卵场所多在河流的中、上游。②南方拟䱗（*Pseudohemiculter dispar*），属于 IUCN 评估中易危（VU）级，是中国的特有物种，分布于云南、广西、福建、海南、江西等，功能区内淡水河有分布。一般栖息于生活在水体的中上层，游动迅速，喜集群活动，属小型鱼类，一般体长 80 ~ 140 mm。③斑鳢（*Channa maculata*），属于江西省重点保护野生动物，主要分布于长江流域以南地区，如广东、广西、海南、福建、云南等省区。功能区内分布于石马河，栖息于水草茂盛的江、河、湖、池塘、沟渠、小溪中。属底栖鱼类，常潜伏在浅水水草多的水底，仅摇动其胸鳍以维持其身体平衡。性喜阴暗，昼伏夜出，主要在夜间出来活动觅食。斑鳢对水质，温度和其他外界的适应性特别强，能在许多其他鱼类不能活动，不能生活的环境中生活。

鱼类代表性种群有马口鱼（*Opsariichthys bidens*）、宽鳍鱲（*Zacco platypus*）、赤眼鳟（*Squaliobarbus curriculus*）、间䱻（*Hemibarbus medius*）、黄尾鲴（*Xenocypris davidi*）、棒花鱼（*Abbottina rivularis*）、黄颡鱼（*Pelteobagrus fulvidraco*）、鲤（*Cyprinus carpio*）、鲢（*Hypophthalmichthys molitrix*）；底栖动物群落代表直突摇蚊亚科（Orthocladiinae）、摇蚊亚科（Chironominae）；浮游藻类群落代表有菱形藻属（*Nitzschia*）、曲壳藻属（*Achnanthes*）、异极藻属（*Gomphonema*）。

生境保护及水质目标建议：生境保护方面，保持鱼类洄游路线畅通，此外也要减少人类活动产生的污水排放，改变捕捞方式，控制捕捞强度；严禁无序采矿等高污染行为，并提高监管和惩罚力度；维持多样性底质和河岸带植被，特别是森林山溪生境；控制面源污染，保证河道连通性，维持底质多样化，建立严格的开发审批制度，零星开发，整体保护；保持河道及河岸带自然生境，维持物种多样性，进行底泥修复，降低河流及底质污染物含量。水质目标方面，根据参考点特征，建议参照Ⅲ类水质标准进行保护及管理（如溶解氧达到 5 mg/L，高锰酸盐指数不超过 6 mg/L，氨氮不超过 1 mg/L，总磷不超过 0.2 mg/L，总氮不超过 1 mg/L）。

（2）生态功能保护

该区平原城市区具有较强的水生态压力承载功能，重点应当节约水资源，加强水污染防治和水生态修复。通过重污染行业整治、建设完善污水处理厂和管网等措施，切实提高城镇生活污水收集率和处理率；关停清退超标排污企业和养殖业，逐步淘汰劳动密集型产业、污水无法进入截排系统的企业，逐年减小废水量和主要污染物排放量；通过区域禁批、行业禁批、行业限批和企业限批等措施，严把新、扩建项目环保审批关；加强环境监管能力建设，对重点企业、重点河段完善在线监控管理系统，加强对环境违法行为的监控和处罚，杜绝偷排漏排和超标超量排污；通过采用阶梯水价、全额征收污水处理费等手段，切实推进节水、中水回用和污染减排工作；从环境保护的角度对水资源进行优化调度，尽可能增加河流枯水期的清洁流量；保留足够比例的自然下垫面，在社区周围布置绿化缓冲带控制面源入河量；实施河流清淤、清障和滨河带保洁等综合整治工程，恢复河流生态系统，提升自然净化能力。同时，该区山地丘陵具有较强的饮用水水源地保护功能，重点应当着力保障城市饮用水水源地水质安全，加强水源地污染防治工作，基本遏制饮用水水源地环境质量下降的趋势，促使不达标饮用水水源地排污总量大幅削减，水源地水质稳定达标。实施水生态系统恢复与建设工程、水源地水质安全预警监控体系建设工程等，控制饮用水水源保护区污染负荷，保障区域社会经济持续健康发展。

9.22.6 区内四级区

石马河淡水河中上游平原丘陵城镇森林河渠库塘社会承载与饮用水水源地保护功能区如表 9-22 所示。

表 9-22 RFⅢ$_{3\text{-}2}$石马河淡水河中上游平原丘陵城镇森林河渠库塘社会承载与饮用水水源地保护功能区

名称	编码	总面积/km^2	占全区面积比例/%	主要生态功能及其等级	压力状态	保护目标	管理目标与建议
石马河淡水河中上游平原丘陵冬暖淡水急流河溪水源地保护中功能管理区	RFⅢ$_{3\text{-}2\text{-}07}$	60.17	3.62	水源地保护中功能	低	保护种：斑鳢（*Channa maculata*），属于江西省重点保护野生动物；鲮（*Cirrhina molitorella*），属于 IUCN 评估中近危（NT）级别	严禁无序采矿等高污染行为，并提高监管和惩罚力度；减少毁林造田，注重植被建设；控制面源污染；保证河道连通性；维持底质多样化；建立严格的开发审批制度；零星开发，整体保护。水质管理目标建议参照Ⅱ类水质标准

续表

名称	编码	总面积/km²	占全区面积比例/%	主要生态功能及其等级	压力状态	保护目标	管理目标与建议
石马河淡水河中上游平原丘陵冬暖淡水急流中小河生境保护中功能管理区	RF Ⅲ$_{3\text{-}2\text{-}08}$	57.24	3.45	生境保护中功能	中	该区部分河段流经自然保护区	加强污染控制，消减河内外源污染物，提高监管和惩罚力度；增加河道沿岸林地与湿地的保存率，疏通断流河道并强化水体的连通性；建立水环境安全预警系统，对流域水环境质量进行定期动态监测、分析和预测；建立特征水生生物栖息地保障区域，并将各类珍稀濒危物种重点保护。水质管理目标建议参照Ⅲ类水质标准
石马河淡水河中上游平原丘陵冬暖淡水缓流河溪功能修复中压力管理区	RF Ⅲ$_{3\text{-}2\text{-}10}$	905.04	54.49	功能修复中压力	中	生境恢复	控制农业等面源污染；维持天然河道；保持物种多样性；避免引入入侵种；营造原始、天然的原生态地貌。水质管理目标建议参照Ⅲ类水质标准
石马河淡水河中上游平原丘陵冬暖淡水缓流中小河功能修复高压力管理区	RF Ⅲ$_{3\text{-}2\text{-}11}$	638.47	38.44	功能修复高压力	中	保护种：斑鳢（*Channa maculata*），属于江西省重点保护野生动物；鲮（*Cirrhina molitorella*），属于IUCN评估中近危（NT）级别；南方拟䱗（*Pseudohemiculter dispar*），属于IUCN评估中易危（VU）级别	保持河道及河岸带自然生境；维持物种多样性；进行底泥修复；降低河流及底质污染物含量。水质管理目标建议参照Ⅲ类水质标准

第 10 章　东江流域河段水生态系统类型说明（基本河段类型）[①]

10.1　冬温急流淡水河溪（编码：01）

10.1.1　地理位置与分布

该类型区主要分布于新丰县、兴宁市、和平县、连平县、紫金县、寻乌县、龙门县、东源县、龙川县、定南县、安远县等县市境内。从水系构成看，该类型区主要分布在流域上游，如寻乌水、定南水的中上游、浰水的忠信河、新丰江的金花洞水等水系。河段中点汇流面积为 20 ~ 50 km^2，平均汇流面积为 28 km^2，汇流尺度属于河溪级别。

10.1.2　陆域及水体特征

（1）区内陆域特征

该类型区河段汇水单元海拔主要为 269 ~ 896 m，平均海拔为 506 m，其中海拔在 50 ~ 200 m、200 ~ 500 m、500 ~ 1000 m 和高于 1000 m 的地域面积占河段汇水总面积的百分比分别为 0. 8% 、48. 5% 、48. 5% 和 2. 3% 。其河段汇水单元平均坡度为 15°，其中坡度小于 7° 的平地面积占该类型区河段汇水总面积的 17. 0% ，坡度为 7° ~ 15° 的缓坡地面积占 37. 3% ，坡度大于 15° 的坡地面积占 45. 7% 。根据全国 1 : 1 000 000 地貌类型图，该类型区河段汇水面积内地貌类型以侵蚀剥蚀中起伏中山为主，占河段汇水总面积的 39. 5% ，其次为侵蚀剥蚀小起伏低山，占 33. 2% ，再次为侵蚀剥蚀低海拔高丘陵等。该类型区河段对应汇水单元的平均 NDVI 为 0. 68，植被覆盖情况较高。以该类型区汇水单元总面积计算城镇用地面积比例为 0. 2% ；农田（耕地及园地）面积比例为 4. 7% ；林草地面积比例为 93. 6% ；水体面积比例为 0. 3% ；其他用地面积比例为 1. 2% 。总之，土地利用类型以林地为主，人类活动干扰程度弱。

（2）区内水体生境特征

该类型区河段河道中心线海拔为 141 ~ 520 m，平均海拔为 310 m。河道中心线坡度为

---

① 本章所用数据是“十一五”“十二五”时期调查和测定的结果

5.0°～19.9°，平均坡度为 9.1°，因而大部分河段的比降相对较大，平均流速相对较快，属于急流水体；冬季背景气温在 8.8～11.9℃，平均气温为 10.6℃，故平均水温相对较低；河岸带植被覆盖较高，此类生境较适宜山溪急流清水型水生生物生存。经随机采样实测，该类型区水体平均电导率为 91.8 μs/cm，最大电导率为 145.2 μs/cm，最小电导率为 16.6 μs/cm；参考《地表水环境质量标准》（GB 3838—2002），高锰酸盐指数平均达到Ⅰ类水质标准，溶解氧平均达到Ⅱ类水质标准；总磷平均达到为Ⅱ类水质标准；总氮平均达到Ⅴ类水质标准；氨氮水质平均达到Ⅴ类水质标准。说明该类型河段水质主要受总氮、氨氮的影响。

10.1.3　水生生物特征

（1）浮游藻类特征

该类型区共鉴定出浮游藻类 6 门 25 属 37 种，细胞丰度平均值为 44.91×10^4 cells/L，最大细胞丰度为 93.22×10^4 cells/L，最小细胞丰度为 3.09×10^4 cells/L。叶绿素 a 平均值为 6.37 μg/L，最大值为 8.12 μg/L，最小值为 3.85 μg/L。在种类组成上，主要以硅藻门为主，其次为绿藻门、蓝藻门，优势属分别为针杆藻属（*Synedra*）、舟形藻属（*Navicula*）、鱼腥藻属（*Anabaena*）、栅藻属（*Scenedesmus*）、直链藻属（*Melosira*）等。该类型区出现膨胀桥弯藻（*Cymbella tumida*）、双头针杆藻（*Synedra amphicephala*）、尖异极藻（*Gomphonema acuminatum*）等特征种，这些种多出现在常受搅动的浅水水体中。总体而言，该类型区水流速较快，水质较好。

（2）底栖动物特征

该类型区底栖动物的分类单元总数为 18 个，平均密度为 66.3 ind/m^2，最大密度为 73.1 ind/m^2，最小密度为 59.5 ind/m^2。平均生物量为 5.7 g/m^2，最高生物量为 7.04 g/m^2，最低生物量为 4.36 g/m^2。Shannon-Wiener 多样性指数为 3.43。该类型区优势类群有蚬属（*Corbicula*）、长足摇蚊亚科（Tanypodinae）、匙指虾科（Atyidae）、拟沼螺属（*Assiminea*）等；指示类群有石蝇科（Perlidae）、蜉蝣科（Ephemeridae）、大蚊科（Tipulidae）、大蜻科（Macromiidae）、鳞石蛾科（Lepidostomatidae）、沼石蛾科（Limnephilidae）、螟蛾科（Pyralidae），为清洁水体指示类群。该类型区出现石蝇科（Perlidae）、蜉蝣科（Ephemeridae）、大蚊科（Tipulidae）、大蜻科（Macromiidae）、鳞石蛾科（Lepidostomatidae）、螟蛾科（Pyralidae）等特征类群。EPT 分类单元数为 4 个，所占该类型区内分类单元数的比例为 22.6%。以上特征反映了该类型区底质多样化，河道比降大、水体流速较快；河岸带生境自然，植被覆盖率高的生境特点。总体而言，该类型区底栖动物多样性高，EPT 种类多，水质清洁良好，生境自然，河岸带植被覆盖率高，水体受人为干扰较少。

（3）鱼类特征

在该类型区上共鉴定出鱼类 14 科，44 属，55 种。该类型河段优势种有黑鳍鳈（*Sar-*

cocheilichthys nigripinnis）、鲤（*Cyprinus carpio*）、斑鳢（*Channa maculata*）、棒花鱼（*Abbottina rivularis*）、草鱼（*Ctenopharyngodon idella*）、大刺鳅（*Mastacembelus armatus*）等。濒危保护种有斑鳢（*Channa maculata*），属于江西省重点保护野生动物；侧条光唇鱼（*Acrossocheilus parallens*），中国特有种。该类型区出现鳜（*Siniperca chuatsi*）、中华花鳅（*Cobitis sinensis*）、高体鳑鲏（*Rhodeus ocellatus*）等特征种，这些物种喜栖息于山涧溪流，水质清澈的水体中。总体而言，该类型水体物种较丰富，流速较快，水质较好。

10.1.4 水生态功能

冬温淡水急流河溪由于汇水面积小，水量供给、水量调节、物质输送能力弱；由于水体较浅、河道狭窄，航运支持、气候调节、渔业生产能力弱。由于面临洪水威胁一般不大，防洪能力弱。由于比降较大，水流较快，水能提供、污染消纳能力强，洪水调蓄能力弱。该类型水生态系统水生态功能特征如表 10-1 所示。

表 10-1 冬温淡水急流河溪水生态功能特征表

类型＼级别	强	中	弱
生物多样性维持	斑鳢（*Channa maculata*）、侧条光唇鱼（*Acrossocheilus parallens*）	浮游藻类：膨胀桥弯藻（*Cymbella tumida*）、双头针杆藻（*Synedra amphicephala*）、尖异极藻（*Gomphonema acuminatum*）等； 底栖动物：石蝇科（Perlidae）、蜉蝣科（Ephemeridae）、大蚊科（Tipulidae）、大蜻科（Macromiidae）、鳞石蛾科（Lepidostomatidae）、螟蛾科（Pyralidae）等； 鱼类：鳜（*Siniperca chuatsi*）、中华花鳅（*Cobitis sinensis*）、高体鳑鲏（*Rhodeus ocellatus*）等	
生境维持	稀有特征生境	河道比降大、底质多样化、水体流速较快，河岸带生境自然，植被覆盖率高，水质清洁	
物质输送		一般输送	
污染消纳	消减稀释污染物		
洪水调蓄			峡谷、渠道
航运支持			不可航行
休闲娱乐	可接触	可靠近观赏	水体景观维持存在
渔业生产		自我消费为主	
水资源支持	饮用水	工农业及景观用水	
水量供给			河溪

续表

类型＼级别	强	中	弱
水量调节			调节能力微弱
水能提供		可供小型发电	水能微弱
气候调节			形成微弱小气候
防洪		偶有小型防洪堤坝	无防洪堤坝

注：未填写表示该类型河段一般不具备相应类型和级别的水生态功能

10.1.5　水生态保护目标

（1）水生生物保护目标

保护种（鱼类）：①斑鳢（*Channa maculata*），属于江西省重点保护野生动物，主要分布于长江流域以南地区，如广东、广西、海南、福建、云南等省区。类型区内分布于寻乌水和定南水的上游，栖息于水草茂盛的江、河、湖、池塘、沟渠、小溪中。属底栖鱼类，常潜伏在浅水水草多的水底，仅摇动其胸鳍以维持其身体平衡。性喜阴暗，昼伏夜出，主要在夜间出来活动觅食。斑鳢对水质，温度和其他外界的适应性特别强，能在许多其他鱼类不能活动，不能生活的环境中生活。②侧条光唇鱼（*Acrossocheilus parallens*），中国特有种，广西分布于柳江，广西以外分布于珠江水系。类型区内分布于寻乌水，喜栖息于石砾底质、水清流急之河溪中，常以下颌发达之角质层铲食石块上的苔藓及藻类。每年6～8月在浅水急流中产卵。

保护种（两栖爬行）：大鲵（*Andrias davidianus*），国家二级野生保护动物，主要分布于长江、黄河及珠江中上游支流的山涧溪流中；定南、寻乌山区曾发现其分布；栖息于山区的溪流之中，在水质清澈、含沙量不大、水流湍急并且有回流水的洞穴中生活。大鲵生性凶猛，肉食性，以水生昆虫、鱼、蟹、虾、蛙、蛇、鳖、鼠、鸟等为食。

本类型区鱼类代表性种群有鳜（*Siniperca chuatsi*）、中华花鳅（*Cobitis sinensis*）、高体鳑鲏（*Rhodeus ocellatus*）；底栖动物群落代表有石蝇科（Perlidae）、蜉蝣科（Ephemeridae）、大蚊科（Tipulidae）、大蜻科（Macromiidae）、鳞石蛾科（Lepidostomatidae）、螟蛾科（Pyralidae）；浮游藻类群落代表有膨胀桥弯藻（*Cymbella tumida*）、双头针杆藻（*Synedra amphicephala*）、尖异极藻（*Gomphonema acuminatum*）。

生境保护及水质目标建议：该区位于东江流域上游各水系源头，地势高，坡度大，水流较快；同时周边土地利用以林地为主，人为干扰强度弱。但是，由于源头区经济发展速度慢，缺乏有效的生态环境保护措施，周边果园和农田大量施用化肥、农药致使该区水体受到了一定程度的污染，氮元素超标。为改善该区生境状况，应严禁毁林造田，大力开展植树造林，防治水土流失。对于已经遭受到生态破坏和水质污染的河段，应严格控制沿岸农田、果园造成的面源污染；同时，丰富河岸带植物群落，维持适宜水生生物生存的自然生境，提高生物多样性。此外，应加大宣传和教育力度，提高人们对河流功能的认识，强化公众的河流保护意识，加强与周围居民的沟通和交流，共同制定合理的保护措施，实现河流保护和可持续利用的群众参与。水质目标方面，根据参考点特征，建议参照Ⅱ类水质标准进行保护及管理（如溶解氧达到 6 mg/L，高锰酸盐指数不超过 4 mg/L，氨氮不超过 0. 5 mg/L，总磷不超过 0. 1 mg/L，总氮不超过 0. 5 mg/L）。

（2）生态功能保护目标

此类河段位于源头区域，通常能发挥较高的生境维持和生物多样性维持功能，同时能为下游提供源源不断的清洁水源。由于整体上人类活动干扰较弱，且相当一部分河段流经自然保护区，所以在此类河段发现珍稀濒危特有水生生物的概率要明显大于其他类型的河段，这对全球生物多样性保护具有现实或潜在重要贡献。建议将此类河段整体保护起来，建立严格的开发审批制度，形成“零星开发，整体保护”的局面。

10. 1. 6　区内亚类特征

以河段综合土地利用影响程度划分压力亚类，该类型河段均属于轻压力亚类，说明该类型河段所受人类活动影响弱，水生态状况良好。以水（环境）功能区划分亚类，该类型河段有 4. 6% 的河段属于保护区，4. 6% 的河段属于保留区，90. 8% 的河段属于未确定功能区，无河段属于缓冲区和开发利用区，说明该类型河段在水质管理中大部分未确定主体功能，在已确定主体功能的河段中以保护和保留为主要功能。以水（环境）功能区划水质管理目标划分亚类，该类型河段水质管理目标有 65. 6% 的河段为Ⅱ类水质，33. 6% 的河段为Ⅲ类水质，0. 8% 的河段为Ⅳ类水质，说明该类型河段在水质目标管理方面所面临的压力较小。以自然保护区划分亚类，该类型河段有 37. 4% 的河段流经自然保护区，62. 6% 的河段未流经自然保护区，说明该类型河段具有一定的生态重要性。

10. 1. 7　相关照片

冬温急流淡水河溪生态系统景观实景如照片 01-1 ~ 照片 01-4 所示。

照片 01-1

照片 01-2

照片 01-3

照片 01-4

10.2　冬温淡水急流中小河（编码：02）

10.2.1　地理位置与分布

该类型区主要分布于新丰县、兴宁市、和平县、龙川县、连平县、定南县、寻乌县、安远县等县市境内。从水系构成看，该类型区主要分布在流域中上游，为寻乌水的龙图河、定南水安远段、浰水源头段、新丰江的大席水等水系。河段中点汇流面积为 50 ~ 976 km^2，平均汇流面积为 131 km^2，汇流尺度属于中小河级别。

10.2.2　陆域及水体特征

（1）区内陆域特征

该类型区河段汇水单元海拔主要为 225 ~ 607 m，平均海拔为 346 m，其中海拔 50 ~ 200 m、200 ~ 500 m、500 ~ 1000 m 和高于 1000 m 的地域面积占河段汇水总面积的百分比分别为 3.3%、75.7%、20.7% 和 0.3%。其河段汇水单元平均坡度为 12°，其中坡度小于 7° 的平地面积占该类型区河段汇水总面积的 22.1%，坡度为 7° ~ 15° 的缓坡地面积占 38.9%，坡度大于 15°的坡地面积占 39.0%。根据全国 1 : 1 000 000 地貌类型图，该类型区河段汇水面积内地貌类型以侵蚀剥蚀小起伏低山为主，占河段汇水总面积的 31.4%，其次为侵蚀剥蚀中起伏中山，占 18.7%，再次为侵蚀剥蚀低海拔高丘陵，占 18.3%。该类型区河段对应汇水单元的平均 NDVI 为 0.67，植被覆盖情况较好。以该类型区汇水单元总面积计算，城镇用地面积比例为 0.4%，农田（耕地及园地）面积比例为 5.7%，林草地面积比例为 92.3%，水体面积比例为 0.8%，其他用地面积比例为 0.8%。因此该类型区河段土地利用类型以林地为主，人类活动干扰程度较弱。

(2) 区内水体生境特征

该类型区河段河道中心线海拔为 136 ~ 431 m，平均海拔为 246 m。河道中心线坡度为 5.0° ~ 19.4°，平均坡度为 8.6°，因而大部分河段的比降相对较大，平均流速相对较快，属于急流水体；冬季背景气温在 9.3 ~ 12.0℃，平均气温为 10.9℃，故平均水温相对较低；河岸带植被覆盖较好，此类生境较适宜急流清水型水生生物生存。经随机采样实测，该类型区水体平均电导率为 73.6 μs/cm，最大电导率为 196.2 μs/cm，最小电导率为 25.7 μs/cm；参考《地表水环境质量标准》(GB 3838—2002)，高锰酸盐指数平均达到Ⅰ类水质标准，溶解氧平均达到Ⅰ类水质标准；总磷平均达到为Ⅱ类水质标准；总氮平均达到劣Ⅴ类水质标准；氨氮水质平均达到Ⅴ类水质标准。说明该类型河段水质主要受总氮、氨氮的影响。

10.2.3 水生生物特征

(1) 浮游藻类特征

该类型区共鉴定出浮游藻类 7 门 58 属 83 种，细胞丰度平均值为 12.78×10^4 cells/L，最大细胞丰度为 1010.97×10^4 cells/L，最小细胞丰度为 0.36×10^4 cells/L。叶绿素 a 平均值为 5.90 μg/L，最大值为 17.51 μg/L，最小值为 3.30 μg/L。在种类组成上，主要以绿藻门为主，其次为蓝藻门、硅藻门，优势属分别为栅藻属（*Scenedesmus*）、平裂藻属（*Merismopedia*）、隐藻属（*Cryptomonas*）、直链藻属（*Melosira*）、小环藻属（*Cyclotella*）等。该类型区出现薄甲藻（*Glenodinium pulvisculus*）、螺旋鱼腥藻（*Anabaena spiroides*）、新月桥弯藻（*Cymbella cymbiformis*）、胶网藻（*Dictyosphaerium ehrenbergianum*）等特征种，这些种包括耐污种，适宜生存在中富营养化和富营养化的水体。总体而言，该类型区已经表现出了一定的富营养化趋势，水质尚可。

(2) 底栖动物特征

该类型区底栖动物的分类单元总数为 11.5 个，平均密度为 40.3 ind/m^2，最大密度为 617.8 ind/m^2，最小密度为 2 ind/m^2。平均生物量为 5.2 g/m^2，最高生物量为 23.2 g/m^2，最低生物量为 0.7 g/m^2，Shannon-Wiener 多样性指数为 2.15。该类型区优势类群有石蛭属（*Erpobdella*）、蚬属（*Corbicula*）、长臂虾科（Palaemonidae）、匙指虾科（Atyidae）、钉螺属（*Oncomelania*）等；指示类群有长角石蛾科（Leptoceridae）、小石蛾科（Hydroptilidae）细裳蜉科（Leptophlebiidae）、四节蜉科（Baetidae）、纹石蛾科（Hydropsychidae）、原石蛾科（Rhyacophilidae），为清洁 - 中等水体指示类群。该类型区出现长角石蛾科（Leptoceridae）、小石蛾科（Hydroptilidae）、细裳蜉科（Leptophlebiidae）、四节蜉科（Baetidae）、纹石蛾科（Hydropsychidae）、原石蛾科（Rhyacophilidae）等特征类群。EPT 分类单元数为 1.5 个，所占该类型区内分类单元数的比例为 14.3%。以上特征反映了该类型区底质多样化，河道比降大、水体流速较快；河道周边多种土地利用方式，有人类活动干扰的生境特点。总体而言，该类型区底质动物多样性较高，EPT 种类较多，水质清洁或中等，水体受到一定程度的人类活动干扰，河岸带周边有农田、乡镇等土地利用类型。

（3）鱼类特征

在该类型区上共鉴定出鱼类 12 科，44 属，57 种。该类型河段优势种有马口（*Opsariichthys bidens*）、泥鳅（*Misgurnus anguillicaudatus*）、叉尾斗鱼（*Macropodus oper-cularis*）、高体鳑鲏（*Rhodeus ocellatus*）、宽鳍鱲（*Zacco platypus*）、鲤（*Cyprinus carpio*）等。濒危保护种有异鱲（*Parazacco spilurus*），处于 IUCN 保护名单易危（VU）级别和《中国濒危动物红皮书》保护物种易危（VU）级别；月鳢（*Channa asiatica*），是江西省级重点保护野生动物。该类型区出现倒刺鲃（*Spinibarbus denticulatus*）、宽鳍鱲（*Zacco platypus*）、马口鱼（*Opsariichthys bidens*）、异鱲（*Parazacco spilurus*）、月鳢（*Channa asiatica*）、中华原吸鳅（*Protomyzon sinensis*）、钝吻拟平鳅（*Liniparhomaloptera obtusirostris*）等特征种，这些种喜在水流清澈的低温水体中活动，多生活于山区小溪、小支流，尤其是在水流较急的浅滩，底质为砂石的小溪中。总体而言，该类型区物种较丰富，水温较低，流速较快，物种对水质要求较高。

10.2.4　水生态功能

冬温淡水急流中小河由于汇水面积中等，水量供给、水量调节、物质输送能力中等；部分河道具备航运条件，航运支持能力中等；由于水体较浅、河道较窄，气候调节、渔业生产能力较弱；由于面临洪水威胁一般，防洪能力中等。由于比降较大，水流较快，水能提供、污染消纳能力强，洪水调蓄能力弱。该类型水生态系统水生态功能特征如表 10-2 所示。

表 10-2　冬温淡水急流中小河水生态功能特征表

级别 类型	强	中	弱
生物多样性维持	异鱲（*Parazacco spilurus*）、月鳢（*Channa asiatica*）	浮游藻类：薄甲藻（*Glenodinium pulviscułus*）、螺旋鱼腥藻（*Anabaena spiroides*）、新月桥弯藻（*Cymbella cymbiformis*）、胶网藻（*Dictyosphaerium ehrenbergianum*）等； 底栖动物：长角石蛾科（Leptoceridae）、小石蛾科（Hydroptilidae）、细裳蜉科（Leptophlebiidae）、四节蜉科（Baetidae）、纹石蛾科（Hydro psychidae）、原石蛾科（Rhyacophilidae）等； 鱼类：倒刺鲃（*Spinibarbus denticulatus*）、宽鳍鱲（*Zacco platypus*）、马口鱼（*Opsariichthys bidens*）、异鱲（*Parazacco spilurus*）、月鳢（*Channa asiatica*）、中华原吸鳅（*Protomyzon sinensis*）、钝吻拟平鳅（*Liniparhomaloptera obtusirostris*）等	

续表

级别 类型	强	中	弱
生境维持	稀有特征生境	河道比降大、底质多样化、水体流速较快，河道周边多种土地利用方式，有一定人类活动干扰，水质清洁或中等	
物质输送		一般输送	
污染消纳	消减稀释污染物		
洪水调蓄			峡谷、渠道
航运支持		零星航行	不可航行
休闲娱乐	可接触	可靠近观赏	水体景观维持存在
渔业生产		自我消费为主	
水资源支持	饮用水	工农业及景观用水	排污河道
水量供给		中小河	
水量调节			调节能力微弱
水能提供		可供小型发电	水能微弱
气候调节		形成较弱小气候	形成微弱小气候
防洪		偶有小型防洪堤坝	无防洪堤坝

注：未填写表示该类型河段一般不具备相应类型和级别的水生态功能

10.2.5 水生态保护目标

（1）水生生物保护目标

濒危保护种（鱼类）：①异鱲（*Parazacco spihurus*），属 IUCN 保护名单易危（VU）级别和《中国濒危动物红皮书》保护物种易危（VU）级别，国内广东南部河流、福建九龙江、漳河水系以及海南岛部分河流分布。类型区内新丰江上游有分布，喜在水流清澈的水体中活动，或生活于山溪中，底质为沙质，水流缓慢水草丰富，伴生鱼类较少。所摄食的食物种类很多，主要是些藻类和浮游动物，植物叶片、轮虫和水生昆虫也较为常见，属于一种杂食性的鱼类。②月鳢（*Channa asiatica*），江西省级重点保护野生动物，分布于越南、中国、菲律宾等，类型区内新丰江有分布，喜栖居于山区溪流，也生活在江河、沟塘等水体。为广温性鱼类，适应性强，生存水温为 1 ~ 38℃，最佳生长水温为 15 ~ 28℃。有喜阴暗、爱打洞、穴居、集居、残食的生活习性。为动物性杂食鱼类，以鱼、虾、水生昆虫等为食。生殖期为 4 ~ 6 月，5 ~ 7 月份为产卵盛期。

本类型区鱼类代表性种群有倒刺鲃（*Spinibarbus denticulatus*）、宽鳍鱲（*Zacco platypus*）、马口鱼（*Opsariichthys bidens*）、异鱲（*Parazacco spilurus*）、月鳢（*Channa asiatica*）、中华原吸鳅（*Protomyzon sinensis*）、钝吻拟平鳅（*Liniparhomaloptera obtusirostris*）；底栖动物群落代表有长角石蛾科（Leptoceridae）、小石蛾科（Hydroptilidae）、细裳蜉科（Leptophlebiidae）、四节蜉科（Baetidae）、纹石蛾科（Hydropsychidae）、原石蛾科（Rhyacophilidae）；浮游藻类群落代表有新月桥弯藻（*Cymbella cymbiformis*），直链藻属（*Melosira*）。

生境保护及水质目标建议：该类型河段以河流的中上游为主，部分流经自然保护区，重点保护鱼类有两种，具有较为重要的生态保护意义。河段土地利用类型中林草地占主导作用，然而该区河段的水体已表现出一定的富营养化，主体功能的河段中以保护和保留为主要功能。由于该类型河段有一定的人类活动，但不剧烈，因此需要监测水体的富营养化情况，并进一步研究明确水体污染的来源，才可以在根源上加以控制，例如控制河流集水区农田或林草地化肥的施用，以及城镇生活污水的处理后再排放；在利用河段的水资源供饮用或工农业生产时，应注意保持河流的水量，防止因河流水量过少引起河段底质多样化水平降低，从而影响底栖生物的生存；由于大部分河段的比降相对较大，平均流速相对较快，因此该类型河段具有一定的水利开发能力，在进行水利设施的建设和防洪堤坝建设时必须深入研究，论证其对河流生境可能的影响，同时要保持洄游路线畅通；对没有划入自然保护区的某些需要重点保护的物种所在河段，实施与自然保护区同等级别的保护措施或将其划入保护区进行保护。水质目标方面，根据参考点特征，建议参照Ⅲ类水质标准进行保护及管理（如溶解氧达到 5 mg/L，高锰酸盐指数不超过 6 mg/L，氨氮不超过 1 mg/L，总磷不超过 0.2 mg/L，总氮不超过 1 mg/L）。

（2）生态功能保护目标

此类河段通常能发挥较高的生境维持和生物多样性维持功能，同时能为下游提供源源不断的清洁水源。由于整体上人类活动干扰较弱，且相当一部分河段流经自然保护区，所以在此类河段发现珍稀濒危特有水生生物的概率要明显大于其他类型的河段，这对全球生物多样性保护具有现实或潜在重要贡献。建议将此类河段整体保护起来，建立严格的开发审批制度，形成“零星开发，整体保护”的局面。

10.2.6　区内亚类特征

以河段综合土地利用影响程度划分压力亚类，该类型河段均属于轻压力亚类，说明该类型河段所受人类活动影响弱，水生态状况良好。以水（环境）功能区划分亚类，该类型河段有 9.7% 的河段属于保护区，32% 的河段属于保留区，1% 的河段属于缓冲区，57.3% 的河段属于未确定功能区，说明该类型河段在水质管理中大部分未确定主体功能，在已确定主体功能的河段中以保护和保留为主要功能。以水（环境）功能区划水质管理目标划分亚类，该类型河段水质管理目标有 53.4% 的河段为Ⅱ类水质，46.6% 的河段为Ⅲ类水质，说明该类型河段在水质目标管理方面所面临的压力较小。以自然保护区划分亚类，该类型河段有 28.2% 的河段流经自然保护区，71.8% 的河段未流经自然保护区，说明该类型河段具有一定的生态重要性。

10.2.7 相关照片

冬温淡水急流中小河生态系统景观实景如照片 02-1 ~ 照片 02-4 所示。

照片 02-1

照片 02-2

照片 02-3

照片 02-4

10.3 冬温淡水急流大河（编码：03）

10.3.1 地理位置与分布

该类型区主要分布于定南县、龙川县、兴宁市、和平县、寻乌县等县市境内。从水系构成看，该类型区主要分布在流域上游，为寻乌水的龙图河等水系。河段中点汇流面积为 1079 ~ 2200 km^2，平均汇流面积为 1636 km^2，汇流尺度属于大河级别。

10.3.2　陆域及水体特征

（1）区内陆域特征

该类型区河段汇水单元海拔主要为 165.5 ~ 518.5 m，平均海拔为 270 m，其中海拔 50 ~ 200 m、200 ~ 500 m 和 500 ~ 1000 m 的地域面积占河段汇水总面积的百分比分别为 6.2%、92.2% 和 1.6%。其河段汇水单元平均坡度为 10°，其中坡度小于 7°的平地面积占该类型区河段汇水总面积的 29.0%，坡度为 7° ~ 15°的缓坡地面积占 46.2%，坡度大于 15°的坡地面积占 24.8%。根据全国 1∶1 000 000 地貌类型图，该类型区河段汇水面积内地貌类型以侵蚀剥蚀低海拔高丘陵为主，占河段汇水总面积的 54.1%，其次为侵蚀剥蚀小起伏低山，占 23.5%，再次为低海拔河谷平原等。该类型区河段对应汇水单元的平均 NDVI 为 0.66，植被覆盖情况较好。以该类型区汇水单元总面积计算城镇用地面积比例为 0.3%；农田（耕地及园地）面积比例为 3.9%；林草地面积比例为 92.5%；水体面积比例为 2.9%；其他用地面积比例为 0.4%。总之，土地利用类型以林草地为主，人类活动干扰程度较弱。

（2）区内水体特征

该类型区河段河道中心线海拔为 161 ~ 220 m，平均海拔为 196 m。河道中心线坡度为 7.8° ~ 17.9°，平均坡度为 10.9°，因而大部分河段的比降相对较大，平均流速相对较快，属于急流水体；冬季背景气温在 10.9 ~ 11.6℃，平均气温为 11.2℃，故平均水温相对较低；河岸带植被覆盖较高，此类生境较适宜急流型水生生物生存。经随机采样实测，该类型区水体平均电导率为 107.6 μs/cm，最大电导率为 139.3 μs/cm，最小电导率为 86.1 μs/cm；参考《地表水环境质量标准》（GB3838—2002），高锰酸盐指数平均达到Ⅱ类水质标准，溶解氧平均达到Ⅱ类水质标准；总磷平均达到为Ⅱ类水质标准；总氮平均达到劣Ⅴ类水质标准；氨氮水质平均达到Ⅴ类水质标准。说明该类型河段水质主要受总氮、氨氮的影响。

10.3.3　水生生物特征

（1）浮游藻类特征

该类型区共鉴定出浮游藻类 7 门 35 属 45 种，细胞丰度平均值为 25.74×10^4 cells/L，最大细胞丰度为 2093.85×10^4 cells/L，最小细胞丰度为 0.45×10^4 cells/L。叶绿素 a 平均值为 8.50 μg/L，最大值为 9.72 μg/L，最小值为 3.20 μg/L。在种类组成上，主要以蓝藻门为主，其次为绿藻门、硅藻门，优势属分别为平裂藻属（*Merismopedia*）、小环藻属

(*Cyclotella*)、栅藻属（*Scenedesmus*)、隐藻属（*Cryptomonas*)、纤维藻属（*Ankistrodesmus*）等。该类型区出现肥蹄形藻（*Kirchneriella lunaris*)、实球藻（*Pandorina morum*）等特征种，这些种多出现在较深的富营养化水体中。总体而言，该类型区属于较深的干流大河，富营养化较为严重，水质一般。

（2）底栖动物特征

该类型区底栖动物的分类单元总数为 8 个，平均密度为 3.6 ind/m^2，最大密度为 10.8 ind/m^2，最小密度为 1.7 ind/m^2。平均生物量为 1.6 g/m^2，最高生物量为 3.5 g/m^2，最低生物量为 0.5 g/m^2。Shannon-Wiener 多样性指数为 2.82。该类型区优势类群有划蝽科 (Cori-xidae)、潜水蝽科（Naucoridae）等；指示类群有划蝽科（Corixidae)、潜水蝽科 (Naucoridae)、螟蛾科（Pyralidae)，为中等水体指示类群。该类型区出现划蝽科 (Corixidae)、潜水蝽科（Naucoridae)、螟蛾科（Pyralidae）等特征类群。该类型河段未出现 EPT 等清洁指示类群。以上特征反映了该类型区底质泥沙为主，河道比降大，水体流速较快；河岸带有农田、城镇等人类活动干扰的生境特点。总体而言，该类型区底栖动物多样性较高，但无 EPT 种类，水质中等。

（3）鱼类特征

在该类型区上共鉴定出鱼类 9 科，27 属，33 种。该类型河段优势种有斑鳜（*Siniperca scherzeri*)、斑鳠（*Mystus guttatus*)、斑鳢（*Channa maculata*)、鳊（*Parabramis pekinensis*)、草鱼（*Ctenopharyngodon idella*)、侧条光唇鱼（*Acrossocheilus parallens*）等。保护种有大鳍鳠（*Hemibagrus macropterus*)，为中国特有鱼类，应注意保护野生栖息地；斑鳜（*Siniperca scherzeri*)、大眼鳜（*Siniperca kneri*)，曾为产区的重要经济鱼类，肉质细嫩，味鲜美，现数量减少，应注意保护。该类型区出现大鳍鳠（*Hemibagrus macropterus*)、侧条光唇鱼 (*Acrossocheilus parallens*)、斑鳜（*Mystus guttatus*）等特征种，这些种多为底栖性鱼类，喜栖息于水流较急、底质多石砾的江河干、支流。总体而言，该类型区物种数较少，水温较低，流速较快。

10.3.4 水生态功能

冬温淡水急流大河由于汇水面积大，水量供给、水量调节、物质输送能力强；由于水面开阔、水体较深，航运支持、气候调节、渔业生产能力强；由于汇聚了大量上游来水，经过多年的防洪工程建设，防洪能力一般较强。由于比降较大，水流较快，水能提供、污染消纳能力强，洪水调蓄能力弱。该水生态系统水生态功能特征如表 10-3 所示。

表 10-3　冬温淡水急流大河水生态功能特征表

类型 \ 级别	强	中	弱
生物多样性维持	大鳍鳠（*Hemibagrus macropterus*）、斑鳜（*Siniperca scherzeri*）、大眼鳜（*Siniperca kneri*）	浮游藻类：肥蹄形藻（*Kirchneriella lunaris*）、实球藻（*Pandorina morum*）等；底栖动物：划蝽科（Corixidae）、潜水蝽科（Naucoridae）、螟蛾科（Pyralidae）等；鱼类：大鳍鳠（*Hemibagrus macropterus*）、侧条光唇鱼（*Acrossocheilus parallens*）、斑鳠（*Mystus guttatus*）、瓦氏黄颡鱼（*Pelteobagrus vachelli*）等	
生境维持	稀有特征生境	底质以泥沙为主，河道比降大，水体流速较快，水温较低，河岸带植被覆盖率较低，有农田、城镇等人类活动干扰，水质中等	
物质输送	大量输送		
污染消纳	消减稀释污染物	容纳污染物	
洪水调蓄		漫滩、湿地、曲流偶发育	峡谷、渠道
航运支持		零星航行	不可航行
休闲娱乐	可接触	可靠近观赏	水体景观维持存在
渔业生产		自我消费为主	
水资源支持	饮用水	工农业及景观用水	排污河道
水量供给	大河		
水量调节	干流级调节	大支流级调节	
水能提供	可供大中型发电	可供小型发电	
气候调节	形成显著小气候	形成较弱小气候	
防洪	有大中型防洪工程	偶有小型防洪堤坝	无防洪堤坝

注：未填写表示该类型河段一般不具备相应类型和级别的水生态功能

10.3.5　水生态保护目标

（1）水生生物保护目标

保护种（鱼类）：①大鳍鳠（*Hemibagrus macropterus*），中国特有鱼类，布于长江至珠江各水系，以江河中上游出产较多。类型区内寻乌水有分布，为底栖性鱼类，多栖息于水流较急、底质多石砾的江河干、支流中，喜集群。夜间觅食，以底栖动物为主食，如螺、蚌、水生昆虫及其幼虫、小虾、小鱼等，偶尔也食高等植物碎屑及藻类。②斑鳜

(*Mystus guttatus*)，曾为产区的重要经济鱼类。类型区内寻乌水有分布，江河、湖泊中都能生活，尤喜栖息于流水环境。常栖息土底层，以小鱼、小虾为食。③大眼鳜(*Siniperca kneri*)，曾为产区的重要经济鱼类，类型区内寻乌水有分布。生活习性与鳜相仿。更喜栖息于江河、湖泊的流水环境。性凶猛，以鱼、虾为食。最大个体可达2.5 kg左右。

本类型区鱼类代表性种群有大鳍鳠（*Hemibagrus macropterus*）、侧条光唇鱼(*Acrossocheilus parallens*)、斑鳜（*Mystus guttatus*）；底栖动物群落代表有划蝽科(Corixidae)、潜水蝽科（Naucoridae)、螟蛾科（Pyralidae)；浮游藻类群落代表有小环藻属（*Cyclotella*)。

生境保护及水质目标建议：该类型河段以河流的下游为主，约50%的河段流经自然保护区，濒危保护鱼类有三种，具有重要的生态保护意义。目前，该区河段的水体富营养化较为严重，应采取对该类型河段上游和河段内采取共同治理，控制污染源，减少污染物进入水体；由于大部分河段的比降相对较大，平均流速相对较快，且水量较大，因此在对该类型河段进行水利设施的建设和防洪堤坝建设时应充分考虑洄游路线畅通性；由于水流较急，河漫滩、滨岸湿地等河水流速较缓的地带则成为水生生物生存较多的区域，应重点保护此类区域，防止因不合理的开发利用导致的河漫滩和滨岸湿地的退化，对生物的生存和生物多样性造成威胁；扩大自然保护区的面积，对未能纳入自然保护区的区域，实施较为严格的保护措施。水质目标方面，根据参考点特征，建议参照Ⅲ类水质标准进行保护及管理（如溶解氧达到5 mg/L，高锰酸盐指数不超过6 mg/L，氨氮不超过1 mg/L，总磷不超过0.2 mg/L，总氮不超过1 mg/L)。

(2) 生态功能保护目标

此类河段通常能发挥较高的综合水生态功能，如物质输送、污染消纳、水资源支持、水量供给、生境维持和生物多样性维持等。此类河段虽不是清洁水源的主要供给区，但却是重要输送区。建议对此类河段实施以保护为优先的综合管理措施，维持低水平的人类活动强度。

10.3.6 区内亚类特征

以河段综合土地利用影响程度划分压力亚类，该类型河段均属于轻压力亚类，说明该类型河段所受人类活动影响弱，水生态状况良好。以水（环境）功能区划分亚类，该类型河段66.7%的河段属于保留区，33.3%的河段属于缓冲区，无河段属于保护区，说明该类型河段在水质管理中以保留和缓冲为主要功能。以水（环境）功能区划水质管理目标划分亚类，该类型河段水质管理目标有50%的河段为Ⅱ类水质，50%的河段为Ⅲ类水质，说明该类型河段在水质目标管理方面所面临的压力较小。以自然保护区划分亚类，该类型河段有50%的河段流经自然保护区，50%的河段未流经自然保护区，说明该类型河段具有一定的生态重要性。

10.3.7　相关照片

冬温淡水急流大河生态系统景观实景如照片 03-1 ~ 照片 03-4 所示。

照片 03-1

照片 03-2

照片 03-3

照片 03-4

10.4　冬温淡水缓流河溪（编码：04）

10.4.1　地理位置与分布

该类型区主要分布于和平县、寻乌县、连平县、定南县等县境内。从水系构成看，该类型区主要分布在流域上游，为寻乌水中上游、定南水上游、新丰江上游等水系。河段中点汇流面积为 21 ~ 47 km^2，平均汇流面积为 27 km^2，汇流尺度属于河溪级别。

10.4.2　陆域及水体特征

（1）区内陆域特征

该类型区河段汇水单元海拔主要为 253 ~ 758 m，平均海拔为 392 m，其中海拔为 50 ~

200 m、200 ~ 500 m、500 ~ 1000 m 和高于 1000 m 的地域面积占河段汇水总面积的百分比分别为 1.3%、69.5%、28.7% 和 0.5%。其河段汇水单元平均坡度为 12°，其中坡度小于 7° 的平地面积占该类型区河段汇水总面积的 25.9%，坡度为 7° ~ 15° 的缓坡地面积占 39.9%，坡度大于 15° 的坡地面积占 34.2%。根据全国 1：1 000 000 地貌类型图，该类型区河段汇水面积内地貌类型以侵蚀剥蚀小起伏低山为主，占河段汇水总面积的 38.5%，其次为侵蚀剥蚀中起伏中山，占 21.0%，再次为侵蚀剥蚀低海拔低丘陵等。该类型区河段对应汇水单元的平均 NDVI 为 0.61，植被覆盖情况较高。以该类型区汇水单元总面积计算城镇用地面积比例为 0.3%；农田（耕地及园地）面积比例为 11.1%；林草地面积比例为 87.5%；水体面积比例为 0.5%；其他用地面积比例为 0.6%。总之，土地利用类型以林地为主，人类活动干扰程度较弱。

（2）区内水体特征

该类型区河段河道中心线海拔为 163 ~ 413 m，平均海拔为 272 m。河道中心线坡度为 1.2° ~ 5.0°，平均坡度为 3.7°，因而大部分河段的比降相对较小，平均流速相对较慢，属于缓流水体；冬季背景气温在 9.9 ~ 11.7℃，平均气温为 10.6℃，故平均水温相对较低；河岸带植被覆盖较高，此类生境较适宜山溪缓流清水型水生生物生存。经随机采样实测，该类型区水体平均电导率为 47 μs/cm，最大电导率为 103.4 μs/cm，最小电导率为 38.2 μs/cm；参考《地表水环境质量标准》（GB 3838—2002），高锰酸盐指数平均达到Ⅱ类水质标准，溶解氧平均达到Ⅰ类水质标准；总磷平均达到为Ⅱ类水质标准；总氮平均达到Ⅲ类水质标准；氨氮水质平均达到Ⅰ类水质标准。说明该类型河段水质良好。

10.4.3 水生生物特征

（1）浮游藻类特征

该类型区共鉴定出浮游藻类 6 门 33 属 54 种，细胞丰度平均值为 36.92×10^4 cells/L，最大细胞丰度为 90.93×10^4 cells/L，最小细胞丰度为 0.63×10^4 cells/L。叶绿素 a 平均值为 6.30 μg/L，最大值为 7.00 μg/L，最小值为 4.42 μg/L。在种类组成上，主要以硅藻门为主，其次为绿藻门、蓝藻门，优势属分别为栅藻属（*Scenedesmus*）、舟形藻属（*Navicula*）、直链藻属（*Melosira*）、鱼腥藻属（*Anabaena*）、异极藻属（*Gomphonema*）等。该类型区出现黄丝藻（*Tribonema* sp.）、间断羽纹藻（*Pinnularia interrupta*）等特征种，这些种多见于贫营养的低温水体中。总体而言，该类型区水温较低，水质较好。

（2）底栖动物特征

该类型区底栖动物的分类单元总数为 9.4 个，平均密度为 27.6 ind/m^2，最大密度为 97.4 ind/m^2，最小密度为 12.6 ind/m^2。平均生物量为 8.4 g/m^2，最高生物量为 29.5 g/m^2，最低生物量为 4.9 g/m^2。Shannon-Wiener 多样性指数为 2.37。该类型区优势类群有匙指虾科（Atyidae）、长臂虾科（Palaemonidae）、长足摇蚊亚科（Tanypodinae）等；指示类群有石蝇科（Perlidae）、长足摇蚊亚科（Tanypodinae），为清洁水体指示类群。该类型区出现细裳蜉科（Leptophlebiidae）、鱼蛉科（Corydalidae）、四节蜉科（Baetidae）、短丝蜉科（Siphlonuridae）、大蚊科（Tipulidae）、直突摇蚊亚科（Orthocladiinae）、摇蚊亚科（Chironominae）等特征类群。EPT 分类单元数为 1 个，所占该类型区内分类单元数的比例为 12.8%。以上特征反映了该类型区底质多样化，河道比降小，水体流速较缓；河岸带植被覆盖率高，森林为主的生境特点。总体而言，该类型区底栖动物多样性高，EPT 种类多，水质清洁良好，生境自然，河岸带植被覆盖率高，水体受人为干扰较少。

（3）鱼类特征

在该类型区上共鉴定出鱼类 10 科，23 属，26 种。该类型河段优势种有斑鳢（*Channa maculata*）、䱗（*Hemiculter leucisculus*）、草鱼（*Ctenopharyngodon idella*）、赤眼鳟（*Squaliobarbus curriculus*）、大刺鳅（*Mastacembelus armatus*）、黄颡鱼（*Tachysurus fulvidraco*）等。濒危保护种有台细鳊（*Rasborinus formosae*），属《中国濒危动物红皮书》保护物种易危（VU）级别；细尾贵州爬岩鳅（*Beaufortia kweichowensis gracilicauda*），属广东特有种。该类型区出现乌鳢（*Ophiocephalus argus*）、露斯塔野鲮（*Labeo rohita*）等特征种，这些种通常栖息于水草丛生、底泥细软的静水或缓流水体中。总体而言，该类型区物种数较少，水温较低，流速较慢。

10.4.4 水生态功能

冬温淡水缓流河溪由于汇水面积小，水量供给、水量调节、物质输送能力弱；由于水体较浅、河道狭窄，航运支持、气候调节、渔业生产能力弱。由于面临洪水威胁一般不大，防洪能力弱。由于比降较小，水流缓慢，水能提供、污染消纳能力弱，洪水调蓄能力强。该水生态系统水生态功能特征如表 10-4 所示。

表 10-4 冬温淡水缓流河溪水生态功能特征表

类型 \ 级别	强	中	弱
生物多样性维持	台细鳊（*Rasborinus formosae*）、细尾贵州爬岩鳅（*Beaufortia kweichowensis gracilicauda*）、露斯塔野鲮（*Labeo rohita*）	浮游藻类：黄丝藻（*Tribonema* sp.）、间断羽纹藻（*Pinnularia interrupta*）等； 底栖动物：细裳蜉科（Leptophlebiidae）、鱼蛉科（Corydalidae）、四节蜉科（Baetidae）、短丝蜉科（Siphlonuridae）、大蚊科（Tipulidae）、直突摇蚊亚科（Orthocladiinae）、摇蚊亚科（Chironominae）等； 鱼类：乌鳢（*Ophiocephalus argus*）等	

续表

类型＼级别	强	中	弱
生境维持	稀有特征生境	底质多样化，河道比降小，水体流速较缓，水温较低，生境自然，河岸带植被覆盖率高，水体受人为干扰较少，水质清洁良好	
物质输送		一般输送	
污染消纳	消减稀释污染物	容纳污染物	释放污染物
洪水调蓄		漫滩、湿地、曲流偶发育	
航运支持		零星航行	不可航行
休闲娱乐	可接触	可靠近观赏	水体景观维持存在
渔业生产		自我消费为主	
水资源支持	饮用水	工农业及景观用水	排污河道
水量供给			河溪
水量调节			调节能力微弱
水能提供			水能微弱
气候调节			形成微弱小气候
防洪		偶有小型防洪堤坝	无防洪堤坝

注：未填写表示该类型河段一般不具备相应类型和级别的水生态功能

10.4.5　水生态保护目标

（1）水生生物保护目标

保护种（鱼类）：①台细鳊（*Rasborinus formosae*），属《中国濒危动物红皮书》保护物种易危（VU）级别，分布于我国广西、海南等省区。类型区内定南水上游有分布，对于栖息环境具有较高的要求，生活在较清澈的静水或缓流水的小河、小溪中。属杂食性，以浮游动物、植物及小型无脊椎动物等为食。②细尾贵州爬岩鳅（*Beaufortia kweichowensis gracilicauda*），广东特有种，分布在东江、北江水系。类型区内新丰江上游有分布，由于生境破坏或改变造成野外数量稀少，近年来多年未见。该种属于栖息于山区清洁溪流的砾石缝隙中的小型鱼类，以藻类植物和底栖动物为食，为多次性产卵鱼类。

本类型区鱼类代表性种群有乌鳢（*Ophiocephalus argus*）、露斯塔野鲮（*Labeo rohita*）；底栖动物群落代表有细裳蜉科（Leptophlebiidae）、鱼蛉科（Corydalidae）、四节蜉科（Baetidae）、短丝蜉科（Siphlonuridae）、大蚊科（Tipulidae）、直突摇蚊亚科（Orthocladiinae）、摇蚊亚科（Chironominae）；浮游藻类群落代表有黄丝藻（*Tribonema* sp.）、间断羽纹藻（*Pinnularia interrupta*）。

生境保护及水质目标建议：由于该区水流缓慢，污染消纳的功能较弱，所以该区更容易遭受水质污染。在该区的沿岸通常发展家禽养殖和农田果园，因此在保护该区生境方面，应加强农药化肥施用的管理，倡导发展生态农业。对于已经遭受生态破坏的河段，及时进行治理，使用生态恢复工程时要注意遵循生态系统自身的规律，利用生态系统的自我修复，自我净化和自我设计功能。避免人为对河道进行修正，保证其自然的曲度，充分发挥其生态功能。同时应增加该区的生物多样性，加强对于濒危稀有物种的保护力度。此外必须加大宣传和教育力度，提高人们对河流功能的认识，强化公众对河流的保护意识，加强与该区周围居民的沟通和交流，共同制定合理的保护措施，实现河流保护和可持续利用的群众参与。水质目标方面，根据参考点特征，建议参照Ⅱ类水质标准进行保护及管理（如溶解氧达到 6 mg/L，高锰酸盐指数不超过 4 mg/L，氨氮不超过 0.5 mg/L，总磷不超过 0.1 mg/L，总氮不超过 0.5 mg/L）。

（2）生态功能保护目标

此类河段位于源头区域，通常能发挥较高的生境维持和生物多样性维持功能，但由于周边地势较为平缓，部分河段已经受到一定程度的人类活动干扰。建议对此类河段实行保护优先的管理措施，严格控制人类活动强度，尤其应加强对河漫滩的保护，实施退耕还滩等工程。

10.4.6　区内亚类特征

以河段综合土地利用影响程度划分压力亚类，该类型河段均属于轻压力亚类，说明该类型河段所受人类活动影响弱，水生态状况良好。以水（环境）功能区划分亚类，该类型河段有 3% 的河段属于保护区，6.1% 的河段属于保留区，3% 的河段属于开发利用区，87.9% 的河段属于未确定功能区，无河段属于缓冲区，说明该类型河段在水质管理中大部分未确定主体功能，在已确定主体功能的河段中以保留、保护和开发利用为主要功能。以水（环境）功能区划水质管理目标划分亚类，该类型河段水质管理目标有 39.4% 的河段为Ⅱ类水质，60.6% 的河段为Ⅲ类水质，说明该类型河段在水质目标管理方面所面临的压力较小。以自然保护区划分亚类，该类型河段有 12.1% 的河段流经自然保护区，87.9% 的河段未流经自然保护区，说明该类型河段具有一定的生态重要性。

10.4.7　相关照片

冬温淡水缓流河溪生态系统景观实景如照片 04-1 ~ 照片 04-3 所示。

照片 04-1

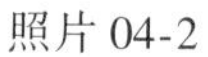

照片 04-2

照片 04-3

10.5　冬温淡水缓流中小河（编码：05）

10.5.1　地理位置与分布

该类型区主要分布于龙川县、和平县、定南县、寻乌县、连平县、安远县等县境内。从水系构成看，该类型区主要分布在流域上游，为寻乌水、马蹄河、定南水的中上游、新丰江的连平水和大席水等水系。河段中点汇流面积为 51 ~ 985 km^2，平均汇流面积为 134 km^2，汇流尺度属于中小河级别。

10.5.2　陆域及水体特征

（1）区内陆域特征

该类型区河段汇水单元海拔主要为 255 ~ 622 m，平均海拔为 334 m，其中海拔 50 ~ 200 m、200 ~ 500 m、500 ~ 1000 m 和高于 1000 m 的地域面积占河段汇水总面积的百分比分别为 3.7%、82.8%、13.4% 和 0.1%。其河段汇水单元平均坡度为 10°，其中坡度小于 7°

的平地面积占该类型区河段汇水总面积的 37.0%，坡度为 7° ~ 15° 的缓坡地面积占 38.8%，坡度大于 15°的坡地面积占 24.2%。根据全国 1 : 1 000 000 地貌类型图，该类型区河段汇水面积内地貌类型以侵蚀剥蚀小起伏低山为主，占河段汇水总面积的 27.9%，其次为侵蚀剥蚀低海拔低丘陵，占 21.3%，再次为侵蚀剥蚀低海拔高丘陵等。该类型区河段对应汇水单元的平均 NDVI 为 0.57，植被覆盖情况较高。以该类型区汇水单元总面积计算城镇用地面积比例为 1.3%；农田（耕地及园地）面积比例为 14.6%；林草地面积比例为 82.4%；水体面积比例为 0.6%；其他用地面积比例为 1.1%。总之，土地利用类型以林地为主，人类活动干扰程度弱。

（2）区内水体生境特征

该类型区河段河道中心线海拔为 151 ~ 368 m，平均海拔为 262 m。河道中心线坡度为 1.1° ~ 4.7°，平均坡度为 3.3°，因而大部分河段的比降相对较小，平均流速相对较慢，属于缓流水体；冬季背景气温在 9.8 ~ 11.8℃，平均气温为 10.6℃，故平均水温相对较低；河岸带植被覆盖较高，此类生境较适宜缓流清水型水生生物生存。经随机采样实测，该类型区水体平均电导率为 63.4 μs/cm，最大电导率为 107.8 μs/cm，最小电导率为 16.1 μs/cm；参考《地表水环境质量标准》（GB 3838—2002），高锰酸盐指数平均达到Ⅱ类水质标准，溶解氧平均达到Ⅰ类水质标准；总磷平均达到为Ⅱ类水质标准；总氮平均达到Ⅴ类水质标准；氨氮水质平均达到Ⅰ类水质标准。说明该类型河段水质主要受总氮的影响。

10.5.3 水生生物特征

（1）浮游藻类特征

该类型区共鉴定出浮游藻类 8 门 51 属 91 种，细胞丰度平均值为 16.33×10^4 cells/L，最大细胞丰度为 420.32×10^4 cells/L，最小细胞丰度为 0.45×10^4 cells/L。叶绿素 a 平均值为 6.90 μg/L，最大值为 16.64 μg/L，最小值为 3.99 μg/L。在种类组成上，主要以硅藻门为主，其次为绿藻门、蓝藻门，优势属分别为隐藻属（*Cryptomonas*）、针杆藻属（*Synedra*）、栅藻属（*Scenedesmus*）、平裂藻属（*Merismopedia*）、直链藻属（*Melosira*）等。该类型区出现细小四角藻（*Tetraedron minimum*）、拟菱形弓形藻（*Schroederia nitzschioides*）、二角盘星藻（*Pediastrum*）等特征种，这些种多为耐污钟，指示富营养化的缓流型水体。总体而言，该类型区水流速较慢，且表现出了一定的富营养化趋势。

（2）底栖动物特征

该类型区底栖动物的分类单元总数为 11 个，平均密度为 21.3 ind/m^2，最大密度为 58.6 ind/m^2，最小密度为 10.7 ind/m^2。平均生物量为 10.2 g/m^2，最高生物量为 20.8 g/m^2，最低生物量为 1 g/m^2。Shannon-Wiener 多样性指数为 2.89。该类型区优势类群有石蛭属（*Erpobdella*）、圆田螺属（*Cipangopaludina*）、长臂虾科（Palaemonidae）、颤蚓属

(*Tubifex*)、摇蚊亚科 (Chironominae) 等；指示类群有细裳蜉科 (Leptophlebiidae)、鱼蛉科 (Corydalidae)、四节蜉科 (Baetidae)、短丝蜉科 (Siphlonuridae)、大蚊科 (Tipulidae)、直突摇蚊亚科 (Orthocladiinae)、摇蚊亚科 (Chironominae)，为清洁中等水体指示类群。该类型区出现纹石蛾科 (Hydropsychidae)、小蜉科 (Ephemerellidae)、鱼蛉科 (Corydalidae)、丝蟌科 (Lestidae)、颤蚓属 (*Tubifex*)、尾腮蚓属 (*Branchiura*) 等特征类群。该类型河段未出现 EPT 等清洁指示类群。以上特征反映了该类型区底质多样化，河道比降小、水体流速整体较缓；河岸带生境自然，植被覆盖率高，但有村镇、农田影响的生境特点。总体而言，该类型区底栖动物多样性高，水质清洁中等水平；生境自然，河岸带植被覆盖率高，水体受人为干扰较少。

(3) 鱼类特征

在该类型区上共鉴定出鱼类9科，35属，39种。该类型河段优势种有大刺鳅 (*Mastacembelus armatus*)、鲫 (*Carassius aurtus*)、宽鳍鱲 (*Zacco platypus*)、鲢 (*Hypophthalmichthys molitrix*)、泥鳅 (*Misgurnus anguillicaudatus*) 等。保护种有白线纹胸鮡 (*Glyptothorax pallozonum*)，属中国特有种。该类型区出现大口鲇 (*Silurus meridionalis*)、黄颡鱼 (*Tachysurus fulvidraco*) 等特征种，这些种多在静水或缓流的浅滩生活。

10.5.4 水生态功能

冬温淡水缓流中小河由于汇水面积中等，水量供给、水量调节、物质输送能力中等；部分河道具备航运条件，航运支持能力中等；由于水体较浅、河道较窄，气候调节、渔业生产能力较弱；由于面临洪水威胁一般，防洪能力中等。由于比降较小，水流缓慢，水能提供、污染消纳能力弱，洪水调蓄能力强。该水生态系统水生态功能特征如表10-5所示。

表10-5　冬温淡水缓流中小河水生态功能特征表

类型＼级别	强	中	弱
生物多样性维持	白线纹胸鮡 (*Glyptothorax pallozonum*)	浮游藻类：细小四角藻 (*Tetraedron minimum*)、拟菱形弓形藻 (*Schroederia nitzschioides*)、二角盘星藻 (*Pediastrum*) 等； 底栖动物：纹石蛾科 (Hydropsychidae)、小蜉科 (Ephemerellidae)、鱼蛉科 (Corydalidae)、丝蟌科 (Lestidae)、颤蚓属 (*Tubifex*)、尾腮蚓属 (*Branchiura*) 等； 鱼类：大口鲇 (*Silurus meridionalis*)、黄颡鱼 (*Tachysurus fulvidraco*) 等	耐污种或入侵种

续表

类型 \ 级别	强	中	弱
生境维持	稀有特征生境	底质多样化，河道比降小、水体流速整体较缓，水温较低，河岸带生境自然，植被覆盖率高，有村镇、农田影响，水体受人为干扰较少，水质较清洁	
物质输送		一般输送	
污染消纳	消减稀释污染物	容纳污染物	释放污染物
洪水调蓄	漫滩、湿地、曲流较发育	漫滩、湿地、曲流偶发育	
航运支持		零星航行	
休闲娱乐	可接触	可靠近观赏	水体景观维持存在
渔业生产		自我消费为主	
水资源支持	饮用水	工农业及景观用水	排污河道
水量供给		中小河	
水量调节			调节能力微弱
水能提供			水能微弱
气候调节		形成较弱小气候	形成微弱小气候
防洪		偶有小型防洪堤坝	无防洪堤坝

注：未填写表示该类型河段一般不具备相应类型和级别的水生态功能

10.5.5 水生态保护目标

（1）水生生物保护目标

在本类型区内，主要的保护种是白线纹胸鮡（*Glyptothorax pallozonum*）。作为中国特有种，白线纹胸鮡在珠江水系及海南岛有分布，其中珠江水系中仅仅在东江发现有分布，因此，东江是白线纹胸鮡在我国大陆的主要分布地。本类型区内，白线纹胸鮡在连平水有分布，主要生活在清洁溪流。在生活习性方面，白线纹胸鮡需要有石头，树木等作为产卵条件。

本类型区鱼类代表性种群有大口鲇（*Silurus meridionalis*）、黄颡鱼（*Tachysurus fulvidraco*）；底栖动物群落代表有纹石蛾科（Hydropsychidae）、小蜉科（Ephemerellidae）、鱼蛉科（Corydalidae）、丝蟌科（Lestidae）；浮游藻类群落代表有针杆藻属（*Synedra*）。

生境保护及水质目标建议：虽然流域内冬温缓流淡水中小河受人类活动干扰程度较

弱，但是受这类河段自身特征限制，水流速度缓慢，水体自净能力较弱，易受到外界污染物排放的威胁，因此对于该类型生境的保护关键是维持和改善当前的水体环境，避免人类活动的干扰和污染。为此要结合区内水生生物当前特征，建立预防为主，防治结合的保护措施。由于此类河段中的浮游藻类表现出一定的富营养化趋势，同时鱼类的物种多样性较低，因此可以合理地放养一些以浮游藻类为食的鱼种，既可以适当增加此类河段鱼类物种的多样性，也能适当抑制富营养化的发展趋势。但要注意，放养鱼种要以土著种为主，避免造成生物入侵。人类滥捕、生物入侵和生境条件急剧恶化是濒危鱼类灭绝的主要原因，因此对于流域内冬温缓流淡水中小河中主要的濒危保护种—白线纹胸鮡，要严格保护当前生境条件，禁止非法捕捞活动。由于水流速度对于两栖类动物种类组成有较大的影响，因此在冬温缓流淡水中小河内要尽量避免大规模的水利设施建设，切实保护当前两栖类物种组成，防止其遭到威胁。此外，筑坝等人为改变河流物理、化学、生物地球化学循环模式的工程也会影响河流生态系统的结构、功能。冬温缓流淡水中小河的天然河床底质多样性以及天然护坡对于维持水生生物（特别是底栖动物）多样性具有非常重要的作用，天然河床和护坡一般由砾石、卵石、沙土和黏土等构成，其不仅具有透水性与周边水系联通，而且粗细不同的泥沙组成为微生物、小型水生生物提供了栖息地，为鱼类产卵提供场所。因此对于河床底质的保护不宜采取硬化处理，这样会减弱了河床的过水性与多孔性，阻断了河流对地下水的纵向补充及对周边湿地、沼泽和土壤的横向扩展，导致周边动植物生存环境破坏，甚至因丧失生存条件而使物种消失。因此在此类型河段治理的过程中要采取环境友好型措施，堤段采用透水生态型护坡，迎水坡种草为主，背水坡种植灌木为主，分区种植林草，改善滩区环境，维持河流的自然面貌，为水生生物提供良好的生境。水质目标方面，根据参考点特征，建议参照Ⅲ类水质标准进行保护及管理（如溶解氧达到 5 mg/L，高锰酸盐指数不超过 6 mg/L，氨氮不超过 1 mg/L，总磷不超过 0.2 mg/L，总氮不超过 1 mg/L）。

（2）生态功能保护目标

此类河段通常能发挥较高的生境维持和生物多样性维持功能，但由于周边地势较为平缓，部分河段已经受到一定程度的人类活动干扰。建议对此类河段实行保护为主的分类管理措施，对现有人类活动干扰较小的河段执行优先保护策略，同时对现有人类活动干扰较大的河段积极开展生态修复。

10.5.6 区内亚类特征

以河段综合土地利用影响程度划分压力亚类，该类型河段绝大部分属于轻压力亚类，说明该类型河段整体所受人类活动影响弱，水生态状况良好。以水（环境）功能区划分亚类，该类型河段有 15.2% 的河段属于保护区，48.5% 的河段属于保留区，7.6% 的河段属于开发利用区，28.7% 的河段属于未确定功能区，无河段属于缓冲区，说明该类型河段在水质管理中各种功能分配较均衡。以水（环境）功能区划水质管理目标划分亚类，该类型河段水质管理目标有 34.8% 的河段为Ⅱ类水质，59.1% 的河段为Ⅲ类水质，6.1% 的河段为Ⅳ类水质，说明该类型河段在水质目标管理方面面临一定压力。以自然保护区划分亚类，该类型河段有 7.6% 的河段流经自然保护区，92.4% 的河段未流经自然保护区，说明该类型河段具有一定的生态重要性。

10.5.7　相关照片

冬温淡水缓流中小河生态系统景观实景如照片 05-1 ~ 照片 05-4 所示。

照片 05-1

照片 05-2

照片 05-3

照片 05-4

10.6　冬温淡水缓流大河（编码：06）

10.6.1　地理位置与分布

该类型区主要分布于寻乌县境内。从水系构成看，该类型区主要分布在流域上游，为寻乌水、定南水的安远段等水系。河段中点汇流面积为 1035 ~ 1308 km^2，平均汇流面积为 1172 km^2，汇流尺度属于大河级别。

10.6.2 陆域及水体特征

(1) 区内陆域特征

该类型区河段汇水单元海拔主要为212~464 m，平均海拔为263 m，其中海拔200~500 m和500~1000 m的地域面积占河段汇水总面积的百分比分别为99.2%和0.8%。其河段汇水单元平均坡度为6°，其中坡度小于7°的平地面积占该类型区河段汇水总面积的67.0%，坡度为7°~15°的缓坡地面积占27.0%，坡度大于15°的坡地面积占6.0%。根据全国1∶1 000 000地貌类型图，该类型区河段汇水面积内地貌类型以侵蚀剥蚀低海拔低丘陵为主，占河段汇水总面积的33.5%，其次为低海拔侵蚀剥蚀低台地，占28.6%，再次为低海拔河谷平原等。该类型区河段对应汇水单元的平均NDVI为0.21，植被覆盖情况低。以该类型区汇水单元总面积计算城镇用地面积比例为1.2%；农田（耕地及园地）面积比例为56.4%；林草地面积比例为37.8%；水体面积比例为4.5%；其他用地面积比例为0.1%。总之土地利用类型以农田为主，人类活动干扰程度强。

(2) 区内水体特征

该类型区河段河道中心线海拔为216~222 m，平均海拔为219 m。河道中心线坡度为2.6°~4.8°，平均坡度为3.7°，因而大部分河段的比降相对较小，平均流速相对较慢，属于缓流水体；冬季背景气温平均为11.0℃，故平均水温相对较低；河岸带植被覆盖低，此类生境较适宜缓流型水生生物生存。经随机采样实测，该类型区水体平均电导率为190.4 μs/cm，最大电导率为205 μs/cm，最小电导率为160.1 μs/cm；参考《地表水环境质量标准》(GB 3838—2002)，高锰酸盐指数平均达到Ⅱ类水质标准，溶解氧平均达到Ⅱ类水质标准；总磷平均达到为Ⅲ类水质标准；总氮平均达到劣Ⅴ类水质标准；氨氮水质平均达到劣Ⅴ类水质标准。说明该类型河段水质主要受总氮、氨氮的影响。

10.6.3 水生生物特征

(1) 浮游藻类特征

该类型区共鉴定出浮游藻类5门30属43种，细胞丰度平均值为19.89×10^4 cells/L，最大细胞丰度为42.12×10^4 cells/L，最小细胞丰度为4.58×10^4 cells/L。叶绿素a平均值为7.92 μg/L，最大值为10.12 μg/L，最小值为4.33 μg/L。在种类组成上，主要以硅藻门为主，其次为绿藻门、蓝藻门，优势属分别为直链藻属（*Melosira*）、栅藻属（*Scenedesmus*）、隐藻属（*Cryptomonas*）、舟形藻属（*Navicula*）、针杆藻属（*Synedra*）等。该类型区出现颗粒直链藻（*Melosira granulata*）、平滑四星藻（*Tetrastrum glabrum*）等特征种，这些种适宜生存于具有较厚混合层的富营养化水体。总体而言，该类型区属于较深的干流大河，且富营养化严重，水质处于中等水平。

（2）底栖动物特征

该类型区底栖动物的分类单元总数为 6 个，平均密度为 9.3 ind/m^2，最大密度为 19.6 ind/m^2，最小密度为5.3 ind/m^2。平均生物量为6.5 g/m^2，最高生物量为17.7 g/m^2，最低生物量为 2.1 g/m^2。Shannon-Wiener 多样性指数为 1.38。该类型区优势类群有萝卜螺属（*Radix*）、膀胱螺属（*Physa*）、匙指虾科（Atyidae）、蚬属（*Corbicula*）等；指示类群有划蝽科（Corixidae）、大蜻科（Macromiidae）、长臂虾科（Palaemonidae），为中等水体指示类群。该类型区出现划蝽科（Corixidae）、大蜻科（Macromiidae）、长臂虾科（Palaemonidae）等特征类群。EPT 分类单元数为 1 个，所占该类型区内分类单元数的比例为 5%。以上特征反映了该类型区底质泥沙为主，河道比降小、水体流速整体较缓；河岸带周围土地利用方式多种，受人类活动干扰较大的生境特点。总体而言，该类型区底栖动物多样性低，EPT 种类极少，水质中等水平；水体受人为干扰较大，河岸带周边多种土地利用方式。

（3）鱼类特征

在该类型区上共鉴定出鱼类 9 科，27 属，32 种。该类型河段优势种有斑鳜（*Siniperca scherzeri*）、斑鳠（*Mystus guttatus*）、斑鳢（*Channa maculata*）、鳊（*Parabramis pekinensis*）、草鱼（*Ctenopharyngodon idella*）、侧条光唇鱼（*Acrossocheilus parallens*）等。濒危保护种有斑鳢（*Channa maculata*），属于江西省级重点保护野生动物。该类型区出现鳊（*Parabramis pekinensis*）、飘鱼（*Pseudolaubuca sinensis*）等特征种，这些种喜漂泊于浅水水域。总体而言，该类型区物种数较少。

10.6.4　水生态功能

冬温淡水缓流大河由于汇水面积大，水量供给、水量调节、物质输送能力强；由于水面开阔、水体较深，航运支持、气候调节、渔业生产能力强；由于汇聚了大量上游来水，经过多年的防洪工程建设，防洪能力一般较强。由于比降较小，水流缓慢，水能提供、污染消纳能力弱，洪水调蓄能力强。该水生态系统水生态功能特征如表 10-6 所示。

表 10-6　冬温淡水缓流大河水生态功能特征表

类型＼级别	强	中	弱
生物多样性维持	斑鳢（*Channa maculata*）	浮游藻类：颗粒直链藻（*Melosira granulata*）、平滑四星藻（*Tetrastrum glabrum*）等 底栖动物：划蝽科（Corixidae）、大蜻科（Macromiidae）、长臂虾科（Palaem-onidae）等 鱼类：鳊（*Parabramis pekinensis*）、飘鱼（*Pseudolaubuca sinensis*）等	耐污种或入侵种

续表

类型 \ 级别	强	中	弱
生境维持	稀有特征生境	底质以泥沙为主，河道比降小、水体流速整体较缓，水温较低，河岸带周围土地利用方式多种，受人类活动干扰较大，水质中等	
物质输送	大量输送		
污染消纳	消减稀释污染物	容纳污染物	释放污染物
洪水调蓄	漫滩、湿地、曲流较发育	漫滩、湿地、曲流偶发育	
航运支持	主要航道	零星航行	
休闲娱乐	可接触	可靠近观赏	水体景观维持存在
渔业生产	商品性生产		
水资源支持	饮用水	工农业及景观用水	排污河道
水量供给	大河		
水量调节	干流级调节	大支流级调节	
水能提供			水能微弱
气候调节	形成显著小气候	形成较弱小气候	
防洪	有大中型防洪工程	偶有小型防洪堤坝	无防洪堤坝

注：未填写表示该类型河段一般不具备相应类型和级别的水生态功能

10.6.5 水生态保护目标

（1）水生生物保护目标

保护种（鱼类）：斑鳢（*Channa maculata*），属于江西省级重点保护野生动物，主要分布于长江流域以南地区，如广东、广西、海南、福建、云南等省区。类型区内分布于寻乌水中游，栖息于水草茂盛的江、河、湖、池塘、沟渠、小溪中。属底栖鱼类，常潜伏在浅水水草多的水底，仅摇动其胸鳍以维持其身体平衡。性喜阴暗，昼伏夜出，主要在夜间出来活动觅食。斑鳢对水质，温度和其他外界的适应性特别强，能在许多其他鱼类不能活动，不能生活的环境中生活。

本类型区鱼类代表性种群有鳊（*Parabramis pekinensis*）、飘鱼（*Pseudolaubuca sinensis*）；底栖动物群落代表有划蝽科（Corixidae）、大蜻科（Macromiidae）、长臂虾科（Palaemonidae）；浮游藻类群落代表有颗粒直链藻（*Melosira granulatu*）、舟形藻属（*Navicula*）。

生境保护及水质目标建议：从冬温缓流淡水大河的水体特征和生物特征发现，流域内此类型河段受到了严重的人类活动干扰，水质总氮、氨氮污染较为严重，水体富营养化现象突出，水体生境受到严重破坏，水生生物多样性较低。造成冬温缓流淡水大河生境破坏原因主要有水坝建设、水体污染、挖沙、农业生产过多使用化肥农药等。河流的缓流特征加剧了生境保护和恢复的难度，对于此类河段生物生境的保护要以恢复为主。恢复过程中要尊重生态规律和水资源规律，紧密结合此类河段水生态系统特点，高度重视水资源条件的现实和可能，慎重并适宜地进行水生态系统的规划和建设。由于冬温缓流淡水大河周边的植被覆盖度较低，因此要进一步加强水源涵养与水土保持，重视水源涵养林建设，提高植被覆盖度。对于目前此类河流水质污染现状，可以加快农业农村污染控制区的建设，控制农业农村污染。通过采取合理措施，保护和修复河流的自然蜿蜒特性、河滩深浅交错及堤岸生态自然等特性，发挥河流在调蓄水资源、生物栖息地等多方面的功能。改变惯用的治河方法，在治理冬温缓流淡水大河的河道时，要尊重河道自然属性，改变原来呆板、单调的治河模式不要强求河流顺直，恢复河流水系的自然形态，创造多样、丰富的结构形式，构筑生态堤岸，形成丰富稳定的生态体系。水质目标方面，根据参考点特征，建议参照Ⅲ类水质标准进行保护及管理（如溶解氧达到 5 mg/L，高锰酸盐指数不超过 6 mg/L，氨氮不超过 1 mg/L，总磷不超过 0. 2 mg/L，总氮不超过 1 mg/L）。

（2）生态功能保护目标

此类河段通常能发挥较高的综合水生态功能，如物质输送、水资源支持、污染消纳、洪水调蓄、水量供给、航运支持、渔业生产、防洪、生境维持和生物多样性维持等。建议对此类河段实施综合管理，在不影响其他功能发挥的前提下，分区域强化和利用某几项水生态功能。例如，有的河段应着重强调防洪功能，有的河段应开辟为水源保护区，有的河段应强化河岸带恢复和保护等。

10. 6. 6　区内亚类特征

以河段综合土地利用影响程度划分压力亚类，该类型河段均属于轻压力亚类，说明该类型河段所受人类活动影响弱，水生态状况良好。以水（环境）功能区划分亚类，该类型河段全部属于保留区，说明该类型河段在水质管理中以保留为主要功能。以水（环境）功能区划水质管理目标划分亚类，该类型河段水质管理目标有 100% 的河段为Ⅲ类水质，说明该类型河段在水质目标管理方面面临一定压力。以自然保护区划分亚类，虽然该类型河段未经过自然保护区，但该类型河段仍具有一定的生态重要性。

10. 6. 7　相关照片

冬温淡水缓流大河生态系统景观实景如照片 06-1 ~ 照片 06-4 所示。

照片 06-1

照片 06-2

照片 06-3

照片 06-4

10.7 冬暖淡水急流河溪（编码：07）

10.7.1 地理位置与分布

该类型区主要分布于新丰县、和平县、东源县、紫金县、博罗县、源城区、龙川县、惠阳区、惠东县、龙门县等境内。从水系构成看，该类型区主要分布在流域中游，为浰水的长塘河和彭寨河、新丰江、黄村水、柏埔河上游、秋香江上游、西枝江上游等水系。河段中点汇流面积为 21 ~ 50 km^2，平均汇流面积为 29 km^2，汇流尺度属于河溪级别。

10.7.2 陆域及水体特征

（1）区内陆域特征

该类型区河段汇水单元河道中心线位于海拔 92 ~ 783 m，平均海拔为 304 m，其中海拔在 50 ~ 200 m、200 ~ 500 m、500 ~ 1000 m 和高于 1000 m 的地域面积占河段汇水总面积的百分比分别为 26.8%、53.9%、18.9% 和 0.4%。其河段汇水单元平均坡度为

15°，其中坡度小于7°的平地、7°～15°的缓坡和大于15°的坡地面积分别占汇水总面积的17.7%、37.5%和44.8%。根据全国1∶1 000 000地貌类型图显示，该区内地貌类型以侵蚀剥蚀小起伏低山为主，占河段汇水总面积的33.6%，侵蚀剥蚀中起伏中山和侵蚀剥蚀中起伏低山分别占21.0%和16.9%。该区植被覆盖率高，平均NDVI为0.74。该类型区内，城镇用地、农田（耕地及园地）、林草地和水体面积比例为0.4%、5.5%、93.2%和0.4%；其他用地为0.6%。整体而言，土地利用类型以林草地为主，人类活动干扰程度弱。

（2）区内水体生境特征

该类型区河段河道中心线海拔为22～328 m，平均海拔为121 m。河道中心线坡度为5.0～16.3°，平均坡度为8.4°，河段整体比降相对较大，平均流速较快，属于急流水体。冬季背景气温为12.0～15.3℃，平均气温为13.5℃，故平均水温相对较高。该类型区河岸带植被覆盖率高，此类生境中，适宜山溪急流清水型水生生物生存。经随机水样实测可得，该类型区水体平均电导率为51.4 μs/cm，最大电导率为107.2 μs/cm，最小电导率为19.5 μs/cm。根据《地表水环境质量标准》（GB 3838—2002），高锰酸盐指数和溶解氧平均达到Ⅰ类水质标准；总磷和氨氮平均达到Ⅱ类水质标准；总氮平均达到Ⅴ类水质标准。由以上水质结果显示，该类型河段水质主要受总氮的影响。

10.7.3　水生生物特征

（1）浮游藻类特征

经鉴定，该类型区内浮游藻类涉及6门35属48种。细胞丰度平均值、最大值和最小值分别为9.61×10^4、29.11×10^4和0.15×10^4 cells/L。叶绿素a平均、最大和最小含量为7.65、18.38和1.70 μg/L。种类组成上，以硅藻门为主，其次为绿藻门和蓝藻门，优势属有舟形藻属（*Navicula*）、针杆藻属（*Synedra*）、菱形藻属（*Nitzschia*）、异极藻属（*Gomphonema*）和直链藻属（*Melosira*）等。该类型区内出现弯菱形藻（*Nitzschia sigma*）、微小桥弯藻（*Cymbella pusilla*）和月形短缝藻（*Eunotia lunaris*）等特征种，这些种多存在于流速较快和有机质含量较少的水体中。由此可指示该类型区内水流和水质等特征。

（2）底栖动物特征

该类型区内底栖动物的分类单元总数为9.4个。平均、最大和最小密度分别为34.6、166.4和16.4 ind/m^2。平均、最高和最低生物量分别为3.7、8.6和0.4 g/m^2。Shannon-Wiener多样性指数为2.37。该类型区内有匙指虾科（Atyidae）和长臂虾科（Palaemonidae）等优势类群；纹石蛾科（Hydropsychidae）、大蚊科（Tipulidae）和四节蜉科（Baetidae）可指示清洁-中等水质水体。该类型区内以匙指虾科（Atyidae）、石蝇科

(Perlidae) 和新蜉科 (Nemouridae) 等为特征类群。EPT 分类单元数为 1 个，所占总数比例为 12.8%。该类型区底质多样化，以卵石和砾石为主；河道比降大、水流较快；河岸带植被覆盖率高，体现生境自然的特点。总体而言，该类型区底栖动物多样性指数高，但 EPT 种类少；水体受人为干扰较少，水质中上等水平。

(3) 鱼类特征

在该类型区上，共鉴定出鱼类 12 科，50 属，54 种。优势种有黄尾鲴（*Xenocypris davidi*）、泥鳅（*Misgurnus anguillicaudatus*）、棒花鱼（*Abbottina rivularis*）、䱗（*Hemiculter leucisculus*）和高体鳑鲏（*Rhodeus ocellatus*）等。保护种为中国特有，有花斑副沙鳅（*Parabotia fasciata*）和嘉积小鳔鮈（*Microphysogobio kachekensis*）等。该类型区出现纹唇鱼（*Osteochilus salsburyi*）、无斑条鳅（*Nemacheilus incertus*）、小鳈（*Sarcocheilichthys parvus*）、横纹条鳅（*Schistura fasciolata*）和嘉积小鳔鮈（*Microphysogobio kachekensis*）等特征种，这些种多生活在水质清澈的石底山溪等小河河溪中。总体而言，该类型区物种丰富，水温较高，水流较快，物种对水质要求较高。

10.7.4 水生态功能

冬暖淡水急流河溪汇水面积小、水体较浅、河道狭窄、河道比降较大、水流较快，故水量供给、水量调节、物质输送、航运支持、气候调节、渔业生产和洪水调蓄等能力弱；水能提供和污染消纳等能力强。由于面临洪水威胁较小，故防洪能力弱。该类型水生态系统水生态功能特征如表 10-7 所示。

表 10-7　冬暖淡水急流河溪水生态功能特征表

级别 类型	强	中	弱
生物多样性维持	花斑副沙鳅（*Parabotia fasciata*）、嘉积小鳔鮈（*Microphysogobio kachekensis*）	浮游藻类：窄异极藻（*Gomphonema angustatum*）、弯菱形藻（*Nitzschia sigma*）、微小桥弯藻（*Cymbella pusilla*）、月形短缝藻（*Eunotia lunaris*）等 底栖动物：匙指虾科（Atyidae）、石蝇科（Perlidae）、新蜉科（Nemouridae）等 鱼类：纹唇鱼（*Osteochilus salsburyi*）、无斑条鳅（*Nemacheilus incertus*）、小鳈（*Sarcochei- lichthys parvus*）、横纹条鳅（*Schistura fasciolata*）、嘉积小鳔鮈（*Microphysogobio kachekensis*）等	
生境维持	稀有特征生境	底质多样化，卵石砾石为主，河道比降大、水体流速较快；水温较高，河岸带生境自然、植被覆盖率高，水体受人为干扰较少，有村镇影响，水质较清洁	
物质输送		一般输送	

续表

类型＼级别	强	中	弱
污染消纳	消减稀释污染物		
洪水调蓄		漫滩、湿地、曲流偶发育	峡谷、渠道
航运支持			不可航行
休闲娱乐	可接触	可靠近观赏	水体景观维持存在
渔业生产			不生产
水资源支持	饮用水	工农业及景观用水	
水量供给			河溪
水量调节			调节能力微弱
水能提供		可供小型发电	水能微弱
气候调节			形成微弱小气候
防洪		偶有小型防洪堤坝	无防洪堤坝

注：未填写表示该类型河段一般不具备相应类型和级别的水生态功能

10.7.5　水生态保护目标

（1）水生生物保护目标

濒危保护种（鱼类）：①花斑副沙鳅（*Parabotia fasciata*），属中国特有种，分布于珠江、韩江、汉水、九龙江、闽江、钱塘江、长江、淮河、黄河和黑龙江等水系。该类型区内分布于柏埔河上游，栖息于砂石底质的河底，以水生昆虫和藻类为食，个体较小。②嘉积小鳔鮈（*Microphysogobio kachekensis*）：中国特有种，分布于东江、北江和海南岛。该类型区内分布于秋香江，喜居山区清洁溪流，个体小且纤细，属小型鱼类，无经济价值。

濒危保护种（两栖爬行）：①三线闭壳龟（*Cuora trifasciata*），为变温动物，环境温度达 23～28℃时，活动频繁，低于 10℃，进入冬眠。4～10 月为活动期，11 月至翌年 2 月上旬为冬眠期。杂食性，主要捕食水中的螺、鱼、虾、蝌蚪和水生昆虫等，同时也摄食幼鼠，幼蛙、金龟子、蜗牛、蝇蛆、南瓜、香蕉及植物嫩茎叶等。三线闭壳龟属 IUCN 保护物种和《中国濒危动物红皮书》保护物种极危 CR 级别，国家二级保护动物。国内主要分布在海南、广西、福建，以及广东省的深山溪涧等地方，国外分布于越南和老挝。该类型区内分布于紫金县水域，喜欢阳光充足、环境安静和水质清净的生境。交配行为多发生在水中浅水地带。喜栖息于山区溪水地带，常在溪边灌木丛中挖洞栖居，有群居和昼伏夜出的习性。②三索锦蛇（*Elaphe radiata*），《中国濒危动物红皮书》保护物种濒危（EN）级别。该类型区于紫金附近有分布，现已少见，卵生。多生活于海拔 450～1400 m 的平原、山地和丘陵地带，常见于田野、山坡、草丛、石堆、路边和池塘边。11 月至次年 3 月为冬眠期，冬眠初醒时，常伏地等待阳光照射。行动敏捷，性情凶猛，遇人有攻击行为，昼夜均有活动。主要以鼠类为食，也食蜥蜴、蛙类、鸟类和蚯蚓。

本类型区内，代表性鱼类种群有纹唇鱼（*Osteochilus salsburyi*）、无斑条鳅（*Nemacheilus incertus*）、小鳈（*Sarcocheilichthys parvus*）、横纹条鳅（*Schistura fasciolata*）和嘉积小鳔鮈（*Microphysogobio kachekensis*）；底栖动物群落有纹石蛾科（Hydropsychidae）、大蚊科（Tipulidae）和四节蜉科（Baetidae）；浮游藻类群落有弯菱形藻（*Nitzschia sigma*）、微小桥弯藻（*Cymbella pusilla*）和月形短缝藻（*Eunotia lunaris*）。

生境保护及水质目标建议：该类型河段主要位于各水系上游，以林地、农田为主，人为干扰相对较少。其生境保护主要是维持其自然生境。源头区经济发展普遍较慢，生态环境保护措施和力度相对不足，部分地区出现有采矿业，致使植被覆盖度降低，水源污染，溪流河道发生截留，底质多样性破坏，严重影响底栖生物和浮游生物的生境，导致其生物多样性急剧下降；果园和农田也存在大量施用化肥、农药等现象，导致生境恶化。东江源头水生态健康是保护与恢复整个东江水生态系统的的必然要求。首先，应尽量减少或制止无序采矿等高污染行为，并提高监管和惩罚力度；其次，在陆域管理和规划方面，应减少毁林造田，注重植被建设，通过合理的土地利用类型结构，控制面源污染过程，维护生境健康。加强收集并积累监测和评价所需要的本地数据，建立评价方法、构建适合于河流生态系统特征的评价指标，开展以大型底栖动物、鱼类、着生藻类与浮游藻类为基础的水生态健康监测和评价。由于溪流水量较小，水道易发生截流，河道纵向应保证有足够数量的连通性，河床底质方面维持其多样化的生境栖息地。水质目标方面，根据参考点特征，建议参照Ⅱ类水质标准进行保护及管理（如溶解氧达到 6 mg/L，高锰酸盐指数不超过 4 mg/L，氨氮不超过 0.5 mg/L，总磷不超过 0.1 mg/L，总氮不超过 0.5 mg/L）。

(2) 生态功能保护目标

此类河段位于源头区域，通常能发挥较高的生境维持和生物多样性维持功能，同时能为下游提供源源不断的清洁水源。整体上，人类活动干扰较弱，相当一部分河段流经自然保护区，故此类型河段中珍稀濒危特有水生生物明显多于其他类型的河段，这对全球生物多样性保护具有重要贡献。此类型河段应整体保护，建立严格的开发审批制度，形成“零星开发，整体保护”的可持续发展局面。

10.7.6 区内亚类特征

以河段综合土地利用影响程度划分压力亚类，该类型河段均属于轻压力亚类。说明该类型河段所受人类活动影响小，水生态状况良好。以水（环境）功能区划分亚类，该类型河段有 3.2% 属于保护区，0.7% 属于保留区，96.1% 的河段未确定功能区，无缓冲区和开发利用区，说明该类型河段在水质管理中绝大部分未确定主体功能。在已确定主体功能的河段中，保护和保留为主要功能。以水（环境）功能区划水质管理目标划分亚类，该类型河段水质管理目标有 97.4% 的河段为Ⅱ类水质，1.3% 的河段为Ⅲ类水质，1.3% 的河段为

Ⅳ类水质，说明该类型河段在水质目标管理方面所面临的压力较小。以自然保护区划分亚类，该类型河段有 30.1% 的河段流经自然保护区，69.9% 的河段未流经自然保护区，说明该类型河段具有一定的生态重要性。

10.7.7　相关照片

冬暖淡水急流河溪生态系统景观实景如照片 07-1 ~ 照片 07-4 所示。

照片 07-1

照片 07-2

照片 07-3

照片 07-4

10.8　冬暖淡水急流中小河（编码：08）

10.8.1　地理位置与分布

该类型区主要分布于新丰县、和平县、东源县、龙门县、紫金县、龙川县、惠阳区、连平县、惠东县、东莞市、博罗县和增城市等县市境内。从水系构成看，该类型区主要分布在流域中游，为浰水、黄村水、秋香江紫金段、西枝江源头段、康禾河、柏埔河和增江浦田河等水系。河段中心点汇流面积为 50 ~ 941 km^2，平均汇流面积为 137 km^2，汇流尺度属于中小河级别。

10.8.2 陆域及水体特征

(1) 区内陆域特征

该类型区河段汇水单元河道中心线海拔主要为96～477.5 m，平均海拔为206 m，其中海拔50～200 m、200～500 m、500～1000 m和高于1000 m的地域面积占河段汇水总面积的百分比分别为43.6%、46.8%、7.0%和0.1%。其河段汇水单元平均坡度为13°，其中坡度小于7°的平地、坡度为7°～15°的缓坡地和坡度大于15°的坡地面积占河段汇水总面积的22.7%、39.6%和37.7%。根据全国1∶1 000 000地貌类型图显示，该类型区内地貌类型以侵蚀剥蚀小起伏低山为主，占总面积的37.9%，其次为侵蚀剥蚀低海拔高丘陵和侵蚀剥蚀中起伏低山，占18.6%和17.1%。该类型区平均NDVI为0.71，植被覆盖率高。该类型区内，城镇用地、农田（耕地及园地）、林草地、水体面积比例分别为0.9%、7.6%、90.4%和0.7%；其他用地为0.4%。整体而言，土地利用类型以林草地为主，人类活动干扰程度较强。

(2) 区内水体生境特征

该类型区河段河道中心线海拔为6～239 m，平均海拔为116 m。河道中心线坡度为5.1°～17.5°，平均坡度为7.6°，大部分河段的比降相对较大，平均流速相对较快，属于急流水体。冬季背景气温为12.0～15.2℃，平均气温为13.4℃，故平均水温相对较高。河岸带植被覆盖率高，此类生境较适宜急流耐污型水生生物生存。经随机水样监测得知，该类型区水体平均、最大和最小电导率为79 μs/cm、735 μs/cm和13 μs/cm；参照《地表水环境质量标准》（GB 3838—2002），高锰酸盐指数和溶解氧平均达到Ⅱ类水质标准；总磷、总氮和氨氮水质平均达到为Ⅴ类水质标准。说明该类型河段水质主要受总磷、总氮、氨氮的影响。

10.8.3 水生生物特征

(1) 浮游藻类特征

经鉴定，该类型区浮游藻类有7门63属122种，细胞丰度平均值、最大值和最小值分别为15.65×10^4、364.94×10^4和0.54×10^4 cells/L。水体中叶绿素a含量平均、最大和最小值分别为7.44、21.90和1.80 μg/L。种类组成上，以蓝藻门为主，其次为硅藻门和绿藻门。优势属有栅藻属（*Scenedesmus*）、直链藻属（*Melosira*）、针杆藻属（*Synedra*）、菱形藻属（*Nitzschia*）和舟形藻属（*Navicula*）等。该类型区出现箱形桥弯藻（*Cymbella cistula*）、马氏隐藻（*Cryptomonas marssonii*）和扁圆卵形藻（*Cocconeis placentula*）等特征种，这些种多见于急流型水体，为常受搅动的河流类型。总体而言，该类型区水流速较快，隐藻门为优势种，水体已经出现污染状况。

（2）底栖动物特征

该类型区内底栖动物的分类单元总数为 6 个，平均、最大和最小密度为 20. 6 、111. 9 和 0. 7 ind/m^2。平均、最高和最低生物量为 2. 9、23. 2 和 0. 3 g/m^2。Shannon-Wiener 多样性指数为 1. 27。该类型区内优势类群有匙指虾科（Atyidae）、蚬属（*Corbicula*）、萝卜螺属（*Radix*）和尾腮蚓属（*Branchiura*）等；指示类群有纹石蛾科（Hydropsychidae）、小蜉科（Ephemerellidae）、鱼蛉科（Corydalidae）、丝蟌科（Lestidae）、颤蚓属（*Tubifex*）和尾腮蚓属（*Branchiura*）等，可指示中度污染水体。该类型区内的特征类群有颤蚓属（*Tubifex*）、水丝蚓属（*Limnodrilus*）、泽蛭属（*Helobdella*）、长角石蛾科（Leptoceridae）、石蝇科（Perlidae）和小蜉科（Ephemerellidae）等，未出现 EPT 等清洁指示类群。以上特征反映该类型区底质多样化，河道比降大、水体流速较快等特征；河岸带植被覆盖率较高，水体周围土地利用方式多样。总体而言，该类型区水体受人为干扰较大，底栖动物多样性指数低，无 EPT 种类，水质较差。

（3）鱼类特征

经鉴定，在该类型区鱼类有 18 科，67 属，85 种。该类型河段优势种有棒花鱼（*Abbottina rivularis*）、鳘（*Hemiculter leucisculus*）、海南鲌（*Culter recurviceps*）、鲫（*Carassius aurtus*）和泥鳅（*Misgurnus anguillicaudatus*）等。濒危保护种为萨氏华黝鱼（*Sineleotris saccharae*），为中国特有种，数量极少，已被列入《中国濒危动物红皮书》；海丰沙塘鳢（*Odontobutis haifengensis*），为广东特有种。入侵种有斑点叉尾鮰（*Ictalurus punctatus*），应监测其种群动态。该类型区内出现有福建纹胸鮡（*Glyptothorax fokiensis*）、光倒刺鲃（*Spinibarbus hollandi*）、海丰沙塘鳢（*Odontobutis haifengensis*）、间䱻（*Hemibarbus medius*）、萨氏华黝鱼（*Sineleotris saccharae*）、瓣结鱼（*Tor brevifilis*）和东方墨头鱼（*Garra orientalis*）等特征种，这些种多为淡水溪流暖水性鱼类，喜栖居江河、山涧水流湍急的水生境中，底质多为石滩。总体而言，该类型区物种非常丰富，水温较高，流速较快，物种对水质要求较高。

10. 8. 4　水生态功能

冬暖淡水急流中小河汇水面积中等，水体较浅、河道较窄、比降大，水流较快，故水能提供、污染消纳能力强；水量供给、水量调节、物质输送和航运支持能力中等；气候调节、渔业生产和洪水调蓄能力较弱。由于面临洪水威胁一般，防洪能力中等。该类型水生态系统水生态功能特征如表 10-8 所示。

表 10-8　冬暖淡水急流中小河水生态功能特征表

类型＼级别	强	中	弱
生物多样性维持	萨氏华黝鱼（*Sineleotris saccharae*）、海丰沙塘鳢（*Odontobutis haifengensis*）	浮游藻类：纤细异极藻（*Comphonema gracile*）、尖针杆藻（*Synedra acusvar*）、箱形桥弯藻（*Cymbella cistula*）、马氏隐藻（*Cryptomonas marssonii*）、扁圆卵形藻（*Cocconeis placentula*）等； 底栖动物：颤蚓属（*Tubifex*）、水丝蚓属（*Limnodrilus*）、泽蛭属（*Helobdella*）、长角石蛾科（Leptoceridae）、石蝇科（Perlidae）、小蜉科（Ephemerellidae）等； 鱼类：福建纹胸鮡（*Glyptothorax fokiensis*）、光倒刺鲃（*Spinibarbus hollandi*）、海丰沙塘鳢（*Odontobutis haifengensis*）、间䱻（*Hemibarbus medius*）、萨氏华黝鱼（*Sineleotris saccharae*）、瓣结鱼（*Tor brevifilis*）、东方墨头鱼（*Garra orientalis*）等	
生境维持	稀有特征生境	底质多样化，河道比降大、水体流速较快，水温较高，河岸带植被覆盖率较高，水体受周围多种土地利用方式影响，水质中等污染	
物质输送		一般输送	
污染消纳	消减稀释污染物		
洪水调蓄		漫滩、湿地、曲流偶发育	峡谷、渠道
航运支持		零星航行	不可航行
休闲娱乐	可接触	可靠近观赏	水体景观维持存在
渔业生产		自我消费为主	不生产
水资源支持	饮用水	工农业及景观用水	排污河道
水量供给		中小河	
水量调节			调节能力微弱
水能提供		可供小型发电	水能微弱
气候调节		形成较弱小气候	形成微弱小气候
防洪		偶有小型防洪堤坝	无防洪堤坝

注：未填写表示该类型河段一般不具备相应类型和级别的水生态功能

10.8.5　水生态保护目标

（1）水生生物保护目标

保护种（鱼类）：①萨氏华黝鱼（*Sineleotris saccharae*），中国特有种，分布于广东韩江、龙津河、东江、漠阳江等水系。该类型区内分布于秋香江，属淡水小型底栖鱼类，栖息于河川、小溪中。体长 70～80 mm，数量极少，属于稀有种类，为濒危物种，已被列入《中国濒危动物红皮书》。②海丰沙塘鳢（*Odontobutis haifengensis*），广东特有种，分布于广东南部的河、溪中。该类型区内分布于秋香江上游，为淡水小型底层鱼类，生活于河川及溪流的底层，喜栖息于泥沙、杂草和碎石相混杂的浅水区生境中。

保护种（两栖爬行）：①三线闭壳龟（*Cuora trifasciata*），IUCN 保护物种和《中国濒危动物红皮书》保护物种极危（CR）级别，国家二级保护动物。国内主要分布在海南、广西、福建及广东省的深山溪涧等生境，国外分布于越南和老挝。该类型区分布于紫金和惠阳地区，喜欢阳光充足、环境安静和水质清净的地方。交配行为多发生在水中浅水地带。栖息于山区溪水地带，常在溪边灌木丛中挖洞做窝，昼伏夜出，有群居的习性。该物种为变温动物，环境温度达 23～28℃时，活动频繁；低于 10℃时，进入冬眠。4～10 月为活动期，11 月至翌年 2 月上旬为冬眠期。杂食性，主要捕食水中的螺、鱼、虾、蝌蚪和水生昆虫等，同时也食幼鼠，幼蛙、金龟子、蜗牛及蝇蛆，有时也吃南瓜、香蕉及植物嫩茎叶。②三索锦蛇（*Elaphe radiata*），《中国濒危动物红皮书》保护物种濒危（EN）级别，国内分布于云南、贵州、福建、广东和广西；国外分布于印度尼西亚、马来西亚、缅甸和印度。该类型区内分布于紫金、惠阳地区，现已少见。生活于 450～1400 m 的平原、山地和丘陵地带，常见于田野、山坡、草丛、石堆、路边、池塘边，有时也闯进居民点内。11 月至次年 3 月为冬眠期，冬眠初醒时，常伏地等待阳光照射。行动敏捷，性较凶猛，遇人则表现攻击状。昼夜均有活动，主要捕食鼠类，也食蜥蜴、蛙类及鸟类，甚至取食蚯蚓，卵生。

本类型区鱼类代表性种群有福建纹胸𫚭（*Glyptothorax fokiensis*）、光倒刺鲃（*Spinibarbus hollandi*）、海丰沙塘鳢（*Odontobutis haifengensis*）、间䱻（*Hemibarbus medius*）、萨氏华黝鱼（*Sineleotris saccharae*）、瓣结鱼（*Tor brevifilis*）和东方墨头鱼（*Garra orientalis*）；底栖动物群落以纹石蛾科（Hydropsychidae）、小蜉科（Ephemerellidae）、鱼蛉科（Corydalidae）和丝蟌科（Lestidae）为代表；浮游藻类群落代表种为箱形桥弯藻（*Cymbella cistula*）和扁圆卵形藻（*Cocconeis placentula*）。

生境保护及水质目标建议：该类型河段主要多各水系中下游中小河，以林地、农田为主。该类型区水体中，氮、磷指标浓度较高，已逐步成为主要水源污染物。部分地区有断流发生，使水体连通性低，水涵养功能受损。人类干涉和外来物种等活动使得生物多样性保护受到威胁。其生境保护以恢复其自然生境为主。该类型区主要位于村镇，经济发展相对较慢，生态环境保护措施和力度相对不足，人们的环保意识不强，缺乏有效的协调规划。矿山污染、农业面源污染和畜禽养殖业污染等均使得河流水质日益减弱。所以加强水污染防治工作是提高此类型河段生态健康的首要任务。首先，加强污染控制，消减河内外源污染物，应尽量大量减少氮、磷等污染物的排放或其他高污染行为，并提高监管和惩罚力度；其次，增加河道沿岸林地与湿地的保存率，疏通断流河道并强化水体的连通性；再次，建立水环境安全预警系统，对流域水环境质量进行定期动态监测、分析和预测。最后，建立特征水生生物栖息地保障区域，并将各类珍稀濒危物种重点保护，防止生物入侵。新型的工程设施既要满足人类社会的种种需要，也要满足生态系统健康性的要求。整体而言，该区域应遵循生态系统的自身规律，生态恢复也应着重生态系统的自我修复。水质目标方面，根据参考点特征，建议参照Ⅲ类水质标准进行保护及管理(如溶解氧达到5 mg/L，高锰酸盐指数不超过6 mg/L，氨氮不超过1 mg/L，总磷不超过0.2 mg/L，总氮不超过1 mg/L)。

（2）生态功能保护目标

此类河段通常能发挥较高的生境维持和生物多样性维持功能，同时能为下游提供源源不断的清洁水源。整体上，人类活动干扰较弱，且相当一部分河段流经自然保护区，所以在此类河段中发现珍稀濒危特有水生生物的概率要明显大于其他类型的河段，这对全球生物多样性保护具有现实或潜在重要贡献。建议将此类河段整体保护起来，建立严格的开发审批制度，形成“零星开发，整体保护”的局面。

10.8.6 区内亚类特征

以河段综合土地利用影响程度划分压力亚类，该类型河段绝大部分属于轻压力亚类，说明该类型河段所受人类活动影响小，水生态状况良好。以水（环境）功能区划分亚类，该类型河段有16.7%的河段属于保护区，9.2%的河段属于保留区，0.8%的河段属于开发利用区，73.3%的河段未确定功能区，无缓冲区，说明该类型河段在水质管理中大部分未确定主体功能，在已确定主体功能的河段中，以保护和保留为主要功能。以水（环境）功能区划水质管理目标划分亚类，该类型河段水质管理目标有96.6%的河段为Ⅱ类水质，1.7%的河段为Ⅲ类水质，1.7%的河段为Ⅳ类水质，说明该类型河段在水质目标管理方面所面临的压力较小。以自然保护区划分亚类，该类型河段有22.5%的河段流经自然保护区，77.5%的河段未流经自然保护区，说明该类型河段具有一定的生态重要性。

10.8.7 相关照片

冬暖淡水急流中小河生态系统景观实景如照片08-1～照片08-3所示。

照片 08-1

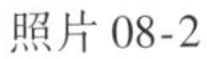

照片 08-2

照片 08-3

10.9　冬暖淡水急流大河（编码：09）

10.9.1　地理位置与分布

该类型区主要分布于龙川县、龙门县、连平县和紫金县等县境内。从水系构成看，该类型区主要分布在浰水、秋香江、增江、干流龙川及河源段等水系。河段中心点汇流面积为 1264 ~ 7833 km^2，平均汇流面积为 1715 km^2，汇流尺度属于大河级别。

10.9.2　陆域及水体特征

（1）区内陆域特征

该类型区河段汇水单元河道中心线海拔主要为 57 ~ 346 m，平均海拔为 143 m，其中海拔 50 ~ 200 m、200 ~ 500 m 和 500 ~ 1000 m 和的地域面积占河段汇水总面积的百分比分别为 56.5%、33.0% 和 3.7%。其河段汇水单元平均坡度为 12°，其中坡度小于 7°的平地、坡度为 7° ~ 15°的缓坡地和坡度大于 15°的坡地面积占该类型区河段汇水总面积的 24.4%、

37.7%和37.9%。根据全国1∶1 000 000地貌类型图，该类型区河段汇水面积内地貌类型以侵蚀剥蚀小起伏低山为主，占河段汇水总面积的47.3%，其次为侵蚀剥蚀低海拔高丘陵和低海拔河谷平原，分别占16.5%和11.0%。该类型区内，平均NDVI为0.63，植被覆盖率较高。以该类型区汇水单元总面积计算城镇用地、农田（耕地及园地）、林草地和水体面积比例分别为0.8%、7.8%、88.3%和2.8%；其他用地面积比例为0.3%。总之，土地利用类型以林草地为主，人类活动干扰程度强。

（2）区内水体生境特征

该类型区河段河道中心线海拔为21～113 m，平均海拔为61 m。河道中心线坡度为5.1°～11.5°，平均坡度为6.7°，因而大部分河段的比降相对较大，平均流速相对较快，属于急流水体。冬季背景气温为12.3～14.4℃，平均气温为13.1℃，故平均水温相对较高。河岸带植被覆盖较高，此类生境较适宜急流型水生生物生存。经随机采样实测，该类型区水体平均电导率为78.5 μs/cm，最大电导率为118.7 μs/cm，最小电导率为44.3 μs/cm；参考《地表水环境质量标准》（GB 3838—2002），高锰酸盐指数平均达到Ⅰ类水质标准，溶解氧、总磷和氨氮平均达到Ⅱ类水质标准；总氮平均达到Ⅳ类水质标准。说明该类型河段水质主要受总氮的影响。

10.9.3 水生生物特征

（1）浮游藻类特征

该类型区共鉴定出浮游藻类7门32属44种，细胞丰度平均值为35.86×10^4 cells/L，最大细胞丰度为69.96×10^4 cells/L，最小细胞丰度为1.05×10^4 cells/L。叶绿素a平均值为7.64 μg/L，最大值为14.80 μg/L，最小值为4.40 μg/L。在种类组成上，主要以隐藻门为主，其次为硅藻门、蓝藻门，优势属分别为隐藻属（*Cryptomonas*）、直链藻属（*Melosira*）、栅藻属（*Scenedesmus*）、颤藻属（*Oscillatoria*）、鱼腥藻属（*Anabaena*）等。该类型区出现粗壮双菱藻（*Surirella robusta*）、二角盘星藻大孔变种（*Pediastrum duplex* var. *clathratum*）等特征种，这些种能够指示高富营养化的生态系统。总体而言，该类型区富营养化严重，水质相对较差。

（2）底栖动物特征

该类型区底栖动物的分类单元总数为5.5个，平均密度为9.3 ind/m^2，最大密度为45.8 ind/m^2，最小密度为2.5 ind/m^2。平均生物量为1.8 g/m^2，最高生物量为7.3 g/m^2，最低生物量为0.3 g/m^2。Shannon-Wiener多样性指数为1.45。该类型区优势类群有萝卜螺属（*Radix*）、圆田螺属（*Cipangopaludina*）、环棱螺属（*Bellamya*）、蚬属（*Corbicula*）等；指示类群有短沟蜷属（*Semisulcospira*）、萝卜螺属（*Radix*）、长臂虾科（Palaemonidae），为中等水体指示类群。该类型区出现匙指虾科（Atyidae）、摇蚊亚科（Chironominae）等特征类群。该类型河段未出现 EPT 等清洁指示类群。以上特征反映了该类型区底质以泥沙为主，河道比降大、水体流速整体较快；河岸带周围土地利用方式多样，受人类活动干扰较大的生境特点。总体而言，该类型区底栖动物多样性低，无 EPT 种类，水质中度污染；水体受人为干扰较大，河岸带周边存在多种土地利用方式。

（3）鱼类特征

在该类型区上共鉴定出鱼类 13 科，45 属，48 种。该类型河段优势种有斑点雀鳝（*Lepisosteus oculatus*）、斑鳢（*Channa maculata*）、鳊（*Parabramis pekinensis*）、䱗（*Hemiculter leucisculus*）、草鱼（*Ctenopharyngodon idella*）、赤眼鳟（*Squaliobarbus curriculus*）等。濒危保护种有花鳗鲡（*Anguilla marmorata*），属 IUCN 保护物种，是国家 II 级保护动物，《中国濒危动物红皮书》保护物种中濒危 EN 级别；小口白甲鱼（*Onychostoma lini*），属 IUCN 保护物种中易危 VU 级别。该类型区出现南方白甲鱼（*Onychostoma gerlachi*）、似鲮小鳔鮈（*Microphysogobio labeoides*）、吻鮈（*Rhinogobio typus*）、银鮈（*Squalidus argentatus*）、美丽小条鳅（*Traccatichthys pulcher*）等特征种，这些种多为底栖性鱼类，喜栖息于水体的中、下层。总体而言，该类型区物种数较少，水温较高，流速较快。

10.9.4　水生态功能

冬暖淡水急流大河河段汇水面积大，水面开阔，水体较深，河道比降较大，水流较快，故水量供给、水量调节、物质输送、水能提供、污染消纳、航运支持、气候调节、渔业生产能力强；洪水调蓄能力弱。由于汇聚了大量上游来水，经过多年的防洪工程建设，防洪能力一般较强。该类型水生态系统水生态功能特征如表 10-9 所示。

表 10-9　冬暖淡水急流大河水生态功能特征表

类型＼级别	强	中	弱
生物多样性维持	花鳗鲡（*Anguilla marmorata*）、小口白甲鱼（*Onychostoma lini*）	浮游藻类：粗壮双菱藻（*Surirella robusta*）、二角盘星藻大孔变种（*Pediastrum duplex var. clathratum*）等 底栖动物：匙指虾科（Atyidae）、摇蚊亚科（Chironominae）等 鱼类：南方白甲鱼（*Onychostoma gerlachi*）、似鲮小鳔鮈（*Microphysogobio labeoides*）、吻鮈（*Rhinogobio typus*）、银鮈（*Squalidus argentatus*）、美丽小条鳅（*Traccatichthys pulcher*）等	耐污种或入侵种
生境维持	稀有特征生境	底质类型多样、河道比降大、水体流速整体较快；河岸带周围土地利用方式多样，受人类活动干扰较大；水温较高，水质相对较差	

续表

类型\级别	强	中	弱
物质输送	大量输送		
污染消纳	消减稀释污染物	容纳污染物	
洪水调蓄		漫滩、湿地、曲流偶发育	峡谷、渠道
航运支持		零星航行	不可航行
休闲娱乐	可接触	可靠近观赏	水体景观维持存在
渔业生产		自我消费为主	
水资源支持	饮用水	工农业及景观用水	排污河道
水量供给	大河		
水量调节	干流级调节	大支流级调节	
水能提供	可供大中型发电	可供小型发电	
气候调节	形成显著小气候	形成较弱小气候	
防洪		偶有小型防洪堤坝	无防洪堤坝

注：未填写表示该类型河段一般不具备相应类型和级别的水生态功能

10.9.5 水生态保护目标

（1）水生生物保护目标

保护种（鱼类）：①花鳗鲡（*Anguilla marmorata*），属IUCN保护物种，是国家二级保护动物，《中国濒危动物红皮书》保护物种中濒危EN级别。花鳗鲡分布于我国长江下游及以南的钱塘江、灵江、瓯江、闽江、九龙江、台湾到广东、海南岛及广西等地江河；国外北达朝鲜南部及日本九州，西达东非，东达南太平洋的马贵斯群岛，南达澳大利亚南部，曾在本类型区内的干流龙川段有分布，目前踪迹罕见。生活在水质良好，河道通畅的环境中，是典型降河洄游鱼类。②小口白甲鱼（*Onychostoma lini*），属IUCN保护物种中易危VU级别，珠江水系和湖南的沅江水系有分布。类型区内的龙川段水域有分布，喜清洁且流速较高的水生境，为江河流水生活的鱼类，个体较小。

保护种（两栖爬行）：①三索锦蛇（*Elaphe radiata*），《中国濒危动物红皮书》保护物种濒危（EN）级别。该类型区内增城附近有分布，现已少见。生活于450 ~ 1400 m的平原、山地、丘陵地带，常见于田野、山坡、草丛、石堆、路边、池塘边，有时也闯进居民点内。11月至次年3月为冬眠期，冬眠初醒时，常伏地等待阳光照射。行动敏捷，性较凶猛，遇人则攻击状。昼夜活动。受惊时可似眼镜蛇那样竖起体前部，并能发出嗞嗞声响。主要捕食鼠类，也食蜥蜴、蛙类及鸟类，甚至取食蚯蚓，卵生。②黑斑水蛇（*Enhydris* bennettii），该物种已被列入中国国家林业局 2000 年 8 月 1 日发布的《国家保护的有益的或者有重要经济、科学研究价值的陆生野生动物名录》。在福建、香港及海南等地分布，以及印度尼西亚爪哇岛等地分布。类型区内增城附近有分布，现已少见。生活于沿岸河口地带碱水或半碱水中。以鱼为食物，卵胎生。

本类型区鱼类代表性种群有南方白甲鱼（*Onychostoma gerlachi*）、似鲮小鳔鮈（*Microphysogobio labeoides*）、吻鮈（*Rhinogobio typus*）、银鮈（*Squalidus argentatus*）、美丽小条鳅（*Traccatichthys pulcher*）；底栖动物群落代表有萝卜螺属（*Radix*）、长臂虾科（Palaemonidae）；浮游藻类群落代表有粗壮双菱藻（Surirella robusta）、直链藻属（*Melosira*）。

生境保护及水质目标建议：该类型河段主要为干流龙川段，增江中游和秋香江下游。河岸植被覆盖率相对较低，该类型区水体中多有排放废水的情况，氮、磷指标浓度较高，已逐步成为主要水源污染物。该类型区域人类干扰严重，城镇用地和农业用地迅速增加。其生境保护以恢复其自然生境为主。该类型区属于城镇地带，经济发展相对较快，丘坡旱地与经济林开发造成地表覆盖度降低，增加水土流失的潜在威胁，加之河流底质过渡挖沙，使得底栖生境和水生境遭到严重破坏，严重干扰了东江流域水生生物的生存环境，使得水生生物生存空间被大量挤占，洄游通道被切断等。所以综合协调该类型流域管理机制尤为重要。首先，加强城市污水集中处理，提高污水处理率，加强污染控制，消减外源污染物排放。其次，调整产业结构，加强清洁生产，引导工业产业向轻污染、无污染、低耗能方向转变。再次，合理调整土地利用比例，加强科学的景观配置，提高土地利用管理和生态恢复措施，建立一定的缓冲带，充分发挥水生植被净化、降解功能。最后，建立特征水生生物栖息地保障区域，如特征鱼类洄游孵化区域，河岸带水生植物保护区等。该类型区域整体目标为：沿河森林茂密，湿地发育，水质清澈洁净，使鱼类、鸟类和底栖生物重返家园。加强河流的自然美学价值，保护河流的自然美和保护人类与自然长期协同进化所形成的历史人文景观，自然曲折的河道线型能缓冲洪水的流速，降低洪水对护岸的冲刷，并满足人类对其的依赖。水质目标方面，根据参考点特征，建议参照Ⅲ类水质标准进行保护及管理（如溶解氧达到 5 mg/L，高锰酸盐指数不超过 6 mg/L，氨氮不超过 1 mg/L，总磷不超过 0. 2 mg/L，总氮不超过 1 mg/L）。

（2）生态功能保护目标

此类河段通常能发挥较高的综合水生态功能，如物质输送、污染消纳、水资源支持、水量供给、生境维持和生物多样性维持等。此类河段虽不是清洁水源的主要供给区，但却是重要输送区。建议对此类河段实施以保护为优先的综合管理措施，维持低水平的人类活动强度。

10. 9. 6　区内亚类特征

以河段综合土地利用影响程度划分压力亚类，该类型河段均属于轻压力亚类，说明该类型河段均属于轻压力类。以水（环境）功能区划分亚类，该类型河段有 47. 4% 的河段属于保护区，52.6%的河段属于保留区，无缓冲区、开发利用区和未确定功能区，说明该类型河段在水质管理中以保护和保留为主要功能。以水（环境）功能区划水质管理目标划分亚类，该类型河段水质管理目标有100%的河段为Ⅱ类水质，说明该类型河段在水质目标管理方面所面临的压力较小。以自然保护区划分亚类，该类型河段有15.8%的河段流经自然保护区，84.2%的河段未流经自然保护区，说明该类型河段具有一定的生态重要性。

10.9.7 相关照片

冬暖淡水急流大河生态系统景观实景如照片09-1～照片09-4所示。

照片09-1

照片09-2

照片09-3

照片09-4

10.10 冬暖淡水缓流河溪（编码：10）

10.10.1 地理位置与分布

该类型区主要分布于东莞市、深圳市、博罗县、增城市、东源县、龙门县、惠东县、惠阳区、紫金县、惠城区、源城区、连平县、和平县、龙川县、新丰县等县市境内。从水系构成看，该类型区主要分布在浰江和平段、公庄河博罗段、新丰江、秋香江紫金段、西枝江惠东段、增江增城段等水系。河段中点汇流面积为 20 ~ 50 km^2，平均汇流面积为 29 km^2，汇流尺度属于河溪级别。

10.10.2 陆域及水体特征

（1）区内陆域特征

该类型区河段汇水单元海拔主要为 25 ~ 458 m，平均海拔为 111 m，其中海拔低于 50 m、50 ~ 200 m、200 ~ 500 m、500 ~ 1000 m 和高于 1000 m 的地域面积占河段汇水总面积的百分比分别为 33.9%、40.8%、21.6%、3.6% 和 0.1%。其河段汇水单元平均坡度为 9°，其中坡度小于 7°的平地面积占该类型区河段汇水总面积的 52.7%，坡度为 7° ~ 15°的缓坡地面积占 25.0%，坡度大于 15°的坡地面积占 22.3%。根据全国 1∶1 000 000 地貌类型图，该类型区河段汇水面积内地貌类型以侵蚀剥蚀小起伏低山为主，占河段汇水总面积的 24.2%，其次为侵蚀剥蚀低海拔高丘陵，占 14.7%，再次为侵蚀剥蚀中起伏低山，占 11.2%。该类型区河段对应汇水单元的平均 NDVI 为 0.57，植被覆盖情况较好。以该类型区汇水单元总面积计算，城镇用地面积比例为 15.5%，农田（耕地及园地）面积比例为 19.0%，林草地面积比例为 61.6%，水体面积比例为 3.5%，其他用地面积比例为 0.5%。总体而言，土地利用类型以林地和农田为主，存在一定人类活动干扰。

（2）区内水体生境特征

该类型区河段河道中心线海拔为 0 ~ 300 m，平均海拔为 34 m。河道中心线坡度为 1.0° ~ 4.9°，平均坡度为 2.2°，因而大部分河段的比降相对较小，平均流速相对较慢，属于缓流水体。冬季背景气温在 12.1 ~ 15.8℃，平均气温为 14.5℃，故平均水温相对较高。河岸带植被覆盖较好。此类生境较适宜山溪缓流清水型水生生物生存。经随机采样实测，该类型区水体平均电导率为 243.7 μs/cm，最大电导率为 1043 μs/cm，最小电导率为 26.6 μs/cm。参考《地表水环境质量标准》（GB 3838—2002），高锰酸盐指数平均达到Ⅱ类水质标准，溶解氧平均达到Ⅱ类水质标准，总磷平均达到为Ⅱ类水质标准，总氮平均达到Ⅳ类水质标准，氨氮水质平均达到Ⅱ类水质标准。说明该类型河段水质主要受总氮的影响。

10.10.3 水生生物特征

（1）浮游藻类特征

该类型区共鉴定出浮游藻类 7 门 57 属 95 种，细胞丰度平均值为 43.77×10^4 cells/L，最大细胞丰度为 682.44×10^4 cells/L，最小细胞丰度为 0.42×10^4 cells/L。叶绿素 a 平均值

为9.24 μg/L，最大值为22.60 μg/L，最小值为2.67 μg/L。在种类组成上，以蓝藻门为主，其次为绿藻门、硅藻门，优势属分别为颤藻属（*Oscillatoria*）、平裂藻属（*Merismopedia*）、栅藻属（*Scenedesmus*）、菱形藻属（*Nitzschia*）、舟形藻属（*Navicula*）等。该类型区出现卷曲单针藻（*Monoraphidium circinale*）、尖头藻（*Raphidiopsis* sp.）、谷皮菱形藻（*Nitzschia palea*）等特征种，这些种喜较浅且较为温暖的水体。总体而言，该类型区气候温暖，属于较浅的源头溪流，水质较好。

（2）底栖动物特征

该类型区底栖动物的分类单元总数为10个，平均密度为48.2 ind/m^2，最大密度为86.2 ind/m^2，最小密度为19.5 ind/m^2。平均生物量为11.8 g/m^2，最高生物量为56.7 g/m^2，最低生物量为3.1 g/m^2。Shannon-Wiener多样性指数为2.35。该类型区优势类群有匙指虾科（Atyidae）、环棱螺属（*Bellamya*）、短沟蜷属（*Semisulcospira*）等；指示类群有匙指虾科（Atyidae）、石蝇科（Perlidae）、新蜉科（Nemouridae），为清洁-中等水体指示类群。该类型区出现纹石蛾科（Hydropsychidae）、大蚊科（Tipulidae）、四节蜉科（Baetidae）等特征类群。EPT分类单元数为5个，占该类型区内分类单元数的比例为16%。以上特征反映了该类型区底质多样化、河道比降小、水体流速较缓、河岸带生境自然、植被覆盖率高的生境特点。总体而言，该类型区底栖动物多样性高，EPT种类多，水质清洁良好，生境自然，河岸带植被覆盖率高，水体受人为干扰较少。

（3）鱼类特征

在该类型区上共鉴定出鱼类19科56属69种。该类型河段优势种有鲫（*Carassius aurtus*）、䱗（*Hemiculter leucisculus*）、草鱼（*Ctenopharyngodon idella*）、赤眼鳟（*Squaliobarbus curriculus*）、黄鳝（*Monopterus albus*）、黄尾鲴（*Xenocypris davidi*）等。保护种有平头岭鳅（*Oreonectes platycephalus*），属两广特有种；三线拟鲿（*Pseudobagrus trilineatus*），属广东和香港特有种。该类型区出现长吻鲭（*Hemibarbus longirostris*）、太湖新银鱼（*Neosalanx taihuensis*）、条纹小鲃（*Puntius semifasciolatus*）等特征种，这些种喜栖息于平原河川淡水缓流、底质多为沙砾的水体中。总体而言，该类型区鱼类物种较丰富，水温较高，流速较慢，物种对生境要求较高。

10.10.4 水生态功能

冬暖淡水缓流河溪由于汇水面积小，水量供给、水量调节、物质输送能力弱。由于水体较浅、河道狭窄，航运支持、气候调节、渔业生产能力弱。由于面临洪水威胁一般不大，防洪能力弱。由于比降较小，水流缓慢，水能提供、污染消纳能力弱，洪水调蓄能力强。该水生态系统水生态功能特征如表10-10所示。

表 10-10 冬暖淡水缓流河溪水生态功能特征表

类型＼级别	强	中	弱
生物多样性维持	平头岭鳅（*Oreonectes platycephalus*）、三线拟鲿（*Pseudobagrus trilineatus*）	浮游藻类：卷曲单针藻（*Monoraphidium circinale*）、尖头藻（*Raphidiopsis* sp.）、谷皮菱形藻（*Nitzschia palea*）等 底栖动物：纹石蛾科（Hydropsychidae）、大蚊科（Tipulidae）、四节蜉科（Baetidae）等 鱼类：长吻䱻（*Hemibarbus longirostris*）、太湖新银鱼（*Neosalanx taihuensis*）、条纹小鲃（*Puntius semifasciolatus*）等	耐污种或入侵种
生境维持	稀有特征生境	底质多样化，河道比降小、水体流速较缓，水温较高，河道周边多种土地利用方式，河岸带生境自然，植被覆盖率高，有轻微人类活动干扰，水质一般较差	强干扰或强改造生境
物质输送		一般输送	滞留过程明显
污染消纳	消减稀释污染物	容纳污染物	释放污染物
洪水调蓄		漫滩、湿地、曲流偶发育	
航运支持		零星航行	不可航行
休闲娱乐	可接触	可靠近观赏	水体景观维持存在
渔业生产		自我消费为主	不生产
水资源支持			排污河道
水量供给			河溪
水量调节			调节能力微弱
水能提供			水能微弱
气候调节			形成微弱小气候
防洪		偶有小型防洪堤坝	无防洪堤坝

注：未填写表示该类型河段一般不具备相应类型和级别的水生态功能

10.10.5 水生态保护目标

（1）水生生物保护目标

保护（鱼类）：①平头岭鳅（*Oreonectes platycephalus*），两广特有种。类型区内博罗县罗浮山山溪有分布，喜山区清洁溪流。底层鱼类，栖息于山溪，白昼藏匿石缝间，夜晚外出觅食水生昆虫。个体小，体长不超过 10 cm。多次性产卵，在自然条件下，4 月上旬开始繁殖，5～6 月为产卵盛期，一直延续到 9 月还可产卵。②三线拟鲿（*Pseudobagrus* trilineatus)，广东和香港特有种。类型区内博罗县罗浮山（模式产地）山溪有分布，生活在山区清洁溪流或沼泽。初级性淡水鱼类，多栖息于在淡水沼泽和河溪。

保护种（两栖爬行）：①紫灰锦蛇（*Elaphe porphyracea*），《中国濒危动物红皮书》保护物种易危（VU）级别，分布于江苏、浙江、安徽、福建、台湾、江西、湖南、广东、海南、广西、贵州东部。类型区内博罗县罗浮山有分布，生活于海拔200～2400 m山区的林缘、路旁、耕地、溪边及居民点，以小型啮齿类动物为食。卵生。属于夜间活动的蛇类，主要以鼠类等小型哺乳动物为食。②虎纹蛙（*Hoplobatrachus chinensis*），国家二级保护动物，在国内江苏、浙江、湖南、湖北、安徽、广东、广西、贵州、福建、台湾、云南、江西、海南、上海、河南、重庆、四川和陕西南部等地均有分布，在国外还见于南亚和东南亚一带。类型区内博罗县罗浮山有分布，对水质要求较高，生活在水质澄清、水生植物生长繁盛的溪流生境。属于水栖蛙类，白天多藏匿于深浅、大小不一的各种石洞和泥洞中，仅将头部伸出洞口，如有猎物活动，则迅速捕食之，若遇敌害则隐入洞中。虎纹蛙的食物种类很多，主要为鞘翅目昆虫。蜡皮蜥（*Leiolepis reevesii*），类型区内博罗有分布记载，现已少见。栖息环境主要为沿海沙地略有坡度的地方，掘穴而居，穴道深1 m左右，洞穴与地面成30°。一蜥一洞，雄性蜡皮蜥的洞穴一般在雌性附近。下雨前和傍晚回洞，用土封洞口。白天温度适宜时，出洞活动，觅食。遇到干扰立即窜入洞中，以昆虫为食物。卵生，一次6枚左右。

本类型区鱼类代表性种群有长吻䱻（*Hemibarbus longirostris*）、太湖新银鱼（*Neosalanx taihuensis*）、条纹小鲃（*Puntius semifasciolatus*），底栖动物群落代表有匙指虾科（Atyidae）、石蝇科（Perlidae）、新蜉科（Nemouridae），浮游藻类群落代表有尖头藻（*Raphidiopsis* sp.）、谷皮菱形藻（*Nitzschia palea*）。

生境保护及水质目标建议：该类型河段位于河流的上游，河流水质不仅影响其自身功能的发挥，也直接影响到下游的水质状况。该类型河段水质主要受总氮的影响，部分河段生境已经受到一定程度的干扰。因此要其生境保护首先控制农业等面源污染。同时，建议在受损河道两岸建设生态滨岸带，发挥生态滨岸带的缓冲作用，通过植物吸收、吸附、过滤、氧化还原等物理和生物化学作用来分解污染物，使面源污染物尽可能在生态滨岸带中被消化和吸收。在溪流治理中，由于河道不可能像城市公园或绿地那样来维护管理，因此除非有特殊景观要求，否则应尽量选择土生土长的本地植物，充分利用本地植物资源，建设原生态的河道。生境保护中要有意识地选用本地植物，其次，在栽种时要注意科学合理搭配，乔灌草结合，高低错落、疏漏有致、物种多样，尽量营造出一种原始、天然的原生态地貌。水质目标方面，根据参考点特征，建议参照Ⅱ类水质标准进行保护及管理（如溶解氧达到6 mg/L，高锰酸盐指数不超过4 mg/L，氨氮不超过0.5 mg/L，总磷不超过0.1 mg/L，总氮不超过0.5 mg/L）。

（2）生态功能保护目标

此类河段位于源头区域，通常能发挥较高的生境维持和生物多样性维持功能，但由于周边地势较为平缓，部分河段已经受到一定程度的人类活动干扰。建议对此类河段实行保护优先的管理措施，严格控制人类活动强度，尤其应加强对河漫滩的保护，实施退耕还滩等工程。

10.10.6　区内亚类特征

以河段综合土地利用影响程度划分压力亚类，该类型河段有 69.8% 属于轻压力亚类，21.4% 属于中压力亚类，8.8% 属于重压力亚类，说明该类型河段所受人类活动影响强，水生态状况有不同程度受损。以水（环境）功能区划分亚类，该类型河段有 2% 的河段属于保护区，0.4% 的河段属于保留区，1.2% 的河段属于开发利用区，96.4% 的河段属于未确定功能区，无河段属于缓冲区，说明该类型河段在水质管理中大部分未确定主体功能，而已确定主体功能的河段功能分配较均衡。以水（环境）功能区划水质管理目标划分亚类，该类型河段水质管理目标有 69.8% 的河段为Ⅱ类水质，17.9% 的河段为Ⅲ类水质，12.3% 的河段为Ⅳ类水质，说明该类型河段在水质目标管理方面的压力主要来自于高强度人类活动排放的污水。以自然保护区划分亚类，该类型河段有 19.4% 的河段流经自然保护区，80.6% 的河段未流经自然保护区，说明该类型河段具有一定的生态重要性。

10.10.7　相关照片

冬暖淡水缓流河溪生态系统景观实景如照片 10-1 ~ 照片 10-3 所示。

照片 10-1

照片 10-2

照片 10-3

10.11 冬暖淡水缓流中小河（编码：11）

10.11.1 地理位置与分布

该类型区主要分布于深圳市、博罗县、惠阳区、惠城区、新丰县、东莞市、增城市、和平县、东源县、连平县、龙门县、惠东县、紫金县、源城区、龙川县等市县区境内。从水系构成看，该类型区主要分布在浰水、公庄水、西枝江、秋香江、淡水河、石马河、增江以及干流河源段等水系。河段中点汇流面积为 50 ~ 989 km^2，平均汇流面积为 139 km^2，汇流尺度属于中小河级别。

10.11.2 陆域及水体特征

（1）区内陆域特征

该类型区河段汇水单元海拔主要为 24 ~ 308 m，平均海拔为 83 m，其中海拔低于 50 m、50 ~ 200 m、200 ~ 500 m、500 ~ 1000 m 和高于 1000 m 的地域面积占河段汇水总面积的百分比分别为 40.5%、39.9%、16.5%、3.0% 和 0.1%。其河段汇水单元平均坡度为 6°，其中坡度小于 7°的平地面积占该类型区河段汇水总面积的 60.3%，坡度为 7° ~ 15°的缓坡地面积占 22.4%，坡度大于 15°的坡地面积占 17.3%。根据全国 1∶1 000 000 地貌类型图，该类型区河段汇水面积内地貌类型以侵蚀剥蚀小起伏低山为主，占河段汇水总面积的 17.9%，其次为侵蚀剥蚀低海拔高丘陵，占 16.7%，再次为低海拔冲积平原，占 15.6%。该类型区河段对应汇水单元的平均 NDVI 为 0.53，植被覆盖情况较好。以该类型区汇水单元总面积计算，城镇用地面积比例为 17.9%，农田（耕地及园地）面积比例为 23.5%，林草地面积比例为 54.8%，水体面积比例为 3.4%，其他用地面积比例为 0.4%。总体而言，土地利用类型以林地和农田为主，人类活动干扰程度较强。

（2）区内水体生境特征

该类型区河段河道中心线海拔为 0 ~ 195 m，平均海拔为 31 m。河道中心线坡度为 0.1° ~5.0°，平均坡度为 2.1°，因而大部分河段的比降相对较小，平均流速相对较慢，属于缓流水体。冬季背景气温在 12.1 ~ 15.9℃，平均气温为 14.3℃，故平均水温相对较高。河岸带植被覆盖较好。此类生境较适宜缓流型水生生物生存。经随机采样实测，该类型区水体平均电导率为 218.4 μs/cm，最大电导率为 1582 μs/cm，最小电导率为 24.5 μs/cm；参考《地表水环境质量标准》（GB 3838—2002），高锰酸盐指数平均达到Ⅱ类水质标准，溶解氧平均达到Ⅱ类水质标准，总磷平均达到为Ⅲ类水质标准，总氮平均达到Ⅳ类水质标准，氨氮水质平均达到Ⅲ类水质标准。说明该类型河段水质主要受总氮的影响。

10.11.3　水生生物特征

（1）浮游藻类特征

该类型区共鉴定出浮游藻类 8 门 81 属 179 种，细胞丰度平均值为 48.99×10^4 cells/L，细胞丰度最大值为 1517.23×10^4 cells/L，细胞丰度最小值为 0.45×10^4 cells/L。叶绿素 a 平均值为 9.67 μg/L，最大值为 42.46 μg/L，最小值为 1.90 μg/L。在种类组成上，主要以绿藻门为主，其次为蓝藻门、硅藻门，优势属分别为栅藻属（*Scenedesmus*）、颤藻属（*Oscillatoria*）、平裂藻属（*Merismopedia*）、菱形藻属（*Nitzschia*）、十字藻属（*Crucigenia*）等。该类型区出现绿球藻（*Prochlorococcus* sp.）、卵圆双眉藻（*Amphora ovalis*）等特征种，这些种多见于具有一定富营养化的大中型水体。总体而言，该类型区表现出了一定的富营养化趋势，水质已经相对较差。

（2）底栖动物特征

该类型区底栖动物的分类单元总数为 7.5 个，平均密度为 50.2 ind/m^2，最大密度为 202.8 ind/m^2，最小密度为 2.1 ind/m^2。平均生物量为 5.3 g/m^2，最高生物量为 160.4 g/m^2，最低生物量为 0.2 g/m^2。Shannon-Wiener 多样性指数为 2.00。该类型区优势类群有萝卜螺属（*Radix*）、膀胱螺属（*Physa*）、匙指虾科（Atyidae）、环棱螺属（*Bellamya*）、长臂虾科（Palaemonidae）等；指示类群有颤蚓属（*Tubifex*）、水丝蚓属（*Limnodrilus*）、泽蛭属（*Helobdella*）、长角石蛾科（Leptoceridae）、石蝇科（Perlidae）、小蜉科（Ephemerellidae），为污染水体指示类群。该类型区出现细裳蜉科（Leptophlebiidae）、鱼蛉科（Corydalidae）、四节蜉科（Baetidae）、短丝蜉科（Siphlonuridae）、大蚊科（Tipulidae）、直突摇蚊亚科（Orthocladiinae）、摇蚊亚科（Chironominae）等特征类群。EPT 分类单元数为 1 个，占该类型区内分类单元数的比例为 7.1%。以上特征反映了该类型区底质多样化、河道比降小、水体流速较缓、河道周边土地利用方式多样、有轻微人类活动干扰的生境特点。总体而言，该类型区底质动物多样性低，EPT 种类较少，水质较差，河体受到一定程度的人类活动干扰。

(3) 鱼类特征

在该类型区上共鉴定出鱼类22科72属90种。该类型河段优势种有泥鳅（*Misgurnus* anguillicaudatus）、鳘（*Hemiculter leucisculus*）、黄鳝（*Monopterus albus*）、鲫（Carassius aurtus）、赤眼鳟（*Squaliobarbus curriculus*）、胡子鲇（*Clarias fuscus*）等。保护种有伍氏半鳘（*Hemiculterella wui*），属小型经济鱼类，为中国特有种；长体小鳔鮈（*Microphysogobio elongata*），属中国特有种；海丰沙塘鳢（*Odontobutis haifengensis*），属广东特有种。该类型区出现翘嘴鳜（*Siniperca chuatsi*）、中国少鳞鳜（*Coreoperca whiteheadi*）、泥鳅（*Misgurnus anguillicaudatus*）、伍氏半鳘（*Hemiculterella wui*）等特征种，这些种喜栖息于水流缓慢的山涧溪流以及底质为砾石的清水环境。总体而言，该类型区物种非常丰富，水温较高，流速较慢，物种对水质要求较高。

10.11.4 水生态功能

冬暖淡水缓流中小河由于汇水面积中等，水量供给、水量调节、物质输送能力中等。部分河道具备航运条件，航运支持能力中等。由于水体较浅、河道较窄，气候调节、渔业生产能力较弱。由于面临洪水威胁一般，防洪能力中等。由于比降较小，水流缓慢，水能提供、污染消纳能力弱，洪水调蓄能力强。该水生态系统水生态功能特征如表10-11所示。

表10-11　冬暖淡水缓流中小河水生态功能特征表

类型＼级别	强	中	弱
生物多样性维持	伍氏半鳘（*Hemiculterella wui*）、长体小鳔鮈（*Microphysogobio elongata*）、海丰沙塘鳢（*Odontobutis haifengensis*）	浮游藻类：绿球藻（*Prochlorococcus* sp.）、卵圆双眉藻（*Amphora ovalis*）等 底栖动物：细裳蜉科（Leptophlebiidae）、鱼蛉科（Corydalidae）、四节蜉科（Baetidae）、短丝蜉科（Siphlonuridae）、大蚊科（Tipulidae）、直突摇蚊亚科（Orthocladiinae）、摇蚊亚科（Chironominae）等 鱼类：翘嘴鳜（*Siniperca chuatsi*）、中国少鳞鳜（*Coreoperca whiteheadi*）、泥鳅（*Misgurnus anguillicaudatus*）、伍氏半鳘（*Hemiculterella wui*）等	耐污种或入侵种
生境维持	稀有特征生境	底质多样化，河道比降小、水体流速较缓，水温较高，河道周边多种土地利用方式，有轻微人类活动干扰，水质一般较差	

续表

类型 \ 级别	强	中	弱
物质输送		一般输送	滞留过程明显
污染消纳	消减稀释污染物	容纳污染物	
洪水调蓄	漫滩、湿地、曲流较发育	漫滩、湿地、曲流偶发育	
航运支持		零星航行	
休闲娱乐	可接触	可靠近观赏	水体景观维持存在
渔业生产		自我消费为主	
水资源支持	饮用水	工农业及景观用水	排污河道
水量供给		中小河	
水量调节			调节能力微弱
水能提供			水能微弱
气候调节		形成较弱小气候	形成微弱小气候
防洪		偶有小型防洪堤坝	

注：未填写表示该类型河段一般不具备相应类型和级别的水生态功能

10.11.5　水生态保护目标

(1) 水生生物保护目标

保护（鱼类）：①伍氏半䱗（*Hemiculterella wui*），中国特有种，属小型经济鱼类，分布于珠江水系及浙江等。类型区内分布于石马河，属中上层鱼类，个体较小，常见体长 8 ~140 mm。②长体小鳔鮈（*Microphysogobio elongata*），中国特有种，分布于珠江水系。类型区内西枝江有分布，喜居水体底层，小型鱼类，个体小且纤细，无经济价值。③海丰沙塘鳢（*Odontobutis haifengensis*），广东特有种，广东龙津河水系及东江水系分布。类型区内龙川附近水域有分布，属暖水性鱼类。

保护种（两栖爬行）：①三索锦蛇（*Elaphe radiata*），《中国濒危动物红皮书》保护物种濒危（EN）级别，国内分布于云南、贵州、福建、广东、广西，国外分布于印尼、马来西亚、缅甸、锡金、印度。类型区内增城地区有分布，现已少见。生活于 450 ~ 1400 m 的平原、山地、丘陵地带，常见于田野、山坡、草丛、石堆、路边、池塘边，有时也闯进居民点内。11 月至次年 3 月为冬眠期，冬眠初醒时，常伏地等待阳光照射。行动敏捷，性较凶猛，遇人则攻击状。昼夜活动。主要捕食鼠类，也食蜥蜴、蛙类及鸟类，甚至取食蚯蚓，卵生。②黑斑水蛇（*Enhydris bennettii*），该物种已被列入中国国家林业局 2000 年 8 月 1 日发布的《国家保护的有益的或者有重要经济、科学研究价值的陆生野生动物名录》。中国福建、香港及海南及印度尼西亚爪哇岛等地分布，类型区内增城附近有分布，现已少见。生活于沿岸河口地带咸水或半咸水中。以鱼为食，卵胎生。

本类型区鱼类代表性种群有翘嘴鳜（*Siniperca chuatsi*）、中国少鳞鳜（*Coreoperca whiteheadi*）、泥鳅（*Misgurnus anguillicaudatus*）、伍氏半䱗（*Hemiculterella wui*），底栖动物群落代表有长角石蛾科（Leptoceridae）、石蝇科（Perlidae）、小蜉科（Ephemerellidae），浮游藻类群落代表有卵圆双眉藻（*Amphora ovalis*）、菱形藻属（*Nitzschia*）。

生境保护及水质目标建议：此类河段由于周边地势较为平缓，人类活动干扰强度较高，部分河段已经受到一定程度的人为干扰。因此改善该类型河段的河岸和河道底质对生境维持具有重要作用。在河岸方面，要保持河水与两岸陆地的顺畅交流，多采用生态护坡护岸技术，尽量少用硬质化材料护砌。比如在河道岸坡缓、水流慢处采用草地、乔木和灌木护岸，或采用高孔隙率的天然透水材料或透水混凝土空腔预制砌块结构。生态护坡护岸能减轻河道岸坡侵蚀，增强河床边坡稳定性和抗冲刷能力，同时减少对动植物生存环境的影响。在河道底质方面，对底泥进行生物修复，能够有效地减少河道污染负荷，同时，强化河道的自净功能。比如将某些固定化微生物用于污染的底泥中，可降低底泥厚度，同时降低水体和底泥中的 COD、NH_3-N 和 TP 含量。采用净化促生液对水环境进行修复，可逐渐增加底泥中的生物多样性，减少有机物的含量，主要微生物类群则由厌氧型向好氧型演替，增加水体的生物多样性。水质目标方面，根据参考点特征，建议参照Ⅲ类水质标准进行保护及管理（如溶解氧达到 5 mg/L，高锰酸盐指数不超过 6 mg/L，氨氮不超过 1 mg/L，总磷不超过 0.2 mg/L，总氮不超过 1 mg/L）。

（2）生态功能保护目标

此类河段通常能发挥较高的生境维持和生物多样性维持功能，但由于周边地势较为平缓，部分河段已经受到一定程度的人类活动干扰。加之部分河段位于南部平原城市区，人类活动干扰强度较高。建议对此类河段实行保护和修复为主的分类管理措施，对现有人类活动干扰较小的河段执行优先保护策略，对现有人类活动干扰较大的河段积极开展生态修复。

10.11.6 区内亚类特征

以河段综合土地利用影响程度划分压力亚类，该类型河段有 65.9% 属于轻压力亚类，22.1% 属于中压力亚类，12.0% 属于重压力亚类，说明该类型河段所受人类活动影响强，水生态状况有不同程度受损。以水（环境）功能区划分亚类，该类型河段有 10.1% 的河段属于保护区，11.4% 的河段属于保留区，0.3% 的河段属于缓冲区，8.2% 的河段属于开发利用区，70% 的河段属于未确定功能区，说明该类型河段在水质管理中大部分未确定主体功能，而已确定主体功能的河段功能分配较均衡。以水（环境）功能区划水质管理目标划分亚类，该类型河段水质管理目标有 77.3% 的河段为Ⅱ类水质，13.2% 的河段为Ⅲ类水质，9.5% 的河段为Ⅳ类水质，说明该类型河段在水质目标管理方面的压力主要来自于高强度人类活动排放的污水。以自然保护区划分亚类，该类型河段有 10.4% 的河段流经自然保护区，89.6% 的河段未流经自然保护区，说明该类型河段具有一定的生态重要性。

10.11.7　相关照片

冬暖淡水缓流中小河生态系统景观实景如照片 11-1 ~ 照片 11-4 所示。

照片 11-1

照片 11-2

照片 11-3

照片 11-4

10.12　冬暖淡水缓流大河（编码：12）

10.12.1　地理位置与分布

该类型区主要分布于东莞市、东源县、惠阳区、惠城区、增城市、博罗县、惠东县、连平县、新丰县、龙川县、和平县、源城区、紫金县、龙门县等市区县境内。从水系构成看，该类型区主要分布在浰水、秋香江、西枝江、增江、石马河、公庄水、干流龙川至惠州段等水系。河段中点汇流面积为 1013 ~ 25561 km^2，平均汇流面积为 2762 km^2，汇流尺度属于大河级别。

10.12.2 陆域及水体特征

(1) 区内陆域特征

该类型区河段汇水单元海拔主要为 15 ~ 213 m，平均海拔为 53 m，其中海拔低于50 m、50 ~ 200 m、200 ~ 500 m 和 500 ~ 1000 m 的地域面积占河段汇水总面积的百分比分别为 55.0%、35.1%、9.0%和 0.9%。其河段汇水单元平均坡度为 5°，其中坡度小于 7°的平地面积占该类型区河段汇水总面积的 67.9%，坡度为 7° ~ 15°的缓坡地面积占 20.4%，坡度大于 15°的坡地面积占 11.7%。根据全国 1∶1 000 000 地貌类型图，该类型区河段汇水面积内地貌类型以侵蚀剥蚀小起伏低山为主，占河段汇水总面积的 16.6%，其次为侵蚀剥蚀低海拔高丘陵，占 13.9%，再次为侵蚀剥蚀低海拔低丘陵，占 13.1%。该类型区河段对应汇水单元的平均 NDVI 为 0.44，植被覆盖情况较差。以该类型区汇水单元总面积计算，城镇用地面积比例为 16.9%，农田（耕地及园地）面积比例为 25.5%，林草地面积比例为 48.2%，水体面积比例为 8.8%，其他用地面积比例为 0.6%。总体而言，土地利用类型以林地和农田为主，人类活动干扰程度较强。

(2) 区内水体生境特征

该类型区河段河道中心线海拔为 0 ~ 117 m，平均海拔为 22 m。河道中心线坡度为 0° ~5.0°，平均坡度为 1.9°，因而大部分河段的比降相对较小，平均流速相对较慢，属于缓流水体；冬季背景气温为 12.4 ~ 15.3℃，平均气温为 14.4℃，故平均水温相对较高；河岸带植被覆盖较差，此类生境较适宜缓流耐污型水生生物生存。经随机采样实测，该类型区水体平均电导率为 93.3 μs/cm，最大电导率为 882 μs/cm，最小电导率为 26.6 μs/cm。参考《地表水环境质量标准》（GB 3838—2002），高锰酸盐指数平均达到Ⅱ类水质标准，溶解氧平均达到Ⅱ类水质标准，总磷平均达到为Ⅱ类水质标准，总氮平均达到Ⅴ类水质标准，氨氮水质平均达到Ⅲ类水质标准。说明该类型河段水质主要受总氮、氨氮的影响。

10.12.3 水生生物特征

(1) 浮游藻类特征

该类型区共鉴定出浮游藻类 7 门 73 属 133 种，细胞丰度平均值为 31.02×10^4 cells/L，细胞丰度最大值为 2127.84×10^4 cells/L，细胞丰度最小值为 0.72×10^4 cells/L。叶绿素 a 平均值为 9.25 μg/L，最大值为 39.10 μg/L，最小值为 3.30 μg/L。在种类组成上，以蓝藻门为主，其次为绿藻门、硅藻门，优势属分别为颤藻属（*Oscillatoria*）、栅藻属（*Scenedesmus*）、隐藻属（*Cryptomonas*）、菱形藻属（*Nitzschia*）、直链藻属（*Melosira*）等。该类型区出现空球藻（*Eudorina elegans*）、镰形纤维藻（*Ankistrodesmus falcatus*）、拟鱼腥藻（*Anabaenopsis* sp.）等特征种，这些种包括多种耐污种，多出现在高富营养化的缓流型水体中，并且伴有分层出现。总体而言，该类型区属于较深的干流大河，水流速较慢，富营养化严重，水质差。

（2）底栖动物特征

该类型区底栖动物的分类单元总数为 4 个，平均密度为 10.1 ind/m^2，最大密度为 31.5 ind/m^2，最小密度为 1.7 ind/m^2。平均生物量为 5.1 g/m^2，最高生物量为 64.8 g/m^2，最低生物量为 0.2 g/m^2。Shannon-Wiener 多样性指数为 0.90。该类型区优势类群有摇蚊亚科（Chironominae）、蚬属（*Corbicula*）等；指示类群有匙指虾科（Atyidae）、摇蚊亚科（Chironominae），为中等-污染水体指示类群。该类型区出现短沟蜷属（*Semisulcospira*）、萝卜螺属（*Radix*）、长臂虾科（Palaemonidae）、匙指虾科（Atyidae）等特征类群。该类型河段未出现 EPT 等清洁指示类群。以上特征反映了该类型区底质泥沙为主、河道比降小、水体流速整体较缓、水体盐度高、河岸带周围以城镇为主、受人类活动干扰较大的生境特点。总体而言，该类型区底栖动物多样性低，无 EPT 种类，水质差，水体受人为干扰较大，河岸带周边土地利用方式多样，影响底栖动物生存。

（3）鱼类特征

在该类型区上共鉴定出鱼类 21 科 65 属 81 种。该类型河段优势种有泥鳅（*Misgurnus anguillicaudatus*）、䱗（*Hemiculter leucisculus*）、鲫（*Carassius aurtus*）、胡子鲇（*Clarias fuscus*）、黄尾鲴（*Xenocypris davidi*）、麦穗鱼（*Pseudorasbora parva*）等。濒危保护种有异鱲（*Parazacco spihurus*），属 IUCN 保护名单易危（VU）级别和《中国濒危动物红皮书》保护物种易危（VU）级别；台细鳊（*Rasborinus formosae*），属《中国濒危动物红皮书》保护物种易危（VU）级别；月鳢（*Channa asiatica*），属江西省级重点保护野生动物。该类型区出现越南鱊（*Acheilognathus tonkinensis*）特征种，该种喜栖息于泥沙底质、多水草的河流浅水区。总体而言，该类型区物种丰富，水温较高，流速较慢。

10.12.4　水生态功能

冬暖淡水缓流大河由于汇水面积大，水量供给、水量调节、物质输送能力强。由于水面开阔、水体较深，航运支持、气候调节、渔业生产能力强。由于汇聚了大量上游来水，经过多年的防洪工程建设，防洪能力一般较强。由于比降较小，水流缓慢，水能提供、污染消纳能力弱，洪水调蓄能力强。该水生态系统水生态功能特征如表 10-12 所示。

表 10-12　冬暖淡水缓流大河水生态功能特征表

类型＼级别	强	中	弱
生物多样性维持	异鱲（*Parazacco spihurus*）、台细鳊（*Rasborinus formosae*）、月鳢（*Channa asiatica*）	浮游藻类：空球藻（*Eudorina elegans*）、镰形纤维藻（*Ankistrodesmus falcatus*）、拟鱼腥藻（*Anabaenopsis* sp.）等 底栖动物：短沟蜷属（*Semisulcospira*）、萝卜螺属（*Radix*）、长臂虾科（Palaemonidae）、匙指虾科（Atyidae）等 鱼类：越南鱊（*Acheilognathus tonkinensis*）等	耐污种或入侵种
生境维持	稀有特征生境	较深的干流大河，水温较高，底质以泥沙为主，河道比降小、水体流速整体较缓；河岸带周边多种土地利用方式，受人类活动干扰较大，水质较差	强干扰或强改造生境
物质输送	大量输送		滞留过程明显
污染消纳	消减稀释污染物	容纳污染物	释放污染物
洪水调蓄	漫滩、湿地、曲流较发育	漫滩、湿地、曲流偶发育	
航运支持	主要航道	零星航行	
休闲娱乐	可接触	可靠近观赏	水体景观维持存在
渔业生产	商品性生产		
水资源支持	饮用水	工农业及景观用水	排污河道
水量供给	大河		
水量调节	干流级调节	大支流级调节	
水能提供			水能微弱
气候调节	形成显著小气候	形成较弱小气候	
防洪	有大中型防洪工程	偶有小型防洪堤坝	无防洪堤坝

注：未填写表示该类型河段一般不具备相应类型和级别的水生态功能

10.12.5　水生态保护目标

（1）水生生物保护目标

保护（鱼类）：①异鱲（*Parazacco spihurus*），属 IUCN 保护名单易危（VU）级别和《中国濒危动物红皮书》保护物种易危（VU）级别，广东南部河流、福建九龙江、漳河水系以及海南岛部分河流有分布。类型区内西枝江有分布，喜在水流清澈的水体中活动，或生活于山溪中，底质为沙质，水流缓慢水草丰富，伴生鱼类较少。所摄食的食物种类很多，主要是些藻类和浮游动物，植物叶片、轮虫和水生昆虫也较为常见，属于杂食性鱼类。②台细鳊（*Rasborinus formosae*），属《中国濒危动物红皮书》保护物种易危（VU）级别，分布于我国广西、海南岛等地。类型区内西枝江有分布，对于栖息环境具有较高的要求，生活在较清澈的静水或缓流水的小河、小溪中。属杂食性，以浮游动物、植物及小型无脊椎动物等为食。月鳢（*Channa asiatica*），江西省级重点保护野生动物，分布于越南、中国、菲律宾等。类型区内西枝江有分布，喜栖居于山区溪流，也生活在江河、沟塘等水体。为广温性鱼类，适应性强，生存水温为 1 ~ 38℃，最佳生长水温为 15 ~ 28℃。有喜阴暗、爱打洞、穴居、集居、残食的生活习性。为动物性杂食鱼类，以鱼、虾、水生昆虫等为食。生殖期为 4 ~ 6 月，产卵盛期为 5 ~ 7 月份。

本类型区鱼类代表性种群有越南鱊（*Acheilognathus tonkinensis*），底栖动物群落代表有匙指虾科（Atyidae）、摇蚊亚科（Chironominae），浮游藻类群落代表有菱形藻属（*Nitzschia*）、直链藻属（*Melosira*）。

生境保护及水质目标建议：该类型部分河段受人类活动影响大，污染问题突出，生境保护应注意创造多样性的生物栖息地和污染治理。栖息地建设方面应该开发和形成更多的类似增江湾那样的缓流滞流区，促使细泥沙颗粒落淤。具体做法包括把已经隔离的牛轭湖和江边湖泊湿地重新与江水连通，如西枝江牛轭湖大片水面尚未开发利用，通过江湖联通可以改善江湖生态。另外也可以在比较宽阔的江段建设丁坝群，使得丁坝群围绕形成的水域流速降低，细泥淤积形成浮泥层，局部发育水草。沿江建设一系列这样的生物栖息地可以显著改善东江中下游的生态条件，大幅度提高生物多样性。水污染治理方面，现有的二级处理不能有效的控制水体环境的恶化，这不仅是由于污水排放总量逐年增大，而且现有的二级处理技术对 N、P 等营养元素的处理率不大。虽然深度处理是防止富营养化和恢复水体功能的重要措施，但在我国全面进行三级处理是有难度的。因此将水利工程和生态工程相结合，在发展人工生物净化技术的同时，充分利用水体的自净能力，不仅符合生态系统物质循环及能量流动规律，也节省大量的财力和综合利用水肥资源。水利工程与生态工程建设相结合的办法，对水体富营养化的处理，雨水资源的利用，改善生态环境，涵养水源都有积极的意义，而且其良好的生态环境也可带来一定的经济效应。水质目标方面，根据参考点特征，建议总体参照Ⅲ类水质标准进行保护及管理（如溶解氧达到 5 mg/L，高锰酸盐指数不超过 6 mg/L，氨氮不超过 1 mg/L，总磷不超过 0.2 mg/L，总氮不超过 1 mg/L）。

（2）生态功能保护目标

此类河段通常能发挥较高的综合水生态功能，如物质输送、水资源支持、污染消纳、洪水调蓄、水量供给、航运支持、渔业生产、防洪、生境维持和生物多样性维持等。建议对此类河段实施综合管理，在不影响其他功能发挥的前提下，分区域强化和利用某几项水生态功能。例如，有的河段应着重强调防洪功能，有的河段应开辟为水源保护区，有的河段应强化河岸带恢复和保护等。此外，应始终保持此类河段的连通性，使洄游鱼类能够分布到更广阔的范围。

10.12.6　区内亚类特征

以河段综合土地利用影响程度划分压力亚类，该类型河段有 78.1% 属于轻压力亚类，13.1% 属于中压力亚类，8.8% 属于重压力亚类，说明该类型河段所受人类活动影响强，水生态状况有不同程度受损。以水（环境）功能区划分亚类，该类型河段有 10.9% 的河段属于保护区，49.3% 的河段属于保留区，2.2% 的河段属于缓冲区，33.3% 的河段属于开发利用区，4.3% 的河段属于未确定功能区，说明该类型河段在水质管理中各种功能分配较均衡。以自然保护区划分亚类，该类型河段有 8.7% 的河段流经自然保护区，91.3% 的河段未流经自然保护区，说明该类型河段具有一定的生态重要性。

10.12.7　相关照片

冬暖淡水缓流大河生态系统景观实景如照片 12-1 ~ 照片 12-3 所示。

照片 12-1

照片 12-2

照片 12-3

10.13　冬暖淡咸水缓流大河（编码：13）

10.13.1　地理位置与分布

该类型区主要分布于东莞市、增城市等市境内。从水系构成看，该类型区主要分布在河口三角洲等水系。河段中点汇流面积为 25 594 ~ 30 754 km^2，平均汇流面积为 30 000 km^2，汇流尺度属于大河级别。

10.13.2　陆域及水体特征

（1）区内陆域特征

该类型区河段汇水单元海拔主要为 0 ~ 13 m，平均海拔为 0 m，其中海拔低于 50 m 和 50 ~ 200 m 的地域面积占河段汇水面积的百分比分别为 99.9% 和 0.1%。其河段汇水单元平均坡度为 1°，其中坡度小于 7°的平地面积占该类型区汇水单元面积的 99.3%，坡度为 7° ~ 15°的缓坡地面积占 0.6%，坡度大于 15°的坡地面积占 0.1%。根据全国 1∶1 000 000 地貌类型图，该类型区河段汇水面积内地貌类型以低海拔冲积海积三角洲平原为主，占河段汇水面积的 84.9%，其次为河流，占 12.8%，再次为低海拔侵蚀剥蚀高台地等。该类型区河段汇水单元的平均 NDVI 为 0.04，植被覆盖情况低。以该类型区汇水单元面积计算，城镇用地面积比例为 53.9%；农田（耕地及园地）面积比例为 20.1%；林草地面积比例为 2.2%；水体面积比例为 23.7%；其他用地面积比例为 0.1%。总之，该类型区土地利用类型以城镇为主，人类活动干扰程度强。

（2）区内水体特征

该类型区河段河道中心线海拔为 0 ~ 1 m，平均海拔为 0 m。河道中心线坡度为 0° ~ 2.6°，平均坡度为 0.5°，因而大部分河段的比降相对较小，平均流速相对较慢，属于缓流水体；冬季背景气温在 14.8 ~ 15.1℃，平均气温为 14.9℃，故平均水温相对较高；河岸带植被覆盖低，此类生境较适宜缓流耐污耐盐型水生生物生存。经随机采样实测，该类型区水体平均电导率为 752.7 μs/cm，最大电导率为 8926.7 μs/cm，最小电导率为 93.6 μs/cm；参考《地表水环境质量标准》（GB 3838—2002），高锰酸盐指数平均达到Ⅱ类水质标准，溶解氧平均达到Ⅳ类水质标准；总磷平均达到为Ⅲ类水质标准；总氮平均达到劣Ⅴ类水质标准；氨氮水质平均达到Ⅳ类水质标准。说明该类型河段水质主要受总氮、氨氮的影响。

10.13.3 水生生物特征

(1) 浮游藻类特征

该类型区共鉴定出浮游藻类 8 门 63 属 113 种，细胞丰度平均值为 101.39×10^4 cells/L，细胞丰度最大值为 3494.70×10^4 cells/L，细胞丰度最小值为 0.69×10^4 cells/L。叶绿素 a 平均值为 19.61 μg/L，最大值为 39.05 μg/L，最小值为 8.70 μg/L。在种类组成上，主要以绿藻门为主，其次为蓝藻门、硅藻门，优势属分别为栅藻属（*Scenedesmus*）、平裂藻属（*Merismopedia*）、十字藻属（*Crucigenia*）、隐藻属（*Cryptomonas*）、小环藻属（*Cyclotella*）等。该类型区出现纤细新月藻（*Closteriumgracile*）、集星藻（*Actinastrumhantzschii*）、辐射圆筛藻（*Coscinodiscusradiatus*）等特征种，这些种常见于高富营养化水体中，流速较为缓慢），而且出现喜好半咸水物种。总体而言，该类型区水流速较慢，富营养化非常严重，水质差，且盐度较高。

(2) 底栖动物特征

该类型区底栖动物的分类单元总数为 3 个，平均密度为 2 ind/m^2，最大密度为 39.3 ind/m^2，最小密度为 0.7 ind/m^2。平均生物量为 2.9 g/m^2，最高生物量为 57 g/m^2，最低生物量为 0.1 g/m^2。Shannon-Wiener 多样性指数为 1.44。该类型区优势类群有蚬属（*Corbicula*）、角螺属（*Angulyagra*）、尾腮蚓属（*Branchiura*）、仙女虫属（*Nais*）等；指示类群有短沟蜷属（*Semisulcospira*）、尾腮蚓属（*Branchiura*），为污染水体指示类群。该类型区出现短沟蜷属（*Semisulcospira*）、尾腮蚓属（*Branchiura*）等特征类群。该类型河段未出现 EPT 等清洁指示类群。以上特征反映了该类型区底质泥沙为主，河道比降小、水体流速整体较缓；河岸带周围土地利用方式多种，受人类活动干扰较大的生境特点。总体而言，该类型区底栖动物多样性低，无 EPT 种类，水质差；水体受人为干扰较大，河岸带周边人类活动干扰强烈，影响底栖动物生存。

(3) 鱼类特征

在该类型区上共鉴定出鱼类 13 科，27 属，32 种。该类型河段优势种有斑鳢（*Channa maculata*）、斑纹舌虾虎鱼（*Glossogobius olivaceus*）、𩷏（*Hemiculter leucisculus*）、赤眼鳟（*Squaliobarbus curriculus*）、革胡子鲇（*Clarias gariepinus*）、广东鲂（*Megalobrama hoffmanni*）等。濒危保护种有鲮（*Cirrhina molitorella*），属于 IUCN 评估中近危（NT）级别，为中国南方特有种，是珠江水系常见鱼类；日本鳗鲡（*Anguilla japonica*），属于江西省省级重点保护野生动物；广东鲂（*Megalobrama hoffmanni*），为中国特有种；七丝鲚（*Coilia grayii*），为南方江河下游重要的经济鱼类。入侵种有下口鲇（*Hypostomus plecostomus*），应监测、控制其种群数量。该类型区出现斑纹舌虾虎鱼（*Glossogobius olivaceus*）、日本鳗鲡（*Anguilla japonica*）、花鲈（*Lateolabrax maculatus*）、乌塘鳢（*Bostrychus sinensis*）、李氏吻

虾虎鱼（*Rhinogobius leavelli*）、鲮（*Cirrhina molitorella*）等特征种，这些种多栖居于近海河口咸淡水区，喜水流缓慢、水温较高、盐度较高的水环境中。总体而言，该类型区物种数较少，水温较高，流速较慢，盐度较高，物种对生境要求较高。

10.13.4　水生态功能

冬暖淡咸水缓流大河由于汇水面积大，水量供给、水量调节、物质输送能力强；由于水面开阔、水体较深，航运支持、气候调节、渔业生产能力强；由于汇聚了大量上游来水，经过多年的防洪工程建设，防洪能力一般较强。由于比降较小，水流缓慢，水能提供、污染消纳能力弱，洪水调蓄能力强。由于位于河海过渡区域，生态地位特殊，生物多样性维持、生境维持功能强，主要表现为维持特征水生生物所赖以生存的淡咸水生境自然性和洄游通道通畅性。该水生态系统水生态功能特征如表 10-13 所示。

表 10-13　冬暖淡咸水缓流大河水生态功能特征表

级别 类型	强	中	弱
生物多样性维持	鲮（*Cirrhina molitorella*）、日本鳗鲡（*Anguilla japonica*）、广东鲂（*Megalobrama hoffmanni*）、七丝鲚（*Coilia grayii*）	浮游藻类：蓝隐藻属（*Chroomonas*）、纤细新月藻（*Closterium gracile*）、集星藻（*Actinastrum hantzschii*）、辐射圆筛藻（*Coscinodiscus radiatus*）等 底栖动物：短沟蜷属（*Semisulcospira*）、尾腮蚓属（*Branchiura*）等 鱼类：斑纹舌虾虎鱼（*Glossogobius olivaceus*）、日本鳗鲡（*Anguilla japonica*）、花鲈（*Lateolabrax japonicus*）、乌塘鳢（*Bostrychus sinensis*）、李氏吻虾虎鱼（*Rhinogobius leavelli*）、鲮（*Cirrhina molitorella*）、广东鲂（*Megalobrama hoffmanni*）、七丝鲚（*Coilia grayii*）等	尼罗罗非鱼（*Tilapia nilotica*）、下口鲇（*Hypostomus plecostomus*）、革胡子鲇（*Clarias gariepinus*）、麦瑞加拉鲮（*Cirrhinus cirrhosus*）
生境维持	稀有特征生境	水温较高，底质以泥沙为主、河道比降小、水体流速整体较缓，盐度较高，水体受人为干扰较大，河岸带周边人类活动干扰强烈，水质较差、富营养化严重	强干扰或强改造生境
物质输送	大量输送		滞留过程明显
污染消纳	消减稀释污染物	容纳污染物	释放污染物
洪水调蓄	漫滩、湿地、曲流较发育	漫滩、湿地、曲流偶发育	
航运支持	主要航道	零星航行	

续表

类型 \ 级别	强	中	弱
休闲娱乐	可接触	可靠近观赏	水体景观维持存在
渔业生产	商品性生产	自我消费为主	
水资源支持	饮用水	工农业及景观用水	排污河道
水量供给	大河		
水量调节	干流级调节	大支流级调节	调节能力微弱
水能提供			水能微弱
气候调节	形成显著小气候		
防洪	有大中型防洪工程	偶有小型防洪堤坝	

注：未填写表示该类型河段一般不具备相应类型和级别的水生态功能

10.13.5 水生态保护目标

（1）水生生物保护目标

保护（鱼类）：①鲮（*Cirrhina molitorella*），属于IUCN评估中近危（NT）级别，为中国南方特有种，是珠江水系常见鱼类。类型区内分布于东莞市东江干流，栖息于水温较高的江河中的中下层，偶尔进入静水水体中。对低温的耐力很差，水温在14℃以下时即潜入深水，不太活动；低于7℃时即出现死亡，冬季在河床深水处越冬。以着生藻类为主要食料，常以其下颌的角质边缘在水底岩石等物体上刮取食物，亦食一些浮游动物和高等植物的碎屑和水底腐殖物质。性成熟为2冬龄，生殖期较长，从3月开始，可延至8、9月。产卵场所多在河流的中、上游。②日本鳗鲡（*Anguilla japomica*），属江西省级重点保护野生动物，分布于马来半岛、朝鲜、日本和我国沿岸及各江口。类型区内河口区域有繁殖分布，为江河性洄游鱼类。生活于大海中，溯河到淡水内长大，后回到海中产卵，产卵期为春季和夏季。绝对产卵量70万~320万粒。鳗鲡常在夜间捕食，食物中有小鱼、蟹、虾、甲壳动物和水生昆虫，也食动物腐败尸体，更有部分个体的食物中发现有维管植物碎屑。摄食强度及生长速度随水温升高而增强，一般以春、夏两季为最高。③广东鲂（*Megalobrama hoffmanni*），中国特有种，珠江水系及海南岛有分布。类型区内河口区域有分布，喜欢生活在水草茂盛的江河缓流。生活在水体中下层，尤喜栖息于江河底质多淤泥或石砾的缓流处。杂食，喜食水生植物及软体动物。3~4月间产卵。④七丝鲚（*Coilia grayi*）：为南方江河下游重要的经济鱼类。类型区内河口区域有分布，产卵场位于莲花山、虎门、鸣啼门口，磨刀门的神湾、灯笼山一带，盐度上限为15‰，产卵期为5~7月，水温范围为21.3~30.5℃。

保护种（两栖爬行）：黑斑水蛇（*Enhydris bennettii*），该物种已被列入中国国家林业局 2000 年 8 月 1 日发布的《国家保护的有益的或者有重要经济、科学研究价值的陆生野生动物名录》。国内在福建、香港及海南等地分布，国外在印度尼西亚爪哇岛等地分布。类型区内东莞山地森林有分布，现已少见。生活于沿岸河口地带碱水或半碱水中。以鱼为食物，卵胎生。

本类型区鱼类代表性种群有斑纹舌虾虎鱼（*Glossogobius olivaceus*）、日本鳗鲡（*Anguilla japonica*）、花鲈（*Lateolabrax japonicus*）、乌塘鳢（*Bostrychus sinensis*）、李氏吻虾虎鱼（*Rhinogobius leavelli*）、鲮（*Cirrhina molitorella*）；底栖动物群落代表有短沟蜷属（*Semisulcospira*）；浮游藻类群落代表有辐射圆筛藻（*Coscinodiscus radiatus*），小环藻属（*Cyclotella*）。

生境保护及水质目标建议：水生生物生境的保护要结合该河段的水文特征、生态环境以及自然经济发展，从河口区的生态保护、河口的水沙调配、航运与治水相结合、治水与围垦相结合等方面入手。第一，控制河段周边的工业污染。在巩固与稳定重点污染源达标的同时，进一步加强对工业污染企业的监督管理，实施污染项目达标排放；采取积极措施，加快产业结构调整，积极推行清洁生产，提高能源、资源利用率；实行污染物总量控制，严格执行国家关于建设项目的环境影响评价制度。第二，治理近岸海域含油污水。在河口三角洲位置，近岸海域的含油污水会由潮汐作用和海水倒灌进入河段，导致该河段的生境严重污染。要严格控制含油污染源，逐步实现大型油轮和非油轮船舶相应的防污设备和器材的配置；各商用港口和渔港要建立含油废水处理设施，对往来船舶的含油污水实施集中处理。第三，整治河道采砂。划定河道砂石的可采区、禁采区；在可采区采砂一定要将环境保护摆在首要位置，分期、分步骤和适时、适度的采砂；逐步恢复因采砂破坏的生态环境。第四，整治渔樵。限制不科学的捕捞方式，严格控制捕捞强度；调整渔业产业结构，引导渔民转产、转业，开拓渔区第二、第三产业，促使捕捞劳力向海水养殖、远洋渔业、水产品精深加工、流通服务、休闲渔业转移。第五，保护沿岸防护林。该河段的防护林不仅具有防风、保持水土、涵养水源的功能，对于沿岸地区防灾、减灾和维护生态平衡起着重要作用。严禁乱砍滥伐，实施退塘还林；合理改善林相结果，控制林地总量。第六，控制滩涂围垦。滩涂围垦项目必须经过科学论证，严格执行环境影响审评制度；禁止破坏沿岸植被、生态环境以及水生生物洄游通道；尽快清理不符合规划的围垦工程。水质目标方面，根据参考点特征，建议参照Ⅲ类水质标准进行保护及管理（如溶解氧达到 5 mg/L，高锰酸盐指数不超过 6 mg/L，氨氮不超过 1 mg/L，总磷不超过 0.2 mg/L，总氮不超过 1 mg/L）。

（2）生态功能保护目标

此类河段通常能发挥较高的综合水生态功能，如物质输送、水资源支持、污染消纳、洪水调蓄、航运支持、渔业生产、防洪、生境维持和生物多样性维持等。特别地，此类河段处于河海过渡的位置，拥有流域内独特而少有的淡咸水生境，同时还是洄游鱼类的必经通道，因此，其在生境维持和生物多样性维持功能方面的地位是非常重要的。但是，一些不同的水生态功能之间会产生彼此制约和冲突，例如当强调污染消纳功能时，就可能削弱了水资源支持、生境维持和生物多样性维持功能；当强调航运支持和渔业生产时，就可能对珍稀濒危鱼类造成毁灭性打击。建议对此类河段采取分类管理的模式，即让一部分河段发挥较高的航运支持等功能；让一部分河段发挥较高的污染消纳功能；将一部分河段保护好，让其发挥较高的生境维持和生物多样性维持功能等等。

10.13.6 区内亚类特征

以河段综合土地利用影响程度划分压力亚类，该类型河段以中压力居多，其次是轻压力亚类，无重压力亚类，说明该类型河段所受人类活动影响较强，水生态状况有一定程度受损。以水（环境）功能区划分亚类，该类型河段有62%的河段属于开发利用区，38%的河段属于未确定功能区，无河段属于保护区、保留区和缓冲区说明该类型河段在水质管理中以开发利用为主要功能，同时还有一部分河段未确定主体功能。以水（环境）功能区划水质管理目标划分亚类，该类型河段水质管理目标有44%的河段为Ⅱ类水质，34%的河段为Ⅲ类水质，22%的河段为Ⅳ类水质，说明该类型河段在水质目标管理方面的压力主要来自于高强度人类活动排放的污水。以自然保护区划分亚类，虽然该类型河段未流经自然保护区，但该类型河段仍具有一定的生态重要性。

10.13.7 相关照片

冬暖淡咸水缓流大河生态系统景观实景如照片13-1～照片13-3所示。

照片13-1

照片 13-2

照片 13-3

10.14　冬温淡水水库（编码：14）

10.14.1　地理位置与分布

该类型区主要分布于兴宁市、和平县、龙川县等县市境内。从水系构成上看，主要分布在枫树坝水库水系。该类型河段汇水面积为 21 ~ 5090 km^2，平均汇水面积为 2176 km^2。

10.14.2　陆域及水体特征

（1）区内陆域特征

该类型区河段汇水单元海拔主要为 95 ~ 553 m，平均海拔为 217 m，其中海拔在 50 ~ 200 m、200 ~ 500 m 及 500 ~ 1000 m 的地域面积分别占河段汇水总面积的 21.1%、76.0% 和 2.9%。其河段汇水单元平均坡度为 11°，其中坡度小于 7°的平地面积占该类型区河段汇水总面积的 32.9%，坡度为 7° ~ 15°的缓坡地面积占比为 41.0%，坡度大于 15°的坡地面积占比为 26.1%。参照全国 1 : 1 000 000 地貌类型图，该类型区河段汇水面积内的地貌类型以侵蚀剥蚀小起伏低山为主，占河段汇水总面积的 47.6%，其次为侵蚀剥蚀低海拔低丘陵，占比为 25.7%，再次为侵蚀剥蚀低海拔高丘陵等。该类型区河段对应汇水单元的平均 NDVI 为 0.63，植被覆盖情况较好。以该类型区汇水单元总面积计算城镇用地面积比例为 0.5%；农田（耕地及园地）面积比例为 4.9%；林草地面积比例为 86.2%；水体面积比例为 8.2%；其他用地面积比例为 0.2%。区域内的土地利用类型以林地为主，受人类活动干扰程度较弱。

（2）区内水体特征

该类型区河段河道中心线海拔为 145 ~ 210 m，平均海拔为 160 m。河道中心线坡度为

4.2°~17.8°，平均坡度为7.4°，因此大部分河段的比降相对较小，平均流速相对较慢，属缓流水体；冬季背景气温为11.3~12.2℃，平均气温为11.7℃，平均水温相对较低；河岸带植被覆盖较高，此类生境较适宜缓流清水型水生生物的生存。经随机采样实测，该类型区水体平均电导率为83.4 μs/cm，最大电导率为118.9 μs/cm，最小电导率为66.4 μs/cm；参考《地表水环境质量标准》（GB 3838—2002），平均高锰酸盐指数达到Ⅱ类水质标准，平均溶解氧达到Ⅱ类水质标准；平均总磷达到为Ⅱ类水质标准；平均总氮达到劣Ⅴ类水质标准；平均氨氮水质达到Ⅱ类水质标准。说明总氮是影响该类型河段水质的主要因素。

10.14.3 水生生物特征

（1）浮游藻类特征

该类型区河段内共鉴定出浮游藻类计6门47属70种，细胞丰度平均值为15.26×10^4 cells/L，细胞丰度最大值为359.55×10^4 cells/L，细胞丰度最小值为0.87×10^4 cells/L；叶绿素a平均值为6.66 μg/L，最大值为10.71 μg/L，最小值为3.20 μg/L。在种类组成上，主要以绿藻门为主，其次为隐藻门和蓝藻门，优势属分别为隐藻属（*Cryptomonas*）、栅藻属（*Scenedesmus*）、鱼腥藻属（*Anabaena*）、衣藻属（*Chlamydomonas*）和多甲藻属（*Peridiniopsis*）等。该类型区出现多甲藻（*Peridiniopsis* sp.）、卵形隐藻（*Cryptomonas ovata*）等特征种，这些种多见于较深的大中型静水水体。总体而言，由于该类型河段的特点，区内水流基本静止，水域面积广阔，水质相对较好。

（2）底栖动物特征

该类型区底栖动物的分类单元总数为6个，平均密度为13.6 ind/m^2，最大密度为167.3 ind/m^2，最小密度为2 ind/m^2；平均生物量为0.9 g/m^2，最高生物量为4.8 g/m^2，最低生物量为0.3 g/m^2；Shannon-Wiener多样性指数为1.47。该类型区优势类群有匙指虾科（Atyidae）、长臂虾科（Palaemonidae）、长足摇蚊亚科（Tanypodinae）和环棱螺属（*Bellamya*）等；指示类群有长足摇蚊亚科（Tanypodinae）和摇蚊亚科（Chironominae），为中等水体指示类群。该类型区出现长足摇蚊亚科（Tanypodinae）和摇蚊亚科（Chironominae）等特征类群。EPT分类单元数为1个，占该类型区内分类单元数的比例为8%。以上信息反映了该类型区底质泥沙为主的特征，水库水体流速整体较缓；水库周围生态环境受人类活动干扰较小，植被保护较好。总体而言，该类型区河段底栖动物多样性较低，EPT种类少；水体受人为活动的干扰较小，自然环境保护较好。

（3）鱼类特征

在该类型区上共鉴定出鱼类计15科，44属，55种。该类型河段优势种有鳊（*Parabramis pekinensis*）、𩾌（*Hemiculter leucisculus*）、草鱼（*Ctenopharyngodon idella*）、赤眼鳟

（*Squaliobarbus curriculus*）、鳡（*Elopichthys bambusa*）和海南鲌（*Culter recurviceps*）等。保护种有鳡（*Elopichthys bambusa*），该种是东江流域需要重点保护的经济鱼类之一。该类型区河段出现陈氏新银鱼（*Neosalanx tangkahkeii*）特征种，该种为纯淡水种，终生生活在湖泊内，处于水体的中、下层。总体而言，该类型区物种较为丰富，水温较低，属静水水体，水质较好。

10.14.4　水生态功能

冬温淡水水库由于水流缓慢，沉积作用明显，物质输送能力弱；由于水库坝体阻隔，一般只能在库区内部航行，航运支持能力中等；由于属于人工建造的径流调节工程，水量供给、水量调节、水能提供、洪水调蓄、防洪能力强；由于水面开阔、水体较深，气候调节、渔业生产能力强；由于库容巨大，有一定的污染消纳作用，但水体更新周期长，有污染累积的风险，综合看来，污染消纳能力中等；由于水库属于人工形成的相对静止的大型面状水体，虽然生态良好，但并非完全自然生境，故生物多样性维持、生境维持功能中等。该水生态系统水生态功能特征如表 10-14 所示。

表 10-14　冬温淡水水库水生态功能特征表

类型＼级别	强	中	弱
生物多样性维持	鳡（*Elopichthys bambusa*）	浮游藻类：多甲藻（*Peridiniopsis* sp.）、卵形隐藻（*Cryptomonas ovata*）等 底栖动物：长足摇蚊亚科（Tanypodinae）、摇蚊亚科（Chironominae）等 鱼类：陈氏新银鱼（*Neosalanx tangkahkeii*）等	耐污种或入侵种
生境维持	稀有特征生境	水面宽畅，水深较大，水温较温和，水体流速整体较缓，底质以泥沙为主。水质中等	
物质输送			滞留过程明显
污染消纳	消减稀释污染物	容纳污染物	
洪水调蓄	漫滩、湿地、曲流较发育		
航运支持		零星航行	
休闲娱乐	可接触	可靠近观赏	水体景观维持存在
渔业生产	商品性生产	自我消费为主	
水资源支持	饮用水	工农业及景观用水	
水量供给	大河	中小河	

续表

类型 \ 级别	强	中	弱
水量调节	干流级调节	大支流级调节	
水能提供	可供大中型发电	可供小型发电	
气候调节	形成显著小气候		
防洪	有大中型防洪工程		

注：未填写表示该类型河段一般不具备相应类型和级别的水生态功能

10.14.5 水生态保护目标

（1）水生生物保护目标

保护（鱼类）：鳡（*Elopichthys bambusa*）：为东江需要保护的经济鱼类资源。分布甚广，我国自北至南的平原地区各水系皆产此鱼。类型区内分布于枫树坝水库内，需要在激流（产卵）、湖泊（肥育）和干流大河（越冬）组合生境，生活在江河、湖泊的中上层。游泳力极强，性凶猛，行动敏捷，常袭击和追捕其他鱼类。性成熟为3～4龄，亲鱼于4～6月在江河激流中产卵。幼鱼从江河游入附属湖泊中摄食、肥育，秋末以后，幼鱼和成鱼又到干流的河床深处越冬。生长十分迅速，性成熟以后，体长还在持续增加，最大个体长达2 m。

保护（两栖爬行）：①三线闭壳龟（*Cuora trifasciata*），IUCN保护物种极危CR级别；《中国濒危动物红皮书》保护物种极危CR级别；国家二级保护动物。国内主要分布在海南、广西、福建及广东省的深山溪涧等地方，国外分布于越南、老挝。类型区内龙川枫树坝保护区有分布，喜欢阳光充足、环境安静、水质清净的地方。交配时多在水中进行，且在浅水地带。栖息于山区溪水地带，常在溪边灌木丛中挖洞做窝，白天在洞中，傍晚、夜晚出洞活动较多，有群居的习性。为变温动物，当环境温度达23～28℃时，活动频繁。在10℃以下时，进入冬眠。12℃以上时又苏醒。一年中，4～10月为活动期，11月至翌年2月上旬为冬眠期。杂食性。主要捕食水中的螺、鱼、虾、蝌蚪等水生昆虫，同时也食幼鼠，幼蛙、金龟子、蜗牛及蝇蛆，有时也吃南瓜、香蕉及植物嫩茎叶。②虎纹蛙（*Hoplobatrachus chinensis*），国家二级保护动物，国内在江苏、浙江、湖南、湖北、安徽、广东、广西、贵州、福建、云南、江西、海南、上海、河南、重庆、四川和陕西南部等地均有分布，在国外还见于南亚和东南亚一带。类型区内龙川枫树坝保护区有分布，对水质要求较高，生活在水质澄清、水生植物生长繁盛的溪流生境。属于水栖蛙类，白天多藏匿于深浅、大小不一的各种石洞和泥洞中，仅将头部伸出洞口，如有猎物活动，则迅速捕食之，若遇敌害则隐入洞中。虎纹蛙的食物种类很多，其中主要以鞘翅目昆虫为食。

本类型区鱼类代表性种群有陈氏新银鱼（*Neosalanx tangkahkeii*）；底栖动物群落代表有长足摇蚊亚科（Tanypodinae）、摇蚊亚科（Chironominae）；浮游藻类群落代表有多甲藻属（*Peridiniopsis*）。

生境保护及水质目标建议：该类型河段主要为枫树坝水库库区，库区内为植被覆盖程度较高、水质保护较好、受人为干扰较小的河段，但由于水库水面面积相对较小，库区水源封闭，流动性差，污染消纳能力较弱，具有较强的受污染风险。要保护水库生态环境问题，就应该结合库区特点，重点防治、针对要害，设立独特的生态防护措施，并利用生态学原理和工程学的先进技术对各种潜在污染源加以综合治理和控制。这些措施和技术主要包括：第一，注意森林生态保护，库区范围内森林覆盖面积较大，良好的森林生态环境是库区水质的重要保证，按照因地制宜、宜造则造、宜封则封的原则，采用育林和林分改造相结合的方式，保护流域内的地带性森林植被，划定多层保护区，改造孤岛林地，从源头上保证森林生态环境；第二，设立禁养区，加强水体保护工作，加强渔业管理，限制生态旅游规模，进一步加强环境保护和生态建设工作，适度拓宽水源保护区范围，严禁一切破坏水源林、护岸林及其他水质涵养有关植被的活动；第三，对潜在污染源加强管理，库区有受到生活污水污染的潜在威胁，应注意对重点污染源和易受污染水体区域进行定期排查和监测；第四，进行一定的生态工程措施，如堵截污染源、恢复植被、完善生态护岸堤坝建设、设置重点围护区域。水质目标方面，根据参考点特征，建议参照Ⅱ类水质标准进行保护及管理（如溶解氧达到 6 mg/L，高锰酸盐指数不超过 4 mg/L，氨氮不超过 0. 5 mg/L，总磷不超过 0. 1 mg/L，总氮不超过 0. 5 mg/L）。

（2）生态功能保护目标

此类河段属于人工截断河道形成的面状水体，通常能发挥较高的综合水生态功能，如水量调节、水能提供、防洪、生境维持和生物多样性维持等，但同时也牺牲了一部分生态效益，如河道连通性等。此类河段通常已经建立了较好的库区保护体系，因此在库区范围内水生态系统状态一般较好。建议维持此类河段现有的管理模式，同时可考虑一些改进措施，例如严格监管库区养鱼可能导致的富营养化和生物入侵问题，开辟鱼道以恢复河道连通性，运用基于生态流量理念的水量调节措施等。

10. 14. 6　区内亚类特征

以河段综合土地利用影响程度划分压力亚类，该类型河段均属于轻压力亚类，说明该类型河段所受人类活动影响弱，水生态状况良好。以水（环境）功能区划分亚类，该类型河段有 5% 的河段属于保护区，75% 的河段属于保留区，20% 的河段属于未确定功能区，无河段属于缓冲区和开发利用区，说明该类型河段在水质管理中以保留和保护为主要功能，同时还有一部分河段未确定主体功能。以水（环境）功能区划水质管理目标划分亚类，该类型河段水质管理目标有 100% 的河段为Ⅱ类水质，说明该类型河段在水质目标管理方面所面临的压力较小。以自然保护区划分亚类，该类型河段有 80% 的河段流经自然保护区，20%的河段未流经自然保护区，说明该类型河段具有很高的生态重要性。

10.14.7 相关照片

冬温淡水水库生态系统景观实景如照片14-1和照片14-2所示。

照片14-1

照片14-2

10.15 冬暖淡水大型水库（编码：15）

10.15.1 地理位置与分布

该类型区主要分布于东源县、新丰县、龙川县、惠东县、源城区等县区境内。从水系构成看，该类型区主要分布在新丰江水库和白盆珠水库等水系。河段汇水面积为21～5725 km^2，平均汇水面积为187 km^2。

10.15.2 陆域及水体特征

（1）区内陆域特征

该类型区河段汇水单元海拔主要为147～547 m，平均海拔为258 m，其中海拔在50 m以下、50～200 m、200～500 m及500～1000 m的地域面积占河段汇水总面积的百分比分别为0.8%、56.8%、36.4%和6.0%。其河段汇水单元平均坡度为11°，其中坡度小于7°的平地面积占该类型区河段汇水总面积的35.8%，坡度为7°～15°的缓坡地面积占31.3%，坡度大于15°的坡地面积占32.9%。根据全国1：1 000 000地貌类型图，该类型区河段汇水面积内地貌类型以侵蚀剥蚀小起伏低山为主，占河段汇水总面积的31.7%，其次为侵蚀剥蚀中起伏低山，占21.3%，再次为水库，占20.5%。该类型区河段对应汇水单元的平均NDVI为0.6，植被覆盖情况较好。以该类型区汇水单元总面积计算城镇用地面积比例为 0.7%；农田（耕地及园地）面积比例为 2.8%；林草地面积比例为 72.7%；水体面积比例为 23.78%；其他用地面积比例为 0.02%。总之该类型河段土地利用类型以林地为主，受人类活动的干扰程度较弱。

（2）区内水体特征

该类型区河段河道中心线海拔为 33 ~ 149 m，平均海拔为 100 m。河道中心线坡度为 0° ~ 12.3°，平均坡度为 2.1°，因而大部分河段的比降相对较小，平均流速相对较慢，属于缓流水体；冬季背景气温在 12.7 ~ 14.9℃，平均气温为 13.3℃，故平均水温相对较高；河岸带植被覆盖较高，此类生境较适宜缓流清水型水生生物生存。经随机采样实测，该类型区水体平均电导率为 64 μs/cm，最大电导率为 123.2 μs/cm，最小电导率为 16.2 μs/cm；参考《地表水环境质量标准》（GB 3838—2002），高锰酸盐指数平均达到Ⅰ类水质标准，溶解氧平均达到Ⅱ类水质标准；总磷平均达到为Ⅱ类水质标准；总氮平均达到Ⅲ类水质标准；氨氮水质平均达到Ⅰ类水质标准。说明该类型河段水质良好。

10.15.3　水生生物特征

（1）浮游藻类特征

该类型区河段内共鉴定出浮游藻类计 7 门 46 属 67 种，细胞丰度平均值为 11.34×10^4 cells/L，细胞丰度最大值为 91.11×10^4 cells/L，细胞丰度最小值为 1.95×10^4 cells/L。叶绿素 a 平均值为 5.85 μg/L，最大值为 13.93 μg/L，最小值为 2.11 μg/L。在种类组成上，主要以硅藻门为主，其次为绿藻门、隐藻门，优势属分别为小环藻属（*Cyclotella*）、隐藻属（*Cryptomonas*）、直链藻属（*Melosira*）、针杆藻属（*Synedra*）和栅藻属（*Scenedesmus*）等。该类型区出现纺锤藻（*Elakatothrix gelatinosa*）、小环藻（*Cyclotella* sp.）等特征种，这些种适宜于具有一定深度的中富营养化水体中，成层较为明显。总体而言，该类型区水体较为清澈，但个别区域表现出了一定的富营养化趋势。

（2）底栖动物特征

该类型区底栖动物的分类单元总数为 5 个，平均密度为 9.6 ind/m²，最大密度为 16 ind/m²，最小密度为 3.3 ind/m²。平均生物量为 0.5 g/m²，最高生物量为 0.7 g/m²，最低生物量为 0.2 g/m²。Shannon-Wiener 多样性指数为 1.54。该类型区优势类群有萝卜螺属（*Radix*）、长臂虾科（Palaemonidae）、蚬属（*Corbicula*）、匙指虾科（Atyidae）等；指示类群有大蚊科（Tipulidae）、仰泳蝽科（Notonectidae）、箭蜓科（Gomphidae），为中等水体指示类群。该类型区出现大蚊科（Tipulidae）、仰泳蝽科（Notonectidae）、箭蜓科（Gomphidae）等特征类群。该类型河段未出现 EPT 等清洁指示类群。以上特征反映了该类型区底质泥沙为主，水库水体流速整体较缓；但水体受人类活动干扰较大，需要保护的生境特点。

（3）鱼类特征

在该类型区上共鉴定出鱼类 17 科，57 属，67 种。该类型河段优势种有鳊（*Parabramis pekinensis*）、鳘（*Hemiculter leucisculus*）、赤眼鳟（*Squaliobarbus curriculus*）、短盖巨脂鲤（*Piaractus brachypomus*）、海南鲌（*Culter recurviceps*）、黄尾鲴（*Xenocypris davidi*）等。濒危保护种有月鳢（*Channa asiatica*），江西省级重点保护野生动物。该类型区出现陈氏新银鱼（*Neosalanx tangkahkeii*）特征种，该种为纯淡水种，终生生活在湖泊内，处于水体的中、下层。总体而言，该类型区物种较丰富，水温较高，静水水体，水质较好。

10.15.4　水生态功能

冬暖淡水大型水库由于水流缓慢，沉积作用明显，物质输送能力弱；由于水库坝体阻隔，一般只能在库区内部航行，航运支持能力中等；由于属于人工建造的径流调节工程，水量供给、水量调节、水能提供、洪水调蓄、防洪能力强；由于水面开阔、水体较深，气候调节、渔业生产能力强；由于库容巨大，有一定的污染消纳作用，但水体更新周期长，有污染累积的风险，综合看来，污染消纳能力中等；由于水库属于人工形成的相对静止的大型面状水体，虽然生态良好，但并非完全自然生境，故生物多样性维持、生境维持功能中等。该水生态系统水生态功能特征如表 10-15 所示。

表 10-15　冬暖淡水大型水库水生态功能特征表

类型＼级别	强	中	弱
生物多样性维持	月鳢（*Channa asiatica*）	浮游藻类：纺锤藻（*Elakatothrix gelatinosa*）、小环藻（*Cyclotella* sp.）等 底栖动物：大蚊科（Tipulidae）、仰泳蝽科（Notonectidae）、箭蜓科（Gomphidae）等； 鱼类：陈氏新银鱼（*Neosalanx tangkahkeii*）等	耐污种或入侵种
生境维持	稀有特征生境	水面宽畅，水深较大，水温较高，水体流速整体较缓，底质以泥沙为主。水质中等	
物质输送			滞留过程明显
污染消纳	消减稀释污染物	容纳污染物	
洪水调蓄	漫滩、湿地、曲流较发育		
航运支持		零星航行	

续表

类型＼级别	强	中	弱
休闲娱乐	可接触	可靠近观赏	水体景观维持存在
渔业生产	商品性生产	自我消费为主	
水资源支持	饮用水	工农业及景观用水	
水量供给	大河		
水量调节	干流级调节	大支流级调节	
水能提供	可供大中型发电	可供小型发电	
气候调节	形成显著小气候		
防洪	有大中型防洪工程	偶有小型防洪堤坝	

注：未填写表示该类型河段一般不具备相应类型和级别的水生态功能

10.15.5　水生态保护目标

（1）水生生物保护目标

保护（鱼类）：月鳢（*Channa asiatica*），江西省级重点保护野生动物，分布于越南、中国、菲律宾等。类型区内白盆珠水库有分布，喜栖居于山区溪流，也生活在江河、沟塘等水体。为广温性鱼类，适应性强，生存水温为 1 ~ 38℃，最佳生长水温为 15 ~ 28℃。有喜阴暗、爱打洞、穴居、集居、残食的生活习性。为动物性杂食鱼类，以鱼、虾、水生昆虫等为食。生殖期为 4 ~ 6 月，5 ~ 7 月份为产卵盛期。

本类型区鱼类代表性种群有陈氏新银鱼（*Neosalanx tangkahkeii*）；底栖动物群落代表有大蚊科（Tipulidae）、仰泳蝽科（Notonectidae）、箭蜓科（Gomphidae）；浮游藻类群落代表有小环藻属（*Cyclotella*）。

生境保护及水质目标建议：该类型河段位于新丰江水库和白盆珠水库库区，两库区内均为植被覆盖程度较高、水质保护较好、受人为干扰较小的河段，虽然在大区域内水库状况良好，但在小区域内仍出现了富营养化的趋势且距离生活区较近，具有一定的受污染风险。由于水库水体流动性差的特征及其重要的生态调节作用，仍需对相关河段就行生境保护。要保护水库生态环境问题，就应该控制潜在污染源，利用生态学原理和工程学的先进技术对各种潜在污染源加以综合治理和控制。这些措施和技术主要包括：第一，建立生物缓冲带，利用永久性的植被拦截污染物或者有毒害物质的受污染土地，结合当地气候、土质选择人工种植生态维持树种，维持现有的水质状况；第二，利用流域生态学技术，以流域为研究单元，应用等级嵌块动态理论，研究流域内高地、沿岸带、水体间的信息、能量、物质变动规律，因水制宜，改善已经受污染的区域，才能制定良好的治理与保护对策，维持平衡的生态环境；第三，建设生态河堤。生态河堤技术综合了生态效果、生物生存环境及自然景观等因素，建造一个适合动植物生存的仿真大自然的保护河堤，其最大优势在于能够为各种生物提供栖息和繁衍的环境，进而增强水体自净能力，缓解水质调节的压力；第四，在水库周边设定相关的保护标志，对进入保护区的所有人员严格把控，防止人为破坏生态环境的事件发生，并进行定期的生态环境保护宣传和库区污染物清理，结合群众的力量，对水污染源特别是受污染建在威胁较大的区域，应逐个排查、监控、治理；第五，水库保护同样应注意沿岸带的植被森林保护，划设森林植被重点保护区域，区域内限制对森林生长有危害的一切社会商业活动，严禁破坏植被。水质目标方面，根据参考点特征，建议参照Ⅱ类水质标准进行保护及管理（如溶解氧达到6 mg/L，高锰酸盐指数不超过4 mg/L，氨氮不超过0.5 mg/L，总磷不超过0.1 mg/L，总氮不超过0.5 mg/L）。

（2）生态功能保护目标

此类河段属于人工截断河道形成的面状水体，通常能发挥较高的综合水生态功能，如水量调节、水能提供、防洪、生境维持和生物多样性维持等，但同时也牺牲了一部分生态效益，如河道连通性等。此类河段通常已经建立了较好的库区保护体系，因此在库区范围内水生态系统状态一般较好。建议维持此类河段现有的管理模式，同时可考虑一些改进措施，例如严格监管库区养鱼可能导致的富营养化和生物入侵问题，开辟鱼道以恢复河道连通性，运用基于生态流量理念的水量调节措施等。

10.15.6 区内亚类特征

以河段综合土地利用影响程度划分压力亚类，该类型河段均属于轻压力亚类，说明该类型河段所受人类活动影响弱，水生态状况良好。以水（环境）功能区划分亚类，该类型河段有77.8%的河段属于保护区，14.8%的河段属于保留区，7.4%的河段属于未确定功能区，无河段属于缓冲区和开发利用区，说明该类型河段在水质管理中以保护为主要功能，其次为保留功能，同时还有一部分河段未确定主体功能。以水（环境）功能区划水质管理目标划分亚类，该类型河段水质管理目标有100%的河段为Ⅱ类水质，说明该类型河段在水质目标管理方面所面临的压力较小。以自然保护区划分亚类，该类型河段有27.8%的河段流经自然保护区，72.2%的河段未流经自然保护区，说明该类型河段具有一定的生态重要性。

10.15.7 相关照片

冬暖淡水大型水库生态系统景观实景如照片15-1～照片15-4所示。

照片 15-1

照片 15-2

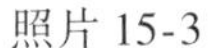

照片 15-3

照片 15-4

10.16　冬暖淡水湖沼湿地（编码：16）

10.16.1　地理位置与分布

该类型区主要分布于惠阳区境内。从水系构成看，该类型区主要分布在潼湖湿地等水系。河段中点汇流面积为 382 km^2，汇流尺度属于中小河级别。

10.16.2　陆域及水体特征

（1）区内陆域特征

该类型区河段汇水单元海拔主要为 0 ~ 40 m，平均海拔为 7 m，其中海拔低于 50 m 和 50 ~ 200 m 的地域面积占河段汇水总面积的百分比分别为 99.6% 和 0.4%。其河段汇水单元平均坡度为 1°，其中坡度小于 7°的平地面积占该类型区河段汇水总面积的 98.4%，坡度为 7° ~ 15°的缓坡地面积占 1.4%，坡度大于 15°的坡地面积占 0.2%。根据全国 1 : 1 000 000地貌类型图，该类型区河段汇水面积内地貌类型以低海拔冲积洼地为主，占河段汇水总面积的60.9%，其次为低海拔冲积平原，占16.8%，再次为湖泊，占12.5%。该类型区河段对应汇水单元的平均NDVI为0.12，植被覆盖情况低。以该类型区汇水单元总面积计算城镇用地面积比例为34.8%；农田（耕地及园地）面积比例为15.7%；林草地面积比例为5.1%；水体面积比例为44.2%；其他用地面积比例为0.2%。土地利用类型以水体和城镇用地为主，人类活动干扰程度较强。

（2）区内水体特征

该类型区河段河道中心线平均海拔为6 m。河道中心线坡度平均坡度为1.0°，因而大部分河段的比降相对较小，平均流速相对较慢，属于缓流水体；冬季背景气温平均为15.0℃，故平均水温相对较高；河岸带植被覆盖低，此类生境较适宜缓流耐污型水生生物生存。经随机采样实测，该类型区水体平均电导率为613 μs/cm，最大电导率为803 μs/cm，最小电导率为190.6 μs/cm；参考《地表水环境质量标准》（GB 3838—2002），高锰酸盐指数平均达到Ⅳ类水质标准，溶解氧平均达到Ⅱ类水质标准；总磷平均达到为劣Ⅴ类水质标准；总氮平均达到劣Ⅴ类水质标准；氨氮水质平均达到劣Ⅴ类水质标准。说明该类型河段水质主要受总磷、总氮、氨氮的影响。

10.16.3 水生生物特征

（1）浮游藻类特征

该类型区共鉴定出浮游藻类5门25属41种，细胞丰度平均值为119.50×10^4 cells/L，细胞丰度最大值为4221.88×10^4 cells/L，细胞丰度最小值为2.07×10^4 cells/L。叶绿素a平均值为71.20 μg/L，最大值为78.90 μg/L，最小值为63.40 μg/L。在种类组成上，主要以绿藻门为主，其次为硅藻门、蓝藻门，优势属分别为十字藻属（*Crucigenia*）、栅藻属（*Scenedesmus*）、小环藻属（*Cyclotella*）、绿球藻属（*Prochlorococcus*）、月牙藻属（*Selenastrum*）等。该类型区出现绿球藻（*Prochlorococcus* sp.）、月牙藻（*Selenastrum* sp.）等特征种，这些种多见于有机质丰富的小水体。总体而言，该类型区水体较浅，但有机质丰富，水质较差。

（2）底栖动物特征

该类型区底栖动物的分类单元总数为6个，平均密度为10.8 ind/m^2，最大密度为59.3 ind/m^2，最小密度为1.5 ind/m^2。平均生物量为2.5 g/m^2，最高生物量为8.7 g/m^2，最低生物量为0.4 g/m^2。Shannon-Wiener多样性指数为1.63。该类型区优势类群有长臂虾科（Palaemonidae）、长足摇蚊亚科（Tanypodinae）等；指示类群有长臂虾科（Palaemonidae）、长足摇蚊亚科（Tanypodinae），为中等水体指示类群。该类型区出现长臂虾科（Palaemonidae）、长足摇蚊亚科（Tanypodinae）等特征类群。该类型河段未出现EPT等清洁指示类群。以上特征反映了该类型区底质泥沙为主，水库水体流速整体较缓，水质中等；生境自然，植被覆盖率高，但水体受人类活动干扰较大，需要保护的生境特点。总体而言，该类型区底栖动物多样性低，无 EPT 种类，水质中等；水体受人为干扰较大，周边受城镇影响，需要重点保护。

（3）鱼类特征

在该类型区上共鉴定出鱼类 14 科，32 属，38 种。该类型河段优势种有草鱼（*Ctenopharyngodon idella*）、赤眼鳟（*Squaliobarbus curriculus*）、广东鲂（*Megalobrama hoffmanni*）、鳜（翘嘴鳜）（*Siniperca chuatsi*）、黄尾鲴（*Xenocypris* davidi）、鲫（*Carassius aurtus*）等。保护种有鳍（*Ochetobius elongates*），属重要经济鱼类。该类型区出现乌鳢（*Channa argus*）、瓦氏黄颡鱼（*Pseudobagrus vachellii*）、泥鳅（*Misgurnus anguillicaudatus*）、鲮（*Microphysogobio labeoides*）、黄颡鱼（*Tachysurus fulvidraco*）、广东鲂（*Megalobrama hoffmanni*）、斑鳢（*Channa maculata*）、草鱼（*Ctenopharyngodon idella*）等特征种，这些种多栖息于江河湖泊静水或缓流环境，尤喜水草茂盛，水温较高，底质松软的水体。总体而言，该类型区物种数较少，水温较高，静水缓流水体。

10.16.4　水生态功能

冬暖淡水湖沼湿地由于水流缓慢，沉积作用明显，物质输送、水能提供能力弱；由于汇水面积较小，水量供给、水量调节能力弱；由于水体较浅，且水生植物丛生，航运支持能力弱；由于湿地本身有“海绵效应”，洪水调蓄、防洪能力较强；由于水面较宽，气候调节、渔业生产能力强；由于湿地具备强大的水质净化功效，污染消纳能力强。由于生态地位特殊，生物多样性维持、生境维持功能强，主要表现为维持湿地生境的自然性。该类型水生态系统水生态功能特征如表 10-16 所示。

表 10-16　冬暖淡水湖沼湿地水生态功能特征表

类型＼级别	强	中	弱
生物多样性维持	鳍（*Ochetobius elongates*）	浮游藻类：绿球藻（*Prochlorococcus* sp.）、月牙藻（*Selenastrum* sp.）等； 底栖动物：长臂虾科（Palaemonidae）、长足摇蚊亚科（Tanypodinae）等； 鱼类：乌鳢（*Channa argus*）、瓦氏黄颡鱼（*Pseudobagrus vachellii*）、泥鳅（*Misgurnus anguillicaudatus*）、鲮（*Microphysogobio labeoides*）、黄颡鱼（*Tachysurus fulvidraco*）、广东鲂（*Megalobrama hoffmanni*）、斑鳢（*Channa maculata*）、草鱼（*Ctenopharyngodon idella*）等	耐污种或入侵种

续表

级别 类型	强	中	弱
生境维持	稀有特征生境	水体较浅，水草茂盛，有机质丰富，水温较高，底质以松软泥沙为主，水体流速整体较缓，水质中等或较差，植被覆盖率高，周边受城镇影响，人为干扰较大	强干扰或强改造生境
物质输送			滞留过程明显
污染消纳	消减稀释污染物	容纳污染物	释放污染物
洪水调蓄	漫滩、湿地、曲流较发育		
航运支持		零星航行	不可航行
休闲娱乐		可靠近观赏	水体景观维持存在
渔业生产	商品性生产	自我消费为主	
水资源支持		工农业及景观用水	排污河道
水量供给		中小河	河溪
水量调节		大支流级调节	调节能力微弱
水能提供			水能微弱
气候调节	形成显著小气候	形成较弱小气候	
防洪		偶有小型防洪堤坝	

注：未填写表示该类型河段一般不具备相应类型和级别的水生态功能

10.16.5 水生态保护目标

（1）水生生物保护目标

保护种（鱼类）：鳡（*Ochetobius elongates*），重要经济鱼类。长江流域及其以南各类水体中均产。类型区内潼湖水有分布，产卵场所需要有流水，而在静水中不能繁殖，有江湖洄游的习性。每年 7 ~9 月进入湖泊中肥育，到生殖季节时重又回到江河急流中进行生殖。生殖季节为 4 ~6 月，性成熟年龄为 3 ~5 冬龄。食物多为动物性成分，如水生昆虫、枝角类，小鱼、虾等。

本类型区鱼类代表性种群有乌鳢（*Channa argus*）、瓦氏黄颡鱼（*Pseudobagrus vachellii*）、泥鳅（*Misgurnus anguillicaudatus*）、鲮（*Microphysogobio labeoides*）、黄颡鱼

（*Tachysurus fulvidraco*）、广东鲂（*Megalobrama hoffmanni*）、斑鳢（*Channa maculata*）、草鱼（*Ctenopharyngodon idella*）；底栖动物群落代表有长臂虾科（Palaemonidae）、长足摇蚊亚科（Tanypodinae）；浮游藻类群落代表有小环藻属（*Cyclotella*）。

生境保护及水质目标建议：为了该区得到保护及实现可持续利用，应恢复和改善该区地表水文状况，如将该区周围界沟填平，保证地表水、地下水持续稳定地流向该区，选择适当的地方建蓄水坝，拦蓄一定量的水资源补充湿地内的水源。湿地植被可以抵御风浪和风暴的冲击，减轻灾害对河岸的侵蚀，他们的根系还可以固定、稳定堤岸，保护沿岸的工农业生产，所以要有计划地开展退耕还湿，禁止在该区周围开荒。对于保护区内部及周围现有耕地，有计划地逐步开展退耕还湿、还草工作，逐步恢复其原始自然状态。对于保护区周围农业生产，要逐步调整生产方式和种植结构，合理施用农药化肥，正确处理农药化肥废弃物，最大限度地减少农药化肥施用带来的负面效应。在逐步完善管理设施，提高管理水平的同时，还应完善该区科研监测，提高科研水平，对该区内自然资源种类数量、分布情况及珍稀濒危野生动植物、景观、气象、水文地质、土壤进行的调查并制图。因为湿地是鸟类、鱼类、两栖动物的繁殖、栖息、迁徙、越冬的场所，其中有许多是珍稀、濒危物，所以对保护该区的生物多样性具有重要的意义。应该对动植物以及其他生物资源，特别是珍稀濒危野生动植物的资源种群数量和濒危趋势、保护区资源潜力、开发利用及保护情况进行综合评价，并开展对湿地生态系统演替规律、珍稀濒危野生动植物及其他经济类动植物的种群变化、生态习性、繁殖规律、气象、水文、水质、污染物对自然保护区的影响等研究和监测工作。水质目标方面，根据参考点特征，建议参照Ⅲ类水质标准进行保护及管理（如溶解氧达到 5 mg/L，高锰酸盐指数不超过 6 mg/L，氨氮不超过 1 mg/L，总磷不超过 0.2 mg/L，总氮不超过 1 mg/L）。

（2）生态功能保护目标

此类河段通常能发挥较高的洪水调蓄、污染消纳功能，但更为重要的是其发挥的生境维持和生物多样性维持功能。此类河段所发挥的生境维持和生物多样性维持功能，不仅仅局限于水生生物，更已扩展至了其为鸟类、两栖类、爬行类、水生和湿生植物等生物提供难得的生境，这对全球生物多样性保护具有现实或潜在重要贡献。建议将此类河段严格保护起来，重点在于长期维持一定面积的水面、沼泽及滨岸带的自然性，可以考虑划定永久保护区范围，严格禁止在永久保护区内从事除科研观测外的一切人类活动。

10.16.6 区内亚类特征

以河段综合土地利用影响程度划分压力亚类，该类型河段属于重压力亚类，说明该类型河段所受人类活动影响较强，水生态状况有一定程度受损。以水（环境）功能区划分亚类，该类型河段 100% 属于未确定功能区，说明该类型河段在水质管理中尚未确定主体功能。以水（环境）功能区划水质管理目标划分亚类，该类型河段水质管理目标为全河段为Ⅲ类水质，说明该类型河段在水质目标管理方面面临一定压力。以自然保护区划分亚类，该类型河段全部流经自然保护区，说明该类型河段具有很高的生态重要性。

10.16.7 相关照片

冬暖淡水湖沼湿地生态系统景观实景如照片16-1和照片16-2所示。

照片16-1

照片16-2

附录　东江流域水生生物保护名录

1. 鱼类物种保护名录

目名	科名	属名	种名	拉丁名	IUCN濒危等级	中国红皮书濒危等级	国家保护动物级别	省级重点保护动物	特有性	其他	保护建议
鲱形目	鲱科	鲥属	鲥	*Tenualosa reevesii*	濒危	濒危		广东 江西			降低江河污染，保持洄游通道畅通
鳉形目	大颌鳉科	青鳉属	中华青鳉	*Oryzias latipes sinensis*	易危						保护原生境
鲤形目	鲤科	白甲鱼属	小口白甲鱼	*Onychostoma lini*	易危						保护原生境
		波鱼属	侧条波鱼	*Rasbora lateristriata*					广东		在保护原生境的基础上，进一步调查研究，以确认是否野外绝灭
		鲂属	广东鲂	*Megalobrama hoffmann*					广东 海南		适度捕捞、保持江湖之间的畅通、人工辅助培育
		鳡属	鳡	*Elopichthys bambusa*						经济鱼类	适度捕捞、保持江湖之间的畅通、人工辅助培育
		鳤属	鳤	*Ochetobibus elongatus*						经济鱼类	适度捕捞、保持江湖之间的畅通、人工辅助培育

续表

目名	科名	属名	种名	拉丁名	IUCN濒危等级	中国红皮书濒危等级	国家保护动物级别	省级重点保护动物	特有性	其他	保护建议
鲤形目	鲤科	光唇鱼属	半刺光唇鱼	*Acrossocheilus hemispinus*					华南		在保护原生境的基础上，进一步调查研究，以确认是否野外绝灭
		梅氏鳊属	台细鳊	*Metzia formosae*		易危					保护原生境
		盘鮈属	四须盘鮈	*Discogobio tetrabarbatus*					珠江水系		在保护原生境的基础上，进一步调查研究，以确认流域是否还有野生种群
		唐鱼属	唐鱼	*Tanichthys albonubes*	濒危	濒危	Ⅱ				保护原产地生态环境，保护野生种群
		小鳔鮈属	长体小鳔鮈	*Microphysogobio elongatus*					珠江水系		在保护原生境的基础上，进一步调查研究，以确认流域是否还有野生种群
			嘉积小鳔鮈	*Microphysogobio kachekensis*					东江北江		在保护原生境的基础上，进一步调查研究，以确认流域是否还有野生种群
		异鱲属	异鱲	*Parazacco spihurus*	易危	易危					保护生境，禁止毒、炸、电鱼等不合理的捕鱼方式
		鯮属	鯮	*Luciobrama macrocephalus*	易危	易危					减少捕捞，保持洄游通道畅通
	平鳍鳅科	拟平鳅属	拟平鳅	*Liniparhomaloptera disparis*					两广		在保护原生境的基础上，进一步调查研究，以确认流域是否还有野生种群

续表

目名	科名	属名	种名	拉丁名	IUCN濒危等级	中国红皮书濒危等级	国家保护动物级别	省级重点保护动物	特有性	其他	保护建议
鲤形目	平鳍鳅科	缨口鳅属	丁氏缨口鳅	*Crossostoma tinkhami*					广东		在保护原生境的基础上，进一步调查研究，以确认是否野外绝灭
		爬岩鳅属	细尾贵州爬岩鳅	*Beaufortia kweichowensis*					广东		在保护原生境的基础上，进一步调查研究，以确认流域是否还有野生种群
	鳅科	爬岩鳅属	平头岭鳅	*Oreonectes platycephalus*					两广		在保护原生境的基础上，进一步调查研究，以确认流域是否还有野生种群
鲈形目	鳢科	鳢属	月鳢	*Channa asiatica*				江西			禁止不合理捕捞方式
			斑鳢	*Channa maculata*				江西			适度捕捞
	沙塘鳢科	沙塘鳢属	海丰沙塘鳢	*Odontobutis haifengensis*					广东		在保护原生境的基础上，进一步调查研究，以确认流域是否还有野生种群
	石首鱼科	黄唇鱼属	黄唇鱼	*Bahaba taipingensis*			Ⅱ				改变捕捞方式，控制捕捞强度
	虾虎鱼科	吻虾虎鱼属	子陵吻虾虎鱼	*Rhinogobius giurinus*				江西			保护原生境
鳗鲡目	鳗鲡科	鳗鲡属	花鳗鲡	*Anguillamarmorata*	濒危	濒危	Ⅱ				降低江河污染，保持洄游通道畅通
			日本鳗鲡	*Anguilla japonica*				江西			适度捕捞。保持洄游路线畅通

续表

目名	科名	属名	种名	拉丁名	IUCN 濒危等级	中国红皮书濒危等级	国家保护动物级别	省级重点保护动物	特有性	其他	保护建议
鲇形目	鲿科	鳠属	斑鳠	*Hemibagrus guttatus*						经济鱼类	适度捕捞、保持江湖之间的畅通、人工辅助培育
		拟鲿属	三线拟鲿	*Pseudobagrus trilineatus*					广东 香港		在保护原生境的基础上，进一步调查研究，以确认流域是否还有野生种群
	鮡科	纹胸鮡属	白线纹胸鮡	*Glyptothorax pallozonum*					广东		在保护原生境的基础上，进一步调查研究，以确认流域是否还有野生种群

2. 大型水生植物物种保护名录

目名	科名	属名	种名	拉丁名	IUCN 濒危等级	中国红皮书濒危等级	国家保护动物级别	省级重点保护动物	特有性	其他	保护建议
百合目	蒟蒻薯科	蒟蒻薯属	蒟蒻薯	*Tacca chantrieri*				广东			保护原生境，限制采挖野生种，进行人工培育

3. 两栖动物物种保护名录

目名	科名	属名	种名	拉丁名	IUCN濒危等级	中国红皮书濒危等级	国家保护动物级别	省级重点保护动物	特有性	其他	保护建议
无尾目	蛙科	虎纹蛙属	虎纹蛙	*Hoplobatrachus chinensis*			Ⅱ级				禁止采捕野生种类，探索人工养殖技术，推广人工养殖
		水蛙属	沼水蛙	*Rana guentheri*				广东			禁止捕捉野生物种，保护原生态环境
		蛙属	棘胸蛙	*Rana spionsa*	易危			广东 江西			禁止捕捉野生物种，保护原生态环境
龟鳖目	鳖科	鳖属	鳖	*Trionyx sinensis*	易危						禁止捕捉野生物种，保护原生态环境
	平胸龟科	平胸龟属	平胸龟	*Platysternon megacephalum*	濒危	濒危	Ⅱ级	广东 江西			禁止捕捉野生物种，保护原生态环境
	龟科	乌龟属	乌龟	*Chinemys reevesii*	濒危						禁止捕捉野生物种，保护原生态环境
		闭壳龟属	三线闭壳龟	*Cuora trifasciata*	极危	极危	Ⅱ级				禁止捕捉野生物种，保护区保护
		地龟属	地龟	*Geoemyda spengleri*			Ⅱ级				禁售、禁捕；组织调查，掌握该种在中国的分布、数量及生物学资料，制定切实可行的保护计划

续表

目名	科名	属名	种名	拉丁名	IUCN 濒危等级	中国红皮书濒危等级	国家保护动物级别	省级重点保护动物	特有性	其他	保护建议
龟鳖目	龟科	眼斑龟属	四眼斑水龟	*Sacalia quadriocellata*	濒危	濒危	Ⅲ级				禁售、禁捕；组织调查，掌握该种在中国的分布、数量及生物学资料
有鳞目	游蛇科	锦蛇属	紫灰锦蛇	*Elaphe porphyracea*		易危					禁售、禁捕
		曙蛇属	黑眉锦蛇	*Elaphe taeniura*		易危					禁售、禁捕；科学养殖
	眼镜蛇科	环蛇属	金环蛇	*Bungarus fasciatus*		濒危					禁售、禁捕